"十二五"普通高等教育本科规划教材

仪器分析

第二版

田丹碧　主编

化学工业出版社
·北京·

本书主要介绍常见仪器分析方法的基本原理、仪器装置、定性定量方法及适用范围。全书共 14 章，内容有：紫外-可见吸收光谱法、原子发射光谱分析法、原子吸收光谱分析法、电位分析法、伏安分析法、电泳分析法、气相色谱法、高效液相色谱法、红外光谱分析法、核磁共振波谱分析法、质谱分析法、X 射线分析法及流动注射分析法。

本书可作为高等工科院校化工、轻化、制药、食品、材料、生化、环境及应用化学等专业仪器分析课程的教材，也可供农、林、医和其他相关专业师生及企业和科研单位的有关人员参考。

图书在版编目（CIP）数据

仪器分析/田丹碧主编. —2 版. —北京：化学工业出版社，2015.3（2024.7 重印）
“十二五”普通高等教育本科规划教材
ISBN 978-7-122-22591-7

Ⅰ.①仪…　Ⅱ.①田…　Ⅲ.①仪器分析-高等学校-教材　Ⅳ.①O657

中国版本图书馆 CIP 数据核字（2014）第 300595 号

责任编辑：杨　菁　　　　文字编辑：刘志茹
责任校对：边　涛　　　　装帧设计：韩　飞

出版发行：化学工业出版社（北京市东城区青年湖南街 13 号　邮政编码 100011）
印　　装：北京盛通数码印刷有限公司
787mm×1092mm　1/16　印张 23½　字数 571 千字　　2024 年 7 月北京第 2 版第 8 次印刷

购书咨询：010-64518888　　　　售后服务：010-64518899
网　　址：http://www.cip.com.cn
凡购买本书，如有缺损质量问题，本社销售中心负责调换。

定　　价：69.00 元

前言

本书作为应用化学、化工、材料、生化、环境、轻化、制药及食品等各院系和专业的仪器分析基础课教材，自 2004 年出版以来，得到了广大读者的厚爱。目前已连续印刷 7 次，总印数近 20000 册。本次修订尽量保持了教材的原版特色，在不改变其组织结构和内容体系的前提下，对内容进行了修订和充实。本次修订包括：①对第一版中出现的掉字、漏字、符号错误等进行修改，对个别章节的公式推导以及习题的叙述进行了完善，力求做到概念正确、数字精准、推导合理；②自制更新了一些图例，让图例与文字表述更相契合，使读者能够更为明晰和深刻地理解相关内容；③增加少量与基础应用相关内容，将作者在科研中所取得的成果或获得的相关知识介绍给读者。

对笔者来说，再版旧作与完成新作同样喜悦和具有成就感。时间和数量是考量一部教材的指标，读者的认可是对我的鼓励和鞭策，让我有信心埋头做实事，真诚严谨地对待仪器分析这门发展迅速的科学。

借本书再版之际，感谢南京工业大学教务处领导的关心和支持，感谢理学院施庆生副院长、张蔚雯女士的热情建议和帮助，本书获得南京工业大学 2014 年度校级精品教材建设重点项目立项；感谢化学工业出版社的领导和编辑，从首次出版到如今再版，化工出版社领导及编辑都一直给予本书关注和指点；感谢南京工业大学理学院俞斌教授，他的鼎力支持成就了本书；最后还要感谢我的研究生们，对本书的校对、制图等方面做了许多的细致而具体的工作。本书的顺利再版，凝聚着众人诸多的心血，如果它能对仪器分析学科有益，就是我们大家的心愿了。

限于学识水平与能力，虽然笔者在本次修订过程中力求严谨和正确，但不足之处在所难免，殷切希望得到广大读者的批评指正。

田丹碧
2014 年 6 月 26 日

第一版前言

科学技术的高度发展和进步，给分析化学提出了许多新问题，也促进了分析方法的不断完善和更新。信息时代的到来，计算机的广泛使用，使分析化学成为发展和应用各种方法、仪器和策略以获得有关物质空间、时间方面组成和性质的一门科学，它已从过去以经典的化学分析为主转变成为现在以仪器分析为主的现代分析方法。仪器分析是一门需要有生物学、材料学、医学、电子学等各个方面的专业知识的交叉学科，它作为分析化学的重要组成部分也因此越来越受到重视和加强。

南京工业大学理学院长期开设《仪器分析》课程，近年来授课范围更是扩展到包括全校化工、材料、环境、轻化、安全、制药、生物工程等各个院系和专业。随着高等学校教育和改革的深入，培养基础扎实、知识广博、能够理论联系实际、有较强动手能力的高素质人才已成为大学教育追求的目标。因此改革教学内容和体系，使其更好地体现基础内容和专业需要的结合，是非常必要的。

考虑到仪器分析方法、技术和仪器的迅速发展，结合本校各专业的实际情况，本书的编者们在长期教学实践的基础上，编写了这本《仪器分析》教程。作为仪器分析基础课的教材，编者在系统介绍各种常见分析方法的基础上，还力图反映仪器分析的新变化以及各种仪器分析方法在化工、环保、生物及医学等方面的应用，文字力求简明扼要，深入浅出，有利于培养学生的自学能力和探索精神。在内容取舍上，考虑本校各有关专业所具有的一些特点，将重点放在工业分析中常见的仪器方法上，介绍了各种方法的基本原理、仪器设备、方法特点及适用范围，并增加了生物分离中常用的电泳分析、在线分析中常用的流动注射以及近年来应用比较广泛的联用技术等内容，体现基础性、学术性和前沿性的统一。教师在进行教学时可根据不同专业的需要，调整教学内容。

作为南京工业大学理学院教学改革的内容之一，本书的编写受到了理学院领导的大力支持，各位教师也在繁忙的工作之中抽出时间参加了本书的编写工作。全书共分 14 章，参与执笔编写的有：南京工业大学理学院俞斌（第 1、第 11、第 13 章），姚成（第 9、第 10、第 12 章），田丹碧（第 5~ 8 章），陈国松（第 3、第 4 章）和张红漫（第 2、第 14 章）。全书由田丹碧负责统稿协调工作。研究生姜小东参加了插图的绘制工作。

由于编者水平有限，书中难免存在错误和不足，敬请读者批评指正。

编　者

于南京工业大学

2004 年 2 月

仪器分析
YIQI FENXI

目录

1 仪器分析概论

2 紫外-可见吸收光谱法

3　原子发射光谱分析法

4　原子吸收光谱分析法

5 电位分析法

6 伏安分析法

7 电泳分析法

8 气相色谱法

9 高效液相色谱法

10 红外光谱分析法

11　核磁共振波谱分析法

12 质谱分析法

13　X射线分析法

14 流动注射分析法

附录　各种不同结构的质子的化学位移

1 仪器分析概论

1.1 分析化学的类别

分析化学是研究物质的组成、状态和量的科学，是人们探索物质世界的重要手段。可以说，没有分析化学谈不上对化学世界的深入研究。

分析化学从手段方面考虑可分为两大类。

1.1.1 化学分析

化学分析是根据物质的化学反应行为以及物质的溶液理论建立起的一整套分析化学的理论及实验技术的总和。天平和常用的玻璃器皿是常用的实验仪器。它可以定性地确定某些物质组成的元素，利用某些特殊的化学反应可以判断有机化合物中某种官能团的存在。

化学分析方法更重要的作用是对某些物质进行定量分析。在符合化学分析要求的条件下，该方法的相对误差小、准确度高、重现性也较好，属常量分析。

化学分析方法还有一个特点是费用低廉、操作易掌握，因此它仍为许多部门推崇，可以说化学分析室分布极广、涉及面极大。

1.1.2 仪器分析

随着现代科学技术的迅猛发展，仅仅靠化学分析法已不能满足现实的需要。从20世纪60年代开始，仪器分析方法迅速崛起，使分析化学对物质世界的“认识”产生了一个划时代的飞跃。解决了许多化学分析法根本无法解决的难题，尤其是对瞬时状态、物质结构、表面状况、形貌及动态分析等。仪器分析法的诞生和发展推动和助长了诸如生命科学、环境科学、材料科学、电子信息科学和化学等飞跃发展，使其获得了前所未有的成果。

仪器分析方法大多是应用物质的物理特性进行分析，许多分析方法可达到无损分析，这对于样品十分精贵的情况特别有利。仪器分析所要求的样品量特别小，有的只需1μg，甚至更小，因此灵敏度很高，可以测到10^{-15} g，甚至更小的含量，属于微量分析或痕量分析。仪器分析具有简便、快速、易于实现自动操作的特点。虽然仪器组成复杂，但操作起来只需按各个旋钮即可，就像操作电视机一样，无需繁杂的化学实验操作。有的仪器分析方法干扰比较多，做定量分析时准确度不够高，相对误差一般在百分之几的范围内，是化学分析的10倍左右。

仪器分析方法和电学、光学、电子学、计算机技术密不可分。许多仪器分析方法都是从物理学中的光学、电学等发展出来的，同时它又扩展了物理学在这些学科的应用领域，将化学和物理更紧密地结合在一起了。

因此仪器分析作为化学、化工、材料、环境、生命学科等专业学生的必修课是十分重要的。

1.2 仪器分析法的类别

能够精确测试的、表征物质的物理的、化学的或物理化学性质的参数都可以作为仪器分析测量该物质的依据。按照仪器分析所利用物质的物理或化学特性及信号的类别，可将仪器分析分为光学分析法、电化学分析法、热分析法、放射化学分析法、质谱法和分离分析法。

1.2.1 光学分析法

光学分析法是仪器分析法中涉及面最广、用途最大、仪器类型最多的一类分析方法。总的来说可包括光谱法和非光谱法两类。这类分析法主要包括以下类型。

(1) 光度吸收法　利用各类粒子或官能团有选择性地吸收光的能量跃迁到相应的激发态，使某个波长光的强度下降，利用这种光强度的下降与吸光粒子或官能团浓度间的定量关系，对吸光粒子或官能团进行定量分析。当然也可以按照吸光度与光波长的关系图（光谱）进行定性。但要注意，在许多情况下，这种定性并不完全具备充分必要性。

根据吸光的不同，这类方法又可分为：可见光分光光度法、原子吸收分光光度法、紫外分光光度法、红外分光光度法、拉曼光谱法、核磁共振法等。

(2) 发光光度法　利用各类粒子或官能团吸收能量后跃迁到激发态，然后迅速地以辐射的方式跃迁回基态，而发出一定波长的光，或以其他方式发光，仪器测定这种光的波长和强度可进行定性和定量分析。

这类分析方法常见的有：发射光谱法（主要用于金属元素的定性和半定量）、火焰发射光谱法、原子荧光光谱法、分子荧光和磷光法、X 射线光谱法、X 射线荧光法、电子能谱法等。

(3) 其他光分析法　利用波长特征以外的光子信息，如光的反射、折射、干涉、衍射和偏振。这类方法有：折射法、干涉法、散射浊度法、旋光法、X 射线衍射法、电子衍射法等。

1.2.2 电化学分析法

电化学分析法是利用物质及其溶液的电学和电化学性质进行分析的方法。一般地，它是使待测成分的试样溶液构成一个化学电池，这些化学电池可以是原电池也可以是电解池，然后测得这类电池的某些物理量，如两极间的电位差或电流强度、电量、电阻等来确定被测物质的量。电化学分析法可以分为两种类型。

(1) 无净电流流动的电化学法　在这类方法中，以电位分析法为代表。该方法在测试过程中测量的是基本上不引起电解或者无电流流过的平衡体系。比较典型的代表方法有电位测定法、电位滴定法、电导滴定法、离子选择性电极分析法等，尤其是离子选择性电极分析法的应用面非常广。

(2) 有净电流流动的电化学法　当有净电流通过平衡体系时，就会破坏原有平衡，在这种平衡被破坏的过程中监测流过体系的总电流、总电压等物理参数的变化或者析出的金属质量来确定被测物质的量。这类方法有各种伏安法、极谱法、循环伏安法、线性扫描伏安法、库仑法、电重量法等。

电化学分析法灵敏度和准确性都较高、适用面较广、理论基础也非常完善。由于在测定过程中得到的是电信号，因此，也较容易实现自动化和连续分析。但条件要求较严，干扰较多。

1.2.3 热分析法

热分析法一般是利用物质的传热性能的不同以获得所需的测量参数，然后将这种参数转化为电信号以达到分析的目的。

热分析法可分为两大类。

（1）热重量分析法　利用物质在不同的温度下会产生物理过程或化学反应过程而导致该物质的质量发生变化，通过质量变化量与温度的函数关系而达到分析该物理过程或化学反应过程的目的。

（2）差热分析法　利用样品与参比物的传热性能的不同，使得在同样供热条件下样品与参比物的温度会产生差异，将这种温度差作为信号，达到对样品进行定量和定性分析的目的。

1.2.4 放射化学分析法

放射化学分析法是通过对被测物质放射性的测定取得物质的组成的定性和定量的信息。这种分析方法与其他分析方法的差别在于，此方法是利用试样产生的放射性或者向试样中加入放射性物质。

这种方法还可用放射性元素作为示踪元素，研究一些化合物或元素在自然界或生物体内的代谢过程、循环过程及机理，这对考古学、生物学、环境科学的研究都有很大的意义。

1.2.5 质谱法

质谱法是将待测物质置于离子源中被电离而形成各种带电离子碎片。这些碎片通过加速器而达到按荷质比分离的目的，依据谱线的位置和强度可以建立分析法。

由于质谱法获得的信息是具有化学本性的，所以它在现代结构分析法中特别值得注意。质谱所产生的信号是化学反应的直接结果，而不是构成其他大多数波谱法特征的能态变化的结果。

质谱仪现在还可以和色谱等分离仪器联用，可产生更好的效果。

1.2.6 分离分析法

分离分析法最重要的功能是分离，因此它可以排除分析样品中的干扰。分离分析法是利用被测样品中各被测组分对被称为固定相的物质的分配性能或溶解性能的差异而使各组分达到相互分离的方法。可分为以下四大类。

（1）气相色谱　固定相可以是固体或液体，被分离组分一定是气态。在有机化合物的分离中尤其是对小分子量易挥发的样品常常使用。

（2）液相色谱　固定相可以是固体或液体，被分离组分是液相。这类色谱还包括薄层色谱、纸色谱、柱层析等类方法，它是分离液态物质最有效的方法。

（3）离子色谱　液动相是液体，并且要保证被分离物质能电离形成离子。通过这种色谱，原则上可将各种离子分离。主要样品为无机化合物和部分有机化合物。离子交换法从原理上讲也应属于离子色谱法。

特别要强调的是，分离分析法主要功能是分离。分离后组分的测定仍旧是光分析法、电分析法或热分析法。

（4）电泳法　电泳法是利用荷电粒子的淌度差异而建立的分离分析方法。在外加电场下，在同一体系中，荷电粒子淌度的差异导致不同的泳动速度而达分离的目的。

1.3 仪器分析的进展

第二次世界大战后，物理学和电子技术的发展逐渐渗透到分析化学中，许多新兴产业的出现，对分析化学提出了新的要求。反过来，其他学科的发展也为分析化学的发展提供了良好的基础。有许多科学家为现代仪器分析技术的建立做出了重要贡献，有不少人因此获得诺贝尔奖，其中的代表性人物见表 1-1。

表 1-1 获诺贝尔奖的仪器分析项目及科学家

获奖人	项目内容	获奖时间
W. H. Bragg[英] W. L. Bragg[英]	应用 X 射线研究晶体结构(物理奖)	1915 年
F. W. Aston[英]	用质谱法发现同位素并用于定量分析(化学奖)	1922 年
F. Pregl[奥地利]	开创有机物质微量分析方法(化学奖)	1923 年
F. Bloch[美] E. M. Purcell[美]	发明核磁的测定方法(物理奖)	1952 年
A. J. P. Martin[英] R. L. M. Synge[英]	开创气相色谱分析法(化学奖)	1952 年
J. Heyrovsky[捷克]	开创极谱分析法(化学奖)	1959 年
R. Yalow[美]	开创放射免疫分析法(生理医学奖)	1977 年
K. M. Siegbahn[瑞典]	发展高分辨电子光谱学(物理奖)	1981 年

生命科学研究的发展，需要对多肽、核酸等生物大分子进行分析，对微量的生物活性物质如单个细胞内神经传递物质的分析，对生物活体进行分析等。而质谱在扩张质量范围、提高灵敏度、软电离技术方面的发展越来越可适用于生物分子及热不稳定化合物的测定。电化学微型电极的出现产生了电化学探针，可用来检测细胞内的物质，如动物脑神经传递物质的扩散过程，进行活性分析。高效液相色谱和毛细管电泳的发展为多肽、蛋白质、核酸等生物大分子的分离制备、提纯提供了可能。

材料科学的发展需对组成材料的各类原子的微观、层次的特定排列、空间分布进行分析，表面分析、微区分析、能谱分析是这类分析的重要手段。

红外遥感技术在大气污染、烟尘排放、导弹和火箭飞行的尾气的测定方面有独到的功能。

仪器联用技术的发展已成为当今仪器分析的重要发展方向。特别是将分离仪器如各种色谱和各种检测仪器，如红外光谱、质谱、核磁共振等联用，汇集了各自的优点，也弥补了各自的不足，能更好地完成分析目标的实现。

信息的采集和处理是仪器分析的另一个发展方向。各类传感器的研究就有了用武之地。例如，光导纤维化学传感器和各种生物传感器的研究正方兴未艾。信息的处理主要依靠计算机来进行，各种处理方法和计算方法的应用朝着更准确、更快速、智能化的方向前进。这种分析信息的采集和高速处理使过去许多人工难以完成的任务，可以实现自动化。图谱的快速检索一直是一个比较麻烦的难题。它的完成和完善必将极大地推动合成化学的发展。

分析仪器的智能化可以让分析工作者摆脱复杂的、重复的、冗长而枯燥的操作，能集中精力开展创造性的工作。仪器分析从它的出现到现在，一直处于不断地发展中，随着各种学科的相互渗透，新的方法和技术将会不断出现。仪器分析将为人类认识自然、利用自然、更好地与自然和睦相处做出新的贡献。

2 紫外-可见吸收光谱法

紫外-可见吸收光谱法（ultraviolet-visible spectrophotometry，UV-Vis）是研究波长范围在200～800nm光区内的分子吸收光谱的一种常用分析方法。该法灵敏度和选择性较好，所使用的仪器设备简单，广泛应用于无机和有机物质的定性和定量测定。

2.1 光学分析法概述

光学分析法是根据物质发射、吸收电磁辐射以及物质与电磁辐射的相互作用来进行分析的一类仪器分析方法。电磁辐射按其波长分布可划分为如下不同的区域。

γ射线：＜10pm。

X射线：10^{-2}～10nm。

光学区：10～1000μm。

其中，远紫外区：10～200nm。

近紫外区：200～380nm。

可见光区：380～780nm。

近红外区：0.78～2.5μm。

中红外区：2.5～50μm。

远红外区：50～1000μm。

微波：0.1cm～1m。

无线电波：＞1m。

光学分析涉及了以上所有波长区域，其方法通常可分为光谱方法和非光谱方法两大类。

(1) 光谱方法　光谱方法是基于辐射的波长及强度测量的方法。通常需要测定试样的光谱，由于其光谱的产生是基于物质原子或分子的特定能级的跃迁所产生的，因此根据其特征光谱的波长可进行定性分析；同时，光谱的强度又与物质的含量有关，因而可进行定量分析。本章所讨论的紫外-可见分光光度法就是在紫外-可见光区测定物质对光的吸收强度来进行定量分析的方法。

根据电磁辐射的本质，光谱方法可分为分子光谱及原子光谱。紫外-可见分光光度分析、荧光光谱分析及红外吸收光谱分析等均属于分子光谱，而原子发射光谱分析和原子吸收光谱分析则属于原子光谱。

根据辐射能量传递的方式，光谱方法又可分为发射光谱、吸收光谱、荧光光谱及拉曼光谱等。

(2) 非光谱方法　这类光学分析方法主要是利用电磁辐射与物质的相互作用所引起的电磁辐射在方向上的改变或物理性质的变化来进行分析的。它不涉及光谱的测定，即不涉及能级的跃迁。主要利用辐射的折射、反射、色散、散射、干涉及偏振等现象，如比浊法、折射法、偏振法、旋光色散法及X射线衍射等。

2.2 紫外-可见吸收光谱的产生及基本原理

2.2.1 物质对光的选择性吸收

分子的紫外-可见吸收光谱是基于分子内电子跃迁产生的吸收光谱进行分析的一种常用的光谱分析方法。当某种物质受到光的照射时，物质分子就会与光发生碰撞，其结果是光子的能量传递到了分子上。这样，处于稳定状态的基态分子就会跃迁到不稳定的高能态，即激发态：

$$\text{M(基态)} + h\nu \longrightarrow \text{M}^*\text{(激发态)}$$

这就是物质对光的吸收作用。

由于物质分子的能量是不连续的，即能级是量子化的。只有当入射光的能量（$h\nu$）与物质分子的激发态和基态的能量差相等时才能发生吸收，即：

$$\Delta E = E_2 - E_1 = h\nu = \frac{hc}{\lambda}$$

而不同的物质分子因其结构的不同而具有不同的量子化能级，亦即不同的物质分子其 ΔE 不同，故对光的吸收也不同。

测量某种物质对不同波长单色光的吸收程度，以波长为横坐标，吸光度为纵坐标作图，可得到一条曲线，称为吸收光谱曲线或光吸收曲线，它反映了物质对不同波长光的吸收情况。图 2-1 是高锰酸钾溶液的吸收光谱。图中可见，在可见光范围内，$KMnO_4$ 溶液对波长 525nm 附近黄绿光的吸收最强，而对紫色和红色光的吸收很弱。可见光区物质颜色和吸收光颜色之间的关系如表 2-1 所示。光吸收程度最大处的波长叫做最大吸收波长，用 λ_{max} 表示。$KMnO_4$ 溶液的 $\lambda_{max}=525$nm。对于不同物质，吸收曲线形状不同，λ_{max} 也有差别，可用紫外-可见吸收光谱定性确定。同一种吸光物质，浓度不同时，吸收曲线的形状相同，λ_{max} 不变，只是相应的吸光度大小不同（见图 2-1），这也是紫外-可见吸收光谱定量的依据，其定量关系符合朗伯-比耳定律。

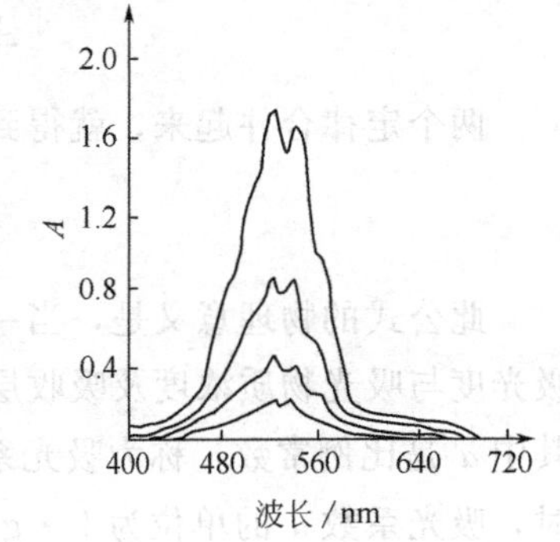

图 2-1 $KMnO_4$ 溶液的吸收光谱

表 2-1 可见光的吸收与颜色

波长/nm	颜色		波长/nm	颜色	
	吸收的	观察到(透过)的		吸收的	观察到(透过)的
380～435	紫	黄绿	560～580	黄绿	紫
435～480	蓝	黄	580～595	黄	蓝
480～490	绿蓝	橙	595～650	橙	绿蓝
490～500	蓝绿	红	650～780	红	蓝绿
500～560	绿	红紫			

2.2.2 朗伯-比耳定律

紫外-可见分光光度法的定量依据是朗伯-比耳定律。如图 2-2 所示，当一束平行的单色

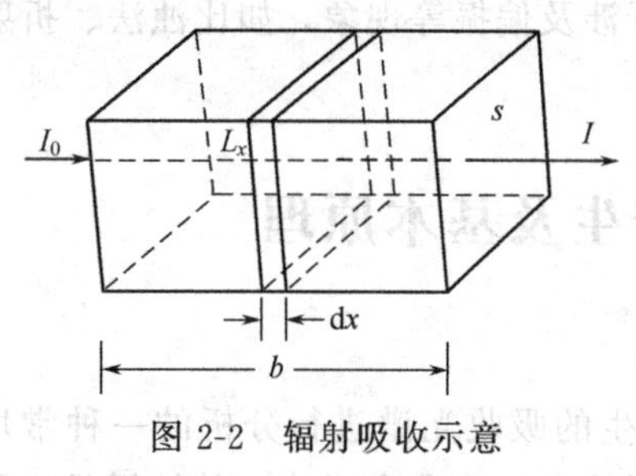

图 2-2　辐射吸收示意

光通过含有吸光物质的溶液时，由于溶质吸收光能，透过溶液后光线的强度要减弱。透过光强度 I 与入射光强度 I_0 之比（以 T 表示）称为透光率或透光度：

$$T=\frac{I}{I_0} \tag{2-1}$$

T 越大，表示它对光的吸收越小；反之，T 越小，表示它对光的吸收越大。

透光率倒数的对数称为吸光度 A：

$$A=\lg\frac{1}{T}=\lg\frac{I_0}{I} \tag{2-2}$$

A 代表了溶液对光的吸收程度，为无量纲量；A 越大，则吸光物质对光的吸收越大。

1760 年朗伯指出，如果溶液浓度一定，则光的吸收程度 A 与溶液液层的厚度 b 成正比，即朗伯定律：

$$A=\lg\frac{I_0}{I}=k_1b(k_1\text{ 为比例常数}) \tag{2-3}$$

1852 年比耳又指出，当单色光通过液层厚度一定的含吸光物质的溶液时，溶液的吸光度 A 与溶液的浓度 c 成正比，即比耳定律：

$$A=\lg\frac{I_0}{I}=k_2c(k_2\text{ 为比例常数}) \tag{2-4}$$

两个定律合并起来，就得到朗伯-比耳定律：

$$A=\lg\frac{I_0}{I_t}=abc \tag{2-5}$$

此公式的物理意义是，当一束平行的单色光通过均匀的含有吸光物质的溶液后，溶液的吸光度与吸光物质浓度及吸收层的厚度成正比。这是紫外-可见分光光度法定量分析的基础。其中 a 是比例常数，称为吸光系数。当浓度 c 以 $g \cdot L^{-1}$ 为单位，液层厚度 b 以 cm 为单位时，吸光系数 a 的单位为 $L \cdot g^{-1} \cdot cm^{-1}$。

若溶液浓度以 $mol \cdot L^{-1}$ 表示，则此时的吸光系数称为摩尔吸光系数 ε，则：

$$A=\lg\frac{I_0}{I}=\varepsilon bc \tag{2-6}$$

式中，ε 表示吸光物质的浓度为 $1mol \cdot L^{-1}$、液层厚度为 1cm 时溶液的吸光度，单位为 $L \cdot mol^{-1} \cdot cm^{-1}$。由于不能直接测量 $1mol \cdot L^{-1}$ 高浓度吸光物质的吸光度，因而 ε 只能通过计算求得。它是各种吸光物质对一定波长单色光吸收的特征常数。ε 越大，表示该物质对此波长光的吸收能力越大。

溶液中吸光物质的浓度常因离解等化学反应而改变，在实际工作中并不知道吸光物质的真正浓度，因而只能用被测物质的总浓度代替吸光物质的真实浓度，这时得到的 ε 值是条件(表观) 摩尔吸光系数 (ε')。

在多组分体系中，如果各种吸光物质之间没有相互作用，体系的总吸光度等于各组分吸光度之和，即吸光度具有加和性：

$$A=A_1+A_2+\cdots+A_n=\varepsilon_1bc_1+\varepsilon_2bc_2+\cdots+\varepsilon_nbc_n \tag{2-7}$$

这个性质对于理解紫外-可见分光光度法的实验操作和应用都有着很重要的意义。

2.2.3 偏离比耳定律的原因

根据比耳定律，当波长和强度一定的入射光通过光程长度固定的吸光物质溶液时，吸光度与吸光物质溶液的浓度成正比。通常在紫外-可见分光光度分析中需要绘制标准曲线，但在实际工作中，特别是在溶液浓度较高时，常会出现标准曲线不成直线的现象，即偏离比耳定律。

引起偏离比耳定律的主要原因是目前仪器不能提供真正的单色光以及吸光物质性质的改变，并不是定律本身不严格所引起的。因此这种偏离只能称为表观偏离，主要原因讨论如下。

（1）非单色光引起的偏离　严格地讲，比耳定律只适用于单色光。而单色光仅是一种理想情况，由棱镜或光栅等单色器提供的入射光并非纯的单色光，而是波长范围较窄的光谱带（此波长范围即谱带宽度），实际上仍是复合光。由于吸光物质对不同波长光的吸收程度不同，因而入射光是复合光时就会发生对比耳定律的偏离。为简便计，假设入射光仅由两种波长 λ_1、λ_2 的光组成，两种波长下比耳定律均适用。

对 λ_1：
$$A'=\lg\frac{I'_0}{I_1},I_1=I'_0\times10^{-\varepsilon_1 bc}$$

对 λ_2：
$$A''=\lg\frac{I''_0}{I_2},I_2=I''_0\times10^{-\varepsilon_2 bc}$$

测定时入射光强度为 $(I'_0+I''_0)$，透射光强度为 (I_1+I_2)，因此，所得吸光度为：

$$A=\lg\frac{(I'_0+I''_0)}{(I_1+I_2)} \tag{2-8}$$

或

$$A=\lg\frac{(I'_0+I''_0)}{(I'_0\times10^{-\varepsilon_1 bc}+I''_0\times10^{-\varepsilon_2 bc})} \tag{2-9}$$

当 $\varepsilon_1=\varepsilon_2$ 时，$A=\varepsilon bc$，A 与 c 成直线关系。如果 $\varepsilon_1\neq\varepsilon_2$，$A$ 与 c 则不成直线关系。两者差别越大，吸光度与浓度间线性关系的偏离也越大。其他条件一定时，ε 值随入射光的波长而变化。实验证明，若能选用一束吸光度随波长变化不大的复合光作入射光来进行测定，则由于 ε 值随波长变化不大，所引起的偏差就较小，标准曲线基本上成直线。如图 2-3 所示，图(a) 为吸收曲线与选用谱带的关系，图(b) 为工作曲线。用谱带 a 进行测量时，由于吸光度随波长的变化较小，ε 值变化较小，工作曲线为一直线；若用谱带 b 进行测量，ε 值变化大，工作曲线明显偏离线性。因此，在选用波长时要注意选用吸光度随波长变化较小的部分。由此可见，紫外-可见分光光度分析并不严格要求用很纯的单色光，只要入射光所包含的波长范围在被测溶液的吸收曲线较平直部分，也可得到较好的线性关系。

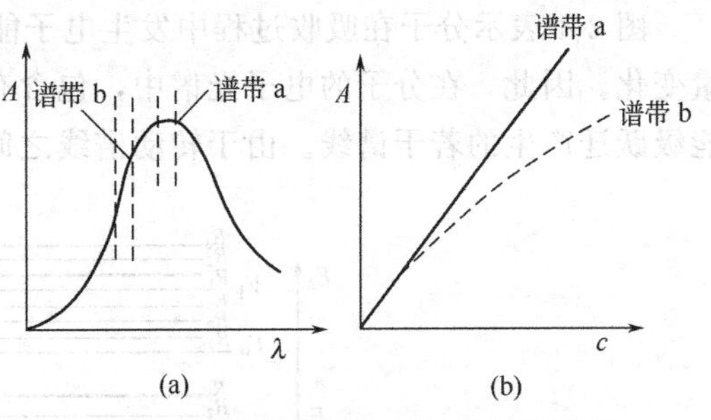

图 2-3　复合光对朗伯-比耳定律的偏离

（2）由于溶液本身的化学和物理因素引起的偏离

① 由于介质不均匀性引起的偏离　当被测试液是胶体溶液、乳浊液或悬浮物质时，入射光通过溶液后，除了一部分被试液吸收外，还有一部分因散射现象而损失，导致偏离。

② 由于溶液中的化学反应引起的偏离　朗伯-比耳定律的基本假设，除要求入射光是单

色光外，还假设吸收粒子是独立的，彼此之间无相互作用，通常稀溶液能很好地服从该定律。在高浓度时由于吸收组分粒子间的平均距离减小，以致每个粒子都可影响其邻近粒子的电荷分布，这种相互作用可使其吸光能力发生变化。由于相互作用的程度与浓度有关，随浓度增大，吸光度与浓度间的关系就偏离线性关系。所以一般认为比耳定律仅适用于稀溶液。

另一方面，溶液中由吸光物质等构成的化学体系中，常因条件的变化形成新的化合物而改变吸光物质的浓度，如吸光组分的离解、缔合，络合物的逐级形成，以及与溶剂的相互作用等，都将导致偏离比耳定律

例如：$K_2Cr_2O_7$ 在水溶液中存在如下平衡：

$$Cr_2O_7^{2-}+H_2O \rightleftharpoons 2H^+ +2CrO_4^{2-}$$

如果稀释溶液或增大溶液 pH，$Cr_2O_7^{2-}$ 就转变成 CrO_4^{2-}，吸收质点发生变化，引起偏离。若控制溶液均在低 pH 时测定，由于六价铬均以重铬酸根形式存在，就不会引起偏离。

2.3 分子结构与紫外-可见吸收光谱

2.3.1 分子的电子光谱

分子和原子一样，也有它的特征分子能级。分子内部的运动可分为价电子运动，分子内原子在平衡位置附近的振动和分子绕其中心的转动。因此分子具有电子（价电子）能级、振动能级和转动能级。分子对电磁辐射的吸收是分子总能量变化的和，即 $E=E_{el}+E_{vib}+E_{rot}$，式中 E 代表分子的总能量，E_{el}、E_{vib} 和 E_{rot} 分别代表电子能级、振动能级以及转动能级的能量。分子从外界吸收能量后，就能引起分子能级的跃迁，即从基态能级跃迁到激发态能级。由于三种能级跃迁所需要的能量不同，所以需要不同波长的电磁辐射使它们跃迁，即在不同的光学区出现吸收谱带。

图 2-4 表示分子在吸收过程中发生电子能级跃迁的同时，伴随振动能级和转动能级的能量变化。因此，在分子的电子光谱中，包含有不同振动能级跃迁产生的若干谱带与不同转动能级跃迁产生的若干谱线。由于转动谱线之间的间距仅为 0.25nm，即使在气相中，由于分

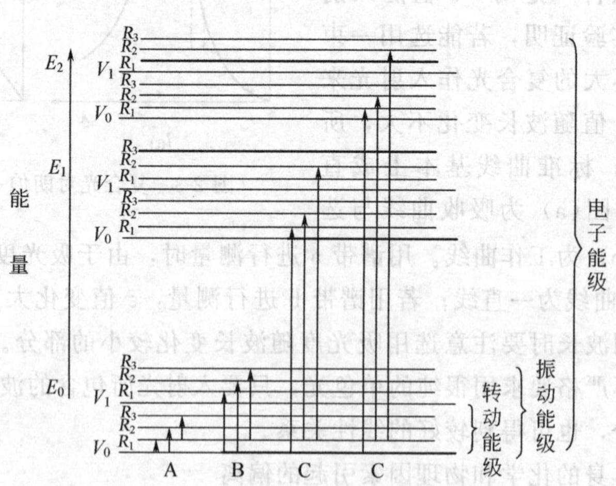

图 2-4 电磁波吸收与分子能级变化

A—转动能级跃迁（远红外区）；B—转动/振动能级跃迁（红外区）；

C—转动/振动/电子能级跃迁（可见、紫外区）

子热运动引起的变宽效应（多普勒变宽）和碰撞变宽效应而产生的谱线增宽也会超过此间距。而在液相中更是如此，常常是转动尚未完成，就发生了分子碰撞，失去激发能。此外，在激发时，分子可以发生解离，而解离碎片的动能是连续变化的。所以，分子的吸收光谱是由成千上万条彼此靠得很近的谱线所组成的，看起来是一条连续的吸收带（而在原子吸收光谱中，由于原子对电磁辐射的吸收只涉及原子核外电子能量的变化，故其吸收光谱是分离的特征锐线）。当分子由气态变为溶液时，一般会失去振动精细结构。当物质分子溶解在溶剂中时，溶剂分子将该溶质分子包围，即溶剂化，从而限制了溶质分子的自由转动，使转动光谱消失。溶剂的极性大，使溶质分子的振动受到限制，由振动引起的精细结构也不出现，分子的电子光谱只呈现宽的带状包封。由于这个原因，分子的电子光谱又称为带状光谱。图2-5是对称四嗪在气态、非极性和极性溶剂中的吸收光谱。

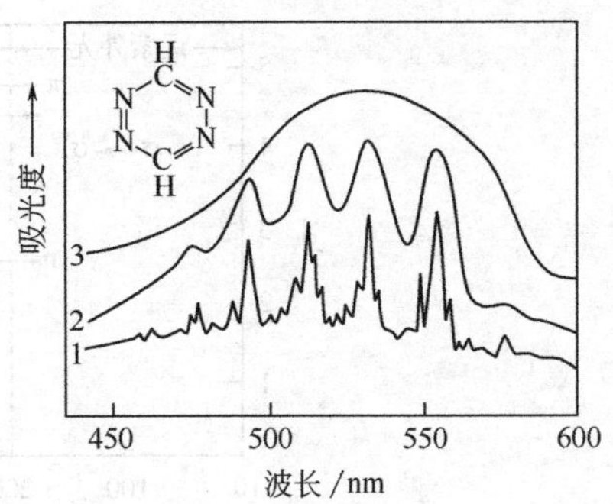

图 2-5　对称四嗪的吸收光谱

曲线 1—蒸气态；

曲线 2—环己烷中；曲线 3—水中

2.3.2　有机化合物分子的电子跃迁和吸收带

紫外-可见吸收光谱是由于分子中价电子的跃迁而产生的。从化学键的性质考虑，与有机物分子紫外-可见吸收光谱有关的价电子是：形成单键σ的电子，形成双键的π电子以及未共享的（或称为非键的）n电子（或称p电子）。当它们吸收一定能量后，这些价电子将跃迁到较高的能级（激发态），此时电子所占的轨道称为反键轨道，这种特定的跃迁是同分子内部结构密切相关的。有机物分子内各种电子的能级高低次序如图2-6所示，其能量大小排序为$\sigma^* > \pi^* > n > \pi > \sigma$（标有*者为反键电子）。

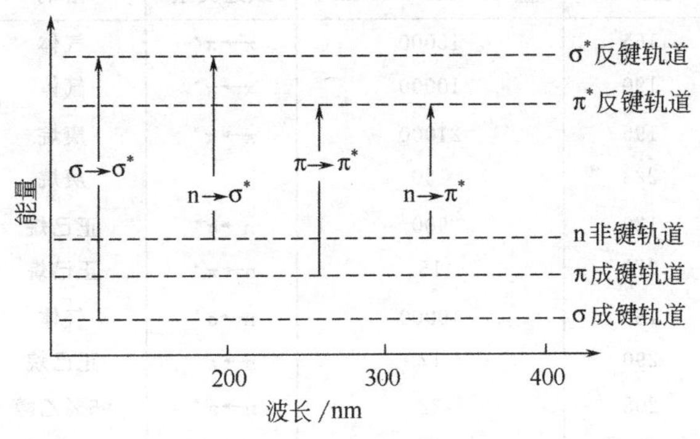

图 2-6　电子能级与电子跃迁示意

$\sigma \to \sigma^*$跃迁所需能量最大，$\lambda_{max} <$ 170nm，位于远紫外区或真空紫外区。由于小于160nm的紫外线要被空气中的氧所吸收，因此需要在无氧或真空中进行测定，一般的紫外-可见分光光度计还不能用来研究远紫外吸收光谱，目前应用不多。饱和有机化合物的电子跃迁在远紫外区。由于这类化合物在200～1000nm范围内无吸收带，在紫外-可见光谱分析中常用作溶剂（如己烷、庚烷、环己烷等）。各种电子跃迁所处的波长范围及强度如图2-7所示。以下就$\pi \to \pi^*$、$n \to \pi^*$和$n \to \sigma^*$的跃迁加以讨论。

（1）$\pi \to \pi^*$和$n \to \pi^*$跃迁的吸收带　有机化合物中由$\pi \to \pi^*$和$n \to \pi^*$产生的吸收带最为有用，其吸收峰在近紫外区或可见光区。由吸收峰波长可以预测未知有机化合物的某些官能团或由有机化合物的结构推算最大吸收波长，详细内容可参阅相关专著。

$\pi \to \pi^*$跃迁和$n \to \pi^*$跃迁所产生的吸收谱带的区别是，前者跃迁概率大，是强吸收带；而$n \to \pi^*$跃迁概率小，是弱吸收带，一般$\varepsilon_{max} < 500 L \cdot mol^{-1} \cdot cm^{-1}$。许多化合物既有π

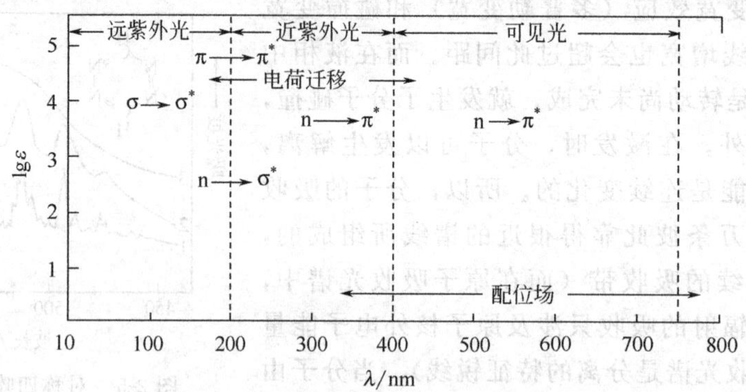

图 2-7　电子跃迁所处的波长范围及强度

电子又有 n 电子，在外来辐射的作用下，既有 $\pi \to \pi^*$ 又有 $n \to \pi^*$ 跃迁。如—COOR 基团，$\pi \to \pi^*$ 跃迁的 $\lambda_{max}=165nm$，$\varepsilon_{max}=4000L \cdot mol^{-1} \cdot cm^{-1}$；而 $n \to \pi^*$ 跃迁的 $\lambda_{max}=205nm$，$\varepsilon_{max}=50L \cdot mol^{-1} \cdot cm^{-1}$。$\pi \to \pi^*$ 和 $n \to \pi^*$ 跃迁都要求有机化合物分子中含有不饱和基团，以提供 π 轨道。这类能产生紫外-可见吸收的官能团，如一个或几个不饱和键：C═C、C═O、N═N、N═O 等，称为生色团（chromophore）。某些常见生色团及相应化合物的吸收特性列于表 2-2 中。

表 2-2　某些常见生色团及相应化合物的吸收特性

生　色　团	化合物举例	λ_{max}/nm	$\varepsilon_{max}/L \cdot mol^{-1} \cdot cm^{-1}$	跃迁类型	溶剂
R—CH═CH—R′(烯)	乙烯	165	15000	$\pi \to \pi^*$	气体
		190	10000	$\pi \to \pi^*$	气体
R—C≡C—R′(炔)	2-辛炔	195	21000	$\pi \to \pi^*$	庚烷
		223	160		庚烷
R—CO—R′(酮)	丙酮	189	900	$n \to \sigma^*$	正己烷
		279	15	$n \to \pi^*$	正己烷
R—CHO(醛)	乙醛	180	10000	$n \to \sigma^*$	气体
		290	17	$n \to \pi^*$	正己烷
R—COOH(羧酸)	乙酸	208	32	$n \to \pi^*$	95%乙醇
R—CONH$_2$(酰胺)	乙酰胺	220	63	$n \to \pi^*$	水
R—NO$_2$(硝基化合物)	硝基甲烷	201	5000		甲醇
R—CN(氰基化合物)	乙腈	338	126	$n \to \pi^*$	四氯乙烷
R—ONO$_2$(硝酸酯)	硝酸乙酯	270	12	$n \to \pi^*$	二氧六环
R—ONO(亚硝酸酯)	亚硝酸戊酯	218.5	1120	$\pi \to \pi^*$	石油醚
R—NO(亚硝基化合物)	亚硝基丁酯	300	100		乙醇
R—N═N—R′(重氮化合物)	重氮甲烷	338	4	$n \to \pi^*$	95%乙醇
R—SO—R′(亚砜)	环己基甲基亚砜	210	1500		乙醇
R—SO$_2$—R′(砜)	二甲基砜	<180			

在简单不饱和有机化合物分子中，若含有几个双键，但它们被两个以上的 σ 单键隔开，这种有机化合物的吸收带位置不变，而吸收带强度略有增加。如果是具有共轭体系的化合物，则原吸收带消失而产生新的吸收带。根据分子轨道理论，共轭效应使 π 电子进一步离域，在整个共轭体系内流动。这种离域效应使轨道具有更大的成键性，从而降低了能量，使 π 电子更易激发，吸收带最大波长向长波方向移动，颜色加深（这种效应称为红移效应），

摩尔吸光系数增大（$\varepsilon_{max}>10^4 L \cdot mol^{-1} \cdot cm^{-1}$）。这种在共轭体系中由 $\pi \to \pi^*$ 跃迁产生的吸收带称为K吸收带（德文 Konjugation，共轭作用）。K吸收带的波长及强度与共轭体系中的双键数目、位置及取代基的种类有关。化合物的共轭双键越多，红移越显著。如单个双键，一般 λ_{max} 为150～200nm，乙烯的 $\lambda_{max}=185nm$，而含有共轭双键的分子，如丁二烯，$\lambda_{max}=217nm$，己三烯，$\lambda_{max}=258nm$。

苯是最简单的芳香族有机化合物，具有环状共轭体系。图2-8为苯在乙醇溶剂中的紫外吸收光谱，其吸收带是由 $\pi \to \pi^*$ 跃迁产生的。苯在185nm处（$\varepsilon_{max}=47000L \cdot mol^{-1} \cdot cm^{-1}$）有一强吸收带，称为 E_1 吸收带；在204nm处（$\varepsilon_{max}=7000L \cdot mol^{-1} \cdot cm^{-1}$）有一较强的吸收带，称为 E_2 吸收带。这两种吸收带是由苯环结构中三个乙烯的环状共轭系统的跃迁产生的，是芳香族化合物的特征吸收。在230～270nm处（$\lambda_{max}=254nm$，$\varepsilon_{max}=200L \cdot mol^{-1} \cdot cm^{-1}$）还有一些较弱的吸收带，称为精细结构吸收带，亦称为B吸收带（德文，Benzenoid 苯的），这是由于 $\pi \to \pi^*$ 跃迁和苯环的振动的重叠引起的。B吸收带的精细结构常用来辨认芳香族化合物。

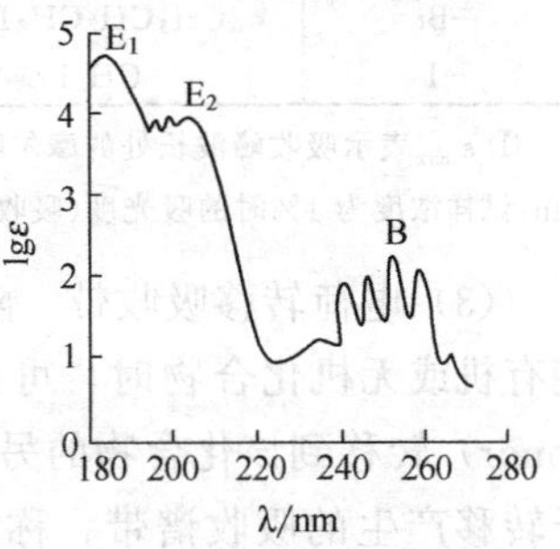

图2-8 苯在乙醇溶剂中的紫外吸收光谱

苯的三个特征吸收带会受苯环上取代基的影响，其中对 E_2 和B吸收带的影响容易观察到。若苯环上有助色团（见下述）如—OH、—Cl等取代，由于n-π共轭使 E_2 吸收带向长波方向移动，一般出现在210nm左右；若有生色团取代而且与苯环共轭（π→π共轭），则 E_2 吸收带与K吸收带合并，其最大吸收波长向长波方向移动且吸收强度增强。当苯环上有取代基时，复杂的B吸收带却简单化，但吸收强度增加，同时最大吸收波长也向长波方向移动。

（2）$n \to \sigma^*$ 跃迁的吸收带　$n \to \sigma^*$ 跃迁也是高能量跃迁，相应的吸收峰波长在200nm附近。

含有未共用电子对的取代基都可能发生 $n \to \sigma^*$ 跃迁，因此，含有S、N、O、Cl、Br、I等杂原子的饱和烃衍生物都出现一个 $n \to \sigma^*$ 跃迁产生的吸收谱带，在较长波长处比相应的饱和烃多一个吸收带。其跃迁所需能量与n电子所属原子的性质关系很大，杂原子的电负性越小，电子越易被激活，激发波长越长。例如甲烷一般跃迁的范围在125～135nm（远紫外区），碘甲烷（CH_3I）的吸收峰则处在150～210nm（$\sigma \to \sigma^*$ 跃迁）及259nm（$n \to \sigma^*$ 跃迁）：

$$\mathrm{H{:}\underset{H}{\overset{H}{C}}{:}\ddot{\underset{..}{I}}{:}}\qquad \circledast\ \sigma \to \sigma^*(150\sim210nm)\qquad \circledast\ n \to \sigma^*(259nm)$$

而 CH_2I_2 及 CHI_3 的吸收峰则分别为292nm及349nm。这种能使吸收峰波长向长波长方向移动，而其本身在200nm以上不产生吸收的杂原子基团称为助色团（auxochrome），如—NH_2、—NR_2、—OH、—OR、—SR、—Cl、—Br、—I等（见表2-3）。

表2-3　助色团在饱和化合物中的吸收峰

助色团	化合物	溶剂	吸收峰波长 λ_{max}/nm	摩尔吸光系数 ε_{max}①/$L \cdot mol^{-1} \cdot cm^{-1}$
—	CH_4,C_2H_6	气态	<150	—
—OH	CH_3OH	正己烷	177	200
—OH	C_2H_5OH	正己烷	186	

续表

助色团	化合物	溶剂	吸收峰波长 λ_{max}/nm	摩尔吸光系数 ε_{max}①/L·mol^{-1}·cm^{-1}
—OR	$C_2H_5OC_2H_5$	气态	190	1000
—NH_2	CH_3NH_2	—	173	213
—NHR	$C_2H_5NHC_2H_5$	正己烷	195	2800
—SH	CH_3SH	乙醇	195	1400
—SR	CH_3SCH_3	乙醇	210,229	1020,140
—Cl	CH_3Cl	正己烷	173	200
—Br	$CH_3CH_2CH_2Br$	正己烷	208	300
—I	CH_3I	正己烷	259	400

① ε_{max}表示吸收峰波长处的摩尔吸光系数，对于相对分子质量不清楚的化合物，可以用$A_{1cm}^{1\%}$来表示，即吸收池厚度为1cm，试样浓度为1%时的吸光度（吸收峰波长处）。

(3) 电荷转移吸收带　除了有机化合物的以上各种跃迁吸收带以外，当外来辐射照射某些有机或无机化合物时，可能发生电子从该化合物具有电子给予体特性部分（称为给体，donor）转移到该化合物的另一具有电子接受体特性的部分（称为受体，acceptor），这种电子转移产生的吸收谱带，称为电荷转移吸收带。电荷转移吸收带涉及的是给体的电子向受体的电子轨道上的跃迁，激发态是这一内部氧化还原过程的产物。电荷转移过程可表示如下：

$$D\cdots A \xrightarrow{h\nu} D^+A^-$$

式中，D与A分别代表电子给体与受体。

例如：

$$Fe^{2+}(H_2O)_n \xrightarrow{h\nu} Fe^{3+}(H_2O)_n^-$$

$$C_6H_5-NR_2 \xrightarrow{h\nu} {}^{-}C_6H_5{=}\overset{+}{N}R_2$$

$$C_6H_5-C(R){=}O \xrightarrow{h\nu} {}^{+}C_6H_5{=}C(R)-O^-$$

在前两例中，Fe^{2+}、—NR_2是电子给体，H_2O、苯环是电子受体。而在最后一例中，苯环是电子给体，氧是电子受体。电荷转移吸收带的一个特点是吸收强度大，$\varepsilon_{max}>10^4$L·mol^{-1}·cm^{-1}，因此利用其进行定量分析灵敏度高。另外，这类高灵敏度结构分子的测定已被广泛应用于分子识别的主体分子设计中。

(4) 配位体场吸收带　过渡金属配合物是有色的，颜色形成的原因是含有d电子和f电子的过渡金属离子可以产生配位体场吸收。过渡金属离子及其化合物有两种不同形式的跃迁，一为电荷迁移跃迁，另一即为配位场跃迁。配位场跃迁包括d-d跃迁和f-f跃迁，这两种跃迁必须在配位体的配位场作用下才有可能发生，主要用于配合物的结构研究。

d-d电子跃迁吸收带是由于d电子层未填满的第一、二过渡金属离子的d电子，在配位体场影响下分裂出的不同能量的d轨道之间的跃迁而产生的。如一些无机过渡金属离子产生的紫外-可见吸收带。依据配位场理论，无配位场存在时，d_{xy}、d_{xz}、d_{yz}、d_{z^2}、$d_{x^2-y^2}$能量简并；当过渡金属离子处于配位体形成的负电场中时，5个简并的d轨道会分裂成能量不同的轨道。不同配位体场，如八面体场、四面体场、正方平面配位体场等使能级分裂不等。在外来辐射激发下，d电子从能量低的轨道跃迁到能量高的轨道时产生配位体场吸收带。一般配位体场吸收带在可见光区，ε_{max}为0.1～100L·mol^{-1}·cm^{-1}，吸收很弱。因此配位体场吸收带较少应用于定量分析上，但可用于研究无机配合物的结构及其键合理论等方面。

镧系和锕系离子 4f 和 5f 电子跃迁产生的 f-f 电子跃迁吸收谱带也出现在紫外-可见区。由于 f 轨道为外层轨道所屏蔽，受溶剂性质或配位体的影响很小，故吸收谱带窄。少数无机阴离子，如 NO_3^-（$\lambda_{max}=313nm$），CO_3^{2-}（$\lambda_{max}=217nm$），NO_2^-（$\lambda_{max}=360nm$、$280nm$）等也有紫外-可见吸收。

2.3.3 影响吸收带的因素

分子结构、溶剂的极性和温度等各种因素都会对吸收谱带产生影响，表现为谱带位移、谱带强度的变化、谱带精细结构的出现或消失等。谱带位移包括蓝移（或称紫移，blue shift 或 hypsochromic shift）和红移（red shift 或 bathochromic shift）。蓝移指吸收峰向短波长移动，红移指吸收峰向长波长移动。吸收峰强度变化包括增色效应（hyperchromic effect）和减色效应（hypochromic effect）。增色效应亦即吸收强度增加，减色效应亦即指吸收强度减小。

（1）π 电子共轭体系的影响　具有共轭双键的化合物，相间的 π 键与 π 键相互作用（π-π 共轭效应）生成大 π 键。由于大 π 键各能级间的距离较近（键的平均化）电子离域到多个原子之间，导致 $\pi\rightarrow\pi^*$ 能量降低，电子容易激发，所以吸收峰的波长增加，生色作用大为加强。同时跃迁概率增大，ε_{max} 增大。共轭双键愈多，红移愈显著，甚至产生颜色（见表 2-4）。据此可以判断共轭体系的存在情况，这是紫外-可见吸收光谱的重要应用。

表 2-4　共轭分子的 $\pi\rightarrow\pi^*$ 跃迁

生色团	化合物举例	λ_{max}/nm	ε_{max}/L·mol^{-1}·cm^{-1}
C═C—C═C	H_2C═CH—CH═CH_2	217	21000
C═C—C═O	CH_3—CH═CH—CHO	218	18000
C≡C—C═O	C_3H_7—CO—C≡CH	214	4500
C═C—C═C—C═C	CH_2═CH—CH═CH—CH═CH_2	258	35000
C═C—C≡C—C═C	CH_2═CH—C≡C—CH═CH—CH(OH)—CH_3	257	17000
$(C═C—C═C)_2$	二甲基辛四烯	296(淡黄)	52000
$(C═C—C═C)_3$	二甲基十二碳六烯	360(黄色)	70000
$(C═C—C═C)_4$	α-羟基-β-胡萝卜素	415(橙色)	210000

（2）空间阻碍的影响　空间阻碍可使共轭分子的共平面性变差而使最大吸收波长蓝移，摩尔吸光系数降低。如二苯乙烯化合物，取代基越大，分子共平面性越差，λ_{max} 蓝移，ε_{max} 减小（表 2-5）。

表 2-5　α-及 α′-位有取代基的二苯乙烯化合物的紫外光谱

R	R′	λ_{max}/nm	ε_{max}/L·mol^{-1}·cm^{-1}
H	H	294	27600
H	CH_3	272	21000
CH_3	CH_3	243.5	12300
CH_3	C_2H_5	240	12000
C_2H_5	C_2H_5	237.5	11000

(3) 取代基的影响　在光的作用下，当有机化合物共轭双键的两端有容易使电子流动的基团（给电子基或吸电子基）时，更容易发生电子的跃迁。给电子基为含有未共用电子对原子的基团，如—NH_2、—OH 等。未共用电子对的流动性很大，能够和共轭体系中的π电子相互作用，引起永久性的电荷转移，形成 n-π 共轭，降低了能量，λ_{max}红移。吸电子基是指易吸引电子而使电子容易流动的基团，如—NO_2、—N(=O)→O、>C=O 等。共轭体系中引入吸电子基团，也产生π电子的永久性转移，λ_{max}红移。π电子流动性增加，光子的吸收分数增加，吸收强度增加。给电子基与吸电子基同时存在时，产生分子内电荷转移吸收，λ_{max}红移，ε_{max}增加。

给电子基的给电子能力顺序为

—$N(C_2H_5)_2$>—$N(CH_3)_2$>—NH_2>—OH>—OCH_3>—$NHCOCH_3$>—$OCOCH_3$>—CH_2CH_2COOH>—H

吸电子基的作用强度顺序为

—$N^+(CH_3)_3$>—NO_2>—SO_3H>—CHO>—COO^->—COOH>—$COOCH_3$>—Cl>—Br>—I

二取代苯的两个取代基在对位时，ε_{max}和波长都较大，而间位和邻位取代时，ε_{max}和波长都较小。例如：

HO—C₆H₄—NO₂（对位）　$\lambda_{max}=317.5nm$

HO—C₆H₄—NO₂（间位）　$\lambda_{max}=273.5nm$

HO—C₆H₄—NO₂（邻位）　$\lambda_{max}=278.5nm$

如果对位二取代苯的一个取代基是给电子基团，而另一个是吸电子基团，红移就非常大。例如：

C_6H_5—NO_2　$\lambda_{max}=269nm$

C_6H_5—NH_2　$\lambda_{max}=230nm$

H_2N—C_6H_4—NO_2　$\lambda_{max}=381nm$

表 2-6 给出了不同取代基对取代苯 π→π* 跃迁吸收特性的影响。

表 2-6　取代苯的 π→π* 跃迁吸收特性

取代苯	K吸收带		B吸收带	
	λ_{max}/nm	ε_{max}/L·mol^{-1}·cm^{-1}	λ_{max}/nm	ε_{max}/L·mol^{-1}·cm^{-1}
C_6H_5—H	204	7400	254	204
C_6H_5—CH_3	207	7000	261	225
C_6H_5—OH	211	6200	270	1450
C_6H_5—NH_2	230	8600	280	1430
C_6H_5—NO_2			269	

续表

取代苯	K 吸收带		B 吸收带	
	λ_{max}/nm	ε_{max}/L·mol^{-1}·cm^{-1}	λ_{max}/nm	ε_{max}/L·mol^{-1}·cm^{-1}
$C_6H_5-COCH_3$			278.5	
$C_6H_5-N(CH_3)_2$	251	14000	298	2100
p-NO_2,OH	317	13000	分子内电荷转移吸收	
p-NO_2,NH_2	381	16800	分子内电荷转移吸收	

(4) 溶剂的影响　溶剂的极性不同，对由 $\pi\to\pi^*$ 和 $n\to\pi^*$ 跃迁产生的吸收带的影响也不同。一般溶剂极性增大，$\pi\to\pi^*$ 跃迁吸收带红移，$n\to\pi^*$ 跃迁吸收带蓝移，如图 2-9 所示。分子吸收辐射能量后，成键轨道上的电子跃迁至反键轨道形成激发态。溶剂极性越大，分子与溶剂的静电作用越强，使激发态稳定，能量降低，即 π^* 轨道能量降低大于 π 轨道能量降低。因此极性溶剂中 $\pi\to\pi^*$ 跃迁的 ΔE 就比在非极性溶剂中为小，产生红移。而产生 $n\to\pi^*$ 跃迁的 n 电子由于与极性溶剂形成氢键，使基态 n 轨道能量大为降低，$n\to\pi^*$ 跃迁能量增大，故 ΔE 增大，吸收带蓝移。例如异亚丙基丙酮的溶剂效应如表 2-9 所示。

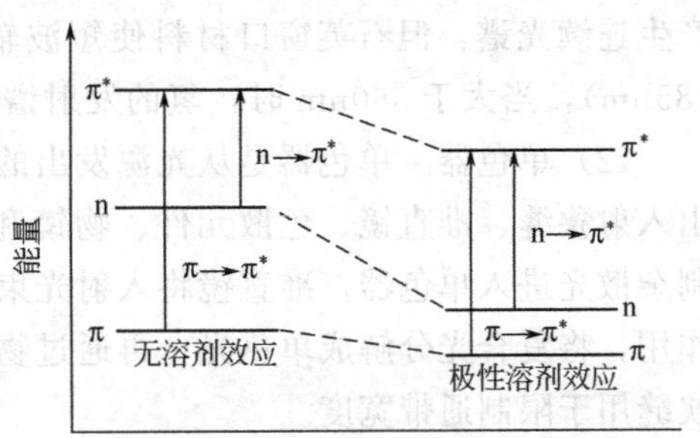

图 2-9　溶剂极性对 $\pi\to\pi^*$ 和 $n\to\pi^*$ 跃迁能量的影响

表 2-7　异亚丙基丙酮的溶剂效应

吸收带	正己烷	氯仿	甲醇	水	迁移
$\pi\to\pi^*$	230nm	238nm	237nm	243nm	向长波移动
$n\to\pi^*$	329nm	315nm	309nm	305nm	向短波移动

2.4 紫外-可见分光光度计

紫外-可见分光光度计一般由光源、单色器、吸收池、检测器以及数据处理及记录（计算机）等部分组成。按光学系统，紫外-可见分光光度计可分为单波长与双波长分光光度计两类。单波长分光光度计又分为单光束和双光束分光光度计。

2.4.1 单波长单光束分光光度计

单波长单光束分光光度计的工作原理如图 2-10 所示。从光源发出的混合光经单色器分光，所获得的单色光通过参比（或空白）吸收池后，照射在检测器上转换为电信号，并调节由读出装置显示的吸光度为零或透光度为 100%，然后将装有被测试液的吸收池置于光路中，最后由读出装置显示被测试液的吸光度值。721 型、722 型及 751 型分光光度计均属于这种类型的分光光度计。

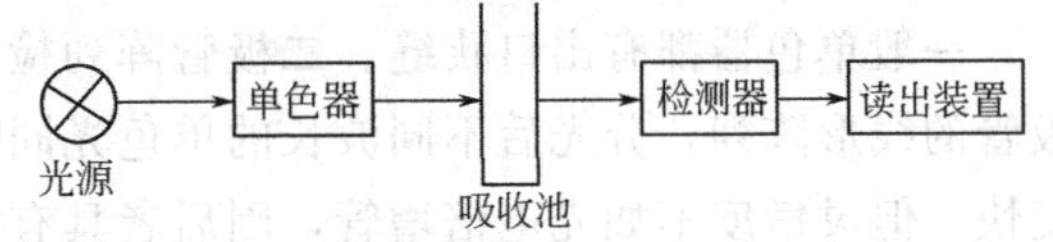

图 2-10　单波长单光束分光光度计的工作原理

紫外-可见分光光度计各基本部件的作用简述如下。

(1) 光源　光源的作用是提供激发能，供待测分子吸收。要求光源能发出足够强的连续光谱，并在一定时间内保持良好的稳定性，且辐射能量随波长无明显变化。但由于光源本身的发射特性及各波长的光在分光器内的损失不同，辐射能量是随波长变化的。通常采用能量补偿措施，使照射到吸收池上的辐射能量在各波长基本保持一致。

紫外-可见分光光度计常采用的光源有热辐射光源和气体放电光源。利用固体灯丝材料高温放热产生的辐射作为光源的是热辐射光源，如钨灯、卤钨灯。钨灯和碘钨灯可使用的范围在 340～2500nm。气体放电光源是指在低压直流电的条件下，氢或氘气放电所产生的连续辐射。一般为氢灯或氘灯，它们在近紫外区测定时使用。它们可在 160～360nm 的范围内产生连续光谱，但石英窗口材料使短波辐射的透过受到限制（石英约 200nm，熔融石英约 185nm），当大于 360nm 时，氢的发射谱线叠加于连续光谱之上，不宜使用。

（2）单色器　单色器是从光源发出的复合光中分离出所需要的单色光的光学装置。通常由入射狭缝、准直镜、色散元件、物镜和出口狭缝构成，如图 2-11 所示。入射狭缝用于限制杂散光进入单色器，准直镜将入射光束变为平行光束后进入色散元件。色散元件起分光的作用，将复合光分解成单色光，再通过物镜将出自色散元件的平行光聚焦于出口狭缝。出口狭缝用于限制通带宽度。

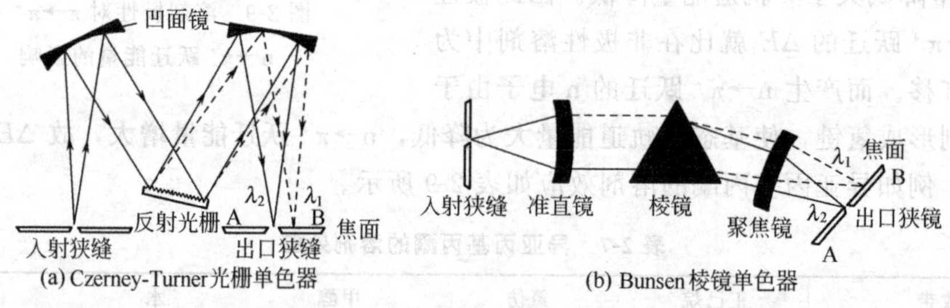

图 2-11　光栅和棱镜单色器构成

（3）吸收池　亦称比色皿，用于盛放分析试样，一般有石英和玻璃材料两种。石英池适用于紫外-可见区的测量，玻璃池只用于可见区。按其用途不同，可以制成不同形状和尺寸的吸收池，如矩形液体吸收池、流通吸收池、气体吸收池等。对于稀溶液，可用光程较长的吸收池，如 5cm 吸收池等。为减少光的反射损失，吸收池的光学面必须完全垂直于光束方向。

（4）检测器　检测器的功能是检测光信号、测量单色光透过溶液后光强度的变化，并将光信号转变成电信号。常用光电池或光电管作为检测器。目前最常见的检测器是光电倍增管，有的用二极管阵列作为检测器。

光电倍增管是检测微弱光最常用的光电元件，它的特点是在紫外-可见区的灵敏度高，响应快。但强光照射会引起不可逆损害，因此不宜检测高能量。

一般单色器都有出口狭缝。二极管阵列检测器不使用出口狭缝，在其位置上放一系列二极管的线形阵列，分光后不同波长的单色光同时被检测。二极管阵列检测器的特点是响应速度快，但灵敏度不如光电倍增管，因后者具有很高的放大倍数。

2.4.2　单波长双光束分光光度计

在单光束仪器中，分光后的单色平行光直接透过吸收池，轮流通过样品池和参比池进行测定。这种仪器结构简单，操作方便，适用于测定特定波长的吸收。而双光束仪器中，从光源发出的光经分光后再经反射镜（M_1）分成强度相等的两束光：一束通过参比池；另一束通过样品池，最后测得的是透过样品溶液和参比溶液的光信号强度之比。双光束仪器克服了单光束仪器由于光源不稳引起的误差，并且可以方便地对全波段进行扫描。图 2-12 为单波长双光束分光光度计的原理。

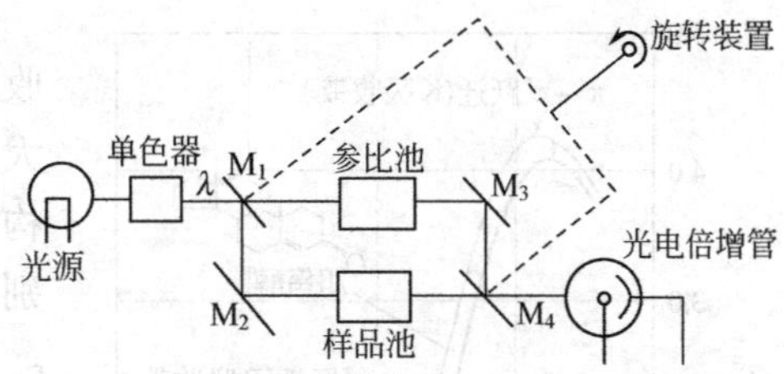

图 2-12　单波长双光束分光光度计的原理

M_1，M_2，M_3，M_4—反射镜

2.4.3 双波长分光光度计

双波长分光光度计的原理如图 2-13 所示。

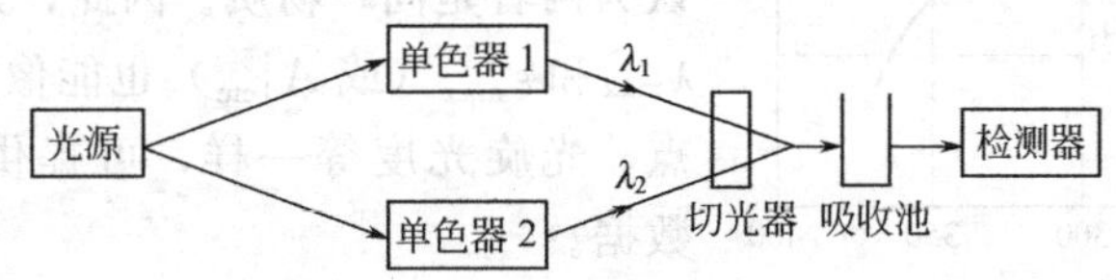

图 2-13　双波长分光光度计原理

双波长分光光度计又可用作单波长双光束仪器。当用作单波长双光束仪器时，单色器 1 出射的单色光束为遮光板所阻挡，单色器 2 出射的单色光束被切光器分为两束断续的光，交替通过参比池和样品池，最后由光电倍增管检测信号。当用作双波长仪器时，遮光板离开光路，由两个单色器分出的 λ_1 和 λ_2 两束不同波长的光，利用切光器并束，使两束光在同一光路交替照射吸收池，由光电倍增管检测信号，最后显示出待测溶液对两个波长处吸光度的差值。双波长仪器的主要特点是可以降低杂散光，光谱精度高，并能获得导数光谱。

2.5　定性分析

紫外-可见吸收光谱可用来进行物质的鉴定及结构分析，其中主要是有机化合物的分析和鉴定，同分异构体的鉴别，物质结构的测定等。但是，有机化合物在紫外区中有些没有吸收谱带，有的仅有较简单而宽阔的吸收光谱。再者，如果物质组成的变化不影响生色团及助色团，就不会显著地影响其吸收光谱，因此物质的紫外吸收光谱基本上是其分子中生色团及助色团的特性，而不是它的整个分子的特性。所以，单根据紫外-可见光谱不能完全决定物质的分子结构，还必须与红外吸收光谱、核磁共振波谱、质谱以及其他化学的和物理化学的方法共同配合起来，才能得出可靠的结论。

另一方面，紫外-可见吸收光谱是应用最广泛、最有效的定量分析手段之一。仅以药物分析来说，利用紫外-可见吸收光谱进行定量分析的例子很多，一些国家已经将数百种药物的紫外-可见吸收光谱的最大吸收波长和吸光系数载入药典。在医院的常规化验中，约 95% 的定量分析都用此法。另外，紫外-可见吸收光谱分析所用的仪器比较简单而普遍，操作方便，准确度也高，因此它的应用十分广泛。

以紫外-可见吸收光谱鉴定有机化合物时，通常是在相同的测定条件下，比较未知物与已知标准物的紫外-可见吸收光谱图，若两者的谱图相同，则可认为待测样与已知化合物具有相同的生色团。如果没有标准物，也可借助于标准谱图或有关电子光谱数据进行比较。

但应注意，紫外-可见吸收光谱相同，两种化合物有时不一定相同。如胆甾酮与异亚丙基丙酮分子结构差异很大，但两者却具有相似的紫外吸收峰（见图 2-14）。两分子中相同的 O═C—C═C 共轭结构是产生紫外吸收的关键基团。

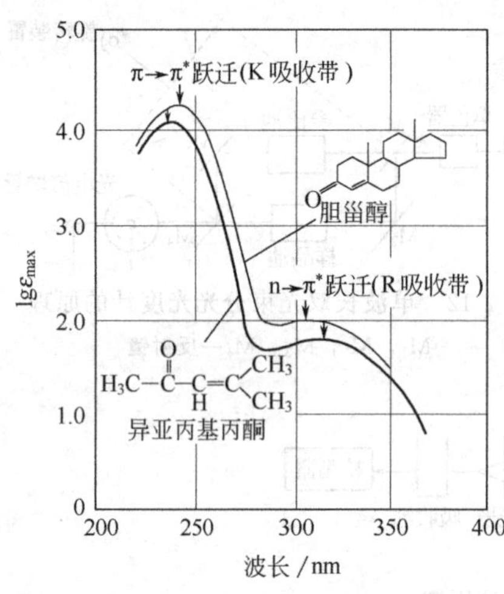

图 2-14 生色团对分子紫外吸收的影响

紫外-可见吸收光谱通常只有 2～3 个较宽的吸收峰，具有相同生色团的不同分子结构，有时在较大分子中不影响生色团的吸收峰，导致不同分子结构产生相同的吸收光谱，但它们的吸光系数是有差别的，所以在比较 λ_{max} 的同时，还要比较它们的 ε_{max}（或 $A_{1cm}^{1\%}$，其定义见表 2-3 注释）。如果待测物和标准物的吸收波长相同、吸光系数也相同，则可认为两者是同一物质。因此，紫外-可见吸收光谱的 λ_{max} 和 ε_{max}（或 $A_{1cm}^{1\%}$）也能像其他物理常数，如熔点、光旋光度等一样，可提供一些有价值的定性数据。

物质的紫外-可见吸收光谱吸收峰的波长是和存在于分子中基团的种类及其在分子中的位置、共轭情况等有关。Fieser 和 Woodward 总结了许多资料，对共轭分子的波长提出了一些经验规律，据此可对一些共轭分子的波长值进行计算。这对分子结构的推断是有参考价值的。

利用紫外-可见吸收光谱可以对有机化合物的分子结构进行推断。根据化合物的紫外-可见吸收光谱可以推测化合物所含的官能团。例如一化合物在 220～800nm 范围内无吸收峰，它可能是脂肪族碳氢化合物、胺、腈、醇、羧酸、氯代烃和氟代烃，不含双键或环状共轭体系，没有醛、酮或溴、碘等基团。如果在 210～250nm 有强吸收带，可能含有两个双键的共轭单位；在 260～350nm 有强吸收带，表示有 3～5 个共轭单位。

如化合物在 270～350nm 范围内出现的吸收峰很弱（$\varepsilon=10\sim100L\cdot mol^{-1}\cdot cm^{-1}$），而无其他强吸收峰，则说明只含非共轭的、具有 n 电子的生色团（见表 2-8）。如在 250～300nm 有中等强度吸收带且有一定的精细结构，则表示有苯环的特征吸收。

表 2-8 不同化合物的 λ_{max} 和 ε_{max} 数据

化合物	λ_{max}/nm	ε_{max}	跃迁形式
$(CH_3)_2C{=}O$	279	16	$n\rightarrow\pi^*$
CH_3NO_2	278	20	$n\rightarrow\pi^*$
CH_3I	259	382	$n\rightarrow\sigma^*$
$CH_3-N{=}N-CH_3$	345	5	$n\rightarrow\pi^*$
$(CH_3)_2CH-N{=}O$	300	100	$n\rightarrow\pi^*$
$(CH_3)_2C{=}S$	400	20	$n\rightarrow\pi^*$

紫外-可见吸收光谱除可用于推测所含官能团外，还可用来对某些同分异构体进行判别。例如乙酰乙酸乙酯有酮式和烯醇式间的互变异构体：

$$\underset{\text{酮式}}{CH_3-\underset{\underset{O}{\|}}{C}-CH_2-\underset{\underset{O}{\|}}{C}-OC_2H_5} \rightleftharpoons \underset{\text{烯醇式}}{CH_3-\underset{\underset{OH}{|}}{C}{=}CH-\underset{\underset{O}{\|}}{C}-OC_2H_5}$$

在极性溶剂中化合物以酮式存在，酮式没有共轭双键，它在 204nm 处仅有弱吸收；而在非极性溶剂中以烯醇式为主。烯醇式由于有共轭双键，因此在 245nm 处有强的 K 吸收带（$\varepsilon=18000L\cdot mol^{-1}\cdot cm^{-1}$）。故根据它们的紫外吸收光谱可判断其存在与否。

又如 1,2-二苯乙烯具有顺式和反式两种异构体：

反式

$\lambda_{max}=295nm$

$\varepsilon_{max}=27000L \cdot mol^{-1} \cdot cm^{-1}$

顺式

$\lambda_{max}=280nm$

$\varepsilon_{max}=10500L \cdot mol^{-1} \cdot cm^{-1}$

生色团或助色团必须处在同一平面上才能产生最大的共轭效应。由以上二苯乙烯的结构式可见，顺式异构体由于产生位阻效应而影响平面性，使共轭的程度降低，因而发生蓝移，并使摩尔吸光系数降低。由此可判断其顺反式的存在。

紫外-可见吸收光谱可以提供识别未知物分子中可能具有的生色团、助色团和估计共轭程度的信息，这对有机化合物结构的推断和鉴别往往是很有用的，这也就是紫外-可见吸收光谱的最重要应用之一。

此外，紫外-可见吸收光谱还可用于纯度检查。如果一化合物在紫外-可见区没有吸收峰，而其中的杂质有较强的吸收，就可方便地检出该化合物中的痕量杂质。例如要检定甲醇或乙醇中的杂质苯，可利用苯在256nm处的B吸收带，而甲醇或乙醇在此波长处几乎没有吸收（见图2-15及图2-16）。又如四氯化碳中有无二硫化碳杂质，只要观察在318nm处有无二硫化碳的吸收峰即可。

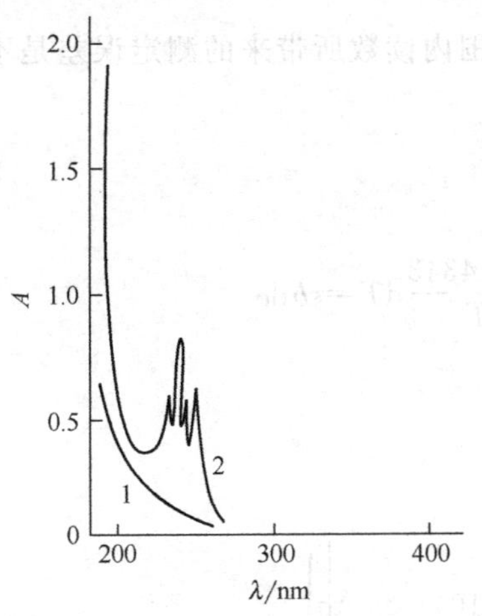

图2-15　甲醇中杂质苯的检定

1—纯甲醇；2—被苯污染的甲醇

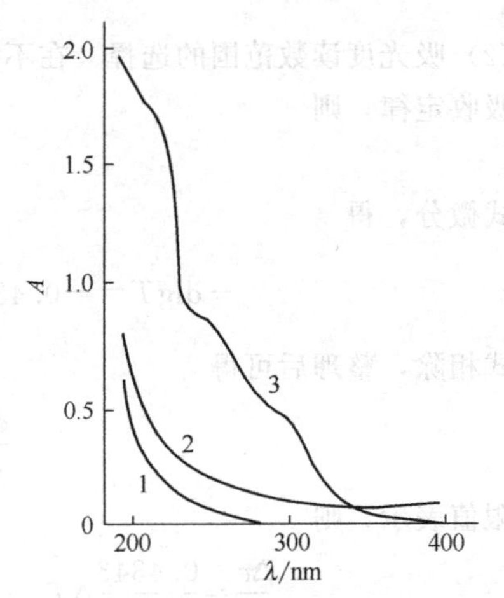

图2-16　容器塞子对乙醇的污染

1—纯乙醇；2—乙醇被软木塞污染；3—乙醇被橡胶塞污染

如果一化合物在紫外-可见区有较强的吸收带，有时可用摩尔吸光系数来检查其纯度。例如菲的氯仿溶液在296nm处有强吸收（lgε＝4.10）。用某法精制的菲，熔点100℃，沸点340℃，似乎已很纯，但用紫外吸收光谱检查，测得的lgε值比标准菲低10%，实际含量只有90%，其余很可能是蒽等杂质。

2.6 定量分析

2.6.1 定量测定的条件

紫外-可见吸收光谱定量分析的基础是朗伯-比耳定律。对于本身在紫外-可见区有吸收的分子，可视具体情况直接用以下各种分光光度测定方法进行定量。对于在紫外-可见区无吸收的分子，可以用显色剂与之反应进行衍生后再测定。有时为了提高测定灵敏度，对本身有吸收的待测物也用显色剂进行衍生，可使摩尔吸光系数提高几个数量级。

为了使紫外-可见分光光度的定量测定结果具有较高的灵敏度和准确度，必须注意选择最适宜的测量条件。定量测定条件的选择包括以下几项内容。

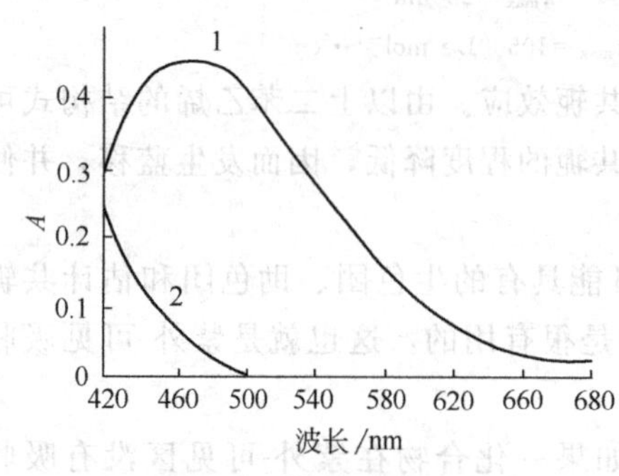

图 2-17　丁二酮肟镍和酒石酸铁的吸收曲线

1—丁二酮肟镍；2—酒石酸铁

(1) 测定波长的选择　测定波长可根据吸收光谱曲线，一般选择最大吸收波长以获得高的灵敏度及测定精度，并能减少非单色光引起的误差，增大测定的线性范围，这称为“最大吸收原则”。但如果干扰物质在此波长处有吸收，这时应根据“吸收最大，干扰最小”的原则来选择测定波长。如用丁二酮肟比色法测定钢中的镍，丁二酮肟镍配合物的最大吸收波长在 470nm 左右（见图 2-17）。试样中的铁用酒石酸钾钠掩蔽后，在同样波长下也有吸收，对测定有干扰。但当测定波长大于 500nm 后，干扰就比较小了，因此，一般选择在波长 520nm 处进行测定，灵敏度虽有所降低，但干扰几乎可以忽略。

(2) 吸光度读数范围的选择　在不同的吸光度范围内读数所带来的测定误差是不同的。根据吸收定律，则

$$-\lg T=\varepsilon bc$$

将上式微分，得

$$-\mathrm{d}\lg T=-0.4343\mathrm{d}\ln T=\frac{-0.4343}{T}\mathrm{d}T=\varepsilon b\mathrm{d}c$$

将两式相除，整理后可得

$$\frac{\mathrm{d}c}{c}=\frac{0.4343}{T\lg T}\mathrm{d}T$$

以有限值表示，则

$$\frac{\Delta c}{c}=\frac{0.4343}{T\lg T}\Delta T \tag{2-10}$$

式中，$\frac{\Delta c}{c}$为浓度的相对误差；ΔT 为透光率的绝对误差。

根据上式可算出不同透光率值时的浓度相对误差，若令其导数为零，可求出当吸光度 $A=0.4343(T=0.368)$ 时，测定浓度的相对误差最小（约 1.4%）。相对误差函数曲线如图 2-18 所示。由图可见，将吸光度值控制在 0.2～0.8，吸光度测量误差较小。在实际工作中，可通过调节待测溶液的浓度或选用适当厚度的吸收池等方法使吸光度值落在此范围内。

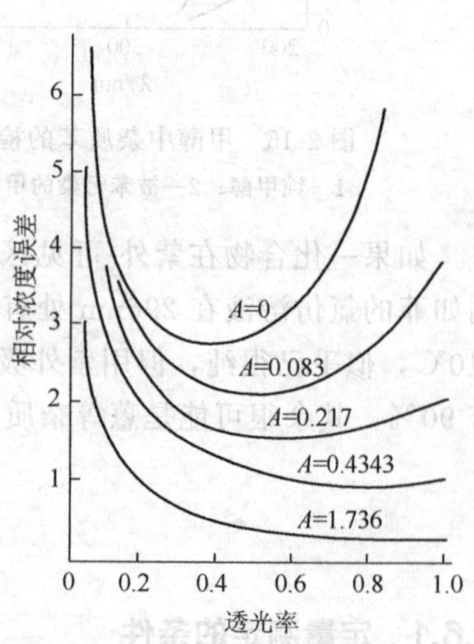

图 2-18　相对误差函数曲线

(3) 狭缝宽度的选择　在定量分析中，为了避免因狭缝太小使出射光太弱而引起信噪比降低，可以将狭缝

开大一点。通过测定吸光度随狭缝宽度的变化曲线，可选择出合适的狭缝宽度。狭缝宽度在某范围内，吸光度恒定，继续增大其宽度至一定程度时吸光度会减少。因此，选择吸光度不减小时的最大狭缝宽度作为最佳测量宽度。

（4）有色化合物的形成　多数情况下，样品中的被测组分不产生吸收，必须加入显色剂（吸光试剂），使该试剂与被测组分作用形成有色化合物后进行测定。这种反应称为显色反应。

所使用的显色剂应具有选择性好，灵敏度高，所形成的有色化合物的组成恒定，化学性质稳定等特点。常用的显色剂有无机和有机显色剂两种（见表 2-9 和表 2-10），通常有机显色剂中含有生色团和助色团。生色团如：

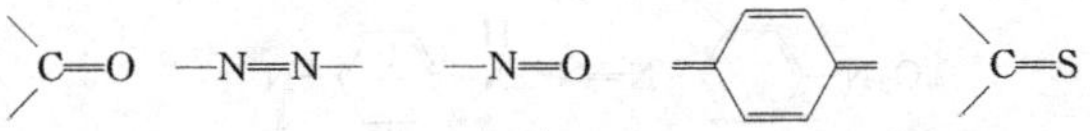

$$>C{=}O \quad -N{=}N- \quad -N{=}O \quad {=}C_6H_4{=} \quad >C{=}S$$

助色团如：

$$-OH \quad -NH_2 \quad -SH \quad Br^- \quad Cl^-$$

表 2-9　一些常用的有机显色剂

试　剂	结　构	测定的离子
邻二氮菲	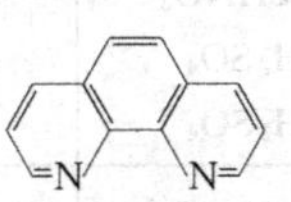 （邻二氮菲结构式）	Fe^{2+}
磺基水杨酸	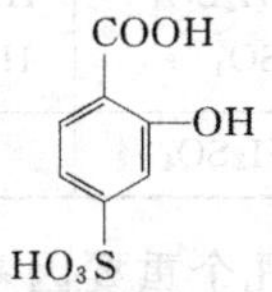 （苯环上连 COOH、OH、HO_3S）	Fe^{3+}，Ti^{4+}
硫脲	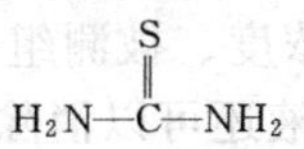 $H_2N-C(=S)-NH_2$	Bi^{3+}，Os^{6+}
双硫腙	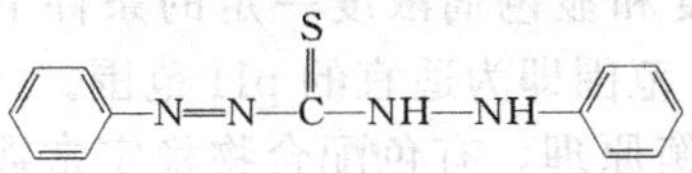 $C_6H_5-N{=}N-C(=S)-NH-NH-C_6H_5$	Pb^{2+}，Hg^{2+}，Zn^{2+}，Bi^{3+}
α-亚硝基-β-萘酚	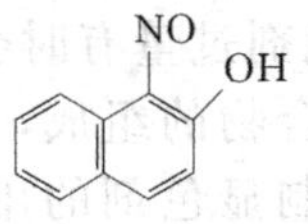 （萘环上连 NO、OH）	Co^{2+}
铜试剂(DDTC)	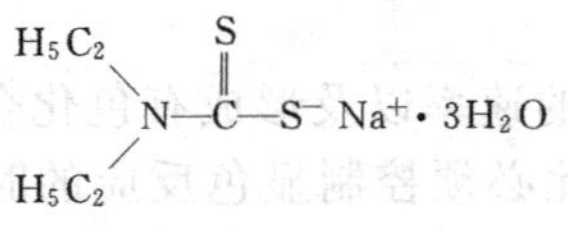 $(H_5C_2)_2N-C(=S)-S^-Na^+\cdot 3H_2O$	Cu^{2+}
丁二酮肟	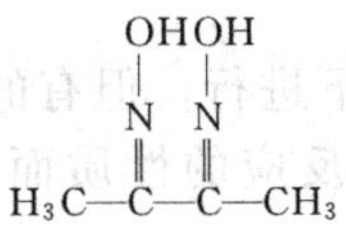 $H_3C-C(=N-OH)-C(=N-OH)-CH_3$	Ni^{2+}
偶氮胂Ⅲ	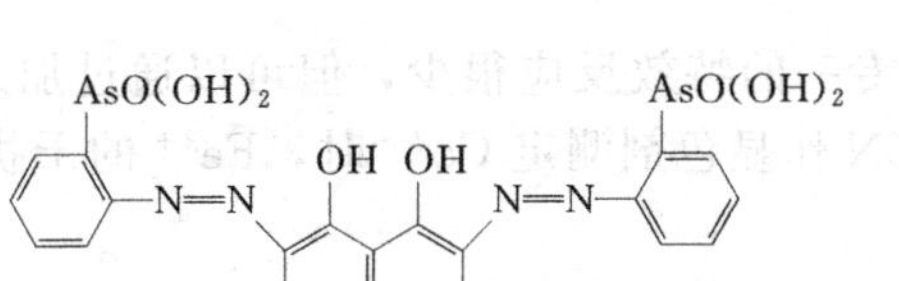 （两个连 $AsO(OH)_2$ 的苯环经 $-N{=}N-$ 与二羟基萘环相连，萘环上有 OH OH）	Zr^{4+}，Hf^{4+}，Th^{4+}

续表

试　剂	结　构	测定的离子
铬天青 S(CAS)	COOH COOH HO C O H_3C Cl Cl CH_3 SO_3H	Be^{2+}, Al^{3+}, Y^{3+} Ti^{4+}, Zr^{4+}, Hf^{4+}
镉试剂	SO_3Na O_2N N=N—N(H)— N=N NaO_3S	Cd^{2+}

表 2-10　某些无机显色剂

测定元素	显色剂	酸度/mol·L^{-1}	配合物组成及颜色	测定波长/nm
铁	硫氰酸盐	0.05～0.2HNO_3	$[Fe(SCN)]^{2+}$红	480
钼		1.5～2H_2SO_4	$[MoO(SCN)_5]^{2-}$橙	450
钨		1.5～2H_2SO_4	$[WO(SCN)_4]^{-}$黄	405
硅	钼酸铵	0.15～0.3H_2SO_4	$H_4SiO_4 10MoO_3 Mo_2O_5$ 蓝	670～820
磷		0.5H_2SO_4	$H_3PO_4 10MoO_3 Mo_2O_5$ 蓝	670～820
钛	过氧化氢	0.7～1.8H_2SO_4	$[TiO(H_2O_2)]^{2+}$黄	420

在形成有色化合物的过程中，应注意几个重要因素。

① 溶液的 pH　pH 对显色剂的平衡浓度、被测组分的存在形态以及配合物的形成等均有显著影响。适当调节 pH 或使用缓冲溶液还可以消除某些干扰反应。溶液的适宜 pH 通常通过实验来确定。在被测组分浓度和显色剂浓度一定的条件下，测定不同 pH 试液的吸光度，当吸光度值基本不变的某 pH 范围即为适宜的 pH 范围。

② 显色剂用量　根据溶液平衡原理，有色配合物稳定常数越大，显色剂过量越多，越有利于待测组分形成有色配合物。但显色剂过量有时会引起副反应的发生，反而不利于测定。所需显色剂的量决定于形成有色化合物的组成，对生成逐级配合物的显色反应，如 SCN^- 与 Fe^{3+} 的反应，应十分严格地控制显色剂的用量。最佳显色剂浓度及用量由实验确定。

③ 反应时间　由于各显色反应的速率以及形成有色化合物的稳定性不同，大多数显色反应需要一定的时间才能完成，因此必须控制显色反应的时间。最佳反应时间同样由实验确定。

④ 反应温度　显色反应通常在室温下进行，但有的反应需要升温以加速显色，而有的则需降温以防止有色物质分解。视显色反应的性质而定，若有色化合物对光敏感，还应避光。

⑤ 掩蔽　实际上，显色专一的特效反应很少，但可以通过加入掩蔽剂掩蔽干扰离子来达到高选择性。如用 NH_4SCN 作显色剂测定 Co^{2+} 时，Fe^{3+} 的干扰可通过加入 NaF 使之生成无色的 $[FeF_6]^{3-}$ 而消除。

⑥ 加试剂的次序　在某些显色反应中，以一定的次序加入试剂也很重要，否则显色反应不完全或不可能发生。

2.6.2 单组分定量分析

单组分定量分析常采用标准曲线法，即在固定液层厚度及入射光的波长和强度的情况下，测定一系列不同浓度标准溶液的吸光度，以吸光度为纵坐标，标准溶液浓度为横坐标作图，得标准曲线。在相同条件下测得待测试液的吸光度，从标准曲线上就可查得待测试液的浓度。绘制标准曲线时，实验点浓度所跨范围要尽可能宽一些，并使未知试样的浓度位于曲线的中央部分，实验点用最小二乘法拟合，以保证标准曲线具有良好的精度。

当样品组成比较复杂，难于制备组成匹配的标样时，适合于应用标准加入法。其方法为分取几份等量的待测试样，其中一份不加入待测标准溶液，其余各份试样中分别加入浓度已知，不同量 c_1，c_2，c_3，…，c_n 的待测元素标准溶液。然后，在选定的测量条件下分别测量各份溶液的吸光度 A，绘制吸光度 A 对待测元素加入量 c 的关系曲线。若被测试样中不含待测元素，在正确校准背景之后，曲线应通过原点；若曲线不过原点，说明含有待测元素，截距所对应的吸光度就是待测元素所引起的吸光度。外延曲线与横坐标轴相交，交点至原点的距离所对应的浓度 c_x，即为所求的待测元素的含量。

在实际工作中，尤其野外作业时，常用目视比色法，即用眼睛比较溶液颜色的深浅来确定试样中被测组分的含量。目视比色法采用标准系列，将一系列待测组分的标准溶液加入各比色管中，再分别加入等量的显色剂等，然后稀释至刻度，显色，便制成了一套标准色阶。将待测样品溶液在同样条件下显色，然后与标准色阶比较，就可以确定其含量。目视比色法的仪器设备简单，操作方便，适合于大量试样的分析，但相对误差较大，可达 5%～20%。

2.6.3 多组分混合物中各组分的同时测定

分光光度法常可在同一试样溶液中不经分离而直接测定几个组分的含量。以测定混合物中磺胺噻唑（ST）及氨苯磺胺（SN）的含量为例，先作出 ST 及 SN 两个纯物质的吸收光谱（见图 2-19）。

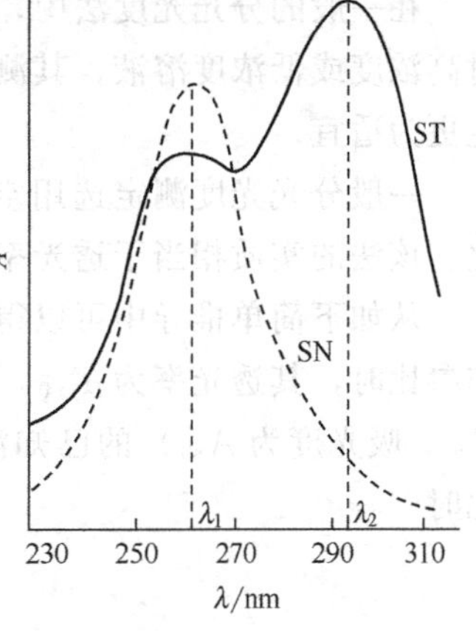

图 2-19　ST 及 SN 在乙醇中的紫外吸收光谱

选定两个合适的波长 λ_1 和 λ_2，使在 λ_1 时 ST、SN 的摩尔吸光系数 ε_{ST}、ε_{SN} 都很大，而在 λ_2 时则使 ε_{ST} 与 ε_{SN} 的差值很大（即重叠不严重），然后分别在 λ_1 及 λ_2 处测定混合物的吸光度，根据吸光度的加和性，则有：

$$A^{\lambda_1}=c_{ST}\varepsilon_{ST}^{\lambda_1}+c_{SN}\varepsilon_{SN}^{\lambda_1} \tag{2-11}$$

$$A^{\lambda_2}=c_{ST}\varepsilon_{ST}^{\lambda_2}+c_{SN}\varepsilon_{SN}^{\lambda_2} \tag{2-12}$$

式中，c_{ST}、c_{SN} 分别为 ST、SN 的待测浓度；$\varepsilon_{ST}^{\lambda_1}$、$\varepsilon_{SN}^{\lambda_1}$、$\varepsilon_{ST}^{\lambda_2}$ 及 $\varepsilon_{SN}^{\lambda_2}$ 分别为在 λ_1 及 λ_2 处用纯 ST 和纯 SN 测得的 ST、SN 的摩尔吸光系数，解上述联立方程式，即可计算出 ST 和 SN 的浓度。

原则上对任何数目的组分都可以用此方法建立方程求解。测定混合物中 n 个组分的浓度，可在 n 个不同波长处测量 n 个吸光度值，列出 n 个方程组成的联立方程组求解。只是随着组分的增加，方法将愈趋复杂，需利用计算机借助化学计量学的一些方法求解。

2.6.4 分光光度滴定

分光光度滴定法是以一定的标准溶液滴定待测物溶液，同时测定滴定过程中溶液吸光度的变化，通过作图法求得滴定终点，从而计算待测组分含量的方法。最大吸收波长为待测溶液、滴定剂或反应生成物中摩尔吸光系数最大者的 λ_{max}。滴定曲线主要有图 2-20 所示的几种形状。

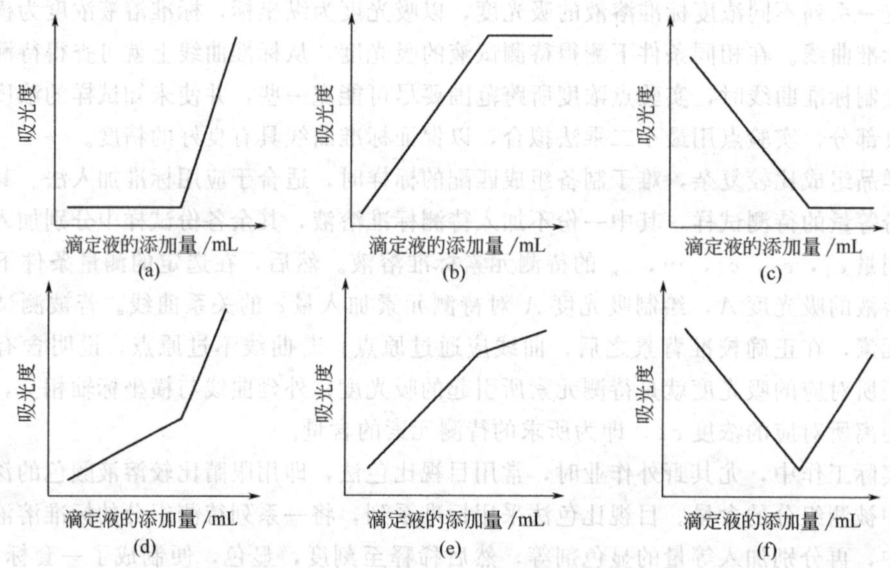

图 2-20　分光光度滴定的滴定曲线形状

光度滴定与普通滴定法相比，准确性、精密度及灵敏度都要高，已应用于酸碱滴定、氧化还原滴定、沉淀滴定和配合滴定中。

2.6.5　差示分光光度法

在一般的分光光度法中，吸光度 A 在 0.2～0.8 范围内测量误差较小。超出此范围，如对高浓度或低浓度溶液，其测定的相对误差将会变大。尤其是高浓度溶液，用差示法进行测定更为适宜。

一般分光光度测定选用空白试剂作为参比，差示法则选用一已知浓度的标准溶液作参比。该法的实质相当于透光率标度的放大。

从如下简单推导中可以得到差示分光光度法的基本关系式。设试样浓度为 c_x，以溶剂作参比时，其透光率为 T_{x0}，吸光度为 A_{x0}。若选浓度为 c_s（其以溶剂为参比时的透光率为 T_{s0}，吸光度为 A_{s0}）的已知溶液作参比，调节透光率为 100%。根据吸收定律，溶剂作参比时

$$A_{x0}=\varepsilon bc_x$$
$$A_{s0}=\varepsilon bc_s$$

用已知浓度 c_s 的溶液作参比时

$$A_x=A_{x0}-A_{s0}=\varepsilon b(c_x-c_s)=\varepsilon b\Delta c \tag{2-13}$$

此为差示分光光度法的基本关系式。

差示分光光度法分为高吸收法、低吸收法和最精密法三种。高吸收法在测定高浓度溶液时使用。选用比待测溶液浓度稍低的已知浓度溶液作标准溶液，调节透光率为 100%；低吸收法在测定低浓度溶液时使用。选用比待测溶液浓度稍高的已知浓度溶液作标准溶液，调节透光率为 0；最精密法是同时用浓度比待测浓度稍高或稍低的两份已知溶液作标准溶液，分别调节透光率为 0 和 100%。三种方法的示意如图 2-21 所示。

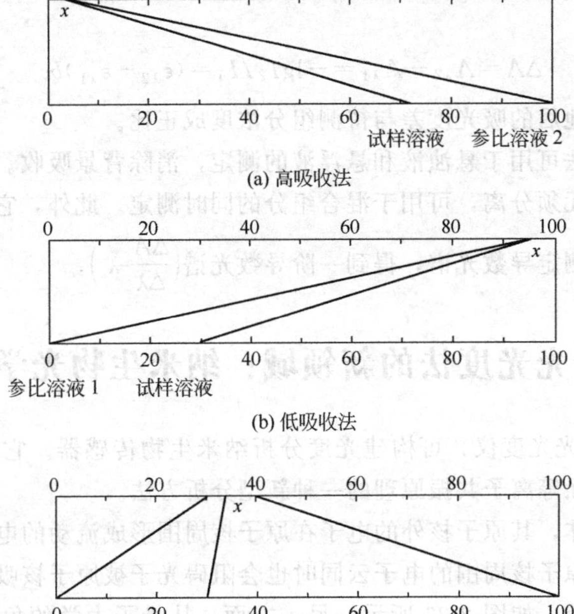

图 2-21 差示分光光度法原理示意

2.6.6 导数分光光度法

用吸光度对波长求一阶或高阶导数并对波长 λ 作图，可以得到导数光谱。对朗伯-比耳定律 $A=\varepsilon bc$ 求导，得到

$$\frac{\mathrm{d}^n A}{\mathrm{d}\lambda^n}=\frac{\mathrm{d}^n \varepsilon}{\mathrm{d}\lambda^n}bc$$

因此，吸光度 A 的导数值与浓度 c 成比例。

从图 2-22 中可以看出，随着导数阶数的增加，谱带变得尖锐，分辨率提高，但原吸收光谱的基本特点逐渐消失。在吸收曲线的一阶导数谱的曲线拐点处测定灵敏度最高。

导数光谱的特点在于灵敏度高，再现性好，噪声低，分辨率高。因而在分辨多组分混合物的谱带重叠，增强次要光谱（如肩峰）的清晰度以及消除浑浊样品散射的影响时有利。

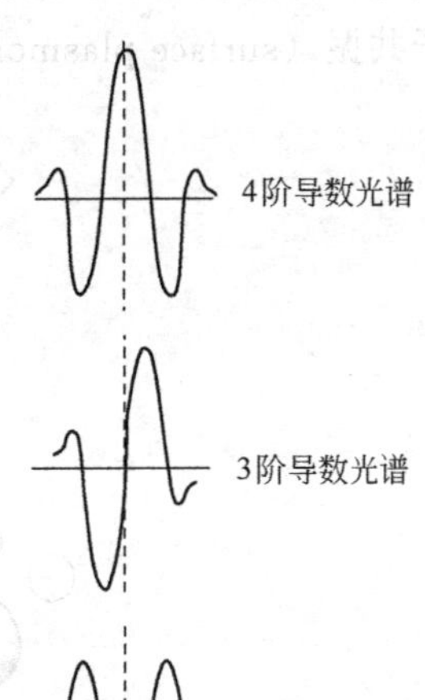

2.6.7 双波长分光光度法

从前面的介绍中已经知道，双波长分光光度法检测的是试样溶液对两波长的吸光度差，其原理为：若 λ_1、λ_2 两波长光通过吸收池后的透过光强分别为 I_1、I_2，则有

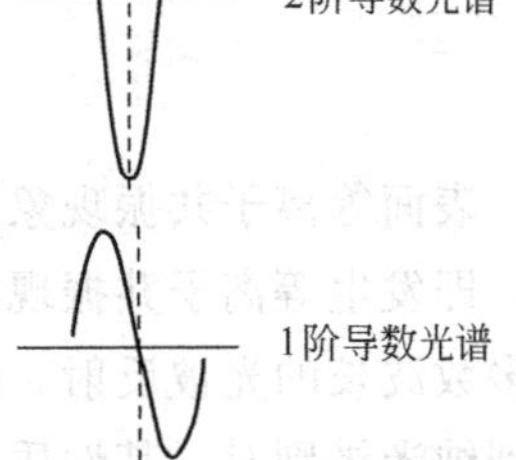

$$A_{\lambda 1}=-\lg I_1/I_{01}=\varepsilon_{\lambda 1}bc+A_{s1}$$

$$A_{\lambda 2}=-\lg I_2/I_{02}=\varepsilon_{\lambda 2}bc+A_{s2}$$

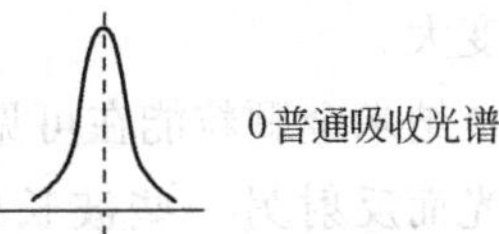

图 2-22 0～4 阶导数光谱示意

式中，A_{s1} 和 A_{s2} 为背景吸收，与波长关系不大，主要取决于样品的浑浊程度等；I_{01}、I_{02} 表示 λ_1 和 λ_2 的入射光强。通常两个

波长处由于光源输出、单色器分光等不同产生的入射光强度的差别很小，一般，$I_{01}=I_{02}$，$A_{s1}=A_{s2}$。因此

$$\Delta A=A_{\lambda 2}-A_{\lambda 1}=-\lg I_2/I_1=(\varepsilon_{\lambda 2}-\varepsilon_{\lambda 1})bc$$

即，两束光通过吸收池后的吸光度差与待测组分浓度成正比。

双波长分光光度法可用于悬浊液和悬浮液的测定，消除背景吸收。当两种吸收光谱相互重叠的组分共存时，无须分离，可用于混合组分的同时测定。此外，它还可用于测定高浓度溶液中的痕量组分及测定导数光谱，得到一阶导数光谱$\left(\frac{\Delta A}{\Delta \lambda}\text{-}\lambda\right)$。

2.7　分光光度法的新领域：纳米生物光学传感器

利用紫外-可见分光光度仪，可构建光度分析纳米生物传感器。它是基于纳米金属离子在可见光范围内的表面等离子共振原理的一种新型分析方法。

金属通常是良导体，其原子核外的电子在原子核周围形成流动的电子云，使电子的传递变得很容易。围绕在原子核周围的电子云同时也会阻碍光子被原子核吸收而使光线反射，因而展现金属耀眼的光泽，如图 2-23 所示。另一方面，从量子力学的角度来看，电子云中的电子可以看作是具有某种能量的波，因此电子云也可以吸收具有相同波长的光而产生共振。这就像在演奏弦乐器时，当振动与弦的固有长度相匹配时产生共振相类似。当金属产生共振吸收时，光波使电子云振动而消耗能量，这个过程通常发生在物质的表面，因而称为表面等离子共振（surface plasmon resonance，SPR）。

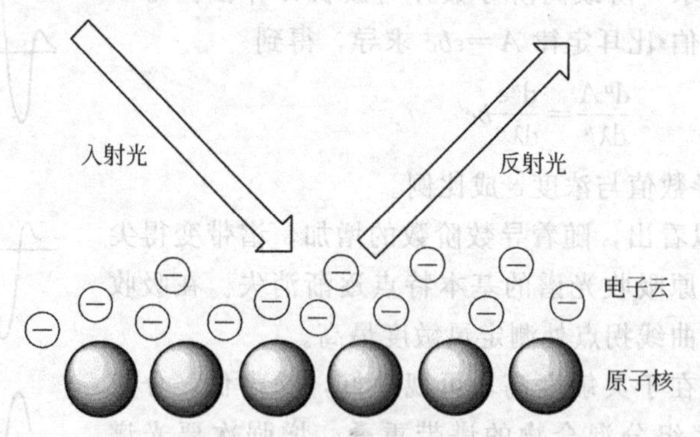

图 2-23　金属表面光线反射电子示意

表面等离子共振现象说明对于金属而言总有一种波长的光可以被吸收而使电子云发生振动，即发生等离子共振现象。对于通常尺寸的金属，共振吸收光的波长在红外线的范围内，大多数波长的光被反射，因而看起来金属表面都是闪闪发光的。但是当金属颗粒的尺寸变小达到纳米级别时，其性质会发生改变。纳米粒子具有超高的表面积，其表面等离子共振的趋势变大。

纳米金颗粒能在可见光的波长范围内产生等离子共振现象。其表面能吸收某种波长的可见光而反射另一些波长的光，使其产生某种颜色。纳米金颗粒吸收蓝绿色的光（波长为400～500nm）反射红光（波长约700nm），产生深红色。纳米金颗粒的这个性质被用于构建

生物传感器。

纳米金颗粒具有诸多优点：纳米颗粒的大小与生物分子差不多且具有生物亲和性，可以很容易地被生物分子功能化；另外，其表面等离子共振的特性使颜色变化与颗粒尺寸有关。纳米金颗粒尺寸增加，使表面等离子共振的波长红移（变长），反射较短波长的蓝光而显现浅蓝色或紫色。单分散小尺寸纳米金颗粒显现红色，当小颗粒聚集时，等离子共振合并，与等离子共振有关的吸收波长也将红移。因此在纳米金颗粒聚集时，颗粒的颜色将从红变蓝。这种聚集颜色变化反映了吸收波长的变化，颜色的深浅则是吸光度强弱的度量，因此可以构建各种新颖的生物传感器，并通过分光光度计进行定量检测。

例如：构建检测三聚氰胺的纳米生物光度检测传感器，其基本原理如图 2-24 所示。在纳米金的表面上修饰上对于三聚氰胺具有特异识别作用的生物分子。当目标物三聚氰胺不存在时，纳米金颗粒的表面由于修饰分子之间相同电荷的斥力而以小颗粒的形式分散于溶液中，溶液呈现酒红色。当存在三聚氰胺时，三聚氰胺被纳米金颗粒表面的修饰分子所识别，而与其相互作用而连接。因此，三聚氰胺的存在触发纳米金颗粒的聚集，使溶液颜色变成蓝紫色。这一过程可以被肉眼很明显地观察到，也可以借助分光光度计进行定量检测。该方法简单、快速、廉价、灵敏。可以做成各种测试纸及测试卡，也可以配合分光光度计使用，是目前最热门的生物传感方法之一。

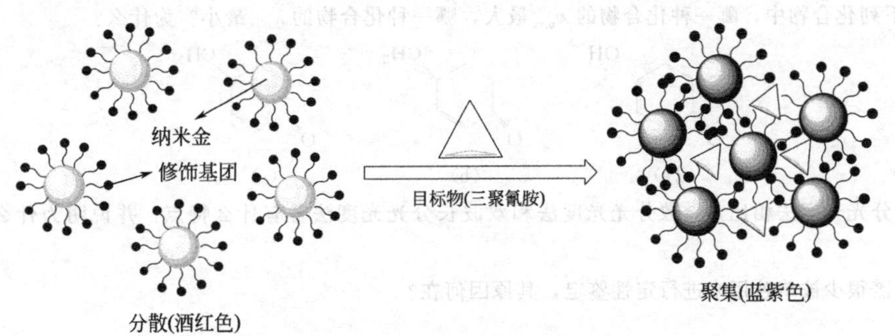

图 2-24 检测三聚氰胺的纳米生物光度传感器原理

习 题

1. 已知甲苯在 208nm 处的摩尔吸光系数 $\varepsilon=7900L\cdot mol^{-1}\cdot cm^{-1}$，要在 1.0cm 吸收池中得到 50%透光率，问需要将多少质量的甲苯溶成 100mL 体积？

2. 用双硫腙光度法测定 Pb^{2+}。Pb^{2+} 的浓度为 0.08mg/50mL，用 2cm 吸收池在 520nm 下测得 $T=53\%$，求 ε。

3. 用磺基水杨酸法测定微量铁。标准溶液是由 0.2160g $NH_4Fe(SO_4)_2\cdot12H_2O$ 溶于水中稀释至 500mL 配制成的。根据下列数据，绘制标准曲线：

铁标准溶液的体积 V/mL	0.0	2.0	4.0	6.0	8.0	10.0
吸光度	0.0	0.165	0.320	0.480	0.630	0.790

某试液 5.00mL，稀释至 250mL。取此稀释液 2.00mL，与绘制标准曲线相同条件下显色和测定吸光度。测得 $A=0.500$。求试液铁含量（单位：$mg\cdot mL^{-1}$）。铁铵矾的相对分子质量为 482.178。

4. 取钢试样 1.00g，溶解于酸中，将其中锰氧化成高锰酸盐，准确配制成 250mL，测得其吸光度为 1.00×

10^{-3} mol·L^{-1} $KMnO_4$ 溶液吸光度的 1.5 倍。计算钢中锰的百分含量。

5. NO_2^- 在 355nm 处 $\varepsilon_{355}=23.3$，$\varepsilon_{355}/\varepsilon_{302}=2.50$；$NO_3^-$ 在 355nm 波长处的吸收可以忽略，在波长 302nm 处 $\varepsilon_{302}=7.24$。今有一含 NO_2^- 和 NO_3^- 的试液，用 1cm 吸收池测得 $A_{302}=1.010$，$A_{355}=0.730$。计算试液中 NO_2^- 和 NO_3^- 的浓度。

6. 在 1cm 的吸收池中，5.00×10^{-4} mol·L^{-1} 的 A 物质溶液在 440nm 和 590nm 的吸光度分别为 0.683 和 0.139；8.00×10^{-5} mol·L^{-1} 的 B 物质溶液在这两个波长处的吸光度分别为 0.106 和 0.470；对 A 和 B 的混合溶液在此两波长下测得的吸光度分别为 1.022 和 0.414，求混合溶液中 A 和 B 物质的浓度。

7. 异亚丙基丙酮有两种异构体：$CH_3—C(CH_3)═CH—CO—CH_3$ 及 $CH_2═C(CH_3)—CH_2—CO—CH_3$。它们的紫外吸收光谱为：(a) 最大吸收波长在 235nm 处，$\varepsilon=12000$L·mol^{-1}·cm^{-1}；(b) 220nm 以后没有强吸收。如何根据这两个光谱来判断上述异构体？试说明理由。

8. 下列两对异构体，能否用紫外光谱加以区别？

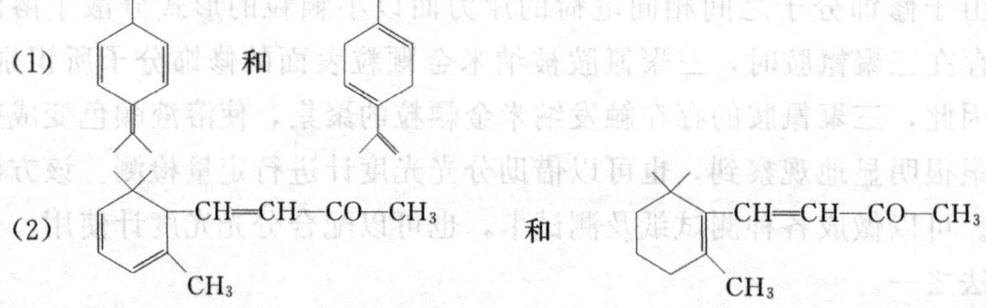

9. 试估计下列化合物中，哪一种化合物的 λ_{max} 最大，哪一种化合物的 λ_{max} 最小？为什么？

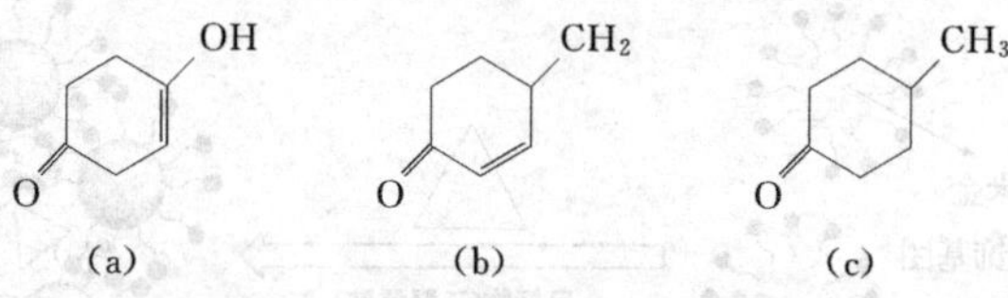

10. 同普通分光光度法相比，导数分光光度法和双波长分光光度法各有什么特点？并说明为什么会有这些特点？

11. 紫外光谱很少被单独用来进行定性鉴定，其原因何在？

参考文献

[1] 刘密新，罗国安，张新荣，童爱军．仪器分析．第 2 版．北京：清华大学出版社，2002.

[2] 方惠群，于俊生，史坚．仪器分析．北京：科学出版社，2002.

[3] 朱明华．仪器分析．第 3 版．北京：高等教育出版社，2000.

[4] 武汉大学．分析化学．第 4 版．北京：高等教育出版社，2000.

[5] 华东理工大学，成都科学技术大学．分析化学．第 4 版．北京：高等教育出版社，1995.

[6] Yujie Ma, Danbi Tian, et al. Colorimetric sensing strategy for mercury(Ⅱ) and melamine utilizing cysteamine-modified gold nanoparticles. Analyst, 2013, 138, 5338.

3 原子发射光谱分析法

原子发射光谱分析（atomic emission spectrometry，AES）是通过记录和测量元素的激发态原子所发出的特征辐射的波长和强度对其进行定性、半定量和定量分析的方法。一般所称的"光谱分析"狭义上即指原子发射光谱分析。

由于不同元素的原子结构不同，因而原子各能级之间的能量差 ΔE 也不相同，各能级间的跃迁所对应的辐射也不同。所以可以根据所检测到的辐射的频率 ν 或波长 λ 对样品进行定性分析。另外，当元素含量不同时，同一波长所对应的辐射强度也不相同。所以可以根据所检测到的辐射强度对各元素进行定量测定。

原子发射光谱分析过程包括以下三个步骤：①提供外部能量使被测试样蒸发、解离，产生气态原子，并使气态原子的外层电子激发至高能态；处于高能态的原子自发地跃迁回低能态时，以辐射的形式释放出多余的能量；②经分光后形成一系列按波长顺序排列的谱线；③用光谱干板或检测器记录和检测各谱线的波长和强度，并据此解析出元素定性和定量的结论。

原子发射光谱分析法灵敏度高，选择性好，试样用量小、处理方法简单，能同时对多元素进行分析，是元素分析尤其是金属元素分析最强有力的手段之一。

3.1 原子发射光谱分析基本理论

3.1.1 原子发射光谱的产生

3.1.1.1 量子数与原子的壳层结构

原子由原子核与绕核运动的电子组成。每个电子的运动状态可用主量子数 n、角量子数 l、磁量子数 m_l 和自旋量子数 m_s 这 4 个量子数来描述。电子的每一不同运动状态均对应一定的能量。

主量子数 n 决定电子的主要能量 E。

角量子数 l 决定电子绕核运动的角动量。对于一定的主量子数 n，有 n 个能量相同的具有相同半长轴、不同半短轴的轨道。若受到外磁场的作用，或多电子原子内电子间的相互摄动影响，具有不同角量子数 l 的形状不同的椭圆轨道的能量即显示出差别，使原来简并的能级产生分裂。

磁量子数 m_l 决定角动量沿磁场方向的分量。半长轴相同而空间取向不同的椭圆轨道在外磁场作用下具有不同的能量。能量的大小不仅取决于 n 和 l，也与 m_l 相关。

自旋量子数 m_s 决定自旋角动量沿磁场方向的分量。电子自旋在空间有顺磁场与反磁场两个方向，因而自旋角动量在磁场方向上有两个分量。

具有相同 n 的电子分布在同一壳层上。$n=1$ 的壳层离原子核最近，称为第一壳层；$n=$

2，3，4，…的壳层依次称为第二、三、四、……壳层。从第一壳层开始，分别用符号 K，L，M，N，…表示。

角量子数 l 决定轨道的形状，不同形状的轨道具有不同的能量。因此，又可以将具相同 n 的各壳层按不同的角量子数 l 分为 n 个支壳层，分别用符号 s，p，d，f，g，…表示。相应于 $l=0$，1，2，3，4，…。

原子中的电子遵循能量最低原理、泡利不相容原理和洪特规则填充在各壳层中。首先填充到主量子数最小的壳层，当电子逐渐填满同一主量子数的壳层时，就完成一个闭合壳层，形成稳定的结构。下一个电子再依次填充新的壳层，这样便构成了原子的壳层结构。

3.1.1.2　原子的能量状态与光谱项

由于核外电子的轨道之间、自旋运动之间以及轨道运动与自旋运动之间存在相互作用，因此，单纯根据原子核外电子排布并不能准确地表征原子的能量状态。原子的能量状态可以用包含 n，L，S，J 等 4 个量子数的光谱项来表征。光谱项的符号记为：

$$n^{2S+1}L_J$$

其中，n 为主量子数；L 为中心符号，是总角量子数，是外层价电子角量子数 l 的矢量和：

$$L=\sum_i l_i$$

价电子间两两偶合所得的总角量子数 L 与单个价电子的角量子数 l_1、l_2 之间有如下关系：

$$L=|l_1-l_2|,\quad |l_1-l_2|+1,\quad |l_1-l_2|+2,\cdots,l_1+l_2\quad (L=0,1,2,3,\cdots)$$

与 L 的不同取值相对应的光谱项中心符号分别为：S，P，D，F，…。

S 为总自旋量子数，多个价电子总自旋量子数是单个价电子自旋量子数 m_s 的矢量和：

$$S=0,\pm\frac{1}{2},\pm1,\pm\frac{3}{2},\pm2,\cdots$$

J 为内量子数，反映轨道运动与自旋运动间的相互作用，由轨道磁矩与自旋磁矩的相互影响而得出，是总角量子数 L 与总自旋量子数 S 的矢量和：

$$J=|L-S|,|L-S|+1,|L-S|+2,\cdots,L+S$$

若 $L\geqslant S$，则 J 共有 $(2S+1)$ 个取值；若 $L<S$，则 J 共有 $(2L+1)$ 个取值。

例如，基态钠原子的电子组态是$(1s)^2(2s)^2(2p)^6(3s)^1$。对 $n=1$，2 的闭合壳层，$L=0$，$S=0$，因此钠原子的能量状态由价电子 $(3s)^1$ 决定，$l=0$，$m_s=1/2$，因此 $L=0$，$S=1/2$。所以 $n=3$，$2S+1=2$，光谱项为 3^2S。J 只有一个取值 1/2，故只有一个光谱支项 $3^2S_{1/2}$。

钠原子第一激发态的价电子组态是 $(3p)^1$，$l=1$，$m_s=1/2$，因此 $L=1$，$S=1/2$，$2S+1=2$，$J=1/2$，3/2，故有两个光谱支项：$3^2P_{1/2}$ 和 $3^2P_{3/2}$。

又如，基态镁原子的价电子组态是 $(3s)^2$，$l_1=0$，$l_2=0$，$m_s=\pm1/2$，因此 $L=0$，$S=0$，$2S+1=1$，$J=0$，只有一个光谱支项 3^1S_0。

镁原子第一激发态的价电子组态是 $3s^13p^1$。$l_1=0$，$l_2=1$，$m_{s,1}=1/2$，$m_{s,2}=1/2$，因此 $L=1$，$S=0$ 和 1，$2S+1=1$ 或 3，有两个光谱项 3^1P 和 3^3P。对于 3^1P，$J=1$，只有光谱支项 3^1P_1，是单一态；对于 3^3P，J 有 3 个取值（$J=2$，1，0），故有 3 个光谱支项 3^3P_2、3^1P_1 和 3^3P_0，是三重态。$(2S+1)$ 表示光谱项中光谱支项的数目，称为光谱项的多重性。

由于电子的轨道运动与自旋运动的相互作用，同一光谱项中各光谱支项的能级有所不同。每一个光谱支项又包含（$2J+1$）个可能的量子态。在无外磁场作用时，J 相同的各量子态的能量是相同的，即是简并的；当有外加磁场时，简并的能级分裂为（$2J+1$）个子能级，一条谱线在外磁场作用下分裂为（$2J+1$）条，这种现象称为塞曼效应。$g=2J+1$，称为统计权重，它决定多重线中各谱线的强度比。

3.1.1.3 原子能级与能级图

用光谱项表示原子的各个能级并标示出各能级之间的跃迁关系，就可以得到原子的能级图。图 3-1 为钠原子的能级图。图中能级的高低用一系列水平线表示。由于相邻两能级的能量差与主量子数 n^2 成反比，因此随着 n 增大，能级排布越来越密。当 $n\to\infty$ 时，原子处于电离状态，这时体系的能量相应于电离能。因为电离了的电子可以具有任意的动能，因此，当 $n\to\infty$ 时，能级图中出现一个连续的区域。能级图中的纵坐标为能量，左边用能量单位电子伏特（eV）标度，右边用所对应的辐射的波数（cm^{-1}）标度。各能级间的垂直距离即为能量之差，或从高能级跃迁至低能级时以辐射形式释放的能量（或从低能级跃迁至高能级时所吸收的辐射能量）。实际观测中可以检测到同一元素的原子从不同的高能级向不同的低能级跃迁所辐射出的各种谱线。其中低能级是基态的谱线称为共振线，基态与第一激发态之间的跃迁由于发生的概率最大，所对应的谱线一般是最强的共振线。

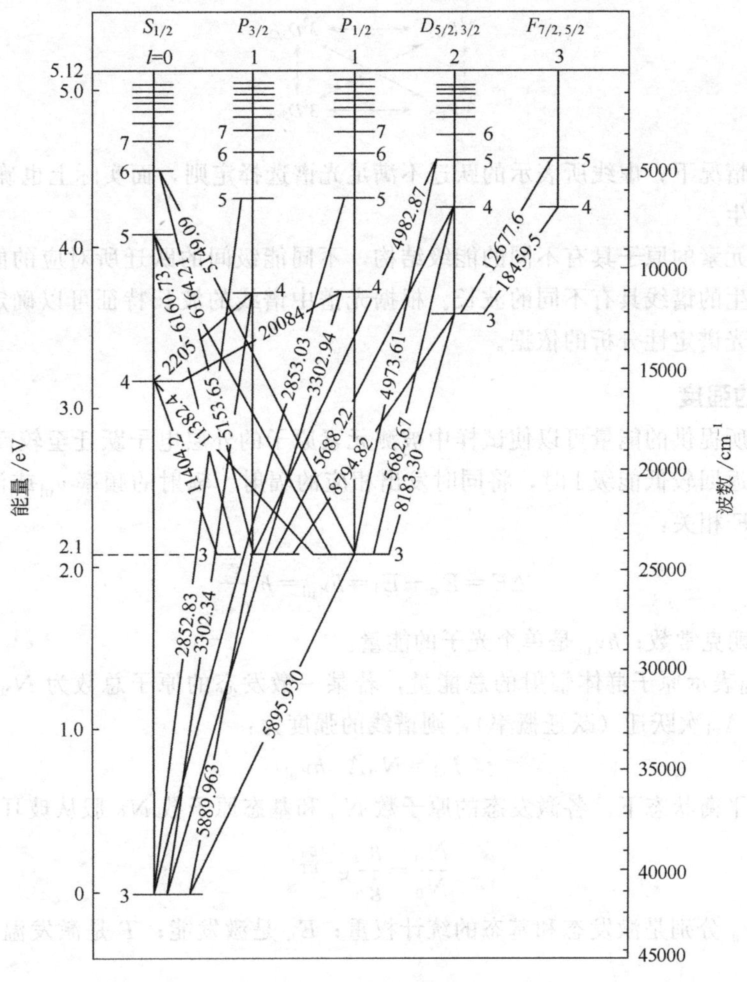

图 3-1 钠原子的能级

原子的两两不同能级之间并非按照完全的排列组合都存在跃迁，实际发生的跃迁有一定的规律：

① $\Delta L=\pm1$；

② $\Delta S=0$；

③ $\Delta J=0$，±1（$\Delta J=0$ 时 $J\neq0$）

即实际观测到的跃迁均服从上述光谱选择定则。

例如，基态钠原子的能级是 $3^2S_{1/2}$，第一激发态相应的能级是 $3^2P_{1/2}$ 和 $3^2P_{3/2}$。从排列组合看可能存在的 3 种跃迁中，实际只观测到 2 种，即著名的钠双线：588.996nm 和 589.593nm。

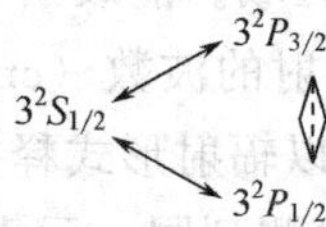

又如，钠原子第二激发态的价电子组态是 $(3d)^1$，相应的能级为 $3^2D_{3/2}$ 和 $3^2D_{5/2}$，第一激发态与第二激发态之间应有 6 种可能的跃迁，但实际上只观察到 3 种。

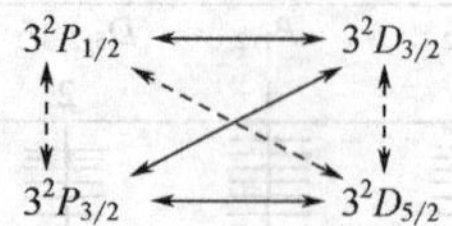

上述两种情况下，虚线所表示的跃迁不满足光谱选择定则，而实际上也确实观测不到有相应的跃迁发生。

由于不同元素的原子具有不同的能级结构，不同能级间的跃迁所对应的能量也不相同，因而跃迁所产生的谱线具有不同的波长。根据光谱中谱线的波长特征可以确定元素的种类，这是原子发射光谱定性分析的依据。

3.1.2 谱线的强度

激发光源所提供的能量可以使试样中被测元素原子的外层电子跃迁至较高的能级 u，当其自发地跃迁返回较低能级 l 时，将同时发出相应的辐射。辐射的频率 ν_{ul} 或波长 λ_{ul} 与两能级的能量差 ΔE 相关：

$$\Delta E=E_u-E_l=h\nu_{ul}=h\frac{c}{\lambda_{ul}}$$

式中，h 为普朗克常数；$h\nu_{ul}$ 是单个光子的能量。

以强度 I_{ul} 表示原子群体辐射的总能量，若某一激发态的原子总数为 N_u，每个原子单位时间内发生 A_{ul} 次跃迁（跃迁概率），则谱线的强度为：

$$I_{ul}=N_uA_{ul}h\nu_{ul} \tag{3-1}$$

在热力学平衡状态下，各激发态的原子数 N_u 和基态原子数 N_0 服从玻耳兹曼公式：

$$\frac{N_u}{N_0}=\frac{g_u}{g_0}e^{-\frac{E_u}{KT}} \tag{3-2}$$

式中，g_u 和 g_0 分别是激发态和基态的统计权重；E_u 是激发能；T 是激发温度；K 是玻耳兹曼常数。

由式(3-2) 可以估算出在一般光源温度条件下，激发态原子与基态原子的比值（见表 4-

1)，可见光源等离子体中激发态原子在原子总数中所占比例很小，基态原子数与气态原子的总数几乎相等。式(3-2) 可写成：

$$\frac{N_u}{N_M}=\frac{g_u}{g_0}e^{-\frac{E_u}{KT}} \tag{3-3}$$

式中，N_M 为气态原子总数。光源等离子体中不仅存在气态原子 M，还存在因高温而电离的气态离子 M^+ 和未离解的气态分子 MX，其离解度 β 和电离度 x 分别为

$$\beta=\frac{N_M}{N_{MX}+N_M} \tag{3-4}$$

$$x=\frac{N_{M^+}}{N_M+N_{M^+}} \tag{3-5}$$

等离子体中被测元素的总原子数 N_t 为三者之和：

$$N_t=N_M+N_{M^+}+N_{MX} \tag{3-6}$$

由式(3-4)、式(3-5) 和式(3-6) 可得

$$N_M=\frac{(1-x)\beta}{1-(1-\beta)x}N_t \tag{3-7}$$

$$I_{ul}=\frac{g_u}{g_0}\times\frac{(1-x)\beta}{1-(1-\beta)x}e^{-\frac{E_u}{KT}}N_tA_{ul}h\nu_{ul} \tag{3-8}$$

当蒸发和激发过程达到平衡时，等离子体中被测元素的原子总数 N_t 与试样中被测组分的浓度 c 有如下关系：

$$N_t=\alpha\tau c^q \tag{3-9}$$

式中，α 为被测组分的蒸发速度常数，与被测物的沸点、蒸发温度和蒸发时的物理化学过程有关；τ 为处于气态的被测组分在等离子体中的平均停留时间，与光源的性质、温度和粒子的质量有关；q 为与被测组分蒸发时发生的化学反应有关的常数，如果蒸发时无化学反应发生，则 q 等于 1，此时，式(3-9) 可写成：

$$N_t=\alpha\tau c \tag{3-10}$$

将式(3-10) 代入式(3-8)：

$$I_{ul}=\left[\frac{g_u}{g_0}\times\frac{(1-x)\beta}{1-(1-\beta)x}e^{-\frac{E_u}{KT}}A_{ul}h\nu_{ul}\alpha\tau\right]c \tag{3-11}$$

由式(3-11) 可见，谱线的强度不仅取决于被测组分的浓度 c，而且与原子和离子的固有属性，如跃迁概率 A_{ul}、辐射频率 $h\nu_{ul}$、激发能 E_u 以及激发态与基态的统计权重 g_u 和 g_0 等有关。此外，激发光源温度 T 及其与之相关的蒸发速率 α、停留时间 τ、离解常数 β 和电离常数 x 等均对谱线强度产生影响。对浓度或含量一定的被测组分，当光源温度恒定时，式(3-11) 中除 c 外的各项均可视为常数，用 A 表示，则式(3-11) 可表示为

$$I=Ac \tag{3-12}$$

光源等离子体中心部位处于激发态的原子发出的辐射通过温度较低的外层时，被外层处于基态的同种原子所吸收，这种效应称为自吸效应。考虑到自吸效应的影响，式(3-12) 可修正为

$$I=Ac^b \tag{3-13}$$

该式称为罗马金-赛伯（Lomakin-Schiebe）公式。式中 b 是自吸系数（$b\leqslant1$），随浓度 c 的增加而减小，当浓度很小而无自吸现象时，$b=1$。

式(3-13) 反映了组分浓度与谱线强度的关系，是原子发射光谱定量分析的基本关系式。

3.2 原子发射光谱仪

3.2.1 主要部件的性能与作用

原子发射光谱仪由激发光源、分光系统、记录和检测系统 3 个部分组成。

3.2.1.1 激发光源

激发光源通过不同的方式提供能量，使试样中的被测元素原子化，并进一步跃迁至激发态。基本要求是高温、稳定、安全和光谱背景小。常见的有电弧光源、火花光源、电感耦合高频等离子体光源（inductive coupled high frequency plasma，ICP）等。

(1) 直流电弧光源　直流电弧发生器的基本电路如图 3-2(a) 所示。可变电阻（镇流电阻）R 用于稳定和调节电流的大小；电感 L 用于减小电流的波动；G 为放电间隙（分析间隙），常用两个碳电极作为阴、阳极。试样装填在下电极（阳极）的凹孔内，一般电压为 150～380V，电流 5～30A。

因为直流电不能击穿分析间隙，所以在接通电源后需使上、下电极短暂接触短路引燃电弧，再使其分开并保持 3～6mm 的间隙。燃弧产生的热电子流从阴极尖端通过 G 加速飞向阳极，撞击在阳极上形成炽热的阳极斑，温度可达 3800K，使试样蒸发和原子化。热电子流还使 G 中的试样气体分子和原子电离，产生的正离子又加速撞击阴极产生高热，使阴极发射电子，这个过程持续进行，维持电弧不灭。被测元素原子与电弧中的其他粒子反复剧烈碰撞而获得能量，从而跃迁至激发态。

直流电弧平均电流大，电极头的温度高，对试样的蒸发效果好，弧焰中心区的温度也可达 5000～7000K，因而分析的绝对灵敏度高，常用于矿物、难溶无机材料等物质中痕量组分的测定。但直流电弧易游移，重现性较差，且电弧内高浓度的原子蒸气易导致较严重的自吸现象，谱线强度往往不与组分的浓度或含量成正比，更适用于定性分析。

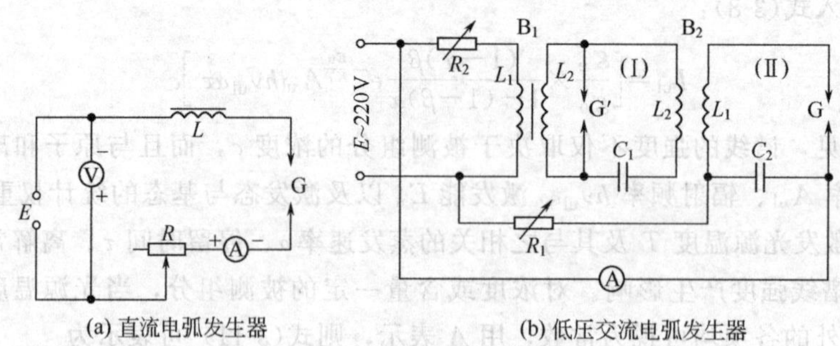

图 3-2　电弧发生器

E—直流电源；Ⓥ—直流电压表；L、L_1、L_2—电感；

R—镇流电阻；G—分析间隙；B_1、B_2—变压器；C_1—振荡电容；

C_2—旁路电容；R_1、R_2—可变电阻；Ⓐ—电流表；G′—放电盘

(2) 低压交流电弧光源　低压交流电弧发生器的电路如图 3-2(b) 所示。由高频振荡引弧电路（Ⅰ）与低压电弧电路（Ⅱ）组成。外电源工作电压 220V 经变压器 B_1 升至 3000V，向电容 C_1 充电，当 C_1 所充电压高到击穿放电盘 G′的空气绝缘时，在电路 C_1-L_2-G′中产生

高频振荡电流。调节变阻器R_2和G'的间隙可控制振荡周期。该振荡电流通过电感L_1和L_2耦合至电路（Ⅱ）中并升压至10000V，使分析间隙G击穿，电流沿着已经形成的游离空气通道，通过G进行弧光放电。随着分析间隙电流的增大，出现明显的电压降。当电压降至低于维持放电所需电压时，电弧熄灭。在高频引弧作用下，电弧又能重新点燃，这个过程反复进行，维持交流电弧不灭。

由于交流电弧间歇放电，因而平均电流较小，电极头温度较低，对试样的蒸发效果不如直流电弧好，灵敏度稍差。但交流电弧的电流具有脉冲性，瞬时电流密度比直流电弧大，稳定性好。每次引弧时在电极表面位置一般不同，相当于一次新的采样，具有良好的代表性，因此分析结果的精密度比直流电弧好，适用于定性和半定量分析。

(3) 高压火花光源　高压火花光源的电路如图3-3所示。

高压火花发生器的基本电路如图3-3所示。外电源电压经可变电阻R适当调整后由变压器B升压至10000～25000V，通过扼流线圈D向电容C充电。当C上所充电压高于分析间隙G时的击穿电压时，通过电感L向G放电，大量能量消耗在分析间隙上使高频振荡很快衰减，当振荡电流中断以后放电停止。充电和放电过程反复进行，产生具有振荡特性的火花放电。

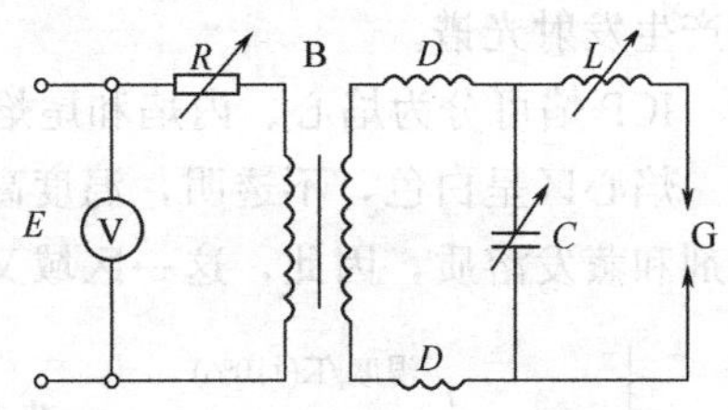

图3-3　高压火花发生器基本电路图

火花光源放电时间短，瞬时电流密度高，因而激发温度可达10000K以上，能使被测元素辐射出激发电位很高的一些原子线和离子线。由于火花作用于电极上的面积小，时间短，因此电极头温度较低，对试样的蒸发效果不如电弧光源，进入放电区的试样量较少，灵敏度较差，不适用于粉末和难熔试样的分析，适宜用来分析低熔点金属与合金的丝状、箔状样品。火花放电能够通过调节电压、间隙精密地加以控制，因而分析结果的稳定性较好，适合做定性、半定量和定量分析。

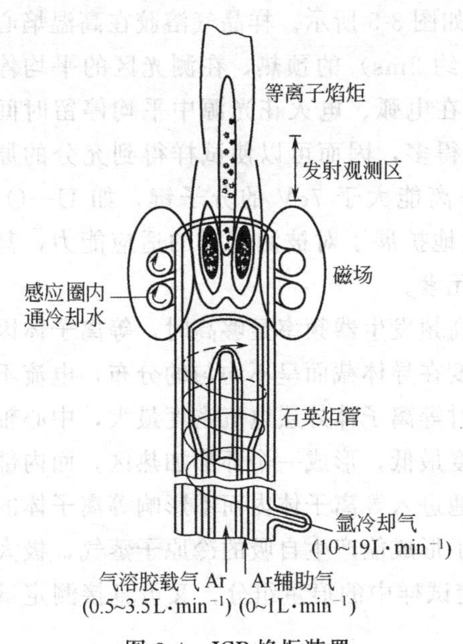

图3-4　ICP焰炬装置

(4) 电感耦合高频等离子体光源　电感耦合高频等离子体（ICP）是当前发射光谱分析中发展迅速、优点突出的一种新型光源。等离子体是指电离了的但在宏观上呈电中性的物质。高温下部分电离的气体由于含有自由电子、离子、中性原子和分子，而总体上仍呈电中性，所以也是一种等离子体。

作为发射光谱分析激发光源的ICP装置如图3-4所示，由高频发生器和感应线圈、炬管和供气系统、试样引入系统3部分组成。高频发生器产生高频磁场，通过高频加热效应供给等离子工作气体（通常为氩气）能量。常见的利用石英晶体的压电效应产生高频振荡的他激式高频发生器，其频率和功率输出稳定性高，频率多为27～50MHz，最大输出功率通常是2～4kW。感应线圈一般是由圆形或方形铜管绕制的2～5匝水冷线圈。

等离子炬管为3层同心石英管。冷却气Ar从外管切向通入，将等离子体与外层石英管内壁间隔一定距离，以免烧毁石英管。切向进气的离心作用在炬管中心产生了一个低气压通道以便进样。中层石英管的出口部分制成喇叭形，通入 Ar 气以维持等离子体的作用。内层石英管内径为 1～2mm。试样气溶胶由气动雾化器或超声雾化器产生，由载气携带从内管进入等离子体。Ar 为单原子惰性气体，自身光谱极为简单，作工作气体不会与试样组分形成难解离的稳定化合物，也不会像分子那样因解离而消耗能量，因而具有很好的激发性能，对大多数元素都有很高的分析灵敏度。

当有高频电流通过线圈时，产生轴向磁场，用高频点火装置产生火花以触发少量气体电离，形成的载流子（离子与电子）在电磁场作用下，与原子碰撞并使之电离，形成更多的载流子，当载流子累积到使气体的电导率足够大时，在垂直于磁场方向的截面上就会感应出涡流，强大的涡流产生高热将气体加热，瞬间使气体形成最高温度达 10000K 左右的等离子炬。当载气携带试样气溶胶通过等离子体时，可被加热至 6000～7000K 而原子化并被激发而产生发射光谱。

ICP 焰可分为焰心、内焰和尾焰 3 个区域。

焰心区呈白色，不透明，温度高达 10000K。试样气溶胶通过这一区域时被预热、挥发溶剂和蒸发溶质，因此，这一区域又称预热区，有很强的连续背景辐射。

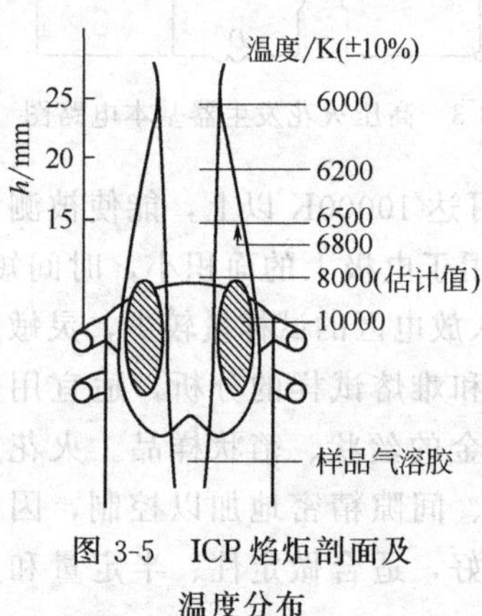

图 3-5　ICP 焰炬剖面及温度分布

内焰区位于焰心区上方，在感应圈以上 10～20mm，略带淡蓝色，半透明状。温度为 6000～8000K，是被测物原子化、激发、电离与辐射的主要区域。因此，这一区域又称测光区。

尾焰区在内焰区上方，无色透明，温度在 6000K 以下，只能激发低能级的谱线。

ICP 的温度分布如图 3-5 所示。样品气溶胶在高温焰心区经历了较长时间（约 2ms）的预热，在测光区的平均停留时间约为 1ms，比在电弧、电火花光源中平均停留时间（10^{-3}～10^{-2}ms）长得多，因而可以使试样得到充分的原子化，甚至能破坏解离能大于 7eV 的分子键，如 U—O、Th—O 等，从而有效地消除了基体的化学干扰，大大地扩展了对被测试样的适应能力，甚至可以用一条工作曲线测定不同基体的试样中的同一元素。

由 ICP 的形成过程可知，ICP 是涡流态的，且在高频发生器频率足够高时，等离子体因趋肤效应而形成环状。所谓趋肤效应是指高频电流密度在导体截面呈不均匀的分布，电流不是集中在导体内部，而是集中在导体表层的现象。此时等离子体外层电流密度最大，中心轴线上最小，与此相应，表层温度最高，中心轴线处温度最低，形成一个环形加热区，而内部则是一个温度相对较低的中央通道，使气溶胶能顺利地进入等离子体内而不影响等离子体的稳定性。同时由于从温度高的外围向中央加热，避免了形成能产生自吸的冷原子蒸气，极大地扩展了测量的线性范围（4～6 个数量级），既可测定试样中的痕量组分，又可直接测定试样的主成分，其他仪器分析方法是很难做到的。

ICP 的电子密度很高，电离干扰一般可以忽略不计。应用 ICP 可以同时测定的元素达 70 多种。ICP 以耦合方式从高频发生器获得能量，不使用电极，避免了电极对试样的污染。经过中央通道的气溶胶借助于对流、传导和辐射而间接地加热，试样成分的变化对 ICP 的影响很小，因此 ICP 具有良好的稳定性。ICP 的不足是雾化效率低，对气体和一些非金属元素测定的灵敏度不令人满意，固体进样问题尚待解决，仪器的价格和维护费用较高。

3.2.1.2 分光系统

原子发射光谱仪主要由照明系统、准光系统、色散（分光）系统及投影系统组成。核心为分光系统，有棱镜分光系统和光栅分光系统两种类型。根据色散能力的大小又可分为大、中、小型三种规格。

（1）棱镜分光系统　棱镜摄谱仪根据所选用的棱镜材料不同，可分为适用于可见光区的玻璃棱镜摄谱仪，适用于紫外区的石英棱镜摄谱仪以及适用于远紫外区的萤石棱镜光电直读式光谱仪。图 3-6 为棱镜分光系统光路示意。光源（被测试样的辐射）Q 经三透镜系统 K_{I}、K_{II} 和 K_{III} 聚焦于入射狭缝 S。入射光经准光镜 L_1 变为平行光投射到棱镜 P 上。由于短波的折射率大，长波的折射率小，入射光经棱镜色散后，按波长顺序分离，再由照明物镜 L_2 将不同波长的光聚焦于感光板的乳剂面 FF' 上而得到按波长顺序展开排列的光谱。

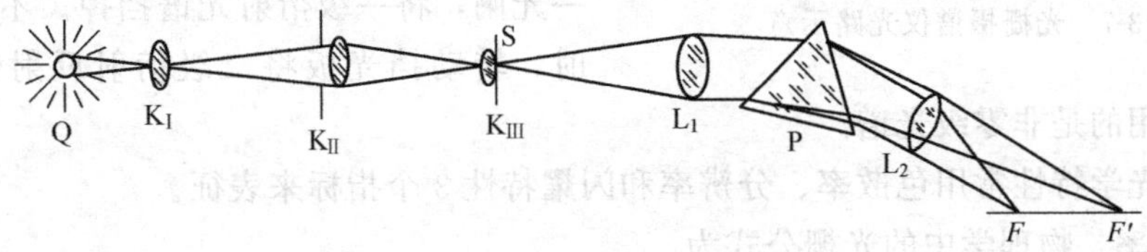

图 3-6　棱镜分光系统光路示意

棱镜分光系统的光学特性常用色散率、分辨率和集光本领 3 个指标来表征。

① 色散率（dispersive power）　就是把不同波长的光分散开的能力。角色散率 D 是指两条波长相差 $\mathrm{d}\lambda$ 的谱线被分开的角度 $\mathrm{d}\theta$；线色散率 D_l 是指波长相差 $\mathrm{d}\lambda$ 的两条谱线在焦面上被分开的距离 $\mathrm{d}l$。实际上常用倒线色散率 $\mathrm{d}\lambda/\mathrm{d}l$ 来表征光谱仪的分光性能，其意义是焦面上单位长度所对应的波长范围，单位是 nm/mm。

$$\frac{1}{D_l}=\frac{\mathrm{d}\lambda}{\mathrm{d}l}=\frac{\sin\varepsilon}{fD}=\frac{\sin\varepsilon}{f}\times\frac{\mathrm{d}\lambda}{\mathrm{d}\theta} \tag{3-14}$$

式中，f 为 L_2 的焦距；ε 是焦平面对波长为 λ 的光线的倾斜角。棱镜的倒线色散率随波长的增加而增加，即分光能力下降。

② 分辨率（resolving power）　棱镜的理论分辨率由下式计算：

$$R=\frac{\lambda}{\Delta\lambda} \tag{3-15}$$

式中，$\Delta\lambda$ 是根据瑞利准则恰能分辨的两条谱线的波长差；λ 是这两条谱线的平均波长。根据瑞利准则，恰能分辨是指等强度的两条谱线间，一条谱线的衍射最大强度（主最大）落在另一条谱线的第一最小强度上。当棱镜位于最小偏向角位置时，对等腰棱镜，有

$$R_0=mb\,\frac{\mathrm{d}n}{\mathrm{d}\lambda} \tag{3-16}$$

式中，n 为棱镜材料的折射率；$\mathrm{d}n/\mathrm{d}\lambda$ 是棱镜材料的色散率；m 是棱镜的数目；b 是棱镜的底边长。理论分辨率与物镜的焦距无关，增加 m 可以提高分辨率，但光强会减弱。

③ 集光本领　集光本领表示光谱仪光学系统传递辐射的能力。可以用感光板焦平面上单位面积内所得到的辐射通量与入射于狭缝的光源亮度之比来表示，与狭缝宽度无关。增大物镜焦距，可提高线色散率，但集光本领下降。

（2）光栅分光系统　光栅分光系统利用光的衍射现象进行分光，可用几纳米到几百纳米的整个光学谱域。图 3-7 为光栅摄谱仪光路示意。由光源 B 发出的光经三透镜 L 及狭缝 S 投

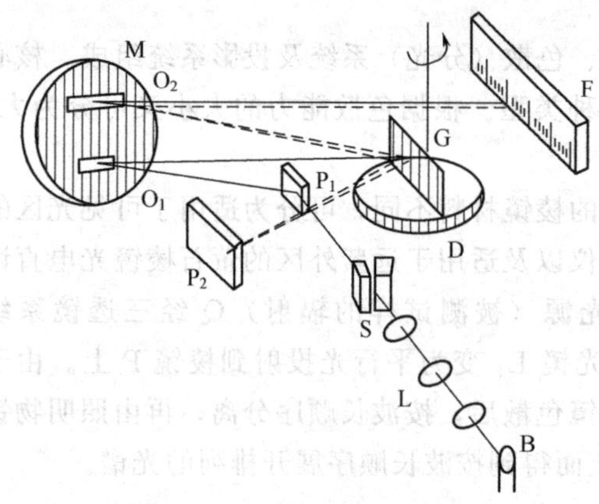

图 3-7 光栅摄谱仪光路示意

射到反射镜 P_1 上，经反射后投射到凹面反射镜 M 下方的准光镜 O_1 上变为平行光，再射至平面光栅 G 上。由于长波的衍射角大，短波的衍射角小，复合光经光栅色散后，便按波长顺序被分开。不同波长的光由凹面反射镜上方的物镜 O_2 聚焦于感光板 F 上，得到按波长顺序展开的光谱。转动光栅台 D，改变光栅角度，可以调节波长范围和改变光谱级次。P_2 是二级衍射反射镜，图中虚线表示衍射光路。为了避免一级和二级衍射光相互干扰，在暗箱前设一光阑，将一级衍射光谱挡掉。不用二级衍射时，转动挡光板将二级衍射反射镜 P_2 挡住。光栅光谱利用的是非零级光谱。

光栅的光学特性常用色散率、分辨率和闪耀特性 3 个指标来表征。

① 色散率　物理学中的光栅公式为

$$d(\sin i \pm \sin\beta) = m\lambda \tag{3-17}$$

经微分，可得角色散率

$$\frac{d\beta}{d\lambda} = \frac{m}{d\cos\beta} \tag{3-18}$$

和线色散率

$$\frac{dl}{d\lambda} = \frac{mf}{d\cos\beta} \tag{3-19}$$

式中，d 是光栅常数；m 是光谱级次；i 是入射角；β 是衍射角。在光栅法线附近，$\cos\beta\approx 1$，即在同一级光谱中，色散率基本不随波长而改变，是均匀色散。这是光栅不同于棱镜的显著特点之一。光栅色散率随光谱级次的增大而增大。

② 分辨率　光栅光谱仪的理论分辨率 R 为

$$R = \frac{\lambda}{\Delta\lambda} = mN \tag{3-20}$$

式中，m 是光谱级次；N 是光栅刻痕的总数。对于一块宽度为 50mm，刻痕数为 1200 条/mm 的光栅，在一级光谱中，按式(3-20) 计算，$R=6\times10^4$。若用棱镜，即使是用色散率较大的重火石玻璃，$dn/d\lambda=120$ 条/mm，要达到光栅同样的分辨率，按式(3-16) 计算，棱镜的底边长竟需要达到 $b=500$mm。可见，光栅的分辨率比棱镜大得多。

③ 闪耀特性　如果将光栅的刻痕刻成一定的形状，使每一刻痕的小反射面与光栅平面成一定角度（见图 3-8)，使单缝衍射的中央主极大从原来与不分光的零级主极大重合的方向，移至由刻痕形状决定的反射光方向，结果使反射光方向的光谱增强，这种现象称为闪耀。辐射能量最大的波长称为闪耀波长；光栅刻痕小反射面与光栅平面的夹角 β 称为闪耀角。

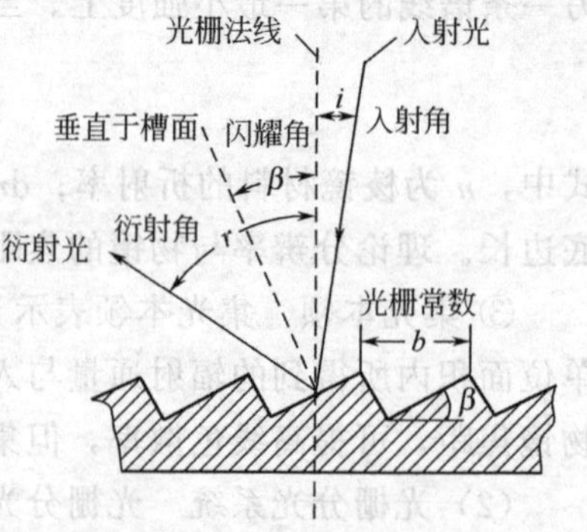

图 3-8 平面闪耀光栅示意

规定闪耀波长λ_B的闪耀效率为1时，可用式(3-21)估计闪耀效率不低于0.4的闪耀波长范围：

$$\lambda'_n=\frac{\lambda_{B(1)}}{n\pm 0.5} \tag{3-21}$$

式中，λ'_n是第n级光谱闪耀的上限与下限波长；$\lambda_{B(1)}$是光栅的一级闪耀波长。对于$\lambda_{B(1)}$为300nm的光栅，第一级光谱闪耀波长范围为200～600nm。质量优良的闪耀光栅可以将约80％的光能量集中到所需要的波长范围内。

3.2.1.3 检测系统

原子发射光谱的检测常采用摄谱法（照相法）和光电检测法两种。前者用感光板记录谱线，后者以光电倍增管或电荷耦合器件（charge coupled device，CCD）作为接收与记录光谱的主要器件。

(1) 感光板　感光板由片基玻璃及在其上均匀涂布的感光乳剂组成。感光乳剂中的感光材料为AgBr。光源发出的辐射经分光和聚焦后投射在感光板上使AgBr感光，发生如下反应：

$$Br^- \xrightarrow{h\nu} Br+e$$

$$Ag^+ + e \longrightarrow Ag$$

即在感光板上谱线的投影所对应的位置产生极少量的单质Ag，称为潜影。

在暗室中将感光后的感光板浸入显影液中进行显影反应。显影液中的还原剂（如对甲氨基苯酚硫酸盐）在弱碱性条件下使AgBr还原为Ag单质。

该反应速率较慢，单质Ag是该反应的催化剂。则在有潜影的位置还原出较大量的单质Ag（谱线），这称为“显影”。而在其他位置，也不可避免地有少量的单质Ag出现（雾翳）。

将感光板取出浸入乙酸溶液，在酸性条件下显影反应被终止，这称为“停显”。

最后将感光板浸入硫代硫酸钠溶液中将未曝光的AgBr溶解洗净，使谱线呈现在感光板上，这称为“定影”。

$$AgBr+Na_2S_2O_3 \longrightarrow NaBr+NaAgS_2O_3$$

感光板的特性常用反衬度、灵敏度与分辨能力表征。

① 反衬度　感光乳剂在光的作用下产生一定的黑度S

$$S=\lg\frac{i_0}{i} \tag{3-22}$$

式中，i_0是透过雾翳的光强度；i是透过谱线的光强度。强度为I的光，在感光板上产生一定的照度E，照射时间t后，在感光乳剂上积累一定的曝光量$H=Et$。黑度S与曝光量H的关系曲线，称为感光板的乳剂特性曲线（见图3-9）。

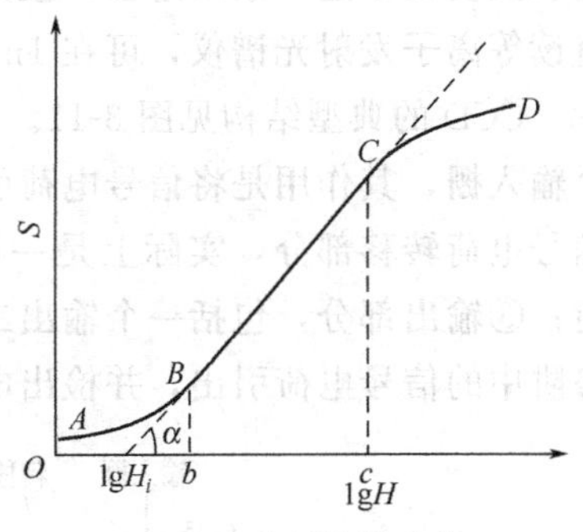

图3-9　乳剂特性曲线

乳剂特性曲线的AB为曝光不足段，CD为曝光过度段，BC为曝光正常段。对正常曝光部分，曝光量H与黑度S的关系是

$$S=\gamma(\lg H-\lg H_i)=\gamma\lg H-i \tag{3-23}$$

式中，γ是BC段的斜率，称为反衬度。H_i是惰延量，其倒数表示乳剂的感光灵敏度。BC

段在横坐标上的投影 bc 称为感光板的展度。若将乳剂特性曲线下部延长与纵坐标相交于 S_0，则该点称为雾翳黑度。

② 灵敏度　感光板的灵敏度为

$$S_{\lambda}=\frac{1}{H_{S_0}+1.0} \tag{3-24}$$

式中，H_{S_0} 是产生雾翳黑度 S_0 所需要的曝光量；S_{λ} 表示灵敏度与辐射的波长相关。

③ 分辨能力　感光板的分辨能力是指乳剂记录精细条纹的能力，一般乳剂的分辨能力为 100 条/mm。

感光层中卤化银晶粒粗，灵敏度高，反衬度小，分辨率低，展度宽，这种感光板适用于定性分析；卤化银晶粒细，灵敏度低，分辨率高，反衬度大，展度窄，这种感光板适用于定量分析。有些感光板通过在乳剂中添加增感物质可扩展感光的范围。

(2) 光电倍增管　用光电倍增管作为光谱检测器可实现光电信号的转换，实现分析结果的光电直读功能。光电倍增管的结构见图 3-10。

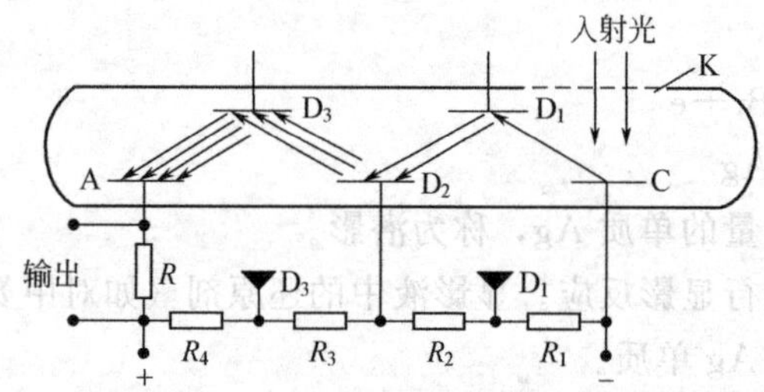

图 3-10　光电倍增管的工作原理示意

光电倍增管的外壳由玻璃或石英制成，内部真空，阴极涂有能发射电子的光敏物质，如 Sb-Cs 或 Ag-O-Cs 等，在阴极 C 和阳极 A 之间装有一系列次级电子发射极，即电子倍增极 D_1、D_2 等。C 和 A 之间加有约 1000V 直流电压。当辐射光子撞击光 C 时发射出光电子，光电子被电场加速落在第一倍增极 D_1 上，撞击出更多的二次电子，依次类推，阳极最后收集到的电子数将是阴极发出的电子数的 10^5～10^8 倍。

(3) CCD 检测器　电荷耦合器件 CCD 是一种新型固体多通道光学检测器件，是当前数码相机和扫描仪等数字化图形图像设备中最常用的感光元件。在其输入面上密布着光敏像元点阵，可以将光谱信息进行光电转换、储存和传输。在其输出端产生波长-强度二维信号，信号经放大和计算机处理后可在终端显示器上同步显示出图谱，省却了感光板所需的暗室操作和黑度测量这些繁琐过程，极大地提高了发射光谱分析的速度。采用 CCD 检测器的全谱直读等离子发射光谱仪，可在 1min 内完成试样中多达 70 种元素的定性和定量测定。

CCD 的典型结构见图 3-11。它由 3 部分组成：①输入部分，包括一个输入二极管和一个输入栅，其作用是将信号电荷引入到 CCD 的第一个转移栅下的势阱中；②主体部分，即信号电荷转移部分，实际上是一串紧密排布的 MOS 电容器，其作用是储存和转移信号电荷；③输出部分，包括一个输出二极管和一个输出栅，其作用是将 CCD 最后一个转移栅下势阱中的信号电荷引出，并检出电荷所传递的信息。

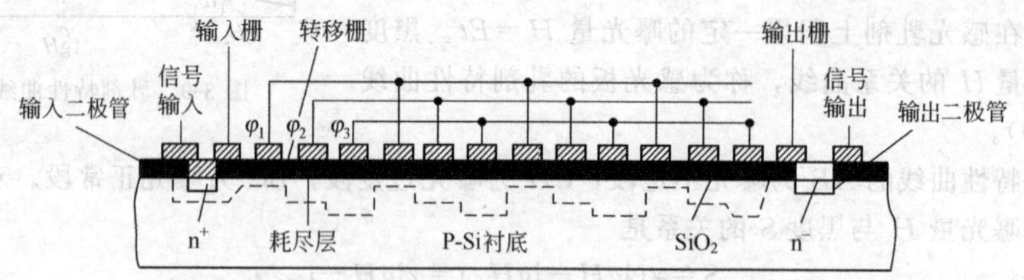

图 3-11　CCD 结构示意

CCD中和每个光敏MOS电容器（现多用光敏二极管）构成一个像元［见图3-12(a)］。当一束光线投射在任一电容器上时，光子穿过透明电极和氧化层进入P型硅衬底。衬底中处于价带的电子吸收光子的能量而跃入导带［见图3-12(b)］，形成电子-空穴对。导带与价带间的能量差E_g称为半导体的禁带宽度。在一定外加电压下，$Si-SiO_2$界面上多数载流子-空穴被排斥到底层，在界面处感生负电荷，中间则形成耗尽层，而在半导体表面形成电子势阱。势阱形成后，随后到来的信号电子就存贮在势阱中。由于势阱的深浅可由电压大小控制，因此，如果按一定规则将电压加到CCD各电极上，使存贮在任一势阱中的电荷运动的前方总是有一个较深的势阱处于等待状态，存贮的电荷就沿势阱从浅到深做定向运动，最后经输出二极管将信号输出。由于各势阱中存贮的电荷依次流出，因此根据输出的先后顺序就可以判别出电荷是从哪个势阱来的，并根据输出的电荷量得知该像元的受光强弱。

CCD多为面阵型，集成度一般有320×320、512×320、1024×1024像元等多种，减小像元尺寸并增大器件面积可有效提高光谱检测的分辨率。由于信号电荷在CCD内的存贮和转移与外界隔离，因此CCD是一个低噪声的器件，适于微弱光信号的检测，且具有很宽的线性响应范围。

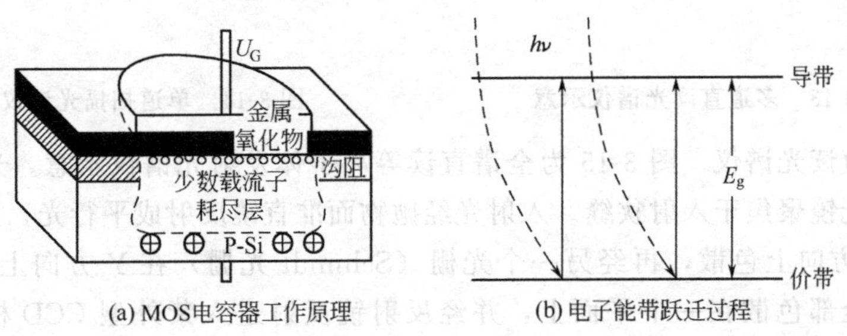

图3-12 CCD工作过程示意

3.2.2 原子发射光谱仪的类型

（1）摄谱仪　摄谱仪是用光栅或棱镜作为色散元件，用照相法记录光谱的原子发射光谱仪器。利用光栅摄谱仪进行定性分析十分方便，且该类仪器的价格较便宜，测试费用也较低，而且感光板所记录的光谱可长期保存，因此目前应用仍十分普遍。

（2）光电直读光谱仪

① 多道直读光谱仪　图3-13为多道直读光谱仪示意。从光源发出的光经透镜聚焦后，在入射狭缝上成像并投射到狭缝后的凹面光栅上。凹面光栅将光色散后聚焦在焦面上。焦面上安置一组出射狭缝以允许不同波长的光通过，经光电倍增管检测各波长的光强后用计算机进行数据处理。

多道直读光谱仪分析速度快，光电倍增管对信号放大能力强，准确度优于摄谱法，可同时分析含量差别较大的不同元素，适应的波长范围也较宽。适合于固定元素的快速定性、半定量和定量分析。但由于出射狭缝间必然存在一定的物理距离，因此利用波长相近的谱线进行分析时有困难。

② 单道扫描光谱仪　图3-14是单道扫描光谱仪的光路示意。光源发出的辐射经入射狭缝投射到可转动的光栅上色散，当光栅转动至某一固定位置时只有某一特定波长的谱线能通过出射狭缝进入检测器。通过光栅的转动完成一次全谱扫描。

和多道光谱仪相比，单道扫描光谱仪波长选择灵活方便，但由于通过光栅转动完成扫描需要一定的时间，因此分析速度受到一定限制。

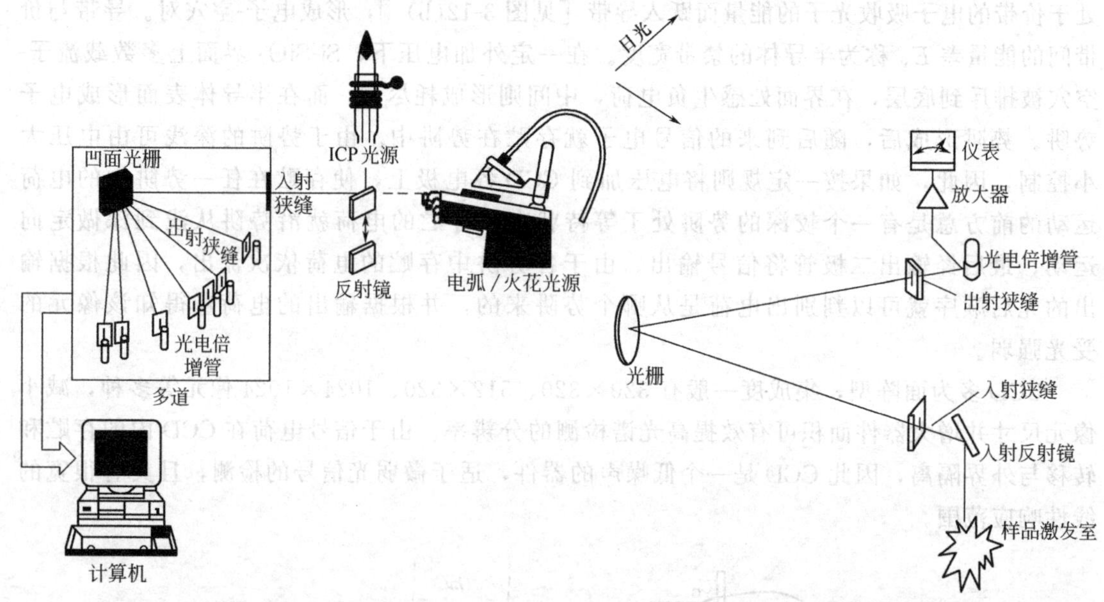

图 3-13　多道直读光谱仪示意　　　　图 3-14　单道扫描光谱仪简化光路示意

（3）全谱直读光谱仪　图 3-15 为全谱直读等离子体发射光谱仪示意。光源发出的辐射经两个曲面反光镜聚焦于入射狭缝。入射光经抛物面准直镜反射成平行光，照射到中阶梯光栅上使光在 X 方向上色散，再经另一个光栅（Schmidt 光栅）在 Y 方向上进行二次色散，使光谱分析线全部色散在一个平面上，并经反射镜反射进入紫外型 CCD 检测器检测。在 Schmidt 光栅的中央有一个孔洞，部分光线穿过孔洞后经棱镜进行 Y 方向二次色散，然后经反射镜反射进入可见型 CCD 检测器检测。

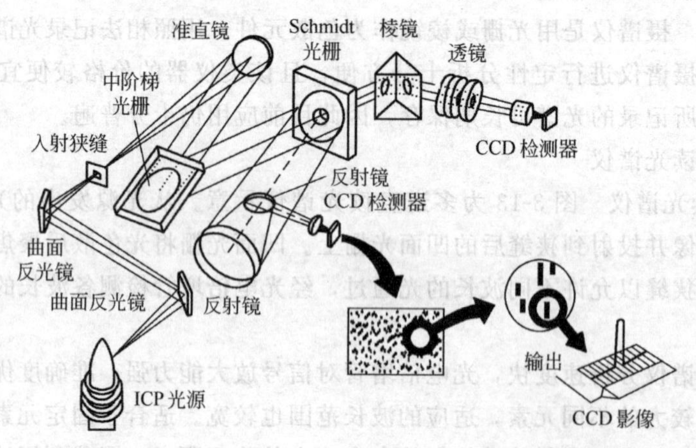

图 3-15　全谱直读等离子体发射光谱仪示意

这种全谱直读光谱仪不仅克服了多道直读光谱仪谱线少和单道扫描光谱仪速度慢的缺点，而且所有的元件都固定安装在机座成为一个整体，没有任何活动光学器件，因此故障率低，稳定性好。

3.3 分析方法

3.3.1 定性分析

光谱定性分析常采用摄谱法，通过比较试样光谱与纯物质光谱或铁光谱来确定元素的存在。通常将元素特征光谱中强度较大的谱线称为元素的灵敏线。只要在试样光谱中检出了某元素的灵敏线，就可以确证试样中存在该元素。反之，若在试样中未检出某元素的灵敏线，则说明试样中不存在被检元素，或者该元素的含量在检测灵敏度以下。

（1）标样光谱比较法　将试样与待测元素的纯物质并列摄谱于同一感光板上，对照比较试样光谱与纯物质光谱，若试样光谱中出现与纯物质相同的特征谱线，表明试样中存在待测元素。这种方法非常便于对指定的少数几种元素进行定性鉴定。

（2）铁谱比较法　将试样与纯铁并列摄谱于同一感光板上，然后将试样光谱与含铁光谱的元素标准光谱图（见图 3-16）对照，将所摄铁谱与标准光谱图上的铁谱对齐，即以铁谱线作为波长的标尺，再逐一检查待测元素的谱线是否在相应的位置出现。若试样光谱中的元素谱线与标准谱图中标明的某一元素谱线出现的波长位置相同，表明试样中存在该元素。铁谱比较法同时进行多元素定性鉴定十分方便。

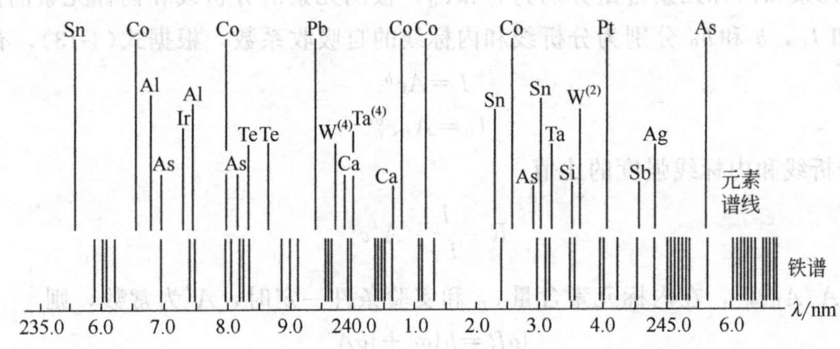

图 3-16　元素标准光谱图

3.3.2 半定量分析

摄谱法可以迅速给出试样中待测元素的大致含量，常用的方法有谱线黑度比较法和谱线呈现法等。

（1）黑度比较法　将试样与一系列组分含量已知的标样在相同条件下并列摄谱于同一感光板上，直接目视比较被测试样与标样光谱中待测元素同一分析线的黑度。黑度越大，则含量越高。该法的准确程度取决于被测试样与标样组成的相似程度及标样中待测元素含量间隔的大小。

（2）谱线呈现法　试样中某元素含量低时，摄谱后在感光板上仅出现少数几根灵敏线。随着试样中该元素含量的增加，一些次灵敏线与原本较弱的谱线相继出现，于是可以编成一张谱线出现与含量的关系表（见表 3-1），根据某一谱线是否出现来估计试样中该元素的大致含量。该法的优点是简便快速，其准确程度受试样组成与分析条件的影响较大。

表 3-1 谱线呈现表

$w(Pb)/\%$	谱线/nm
0.001	283.3069 清晰可见，261.4178 和 280.200 很弱
0.003	283.3069、261.4178 增强，280.200 清晰
0.01	上述谱线增强，另增 266.37 和 287.332，但不太明显
0.1	上述谱线增强，没有新增谱线出现
1.0	上述谱线增强，241.095、244.383 和 244.62 出现，241.17 模糊可见
3	上述谱线增强，出现 322.05、233.242 模糊可见
10	上述谱线增强，242.664 和 239.960 模糊可见
30	上述谱线增强，311.890 和浅灰色背景 269.750 不出现

3.3.3 定量分析

(1) 内标法光谱定量分析的原理　由于发射光谱分析受实验条件波动的影响较大，使谱线强度的测量存在较大误差。为了尽可能地补偿和抵消这种因实验条件波动而引起的误差，通常采用内标法进行定量分析。即利用试样中的另一元素或人为在试样中引入某一元素（称为内标元素），这样在摄谱时，不论实验条件如何波动，被测元素与内标元素的摄谱条件始终保持相同，实验条件的波动对两者的影响程度也相当。因此，用这两者谱线强度的比值作为定量分析的指标，显然可以得到比较稳定和可靠的结果。

设被测元素和内标元素含量分别为 c 和 c_0，被测元素的分析线和内标元素的内标线强度分别为 I_1 和 I_0，b 和 b_0 分别为分析线和内标线的自吸收系数，根据式(3-13)，有

$$I=Ac^b \tag{3-25}$$

$$I_0=A_0c_0^{b_0} \tag{3-26}$$

用 R 表示分析线和内标线强度的比值：

$$R=\frac{I}{I_0}=A'c^b \tag{3-27}$$

式中，$A'=A/A_0c_0^{b_0}$，在内标元素含量 c_0 和实验条件一定时，A'为常数，则

$$\lg R=b\lg c+\lg A' \tag{3-28}$$

式(3-28) 是内标法光谱定量分析的基本关系式。

根据内标法定量的原理，内标元素与内标线的选择原则如下。

① 外加内标元素时，加入量需已知，且该元素在原试样中不存在或含量低至可忽略。

② 内标元素与被测元素具有相似的蒸发、电离和激发行为，这样两者受实验条件波动的影响才能较一致。

③ 分析线与内标线波长尽可能较接近。这样两者受光源温度和感光板或检测器的影响才能较小。

实际上，找到完全合乎上述要求的分析线对是不容易的。即使采用内标法进行光谱定量分析，还是应该尽可能地控制实验条件的相对稳定。

(2) 光谱定量分析方法　光谱定量分析一般采用三标样试样法。

将 3 个或以上含有不同浓度被测元素的标样作摄谱操作，按式(3-28)，以分析线对强度比的对数值 $\lg R$ 对标样中被测组分浓度的对数值 $\lg c$ 作校正曲线。相同条件下，测量未知试样的 $\lg R$，由校正曲线求得未知试样中被测元素的含量 c。

若用感光板记录光谱，控制分析线与内标线的黑度（黑度分别为 S_1 和 S_2，强度分别为 I_1 和 I_2，曝光时间分别为 t_1 和 t_2）均落在感光板乳剂特性曲线的曝光正常段，根据式(3-

23)，有

$$S_1=\gamma_1 \lg I_1 t_1-i_1 \tag{3-29}$$

$$S_2=\gamma_2 \lg I_2 t_2-i_2 \tag{3-30}$$

$$\Delta S=S_1-S_2=\gamma \lg \frac{I_1}{I_2}=\gamma \lg R \tag{3-31}$$

两条谱线来自同一试样，所以 $t_1=t_2$；两条谱线波长接近，所以 $\gamma_1 \approx \gamma_2$。将式(3-28) 代入式(3-31) 得

$$\Delta S=\gamma b \lg c+\gamma \lg A' \tag{3-32}$$

可用分析线对的黑度差 ΔS 与被测元素的 $\lg c$ 建立校正曲线，进行定量分析。

三标样试样法是发射光谱定量分析的基本方法，应用广泛，特别适用于成批试样的分析。

(3) 基体效应的抑制 试样基本组成的改变会影响被测元素谱线的强度，这种效应称为基体效应。这一效应对元素定量分析是不利的。因此在实际分析过程中，应尽量采用与试样基体一致或接近的标准样品，以减少基体效应的影响和测定误差。但是，由于实际试样千差万别，这一点往往很难满足。在实际工作中，特别是采用电弧光源时，常常在试样和标准样品中加入一些添加剂以减小基体效应，提高分析的准确度，这种添加剂有时也被用来提高分析的灵敏度。添加剂主要有光谱缓冲剂和光谱载体。

光谱缓冲剂的作用是使各试样的组成趋于一致，控制蒸发条件和激发条件，减小基体组成的变化对谱线强度的影响。常用的光谱缓冲剂有碱金属、碱土金属的盐类，如 NaCl、KCl、Na_2CO_3 和 $CaCO_3$ 等，炭粉、碱金属的卤化物、AgCl、NH_4Cl 以及低熔点的 B_2O_3、硼砂和硼酸等。对难熔物质可以加入低熔点的 B_2O_3 等，使试样熔点降低，减小试样组成的变化以抑制基体效应。

光谱载体的作用是利用分馏效应，促进一些元素提前蒸发，抑制另一些元素的蒸发速度，从而有效地增强分析元素的谱线，抑制基体物质的谱线出现。如对难挥发物质 Nb、Ta、Ti、Zr 和 Hf 等，加入碱金属卤化物或 AgCl，生成易挥发的氯化物，增强分析元素的谱线强度或抑制基体谱线的出现，提高了微量元素测定的灵敏度。

有时光谱缓冲剂和光谱载体二者之间并没有明显的界限，一种添加剂往往同时起缓冲剂和载体的作用。ICP 光源的基体效应较小，一般不需要光谱添加剂，但是为了减小可能存在的干扰，使标准溶液与试样溶液尽可能有大致相同的基体组成，这在任何分析方法中都是必要的。

3.4 原子发射光谱分析的应用和进展

原子发射光谱分析由于能够不经分离，同时对试样中共存的多种元素进行快速的定性或定量分析，因此是当前最重要的元素分析手段之一。在科研及化工、材料、机械、电子、食品、冶金、矿产、环境、生化和临床等方面得到广泛的应用。

(1) 岩矿分析 矿物中元素的分析是原子发射光谱应用的一个主要领域之一，地球化学样品在其中占有很大的一部分，据统计，全世界每年分析的地球化学样品超过一千万件。

地球化学探矿方法（简称化探），是利用各种现代痕量分析手段，系统地研究地表物质（岩石、土壤、地表或地下水、水系沉积物等）中各种元素含量的分布和异常变化情况，广

泛地搜索这些地表物质出现的微观矿化征兆，以追求有经济价值的矿床。原子发射光谱法可以快速地同时分析化探样品中几十种元素，快速、可靠、经济和有效，能为寻找元素矿物资源提供重要的资料。

（2）炉前分析　在钢铁冶炼，尤其是特种钢的冶炼过程中，实时监测炼炉中铬、镁、钼等添加元素的含量，是控制钢材质量的一个重要方法。火花原子发射光谱法非常适宜完成这类工作。

制备一系列含有不同浓度待测元素（铬、镁、钼、铜……）的铁基合金，利用这些合金作电极，进行摄谱或光电直读分析，确定工作参数及响应系数。从炼炉中取出少量正在冶炼的钢液，注入棒型模具中，冷却成型后作为电极进行原子发射光谱分析，即可得知其中各种元素的含量，并可将相应的浓度数值转换成各加料装置的控制信号，自动按照预先要求的元素含量调整投料的比例。

（3）环境监测　化工、冶金、皮革和电镀等企业广泛采用水作为冷却剂、清洗剂及溶剂，产生大量的工业废水，如不进行适当处理，将成为水污染的重要来源。一些元素如砷、镉、铬、铜、汞、磷、铜、硫、锌等均是工业废水中的重要指标。如采集废水试样后，经粗滤和微孔滤膜过滤，用硝酸酸化，加入内标物，在 ICP-AES 仪上分别进行标样及废水试样的分析，快速得出污染的情况。此方法也可用于河水等天然水体、土壤、大气颗粒物、海洋沉积物等环境试样中多种元素的同时测定，对于地球化学、海洋化学及环境化学的研究及环境污染的监测等起到重要的作用。

（4）生化临床分析　近年来，生命科学的发展对分析化学提出了更高的要求，原子发射光谱在此领域的应用日益受到关注。

利用 ICP-AES 测定尿毒病人的血清、糖尿病人血液中的微量元素，可以为研究疾病与微量元素的关系提供科学的依据；利用 ICP-AES 测定人发中微量元素的分布，可以辅助进行癌症的初级诊断；利用 ICP-AES 测定人体组织（如骨骼、脑脊髓及人体汗液等）中的微量元素，可以获得许多与生命活动相关的信息；ICP-AES 还在中草药等植物样品以及膳食中微量元素的测定中得到了应用。

（5）材料分析　随着经济和科技发展，各种新型材料不断涌现，对材料分析也提出了越来越高的要求。由于原子发射光谱能够进行多元素同时测定，且灵敏度也比较高，因此广泛地用于各种材料中多种杂质成分和功能成分的测定，如激光材料、半导体材料、高纯稀土、各种合金材料与矿物原材料，特别是高纯稀土材料的分析。目前以 ICP-AES 为主的方法可分析纯度为 99.9%～99.99%的稀土，相对偏差可达 1%以内。

习题

1. 原子光谱与原子结构、原子能级有什么关系？为什么能用它来进行物质的定性分析？为什么它不能直接给出物质分子组成的信息？
2. 碳原子激发态的电子组态是 $(1s)^2$ $(2s)^2$ $(2p)^1$ $(3s)^1$，写出其对应的光谱项。
3. 钠原子的下列光谱项间哪个能发生跃迁？

（1）$3^2S_{1/2}—4^2S_{1/2}$　　（2）$3^2P_{1/2}—4^2D_{5/2}$

（3）$3^2S_{1/2}—3^2D_{5/2}$　　（4）$3^2S_{1/2}—3^2P_{1/2}$

4. 比较直流电弧、交流电弧、高压电容火花、ICP 光源的分析特性及相关的原因。

5. 光谱定性分析的基本原理是什么？

6. 进行光谱定性分析时可采用哪几种方法？说明各个方法的基本原理及适用场合。

7. 发射光谱定量分析的依据是什么？

8. 发射光谱定量分析为什么要采用内标法？内标元素和内标线应具备哪些条件？为什么？

9. 以 Mg 作为内标测定某合金中 Pb 的含量，实验数据如下：

溶液	黑度计读数		Pb 的质量浓度 /mg·L^{-1}
	Pb	Mg	
1	17.5	7.3	0.151
2	18.5	8.7	0.201
3	11.0	7.3	0.301
4	12.0	10.3	0.402
5	10.4	11.6	0.502
A	15.5	8.8	
B	12.5	9.2	
C	12.2	10.7	

根据上述数据，(1) 绘制工作曲线；(2) 求溶液 A、B、C 的质量浓度。

10. 比较多通道与单通道扫描发射光谱仪的特点。

参考文献

[1] 邓勃，宁水成，刘密新. 仪器分析. 北京：清华大学出版社，1991.

[2] 李廷钧. 发射光谱分析. 北京：原子能出版社，1983.

[3] 江祖成等. 现代原子发射光谱分析. 北京：科学出版社，1999.

[4] 刘贤德. CCD 及其应用原理. 上海：华中理工大学出版社，1990.

[5] D. A. Skoog. Principles of instrumental analysis. 5th ed. Harcourt College，1998.

[6] 方惠群，于俊生，史坚. 仪器分析. 北京：科学出版社，2002.

[7] 刘密新，罗国安，张新荣，童爱军. 仪器分析. 第 2 版. 北京：清华大学出版社，2001.

4 原子吸收光谱分析法

原子吸收光谱分析（atomic absorption spectrometry，AAS）又称原子吸收分光光度分析，是基于试样的蒸气相中被测元素的基态原子对其原子共振辐射的吸收强度来测定试样中被测元素含量的一种方法。

原子吸收作为一种现象很早应被发现和观测到。1802 年，W. H. Wollaston 在研究太阳光谱时，发现了太阳连续光谱中出现了一系列暗线。1817 年，J. Fraunhofer 再次发现了这一现象并将这些暗线称为 Fraunhofer 线。1859 年，G. Kirchhoff 与 R. Bunson 在研究碱金属和碱土金属的火焰光谱时，发现钠蒸气发出的光通过温度较低的钠蒸气时，对钠的发射产生吸收，并且钠发射线与暗线所在波长位置相同。根据这一事实，他们认为太阳连续光谱中的暗线是太阳外层大气中的钠原子对太阳光谱中的钠辐射产生吸收的结果。

原子吸收光谱作为一种实用的分析方法则要晚得多。1955 年，A. Walsh 发表了著名论文“原子吸收光谱在化学分析中的应用”，奠定了原子吸收光谱法的基础。20 世纪 50 年代末和 60 年代初，Hilger、Varian Techtron 及 Perkin-Elmer 公司先后推出了原子吸收光谱分析商品化仪器。

原子吸收光谱分析具有以下优点。

① 检出限低，灵敏度高　火焰原子吸收法对部分元素的检出限可达到 $\mu g \cdot L^{-1}$ 级，石墨炉原子吸收法的检出限更可低至 $10^{-10} \sim 10^{-14}$ g。

② 测量精度好　火焰原子吸收法测定中等和高含量元素的相对标准偏差可小于 1%，已接近于经典化学方法。石墨炉原子吸收法的测量精度一般为 3%～5%。

③ 分析速度快　火焰原子吸收法测量一个液体试样的时间一般不超过 10s。如用 P-E5000 型自动原子吸收光谱仪在 35min 内，能连续测定 50 个试样中的 6 种元素。

④ 应用范围广　可测定的元素达 70 多个，不仅可以测定金属元素，也可以用间接原子吸收法测定非金属元素和有机化合物。

4.1 理　　论

4.1.1 原子吸收光谱的产生

试样在高温（火焰或电加热）作用下产生气态原子蒸气（其中主要是基态原子），当有辐射通过原子蒸气时，原子就会从辐射场中吸收能量，产生共振吸收，电子由基态跃迁至激发态。共振吸收谱线一般位于紫外区和可见光区。由于原子能级是量子化的，因此，原子对辐射的吸收也是有选择性的。由于各元素的原子结构和外层电子排布不同，不同元素的原子从基态跃迁至第一激发态时所吸收的能量也不同，因而各元素的共振吸收线具有不同的波长。原子吸收光谱产生的机理表明利用原子吸收光谱法对不同元素进行定量分析时，其选择性将是非常优秀的。

4.1.2 原子吸收光谱的谱线轮廓

原子吸收谱线并不是严格几何意义上的线，也占据着一定的波长范围，即也有一定的宽度，只是宽度很窄。原子吸收谱线的轮廓如图 4-1 所示，用中心波长和半宽度来表征。中心波长由原子的能级决定。半宽度是指最大吸收系数一半处，吸收谱线轮廓上两点间的波长差。

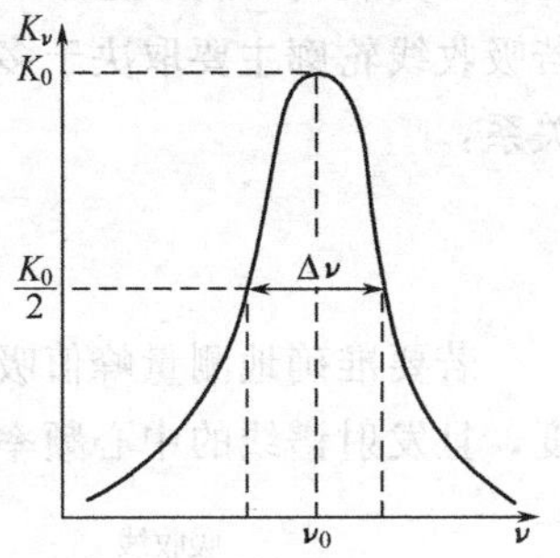

图 4-1 原子吸收光谱的谱线轮廓

许多因素可以导致谱线的宽度发生改变，如温度、压力、磁场和自吸等。

温度展宽又称多普勒（Doppler）展宽，是常规原子吸收光谱测定条件下，谱线展宽的主要因素之一。试样中的被测元素经原子化后，进行着无序的热运动。若原子朝远离观测者的方向运动，则观测到的频率较静态原子的低；反之，若原子朝向观测者运动，则观测到的频率较静止原子的高，这就是多普勒效应。因此，即使各被测元素的原子发出的光频率完全相同，由于原子化后的原子都在进行着无序的热运动，相对于检测器的运动方向和分量各不相同，因此相对于静态的原子频率必然有所增减，导致了谱线的展宽。随着温度的升高和原子量的减小，多普勒展宽程度增加。谱线的多普勒展宽 $\Delta\nu_D$ 由式(4-1) 决定：

$$\Delta\nu_D=\frac{2\nu_D}{c}\sqrt{\frac{2\ln 2RT}{M}}=7.162\times10^{-7}\nu_0\sqrt{\frac{T}{M}} \tag{4-1}$$

式中，R 为气体常数；c 为光速；M 为相对原子质量；T 为热力学温度，K；ν_0 为谱线的中心频率。

碰撞展宽又称压力展宽，是原子间的相互碰撞所引起的展宽，对原子吸收测定所用的共振吸收线而言，仅与激发态原子的平均寿命有关。平均寿命越长，对应的谱线宽度越窄。原子间相互碰撞导致激发态原子的平均寿命缩短，引起谱线展宽。这种展宽又分为两种情形：①被测元素自身的激发态原子与基态原子间相互碰撞引起的变宽，称为共振变宽，又称霍兹玛克（Holtzmark）展宽；常规原子吸收测定条件下，被测元素的原子蒸气压力很少超过 0.1Pa，而仅当蒸气压力高达 10Pa 时，共振展宽效应才能明显地表现出来；②被测元素原子与其他元素的原子相互碰撞引起的展宽，称为洛伦茨（Lorentz）展宽。这是常规原子吸收光谱测定条件下，谱线展宽的又一主要因素。展宽程度随原子蒸气压力的增大和温度升高而增大。

原子吸收谱线并非完全呈线状，常规原子吸收光谱分析实验条件下，原子吸收线的宽度一般为 $10^{-3}\sim10^{-2}$nm。

4.1.3 积分吸收与峰值吸收

一定条件下，基态原子数 N_0 正比于原子吸收谱线下方所包含的面积。根据经典色散理论，定量关系式为

$$\int K_\nu \mathrm{d}\nu=\frac{\pi e^2}{mc}N_0 f \tag{4-2}$$

式中，K_ν 为吸收系数；e 为电子电荷；m 为电子质量；c 为光速；N_0 为单位体积原子蒸气

中吸收辐射的基态原子数；f 为振子强度，代表每个原子中能够吸收或发射特定频率辐射的平均电子数。一定条件下对一定元素 f 为定值。

由于吸收曲线本身的宽度仅为 $10^{-3} \sim 10^{-2}$nm，要对吸收曲线所包围的面积进行准确的测定，则必须使光谱测量的波长间隔达到 $10^{-4} \sim 10^{-3}$nm 数量级，这在目前的技术条件下是很难实现的，所以通常以测量峰值吸收代替测量积分吸收。在常规原子吸收分析条件下，若吸收线轮廓主要取决于多普勒变宽，则峰值吸收系数 K_0 与基态原子数 N_0 之间存在如下关系：

$$K_0 = \frac{2\sqrt{\pi \ln 2}}{\Delta\nu_D} \times \frac{e^2}{mc} N_0 f \tag{4-3}$$

若要准确地测量峰值吸收，则光源发射谱线的半宽度应显著地小于原子吸收谱线的半宽度，且发射谱线的中心频率应与吸收谱线的中心频率 ν_0 重合，见图 4-2。

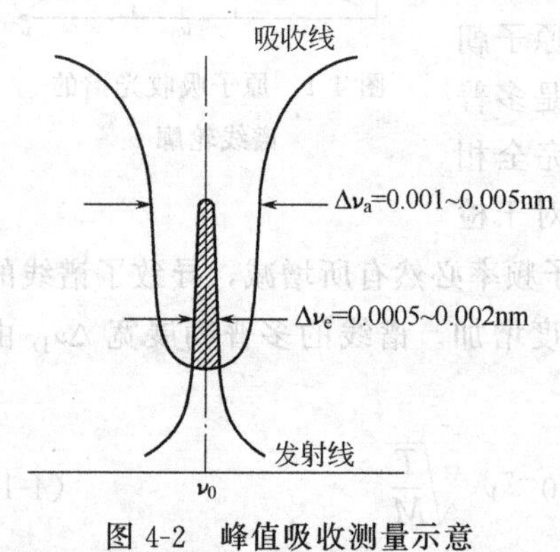

图 4-2　峰值吸收测量示意

若采用连续光源，要求能分辨半宽度为 10^{-3}nm 的、波长为 500nm 的谱线，按式(3-20) 计算，需要有分辨率高达 50 万的单色器，这在目前的技术条件下还十分困难。因此，原子吸收光谱分析是在空心阴极灯等锐线发射光源产生后才得到迅速发展的。

4.1.4 原子吸收测量的基本关系式

当频率为 ν、强度为 $I_{0\nu}$ 的平行辐射垂直通过均匀的、厚度为 L 的原子蒸气时，原子蒸气对辐射产生吸收使透过原子蒸气的辐射强度下降为 I_ν，

$$I_\nu = I_{0\nu} e^{-K_\nu L} \tag{4-4}$$

式(4-4) 即为朗伯（Lambert）定律，式中 K_ν 为吸收系数。若将上式变形为

$$A = \lg\frac{1}{T} = \lg\frac{I_{0\nu}}{I_\nu} = \frac{K_\nu}{2.303} L = K'L \tag{4-5}$$

则在形式上也与分光光度分析中的朗伯-比耳定律相同。在中心频率附近一定范围 $\Delta\nu$ 内测量时，入射辐射的强度为

$$I_0 = \int_0^{\Delta\nu} I_{0\nu} d\nu \tag{4-6}$$

透过辐射的强度为

$$I = \int_0^{\Delta\nu} I_\nu d\nu = \int_0^{\Delta\nu} I_{0\nu} e^{-K_\nu L} d\nu \tag{4-7}$$

使用锐线光源时，则 $\Delta\nu$ 很小，可近似地认为吸收系数在 $\Delta\nu$ 内不随频率 ν 而改变，并以中心频率处的峰值吸收系数 K_0 来表征原子蒸气对辐射的吸收特性，则吸光度 A 为

$$A = \lg\frac{I_0}{I} = \lg\frac{\int_0^{\Delta\nu} I_{0\nu} d\nu}{\int_0^{\Delta\nu} I_{0\nu} e^{-K_\nu L} d\nu} = \lg\frac{\int_0^{\Delta\nu} I_{0\nu} d\nu}{e^{-K_\nu L}\int_0^{\Delta\nu} I_{0\nu} d\nu} = 0.43 K_0 L \tag{4-8}$$

将式(4-3) 代入式(4-8)，得

$$A = 0.43 \frac{2\sqrt{\pi \ln 2}}{\Delta\nu_D} \times \frac{e^2}{mc} N_0 f L \tag{4-9}$$

在常规原子吸收光谱测定条件下，原子蒸气相中基态原子数 N_0 近似地等于总原子数 N（见表 4-1）。

表 4-1 某些元素共振线的 N_i/N_0 值

共振线/nm	g_i/g_0	激发能/eV	N_i/N_0	
			$T=2000K$	$T=3000K$
Cs852.11	2	1.455	0.99×10^{-5}	0.99×10^{-5}
K766.49	2	1.617	6.83×10^{-6}	6.83×10^{-6}
Na589.0	2	2.104	0.99×10^{-5}	5.83×10^{-4}
Ba553.56	3	2.239	6.83×10^{-6}	5.19×10^{-4}
Sr460.7	3	2.690	4.99×10^{-7}	9.07×10^{-5}
Ca422.7	3	2.932	1.22×10^{-7}	3.55×10^{-5}
Fe372.0	—	3.332	2.99×10^{-9}	1.31×10^{-6}
Ag3328.1	2	3.778	6.03×10^{-10}	8.99×10^{-7}
Cu324.8	2	3.817	4.82×10^{-10}	6.65×10^{-7}
Mg285.2	3	4.346	3.35×10^{-11}	1.50×10^{-7}
Pb283.3	3	4.375	2.83×10^{-11}	1.34×10^{-7}
Zn213.9	3	5.795	7.45×10^{-13}	5.50×10^{-10}

在实际工作中，要求测定的并不是蒸气相中的原子浓度，而是被测试样中某元素的含量。在确定的实验条件下，被测元素的含量 c 与蒸气相中该种原子的总数 N 之间保持一稳定的比例关系，则有

$$N=\alpha c \tag{4-10}$$

式中，α 是与实验条件相关的比例常数。当实验条件一定时，各有关参数为常数，此时式(4-9) 可以写为

$$A=0.43\frac{2\sqrt{\pi\ln2}}{\Delta\nu_D}\times\frac{e^2}{mc}fL\alpha c=kc \tag{4-11}$$

式中，k 为与实验条件有关的常数。这是原子吸收定量测定的基本关系式。

4.2 原子吸收光谱分光光度计

原子吸收光谱分光光度计由光源、原子化器、分光系统和检测系统四部分组成，基本构造见图 4-3。

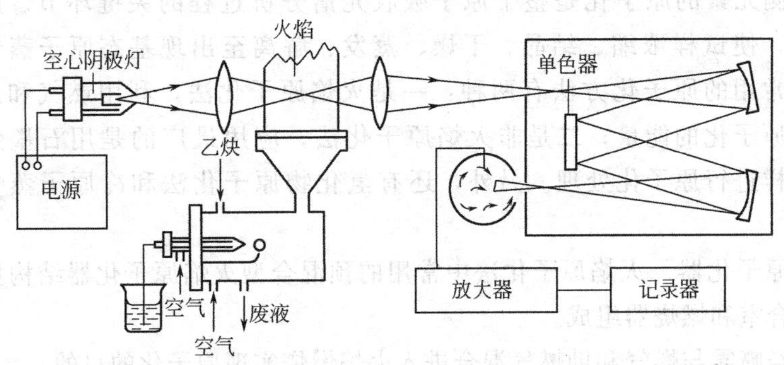

图 4-3 原子吸收光谱分光光度计基本构造示意

4.2.1 光源

光源的功能是发射被测元素的特征共振辐射。对光源的基本要求是：发射的共振辐射的

半宽度要显著地小于吸收线的半宽度；辐射强度大、背景低、稳定性好、噪声小、寿命长。空心阴极灯、高频无极放电灯、蒸气放电灯等可以满足上述要求，空心阴极灯应用最广，是理想的锐线光源。

空心阴极灯的结构如图 4-4 所示。它的阴极由被测元素材料制成，呈空心凹状，阳极由钛、铁、钽或其他材料制成。阴、阳极嵌在云母片中而定位。外壳为密闭的硬质玻璃管，通光面用平面石英制作。管内充有压强为 260～1300Pa 的惰性气体氖或氩。

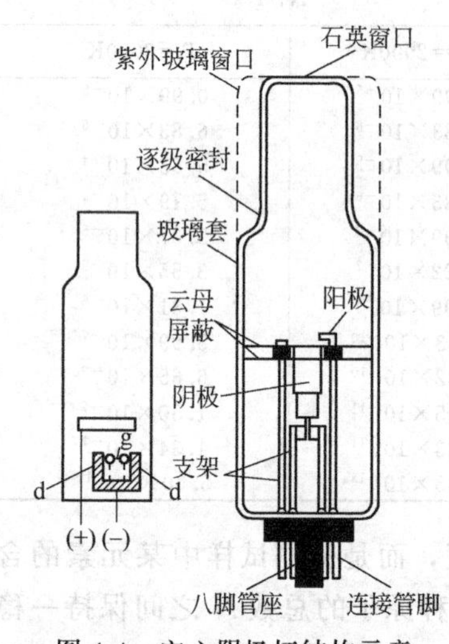

图 4-4　空心阴极灯结构示意
d—阴极位降区；g—负辉光区

通电后，在电场作用下，电子由阴极飞向阳极。途中与惰性气体原子碰撞，使部分惰性气体原子电离为正离子，同时释放出二次电子。在电场的作用下，这一过程持续进行，使正离子与电子数目增加，以维持放电。正离子在电场的作用下飞向阴极，撞击阴极的表面，如果其动能足以克服阴极材料表面的晶格能时，就将被测元素的原子溅射出来。除溅射作用之外，阴极受热也要导致阴极表面元素的热蒸发。溅射与蒸发出来的原子在阴极空腔内再与电子、原子、离子等发生碰撞而受到激发，自发地返回基态时发射出相应的特征共振辐射。

空心阴极灯采用脉冲供电方式改善放电特性，平均电流小，热效应低，发射强度大，同时便于用交流放大电路使有用的原子吸收信号与原子化器的直流发射信号区分开，这种供电方式称为光源调制。灯电流过小，放电不稳定；灯电流过大，溅射作用增加，原子蒸气密度增大，多普勒效应明显，谱线变宽，甚至引起自吸，导致测定灵敏度降低，灯寿命缩短。因此在实际工作中，应选择合适的工作电流。

当前，原子吸收光谱分析中最大的不便是：每测一种元素需更换一个空心阴极灯。目前虽已研制出多元素空心阴极灯，但发射强度低于单元素灯，使用尚不普遍。

对于砷、锑等元素的分析，为提高灵敏度，也常用无极放电灯做光源。这种灯的强度比空心阴极灯大几个数量级，没有自吸，谱线更纯。

4.2.2 原子化器

试样中被测元素的原子化是整个原子吸收光谱分析过程的关键环节。原子化器的功能是提供能量，使试样浓缩、结晶、干燥、蒸发、解离至出现基态原子蒸气以达到原子化的目的。最常用的原子化方法有两种：一是火焰原子化法，利用燃气和助燃气产生的高温火焰提供原子化的能量；二是非火焰原子化法，应用最广的是用石墨炉加热的方法提供能量对试样进行原子化处理。另外，还有氢化物原子化法和冷原子蒸气法等低温原子化方法。

(1) 火焰原子化器　火焰原子化法中常用的预混合型火焰原子化器结构如图 4-5 所示。由雾化器、混合室和燃烧器组成。

试样溶液经喷雾与燃气和助燃气混合进入火焰燃烧实现原子化的目的。

雾化器是原子化器中的关键部件。助燃气和燃气从套管外层高速喷入，在套管中央产生负压，试液在大气压作用下被吸入而雾化，喷口附近的撞击球强化了雾化效果，使试液形成微米级直径的气溶胶。粒径较大的溶珠在混合室内凝聚为大的液滴沿室壁流入泄液管排走。

试液吸入量称为提升量，一般为 2～5mL·min^{-1}。进入火焰的气溶胶在混合室内与燃气和助燃气充分混合均匀，减少了进入火焰时对火焰的扰动，并可让气溶胶在室内部分蒸发脱溶。

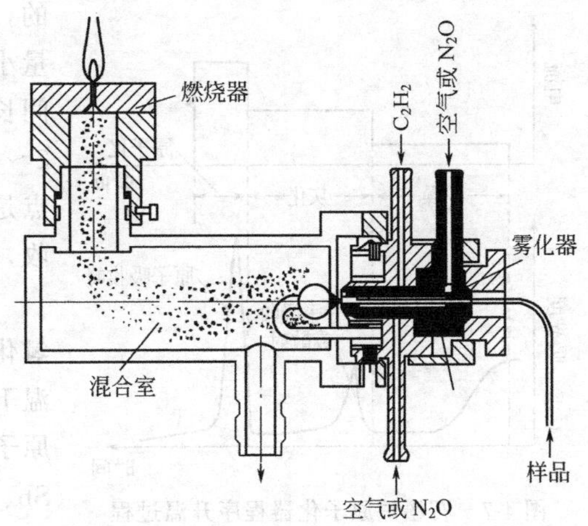

图 4-5 预混合型火焰原子化器示意

燃烧器的作用是产生稳定的高温火焰，有效地蒸发和分解试样，并使被测元素原子化。

原子吸收光谱分析中最理想的火焰是具有适宜的高温和还原性的气氛，同时还应具有燃烧稳定、背景发射弱、噪声低和安全的特点。火焰的温度既要高到足以提供原子化所需的能量，又不应高到出现显著的激发和电离效果。适当的还原性气氛可以抑制氧化物的形成，以保证足够高的原子化效率。乙炔-空气焰应用最广，它燃烧稳定，重现性好，噪声低，具有足够高的温度（约 2300℃），通过调节乙炔和空气的比例可以改变温度和氧化还原气氛，对约 30 种常见元素具有足够高的灵敏度。但燃助比高时有较大的背景发射。氢-空气火焰是氧化性火焰，背景发射较弱，但温度也较低（约 2050℃）。乙炔-氧化亚氮火焰的特点是火焰温度高（约 2955℃），且具有一定的还原性，是目前适应性最广的高温火焰之一，用它可以将测定范围扩展到 70 多种元素。

(2) 非火焰原子化器　常用的非火焰原子化器是管式石墨炉原子化器，其结构如图 4-6 所示。

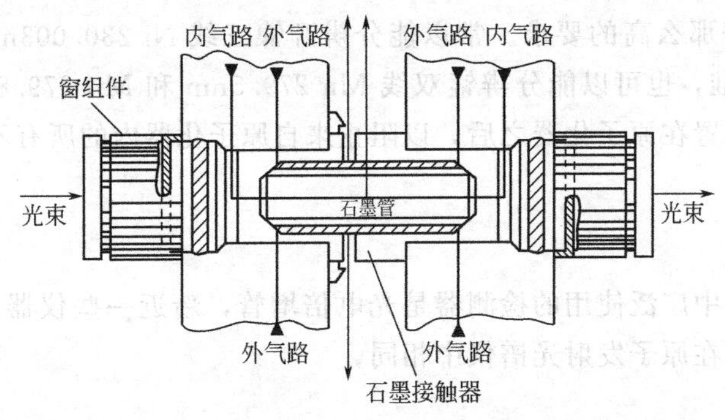

图 4-6 管式石墨炉原子化器示意

管式石墨炉原子化器由加热电源、保护气控制系统和石墨炉管组成。仪器启动后，保护气（Ar）流通，空烧完毕，切断 Ar 气流。外气路中的 Ar 气沿石墨管外壁流动，以保护石墨管不被烧蚀，内气路中 Ar 气从管两端流向管中心，由管中心孔流出，以有效地除去在干燥和灰化过程中产生的基体蒸气，同时保护已原子化了的原子不再被氧化。在原子化阶段，停止通气，以延长原子在吸收区内的平均停留时间，避免对原子蒸气的稀释。石墨炉原子化器的操作分为干燥、灰化、原子化和净化 4 步，由微机控制实行程序升温。电流或温度及输出信号的变化过程如图 4-7 所示。

相对于火焰原子化方法，石墨炉原子化法是在惰性气体保护下于强还原性介质内进行

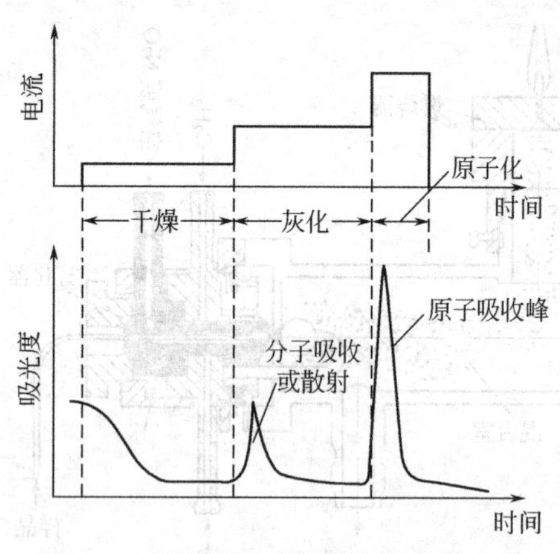

图 4-7 石墨炉原子化器程序升温过程和输出信号变化关系示意

的，有利于氧化物的分解和自由原子的生成。用样量小，原子化效率高，原子在吸收区内平均停留时间长，绝对灵敏度高，一般可比火焰原子化法高2～4个数量级。液体和固体试样均可直接进样。缺点是试样组成不匀性影响较大，有较强的背景吸收，测定精密度不如火焰原子化法。

(3) 低温原子化器 低温原子化是利用元素的氢化物（如 AsH_3）或某些元素（如 Hg）本身低温下的易挥发性，将其导入气体流动吸收池内进行原子化。目前通过该原子化方式测定的元素有 As、Sb、Se、Sn、Bi、Ge、Pb、Te 和 Hg 等。生成氢化物是一个氧化还原过程，所生成的氢化物是共价分子型化合物，沸点低、易挥发且易分离分解。以 As 为例，反应过程可表示如下：

$$AsCl_3 + 4NaBH_4 + HCl + 8H_2O \longrightarrow AsH_3\uparrow + 4NaCl + 4HBO_2 + 13H_2\uparrow$$

生成的 AsH_3 用惰性气体引入吸收管加热，由于氢化物在热力学上是极不稳定的，900℃足以使其完全分析而析出自由 As 原子，达到原子化的目的。含 Hg 化合物一般是先经溶样分解，再用强还原剂（如 $SnCl_2$）还原为单质 Hg，利用其挥发性直接进行原子吸收测定的。低温原子化方法的原子化效率极高，均可接近 100%。

4.2.3 分光系统

原子吸收分光光度计的分光系统由入射和出射狭缝、反射镜和色散元件组成，作用是将所需要的共振吸收谱线分离出来。由于采用了锐线光源，原子吸收分光光度计的分光系统原则上并没有发射光谱那么高的要求。常以能分辨开镍三线 Ni 230.003nm、Ni 231.603nm、Ni 231.096nm 为标准，也可以能分辨锰双线 Mn 279.5nm 和 Mn 279.8nm 代替 Ni 三线来检定分辨率。光栅装置在原子化器之后，以阻止来自原子化器内的所有不需要的辐射进入检测器。

4.2.4 检测系统

原子吸收光谱仪中广泛使用的检测器是光电倍增管，新近一些仪器也采用 CCD 作为检测器。检测原理与其在原子发射光谱仪中相同。

4.3 干扰及其消除方法

4.3.1 干扰效应

原子吸收光谱的谱线比原子发射光谱少得多，因此谱线干扰较少，但仍然存在。实际分析过程中的干扰效应按其性质和产生的原因，可以分为 4 类：物理干扰、化学干扰、电离干扰和光谱干扰。

(1) 物理干扰 物理干扰是指因试液黏度、表面张力、相对密度等物理性质的变化，改变了试液喷入火焰的速度、试液的雾化效率、雾滴的大小和分布，直接影响了单位时间内进入火焰的试液量和蒸发效率，从而改变了原子吸收强度的效应。物理干扰是非选择性干扰，对试样中各元素测定的影响基本相似。

配制与被测试样组成相似的标准样品，是消除物理干扰最常用的方法。在试样组成未知时，可采用标准加入法或稀释法来减小和消除物理干扰对定量分析的影响。

(2) 电离干扰　由于高温下原子的部分电离，使基态原子的浓度下降。而同种元素的原子和离子结构不同，因而离子的特征吸收与同元素的原子完全不同，造成原子吸收信号降低，这种干扰称为电离干扰。电离效应随温度升高、电离平衡常数的增大而增大，随被测元素浓度的增高而减小。

加入更易电离的碱金属元素，可以有效地消除电离干扰。如加入较高浓度的KCl，可以有效地抑制钙离子的电离。

$$K \longrightarrow K^{+} + e$$

$$Ca^{2+} + 2e \longrightarrow Ca$$

(3) 化学干扰　化学干扰是由于液相或气相中被测元素的原子与干扰物质组分之间形成热力学更稳定的化合物，从而影响被测元素的原子化效率。如磷酸根与钙形成高沸点的磷酸钙，硅、钛形成难解离的氧化物，钨、硼、稀土元素等生成难解离的碳化物，从而使有关元素不能有效原子化，这些都是化学干扰的例子。化学干扰与特定的反应相关，属于选择性干扰。

消除化学干扰的方法有以下几种。

① 预先化学分离。

② 使用合适类型的火焰，如使用高温火焰可促进难离解化合物的分解，有利于原子化。使用燃助比较高的富燃焰有利于氧化物的还原。

③ 加入释放剂或保护剂，如测定钙时若 PO_4^{3-} 发生干扰，可以加入锶或镧与 PO_4^{3-} 形成热稳定性更高的 $Sr_3(PO_4)_2$ 或 $LaPO_4$ 而使钙从难熔的 $Ca_3(PO_4)_2$ 中释放出来。也可加入EDTA使钙处于配合物的保护下进入火焰，保护剂在火焰中被破坏而将被测元素原子解离出来。

④ 使用基体改进剂。在石墨炉原子吸收法中，加入基体改进剂以提高被测物质的稳定性或降低被测元素的原子化温度以消除干扰。例如，汞极易挥发，加入硫化物生成稳定性较高的硫化汞，灰化温度可提高到300℃；测定海水中Cu、Fe、Mn、As时，加入 NH_4NO_3 使NaCl转化为 NH_4Cl，在原子化之前低于500℃的灰化阶段除去。

(4) 光谱干扰　光谱干扰包括谱线重叠、光谱通带内存在的非吸收线、原子化池内的直流发射、分子吸收和光散射等。当采用锐线光源和交流调制技术时，前3种因素一般可不予考虑。分子吸收和光散射的影响是形成光谱干扰的主要因素。

分子吸收干扰是指在原子化过程中生成的气体分子、氧化物及盐类分子对辐射吸收而引起的干扰。

光散射是指在原子化过程中产生的固体微粒对光产生散射，使被散射的光偏离光路而不为检测器所检测，导致吸光度测量值偏高。

除了强度的波长分布与原子的吸收信号相差较大以外，光谱背景干扰还具有不同的时间和空间分布的特征。分子吸收通常先于原子吸收信号之前产生，用快速响应装置可以从时间上分辨分子吸收和原子吸收信号。样品蒸气在石墨炉内分布的不均匀性，导致了背景吸收空间分布的不均匀性。在石墨炉原子吸收法中，背景吸收的影响比火焰原子吸收法严重得多，若不考虑背景扣除的问题，很多情况下根本无法进行定量测定。

4.3.2 背景校正方法

（1）用邻近非共振线校正背景　该法由 W. Slavin 在 1964 年提出。先用分析线测量原子吸收与背景吸收的总吸光度，再用邻近线测量背景吸收的吸光度，两次测量值相减即得到校正了背景之后原子吸收的吸光度。表 4-2 列出了常用校正背景的非共振吸收线。

表 4-2　常用校正背景的非共振吸收线/nm

分析线	非共振线	分析线	非共振线	分析线	非共振线
Ag 328.07	Ag 312.30	Pb 283.31	Pb 280.20	Mg 285.21	Mg 280.26
Al 309.27	Mg 313.16	Pd 247.64	Pd 247.70	Mn 279.48	Cu 282.44
Au 242.80	Pt 265.95	Pd 247.64	Pd 247.75	Si 251.67	Cu 252.67
Au 267.60	Pt 265.96	Pt 265.95	Pt 264.69	Sn 224.61	Cu 224.70
B 249.67	Cu 244.16	Sb 217.59	Sb 217.93	Sr 460.73	Ne 453.78
Ba 553.55	Ne 556.28	Se 196.03	Se 203.99	Ti 364.27	Ne 352.05
Be 234.86	Cu 244.16	Co 240.71	Co 241.16	Tl 276.79	Tl 277.50
Bi 223.06	Bi 227.66	Cr 357.87	Ar 358.27	Tl 276.79	Tl 323.00
Ca 422.67	Ne 430.40	Cu 324.75	Cu 323.12	V 318.34	V 319.98
Cd 228.80	Cd 226.50	Fe 248.33	Cu 249.21	V 318.40	V 319.98
Mo 313.26	Mo 311.22	Hg 253.65	Al 266.92	W 255.14	W 255.48
Na 588.99	Ne 585.25	In 303.94	In 305.12	Zn 213.86	Zn 210.22
Ni 232.00	Ni 231.60	K 766.49	Pb 763.22		
Pb 283.31	Pb 282.32	Li 670.78	Ne 671.70		

非共振线与分析线波长相近，可以模拟分析线的背景吸收，但这种方法只适用于分析线附近背景分布比较均匀的场合。

（2）连续光源校正背景　该法由 S. R. Koirtyohann 在 1965 年提出。先用锐线光源测量分析线的原子吸收和背景吸收的总吸光度，再用氘灯（紫外区）或碘钨灯、氙灯（可见区）测量同一波长处的背景吸收，由于原子吸收谱线波长范围仅为 $10^{-3}\sim10^{-2}$nm，所以原子吸收可以忽略。计算两次测量的吸光度之差，即得到校正了背景的原子吸收。由于商品仪器多采用氘灯为连续光源扣除背景，故此法亦常称为氘灯扣除背景法。

连续光源测定的是整个光谱通带内的平均背景，与分析线处的真实背景有差异。空心阴极灯与氘灯的能量分布也不相同，光斑大小、辐射通过原子吸收区的位置均有差别，加上背景空间、时间分布的不均匀性，影响了校正背景的能力。

（3）塞曼效应校正背景　该法由 M. Prugger 和 R. Torge 在 1969 年提出。塞曼效应校正背景是基于光的偏振特性，分为光源调制法和吸收线调制法两大类，后者应用较广。调制吸收线的方式有恒定磁场调制方式和可变磁场调制方式。两种调制方式仪器的光路如图 4-8 和图 4-9 所示。

恒定磁场调制方式，是在原子化器上施加一恒定磁场，磁场垂直于光束方向。在磁场作用下，吸收线分裂为强度相等的 π 和 $\sigma\pm$ 组分，前者平行于磁场方向，中心波长与吸收线相同；后者垂直于磁场方向，波长偏离原吸收线。光源共振发射线通过起偏器后变为偏振光，随着起偏器的旋转，π 和 $\sigma\pm$ 组分交替通过。π 组分通过时，测得原子吸收和背景吸收的总吸光度。$\sigma\pm$ 组分通过时，不产生原子吸收，但仍有背景吸收。两次测定吸光度之差，即为校正了背景吸收之后的原子吸收的吸光度。由于 π 和 $\sigma\pm$ 组分强度相等，波长非常接近，因此背景对两者的吸收几乎完全相等。这样消除背景干扰是非常有效的。

可变磁场调制方式是在原子化器上加一电磁铁，后者仅在原子化阶段被激磁。偏振器是

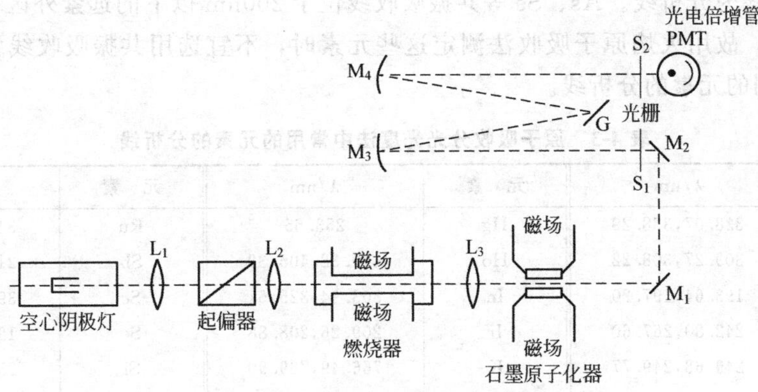

图 4-8　恒定磁场调制方式光路图

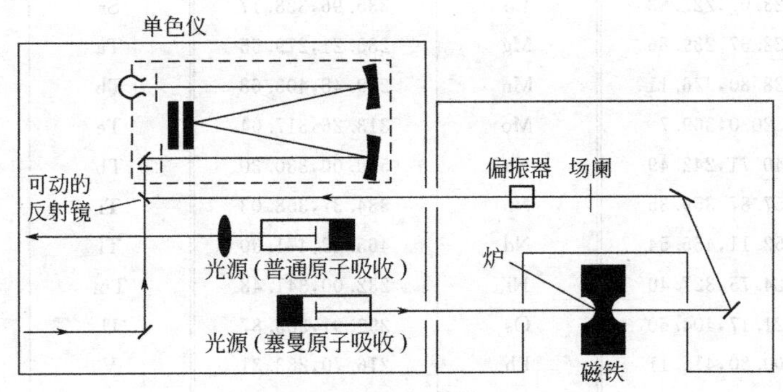

图 4-9　可变磁场调制方式光路图

固定的，用于控制只让垂直于磁场方向的偏振光通过原子蒸气。零磁场时，测得原子吸收和背景吸收的总吸光度。激磁时，只测得背景吸收的吸光度。两次测量的吸光度之差，即为校正了背景吸收之后的原子吸收的吸光度。

塞曼效应校正背景不受波长限制，可校正吸光度高达 1.5～2.0 的背景，而氘灯只能校正吸光度小于 1 的背景，背景校正的准确度较高。恒定磁场调制方式，测量灵敏度比常规原子吸收法有所降低，可变磁场调制方式的测量灵敏度与常规原子吸收法相当。

(4) 自吸效应校正背景　该法由 S. B. Smith 和 Jr. C. M. Hieftje 在 1982 年提出。低电流脉冲供电时，空心阴极灯发射锐线光谱，测定的是原子吸收和背景吸收的总吸光度。高电流脉冲供电时，空心阴极灯发射线变宽，当空心阴极灯内积聚的原子浓度足够高时，发射线产生自吸，在极端的情况下出现谱线自蚀，这时测得的是背景吸收的吸光度。上述两种脉冲供电条件下测得的吸光度之差，即为校正了背景吸收的原子吸收的吸光度。

自吸效应校正背景法可用于全波段的背景校正，特别适用于在高电流脉冲下共振线自吸严重的低温元素。对于在高电流脉冲下谱线产生自吸程度不够的元素，测量灵敏度有所降低。

4.4 原子吸收光谱分析的实验技术

4.4.1 测量条件的选择

(1) 分析线　通常选用共振吸收线为分析线，测定高含量元素时，可以选用灵敏度较低的非共振吸收线为分析线。As、Se 等共振吸收线位于 200nm 以下的远紫外区，火焰组分对其有明显吸收，故用火焰原子吸收法测定这些元素时，不宜选用共振吸收线为分析线。表 4-3 列出了常用的元素的分析线。

表 4-3　原子吸收分光光度法中常用的元素的分析线

元　素	λ/nm	元　素	λ/nm	元　素	λ/nm
Ag	328.07,338.29	Hg	253.65	Ru	349.89,372.80
Al	309.27,308.22	Ho	410.38,405.39	Sb	217.58,206.83
As	193.64,197.20	In	303.94,325.61	Sc	391.18,402.04
Au	242.80,267.60	Ir	209.26,208.88	Se	196.09,203.99
B	249.68,249.77	K	766.49,769.90	Si	251.61,250.69
Ba	553.55,455.40	La	550.13,418.73	Sm	429.67,520.06
Be	234.86	Li	670.78,323.26	Sn	224.61,286.33
Bi	223.06,222.83	Lu	335.96,328.17	Sr	460.73,407.77
Ca	422.67,239.86	Mg	285.21,279.55	Ta	271.47,277.59
Cd	228.80,326.11	Mn	279.48,403.68	Tb	432.65,431.89
Ce	520.0,369.7	Mo	313.26,317.04	Te	214.28,225.90
Co	240.71,242.49	Na	589.00,330.30	Th	371.9,380.3
Cr	357.87,359.35	Nb	334.37,358.03	Ti	364.27,337.15
Cs	852.11,455.54	Nd	463.42,471.90	Tl	276.79,377.58
Cu	324.75,327.40	Ni	232.00,341.48	Tm	409.4
Dy	421.17,404.60	Os	290.91,305.87	U	351.46,358.49
Er	400.80,415.11	Pb	216.70,283.31	V	318.40,385.58
Eu	459.40,462.72	Pd	247.64,244.79	W	255.14,294.74
Fe	248.33,352.29	Pr	495.14,513.34	Y	410.24,412.83
Ga	287.42,294.42	Pt	265.95,306.47	Yb	398.80,346.44
Gd	368.41,407.87	Rb	780.02,794.76	Zn	213.86,307.59
Ge	265.16,275.46	Re	346.05,346.47	Zr	360.12,301.18
Hf	307.29,286.64	Rh	343.49,339.69		

(2) 狭缝宽度　狭缝宽度影响光谱通带宽度与检测器接收的能量。原子吸收光谱分析中，光谱重叠干扰的概率小，允许使用较宽的狭缝。调节不同的狭缝宽度，吸光度随狭缝宽度而变化。当有其他谱线或非吸收光进入光谱通带时，吸光度将减小。不引起吸光度减小的最大狭缝宽度，即为应选取的适宜的狭缝宽度。

(3) 空心阴极灯的工作电流　空心阴极灯通常需要预热 20min 左右才能达到稳定输出。灯电流过小，放电不稳定，故吸收光谱信号输出也不稳定；灯电流过大，发射谱线展宽，有效辐射强度下降，校正曲线弯曲，灯寿命缩短。选用灯电流的一般原则是，在保证有足够强且稳定的光强输出的条件下，尽量使用较低的工作电流。通常以空心阴极灯上标明的最大电流的 1/2～2/3 作为工作电流，最适宜的工作电流应根据具体的实验要求确定。

(4) 原子化条件的选择　在火焰原子化法中，火焰的类型和特性是影响原子化效率的主要因素。对低、中温元素，使用空气-乙炔火焰；对高温元素，采用氧化亚氮-乙炔高温火焰；对分析线位于短波（200nm 以下）的元素，使用空气-氢火焰是合适的。对于确定类型的火焰，一般来说，稍富燃的火焰（燃气量大于化学计量）是有利的。对氧化物不十分稳定的元素如 Cu、Mg、Fe、Co、Ni 等，用化学计量火焰（燃气与助燃气的比例与它们之间化学反应计量相近）或贫燃火焰（燃气量小于化学计量）也是可以的。为了获得所需特性的火焰，可以调节燃气与助燃气的比例。

火焰内部自由原子的空间分布不均匀，且随火焰条件而改变，因此，应调节燃烧器的高度，以使来自空心阴极灯的辐射从基态原子浓度最大的火焰区域通过，以获得较高的灵敏度。

石墨炉原子化法中，合理选择干燥、灰化、原子化及净化温度与时间是十分重要的。干燥应在稍低于溶剂沸点的温度下进行，以防止试液飞溅。灰化的目的是除去基体组分，在保证被测元素没有损失的前提下应尽可能使用较高的灰化温度。原子化温度的选择原则是，选用达到最大吸收信号的最低温度作为原子化温度。原子化时间的选择，应以保证完全原子化为准。在原子化阶段停止通保护气，以延长自由原子在石墨炉内的平均停留时间。净化的目的是为了消除残留物产生的记忆效应，净化温度应高于原子化温度。

(5) 进样量　进样量过小时，吸收信号弱，甚至会低于仪器的检出限，不便于定量测定。进样量过大时，在火焰原子化法中，会使火焰温度下降过多，对原子化不利。石墨炉原子化法中，会增加净化的困难。实际工作中，应测量吸光度随进样量的变化以进行优化。

4.4.2 分析方法

(1) 标准曲线法　标准曲线法是最常用的基本分析方法，适合于基体简单的大批量试样的测定。

配制一组合适的标准样品，在最佳测定条件下，由低浓度到高浓度依次测定它们的吸光度 A，以吸光度 A 对浓度 c 作图。在相同的测定条件下，测定未知样品的吸光度，从 A-c 标准曲线上用内插法求出未知样品中被测元素的浓度。

(2) 标准加入法　当试样未知或无法配制组成匹配的标准样品时，须使用标准加入法。

分取几份等量的被测试样，其中一份不加入被测元素，其余各份试样中分别加入不同已知量 c_1，c_2，c_3，…，c_n 的被测元素，然后，在相同条件下分别测量它们的吸光度 A，绘制吸光度 A 对被测元素加入量 c_1 的曲线。

如果被测试样中不含被测元素，在正确校正背景吸收之后，曲线应通过原点；如果曲线不通过原点，则含有被测元素。外延曲线与横坐标轴相交，交点至原点的距离所相应的浓度 c_x，即为所求的被测元素的含量。

标准加入法可以适应基体较复杂的试样，但必须采用正确校正背景后的测量值，因为它本质上并不能消除与浓度不相关的干扰。

4.5 原子吸收光谱分析的应用和进展

原子吸收光谱分析法广泛地应用于地质、冶金、机械、化工、农业、食品、轻工、生物医药、环境保护、材料科学等各个领域，是目前痕量金属元素测定选择性最好、最有效的分析方法之一。直接原子吸收法可以测定周期表中 70 多个元素，也可通过各种化学处理形成金属元素的化合物，通过间接原子吸收法测定多种阴离子和有机化合物，大大地拓展了原子吸收法的应用范围。各种联用技术，如色谱-原子吸收光谱联用、流动注射-原子吸收光谱联用等日益受到人们的重视。色谱-原子吸收光谱联用，不仅在解决元素的化学形态分析方面，而且在测定有机金属化合物的复杂混合物方面，都有着重要的用途，是很有前途的发展方向。

原子吸收光谱法的不足之处是，多元素同时测定尚有困难，相当一部分元素的测定灵敏度还不能令人满意。

习题

1. 原子吸收光谱分析的基本原理是什么？
2. 简要说明原子吸收光谱定量分析基本关系式的应用条件。
3. 原子吸收光谱分析对光源的基本要求是什么？简述空心阴极灯的工作原理和特点。
4. 化学火焰的特性和影响它的因素是什么？
5. 石墨炉原子化法有什么特点？为什么它比火焰原子化法具有更高的绝对灵敏度？
6. 原子吸收光谱分析中的干扰是怎样产生的？如何判明干扰效应的性质？简述消除各种干扰的方法，并说明所以能消除干扰的原因。
7. 原子吸收光谱中背景是怎样产生的？如何校正背景？试比较各种校正背景方法的优缺点。
8. 原子荧光是怎样产生的？它有哪几种类型？原子荧光光谱分析对仪器有什么要求？
9. 试从方法原理、特点、应用范围等各方面对原子发射光谱、原子吸收光谱与原子荧光光谱法做一详细比较。
10. 用标准加入法测定血浆中锂的含量，取 4 份 0.500mL 血浆试样分别加入 5.00mL 水中，然后分别加入 0.0500mol·L^{-1} LiCl 标准溶液 0.0μL、10.0μL、20.0μL、30.0μL，摇匀，在 670.8nm 处测得吸光度依次为 0.201、0.414、0.622、0.835。计算此血浆中锂的含量，以 μg·L^{-1} 为单位。

参考文献

[1] Walsh A. Spectrochim. Acta，1955，7：108.

[2] L' vov B V. Spectrochim. Acta，1961，17：761.

[3] Smith S B，Jr G Hieftje. Appl. Spectroscopy，1983，37：419.

[4] 邓勃，宁永成，刘密新．仪器分析．北京：清华大学出版社，1991.

[5] 邓勃．原子吸收分光光度法．北京：清华大学出版社，1981.

[6] 威尔茨著．原子吸收光谱．李家熙等译．北京：地质出版社，1989.

[7] 李果，吴联源，杨忠涛．原子荧光光谱分析．北京：地质出版社，1983.

[8] 方惠群，于俊生，史坚．仪器分析．北京：科学出版社，2002.

[9] 刘密新，罗国安，张新荣，童爱军．仪器分析．第 2 版．北京：清华大学出版社，2001.

5 电位分析法

电分析化学（electroanalytical chemistry）是利用物质的电学和电化学性质来进行分析的方法。通常是使待测试样溶液构成一化学电池，通过测定电池的电位、电流、电导等物理量，完成对待测组分的分析。根据测定物理量的不同，电分析化学又分为电位分析法、伏安分析法、电导分析法等。

电位分析法（potentioemetry）是电分析化学的一个分支，该方法利用被测离子浓度与电极电位之间的定量关系，通过测定在零电流条件下电池的电动势进行定量分析。它分为直接电位法和电位滴定法两类。直接电位法通过测定电池电动势，根据能斯特公式直接计算待测组分的活度或浓度。而电位滴定法则是利用滴定过程中电极电位的突变来指示滴定终点，再根据滴定液到达终点时所消耗的体积计算出被测溶液的含量。

20 世纪 60 年代以前，电分析化学主要局限于电位滴定法。离子选择电极的研制成功，使直接电位法有了很大发展。电位分析法结构简单，操作方便、价格低廉、易于实现连续分析和自动分析，它已经在环境分析、药物分析、食品分析、医学检验等领域获得广泛应用。随着电极种类的不断增多，尤其是各种修饰电极和生物传感器的探索和使用，使电位分析法向着在线、活体内直接检测的方向发展，电位分析法同流动注射分析技术和高效液相色谱技术相结合，更是开拓了新的领域。

5.1 电位分析法的基本原理

5.1.1 化学电池

化学电池（electrochemical cell）分为两类：实现电化学反应的能量是由外电源供给的化学电池称为电解池（electrolytic cell）；电化学反应在电池内自发进行，并将化学能转变成电能的化学电池称为原电池（primary cell）。

化学电池由电极、溶液体系和外部导线所组成。两电极处于同一溶液中所构成的电池称为无液接电池［见图 5-1(a)］；两电极处于不同的溶液中而以盐桥连接，或者不同溶液之间

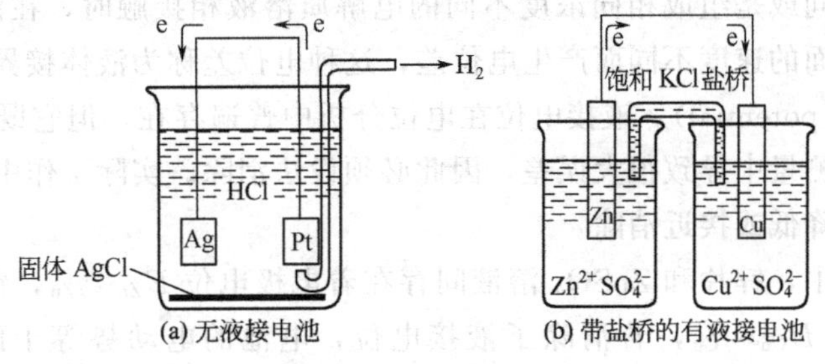

图 5-1　电化学电池

以半透膜隔开，这样的电池称为有液接电池［见图 5-1(b)］。以铜锌原电池为例［见图 5-1(b)］。将锌片插入 $ZnSO_4$ 溶液中作为负极，铜片插入 $CuSO_4$ 溶液中作为正极，两溶液间用盐桥相连，两极用导线同一检流计连接，可以看到检流计指针偏转，证明外电路有电流通过。这是因为在电极上发生了氧化还原反应，负极上 Zn 不断放出电子变成 Zn^{2+} 发生氧化反应，而 Cu^{2+} 在正极不断得到电子变成金属 Cu 发生还原反应，两极间不断有电子得失，因而产生电流。这一过程可表示为：

$$\text{阳极}\qquad Zn \longrightarrow Zn^{2+} + 2e$$

$$\text{阴极}\qquad Cu^{2+} + 2e \longrightarrow Cu$$

$$Zn + Cu^{2+} \longrightarrow Zn^{2+} + Cu$$

在单个电极上发生的反应称为半电池反应或电极反应，电极反应不能独立进行，只有当两个电极组成一个完整的化学电池时才能进行工作，阴、阳两电极反应组成电池总反应。上述化学电池可用符号表示为：

$$Zn|ZnSO_4(x\,mol)\|CuSO_4(y\,mol)|Cu$$

无论是电解池还是原电池，凡发生还原反应的电极称为阴极，凡发生氧化反应的电极称为阳极。一般将阳极写在左边，阴极写在右边。所有两相之间的界面（固-液界面或液-液界面）用竖线“|”或逗号（固-固界面或固-气界面）表示，“‖”表示盐桥。电极的化学组成和物态要求写出来，气体要标明压力，固溶体或溶液要标明活度，固体和纯液体的活度认为是 1，可以不写。气体不能直接作为电极，必须以惰性金属导体为载体。所以图 5-1(a) 的电池符号可写成：

$$Pt, H_2(p=101.325kPa)|H^+(0.1mol\cdot L^{-1})Cl^-(0.1mol\cdot L^{-1}), AgCl(\text{饱和})|Ag$$

带有半透膜的电池符号可写成：

$$Zn|ZnSO_4(x\,mol\cdot L^{-1})|CuSO_4(y\,mol\cdot L^{-1})|Cu$$

中间的竖线表示不同电解质溶液由半透膜隔开的界面。

5.1.2 电极电位

首先考虑金属电极与溶液界面的电位差，对于它产生的机理通常用“双电层”理论来解释。金属由金属离子和自由电子所组成，金属离子由金属键结合成金属晶体，电子在其间运动。当把金属（例如 Zn）放入相应的金属盐溶液（如 $ZnSO_4$）中时，由于 Zn^{2+} 的化学势在金属中比在溶液中更大，Zn 更容易进入溶液中成为 Zn^{2+}，而将电子留在金属片上，结果金属片带负电，它吸引溶液中的正电荷，在金属与溶液的界面上形成一个双电层，产生了电极电位。电极电位的产生阻止了 Zn^{2+} 进一步进入溶液，当 Zn^{2+} 的化学势在两相中一致时，达到相间平衡，此时的电位即为平衡电极电位。给定电极的电极电位是一个定值。

当两种组成不同或是组成相同浓度不同的电解质溶液相接触时，在液-液界面上也会因为离子扩散通过界面的速度不同而产生电位差，这种电位差称为液体接界电位，简称液接电位（liquid junction potential)。液接电位在电位分析中普遍存在，但它既不能定量计算，其大小也不稳定，在测量中导致很大误差，因此必须设法消除。实际工作中常用盐桥将两溶液连接，使液接电位降低或接近消除。

在铜锌原电池中，锌片和 $ZnSO_4$ 溶液间存在着电极电位 $E_{Zn^{2+}/Zn}$，铜片和 $CuSO_4$ 溶液间存在着电极电位 $E_{Cu^{2+}/Cu}$，若消除了液接电位，电池的电动势等于两极间电极电位之差。即：

$$E_{电池}=E_{Cu^{2+}/Cu}-E_{Zn^{2+}/Zn} \tag{5-1}$$

单个电极与电解质溶液界面的相间电位（即电极电位）的绝对值目前尚无法测量，因为测量电位差时必须使用仪器，当连接仪器的导线和溶液接触时，就必然形成新的固-液界面，也就是形成了新的电极，此时测量的就不是原来要测定的单个电极的电位，而是两个电极的电位差了。为解决这一难题，采用相对标准来进行比较，选择标准氢电极（standard hydrogen electrode，SHE）作为标准电极。标准氢电极是将一片涂有铂黑的铂片浸入氢离子活度为 $1mol \cdot L^{-1}$ 的溶液中，再在铂片上通入101325Pa（1atm）的氢气，让铂电极表面不断有氢气泡通过。人为规定标准氢电极的电极电位在所有温度下都为零。标准氢电极表示为：

$$Pt|H_2(101325Pa),H^+(a=1)$$

标准氢电极与待测电极组成一个原电池，测量该电池在一定温度下的电动势，规定SHE作阳极，待测电极（此时氧化态和还原态物质的活度均为1）作阴极组成原电池。如此测出的电动势值即是待测电极的电位值，它表示被测电极得到电子即还原能力的大小，称为标准还原电位，也即标准电极电位。表5-1中列出了若干电极的标准电极电位值。如Zn电极与标准氢电极构成下列电池

$$Pt|H_2(101325Pa),H^+(1mol \cdot L^{-1}) \| Zn^{2+}(1mol \cdot L^{-1})|Zn$$

电池电动势数值为−0.7628V，此即Zn电极的标准电极电位。

当待测电极氧化态和还原态物质的活度不为1时，其电极电位的大小以能斯特公式计算，对于氧化还原体系

$$Ox+ne \longrightarrow Red$$

$$E=E^{\ominus}_{Ox/Red}+\frac{RT}{nF}\ln\frac{a_{Ox}}{a_{Red}} \tag{5-2}$$

式中，$E^{\ominus}$ 为标准电极电位；R 是摩尔气体常数，$8.314J \cdot mol^{-1} \cdot K^{-1}$；$F$ 是法拉第常数（$96486.7C \cdot mol^{-1}$）；T 是热力学温度；n 是电极反应中传递的电子数；a_{Ox} 及 a_{Red} 是氧化态Ox及还原态Red的活度。在298K的温度下，若以常用对数表示，并代入有关常数，式（5-2）可写成：

$$E=E^{\ominus}_{Ox/Red}+\frac{0.0591}{n}\lg\frac{a_{Ox}}{a_{Red}} \tag{5-3}$$

对于金属电极，还原态是纯金属，其活度为1，则上式可写成：

$$E=E_{M^{n+}/M}+\frac{0.0591}{n}\lg a_{M^{n+}} \tag{5-4}$$

式中，$a_{M^{n+}}$ 为金属离子 M^{n+} 的活度。当溶液很稀时，活度可近似用浓度代替。由式(5-4)可见，测定了待测电极的电极电位，就可以确定其相应的离子活度，在一定条件下也可以确定其浓度，这就是电位分析法的基本原理。

5.1.3 参比电极

在电位分析法中，将两支电极插入待测溶液中构成化学电池，其中一支电极的电极电位随被测溶液活度的变化而变化，即它可以指示溶液中离子活度的变化情况，称之为指示电极（indicator electrode)，另一支电极的电极电位在给定条件下是一个定值，与被测溶液的活度无关，该电极称为参比电极（reference electrode)。

理想的参比电极其本身的电位恒定，重现性好并易于制备。除标准氢电极外，常用的参

比电极主要有甘汞电极和银-氯化银电极。

甘汞电极是以金属汞和其难溶盐甘汞（Hg_2Cl_2）以及一定浓度的氯化钾溶液所组成的。其结构如图 5-2 所示。

半电池可表示为：

$$Hg, Hg_2Cl_2(s)|Cl^-(x\,mol \cdot L^{-1})$$

电极反应为：

$$Hg_2Cl_2(s)+2e \longrightarrow 2Hg+2Cl^-$$

298K 时电极电位为：

$$E_{Hg_2Cl_2/Hg}=E^{\ominus}_{Hg_2Cl_2/Hg}-0.0591\lg a_{Cl^-} \tag{5-5}$$

表 5-1　25℃时的标准电极电位

电极反应	标准电极电位 $E^{\ominus}$/V
$S_2O_8^{2-}+2e \longrightarrow 2SO_4^{2-}$	2.0
$H_2O_2+2H^++2e \longrightarrow 2H_2O$	1.77
$Ce^{4+}+e \longrightarrow Ce^{3+}$	1.61
$2BrO_3^-+12H^++10e \longrightarrow Br_2+6H_2O$	1.5
$MnO_4^-+8H^++5e \longrightarrow Mn^{2+}+4H_2O$	1.51
$BrO_3^-+6H^++6e \longrightarrow Br^-+3H_2O$	1.44
$Cl_2+e \longrightarrow 2Cl^-$	1.358
$Cr_2O_7^{2-}+14H^++6e \longrightarrow 2Cr^{3+}+7H_2O$	1.33
$MnO_2(s)+4H^++2e \longrightarrow Mn^{2+}+2H_2O$	1.23
$O_2+4H^++4e \longrightarrow 2H_2O$	1.229
$2IO_3^-+12H^++10e \longrightarrow I_2+6H_2O$	1.19
$Br_2+2e \longrightarrow 2Br^-$	1.08
$NO_3^-+3H^++2e \longrightarrow HNO_2+H_2O$	0.94
$Hg^{2+}+2e \longrightarrow 2Hg$	0.845
$Ag^++e \longrightarrow Ag$	0.7994
$Hg_2^{2+}+2e \longrightarrow 2Hg$	0.792
$Fe^{3+}+e \longrightarrow Fe^{2+}$	0.771
$[Fe(CN)_6]^{3-}+e \longrightarrow [Fe(CN)_6]^{4-}$	0.355
$O_2+2H^++2e \longrightarrow H_2O_2$	0.69
$2HgCl_2+2e \longrightarrow Hg_2Cl_2+2Cl^-$	0.63
$MnO_4^-+2H_2O+3e \longrightarrow MnO_2+4OH^-$	0.588
$MnO_4^-+e \longrightarrow MnO_4^{2-}$	0.57
$H_3AsO_4+2H^++2e \longrightarrow HAsO_2+2H_2O$	0.56
$I_3^-+2e \longrightarrow 3I^-$	0.54
$I_2(s)+2e \longrightarrow 2I^-$	0.535
$Cu^{2+}+2e \longrightarrow Cu$	0.337
$Hg_2Cl_2+2e \longrightarrow 2Hg+2Cl^-$	0.268
$SO_4^{2-}+4H^++2e \longrightarrow H_2SO_3+H_2O$	0.17
$Cu^++e \longrightarrow Cu$	0.17
$Sn^{4+}+2e \longrightarrow Sn^{2+}$	0.15
$S+2H^++2e \longrightarrow H_2S$	0.14
$S_4O_6^{2-}+2e \longrightarrow 2S_2O_3^{2-}$	0.09
$2H^++2e \longrightarrow H_2$	0.00
$Sn^{2+}+2e \longrightarrow Sn$	−0.14
$Cd^{2+}+2e \longrightarrow Cd$	−0.403
$Fe^{2+}+2e \longrightarrow Fe$	−0.44
$S+2e \longrightarrow S^{2-}$	−0.48
$Zn^{2+}+2e \longrightarrow Zn$	−0.7628
$SO_4^{2-}+H_2O+2e \longrightarrow SO_3^{2-}+2OH^-$	−0.93
$Mn^{2+}+2e \longrightarrow Mn$	−1.180

当温度一定时，甘汞电极的电位主要决定于 Cl^- 的活度；当 Cl^- 的活度一定时，其电极电位是恒定的。最经常使用的是饱和甘汞电极（saturated calomel electrode，SCE），所以一般情况下，若没有特别标明 Cl^- 的活度，都表示使用的是饱和甘汞电极。

银-氯化银电极也是应用广泛的参比电极。其结构和甘汞电极类似，它是在银丝上镀上一层 AgCl 后浸入一定浓度的 KCl 溶液中所构成。如图 5-3 所示。银-氯化银电极的半电池可表示为：

$$Ag, AgCl(s)|Cl^-(x\,mol \cdot L^{-1})$$

电极反应为：

$$AgCl(s) + e \longrightarrow Ag(s) + Cl^-$$

298K 时的电极电位为：

$$E_{AgCl/Ag} = E^{\ominus}_{AgCl/Ag} - 0.0591\lg a_{Cl^-} \tag{5-6}$$

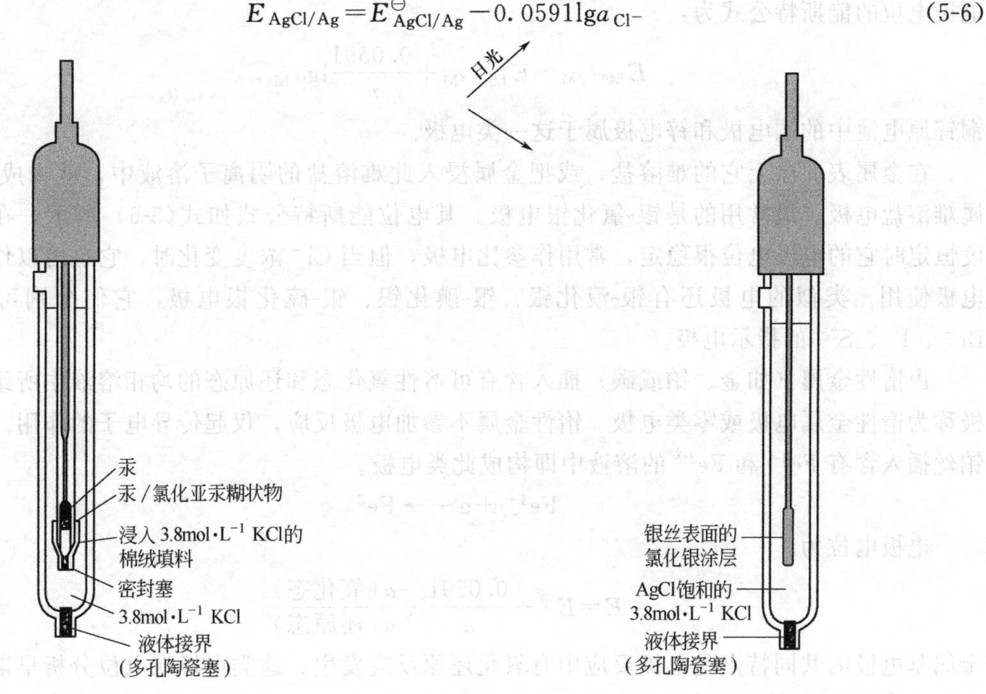

图 5-2　甘汞电极　　　　图 5-3　银-氯化银电极

与甘汞电极一样，银-氯化银电极的电位值也与温度和 KCl 溶液的浓度有关。表 5-2 列出 25℃时甘汞电极和银-氯化银电极在不同浓度的 KCl 溶液中的电位值。饱和甘汞电极和银-氯化银电极常用于代替标准氢电极作参比电极。因为氢电极必须使用氢气，而要保证其压力在 101325Pa 并非易事，而饱和甘汞电极和银-氯化银电极当 a_{Cl^-} 一定时，电极电位稳定，电极反应可逆，又比较容易制备，故在实验室经常使用。电分析化学中将此类电极称为二级标准电极。

表 5-2　25℃时不同 KCl 浓度下甘汞电极的电位值

电位/V KCl 浓度/$mol \cdot L^{-1}$	甘汞电极	银-氯化银电极
0.1	0.3338	0.2880
1	0.2800	0.2355
饱和	0.2415	0.2000

5.1.4 金属基电极

指示电极的电位和待测溶液的活度密切相关，待测溶液的活度变化由指示电极电位变化来反映。一种指示电极往往只能指示一种被测物质浓度的变化情况，所以应根据不同的被测物质选用不同的指示电极。指示电极的种类很多，常用的指示电极有金属基电极和离子选择电极等。

金属基电极（metallic electrode）包括金属-金属离子电极（一类电极）、金属-金属难溶盐电极（二类电极）、和惰性金属电极（零类电极）等以金属为基体的电极。

将一种金属浸入含有该金属离子的溶液中，即构成金属-金属离子电极，其半电池为：

$$M|M^{n+}(a)$$

电极反应：

$$M^{n+}+ne \longrightarrow M$$

电极电位的能斯特公式为：

$$E_{M^{n+}/M}=E^{\ominus}_{M^{n+}/M}+\frac{0.0591}{n}\lg a_{M^{n+}} \tag{5-7}$$

铜锌原电池中的铜电极和锌电极属于这一类电极。

在金属表面涂上它的难溶盐，或把金属浸入此难溶盐的阴离子溶液中，就构成金属-金属难溶盐电极。最常用的是银-氯化银电极。其电位能斯特公式如式(5-6) 所示，在 Cl^- 浓度恒定时它的电极电位很稳定，常用作参比电极，但当 Cl^- 浓度变化时，它也可以作为指示电极使用。类似的电极还有银-溴化银、银-碘化银、银-硫化银电极，它们分别可以作为 Br^-、I^-、S^{2-} 的指示电极。

由惰性金属（如金、铂或碳）插入含有可溶性氧化态和还原态的均相溶液中所组成的电极称为惰性金属电极或零类电极。惰性金属不参加电极反应，仅起传导电子的作用。例如将铂丝插入含有 Fe^{3+} 和 Fe^{2+} 的溶液中即构成此类电极。

$$Fe^{3+}+e \longrightarrow Fe^{2+}$$

电极电位为：

$$E=E^{\ominus}+\frac{0.0591}{n}\lg\frac{a(\text{氧化态})}{a(\text{还原态})} \tag{5-8}$$

金属基电极的共同特点是电极反应中有氧化还原反应发生。这类电极在电位分析早期使用较多，目前仅只少数几个电极在电位滴定中用作指示和参比电极。

5.1.5 离子选择性电极

目前使用最广泛的是离子选择性电极（ion selective electrode，ISE）。它是一种电化学传感器，其最主要的组成部分是一层敏感膜，敏感膜是一个能分开两种电解质溶液的薄膜，它对某种离子具有选择性响应，其电位值与离子活度之间的关系符合能斯特公式。离子选择性电极的种类很多，国际纯粹化学与应用化学联合会（IUPAC）依据电位响应机理、膜的组成和结构，将离子选择性电极分为以下几类（见图 5-4）。

- 离子选择性电极
  - 基本电极
    - 晶体膜电极
      - 均相膜电极
      - 非均相膜电极
    - 非晶体膜电极
      - 刚性基质电极
      - 流动载体电极
  - 敏化电极
    - 气敏电极
    - 酶电极

图 5-4 离子选择性电极的分类

几种常见的电极介绍如下。

5.1.5.1 晶体膜电极

氟离子选择电极是典型的均相晶体膜电极（crystalline membrane electrode）。它的敏感膜是由掺有微量氟化铕（Ⅱ）的氟化镧单晶构成，掺入微量氟化铕（Ⅱ）是为了增加电极的导电性。LaF_3 单晶经压片、抛光、清洗后，切成合适的尺寸，用环氧树脂粘接在聚氯乙烯（PVC）管的一端，充入 0.1mol·L^{-1}NaCl 和 0.1mol·L^{-1} NaF 溶液作为内参比液，再插入银-氯化银电极作内参比电极（见图 5-5），就构成氟离子选择性电极。

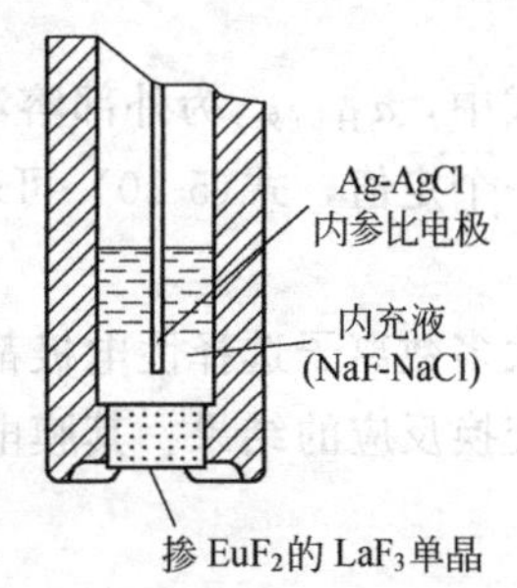

图 5-5 氟离子选择性电极

对氟离子的选择性响应是基于在掺杂的氟化镧单晶中，晶格缺陷（空穴）的大小、形状、电荷分布限制其他离子的进入，只允许氟离子从一个空穴进入另一个空穴，氟离子成为唯一的电荷传递者而显示其选择性。当氟离子电极浸入待测试液中时，试液中的 F^- 与晶体膜上的 F^- 进行交换并通过扩散进入膜相，参与空穴运动；而膜相中的 F^- 也可以扩散到液相，这样，在晶体膜外层与溶液界面上产生了相间电位，膜内层与内参比溶液之间也同样产生相间电位，两者之差即为膜电位。

氟离子选择性电极的电位可表示为：

$$E = K - 0.0591\lg a_{F^-} \tag{5-9}$$

式中，E 为氟离子选择性电极的电位；a_{F^-} 为氟离子活度；K 为常数。氟电极对 F^- 的选择性高，但 OH^- 可和敏感膜发生如下反应：

$$LaF_3(s) + 3OH^- \longrightarrow La(OH)_3(s) + 3F^-$$

若试液 pH 过高，则 OH^- 有干扰，使测定结果偏高；若 pH 过低，F^- 和 H^+ 结合成 HF 或 HF_2^- 而使测定结果偏低，所以测定时一般 pH 需控制在 5～6。

若以 Ag_2S 为骨架，将 AgCl、AgBr、AgI 或 PbS、CuS 晶体粉末分散其中压制成混晶片，并以此作为电极的敏感膜，这样制成的电极称为混晶膜电极，它可以作成 Cl^-、Br^-、I^- 及 Cu^{2+}、Pb^{2+} 的选择性电极。加入 Ag_2S 的目的是增强电极敏感膜的导电性并使压片变得容易些。

5.1.5.2 玻璃电极

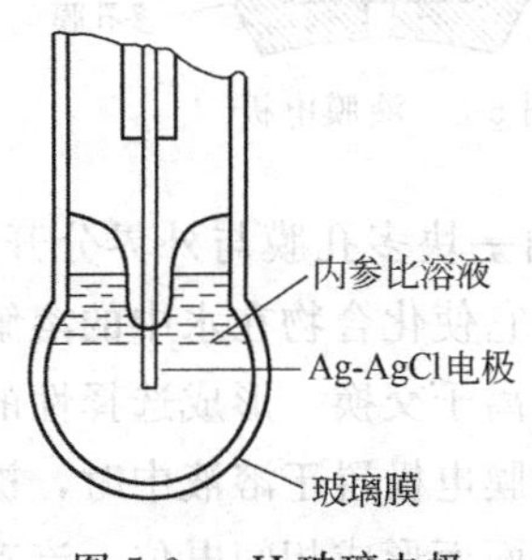

图 5-6 pH 玻璃电极

pH 玻璃电极（glass electrode）是对氢离子活度有选择性响应的一种离子选择性电极。它属于刚性基质电极。pH 玻璃电极的结构如图 5-6 所示。球泡状的敏感膜由特殊类型的玻璃制成。球泡内盛有内充液（0.1mol·L^{-1} HCl），并插入涂有 AgCl 的银丝作内参比电极。纯二氧化硅制成的石英玻璃膜对氢离子没有响应，只有掺杂的特制玻璃（22% Na_2O，6% CaO，72% SiO_2）才具有 pH 玻璃电极的功能。在掺杂的玻璃中 Na^+ 取代了硅氧四面体晶格中部分 Si 的位置，使≡Si—O—Si≡氧桥键断裂，形成了可供离子交换的离子键≡Si—O^-Na^+。

玻璃电极在使用前必须经水浸泡 24h 以上，这时玻璃膜与水接触形成水化层（见图 5-7），玻璃骨架中的 Na^+ 与水中的 H^+ 发生交换，Na^+ 所占据的点位全部被 H^+ 所替换。

$$G^-Na^+ + H^+ \longrightarrow G^-H^+ + Na^+$$

当将浸泡好的电极与待测溶液接触时，由于水化层表面氢离子的活度与溶液中不同，氢

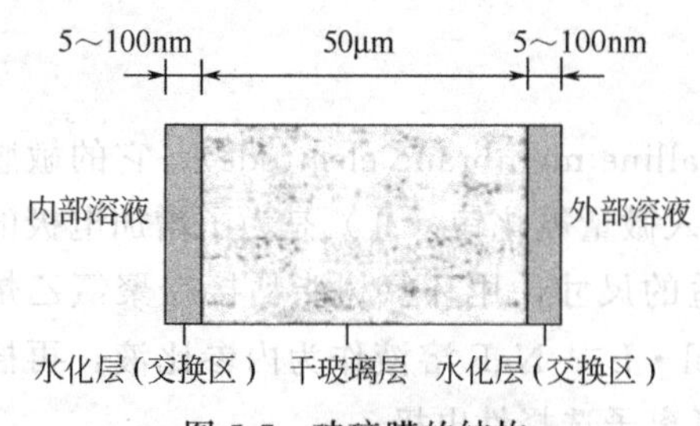

图 5-7 玻璃膜的结构

离子会从活度大的相朝活度小的相迁移，这样便破坏了膜与溶液固-液界面间的电荷分布，形成外界相电位 $V_{外}$，同理膜内表面与内参比溶液固-液界面间也产生相界电位 $V_{内}$，由于待测溶液的活度和内参比溶液的活度不同，于是产生了跨越玻璃膜的膜电位。以式(5-10) 表示为：

$$E_{膜}=V_{外}-V_{内}=0.0591\lg\frac{a_{H^+(外)}}{a_{H^+(内)}} \tag{5-10}$$

式中，$a_{H^+(外)}$为外部溶液待测离子的活度；$a_{H^+(内)}$为内充液的活度。由于内充液的活度是一个定值，式(5-10) 可表示为：

$$E_{膜}=K+0.0591\lg a_{H^+(外)} \tag{5-11}$$

大多数离子选择性电极都是膜电极，其产生膜电位的原理和 pH 玻璃电极相似，同样是离子交换反应的结果。其膜电位与被测离子的活度适用能斯特公式。

$$E_{膜}=K\pm\frac{2.303RT}{nF}\lg a_{\pm} \tag{5-12}$$

对阳离子取“+”，阴离子取“－”。不同电极其 K 值不同，它与敏感膜组成及内充液有关。式(5-11) 是离子选择性电极测定离子活度的理论基础。

5.1.5.3 非均相膜电极

同均相膜电极类似，非均相膜电极（heterogeneous membrane electrode）是由一种微溶金属盐粉末分散于惰性材料中制成敏感膜。惰性材料常用硅橡胶和聚氯乙烯（PVC），微溶金属盐提供膜的选择性。敏感膜用环氧树脂粘接在电极的一端，在电极内装入内参比溶液和内参比电极即可。市售的这类电极称为庞格（Pungor）电极，如磷酸根、硫酸根庞格电极等。

5.1.5.4 流动载体电极

上述电极其敏感膜均为固态，而流动载体电极（electrode with a mobile carrier）的敏感膜是溶有某种离子交换剂的有机溶剂薄层，因而也称为液膜电极，如图 5-8 所示。内管中装有内参比电极（图中为 Ag/AgCl）和内参比溶液，外管中装有溶于有机溶剂中的带电的或中性的有机离子交换液。离子交换液和内参比溶液由一块多孔膜与外界分开。离子交换液有两个主要官能团，一个是憎水性的长链或环链烷烃，它使化合物在水中的溶解性降低，另一个是亲水性的官能团，可以和水溶液中某种离子进行离子交换，形成选择性的电极响应，也就是说亲水基团决定了流动载体电极的选择性。当液膜电极置于溶液中时，被测离子与膜中的离子交换液发生交换作用，且可以自由地通过膜界面而形成相间电位。流动载体膜电极可制成阴离子选择性电极，如 Cl^-、Br^-、I^-、ClO_4^-、ReO_4^-、TaF_6^- 等，阳离子选择电极，如 Ca^{2+}、Cu^{2+}、Pb^{2+}、K^+、NH_4^+、Li^+、Ba^{2+}、Sr^{2+} 等。

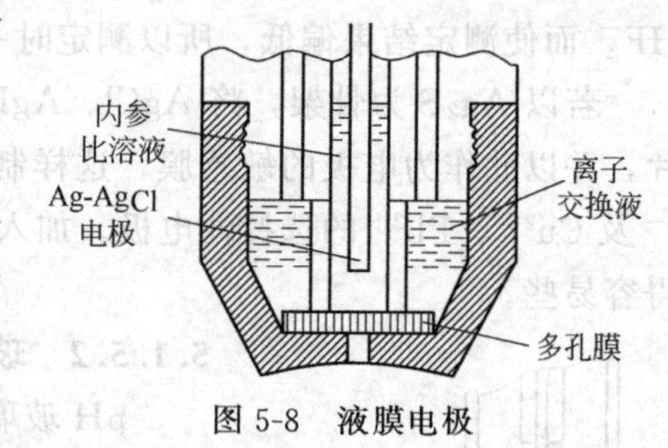

图 5-8 液膜电极

5.1.5.5 气敏电极

气敏电极（gas sensing electrode）实际上不是单个的电极，而是一个完整的化学电池。它将气体渗透性膜与离子选择电极组合成一个复合电极。待测气体溶于水溶液而产生某种离子，该离子可用离子选择性电极进行测定，因而间接测出气体中的某组分。气敏电极一般由指示电极（离子选择性电极）和参比电极组成，这对电极被装在一个套管内，管中盛有电解质溶液，并在离子选择性电极的敏感膜和参比电极之间形成一薄液层。图5-9是氨敏电极示意，指示电极为平头玻璃电极，参比电极为银-氯化银电极，内充电解质溶液为0.1mol·L^{-1} NH_4Cl，当氨经透气膜进入电解质溶液时，氨与电解质溶液结合形成 NH_4^+（$NH_3 + H^+ \longrightarrow NH_4^+$），使电解液中的pH发生改变，此时玻璃电极的电位值亦随之改变，故测量电池的电动势就可以测出氨的含量。

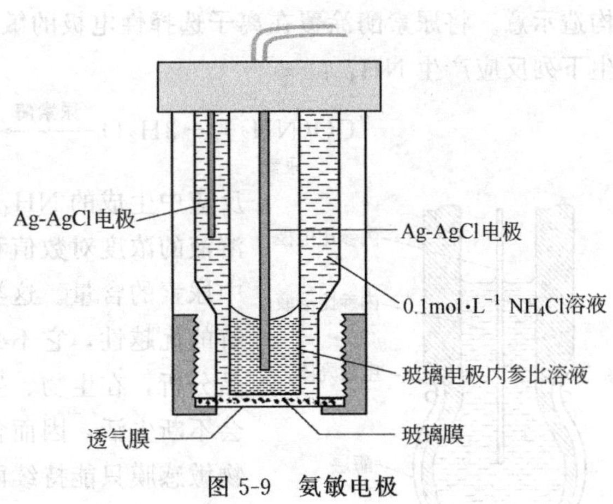

图 5-9　氨敏电极

5.1.6　生物传感器

传感器是一类信息获取和处理的装置，它包括识别系统、转换系统和数据处理系统，这些部分的集成构成传感器。以化学物质为检测对象的传感器称为化学传感器，玻璃电极就是最早发明的化学传感器。化学传感器的测量对象多为无机物，但这并不能满足实际的需要，在生物学、医学研究和诊断中，需要测定各种生物物质，因此人们希望研制出有选择性地测量底物及生物大分子的电极。最先问世的生物传感器是酶电极，由于酶电极的寿命一般较短，提纯的酶价格也比较昂贵，所以后来逐渐设计出其他类型的传感器，如动植物组织传感器、细胞及细胞器传感器、微生物传感器以及免疫传感器等，统称为生物传感器(biosensor)。

生物传感器的识别系统是生物分子识别元件，它是一些具有分子识别功能的生物活性物质，如蛋白质、细胞、酶、抗体、有机物分子等，这些物质和被识别物质之间存在着互相亲和性的关系，如酶-底物、抗原-抗体、激素-激素受体等，把它们的一方固定在传感器的表面作为分子识别元件，就可以有选择性地测量另一方。生物传感器的转换系统主要有电化学电极、光学检测元件、热敏电阻、场效应晶体管、压电石英晶体及表面等离子共振器件等。当待测物与分子识别元件特异性结合后，所产生的电、光、热等信号通过转换系统变为可以输出的光、电信号，从而达到分析检测的目的。生物传感器的传感原理可用图5-10表示。

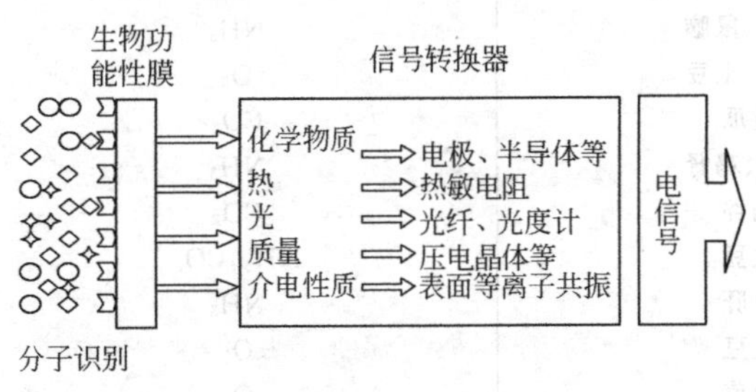

图 5-10　生物传感器的传感原理

根据生物传感器中生物分子识别元件上敏感物质的类型，可分为酶传感器、微生物传感器、组织传感器和免疫传感器等。

酶是生物体内产生的一类具有催化活性的蛋白质，它参与生命活动中所有新陈代谢的生化反应。酶不仅具有一般催化剂加快反应速率的作用，而且具有高度的专一性，一种酶只能催化一种或一类物质，产生一定的产物。酶催化某种特定的分子使之发生特异的反应，反应中某种特定物质（如 NH_4^+、H_2O_2 等）的量有所增减，把这种物质的增减量转换成电信号，测量其电化学性质如电位、电流、电容等就制成了酶电极传感器。图5-11是尿素酶电极的构造示意。将尿素酶涂覆在离子选择性电极的敏感膜上，当电极浸入含有尿素的溶液时，发生下列反应产生 NH_4^+：

$$CO(NH_2)_2 + 3H_2O \xrightarrow{\text{尿素酶}} CO_2 + 2NH_4^+ + 2OH^-$$

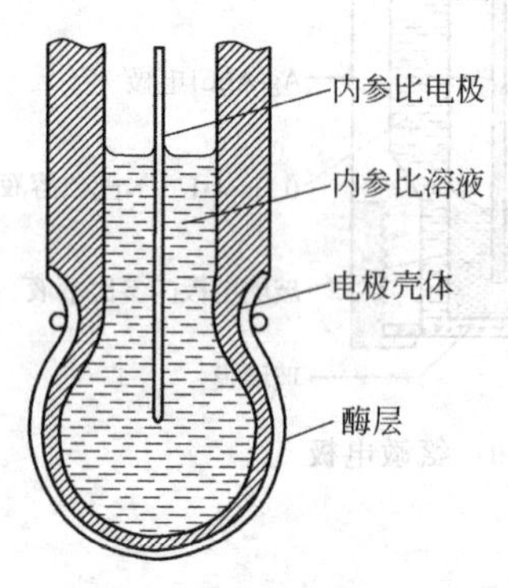

图 5-11　尿素酶电极

反应中生成的 NH_4^+ 可用铵离子选择电极来测定。以标准尿素溶液的浓度对数值和电极电位作工作曲线，即可求得待测溶液中尿素的含量。这类电极在生物化学及临床医学方面显示其独特的优越性，它不必进行复杂的预处理便可以直接进行生物样品分析，在生物、生理过程及医学研究中意义重大。但由于酶会不断失活，因而含酶的敏感膜必须定期更换。尿素电极的生物敏感膜只能持续两个星期。

细胞及细胞传感器的原理和酶传感器基本相似，只是直接用细胞内细胞器或细胞中含有的复合酶系代替酶电极中的纯酶而制成传感器。例如胆甾醇的测定。胆甾醇在胆甾醇氧化酶的催化下，可发生如下反应：

$$\text{胆甾醇} + O_2 \xrightarrow{\text{胆甾醇氧化酶}} \text{胆甾烯酮} + H_2O_2$$

把胆甾醇氧化酶胶原膜装在氧电极上构成胆甾醇传感器，通过测定氧的消耗量即可测定生物体中存在的胆甾醇。另外，利用生成的 H_2O_2 也可以测定胆甾醇的含量。

以活的动植物细胞切片作为分子识别元件，并与相应的信号转换元件构成生物组织传感器。生物组织含有丰富的酶，在适宜的环境中具有稳定的活性。当所需要的酶难以得到纯物质时，直接利用生物组织切片如动物的肾、肝、肌肉以及植物的根、茎、叶等可以进行测定。它的制作简单，一般不需要固定化技术，在某些情况下可代替酶传感器。一些组织电极见表 5-3。

表 5-3　常见生物组织酶传感器

测定对象	组织	检测电极
谷氨酰胺	猪肾	NH_3
腺苷	鼠小肠黏膜细胞	NH_3
鸟嘌呤	兔肝、鼠脑	NH_3
过氧化氢	牛肝、土豆	O_2
谷氨酸	黄瓜	CO_2
多巴胺	香蕉、鸡肾	NH_3
丙酮酸	稻谷	CO_2
尿素	大豆	NH_3,CO_2
尿酸	鱼肝	NH_3
磷酸根	土豆	O_2
酪酸根	甜菜	O_2
半胱氨酸	黄瓜	NH_3

微生物可分为好氧型和厌氧型，好氧型微生物必须在有空气的环境中才易生长和繁殖，可从呼吸活性来追踪其活动状态。而厌氧型微生物必须在无分子氧的环境中生长繁殖，它们一般生活在土壤深处和生物体内，可以用其代谢产物为指标来追踪其活动状态。微生物不像酶催化的是单一反应，微生物菌体中有复合酶系、辅酶系等参与生命活动反应，其反应十分复杂。将微生物固定化膜和电化学器件结合在一起组成微生物传感器。呼吸基能型微生物传

感器由微生物固定化膜和氧电极或二氧化碳电极所构成。把这种传感器浸入含有有机化合物的试样溶液中时，有机化合物向微生物膜内扩散，微生物摄取有机化合物后，其呼吸活性增强，其氧气的消耗量有所改变，这种变化由氧电极或二氧化碳电极测出，其原理如图 5-12 所示。代谢基能型微生物传感器的原理是微生物使有机化合物分解而产生各种代谢生成物，其中含有电极活性物质，它使电极敏感，从而测定待测物浓度。所以把固定化膜和燃料电池型电极、离子选择性电极或气体电极组合在一起就可构成代谢基能型微生物传感器。所谓燃料电池型电极是指以白金为阳极，过氧化银为阴极，其间充以 pH7.0 的磷酸缓冲液所构成的一种燃料电池，氢气等电极活性物质在阳极发生反应可得到电流。图 5-13 是代谢基能型微生物传感器的原理示意。

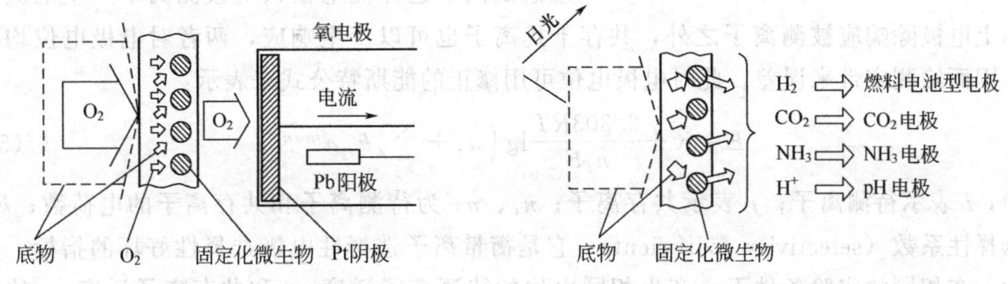

图 5-12 呼吸基能型微生物传感器　　　　图 5-13 代谢基能型微生物传感器

免疫指机体对病原生物感染的抵抗能力，分为自然免疫和获得性免疫。获得性免疫是在微生物等抗原性物质刺激后才形成的。抗原是能够刺激动物机体产生免疫反应的物质，它刺激机体产生免疫应答反应，并与反应产物发生特异性结合。免疫分析是最为重要的生物化学分析方法之一，可用于测定各种抗体、抗原以及能进行免疫反应的多种生物活性物质如激素、蛋白质、药物、毒物等。

免疫传感器是利用抗体的抗原识别功能和抗原结合功能而制成的传感器。抗体被固定在膜或电极表面上，固定化抗体选择性地识别相应的抗原并形成稳定的复合体，在形成复合体的过程中会引起膜电位或电极电位的变化，通过测定这些电化学指标的变化可测定溶液中作为抗原的待测物浓度（见图 5-14）。因为样品中其他干扰化合物不产生免疫性识别，因此免疫反应的选择性非常高。

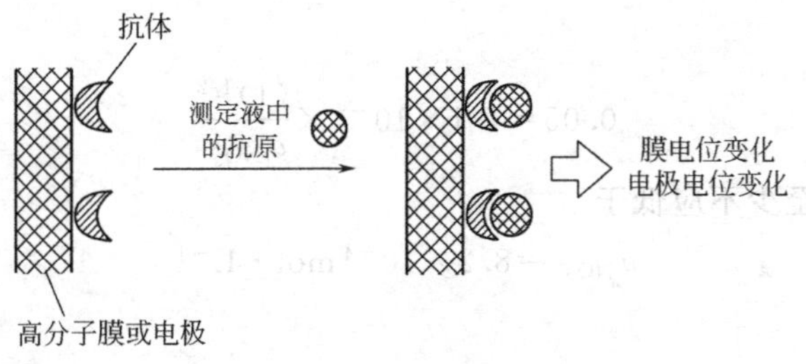

图 5-14 免疫传感器的工作原理

5.2 离子选择性电极的性能指标

5.2.1 线性范围和检测下限

从上一节中可以看到，离子选择性电极的电位值和所在溶液的活度的关系以式(5-11)

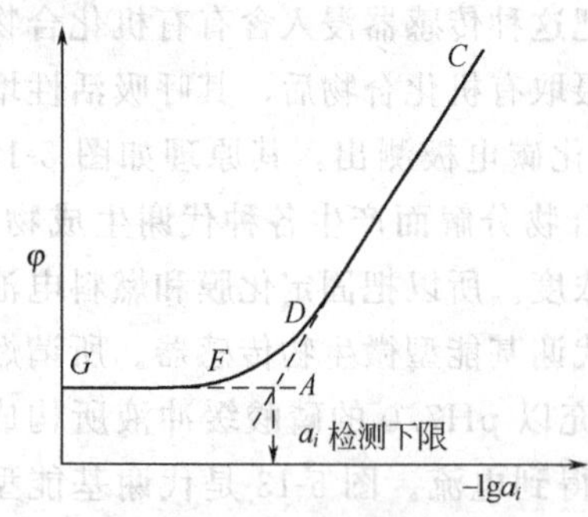

图 5-15 电极校准曲线

表示。若以 E 对 $\lg a$ 作图，可得一条直线，称这直线为校准曲线。若直线的斜率为 $2.303RT/nF$，称此符合线性的响应为能斯特响应，符合能斯特公式的区域称为线性范围（linear scope）。如图 5-15 所示。当溶液活度较低时，校准曲线逐渐弯曲。校准曲线中直线 CD 与 GF 的延长线的交点 A 所对应的活度或浓度称为检测下限（detection limit）。

5.2.2 选择性系数

理想的离子选择性电极只对被测离子产生响应，但实际上电极除响应被测离子之外，共存干扰离子也可以产生响应，两者对电极电位均有贡献，因而给测定带来误差。此时电极电位可用修正的能斯特公式来表示：

$$E = K + \frac{2.303RT}{n_i F}\lg\left(a_i + \sum_j k_{ij} a^{n_i/n_j}\right) \tag{5-13}$$

式中，i 表示待测离子；j 表示共存离子；n_i、n_j 为待测离子和共存离子的电荷数；k_{ij} 称为选择性系数（selectivity coefficient），它是衡量离子选择性电极选择性好坏的指标。其定义为：在相同的实验条件下，产生相同电位的待测离子活度 a_i 和共存离子活度 a_j 的比值 a_i/a_j。例如，某 pH 玻璃电极对 Na^+ 的选择性系数为 $k_{H^+,Na^+}=10^{-12}$，意味着当 $a_{Na^+}=10^{12}a_{H^+}$ 时，Na^+ 所提供的电极电位才和 H^+ 所提供的电极电位相等，电极对 H^+ 的敏感性比对 Na^+ 大 10^{12} 倍。因此 k_{ij} 越小，表示电极对待测离子的选择性越高。

k_{ij} 的大小可由实验测定，但不同的测定方法测出的数字有差异，故它不能用于校正干扰，只能用于粗略估计共存离子的干扰程度，用 k_{ij} 值估算某种干扰离子对测定所造成的误差，其计算公式为：

$$\text{相对误差}\% = K_{ij} \times \frac{(a_j)^{n_i/n_j}}{a_i} \times 100\% \tag{5-14}$$

【例 5-1】 一种硝酸根离子选择性电极的 $k_{NO_3^-,SO_4^{2-}}=4.1\times10^{-5}$，在 $1mol\cdot L^{-1}$ 硫酸盐溶液中测定硝酸根离子，要使硫酸根离子造成的误差小于 5%，硝酸根离子的活度至少不应低于何值？

由式(5-14) 得：

$$0.05 = 4.1\times10^{-5}\times\frac{(1)^{1/2}}{a_{NO_3^-}}$$

故硝酸根离子的活度至少不应低于

$$a_{NO_3^-} = 8.2\times10^{-4}\,mol\cdot L^{-1}$$

5.2.3 响应时间

从离子选择性电极和参比电极开始接触试液算起，到电极电位达到稳定值（±1mV 以内）所需的时间称为响应时间（response time）。响应时间指示了在测量过程中需要经过多长时间才能读取和记录测量结果。它和电极结构、敏感膜性质、待测离子的浓度和溶液搅拌情况有关，常常通过搅拌溶液来缩短响应时间。

5.2.4 电极内阻

电极内阻（inherent resistance）指离子选择性电极自身所具有的电阻值，它包括敏感膜的电阻、内参比溶液和内参比电极的电阻之总和。由于内参比溶液和内参比电极的内阻比敏感膜的电阻值小得多，故电极内阻主要决定于敏感膜。敏感膜类型不同，其数值不一样。晶体膜的内阻较低，一般为 $10^4 \sim 10^6\,\Omega$，玻璃膜的内阻较高，一般可达 $10^7 \sim 10^9\,\Omega$。电极内阻越高，要求电位计的输入阻抗越高，而且越容易受外界电噪声的干扰，造成仪器的测量上的困难和误差。

5.3 直接电位分析法

电位分析法分为直接电位法（direct potentiometry）和电位滴定法两类。

从理论上讲，由待测溶液和电极组成化学电池进行电化学测量，测得电池电动势，根据能斯特公式，可直接算出溶液的离子活度。但在实际上电动势的测定受到诸如液接电位，溶液离子活度系数难以计算等因素的影响，使利用能斯特公式直接进行计算遇到困难。因此直接电位法是用标准溶液与待测溶液在相同条件下测定电位值，经与标准溶液比较求得待测溶液的浓度。直接电位法有下列几种测定方法。

5.3.1 标准比较法

标准比较法是选择一个与待测溶液浓度相近的标准溶液，用同一支离子选择性电极在相同测定条件下，测定两溶液的电动势。根据能斯特公式，可得：

$$E_x = K \pm s\lg a_x \tag{5-15}$$

$$E_s = K \pm s\lg a_s \tag{5-16}$$

式中，E_x、E_s 分别表示待测溶液和标准溶液的电动势值；s 为电极斜率，其理论值可表示为：$s = 2.303RT/nF$，但实际测定中，s 值可能偏离理论值。由两式相减得：

$$E_x - E_s = \pm s(\lg a_x - \lg a_s)$$

$$\Delta E = \pm s\lg\frac{a_x}{a_s}$$

$$a_x = a_s 10^{\pm\Delta E/s} \tag{5-17}$$

标准比较法的实例是溶液 pH 的测定。溶液 pH 测定体系如图 5-16 所示。

以玻璃电极作为测量溶液氢离子活度的指示电极，由式(5-12)可得玻璃电极的膜电位为：

$$E_M = K + \frac{2.303RT}{F}\lg H^+ = K - \frac{2.303RT}{F}pH$$

如以饱和甘汞电极作为参比电极，则测量系统所得到的电动势为：

$$\begin{aligned} E &= E_{SCE} - E_G = E_{SCE} - (E_{AgCl/Ag} + E_M) \\ &= E_{SCE} - \left(E_{AgCl/Ag} + K - \frac{2.303RT}{F}pH\right) \\ &= K' - \frac{2.303RT}{F}pH \end{aligned} \tag{5-18}$$

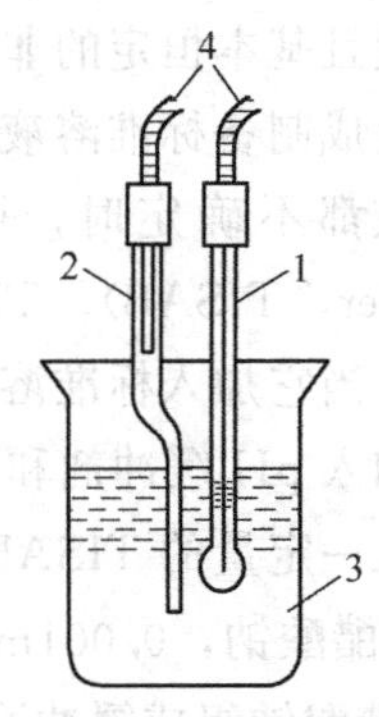

图 5-16 测定溶液 pH 的体系

1—玻璃电极；2—饱和甘汞电极；3—待测溶液；4—接 pH 计

先测定标准溶液（pH_s 值已知）的电动势 E_s，再测定样品溶液的电动势 E

$$pH = pH_s + \frac{E - E_s}{2.303RT/F} \tag{5-19}$$

一般选用与待测溶液pH相近的标准溶液作为pH_s，并且在测量过程中尽量保持温度恒定。以标准缓冲溶液为基准，通过比较E和E_s之值便可求得待测溶液pH的方法，又叫做pH标度法。测定pH用的酸度计就是根据这一原理制成的，只要用标准缓冲溶液对酸度计进行校正（此过程称为定位）后，就可在酸度计上直接读出pH_x的值。定位的过程就是调整校准曲线的截距，温度校准是调整校准曲线的斜率。标准缓冲溶液的pH如表5-4所示。

表5-4 标准缓冲溶液的pH

温度/℃	草酸氢钾 (0.05mol·L⁻¹)	酒石酸氢钾 (298K饱和)	邻苯二甲酸氢钾 (0.05mol·L⁻¹)	磷酸二氢钾 (0.025mol·L⁻¹)，磷酸氢二钾 (0.05mol·L⁻¹)	硼砂 (0.05mol·L⁻¹)
0	1.668		4.006	6.981	13.416
10	1.671		3.996	6.921	13.011
20	1.676		3.998	6.879	12.637
25	1.680	3.559	4.003	6.864	12.460
30	1.684	3.551	4.010	6.852	12.292
35	1.688	3.549	4.019	6.844	12.130
40	1.694	3.547	4.029	6.838	11.975

5.3.2 标准曲线法

标准曲线法适用于大批量试样的分析，是离子选择性电极最常用的一种分析方法。用纯物质按浓度递增的规律配制一系列标准溶液进行电位测定，测出相应的电动势。以E对相应的$\lg a_i$（$\lg c_i$）值绘制标准曲线，然后在相同的条件下用同一支电极测定待测溶液的电动势，从标准曲线上即可查到待测溶液的活度（浓度）。

一般分析工作中要求测定的是溶液的浓度而不是活度，活度和浓度的关系：$a_i=\gamma_i c_i$，γ_i是活度系数，它与溶液中的离子强度有关，在稀溶液中可认为$\gamma_i\approx1$，$a_i\approx c_i$，在较浓溶液中，$\gamma_i<1$，$a_i\neq c_i$。实际工作中一般采用控制溶液离子强度的办法，使γ_i在分析过程中成为一个定值，能斯特公式$E=K\pm s\lg\gamma_i c_i$可变成$E=K'\pm s\lg c_i$，此时E和$\lg c_i$呈线性关系，标准曲线可直接以E对$\lg c_i$作图。

使溶液离子强度保持恒定的方法视不同情况而定。当溶液中除待测离子外还含有一种高含量且基本恒定的非欲测离子时，溶液本身的离子强度基本恒定，可以该溶液为基础用相似的组成制备标准溶液，这种方法又称为"恒定离子背景法"；若试样中非欲测离子的浓度和组成都不确定时，可加入"总离子强度调节缓冲剂"（total ionic strength adjustment buffer，TISAB）。TISAB是浓度很大的电解质溶液，溶液的离子强度主要由它来决定。因此，当它加入标准溶液和待测溶液中时，就使这些溶液的离子强度趋于相同。在某些情况下还加入pH缓冲剂和配合剂以控制溶液酸度和掩蔽干扰离子。例如测定水样中F^-浓度时，加入一定量的TISAB，其组成为：0.1mol·L^{-1}氯化钠，0.25mol·L^{-1}醋酸，0.75mol·L^{-1}醋酸钠，0.001mol·L^{-1}柠檬酸钠。它使溶液的总离子强度达到1.75，pH为5.0，醋酸-醋酸钠组成缓冲溶液，控制溶液pH，柠檬酸钠用作配合剂，消除Al^{3+}、Fe^{3+}的干扰。

5.3.3 标准加入法

在标准曲线法中，标准溶液和待测溶液的离子强度必须一致，才能使其γ值恒定而不至于引起误差。但有时待测溶液的组成较复杂，控制相同的离子强度并非易事，此时标准加入法成为一种行之有效的测定方法。

标准加入法分两步进行测定：第一步，准确量取体积为V_0、浓度为c_x的待测溶液进行测量，测得其电动势为E_1，E_1和c_x符合下列关系：

$$E_1=K'\pm s\lg(x_1\gamma_1 c_x) \tag{5-20}$$

式中，x_1是游离的（未配合）离子的摩尔分数。

第二步，向测定过E_1的待测溶液中加入体积为V_s、浓度为c_s的标准溶液（要求$V_s\ll V_0$，约为其1%，而$c_s\gg c_x$，约为它的100倍），再次测定该溶液的电动势E_2，E_2仍符合能斯特公式：

$$E_2=K'\pm s\lg\left(x_2\gamma_2 c_x+x_2\gamma_2\frac{V_s c_s}{V_0+V_s}\right) \tag{5-21}$$

式中，γ_2和x_2分别为加入标准溶液后新的活度系数和游离离子的摩尔分数，其中$\frac{V_s c_s}{V_0+V_s}$是加入标准溶液后试样浓度的增加值，一般用c_Δ表示。由于所加标准溶液体积$V_s\ll V_0$，溶液的活度系数可认为能保持恒定，即$\gamma_1\approx\gamma_2$，$x_1\approx x_2$，$V_0+V_s\approx V_0$，式(5-20)和式(5-19)相减可得：

$$\Delta E=E_2-E_1=\pm s\lg\frac{x_2\gamma_2(c_x+c_\Delta)}{x_1\gamma_1 c_x}=\pm s\lg\left(1+\frac{c_\Delta}{c_x}\right) \tag{5-22}$$

则

$$c_x=c_\Delta(10^{\pm\Delta E/s}-1)^{-1} \tag{5-23}$$

对阳离子电极取“+”号；对阴离子电极取“-”号。s的理论值为$2.303RT/F$，但s实际值往往和理论值有出入，实际值可由实验测得：取两份浓度不同的标准溶液c_1和c_2，在上述测定条件下用同一电极分别测定其电位值为E_1和E_2，则s值为：

$$s=\frac{E_1-E_2}{\lg c_1-\lg c_2} \tag{5-24}$$

若$c_1=2c_2$，则有：

$$s=\frac{E_1-E_2}{\lg 2}=\frac{\Delta E}{0.301}$$

标准加入法仅使用一种标准溶液，且操作简单易行，适用于组成复杂、精确度要求高的单个样品的测量。在采用标准加入法时必须准确量取待测溶液和标准溶液的体积，并使其满足一定要求，一般待测溶液体积取100mL，而标准溶液体积一般为0.5～1mL，最多不超过10mL。

5.4 电位滴定法

5.4.1 方法原理

电位滴定法（potentiometric titration）是以指示电极、参比电极和待测溶液组成化学电池，滴定剂由滴定管滴入，每加入一次滴定剂，就测量一次电动势。当达到化学计量点附近时，电池电动势发生突变，从而指示滴定终点的到达。滴定装置如图5-17。它与普通滴定法的区别在于它以电极电位的突跃代替指示剂颜色的突变来确定终点。电位滴定法只需测定电位的突变范围，不需要准确测量电极电位的绝对值，因此一些决定电极测定准确度的因素对测定都没有太大影响，在浑浊有色、带荧光的溶液、非水介质及没有合适指示剂等普通滴定法不能进行测定的情况下，电位滴定都能发挥作用，电位滴定还能进行连续滴定和自动

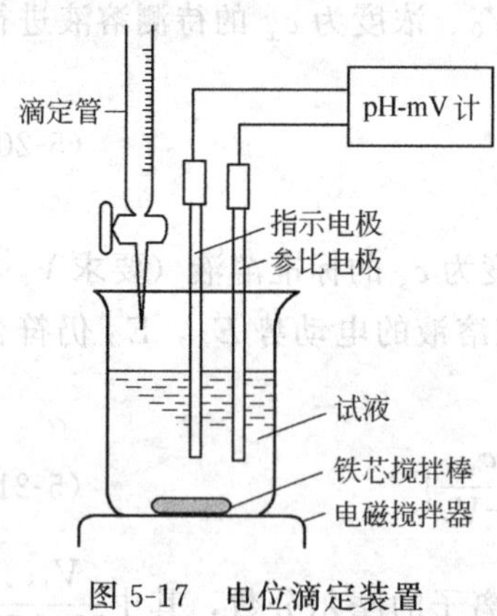

图 5-17 电位滴定装置

电位滴定。

5.4.2 滴定终点的确定

滴定终点的确定方法通常有 E-V 曲线法，$\Delta E/\Delta V$-V 曲线法和 $\Delta^2E/\Delta V^2$-V 曲线法三种。在滴定过程中，每加一次滴定剂就测量一次电位值，直到超过化学计量点为止。为使电位滴定有较高的准确度，必须使滴定终点与化学计量点尽可能一致，在滴定初期，滴定速度可以适当加快，但当接近终点时，加入极少量滴定液就会引起离子浓度的巨大变化，从而使电位发生突跃，此时应缓慢加入滴定剂，每次加入量为 0.1mL 比较合适，由此得到一系列滴定剂用量和相应电位值的数据。表 5-5 是以 $0.1\text{mol}\cdot L^{-1}$ $AgNO_3$ 标准溶液滴定 Cl^- 所得的实验数据，据此讨论确定终点的几种方法。

(1) E-V 曲线法　以电位值 E 为纵坐标，加入的滴定体积为横坐标绘制滴定曲线，如图 5-18(a) 所示。滴定曲线上具有最大斜率的转折点即为滴定终点。

(2) $\Delta E/\Delta V$-V 曲线法　从 E-V 曲线可见终点的确定比较困难，因此考虑以 $\Delta E/\Delta V$ 为纵坐标，V 为横坐标绘制 $\Delta E/\Delta V$-V 曲线［见 5-18(b)］，尖峰所对应的体积即为终点体积。该曲线是一阶微商曲线。用此法确定终点比 E-V 曲线法准确，但尖峰是由实验点外推所得，也会引入一些误差。

表 5-5　以 $0.1\text{mol}\cdot L^{-1}$ $AgNO_3$ 标准溶液滴定 Cl^- 所得的实验数据

加入 $AgNO_3$ 的体积/mL	E/V	$(\Delta E/\Delta V)/\text{V}\cdot\text{mL}^{-1}$	$\Delta^2E/\Delta V^2$
5.0	0.062	0.002	
15.0	0.085	0.004	
20.0	0.107	0.008	
23.0	0.138	0.015	
22.0	0.123	0.016	
23.50	0.146	0.050	
23.80	0.161	0.065	
24.00	0.174	0.09	
24.10	0.183	0.11	
24.20	0.194	0.39	2.8
24.30	0.233	0.83	4.4
24.40	0.316	0.24	−5.9
24.50	0.340	0.11	−1.3
24.60	0.351	0.07	−0.4
24.70	0.358	0.050	
25.00	0.373	0.024	
25.5	0.385	0.022	
26.0	0.396	0.015	
28.0	0.426		

(3) $\Delta^2E/\Delta V^2$-V 曲线法　一阶微商 $\Delta E/\Delta V$ 对应值相减得二阶微商 $\Delta^2E/\Delta V^2$ 值。以 $\Delta^2E/\Delta V^2$ 为纵坐标，V 为横坐标绘制 $\Delta^2E/\Delta V^2$-V 曲线［见图 5-18(c)］，在 $\Delta^2E/\Delta V^2=0$ 处即为滴定终点。$\Delta^2E/\Delta V^2$-V 曲线又称为二阶微商曲线。二阶微商 $\Delta^2E/\Delta V^2$ 和 V 的数据既可以通过绘制曲线确定终点，也可以用计算法确定终点。计算法克服了作图法费时又不准

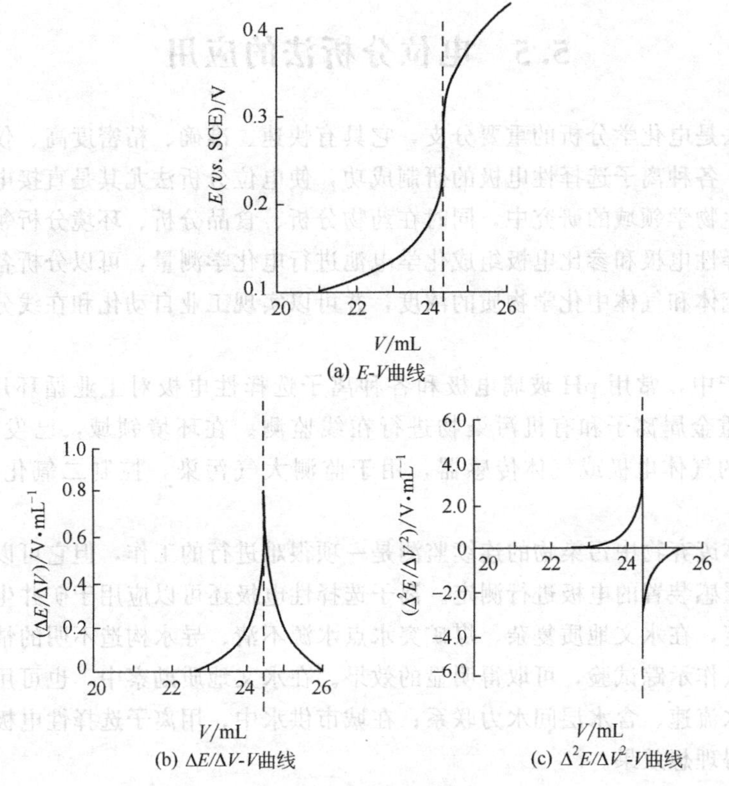

(a) *E-V*曲线

(b) $\Delta E/\Delta V$-V曲线

(c) $\Delta^2E/\Delta V^2$-V曲线

图 5-18 滴定终点的确定

确的缺点，并可以用电脑进行数据处理，大大提高了电位滴定的准确度和测定速度。

计算方法所依据的原理是：在二阶微商值出现相反符号的两个体积之间，一定会有 $\Delta^2E/\Delta V^2=0$ 的点，所对应的体积即为终点体积，所对应的电位即为终点电位。对应于 24.40mL，$\Delta^2E/\Delta V^2=+4.4$，对应于 24.50mL，$\Delta^2E/\Delta V^2=-5.9$，终点应在 24.40mL 和 24.50mL 之间，设滴定终点的体积为 $24.40+x$，则

$$0.10:10.3=x:4.4$$

所以终点体积为：$V_{终}=24.30+0.1\times4.4/10.3=24.44\text{mL}$

同理终点电位为：$E_{终}=0.233+(0.316-0.233)\times4.4/10.3=0.267\text{V}$

电位滴定和普通的滴定分析完全相同，可以进行酸碱滴定、氧化还原滴定、配位滴定和沉淀滴定。普通滴定分析根据不同的滴定类型选择不同的指示剂；而电位滴定则是根据不同的滴定类型选择不同的指示电极组成化学电池进行滴定分析。一般情况下，酸碱滴定使用玻璃电极作为指示电极；氧化还原滴定使用零类电极（如铂电极）为指示电极；不同的沉淀反应选用不同的指示电极，若用硝酸银滴定卤素离子，可用银电极作为指示电极，也可用相应的卤素离子选择性电极作为指示电极；在配位滴定中，若用 EDTA 作滴定剂，可用汞电极作指示电极。

手动滴定获得完整的滴定曲线并精确地确定滴定终点需要进行多次测定，费时费力，自动电位滴定仪的使用可使这项繁杂的工作变得简单快速，对于大批量样品的分析和工业例行分析尤显优越。自动电位滴定仪有两种类型：一种是自动控制滴定终点型，它可以恒定速度进行滴定，至预先设定的终点时自动停止；另一种是自动记录滴定曲线型，它可以滴定至终点以后，在记录仪上记录完整的滴定曲线，然后由计算机确定终点和终点滴定体积。

5.5 电位分析法的应用

电位分析法是电化学分析的重要分支，它具有快速、准确、精密度高、仪器体积小、操作简单等特点。各种离子选择性电极的研制成功，使电位分析法尤其是直接电位分析法迅速应用于医学、生物学领域的研究中，同时在药物分析、食品分析、环境分析领域中获得广泛应用。离子选择性电极和参比电极组成化学电池进行电化学测量，可以分析各种离子，也能够连续地测定流体和气体中化学物质的浓度，并可以实现工业自动化和在线分析以及原位监测等。

在工业生产中，常用pH玻璃电极和各种离子选择性电极对工业循环用水的pH、浊度以及水中的重金属离子和有机污染物进行在线监测。在环境领域，已发展了基于光学或微电子原理的气体电极或气体传感器，用于监测大气污染，控制二氧化硫和汽车尾气的排放。

土壤或固体废弃物中污染物的连续监测是一项很难进行的工作，但它可以通过电化学的方法，用带有遥感装置的电极进行测定。离子选择性电极还可以应用于矿井生产中，对地下水进行示踪测定，在水文地质复杂、煤矿突水点水源不清、导水构造不明的情况下，采用离子选择性电极法作示踪试验，可取得明显的效果。在水文地质勘察中，也可用离子选择性电极来确定地下水流速、含水层间水力联系；在城市供水中，用离子选择性电极来示踪漏水管道等，均可取得理想效果。

在医学中，原位监测显得尤其重要，例如在手术过程中，需要连续监测患者体内药物、麻醉剂和代谢物的量，作为患者状态的重要指标，这些都可以通过电位测定的方法得到解决。

由于电极不受样品溶液颜色、浊度、悬浮物或黏度的干扰，在实际分析工作中，若遇有色、浑浊溶液或找不到合适的指示剂，用普通滴定法测定非常困难时，电位滴定法就发挥了其优越性。

在食品检测中，酱油、果汁饮品、食醋的酸碱度的测定，蔬菜水果中维生素C的测定，由于其有色、不透明等特点，用一般的酸碱滴定的办法是无法进行测定的，但使用电位法和电位滴定法可轻松解决问题，并且测定精确度高，操作简便快速。

高聚物材料在国民经济中的应用越来越广，发展前途难以估量，在高聚物的生产过程中，对于工艺条件的控制和产品质量的检测是至关重要的，它直接影响高聚物的转化率和性能。高聚物酸值的测定是其中不可缺少的一项内容。由于有些高聚物不溶于水，难于找到合适的指示剂，不能用一般的容量分析法进行分析，采用非水溶液的电位滴定法可获得满意的测定结果。

在肾脏疾病的研究中，通过测定尿液中碳酸氢根、可滴定酸和铵离子的含量，可以了解和研究肾脏调节酸平衡的功能。使用自动电位滴定计进行此项指标的检测，是许多学者均采用的临床诊断方法，它可使常规滴定手续简化，提高检测速度，帮助尽快查明患者病因。

习题

1. 何为电位分析法，它包括哪两种类型？

2. 化学电池的基本组成有哪几部分？原电池和电解池的区别在哪里？
3. 何谓指示电极及参比电极？试举例说明。
4. 电极电位怎样产生？如何测量？
5. 什么叫液接电位？其产生的原因是什么？在电位测量中为什么要消除液接电位？怎样消除？
6. 以 pH 玻璃电极为例，简述离子选择性电极膜电位的形成机理。
7. 总离子强度调节缓冲液（TISAB）的作用是什么？
8. 电位滴定的基本原理是什么？滴定终点的确定有哪几种方法？
9. 写出下列各电池的电极反应及电池总反应，计算 298K 时各电池的电动势并确定是原电池还是电解池？（设活度系数均为 1）

(1) $Pt, H_2(101325Pa)|HCl(0.1mol \cdot L^{-1})|Cl_2(0.05\times101325Pa), C$

(2) $Pt, H_2(101325Pa)|HCl(0.1mol \cdot L^{-1}), AgCl(饱和)|Ag$

(3) $Pt|Cr^{3+}(1.0\times10^{-4}mol \cdot L^{-1}), Cr^{2+}(1.0\times10^{-1}mol \cdot L^{-1})\|Pb^{2+}(8.0\times10^{-2}mol \cdot L^{-1})|Pb$

已知：$Cl_2+2e \longrightarrow 2Cl^-$　　$E^{\ominus}_{Cl_2/Cl^-}=1.359V$

$Cr^{3+}+e \longrightarrow Cr^{2+}$　　$E^{\ominus}_{Cr^{3+}/Cr^{2+}}=-0.41V$

$Pb^{2+}+2e \longrightarrow Pb$　　$E^{\ominus}_{Pb^{2+}/Pb}=-0.126V$

$AgCl(s)+e \longrightarrow Ag+Cl^-$　　$E^{\ominus}_{AgCl/Ag}=0.222V$

10. 以饱和甘汞电极（SCE）作参比电极，测得电池的电动势为－0.354V，用银-氯化银电极（$1mol \cdot L^{-1}$ KCl）和标准氢电极作参比电极时，该电池的电动势应为多少？（已知银-氯化银电极在 $1mol \cdot L^{-1}$ KCl 溶液中的标准电极电位值为 0.2355V，饱和甘汞电极的标准电极电位值为 0.2415V）
11. 某氟离子选择性电极对氢氧根离子的选择性系数 $K_{F^-,OH^-}=0.10$，当氟离子浓度为 $10^{-3}mol \cdot L^{-1}$ 时，若允许测定误差为 5%，允许的 OH^- 浓度应为多少？
12. 某电极的选择性系数 $K^{pot}_{H^+,Na^+}=1\times10^{-15}$，这意味着提供相同电位时，溶液中允许的 Na^+ 浓度是 H^+ 浓度的多少倍？若 Na^+ 浓度为 $1.0mol \cdot L^{-1}$ 时，测量 pH＝13 的溶液，所引进的相对误差是多少？
13. 25℃时用 pH 玻璃电极和饱和甘汞电极构成的双电极体系测定溶液的 pH，当测定 pH＝4.00 的缓冲液时，其电动势值为 0.209V，在同样条件下测得另外三种试液的电动势值分别为：0.312V、0.088V、－0.017V，这三种试液的 pH 各是多少？
14. 某一电位滴定得到下列数据：

(1) 绘制滴定曲线（E-V 曲线）；

(2) 绘制一阶导数电位滴定曲线（$\Delta E/\Delta V$-V 曲线）；

(3) 用二阶微商法确定电位滴定终点。

V/mL	E/V	V/mL	E/V	V/mL	E/V	V/mL	E/V
5.00	0.489	20.00	0.562	25.00	0.950	30.00	1.333
10.00	0.508	22.00	0.580	26.00	1.290	35.00	1.340
15.00	0.540	23.00	0.594	27.00	1.321	40.00	1.350

15. 用氟离子选择性电极测定天然水中的氟，取水样 50.00mL 于 100mL 容量瓶中，加离子强度调节缓冲液（TISAB）5mL，稀释至刻度，再移取 50.00mL 该溶液于烧杯中进行电位测定。测得其电位值为－150mV（*vs*. SCE）；再加入 $1.00\times10^{-2}mol \cdot L^{-1}$ 的氟标准溶液 1.00mL，测得其电位值为－192mV（*vs*. SCE），氟电极的响应斜率 s 为 $59.0/n$mV，计算水样中 F^- 的浓度。
16. 取含 Ca^{2+} 溶液 100mL，以钙离子选择性电极和参比电极测定其电位值为－53.5mV，加入 1mL 浓度为 $1.000\times10^{-2}mol \cdot L^{-1}$ 的 Ca^{2+} 标准溶液，测得其电位为－35.5mV，试计算此溶液中 Ca^{2+} 的浓度。
17. 用镉离子选择性电极和饱和甘汞电极组成化学电池测定样品中的 Cd^{2+}，实验测得下列数据，每个溶液的离子强度均保持为 $0.3mol \cdot L^{-1}$。求样品中的 Cd^{2+} 浓度。

$[Cd^{2+}]/mol \cdot L^{-1}$	E/V	$[Cd^{2+}]/mol \cdot L^{-1}$	E/V
1.00×10^{-1}	−0.115	3.16×10^{-5}	−0.213
8.75×10^{-3}	−0.150	3.16×10^{-6}	−0.242
1.00×10^{-3}	−0.175	样品	−0.200

18. 以 0.1mol·L^{-1}NaOH 滴定 25mL 某弱酸 HA，用 pH 玻璃电极为指示电极测定其 pH。当滴定进行到 50%时溶液的 pH 为 4.62，用去 0.1mol·L^{-1} NaOH 11.20mL，试计算此弱酸 HA 的电离度和滴定前的浓度。

参考文献

[1] 张绍衡. 电化学分析法. 第 2 版. 重庆：重庆大学出版社，1995.

[2] 朱明华. 仪器分析. 第 3 版. 北京：高等教育出版社，2000.

[3] 北京大学化学系. 仪器分析教程. 北京：北京大学出版社，1997.

[4] ［美］罗伯特·D·布朗. 最新仪器分析技术全书. 北京：化学工业出版社，1990.

[5] 刘密新，罗国安，张新荣，童爱军. 仪器分析. 第 2 版. 北京：清华大学出版社，2002.

[6] 司士辉. 生物传感器. 北京：化学工业出版社，2003.

[7] ［日］铃木周一. 生物传感器. 霍纪文，姜远海译. 北京：科学出版社. 1988.

6 伏安分析法

在电化学分析法中，以测量电解过程中电流—电压曲线（或称伏安曲线）为基础的分析方法称为伏安分析法（voltammetry）。极谱法（polarography）属于伏安分析法的特例，它专指以滴汞电极作为指示电极的伏安法。极谱法由捷克斯洛伐克化学家海洛夫斯基(J. Heyrovsky）于1922年创立，由于在极谱分析方面的杰出贡献，1959年海洛夫斯基被授予诺贝尔化学奖。数十年来，极谱分析获得巨大的发展，已成为电化学分析中最重要、最成功和应用最广泛的分析方法之一。近年来，随着电子技术的发展，固体电极和修饰电极的广泛使用，极谱分析不再局限于经典方法，各种现代极谱法广泛应用于医学、生物化学、药学、环境科学、地质学等领域。

6.1 极谱分析基本原理

6.1.1 分解电压和极化

伏安法所用电解装置如图6-1所示，在电解质溶液中插入两铂片电极，与外电源相连并充分搅拌，当直流电通过溶液时，电极与溶液界面发生有电子得失的化学反应，引起溶液中物质的分解，这种现象称为电解。例如电解 0.5mol·L^{-1} H_2SO_4 溶液中 0.100mol·L^{-1} 的 $CuSO_4$ 时，外加电压从零开始增加，起初外加电压较小时不能引起电极反应，几乎没有电流或只有很小的电流流过，逐渐增加外加电压到一定数值，电流突然急剧上升，同时两极上明显有电极反应发生。此时阴极发生还原反应：

$$Cu^{2+}+2e \longrightarrow Cu,\quad E^{\ominus}=0.337V$$

阳极上则发生氧化反应：

$$2H_2O \longrightarrow O_2+4H^{+}+4e,\quad E^{\ominus}=1.229V$$

阴极和阳极的电位值可根据能斯特公式进行计算：

$$E_{Cu}=E^{\ominus}-\frac{0.0591}{2}\lg\frac{1}{[Cu^{2+}]}=0.337-\frac{0.0591}{2}\lg\frac{1}{[0.100]}=0.308V$$

$$E_{O_2}=E^{\ominus}+\frac{0.0591}{4}\lg p_{O_2}[H^{+}]^4=1.229+\frac{0.0591}{4}\lg\frac{21278.25}{101325}\times 1=1.219V$$

式中，p_{O_2} 按大气中氧的分压计算，约为 21278.25Pa（0.21atm）。

由于电解使阴极铂电极上镀上了一层金属铜，而阳极铂电极上则逸出了氧气。此时铜电极和氧电极构成原电池，其电动势 E 为：

$$E=E_{阴}-E_{阳}=0.308-1.129=-0.821V$$

由此可见，在电解时产生了一个极性与电解池相反的原电池，它将阻止电解作用的进行，其电动势称为"反电动势"。因此要使电解顺利进行，首先必须克服此反电动势。电解时，理论分解电压的值是它的反电动势，故理论分解电压的值为 0.82V。

图 6-2 为电解铜离子溶液时的电流-电压曲线。图中 B 点是电流明显增加时的转折点，对应的电压称为分解电压（U_d），即分解电压是引起电解质电解的最低外加电压。它只能由实验测得，故又称为实际分解电压。虚线表示根据能斯特公式进行计算所得的曲线，其转折点称为理论分解电压。通常情况下实际分解电压大于理论分解电压。（实际）分解电压包括理论分解电压、极化产生的超电压（η）、电解回路中溶液电阻引起的电压降（iR）。用公式表示为：

$$U_d=(E_{阳}+\eta_{阳})-(E_{阴}+\eta_{阴})+iR \tag{6-1}$$

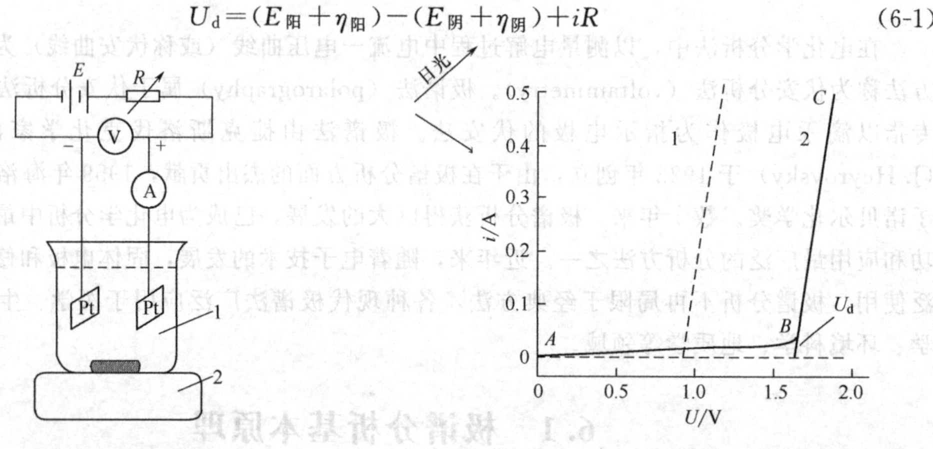

图 6-1 电解装置

E—电源；R—可变电阻器；

V—伏特计；A—安培计；Pt—铂电极；

1—溶液；2—电磁搅拌器

图 6-2 电解铜（Ⅱ）溶液时电压-电流曲线

1—计算所得曲线；2—实验所得曲线

当通过电池的电流较大时，电极电位（或电池电动势）偏离按能斯特公式计算值的现象，统称为极化。产生极化的原因是电池中有较大的电流通过，使电极处于非平衡状态所致。极化是一个电极现象，电池中的一个或两个电极都可以产生极化。极化的结果将使阴极电位更负，而阳极电位更正。极化的程度和电极的大小和形状、电解质溶液的组成、搅拌情况、温度、电流密度、电池反应中反应物和生成物的物理状态以及电极的成分等有关。极化通常分为浓差极化和电化学极化两类。

（1）浓差极化　电极处于平衡状态时，电解质在溶液中均匀分布，当溶液中有电流流过时，电解反应开始进行，以阴极为例，阳离子（如 Cu^{2+}）在阴极还原成 Cu，使电极表面附近溶液 Cu^{2+} 减少，电极表面 Cu^{2+} 浓度低于本体溶液，如果溶液本体中的 Cu^{2+} 通过扩散到达阴极表面的速度比 Cu^{2+} 还原析出 Cu 的速度慢得多的话，由于电极表面 Cu^{2+} 浓度不断降低，阴极电位将偏离原来平衡电位值而发生极化。浓差极化越大，电极电位的偏离也越厉害。这种由于电解时电极表面浓度的差异而引起的极化现象称为浓差极化（concentration polarization）。

（2）电化学极化　电化学极化（electrochemical polarization）是由于电极反应的速率变化而引起的。电极上发生的反应并非如反应式那样一步完成，而是经过若干中间步骤，其中某一步的反应速率最慢，活化能最高，成为反应的控制步骤。为使反应持续进行，必须额外多加一定电压克服反应的活化能垒。这种由于电极反应速率的迟缓所引起的极化作用称为电化学极化。

6.1.2 极谱波的产生

当上述电解池中的两支铂片电极由滴汞电极和甘汞电极所替代时，就构成了极谱测定装置（见图 6-3）。

现以电解 $CdCl_2$ 溶液为例说明极谱图产生的过程。将 $5\times10^{-4}mol\cdot L^{-1}$ 的 $CdCl_2$ 溶液加入电解池中，在试液中加入大量的 HCl 使其浓度达 $1mol\cdot L^{-1}$，HCl 称为支持电解质（supporting electrolyte），再加入几滴 1% 的动物胶，动物胶在此称为极大抑制剂（maximum suppressor），并通入氮气或氢气 10～15min，除去溶解在溶液中的氧气。调节储汞瓶的高度使汞滴以 3～5s 一滴的速度滴下。以滴汞电极为阴极，甘汞电极为阳极，保持静止不搅拌，使两电极上的外加电压由零逐渐增大，此时电流也在不断改变，记录相应的电压-电流变化，即得电流-电压曲线，即镉离子的极化曲线，通常称为极谱图（见图 6-4）。

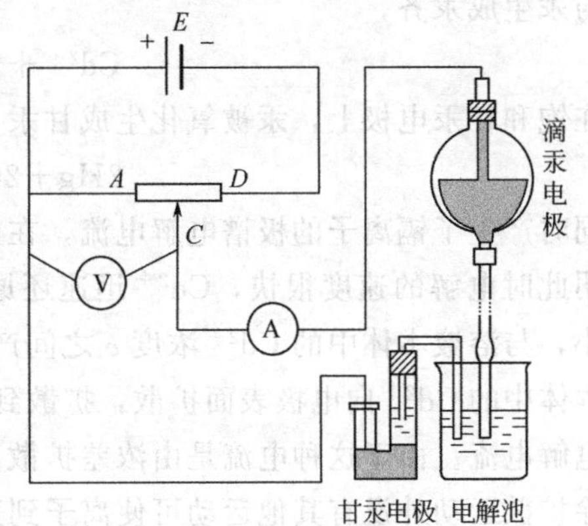

图 6-3　极谱分析基本装置

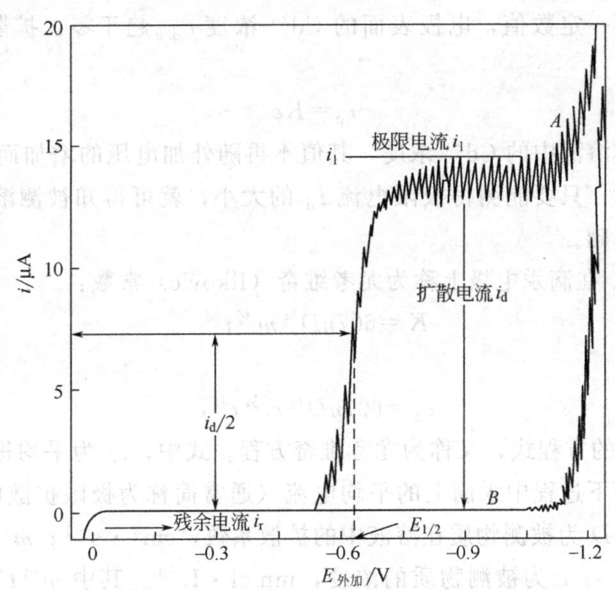

图 6-4　镉离子的极谱图

A—$5\times10^{-4}mol\cdot L^{-1}$ 的 $CdCl_2$ 在 $1mol\cdot L^{-1}$ HCl 中的极谱图；

B—$1mol\cdot L^{-1}$ HCl 极谱图

从图 6-4 中可以看到：当外加电压尚未达到分解电压时，被测物质不在滴汞电极上还原，但仍然存在微小的法拉第电解电流，此时记录的是背景电流，称为残余电流（residual-current）。产生残余电流的原因之一是由于溶液中含有微量杂质，如溶解在溶液中的微量氧，普通蒸馏水中的铜或试剂引入的微量铁等金属离子，这些杂质在电极上还原产生微小的法拉第电解电流。如使用高纯度的试剂和水，电解电流可降至很小；另一主要原因是由于滴汞电极中汞滴在滴下过程中不断长大，汞滴表面积不断变大，随着汞滴表面的周期性变化，电极-溶液界面形成的双电层中发生充电现象产生充电电流。充电电流正比于电极表面积，表面积越大，充电电流也越大，残余电流主要来自于充电电流。

当外加电压增加到镉离子的分解电压时，镉离子开始在滴汞电极上还原生成金属镉，并与汞生成汞齐，

$$Cd^{2+}+2e+Hg \longrightarrow Cd(Hg)$$

在饱和甘汞电极上，汞被氧化生成甘汞

$$2Hg+2Cl^{-}-2e \longrightarrow Hg_2Cl_2$$

同时产生了镉离子的极谱电解电流，在此过程中，外加电压稍有增加，电流就迅速上升，表明此时电解的速度很快，Cd^{2+}迅速还原为Cd，滴汞电极表面的Cd^{2+}浓度$c_{d.e}$变得越来越小，与溶液本体中的Cd^{2+}浓度c之间产生浓度差，形成浓度梯度，浓度梯度的存在使溶液本体中的Cd^{2+}向电极表面扩散，扩散到电极表面的Cd^{2+}又在电极上还原，形成持续不断的电解电流。由于这种电流是由浓差扩散产生的，故称为扩散电流（diffusion current）。如果除扩散运动外没有其他运动可使离子到达电极表面，则电解电流就完全受电极表面Cd^{2+}的扩散速度所控制。在一定电位下，受扩散控制的电解电流可表示为：

$$i=K(c-c_{d.e}) \tag{6-2}$$

式中，K为一常数；$c_{d.e}$为滴汞电极表面的浓度；c为溶液的本体浓度。

外加电压增加到一定数值，电极表面的Cd^{2+}浓度$c_{d.e}$趋于零，扩散电流达到最大值，即达到极限电流值

$$i_d=Kc \tag{6-3}$$

极限电流正比于本体溶液中的Cd^{2+}浓度，其值不再随外加电压的增加而改变。即电极达到完全浓差极化。此时，只要能测得极限电流i_d的大小，就可得知被测溶液的浓度c。这就是极谱定量分析的基础。

上述比例常数K在滴汞电极上称为尤考维奇（Ilkovic）常数：

$$K=607nD^{1/2}m^{2/3}t^{1/6} \tag{6-4}$$

故

$$i_d=607nD^{1/2}m^{2/3}t^{1/6}c \tag{6-5}$$

式(6-5)即扩散电流的方程式，又称为尤考维奇方程。式中，i_d为平均极限扩散电流，μA，代表汞滴自形成到滴下过程中汞滴上的平均电流（通常简称为极限扩散电流）；n为电极反应中的电子转移数；D为被测物质在溶液中的扩散系数，$cm^2 \cdot s^{-1}$；m为汞流速度，$mg \cdot s^{-1}$；t为滴汞周期，s；c为被测物质的浓度，$mmol \cdot L^{-1}$。其中$m^{2/3}t^{1/6}$称为毛细管常数，它表示滴汞电极的特征。

与极限电流一半处相对应的滴汞电极电位称为半波电位$E_{1/2}$（half-wave potential），在一定条件下它是金属离子的特性常数，它与金属离子的浓度无关，只与离子的种类有关，不同离子具有不同的$E_{1/2}$，因此它可作为极谱定性分析的依据。需要说明的是，同一金属离子在不同的溶液中，其半波电位常不相同，例如在$1mol \cdot L^{-1}$的KCl溶液中，Cd^{2+}与Tl^{+}的半波电位分别为−0.64V和−0.48V（*vs.* SCE）；但在NH_3-NH_4Cl溶液中却为−0.81V和−0.48V（*vs.* SCE），前者的半波电位非常接近，极谱波相互重叠不能分开，无法进行分析，而改用NH_3-NH_4Cl溶液后，两者半波电位相差较大，可顺利进行两种离子的分析。

6.1.3 极谱分析的特殊性

与普通伏安分析法相比，极谱分析法的特殊性主要表现在以下几个方面：

① 采用大面积的甘汞电极作为参比电极；

② 用小面积的滴汞电极作为指示电极；

③ 需加入大量支持电解质和极大抑制剂；

④ 在静置不搅拌的条件下进行电解。

外加电压和电极电位的关系可表示如下：

$$V=E_{a}-E_{d.e}+iR \tag{6-6}$$

式中，V 表示加在极谱电解池两电极上的外加电压；E_a 和 $E_{d.e}$分别表示参比电极和滴汞电极电位；iR 表示由于电解池内阻引起的电压降。因为进行极谱分析时，溶液的浓度不是很高，极谱电流很小，并且加入大量支持电解质，使内阻减小，故 iR 项很小，可以忽略不计，于是式(6-6) 变为：

$$V=E_{a}-E_{d.e}$$

参比电极通常采用大面积的饱和甘汞电极，使电极上的电流密度很小，电极上所发生的反应速率也很慢，引起 Cl^- 浓度的变化可忽略不计，即 E_a 在这一过程中保持不变，若以饱和甘汞电极电位为标准（即 $E_a=0$），则

$$V=-E_{d.e}(vs.\ \mathrm{SCE}) \tag{6-7}$$

式(6-7) 说明，由于大面积的甘汞电极的存在，使极谱过程中所有的外加电压都加在滴汞电极上，其电极电位完全随外加电压的变化而变化。所以图 6-4 既可以是外加电压（V)-电流（i）曲线，也可看成是滴汞电极电位的负值（$-E_{d.e}$)-电流（i）曲线。

极谱分析常用滴汞电极作为工作电极，一方面是由于滴汞电极面积比甘汞电极小几百倍，电极上的电流密度则高几百倍，容易达到完全的浓差极化，产生极限扩散电流；另一方面，在电解过程中，汞滴不断滴下，既带走了前一次电解时在汞滴上的析出物，也带走了汞滴表面溶液的旧扩散层，不但汞滴总是保持新鲜，汞滴所接触的液层也都是新鲜的，使极谱测定数据具有很好的重现性。但汞的剧毒及在常温下升华的特点是极谱分析法的最大局限，人们也尝试用其他电极代替滴汞电极，但目前尚未找到比滴汞电极更适合应用于极谱测定中的电极。

极谱测定中的残余电流来自于电解电流和充电电流，充电电流在其中占主要部分，大小约为 10^{-7} A 量级，相当于 $10^{-5}\ \mathrm{mol\cdot L^{-1}}$ 的被测物质所产生的扩散电流，所以 $10^{-5}\ \mathrm{mol\cdot L^{-1}}$是经典极谱的检测极限。当测定浓度小于这个极限时，测量的准确度会受到影响，所以充电电流是限制经典极谱法灵敏度的主要原因。

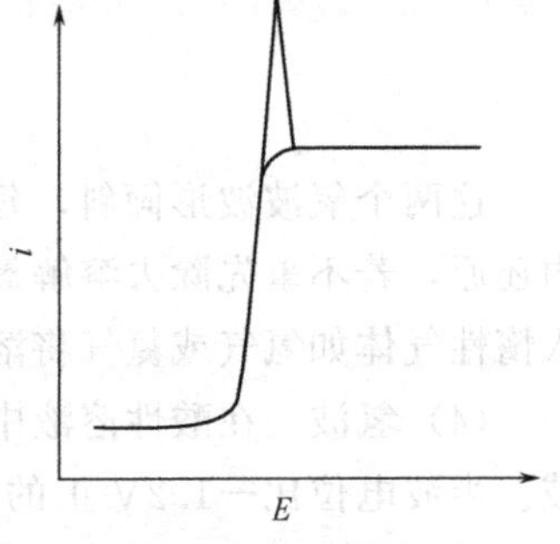

图 6-5 极谱极大

在极谱分析中，当外加电压达到被测物质的分解电压时，电流随电压的增大而迅速上升，但往往不是达到正常的极限扩散电流值，而是上升到一个峰值，当电位变得更负时，峰值下降趋于正常，这种在极谱图中出现的不正常的电流峰称为“极谱极大”（current maxima）或“畸峰”（见图 6-5）。产生极谱极大的原因是由于汞滴的颈部和底部的表面张力不同，因而引起汞滴和汞滴表面的溶液切向运动，它增加了被测物质向电极的传质，使电流畸形变大。极谱极大的产生干扰扩散电流和半波电位的测量，对定性和定量分析都有影响，加入少量表面活性剂如动物胶、甲基红、聚乙烯醇等，可降低乃至消除极谱极大。

带电离子在溶液中的运动一般有三种形式：对流、迁移和扩散。因为极谱测定时要求静

止不搅拌，故消除了对流。带电离子在电场的作用下会发生迁移运动，金属离子迁移到滴汞电极表面还原而产生的电流称为迁移电流（migration current），迁移电流的存在可对扩散电流的测量带来误差，必须消除。消除迁移电流的方法是在溶液中加入大量支持电解质，它的量至少为被测物质含量的 50～100 倍。支持电解质产生大量阴、阳离子，它们同被测离子一样可被吸引至电极表面，而这些阴、阳离子在电极上不能被还原，但它们聚集在电极周围就大大减弱了被测离子被吸引至电极表面进行还原的机会，从而消除了迁移电流。

所以极谱分析是在消除被测离子的对流运动和迁移运动，保证溶液中只存在被测离子扩散运动的条件下进行的特殊的电解过程，这一过程完全由被测离子从溶液本体向滴汞电极表面扩散的过程所控制。

6.1.4 影响扩散电流的因素

从尤考维奇方程式(6-5) 可看出，影响扩散电流 i_d 的因素除浓度 c 之外，主要有下列几项：

(1) 影响扩散系数 D 的因素　如离子的淌度、离子强度、溶液黏度、介电常数及温度等。溶液组成改变，离子强度、溶液黏度等因素都会改变，扩散系数 D 也会改变，因此在极谱分析中应保持溶液的底液（含有支持电解质及极大抑制剂的溶液）组成一致。在测定中控制温度是必要的，当温度升高 1℃，扩散电流增大 1.3%。

(2) 影响毛细管特性的因素　汞流速度 m 与汞柱高度 h 成正比，滴汞时间 t 与 h 成反比，故 i_d 与$\sqrt{h}$成正比。毛细管的粗细、汞柱的高低直接影响汞滴的滴下速度及滴下时间，因此在进行极谱定量分析时，应保持汞柱高度一致。标准溶液和待测溶液应使用同一支毛细管在相同的汞柱高度下进行测定。滴汞电极采用一个大面积的贮汞瓶与毛细管连通，就是为了在汞滴不断滴下的情况下，使汞柱高度基本维持恒定。但长时间连续的测定，应考虑调整贮汞瓶的高度，消除汞柱高度降低所带来的误差。

(3) 氧波　常温下氧在水中的溶解度约为 $2.5\times10^{-4}\mathrm{mol\cdot L^{-1}}$，溶解氧在滴汞电极上被还原而产生两个极谱波：

$$O_2(g)+2H^++2e \longrightarrow H_2O_2 \tag{6-8}$$

$$H_2O_2+2H^++2e \longrightarrow 2H_2O \tag{6-9}$$

这两个氧波波形倾斜，延伸的电位范围很宽（0～－1.2V），大多数金属离子在此范围内还原，若不事先除去溶解氧，氧波将重叠在被测金属离子的极谱波上而干扰测定，通常通入惰性气体如氢气或氮气将溶解氧驱除。

(4) 氢波　在酸性溶液中，氢离子在－1.2～－1.4V（视酸度高低）处开始析出产生氢波。半波电位比－1.2V 正的物质，可在酸性溶液中测定；若半波电位比－1.2V 更负的物质，因有氢波干扰，不能在酸性溶液中测定。

6.2 极谱定量分析方法

6.2.1 波高测量方法

在极谱图中，常常用极谱波的波高来表示扩散电流的大小，所以测量波高实际上就是测量扩散电流的大小。通常只需测量波高的相对值（以 mm 或记录纸格数表示），而不必测量扩散电流的绝对值。准确测定波高是保证分析结果准确度的重要因素。根据极谱波波形的不同采用不同的测量方法。

对于波形良好的极谱波，只需通过极限电流和残余电流锯齿波纹的中心作两条相互平行的直线，两平行线之间的垂直距离即为所求波高（见图 6-6）。

当极谱波的波形不规则时，需采用三切线法或矩形法。三切线法的具体操作为：通过极限电流和残余电流的波纹中心分别作直线 AB 和 CD，这两条线和波的切线相交于 G、H 点，过 G、H 点分别作平行于横轴的直线，此平行线间的垂直距离即为所求波高（见图 6-7）。

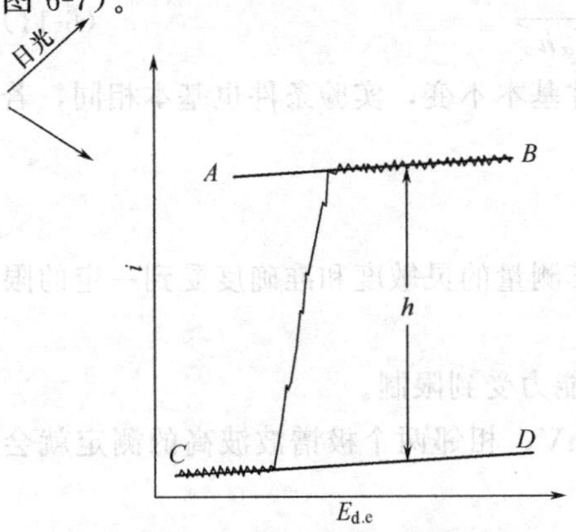

图 6-6　平行线法测量波高

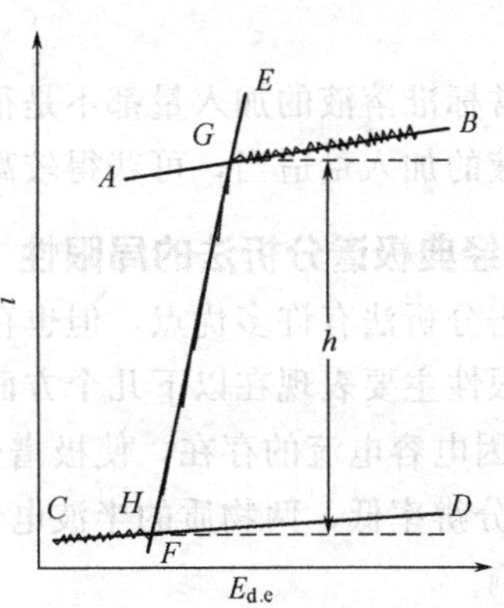

图 6-7　三切线法测量波高

矩形法首先如三切线法一样作直线 AB、CD 及切线 EF，EF 在 AB 和 CD 上的交点为 G、H，过 G、H 点分别作横轴的垂线，交 AB 于 J 点，交 CD 于 I 点，连接 IJ 并与 EF 交于 K 点，则在 AB 和 CD 之间并通过 K 点的垂线距离即为所求波高。K 点所对应的电位即为半波电位，如图 6-8 所示。

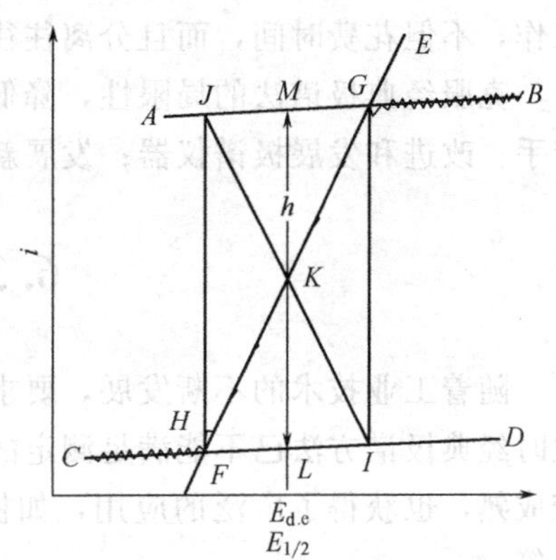

图 6-8　矩形法测量波高

6.2.2 极谱定量方法

定量分析方法一般有如下几种。

（1）直接比较法　将浓度为 c_s 的标准溶液和浓度为 c_x 的未知待测溶液在相同的实验条件下进行极谱测定，分别测得其极谱波高为 h_s 和 h_x，由

$$c_x=\frac{h_x}{h_s}\times c_s \tag{6-10}$$

可求出待测溶液的浓度。应用直接比较法时，除极谱条件应保持一致外，标准溶液和待测溶液的组成应大致相同，浓度应尽量接近，底液也必须完全匹配，只有这样直接比较法才能得到较准确的结果。

（2）标准曲线法　工业生产中分析大批量的试样或进行例行分析时，标准曲线法是经常采用的方法，首先配制一系列不同浓度的标准溶液，在相同的极谱条件下进行测定，然后以波高为纵坐标，浓度为横坐标绘制标准曲线，标准曲线为一直线。在同样极谱条件下测定未知样品的波高，再由标准曲线上找出其浓度。若有计算机辅助，为避免作图误差，可直接用回归分析拟合标准曲线并计算未知浓度。标准曲线法和直接比较法一样，要求标准溶液和待测溶液的组成基本相同。

(3) 标准加入法　当待测溶液的组成比较复杂，基体条件难以确定时，常采用标准加入法。首先取浓度为 c_x 的未知溶液 V_x mL，进行极谱测定，测得其波高为 h_x，然后在测定过 h_x 的未知溶液中加入浓度为 c_s 的标准溶液 V_s mL，在相同条件下测得波高为 H，由

$$h=Kc_x$$

$$H=K\left(\frac{V_x c_x+V_s c_s}{V_x+V_s}\right)$$

可得

$$c_x=\frac{c_s V_s h_x}{(V_x+V_s)H-V_x h_x} \tag{6-11}$$

因为通常标准溶液的加入量都不是很大，所以底液条件基本不变，实验条件也基本相同，若标准溶液的加入量适当，可获得较高的准确度。

6.2.3 经典极谱分析法的局限性

极谱分析法有许多优点，但也存在一些不足，使其测量的灵敏度和准确度受到一定的限制。局限性主要表现在以下几个方面。

① 因电容电流的存在，使极谱分析法的最低检测能力受到限制。

② 分辨率低，两物质的半波电位相差若小于 100mV，相邻两个极谱波波高的测定就会受到影响。

③ 当试样中含有大量比待测组分更易还原的物质时，大量物质在前面产生一个很大的前波，使半波电位较负的微量被测组分的后波受到掩蔽，如要进行测定则必须进行前期分离工作，不但花费时间，而且分离往往还会引入杂质导致误差。

克服经典极谱法的局限性，降低电容电流，提高测定灵敏度和准确度主要可从两个方面着手：改进和发展极谱仪器；发展新的极谱技术。

6.3 现代极谱方法

随着工业技术的不断发展，要求测定的样品含量越来越低，有时已达痕量或超痕量级，此时经典极谱方法已不能满足测定的需要，故发展了新的极谱分析法，其中有些方法已经比较成熟，也获得了广泛的应用，如极谱催化波法、单扫描极谱法、方波极谱法及脉冲极谱法等。

6.3.1 极谱催化波法

这是一种将电极反应和化学反应相结合，使其平行进行，达到增大电解电流，提高测定灵敏度的方法。电活性物质在电极上的反应为：

$$\text{O(氧化态)}+ze\longrightarrow \text{R(还原态)}$$

如在电解液中加入一种氧化剂 X_O，使电极反应后的产物 R 重新氧化为反应物 O，这样电极上消耗的电活性物质 O 通过化学反应又再生出来，再生的 O 又在电极上还原，形成电极反应-化学反应-电极反应的循环，这种情况称为平行催化波。其反应模式可表示如下：

$$\text{O}+ze\longrightarrow \text{R}$$

$$\text{R}+X_O\longrightarrow \text{O}+X_R$$

$$X_O+ze\xrightarrow{\text{O}}X_R$$

反应中O和R不断消耗又不断再生，浓度实际上并没有变化，在反应中消耗的是X_O，被测物O相当于催化剂，催化了X_O的还原。由于催化反应而增加的电流称为催化电流，在一定条件下，催化电流的大小和催化剂O的浓度成正比，由此可定量测定被测物O的浓度。催化电流主要与R和X_O的化学反应速率有关，反应的速率越快，催化电流越大，分析的灵敏度也越高。它一般可以比经典极谱分析法的灵敏度提高2～4个量级，检测浓度可低至10^{-7}～10^{-9} mol·L^{-1}。同时具有选择性好、方法简便快速等特点。

例如极谱法测定Fe^{3+}时，溶液中若有H_2O_2存在，就会产生催化波。Fe^{3+}在酸性溶液中于0.3V左右开始还原，加入H_2O_2后使原来的极限电流大大增加，这是由于电极表面还原产生的Fe^{2+}又被H_2O_2氧化为Fe^{3+}，它又重新在电极上发生还原而产生平行催化波。反应机理大致如下：

$$Fe^{3+} + e \longrightarrow Fe^{2+} \quad (1)$$

$$Fe^{2+} + H_2O_2 \longrightarrow OH^- + \cdot OH + Fe^{3+} \quad (2)$$

$$Fe^{2+} + \cdot OH \longrightarrow OH^- + Fe^{3+} \quad (3)$$

反应（1）为电极反应，反应（2）、(3）为化学反应，反应（1）、(3）的速率很快，(2）的速率较慢，是决定催化电流大小的步骤。

6.3.2 单扫描极谱法

单扫描极谱法与经典（直流）极谱法基本相似，加到电解池两极间的也是直流电。所不同的是在经典极谱法中，在两电极间加电压的速度特别慢，一般是0.2V·min^{-1}，获得一个极谱波需要近百滴汞。对每一滴汞来说，它的电位可看作是不变的，因此这种方法也称恒电位极谱法；而单扫描极谱法是在一滴汞的生长后期，快速进行线性扫描，扫描速度一般为0.25V·s^{-1}，在一滴汞上获得一个完整的极谱波。在这么快的扫描速度下，一般检流计已无法作为记录仪使用，只有采用示波器才能观察其电流-电压曲线，因此又称为示波极谱法(oscillographic polarography)。又因为在这种方法中加在每滴汞上的电位是随时间线性变化的，因此又称为单扫描极谱法（single-sweep polarography）。

单扫描极谱法的工作原理可由图6-9(a）说明。一个随时间而线性变化的直流电压（锯齿波）加在极谱电解池的两个电极上，所得极谱电解电流在电阻R上产生电位降iR经放大后加到示波器的垂直偏转板上，电解过程中的电位变化经放大后加到示波器的水平偏转板上。示波器的水平轴代表施加的极化电压，垂直轴代表极谱电流的大小，这样一个完整的i-U_{dc}曲线可在示波器的荧光屏上直接显示出来。得到如图6-9(b）所示的单扫描极谱图。

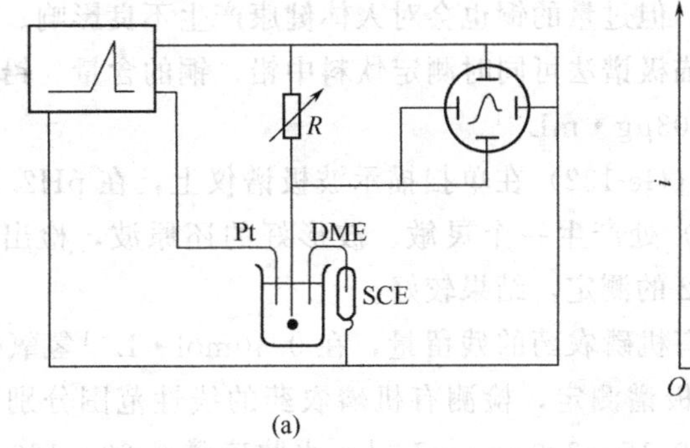

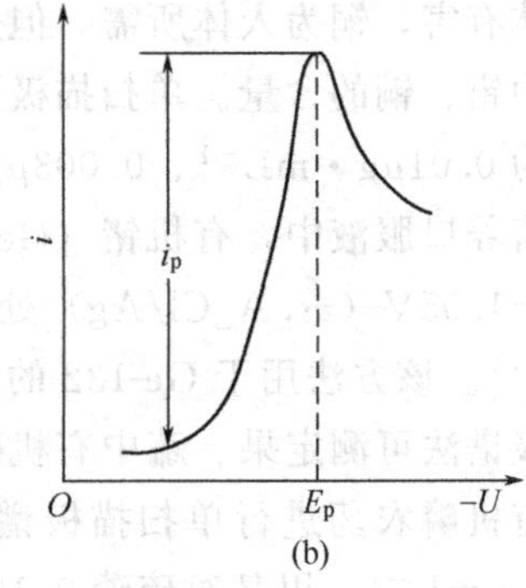

图6-9 单扫描极谱法工作原理

单扫描极谱的定量分析依据是单扫描极谱扩散电流方程式，对于电极反应物及电极反应产物均能溶解于溶液或电极中的可逆极谱波，其峰电流可表示为：

$$i_p = 2.69 \times 10^5 n^{3/2} m^{2/3} D^{1/2} v^{1/2} t^{2/3} c \tag{6-12}$$

式中，i_p 为峰电流，A；v 为扫描速度，dE/dt（V/s）；t 为出现波峰的时间，由滴汞开始生成算起。其他意义符号所表示的意义与尤考维奇方程中相同。当底液及其他条件一定时，式(6-12) 可表示为：

$$i_p = Kc \tag{6-13}$$

即峰电流与被测物质的浓度成正比，这就是进行定量分析的依据。

峰电位 E_p 和经典极谱的半波电位 $E_{1/2}$ 之间的关系为：

$$E_p = E_{1/2} \pm 1.1R/nF \tag{6-14}$$

对于其中的“±”号，氧化波取正值，还原波取负值。

在 298K 时

$$E_p = E_{1/2} \pm 0.028/n \tag{6-15}$$

可见峰电位与被测物质的浓度无关，可根据峰电位值进行定性分析。

单扫描极谱法具有如下特点。

(1) 灵敏度高　单扫描极谱法的测定灵敏度可达 10^{-7} mol · L^{-1}，比经典极谱法高，若与富集法、极谱催化法等方法相结合，灵敏度可达 10^{-9} mol · L^{-1}，比经典极谱的灵敏度高 2～3 个量级，因此可用来进行微量分析。

(2) 分辨率高　由于单扫描极谱波呈峰状，一般两种物质的峰值电位相差 0.1V 以上就可分开，可用于几种物质的同时测定。

(3) 前还原物质的干扰小　在数百甚至近千倍的前还原物质存在时，不影响后还原物质的测定。这是由于在电压扫描前有 5s 的静止期，相当于电极表面附近进行了电解分离。

(4) 方法快速简便　几秒内就可完成极谱图的扫描，因此可在荧光屏上直接读取峰高，十几秒即可完成一次测量，特别适合大批量试验的常规分析，若使用计算机控制，可实现仪器的自动化和连续测定。

由于单扫描极谱法的以上特点，此方法在环境保护、生物制品、各种食品和商品的检测中均得到应用。例如：

单扫描极谱法已用于天然水中痕量苯酚的测定。苯酚与对硝基苯胺的重氮盐偶合后，在 0.03mol · L^{-1} Na_2CO_3-0.03mol · L^{-1} $NaHCO_3$-160g · L^{-1} 乙醇介质中，偶合产物在单扫描示波极谱上产生一个灵敏而清晰的吸附还原波，方法检出限达 0.002mg · L^{-1}。

铅对人体有害，铜为人体所需，但过量的铜也会对人体健康产生不良影响。因此必须严格控制饮料中铅、铜的含量。单扫描极谱法可同时测定饮料中铅、铜的含量。铅、铜的最低检出限分别为 0.01μg · mL^{-1}、0.003μg · mL^{-1}。

有机锗营养口服液中，有机锗（Ge-132）在单扫描示波极谱仪上，在 pH2.0 的 K_2SO_4 介质中，于 −1.05V（*vs.* AgCl/Ag）处产生一个灵敏、波形好的还原波，检出限为 8.9×10^{-5} mol · L^{-1}。该方法用于 Ge-132 的测定，结果较好。

单扫描极谱法可测定果、蔬中有机磷农药的残留量，在 0.40mol · L^{-1} 氢氧化钠底液中对碱解后的有机磷农药进行单扫描极谱测定，检测有机磷农药的线性范围分别为：辛硫磷 0.12～160μg · mL^{-1}，甲基对硫磷 0.15～200μg · mL^{-1}，水胺硫磷 0.20～160μg · mL^{-1}，甲胺磷 0.1～1.0mg · mL^{-1}，氧化乐果 0.09～160μg · mL^{-1}。

近年来，在单扫描示波极谱中，关于解决充电电位，提高灵敏度和分辨率，减少前极化电位的影响方面取得了一些成果，比如示差示波极谱、直读示波极谱仪、阶梯电压扫描示波极谱法的应用以及方波极谱和示波极谱的联合使用都一定程度上解决了上述问题。

6.3.3 方波极谱

方波极谱（square wave polarography）是 G. C. Barker 在 1952 年首先提出并加以发展的，它是在经典（直流）极谱的直流线性扫描电压上叠加频率为 225～250Hz、振幅为 10～30mV 的方波电压，并在方波电压改变方向的瞬间记录通过电解池的电流。

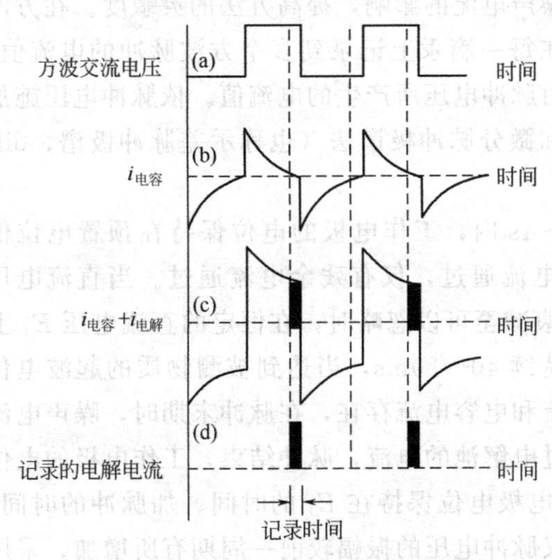

图 6-10　方波极谱消除电容电流的原理

方波极谱的灵敏度较经典（直流）极谱高。这是由于方波极谱是在方波电压改变方向前的某一时间记录电解电流，此时充电电流充分衰减趋于零，所记录的通过电解池的电流中，主要是电解电流。方波极谱消除电容电流的原理如图 6-10 所示。

方波极谱法得到的极谱波亦呈峰形，峰电位 E_p 和 $E_{1/2}$ 相同。峰电流与被测物浓度的关系为：

$$i_p = 1.40\times10^7 n^2 E_s D^{1/2} A c \qquad (6\text{-}16)$$

式中，E_s 为方波电压的振幅，V；i_p 为峰电流，A；c 为被测物浓度，mol·mL^{-1}，其他符号意义同扩散电流方程。

方波极谱具有如下特点。

① 灵敏度高。方波极谱的极化速度很快，被测物在短时间内迅速还原，产生比经典极谱大得多的电流，对于可逆性好的离子，直接测定的浓度下限为 10^{-9}～10^{-7}mol·L^{-1}，而且测定时所需的样品量也很少。

② 分辨率较好，抗干扰能力强。可以分辨电位相差 25mV 的相邻两极谱波。

③ 前极化电流的影响小。在前极化物质的量比后极化物质大 5×10^4 倍时，仍可有效地测定痕量后还原物质。利用此优点，可直接测定合金中的微量元素而不必进行分离。

④ 方波电压的频率为 225～250Hz，对不可逆体系，测定灵敏度不高，在一定程度上限制方波极谱法的应用范围。

⑤ 在方波极谱中，为了将电容电流消除，支持电解质必须保持较高浓度（一般要大于 0.1mol·L^{-1}，最好是 1mol·L^{-1}）。对于这样高浓度的支持电解质，杂质的影响变得十分突出，在进行痕量分析时，对试剂的纯度要求很高，也给提高灵敏度带来困难。

⑥ 毛细管噪声的干扰。当每滴汞下落时引起毛细管汞线的突然收缩，使电解液进入毛细管内，并在管壁和汞线之间形成一层不规则的液膜，因而产生不规则的电解电流和电容电流，这就是毛细管噪声。它要比整个仪器的噪声高几倍。由于毛细管噪声的存在，就影响了方波极谱灵敏度的提高。

目前，除 Barker 方波极谱外，还有振动方波极谱、机械方波极谱、微机化方波极谱等。方波极谱可用于冶金、矿产、水样、食品、化肥、药物等方面的测定。可直接测定铜合金中的铜和锌，而不需除铜；也可直接测定钢铁样品中的铜、铅、锡。

6.3.4 脉冲极谱法

脉冲极谱法（pulse polarography）是在经典极谱法的基础上进行加工和改造而形成的一种极谱分析方法。它的基本原理是在经典极谱线性变化的直流电压上，叠加一个频率较低、振幅较小的脉冲电压，在脉冲的后期测量通过电解池的法拉第电流，根据所获得的 i-E 曲线进行定量分析。

脉冲极谱采用低频脉冲电压（频率为 12.5Hz），使脉冲延续的时间加长（比方波极谱长 10 倍），它在汞滴生长的后期记录电流，且记录时间极短，此时电容电流和毛细管噪声电流已经充分衰减，因而可消除电容电流和毛细管噪声电流的影响，提高方法的灵敏度。在方波极谱法中，方波电压连续加入且持续时间短，在每一滴汞上记录到多个方波脉冲的电流值，而脉冲极谱持续时间长，每一滴汞只记录一次由脉冲电压所产生的电流值。依脉冲电压施加的方式不同，脉冲极谱法分为常规脉冲极谱法和微分脉冲极谱法（也称示差脉冲极谱，differential pulse polarography）。

常规脉冲极谱的工作原理如下：开始的 2～4s 内，工作电极的电位保持在预置电位值 E_i，此时被测物质不发生电极反应，没有电解电流通过，仅有残余电流通过。当直流电压 E_i 对滴汞电极双电层充电所产生的电容电流已衰减至可以忽略时，在恒定的直流电压 E_i 上叠加一个振幅随时间线形增加的脉冲电压，并持续 40～80ms，当达到被测物质的起波电位时，就有电解电流产生，同时有毛细管噪声电流和电容电流存在，在脉冲末期时，噪声电流和电容电流都已衰减趋于零，这时开始测量通过电解池的电流，脉冲结束，工作电极的电位又回到起始电位 E_i，开始下一周期。每个周期电极电位保持在 E_i 的时间、加脉冲的时间、测量电流的时间及脉冲结束的时间完全相同，仅脉冲电压的振幅较前一周期有所增加。采用这种形式的脉冲电压，每一个脉冲提供的电解电流是由扩散控制的，故极谱图和经典极谱曲线相似（见图 6-11）。通过测量平台的波高进行定量分析。

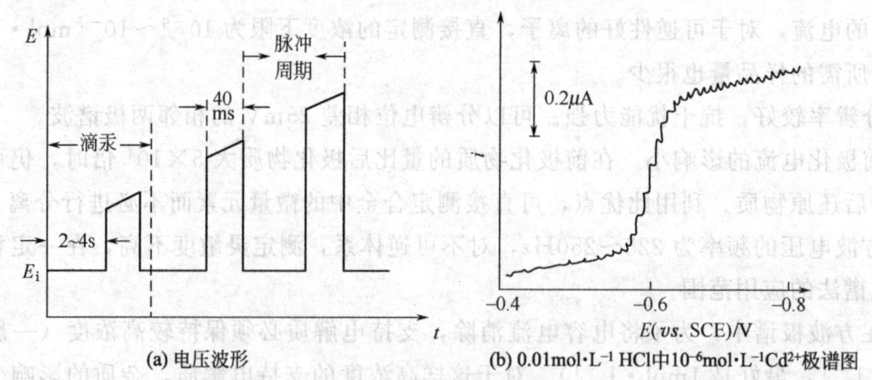

图 6-11 常规脉冲极谱

微分脉冲极谱记录电流的方法是在滴汞电极每一汞滴生长到一定时刻，在线性变化的直流电压上叠加一个恒定振幅的矩形脉冲电压，在脉冲加入前 20ms 和终止前 20ms 测量通过电解池的电流 i_1 和 i_2，脉冲极谱的振幅可选择在 2～100mV，脉冲持续时间为 40～80ms（见图 6-12）。若在每滴汞生长后期加入一个 40ms 的脉冲电压，经过 20ms 后，充电电流已衰减为零，毛细管电流也已衰减，而法拉第电流趋于稳定，将 i_1 和 i_2 分别送入差分电路中，此时输出的 Δi 就是已扣除了背景电流后脉冲电压所引起的法拉第电流，以 Δi 对电极的直流电位作图，即可得到示差脉冲极谱图［见图 6-12(b)］，它与方波极谱图相似，其峰值电位与半波电位一致，测量峰高可进行定量分析。

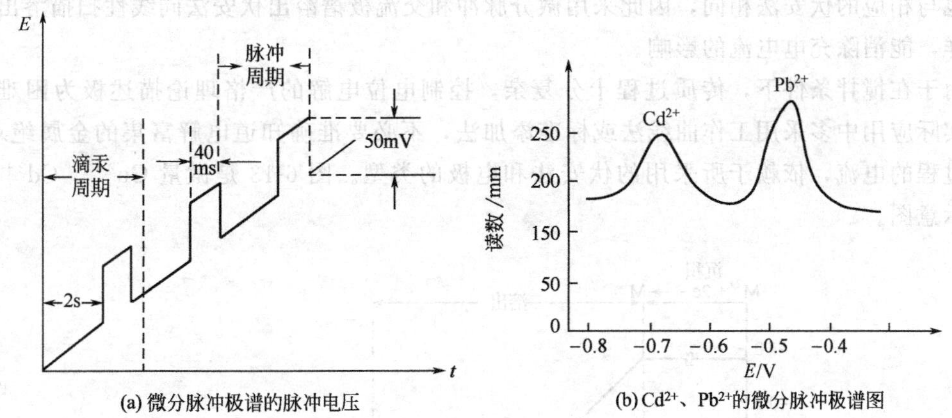

图 6-12　微分脉冲极谱

脉冲极谱最突出的优点是具有极高的灵敏度，常规脉冲极谱比经典极谱的灵敏度提高约100倍，一般可达 10^{-7} mol・L^{-1}，微分脉冲极谱的灵敏度更高，对可逆体系可达 10^{-9}mol・L^{-1}。脉冲极谱还具有很强的分辨能力，两个波电位相差 25mV 即可明显分开，对于多组分的样品的测定较为有效。它还可以消除大量前极化物质的影响，前极化物质允许量可达 5000：1，可用于纯物质中微量杂质的测定。它主要应用在测定矿石、合金中的微量组分。由于其灵敏度高，选择性好，往往可以不加分离稍作预处理即可测量；测定纯物质中微量杂质的含量。例如用脉冲极谱测定高纯度的 NaCl 试剂中的重金属，最低可测出 0.1μg・kg^{-1}的痕量杂质。

6.3.5 溶出伏安法

为提高分析灵敏度，在极谱分析的基础上进一步发展了溶出伏安法（stripping voltammetry）。通过预电解将被测物质电沉积在电极上，然后施加反向电压使富集在电极上的物质重新析出，根据溶出过程的极化曲线进行分析的方法，称为溶出伏安法。这种方法包括电解富集和溶出测定两个过程，将恒电位电解和伏安法结合在同一电极上。

电解富集过程一般采用控制电位电解法，维持电位在还原波的极限平台电位值（一般比半波电位负 100～300mV)，使待测溶液中的金属离子还原为金属，沉积在固体电极上或形成汞齐（悬汞电极或汞膜电极）。为了提高富集期间的效率，溶液一般要搅拌，或采用旋转电极，但实验条件要有重现性。使电极上被富集的金属氧化转入溶液的过程，叫做溶出过程。溶出过程一般采用线性扫描伏安法，方波、脉冲和交流伏安法。把这种在较负的电极电位富集，向更正的电位扫描溶出的方法叫做阳极溶出伏安法（anodic stripping voltammetry）。若在较正的电极电位富集，向负的方向扫描溶出，则叫做阴极溶出伏安法 (cathodic stripping voltammetry)，后者一般用于阴离子的测定。如卤素离子、硫离子在汞电极上能够在较正的电位以不溶汞盐的形式沉积于电极表面，电位向负的方向扫描时溶出，便能记录出阴极溶出伏安图对其进行测定。

(1) 阳极溶出伏安法　以悬汞滴电极阳极溶出伏安法为例，在预电解富集阶段需要计算的是控制电位电解条件下的汞齐浓度，同时需考虑溶液的搅拌速度，或电极的旋转速度。为了使汞滴中汞齐的浓度均匀，在溶出前常常停止搅拌一段时间，叫做平衡时间。预电解富集阶段的理论基于控制电位电解的理论，溶出过程的法拉第电解电流可依据相应的伏安法（线性扫描、交流极谱、脉冲等）计算，此时电活性物质的本体浓度为汞滴中的汞齐浓度。充电电流也与相应的伏安法相同，因此采用微分脉冲和交流极谱溶出伏安法同线性扫描溶出伏安法一样，能消除充电电流的影响。

由于在搅拌条件下，传质过程十分复杂，控制电位电解的严格理论描述极为困难。然而，实际应用中多采用工作曲线法或标准添加法，不必要准确知道电解富集的金属绝对量。溶出过程的电流，依赖于所采用的伏安法和电极的类型。图 6-13 是微量 Cu^{2+}、Cd^{2+} 溶出伏安示意图。

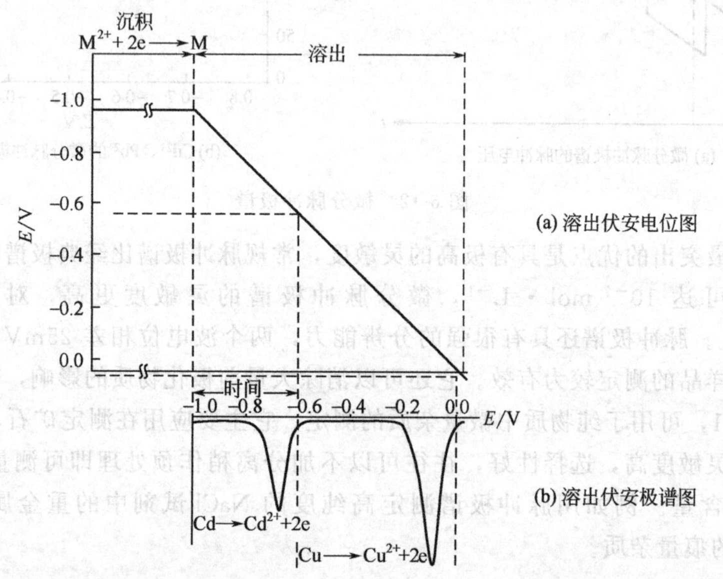

图 6-13　微量 Cu^{2+}、Cd^{2+} 的溶出伏安示意

(2) 阴极溶出伏安法　阴极溶出伏安法是近年才发展起来的一种用于测定不能生成汞齐的金属离子、阴离子和有机生物分子的灵敏而有效的方法。阴极溶出伏安法分为两种情况。

① 电极材料（如金属汞）本身的电化学氧化，产生的阳离子（如 Hg^{2+}）和溶液中某些欲测的阴离子 X^-（卤素离子、SCN^-、生物分子等），在电极表面生成难溶化合物而富集，然后电位向负方向扫描，使难溶化合物溶出而进行测定。

② 惰性电极（如玻碳、石墨等），溶液中加入某种有机试剂，它可与被测金属离子电极反应，产生的高价氧化态物质可在电极表面生成难溶化合物而富集，然后进行阴极溶出。第二种情况通常称为变价离子的阴极溶出伏安法。上述两种情况，它们的电化学反应过程是相似的，都属于电极-化学-电极（ECE）反应过程。

阴极溶出伏安法的沉积过程，要求电极反应产生的 $M^{(n+m)+}$ 和电极周围溶液中 L^- 的反应是快速的，是瞬间完成的。即难溶化合物 $ML_{(n+m)}$ 在电极表面形成的速度，一定要比电极反应产物 $M^{(n+m+)}$ 从电极表面向溶液本体转移的速度快。只有满足这个条件，在电极表面产生的沉积物（难溶化合物）的量才能和溶液待测物（变价离子）浓度成正比。

溶出伏安法的化学电池和仪器类似于一般的极谱仪或伏安仪。一般采用三电极体系以消除 iR 降的影响。其工作电极种类很多，大致分为两大类，即汞电极类和固体电极类。溶出法的特点如下。

① 灵敏度极高。这种方法由于将被测物由稀的试液中富集到极微小体积的电极中或表

面上，使其浓度得到极大的增加，因而使溶出时的法拉第电流大大增加，灵敏度大大提高。其测定范围为10^{-11}～10^{-5} mol·L^{-1}。检出限可达10^{-12} mol·L^{-1}，可与无火焰原子吸收光谱法相媲美，在痕量分析中具有重要意义。

② 仪器结构简单，价格便宜，便于推广。

③ 应用范围广，在周期表中，已经有30多种元素可进行阳极溶出分析、约20种元素可作阴极溶出分析。而且可同时测定多种含量在10^{-9}级甚至10^{-12}级范围内的元素而不必预先分离。分析的对象十分广泛，如超纯物质、半导体材料、冶金产品、矿物、生物样品、天然水和废水以及大气等。

④ 溶出伏安法不仅是分析测试的重要方法，也是海洋、环境中物质形态研究的重要手段。在测定元素时，只测定其总量是不够的，还必须知道该元素的化学形态，即总量中有多少是“自由离子”，有多少是配位离子，有多少形成了沉淀等，因为某元素的毒性与其形态有关。例如，Cr(Ⅲ)无毒，而Cr(Ⅵ)具有毒性。

⑤ 操作较严格，重现性较差。由于溶出法包括电解富集和溶出测定两个过程，测定试液的浓度又很低，因此需要较熟练和严格的操作技术，只有在严格的实验条件下，才能得到可靠的分析结果。

6.3.6 循环伏安法

循环伏安法（cyclic voltammetry）是电化学研究中的重要实验技术，在电解、电镀、电池、金属腐蚀与防护等领域的科学研究中得到了广泛应用，循环伏安图往往能为深入研究电极反应机理提供重要信息，在研究无机化合物电极的过程机理，有机化合物在滴汞电极上的还原过程和铂、碳及碳糊电极上的氧化过程的机理，研究双电层、吸附现象和电极反应动力学以及化学修饰电极和生物传感器的电化学特性等方面得到了广泛的应用，已经成为最有用的电化学方法之一。

循环伏安法是以起始电压E_i为起点，按一定方向作线性电位扫描到头后，再回过头来扫描到原来的起始电位值，用所得的电流-电压曲线为基础的一种分析方法。其电位与扫描时间的关系，如图6-14(a)所示。

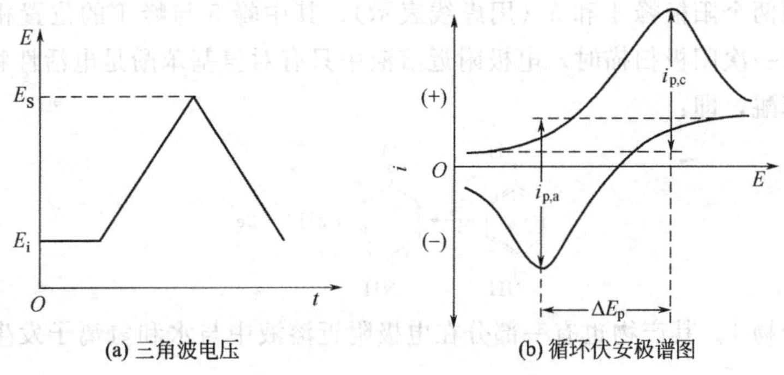

图 6-14　循环伏安法中电位与扫描时间的关系

从图可见，扫描电压呈等腰三角形。如果前半部（电压上升部分）扫描为物质氧化态在电极上被还原的阴极过程，则后半部（电压下降部分）扫描为还原产物重新被氧化的阳极过程。因此，一次三角波扫描完成一个还原和氧化过程的循环，故称为循环伏安法。其电流电压曲线如图6-14(b)所示。

利用循环伏安可判断电极过程的可逆性。如阳极电位值和阴极电位值之差$\Delta E_p = E_{p,a} -$

$E_{p,c} \approx 58/n$ mV，其峰电流之比 $i_{p,a}/i_{p,c} \approx 1$ 则为可逆过程；如 $\Delta E_p > 58/n$ mV，$i_{p,a}/i_{p,c} < 1$，则为不可逆过程。ΔE_p 相差越远，$i_{p,a}/i_{p,c}$ 比值越小，该体系越不可逆。

应用循环伏安法可测定可逆过程标准电极电位值。由可逆过程峰电位与标准电极电位的关系可得到：

$$E^{\ominus} = \frac{E_{p,a} - E_{p,c}}{2} \tag{6-17}$$

标准电极电位等于两个峰电位之差再除以 2。只要电极过程可逆，反应产物稳定。用循环伏安法测定 $E^{\ominus}$ 是很方便的。

循环伏安法不仅可以发现、鉴定电极过程的中间产物，还可以获得不少关于中间产物电化学及其他性质的信息。例如，富勒烯 C_{60} 在电极上发生一个连续的单电子还原反应，最后获得的稳定产物是六价的阴离子 C_{60}^{6-}，这样一个连续六步的单电子传递反应可得到如图 6-15 所示的循环伏安图。由此证明 C_{60} 在电极上发生六个可逆的氧化-还原过程，并可获得稳定产物。

循环伏安法还可用来研究电极反应过程与电极吸附现象，是电化学基础研究的手段之一。如对氨基苯酚的循环伏安图如图 6-16 所示，开始由较负的电位（图中 *s* 处）沿箭头

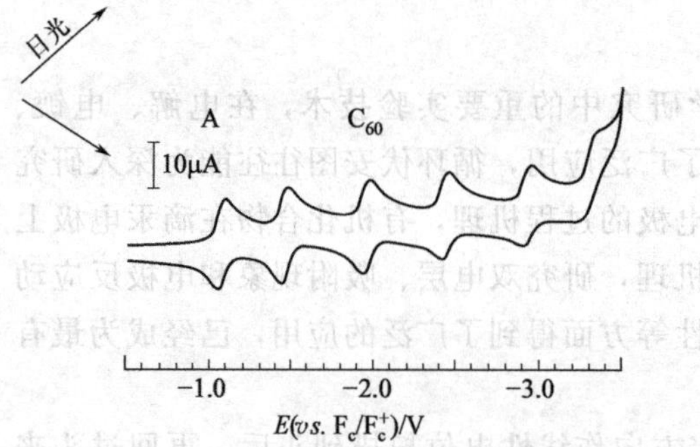

图 6-15　C_{60} 在乙腈-甲苯溶液中的循环伏安图

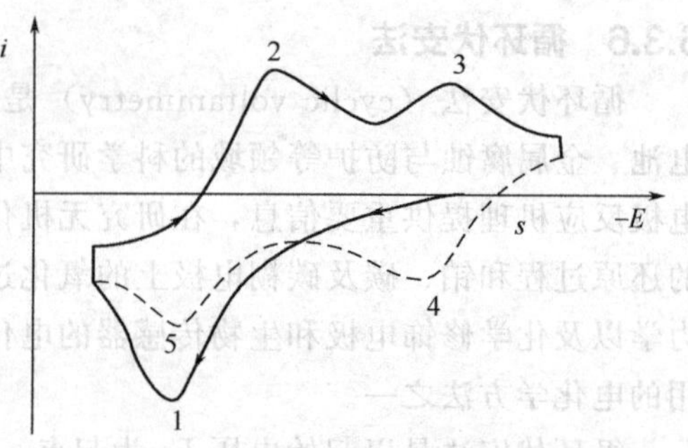

图 6-16　对氨基苯酚的循环伏安图

方向作阳极扫描，得到一个阳极峰 1，而后作反向阴极扫描，出现两个阴极峰 2 和 3，再作阳极扫描时出现两个阳极峰 4 和 5（用虚线表示），其中峰 5 与峰 1 的位置相同。由此可获得如下信息：第一次阳极扫描时，电极附近溶液中只有对氨基苯酚是电活性物质，它被氧化生成对亚氨基苯醌，即：

OH（NH）$\longrightarrow$ O（NH）$+2H^+ + 2e$

形成阳极产物 1。其产物也有一部分在电极附近溶液中与水和氢离子发生化学反应生成苯醌。

O（NH）$+H_2O + H^+ \longrightarrow$ O（O）$+NH_4^+$

阴极扫描时，它们被还原成峰 2 和峰 3。电极反应为：

O　$+2H^+ + 2e \longrightarrow$　OH　（峰 2）

NH　　　　　　　　NH_2

O　$+2H^+ + 2e \longrightarrow$　OH　（峰 3）

O　　　　　　　　OH

再一次电极扫描时对苯二酚被氧化成苯醌形成峰 4，而峰 5 与峰 1 过程相同。

循环伏安法也是研究电极表面吸附现象的重要方法。用循环伏安法鉴别反应物或产物吸附过程的判据列于表 6-1。

表 6-1　反应物或产物吸附过程的判据

历　程	E_p 与 v 关系	i_p 与 v 关系	$i_{p,a}/i_{p,c}$ 与 v 关系
1. 反应物吸附 $A \rightleftharpoons A_{ads} + ne \rightleftharpoons B$	v 增加，E_p 向负方向移动	v 增加，i_p 增加	$i_{p,a}/i_{p,c} \leqslant 1$；$v$ 低时，近于 1
2. 产物吸附 $A + ne \rightleftharpoons B \rightleftharpoons B_{ads}$	v 增加，E_p 向正方向移动	v 增加，i_p 稍为减小	$i_{p,a}/i_{p,c} \geqslant 1$；$v$ 低时，近于 1

图 6-17 和图 6-18 分别表示可逆过程吸附和不可逆过程吸附的循环伏安图。

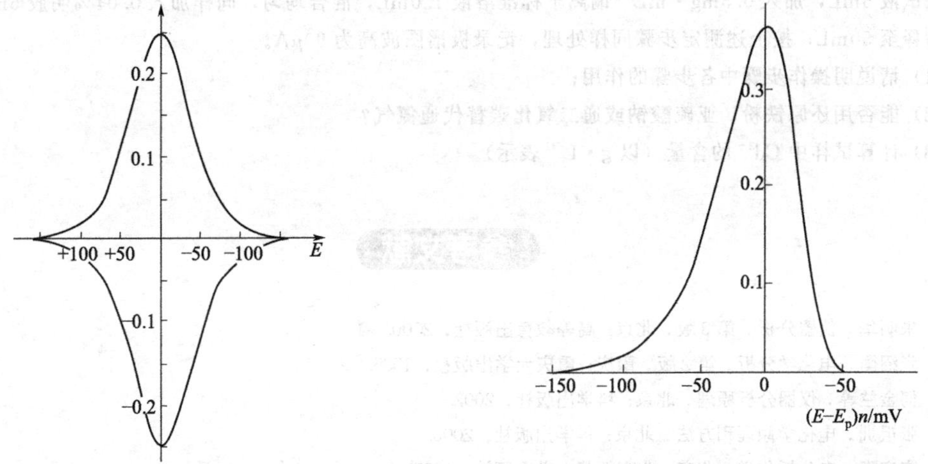

图 6-17　可逆过程完全吸附的理论循环伏安图　　图 6-18　不可逆过程吸附的理论线性扫描伏安图

习题

1. 为什么说极谱分析是一个特殊的电解过程，其特殊性体现在哪里？
2. 在极谱分析中，为什么使用滴汞电极作为工作电极？滴汞电极有哪些优缺点？
3. 极谱分析为什么要使用底液，它的组成如何？有什么作用？
4. 扩散电流、残余电流、迁移电流是如何产生的？它们对极谱分析有什么影响？如何消除其对极谱分析的影响？
5. 极谱分析定性、定量分析的依据是什么？

6. 经典极谱的局限性是什么？单扫描极谱、方波极谱及脉冲极谱是在经典极谱的基础上作了哪些改进？
7. 极谱催化波有哪几种类型？各类催化波产生的过程有何不同？
8. 溶出伏安法的原理和特点是什么？
9. 测定汞流速，常用的办法是用一个干净的小玻璃杯收集 10～20 滴汞，记录 10～20 滴汞滴下的总时间，并称取收集的汞的总质量，假如收集 20 滴汞的质量为 0.1320g，总滴下时间为 4.94s，计算汞流速（$mg\cdot s^{-1}$）。
10. 某金属离子在滴汞电极上产生良好的极谱还原波。当汞柱高度为 64.7 cm时，测得平均极限扩散电流为 1.71μA，如果将汞柱高度升为 83.1cm，其平均极限扩散电流为多大？由计算结果解释在极谱分析中为何必须保持汞柱高度不变。
11. 溶液中 Zn^{2+} 的浓度为 $1.2\times10^{-3}mol\cdot L^{-1}$，极谱分析时得到 Zn^{2+} 的平均极限扩散电流为 7.12μA，毛细管选择性常数 $t=3.74s$，$m=1.42mg\cdot s^{-1}$，若锌离子还原成金属状态，计算 Zn^{2+} 在此溶液中的扩散系数。
12. 移取 10.00mL 含 Cd^{2+} 的样品溶液，在适当条件下测得其 $i_d=12.3\mu A$，然后在此溶液中加入 0.20mL 浓度为 $1.00\times10^{-3}mol\cdot L^{-1}$ 的标准溶液，再在同样的条件下进行测定，得 $i_d=28.2\mu A$，计算此溶液中 Cd^{2+} 的浓度。
13. 溶解 5g 含铅试样，测得其平均极限扩散电流 $\bar{i}_d$ 值为 14.7μA，在同样的实验条件下，测得含铅 $0.52mmol\cdot L^{-1}$、$2.00mmol\cdot L^{-1}$、$4.19mmol\cdot L^{-1}$ 及 $5.32mmol\cdot L^{-1}$ 标准溶液的 i_d 值分别为 2.2μA、7.8μA、17.7μA 和 22.0μA，计算试样中铅的质量分数（$M_{Pb}=207.2$）。
14. 用极谱法测定氯化锶溶液中的微量镉离子。取试液 5mL，加入 0.04%明胶 5mL，用水稀释至 50mL，倒出部分溶液于电解池中，通氮气 5～10min 后，于−0.3～−0.9V 电位间记录极谱图，得波高 50μA。另取试液 5mL，加入 $0.5mg\cdot mL^{-1}$ 镉离子标准溶液 1.0mL，混合均匀，同样加入 0.04%明胶 5mL，用水稀释至 50mL，按上述测定步骤同样处理，记录极谱图波高为 90μA。
   (1) 请说明操作步骤中各步骤的作用；
   (2) 能否用还原铁粉、亚硫酸钠或通二氧化碳替代通氮气？
   (3) 计算试样中 Cd^{2+} 的含量（以 $g\cdot L^{-1}$ 表示）。

参考文献

[1] 朱明华．仪器分析．第 3 版．北京：高等教育出版社，2000.
[2] 张绍衡．电化学分析．第 2 版．重庆：重庆大学出版社，1995.
[3] 何金兰等．仪器分析原理．北京：科学出版社，2002.
[4] 张祖训．电化学原理和方法．北京：科学出版社，2000.
[5] 李启隆．电分析化学．北京：北京师范大学出版社，1995.
[6] R. Kellner，J. M. Mermet，M. Otto，H. M. Windmer 著．分析化学．李克安，金钦汉译．北京：北京大学出版社，2001.
[7] 蒲国刚，袁倬斌，吴守国．电分析化学．合肥：中国科学技术大学出版社，1993.
[8] Anson F.，黄慰曾等编译．电化学和电分析化学．北京：北京大学出版社，1983.
[9] 尹斌，孙强，张祖训．高等学校化学学报，1994，15(8)：1140.
[10] 王利祥，王佛松．应用化学，1990，7(5)：1.
[11] 鞠熀先，陈洪渊，高鸿．分析化学，1992，20(9)：997.
[12] Wopshall R. H.，Shain I. Ana l. Chem. 1967，39：1514.
[13] Nicholson R. S.，Shain I. Ana l. Chem.，1964，36：706.

7 电泳分析法

电泳指溶液中带电粒子（离子）在直流电场中定向移动的现象，它主要用于分离和鉴定混合物中的带电粒子，这些带电粒子包括离子、高分子多电解质、胶体粒子、病毒颗粒以及活细胞如细菌、红细胞等。瑞典科学家 Tiselius 于 1937 年建立了“移界电泳法”，成功地将人的血清蛋白质分成 5 个主要成分，此工作成为蛋白质化学的发展基础，Tiselius 本人也因此荣获 1948 年诺贝尔化学奖。由于电泳技术具有快速、简便及高分辨率的优点，发展很快，显示出了巨大的生命力，它已被广泛地应用于农业科研、生化分析、临床医学及法医鉴定等领域，随着电泳技术种类的增加，手段的完善，现已成为生化及分子生物学研究中不可缺少的重要武器。

电泳分析法（electrophoresis，EP）的分类多种多样，按分离的原理区分，电泳法可分为移界电泳（moving boundary electrophoresis，MBEP）、区带电泳（zone electrophoresis，ZEP）、等速电泳（isotachophoresis，ITP）和等电聚焦（isoelectric focusing，IEF）。

在移界电泳中，电场是加在胶体溶液和缓冲溶液之间一个非常窄的界面上，通过观察界面的移动来测定带电分子的移动。例如在一“U”形管中装入有色胶体溶液（如黄色硫化砷胶体或血红蛋白溶液），然后在 U 形管两端小心注入等量的缓冲溶液，使其与胶体溶液之间有明显的界面，在该管两端插入铂电极并通电，一段时间之后会观察到 U 形管一端胶体溶液的界面上升，另一端则下降，此为移界电泳。由于该电泳不受支持物的影响，分离效果较好，适用于胶体物质纯度的鉴定和电泳速率的测定。

区带电泳是在半固相或胶状的支持介质上点上一点或一薄层样品溶液，然后加电场进行电泳，分子在支持介质中或支持介质上迁移，当电泳结束时，样品的不同组分可形成带状的区间，故称为区带电泳，也叫区域电泳。支持介质又可分为两类，一类是仅起支持和抗对流作用的介质，如滤纸、纤维素粉、海沙、海绵等，另一类介质不仅可以起支持和抗对流作用，而且还具有分子筛功效，如聚丙烯酰胺和琼脂糖凝胶等。毛细管电泳也属于一种新型区带电泳。

等速电泳的特点是当电泳达成平衡时，混合样品完全分离成带状的区间，具有最大迁移速率的离子在最前面的区带，而最小迁移速率的离子在最后面，各区带间有清晰的界面，当系统进入一个稳定的状态，就不再进一步分离，带的宽度不随时间变化，以相等的速度移动，即为等速分离系统。

等电聚焦是利用两性分子的等电点的不同，在一个稳定、连续、线性的 pH 梯度中进行分离和分析的一种方法。主要用于蛋白质和两性化合物的分离和分析。

7.1 电泳的基本原理

7.1.1 电荷的来源

粒子电荷的来源因粒子的不同而异。电解质在溶液中电解为带电的正、负离子；胶体粒子因其吸附溶液中的带电离子而带电；蛋白质或其他多电解质则由于其本身功能团的解离而带电。

早期的电泳试验是在溶液中进行的，但由于自由溶液通电后会产生焦耳热，受热后发生密度变化而产生对流，扰乱区带，使电泳法的分辨率受到影响，故在20世纪50年代后发展了以滤纸、醋酸纤维素薄膜、凝胶等作为支持物的支持物电泳法。支持物不仅起到了很好的抗对流作用，而且凝胶还起到了筛分作用，这些方法设备简单、操作方便，并具有较高的灵敏度，对带电混合粒子进行电泳分离后，还可以利用染色、紫外吸收、放射性测定和生物活性测定等进行定性或定量检测。

纸电泳和凝胶电泳常常在以电解质溶液浸透的滤纸或凝胶等载体上进行，电解质溶液常为缓冲溶液（支持电解质），它运载电荷并且具有一定的缓冲能力，有时还需在缓冲溶液中加入一定的添加剂，用以提高样品分离的选择性。试样被点在凝胶或滤纸上，在载体两端加上电源，提供恒定的电动势，样品混合物在电场的作用下开始电迁移，正粒子被吸向负极（阴极），而负粒子被吸向正极（阳极），粒子在载体溶液中的迁移速率随电荷的增加而增加，但随粒子质量的增加而减小，不同的粒子其荷-质比不同，迁移速率也不同，随时间的延长混合样品中的不同粒子在溶液中迁移的距离就不一样，当分离结束时，不同组分就处在载体不同的位置，形成类似色谱一样的谱带，利用谱带可进行分析鉴定。

7.1.2 电泳淌度

单位电场下的电泳速度称为电泳淌度（electrophoresis mobility）或电迁移率。溶液中带电粒子的电迁移速度为：

$$V=\mu E \tag{7-1}$$

式中，E 为电位梯度；μ 为淌度，它表示在电位梯度 $E(\mathrm{V\cdot cm^{-1}})$ 的影响下，带电粒子在时间 $t(\mathrm{s})$ 中的迁移距离 $d(\mathrm{cm})$。

$$\mu=\frac{d}{tE} \tag{7-2}$$

式中，μ 的单位为 $\mathrm{cm^2/(V\cdot s)}$。因为迁移率数值极小，通常以迁移单位表示：

$$1\text{ 迁移单位}=10^{-5}\left(\frac{\mathrm{cm^2}}{\mathrm{V\cdot s}}\right)$$

在确定的条件下，某物质的淌度为常数，是该物质的物化特性常数。淌度的不同提供了从混合物中分离物质的基础，当 t 和 E 相同时，迁移距离正比于淌度。影响淌度的因素有带电粒子的性质、电场强度和溶液的性质等。

在无限稀释溶液中测得的淌度称为绝对淌度（μ^0），它是一个理论值，与带电粒子在实际电场中的淌度有一定的差异。在实际溶液中离子不止一个，而是许多同种和不同种的离子共存于同一溶液中，而且当酸碱度不同时，样品分子的离解度不同，其电荷也将发生变化，所以实际表现的淌度会小于绝对淌度，这时的淌度称为有效淌度（μ）。它取决于许多因素如离子半径、溶剂化作用、溶剂黏度、离子形状、电荷数以及解离度和温度等。有效淌度很难用精确公式表达，一般表示为：

$$\mu=\sum_i \alpha_i \gamma_i \mu_i^0 \tag{7-3}$$

式中，α_i 是解离度，例如醋酸根在水中总是和醋酸达成平衡，α_i 即是醋酸的解离度；γ_i 为活度系数或其他平衡的离解度。离子所带电荷越多，离解度越大，体积越小，溶液的黏度越小，电泳速度就越快。这正是电泳分离及其条件选择的根本依据之一。

7.1.3 离子强度对电泳的影响

电泳测定溶液中组分时，除被测组分粒子之外，还有其他带电离子存在，溶液中离子浓度的增加导致被测组分粒子的淌度降低。在溶液中各种带电离子之间，即使不发生化学反应，也并非完全没有相互作用，离子与离子之间，离子和溶剂分子之间都有相互作用力，这些作用力影响了离子在溶液中的活动性。被测的带电粒子在溶液中会吸引相反符号的离子聚焦在其周围，形成一个与其原来电荷符号相反的松散的离子氛（ionic atmosphere），它改变被测粒子的运动方向，从而降低了该粒子的迁移率。这种阻碍效应和溶液中离子的浓度和价态有关，其总的效应用离子强度（ionic strength）来表示：

$$I=\frac{1}{2}(c_1z_1^2+c_2z_2^2+\cdots+c_nz_n^2) \tag{7-4}$$

溶液的离子强度一般在 0.02～0.2 之间较为合适。离子强度过高，带电粒子的泳动速度降低，离子强度过低，溶液缓冲能力差，因 pH 的变化而影响泳动速度。

7.1.4 电泳焦耳热

在电泳过程中，电流强度（I）与释放热量（Q）之间的关系可用如下公式表示：

$$Q=I^2Rt \tag{7-5}$$

式中，R 为电阻；t 为电泳时间。公式表明，电泳过程中释放的热量与电流强度的平方成正比。当电场强度或缓冲溶液以及样品溶液中的离子强度增高时，电流强度会随之增高，电流过大不仅会降低分辨率，影响泳动速度，严重时还会烧断滤纸或融化凝胶支持物。

7.1.5 影响电泳淌度的其他因素

影响泳动速度的因素还有如下几种。

（1）颗粒性质　颗粒的直径、形状及所带的电荷量对泳动速度有较大影响，颗粒所带电量越大，直径越小，或其形状越接近球形，在电场中的泳动速度就越快。

（2）电场强度　电场强度越大，带电颗粒的泳动速度越快。

（3）pH　溶液 pH 决定带电颗粒的离解程度，也即决定了其所带净电荷量的大小。

（4）溶液黏度　泳动速度与溶液黏度成反比，因此黏度的大小必然会影响到泳动速度的大小。

除上述影响泳动速度的因素外，温度和仪器装置等实验条件也对泳动速度有所影响。

7.2 凝胶电泳

在自由溶液中进行的电泳属于电泳的早期发展时期，随后被采用支持介质的区带电泳取而代之。采用支持介质的目的是防止电泳过程中的对流和扩散，提高分辨率。支持介质应具备以下特性：化学惰性、不干扰大分子的电泳过程、化学稳定性和重复性好等。

固体支持介质可分为两类：一类如滤纸、醋酸纤维素膜、硅胶、矾土等，这些介质是化学惰性的，它仅仅是作为一种支持物而起抗对流的作用，对样品本身的分离不起什么积极的作用；另一类介质是淀粉、琼脂糖和聚丙烯酰胺凝胶等，它们不仅可以有抗对流的作用，而且还能主动参与样品的分离过程。

形成凝胶是一个化学聚合的过程，可以人为地控制合成具有不同交联度，也即不同大小孔径的凝胶。使用这些凝胶进行分离不仅取决于带电分子的电荷密度，还取决于分子的尺寸。如具有相同电荷密度和不同尺寸的两种蛋白质分子，使用纸电泳不能很好地分开，而使用凝胶电泳法则能很好地解决这一难题。净电荷很相近的物质中，小分子会比大分子跑得快而使分辨率提高。所以凝胶电泳法为净电荷很相近的物质的分离又多提供了一种分离因素。

凝胶电泳法（gel electrophoresis）对于诸如蛋白质、酶和核酸等生命大分子的分离尤为重要。

目前，最常用的凝胶电泳支持介质是聚丙烯酰胺凝胶，它具有样品不易扩散，化学惰性强，透明性好，机械强度高，有弹性，操作时间短，设备简单等优点，不仅能分离含有各种大分子物质的混合物，而且可以研究生物大分子的特性，如电荷、分子量、等电点及构象等。还可以进行生物高分子的少量制备。

7.2.1 聚丙烯酰胺凝胶的形成和结构

聚丙烯酰胺凝胶（polyacrylamide gel）是由单体丙烯酰胺（$CH_2=CH-CO-NH_2$，acrylamide）和交联剂 *N*,*N*-亚甲基双丙烯酰胺（$CH_2=CH-CO-NH-CH_2-NH-CO-CH=CH_2$ *N*,*N*-methylenebisacrylamide）在有引发剂和增塑剂的情况下聚合而成的。如果在聚合过程中没有交联剂，单体只能形成无序的多聚体链，不能聚合成凝胶，只能形成黏状液，只有在聚合过程中有 *N*,*N*-亚甲基双丙烯酰胺存在时，由丙烯酰胺单体形成的多聚体长链，才能在相邻长链之间发生交联形成三维空间的凝胶网络，如图 7-1 所示。

图 7-1 聚丙烯酰胺的三维凝胶网络结构

聚丙烯酰胺凝胶的孔径大小是由单体和交联剂在凝胶中的总浓度 T，以及凝胶溶液中交联剂占总浓度的百分含量 C（即交联度）来决定的。其定义式为：

$$T=\frac{a+b}{m}\times 100\% \tag{7-6}$$

$$C=\frac{b}{a+b}\times 100\% \tag{7-7}$$

式中，a 和 b 分别代表单体和交联剂的质量，g；m 为溶液体积，mL。

通常情况下凝胶的筛孔、透明度和机械强度和弹性随凝胶浓度的增大而降低，而机械强度却随凝胶浓度的增大而增加。这表现在 a 与 b 的比值上：当 $a:b<10$ 时，制成的凝胶脆而易碎，坚硬而不透明。若 $a:b>100$ 时，5%凝胶呈糊状且易断裂。$a:b$ 的比值接近于 30 时（其中丙烯酰胺的量必须大于 3%），可制成既有弹性又完全透明的凝胶。

凝胶浓度不同，其交联度也不同。交联度随总浓度的增加而降低。1965 年，Richard 提出了如下经验公式，它适合于确定凝胶浓度为 5%～20%范围内的交联度。

$$C=6.5-0.3T \tag{7-8}$$

7.2.2 凝胶的分子筛效应

在使用液体介质的自由电泳中，带电粒子的分离主要取决于它们所带净电荷的不同。但凝胶不同于液体介质，由于它具有黏度和高摩擦阻力，不仅能阻止对流，将扩散降低到最低程度，而且凝胶的网络结构直接参与移动颗粒的分离过程，影响带电粒子的迁移，而这种作用依赖于移动颗粒的尺寸大小。因此在凝胶中带电粒子的分离取决于它的电荷和尺寸这两个因素。凝胶的这种用于分离不同尺寸带电粒子的特性是由于它有尺寸筛分的能力，即分子筛效应（molecular sieving capacity）的缘故。

聚丙烯酰胺凝胶总浓度的选择对混合物分离的效果是十分重要的。在电场中移动的颗粒由于凝胶的网络结构而减速。当使用高浓度的凝胶时，因为凝胶的有效孔径减小而移动颗粒又必须穿过这些孔，移动速度由于受阻而大大减慢；相反，在低浓度时，孔径较大，因而颗粒的迁移速度较快。

用凝胶电泳法分离混合物时，要综合考虑分子量和所带电荷两个因素，这不是任意凝胶条件都可以满足的。样品性质多种多样，要分离好一个混合物，必须考虑一个相对完整的分离方案。首先考虑的是缓冲系统的选择。因为电荷密度是聚丙烯酰胺凝胶电泳分离的主要根据之一，所以选择合适的 pH 范围的缓冲体系显得极为重要。由于各种生物大分子对缓冲体系的离子强度、离子种类和所需辅助因子极其敏感，所以选择合适的缓冲体系的离子强度是十分重要的。一般情况下，低离子强度的缓冲液导电性低，产生的焦耳热较少，被分离的带电颗粒在此溶液中对电流的贡献最大，使电泳速度加快，因而比较适合。但过低的离子强度易导致蛋白质凝聚。所以一般的离子强度应控制在 $0.01 \sim 0.1 mol \cdot L^{-1}$。除此之外，凝胶的浓度也是非常重要的。如果凝胶浓度太大，孔径小于样品分子尺寸，样品分子在电泳时就不能进入凝胶而得不到分离；反之浓度太小，孔径太大，样品中各组分均随缓冲液向前推进而不能很好地分离。在凝胶的选择上，目前并没有普遍规律可以遵循，很大程度上依赖于经验的应用。但在实际工作中，常常依据分子量的大小来选择所需要的凝胶。

7.2.3 蛋白质的电泳行为

生物大分子物质通常是指动物、植物和微生物在进行新陈代谢时所产生的蛋白质（包括酶）和核酸的总称。核酸是由四个结构相似、理化性质接近的碱基交互排列而成，因为有一定的规律可循，所以对于核酸的分离制备和鉴定比较容易。蛋白质是由 20 多个不同性质（或极性）的氨基酸交互排列而成的，不仅潜在数量多，而且相互间差异大，因此蛋白质的分离纯化和鉴定有较大的难度和特殊性。在生物大分子中，重点讨论蛋白质分子的电泳分离方法。

蛋白质分子的主要特性是它们的带电行为。构成蛋白质的一些氨基酸侧链在一定 pH 的溶液中或结合质子或离解而成为正离子或负离子。如在酸性 pH 时，天冬氨酸和谷氨酸的羧基将结合一个质子而不带电。

$$R—COO^- + H^+ \longrightarrow R—COOH$$

但在碱性 pH 时，羧基将解离而变成带负电。

$$R—COOH + OH^- \longrightarrow R—COO^- + H_2O$$

而精氨酸、赖氨酸的氨基和组氨酸的咪唑基在酸性 pH 时，结合质子而带正电；但在高 pH 时，这些质子将被解离而不带电荷。

$$R—NH_2 + H^+ \longrightarrow R—NH_3^+$$

$$R-NH_3^+ + OH^- \longrightarrow R-NH_2 + H_2O$$

蛋白质的净电荷是组成它的所有氨基酸残基上所带正、负电荷的总和。环境 pH 决定了其净电荷的正负值。在低 pH 时，蛋白质的净电荷是正的；而在高 pH 时，其净电荷是负的。若在某一 pH 的溶液中，蛋白质的净电荷为零，此 pH 即为该蛋白质的等电点（p*I*）。蛋白质的等电点仅决定于它的氨基酸组成，是一个物理化学常数。但不同蛋白质有自己特定的氨基酸组成，因此它们的等电点值也是在一个很宽的 pH 范围内互不相同的。如溶酶菌的 p*I* 可高达 11.7，而某种糖蛋白的 p*I* 却可低达 1.8。因此可利用蛋白质的这一物理化学特性对其进行分析和分离。

使用聚丙烯酰胺凝胶作为支持介质进行蛋白质的分离，由于其具有一定的机械强度和透明度，对电泳后结果的保存和扫描处理都非常有利，而且在电泳过程中仍可保持蛋白质的生物活性，因此可以在天然状态下分离生物大分子，也可以分析蛋白质和别的生物分子的混合物。电泳过程不仅取决于蛋白质的电荷密度，还取决于蛋白质分子的尺寸和形状。

7.2.4 连续电泳和不连续电泳

连续电泳（continuous electrophoresis）是指电泳系统不仅使用孔径相同的凝胶，而且样品、凝胶和电极缓冲液均使用相同的缓冲系统，具有相同的 pH，只是离子强度不同而已。这种电泳系统分子筛效应不明显，一般只用于分离组分比较简单的样品。但此方法制胶快而简单，pH 恒定，适合分离对 pH 敏感的化合物。连续电泳的分离示意如图 7-2 所示。

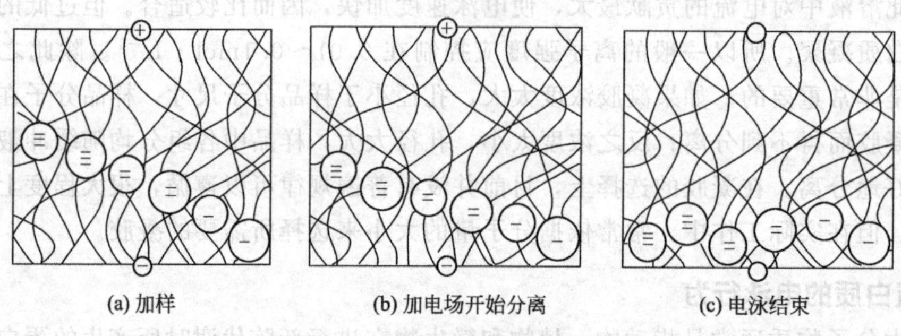

图 7-2　连续电泳的分离示意

不连续电泳（uncontinuous electrophoresis）是指使用不同孔径和不同缓冲溶液系统的电泳。溶液中不但有两种不同孔径的凝胶，而且有一种或两种不同 pH 的缓冲液和三种不同的离子。这三种离子分别被称为前导离子（leading ion）、尾随离子（training ion）和反向离子（counter ion）。前导离子具有较大的迁移率，一般常用 Cl^- 和 K^+；尾随离子和前导离子带有相同的电荷，但迁移率较小，常用弱酸和氨基酸作尾随离子；反向离子和前两者离子带有相反的电荷。前导离子只存在于凝胶中，尾随离子只存在于电极缓冲液中，而反向离子则在凝胶和电极缓冲液中均有。

在不连续电泳中，样品在进行分离之前，先经过凝胶浓度较小、孔径相对较大的凝胶带，这个凝胶带称为浓缩胶（concentrating gel）。稀样品经过浓缩胶的迁移作用而被浓缩至一狭窄的区带，使样品组分在以后的分离胶区带中得以高分辨率的分离。浓缩后的样品经过孔径较小、具有一定浓度或浓度梯度的一段凝胶（称为分离胶，separation gel）进行分离，由于不同孔径凝胶的分子筛作用，使样品按照不同组分分子的大小和电荷而获得分离。虽然不连续电泳在缓冲体系的选择和制胶的操作方面比较繁杂，但它的分辨率大大高于连续电泳。不连续电泳的分离原理如图 7-3 所示。

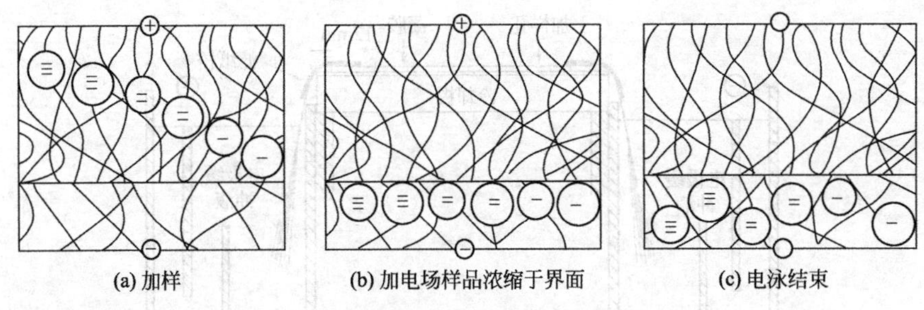

图 7-3　不连续电泳分离示意（分离胶为均匀胶）

7.2.5　聚丙烯酰胺凝胶电泳的基本装置

聚丙烯酰胺凝胶电泳系统一般由电泳槽、电源和冷却装置组成。同时配备各种灌胶模具、染色用具等。另外还附带电泳转移仪、凝胶干燥仪和凝胶扫描仪。

电泳槽是凝胶电泳系统的核心，根据形状的不同可分为圆盘电泳（disc electrophoresis）和平板电泳（slab electrophoresis）。

使用圆盘电泳进行分离后，样品带的形状像圆盘，其另一个意义是圆盘电泳通常是不连续电泳，不连续性和圆盘状的英文名词，最前面的四个字母都是 disc，故称之。但现在所指的圆盘电泳，不一定有不连续的涵义，因为连续体系的聚丙烯酰胺凝胶电泳也可以得到圆盘状的分离区带。圆盘电泳也即管状凝胶电泳，它是垂直进行的，它的电泳槽形状为圆筒形，分上下两层：上层带有铂金电极的盖，在盖的周围以相等距离打上若干小孔，将电泳管从小孔中插入并杜绝溶液渗漏，孔不用时，用硅橡胶塞塞住。电泳管选用低碱化玻璃管，且要求内径均匀一致，便于取胶。为了保证在电泳过程中凝胶的冷却，在下电泳槽中常有供冷却的装置。图 7-4 是圆盘电泳装置的示意。

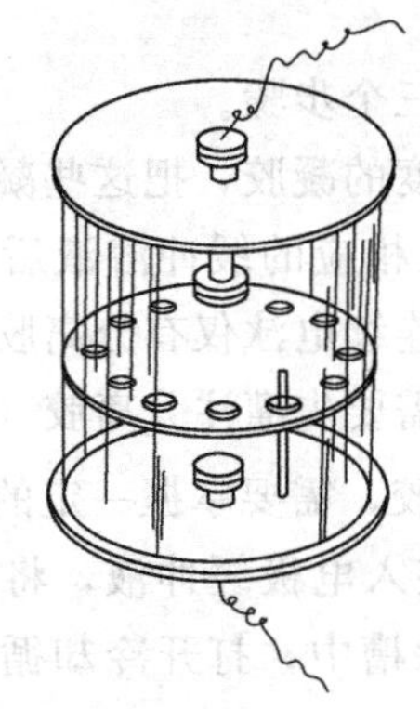

图 7-4　圆盘电泳装置的示意

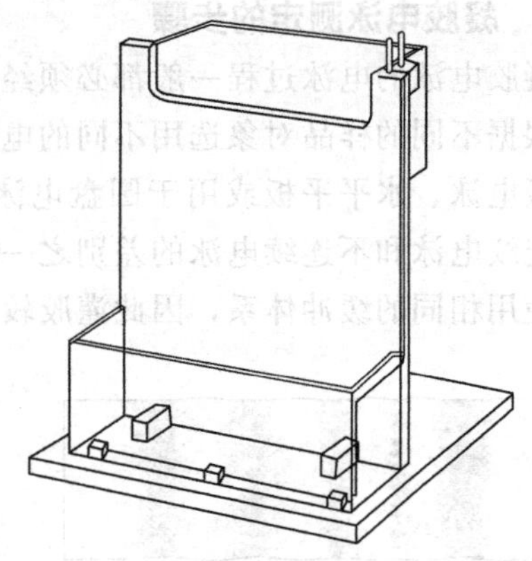

图 7-5　垂直平板电泳仪示意

为蛋白质和核酸分离而设计的平板电泳仪，通常有水平和垂直平板两类。蛋白质的电聚焦和免疫电泳常采用水平板电泳形式，而蛋白质的其他形式区带电泳则常采用垂直板电泳形式。

垂直板电泳槽一般包括上、下各一个缓冲液槽。上面的缓冲液槽用于盛缓冲液和电泳时支撑凝胶板。下面的缓冲液槽除了盛缓冲液外，还用于支撑上面的缓冲液槽和冷却系统。图 7-5 是一种常用平板电泳仪的示意。

水平电泳槽一般包括电泳槽基座、冷却板和电极。现在市售的水平电泳仪种类很多。图 7-6 是水平电泳仪的示意。

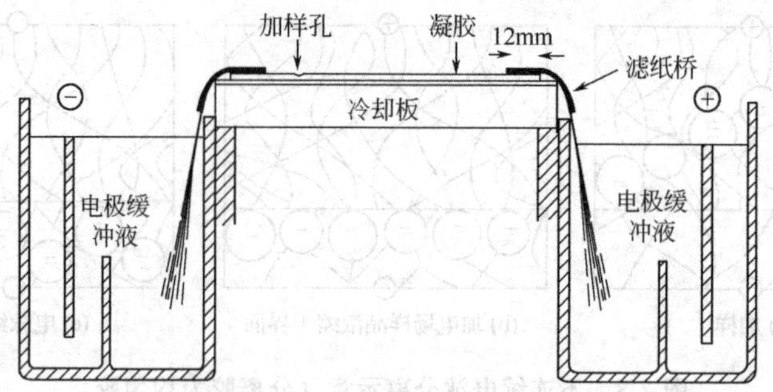

图 7-6 水平板凝胶电泳示意

要使荷电的生物大分子在电场中泳动，必须加电场，且电泳的分辨率和电泳速度与电泳时的电参数密切相关。不同的电泳技术需要不同的电压、电流和功率范围，所以选择电源主要根据电泳技术的需要。现在通常使用三恒电泳电源，它在电泳过程中根据电泳方法的需要，使电压、电流和功率中的某一项参数达到设置上限后保持恒定，而其他两项参数则无需人工调节而自动改变。

电泳时加大电场强度可提高电泳的分辨率，但过高的电压在电泳过程中会在凝胶上产生过量的热，使凝胶烧毁。另外电泳时凝胶中温度分布不均匀会使电泳带不平直，所以需要循环冷却恒温系统稳定温度。

电泳转移是利用低电压、大电流的直流电场使凝胶电泳的分离区带或电泳斑点转移到特定的膜上，相当于将一次电泳的结果拷贝成几份，再各自进行其他的检测如放射自显影或免疫检测等，所以电泳转移仪是当前分子生物学研究的热门仪器。凝胶扫描仪主要用来对样品电泳分离后的区带或斑点进行扫描，从而给出定量的结果。

7.2.6 凝胶电泳测定的步骤

凝胶电泳的电泳过程一般都必须经过制胶、电泳和检测三个步骤。

根据不同的样品对象选用不同的电泳分离方法和不同浓度的凝胶，把这些凝胶灌注在垂直平板电泳、水平平板或用于圆盘电泳的电泳管中，再加上相应的缓冲溶液后等待加样电泳。连续电泳和不连续电泳的差别之一在于制胶方法不同。连续电泳仅有分离胶，并且整个电泳使用相同的缓冲体系，因此灌胶较为方便；不连续电泳需要先灌注分离胶（均一胶或梯度胶），再灌注浓缩胶，需要掌握一定的技术。

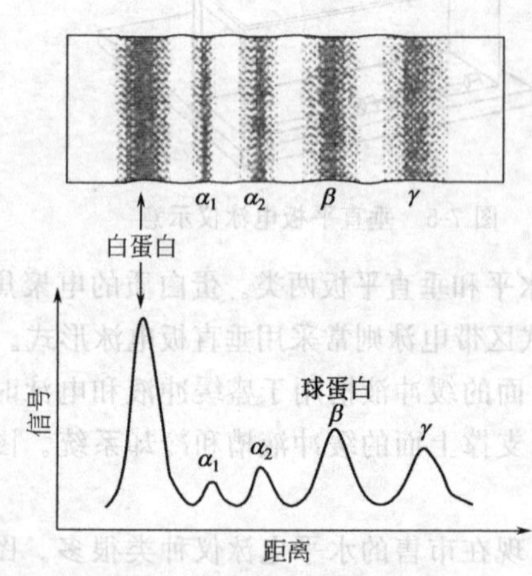

图 7-7 微量光密度计测定结果

在缓冲液槽中装入电极缓冲液，将聚合凝胶连同模具一起移入电泳槽中，打开冷却循环系统，连接电源，电泳一段时间，然后切断电源，关掉冷凝循环系统，取出凝胶，准备检测。

用染料和生物大分子结合形成有色的复合物是电泳后检测最常用的方法。选用染料通常应满足以下要求：

① 染料需与大分子结合形成有色不溶性紧密复合物，但其不会结合到凝胶和支持膜上，使其容易从凝胶中除去；

② 易溶于对大分子无影响的溶剂中，便于背景

脱色；

③ 形成的有色复合物具有较大的吸光系数，使测定的灵敏度提高；

④ 形成的有色复合物具有较高的选择性，即可与大分子形成颜色特殊的专一性的复合物。

常用的染色剂有氨基黑 10B、考马斯亮蓝 R-250、考马斯亮蓝 G-250 等。

经染色后的凝胶可采用切片抽提法，将凝胶依次横切成一定宽度的薄片或特定区带的片段再进行分析。也可以使用微量光密度计，根据不同物质选择不同波长进行光密度测定。根据扫描曲线的峰面积，可以作相对量的比较，根据峰面积和标准曲线可以求出样品含量。图 7-7 是凝胶经染色后用微量光密度计扫描测定的结果。

7.3 等电聚焦

等电聚焦（isoelectrofocusing，IEF）是 20 世纪 60 年代建立起来的一种蛋白质分离分析手段。它是在电解槽中放入两性电解质载体，当通以直流电时，便形成一个由阳极到阴极 pH 逐步上升的梯度。根据建立 pH 梯度的原理不同，梯度又分为载体两性电解质 pH 梯度（carrier ampholyte pH gradient）和固相 pH 梯度（immobilized pH gradients）。前者是在电场中通过两性缓冲离子而建立的梯度，而后者是将缓冲基团成为凝胶介质的一部分而形成的 pH 梯度。两性化合物在此电泳过程中，被移动并聚焦于与其等电点相等的固相 pH 梯度区域，使不同化合物能按其各自等电点得到分离，因此它可以用于分析和制备，有较高的分辨率；它还可以用于测定蛋白质的等电点，并根据等电点进行鉴别。由于等电聚焦电泳法具有浓缩效应、分辨率高、操作容易、设备简单和节省时间等优点，其在蛋白质的等电点测定、纯度分析以及制备电泳纯样品等方面已得到广泛的应用。

7.3.1 等电聚焦的基本原理

蛋白质是典型的两性电解质，它所带电荷随着溶液酸碱度的变化而变化，即在酸性溶液中带正电荷，在碱性溶液中带负电荷。在外加电场存在下的一定 pH 缓冲溶液中，带正电荷的蛋白质将向负极移动，而带负电荷的蛋白质将向正极移动。对于普通电泳，分离是在恒定的缓冲体系中进行，各种带电分子依其电荷符号和数量的不同以不同速度向不同方向移动，但电泳时间越长，移动距离越远，扩散也越厉害，区带越走越宽。因此样品必须被加成一个窄带，否则在电泳过程中因样品带变宽而影响分离，对于带电差别很小的组分的分离尤其影响严重。

在等电聚焦中，分离是在连续、稳定和线性的 pH 梯度中进行的，在电泳槽中加入许多具有不同等电点的小分子载体两性电解质，构成一个从正极到负极 pH 逐渐增加的 pH 梯度。当蛋白质分子靠近正极时，pH 较小，因处于酸性环境中而带正电，在电场的作用下向负极移动；反之向正极移动，当其达到其等电点位置时，其净电荷为零，即停止迁移。因此在等电聚焦中，分离仅仅决定于蛋白质的等电点，这是一个“稳态”过程，无论把蛋白质放在什么位置，在电场的作用下都会聚焦在 pH 梯度间 $pH=pI$ 的地方，一旦到达它的等电点位置，就不能进一步迁移，最后聚焦成一条狭窄而稳定的带，这种行为称为“聚焦效应”或“浓缩效应”。

如果有等电点分别为 pI_1、pI_2、…、pI_n 的蛋白质混合样，将其放置于 pH 梯度支持物中，在电场的作用下经过适当时间的电泳，其各组分将分别聚焦在支持物中 pH 等于各自等电点的区域，形成一个个蛋白质区域，此即为等电聚焦分离蛋白质的过程。图 7-8 是三种物质分离的示意。现有编号为 A、B、C 三种蛋白质样品，它们的 pI 值分别为 4、6、8。在 pH=6 处注入其混合物，因此 A 的净电荷是负的（pH>pI），B 的净电荷是零（pH=pI），而 C 的净电荷为正（pH<pI），A 向正极移动至 pH=4 处，B 留在原处，C 向负极移动直至 pH=8 处。经过一段时间，A、B、C 相互分离，分别停在 pH4、6、8 的位置并浓缩成一狭窄区带。

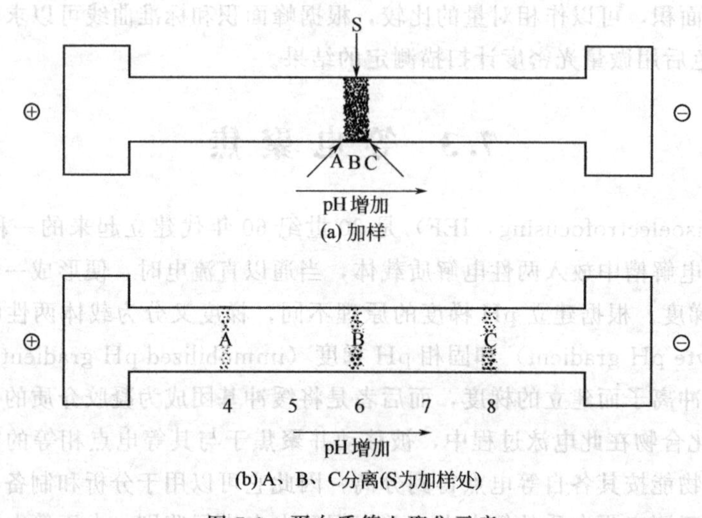

图 7-8　蛋白质等电聚焦示意

7.3.2 载体两性电解质

等电聚焦技术的关键在于 pH 梯度的建立，而载体两性电解质（carrier ampholytes）的合成又是其最为核心的内容。要在电场中建立一个稳定的 pH 梯度，在此系统中所使用的缓冲物质应具备以下特性：①具有两性，使其在分离柱中也能达到一个平衡位置；②在等电点处必须有足够的缓冲能力来克服蛋白质的影响，使 pH 梯度稳定，不致被样品中蛋白质或其他两性物质改变 pH 梯度的进程；③必须有良好均匀的导电性，使整个系统保持一定的电流；载体两性电解质电导的不均匀会导致凝胶局部过热而影响 pH 梯度的稳定，甚至烧坏凝胶；④分子量小，以便用分子筛或透析等方法将其与被分离的大分子物质分开；⑤化学组成不同于被分离物质，使测定不受干扰。

为了满足对载体两性电解质的要求，科学家们进行了系统的理论和实际研究工作，终于成功合成出可用于等电聚焦电泳的载体两性电解质，根据合成的国家和公司的不同，它们有不同的名称。如瑞典 LKB 公司合成的产品名为 ampholine；由德国 Serva 公司合成的载体两性电解质的商品名为 Servalyte；而瑞典 Pharmacia 公司合成的产品其商品名为 Pharmalyte。除了几个大公司合成的产品之外，在实验室也可以用不同的方法进行合成，中国科学院微生物研究所和中国军事医学院等单位都合成过载体两性电解质。它们是一系列多氨基多羧酸的混合物，由异构物和同系物组成，其 pK 值和 pI 值各自相异却又相近。

7.3.3 凝胶等电聚焦电泳法的基本操作

等电聚焦电泳法的操作基本上和普通凝胶电泳法相似，它们也分为垂直柱状和垂直板状两种。以垂直柱状等电聚焦电泳法测定蛋白质等电点为例，其操作步骤如下。

(1) 制胶　制胶的过程包括灌胶模具的准备、凝胶溶液的配制、灌胶和取胶几个步骤，根据实际情况配制不同浓度的凝胶。由于凝胶等电聚焦分离物质的依据是其组成之间等电点的差异，而与其分子质量的大小无关，所以不必考虑分子筛效应。在等电聚焦中凝胶只是一种抗对流的支持介质，只不过在其中加入了一定 pH 范围的载体两性电解质，使其形成了一个稳定平滑的 pH 梯度。每一种凝胶介质都有其具体的浓度配方，使用时可查阅相应的数据进行配制。

(2) 加样　比较稀的蛋白质样品可直接加在聚丙烯酰胺凝胶溶液中，也可把样品溶解在 $10\mathrm{mol}\cdot\mathrm{L}^{-1}$的尿素中，加在凝胶柱顶部，然后在样品液上覆盖一层 1% 两性电解质载体，以防酸性或碱性电解溶液破坏蛋白质。尿素可以改善疏水蛋白和 pH 接近 pI 时蛋白的可溶性，也常用于增加多肽的溶解度。

(3) 等电聚焦　等电聚焦时所用的电解液需根据两性电解质载体的 pH 范围而定。随后接通电源，使电压恒定在一定数值，聚焦 6～8h。

(4) 检测　等电聚焦后，根据样品性质和要求的不同，采用不同的检测方法，但常用的方法有如下几种。

① 蛋白质染色法　这是最常用的也是最简便的检测方法，根据蛋白质的性质选用合适的染色方法。如以确定电泳时间，观察初步结果为目的，可采用考马斯亮蓝 G250 进行染色，固定和染色可同时完成，可以立即观察显色结果。

② 定量测定　对于精确分析，用染色法所得谱带的数目和位置来进行分辨有一定难度，此时进行定量测定，用光密度计扫描凝胶谱带，根据所得图和数据与标准样品进行比较。为了进行定量比较，凝胶等电聚焦的操作程序和条件如胶层厚度、加样量、加样位置等都必须严格相同。

③ 电泳转移　如果要对一份样品进行多种分析并简便迅速地获得更多信息，可用电泳转移装置进行电泳转移。一次可转移 10 张膜以上，这些膜可按需要进行不同的分析。

④ 测定 pH　等电聚焦完毕后，将洗涤过的凝胶切成小段，按次序分别浸入 KCl 溶液中，4℃过夜。移至室温平稳后，用微量电极测定其相应的 pH。以各段胶所在位置为横坐标，以 pH 为纵坐标作图，可得凝胶 pH 梯度曲线。根据凝胶柱上的染色位置，与 pH 曲线相对比，即可测得蛋白质的等电点。

7.4 等速电泳

等速电泳（isotachoelectrophoresis，ITP）是一种不连续介质电泳技术。过去它又被称为离子移动法、置换电泳、移动界面法等，20 世纪 70 年代才确定了现在的名称。这个名称来源于此电泳技术的一个重要现象：即在电泳稳态时各组分区带有同样的泳动速度。

等速电泳在 20 世纪 20 年代开始进行，其中很长一段时间几乎没有什么进展，直到 60 年代，当不连续介质的理论和装置等问题都得到解决之后，等速电泳才取得了突破性进展，70 年代后商品仪器的问世，使等速电泳的研究和应用广泛开展起来。

7.4.1 等速电泳的基本原理

等速电泳是根据样品的有效淌度的差别进行分离的一门电泳技术。在 7.2 节中已介绍了有效淌度的概念。以阴离子的分离为例，为了分离阴离子，必须在被分离溶液中加入具有一定缓冲能力的前导电解质（leading electrolyte，LE）和终末电解质（terminating electrolyte，TE）。前导电解质的阴离子必须具有大于所有待分离阴离子的有效淌度，而其阳离子对分析进行时溶液的 pH 有缓冲能力。终末电解质的阴离子和有效淌度比所有待分离阴离子都小。被分离样品加于前导电解质和终末电解质之间。电泳系统通电产生均匀的电场后，不同的阴离子具有不同的移动速度，具有最大有效淌度的阴离子将走在最前面，有效淌度较小的落在后面。所以前导电解质的阴离子永远走在最前面，其他离子不能超越它，同理终末电解质的阴离子永远在最后，待分离样品的区带总是夹在前导电解质和终末电解质之间，并且各阴离子按照有效淌度的大小递减排列，至此系统进入一个恒稳态，达到一个等速分离系统。最后得到一系列互相连接的区带，所有的阴离子都被分开，每一条区带只有一种样品阴离子，当然这一区带仍然夹在前导电解质和终末电解质之间。等速电泳原理示意如图 7-9 所示。

7.4.2 等速电泳基本装置

等速电泳的基本装置如图 7-10 所示。它一般由进样系统、配对电极槽和检测器三部分构成。等速电泳装置中最主要的部分是一根毛细管（或绝缘材料的细孔管），毛细管两头与电极槽相通，在毛细管中间加上控温装置、进样装置和检测器，有时还加上逆流机构，它对于有着巨大浓差的区带的分离特别有效。在电解槽两端加上高压电源，把高压端接在终末电极上，前导极接地。

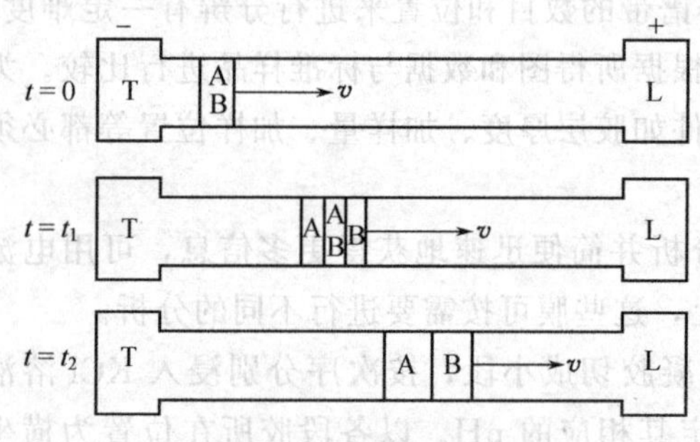

图 7-9 等速电泳原理示意

图中所示离子均带负电荷（略去负号），对离子未画出（存在于任何部位），v 为迁移速度，方向如箭头所指

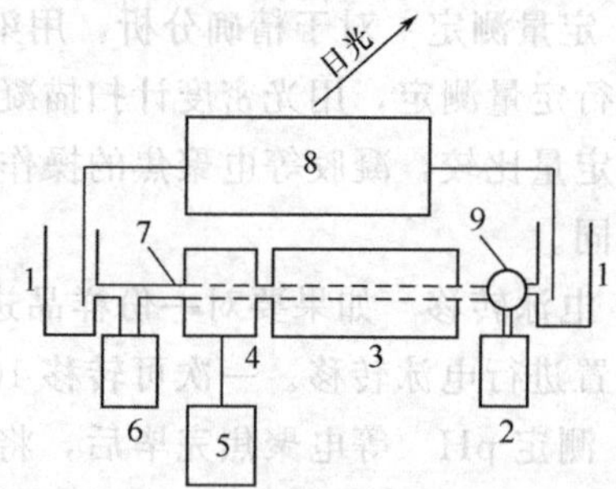

图 7-10 等速电泳基本装置示意图

1—电极及电极槽；2—进样装置；3—控温装置；4—检测器；5—记录仪；6—逆流机构；7—毛细管；8—高压电源；9—进样块

样品加到仪器中去的方法对分析时间甚至离子的分离都有巨大的影响。用注射器加样是最常用的技术，但要求进样操作人员必须高度熟练；也可采用四通阀和六通阀进样，六通阀具有很好的重复性，对于不同的人员操作同一仪器尤其适用。

配对电极槽有圆柱形和平面形，在电极槽和毛细管之间需要加上一半透膜，它是为了防止电解质在两极间的流动，这种流动是因为两电极槽不同水平而引起的，另外由于电泳电流在电极上产生的气泡也可使电解质产生流动。

检测器是等速电泳仪的关键部分。它有电位梯度检测器、电导检测器、测温检测器和紫外检测器等。每种检测器都各有特色。进样系统、配对电极槽和检测器不同组件之间可以彼此互换，构成不同类型的多种仪器。

7.4.3 条件选择

条件的选择包括操作条件的选择和电解质体系的选择两方面。

操作条件包括毛细管的内径大小及长短、电流大小、温度和进样量的选择。一般来说，毛细管内径越小，区带越长，分辨率越高，但此时样品容量下降，电渗流增强。一般用内径为 0.5mm，长为 20～60cm 的管基本可满足要求。电泳在恒电流下进行，电流越大，分离时间越短，但电流太大会干扰区带边界或出现气泡甚至过热。一般工作电流控在 20～150μA 之间较好。电泳分析一般采用恒温操作，温度升高分离能力略有提高，但温度太高容易产生气泡或使一些系列化物质变质，所以温度一般选择在 10～20℃之间。由于毛细管容量有限，进样量太大会使分离不完全，并出现稳定的混合区带。最大进样量可由公式计算得出。

等速电泳法是利用淌度的差别以及利用 pK 改变有效淌度来进行分离的，电解质体系的选择其主要目的是使有效淌度差别最大，从而使样品达到最大分离。它包括溶剂的选择、缓冲配对离子的选择、前导电解质和终末电解质的选择、前导电解质 pH 的选择、添加剂的选择等。电解质体系的选择很大程度上取决于所分析的样品，许多选择均根据经验而定，目前尚无明确成熟的规则可以遵循。

7.4.4 定性定量分析

生化样品通常组成复杂，且极性强，不耐高温，给分析带来了困难，目前常用的各种色谱法、比色法或酶法等方法存在前处理复杂，有时需要放射标记，危害性较大等缺点。等速电泳可以同时分析多种离子，样品前处理简单甚至不需进行前处理，操作条件容易根据需要而改变等优点，所以等速电泳特别适合于生化分析，但它只能分析离子型样品，这是其局限性。生化样品中的离子组分包括无机离子、有机离子、核苷酸、氨基酸、肽、蛋白质及生物碱等。它们可分为阳离子和阴离子两类，不同类型的离子使用不同的电解质系统。

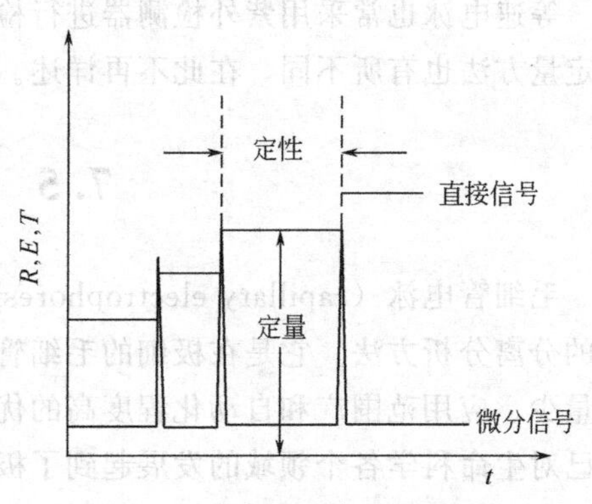

图 7-11 理想的等速电泳图谱

t—时间；R—电阻；E—电位梯度；T—温度

理想的等速电泳图谱如图 7-11 所示。

毛细管等速电泳采用恒流操作和定点检测，让区带经过检测器，不同的检测器（电导检测器、电位梯度检测器和测温检测器）其区带信号分别记录为电阻（R）、电位梯度（E）和温度（T），为便于准确区分界面，实用上同时输出区带微分信号。根据图谱可对样品进行定性定量测定。对于图谱中的直接信号，从基线到相应阶顶的高度称为绝对阶高（H），从前导区阶顶到相应区带阶顶的高度称为相对阶高（h），组分的阶高与其性质有关，可用于定性。图谱阶长与样品量有关，可用于定量。而对于微分信号，其峰与峰之间的距离是定性的依据，而峰高是定量的依据，和气相色谱图的定性和定量相类似。

定性的方法有四种。

绝对阶高法： H

相对阶高法： $$h_i = H_i - H_L \tag{7-9}$$

比高值法： $$S_u = H_i / H_L \tag{7-10}$$

参比值法： $$R_u = 100(H_i - H_L)/(H_R - H_L) \tag{7-11}$$

式中，H_R 是参比物区带的绝对阶高。绝对阶高法和相对阶高法简便但可靠性较差，比

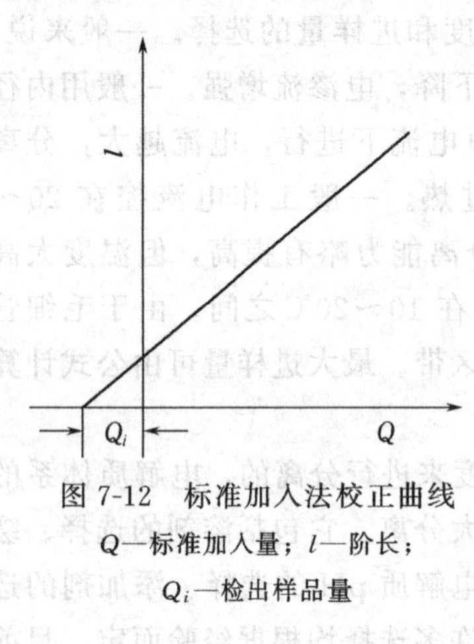

图 7-12 标准加入法校正曲线
Q—标准加入量；l—阶长；
Q_i—检出样品量

高值法一般应用较少，而参比值法可消除由于仪器诸因素波动所带来的影响，具有较好的可靠性。

定量的方法有标准曲线法、内标法和标准加入法三种。

(1) 标准曲线法 取已知浓度的待测组分标准溶液，以不同的进样量 Q_i 进样，测定其信号阶长 l_i，作 l_i-Q_i 标准曲线，在相同条件下测定未知组分的阶长，从标准曲线上查得相应的含量。

(2) 内标法 取待测组分标准样和内标物，按不同质量比混合进样测定，以阶长比（$l_i/l_{内标}$）对质量比（$Q_i/Q_{内标}$）作标准曲线，然后将已知量内标物加到待测样中进行电泳，测得其阶长，并由其阶长比从标准曲线上查得相应的含量。

(3) 标准加入法 将已知量的标准样加到待测样品中进行电泳，以阶长为纵坐标，加入的标准物质的量为横坐标作校正曲线，校正曲线与横轴的交点即为待测组分含量（见图 7-12）。

等速电泳也常采用紫外检测器进行检测，其记录的图谱与前述方法所得图谱不同。其定性定量方法也有所不同，在此不再详述。

7.5 毛细管电泳

毛细管电泳（capillary electrophoresis，CE）是 20 世纪 80 年代发展起来的一种高效快速的分离分析方法。它是在极细的毛细管内实现的一大类电泳技术，它具有检测速度快、进样量少、应用范围广和自动化程度高的优点。作为一种非常重要的分离分析技术，毛细管电泳已对生命科学各个领域的发展起到了极其重要的作用。近年来以毛细管电泳为核心技术的芯片实验室迅速崛起，它即将成为分析技术的主流并可能引起分析化学的一场革命。

7.5.1 基本原理

毛细管电泳分离物质的依据是：在高电场强度的作用下，毛细管中的待测物质，按其分子质量、电荷、淌度等因素的差异得到有效的分离。

在毛细管电泳过程中，电渗流（electroosmosis flow，EOF）对物质的有效分离起着重要作用，它是毛细管电泳分离的主要驱动力。电渗是一种流体迁移现象，是毛细管中的溶剂因轴向直流电场作用而发生的定向流动。毛细管是由石英硅制成的，在 pH>7.5 的溶液中，其内壁表面硅羟基（—Si—OH）会电离成 SiO^-，它将吸引溶液中的正电荷，使其聚集在自己周围，在毛细管内壁和溶液之间的固液界面上形成双电层。在外加电场的驱动下，带电离子会连同带正电荷的溶剂层一道向负极迁移形成电渗流（见图 7-13）。理论研究表明，毛细管内的电渗流是平头塞状流形，即流速在管截面方向上不变（见图 7-14）。利用平头电渗流，可以克服机械泵推动所产生的抛物面流形对区带的加宽作用，是毛细管电泳高效的重要原因。

在毛细管电泳中，待测组分同时存在着电泳流和电渗流，在不考虑相互作用的前提下，粒子在毛细管内电场中的运动速度应当是电泳速度和电渗速度的矢量和：

正离子 $$\mu_H=\mu_{eo}+\mu_{em} \tag{7-12}$$

中性组分 $$\mu_H=\mu_{eo} \tag{7-13}$$

负离子 $$\mu_H=\mu_{eo}-\mu_{em} \tag{7-14}$$

式中，μ_H 为合淌度；μ_{eo}为电渗的淌度；μ_{em}为电泳的淌度。正离子的运动方向和电渗一致，它应当最先流出；中性粒子的泳流速度为“零”，将随电渗而进行；负离子因其运动方向和电渗相反，将在中性粒子之后流出，正、负离子因此而得到分离。在实践中通过调整电场强度、缓冲液（如组分、浓度、pH、表面活性剂和有机溶液等）、毛细管内壁涂层及柱温等因素，可改变电渗流的大小和方向，进而提高分辨率和选择性。最终实现待测组分的分离。

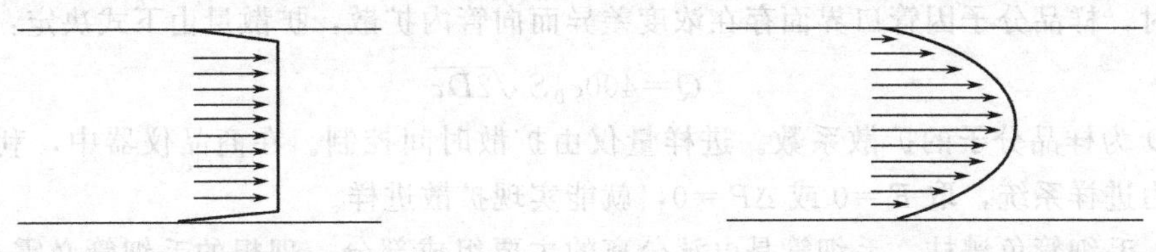

图 7-13　电渗流示意　　　　图 7-14　压力驱动流形

总之，毛细管电泳采用电渗流驱动流动相，不存在液相色谱中压力差的问题，可以使用更长的柱进行分离；另一方面，由于电渗流驱动的塞状平头流形消除了压力驱动的液相色谱中抛物线流形的径向扩散对柱效的影响，大大提高了分离效能。

7.5.2 毛细管电泳基本装置

毛细管电泳系统的基本结构包括进样系统、毛细管色谱柱、检测系统等部分（见图 7-15）。

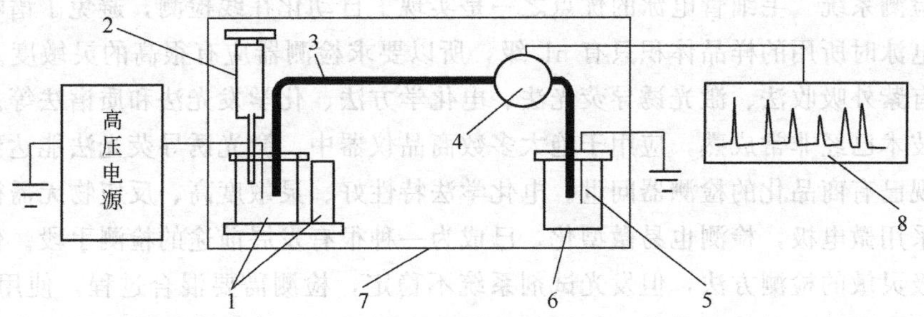

图 7-15　毛细管电泳的基本结构

1—高压电极槽和进样机构；2—填灌清洗机构；3—毛细管；4—检测器；5—铂丝电极；6—低压电极槽；7—恒温机构；8—记录/数据处理

(1) 进样系统　为达到高效快速的特点，毛细管电泳对进样的要求比较严格。进样应满足两方面的要求：一是进样时不能引入显著的区带扩张；二是样品量必须小于 100nL，否则易造成过载。有三种进样方法可让样品直接进入毛细管，即电动法、压力法和扩散法。

① 电动法　当把毛细管的进样端和铂金丝电极一并插入样品溶液中并加上电场时，样品就会因电迁移和电渗作用而进入毛细管。对于半径为 γ 的圆毛细管，其进样量可按下式计算：

$$Q=(\mu_{em}+\mu_{eo})\pi\gamma^2 E\tau c_0 \tag{7-15}$$

式中，E 为电场强度；τ 为进样时间；c_0 是样品浓度。由公式可知，进样量是由电场强度和进样时间控制的，但与样品浓度和样品组分的合淌度也有关系。电动进样对毛细管内的填充介质没有特别的限制，可实现完全自动化操作，也是商品仪器必备的进样方法。

② 压力法　压力法进样也叫流体进样。它是将毛细管进样端插入样品溶液中，由于毛细管两端处于不同的压力环境中产生压力差，从而使样品进入毛细管。设毛细管长度为 L，横截面积为 S，两端的压差为 ΔP，管中溶液的黏度为 η，则其进样量可表示为：

$$Q=\frac{c_0 S\pi\gamma^4}{8L\eta}(\Delta P)\tau \tag{7-16}$$

进样量由 ΔP 和 τ 控制，但与 η、L 和 γ 也有关系。由于 η 会受温度影响，所以为确保进样量的精确度，电泳体系应在恒温。

③ 扩散法　利用浓度差扩散原理同样可将样品分子引入毛细管。当将毛细管插入样品溶液中时，样品分子因管口界面存在浓度差异而向管内扩散，扩散量由下式决定：

$$Q=400c_0 S\sqrt{2D\tau} \tag{7-17}$$

式中，D 为样品分子的扩散系数。进样量仅由扩散时间控制。在商品仪器中，利用电动进样或压力进样系统，取 $E=0$ 或 $\Delta P=0$，就能实现扩散进样。

(2) 毛细管色谱柱　毛细管是电泳分离的主要组成部分。理想的毛细管必需是电绝缘、紫外-可见光透明和富有弹性的。通常的毛细管由熔融石英制成，在其外部涂敷一薄层聚酰亚胺后变得富有弹性，易于弯曲缠绕。聚酰亚胺涂层透明，所以检测窗口部位的外涂层必须剥离除去。毛细管还必须置于可调温的恒温环境中，以提高分离效率和重现性。

毛细管内壁含有大量带负电荷的硅羟基，用其分离阴离子 DNA 和酸性蛋白质等样品时效果较好，而用其分离阳离子的 DNA 或中性或碱性蛋白质样品的效果较差，常采用毛细管内壁改性和改变实验参数的方法克服弊端。

(3) 检测系统　毛细管电泳的优点之一是实现了自动化在线检测，避免了谱峰变宽。由于毛细管电泳时所用的样品体积只有 nL 级，所以要求检测器应有很高的灵敏度。其主要的检测方法有紫外吸收法、激光诱导荧光法、电化学方法、化学发光法和质谱法等。其中紫外吸收检测技术已经非常成熟，应用于绝大多数商品仪器中。激光诱导荧光法能达到单分子检测水平，现已有商品化的检测器问世。电化学法特性好、灵敏度高、反应物无需衍生，它的检测器多采用微电极，检测也易微型化，已成为一种很有发展前途的检测手段。化学发光法也是一种极灵敏的检测方法，但发光试剂系统不稳定，检测需要混合过程，使用不太方便。质谱是广泛应用的一种检测手段，但目前尚没有专用于毛细管电泳的检测器，均以联用方式实现柱后检测。

7.6　电泳分析的应用

电泳作为一门新兴的分离分析技术，已广泛地应用于医学、生物学、农业科学、环境监测及食品分析等各个领域。从氨基酸、肽、蛋白质、核酸到有机小分子和无机离子的分离分析，直到手性化合物的拆分，电泳法都是不可缺少的有效分析工具。

自然界中的动植物和微生物种类繁多，它们的生殖和死亡、生长和发育、遗传和变异以及新陈代谢的全部生命过程也不同。物种的千差万别，都是由于基因控制着遗传信息流的差异所致。基因中的 DNA（脱氧核糖核酸）、RNA（核糖核酸）和蛋白质分子不仅分子量不同，而且有不同的电荷，可通过电泳方法进行分离、检测和研究。

肿瘤检验是临床医学中的一项重要技术，电泳技术在这一领域内能够起到独特的作用。采用毛细管电泳测定患者血清中的多胺、嘌啶、唾液酸等肿瘤标记物的含量，并和正常人相比较，研究标记物浓度和肿瘤恶性程度之间的关系，可成为肿瘤早期诊断、选择治疗方案、疗效监测的有效手段。

DNA测序是当代一项极为重要的工作，举世瞩目的人体基因组工程就是一项以人体基因的DNA图表示和测序为重要目的的国际性项目。DNA是最富生物意义的核酸之一，它的功能是储存和传递遗传信息。DNA分子是由几种碱基通过碳原子连接起来的分子量极大的一种分子。遗传信息都存储于这些碱基的序列之中，要测定某一遗传信息的误差，就必须要分出某一个碱基的差别，即要进行DNA测序。DNA测序的过程是：首先将DNA切成小片段，然后对小片段作序列反应，再用平板电泳或毛细管电泳对反应产物进行分离检测，最后将一段段的序列数据编辑成完整的序列，电泳法分离检测是测序过程的关键步骤。人体中含有被排在23对染色体内的约3×10^9个碱基对，这个数量是非常巨大的，要进行碱基对的测序工作，准确性和速度成为关键指标。这一数量巨大、过程繁杂的工作是因为96根阵列毛细管电泳的实用化而大大加快，由预计的2005年提前到了2000年就已基本完成。

琼脂糖凝胶和聚丙烯凝胶电泳是分离、鉴定、纯化DNA片段的标准方法。它们可用不同形式、不同凝胶浓度和不同的装置进行电泳。采用水平电泳装置可进行DNA指纹分析。所谓的DNA指纹是指按一定的切点将DNA切成含有几百个核苷酸的多核苷酸片段，因为此片段如同人的指纹一样有高度的个体特征，称为DNA指纹。在正常情况下，同一个体不同组织来源的DNA指纹完全一样，可作为遗传标记，在进行亲子鉴定、血缘关系的分析中被广泛应用。DNA指纹图的检测方法的确立，实现了生物物证检测从以前的只能排除不能肯定到如今的认定的飞跃，开创了法医物证检测技术的新纪元。

在农业科研和农业技术中，电泳技术也得到了广泛的应用。我国是一个农业大国，植物种质资源非常丰富，在种质资源分类整理中，电泳技术是不可缺少的手段。通过电泳可以区分若干具有同一名称但农艺表现不同或具有同一农艺表现但有不同名称的品种。电泳还可以用于农作物种子纯度的检验以及检验动植物亲子关系。

习题

1. 什么是电泳分析法？试述电泳分析法在生物化学及临床医学方面的应用。
2. 何谓移界电泳、区带电泳、等速电泳和等电聚焦，它们的主要原理是什么？
3. 什么是离子的电泳淌度？它和哪些因素有关？
4. 何谓凝胶电泳的分子筛效应？它对于分离带电粒子有什么作用？
5. 什么是连续电泳和不连续电泳？
6. 毛细管电泳和普通色谱法相比较有哪些优点？
7. 试述蛋白质分子的带电行为，什么是蛋白质的等电点？
8. 等速电泳定性定量的依据是什么？
9. 某离子的淌度为$4\times10^{-5}\mathrm{cm^2/(V\cdot s)}$，电位梯度为0.8V/cm，在电场中电泳5h，忽略其扩散影响，该离子移动的距离是多少？
10. 用电泳法分离两蛋白质离子，已知其离子淌度分别为$3\times10^{-9}\mathrm{m^2/(V\cdot s)}$和$5\times10^{-9}\mathrm{m^2/(V\cdot s)}$，其电位梯度为70V/m，要使这两种离子拉开5mm的距离，所需电泳时间是多少？

参考文献

[1] 何忠效，张树政．电泳．第2版．北京：科学出版社，1999.

[2] 郭尧君，蛋白质电泳实验技术．北京：科学出版社，1999.
[3] 赵永芳．生物化学技术原理及应用．第3版．北京：北京科学出版社，2002.
[4] F. M. 埃弗雷特斯，J. L. 贝克尔斯，Th. P. E. M. 维尔海琴．等速电泳——理论、仪器和应用．陶宗晋，方继康译．北京：科学出版社，1984.
[5] 陈义．毛细管电泳技术及其应用．北京：化学工业出版社，2000.
[6] 邹汉法，刘震，叶明亮，张玉奎．毛细管电色谱及其应用．北京：科学出版社，2001.
[7] 国家自然科学基金委员会化学科学部组编．汪尔康主编．分析化学新进展．北京：科学出版社，2002.

8 气相色谱法

8.1 概 述

色谱法是一种重要的分离分析技术，由于其高分离效能、高检测性能、高速快捷的特点而成为现代仪器分析中应用最多最广的一种方法。1906 年，俄国植物学家茨维特（Michail Tswett）用一根柱子装满细粒状的碳酸钙，用于分离树叶色素的提取液。他将提取液注入柱子顶端，再用石油醚冲洗柱子，经过一段时间的冲洗，柱上出现了不同颜色的色带，色谱法因此而得名，此后这种方法广泛应用于无色物质的分离，但“色谱”这个名称一直沿用至今。

尽管色谱法种类繁多，但都具有两个不相混溶的相在做相对运动。两相中固定不动的相称为固定相，携带混合物流过固定相的液体称为流动相。由于混合物中被分离组分在两相间的分配系数（或吸附系数、渗透系数等）不同，因而在性质、结构上也有所差异，表现在与固定相发生作用时也有大小强弱之分，导致不同组分在固定相中的滞留时间长短不同，按先后次序从固定相中流出。由于混合物在两相中进行反复多次连续的分配，使组分间微小的性质差异产生明显效果，实现混合组分的有效分离，再通过检测器和记录仪得到色谱图进行定性定量分析。这种借在两相间的分配原理而使混合物中各组分分离的技术，称为色谱法（或称色层法、层析法）。

色谱法按不同角度可有不同的分类方法。

① 根据固定相和流动相的物态不同，色谱法可分为气相色谱法（流动相为气相）、液相色谱法（流动相为液相）、超临界色谱法（流动相为超临界流体）、气固色谱法（固定相为固体吸附剂）、气液色谱法（固定相为涂在固体载体上或毛细管壁上的液体）、液固色谱法和液液色谱法等。

② 根据固定相使用的形式不同，色谱法可分为柱色谱法（固定相装在色谱柱中）、纸色谱法（滤纸为固定相）和薄层色谱法（将吸附剂粉末制成薄层作固定相）等。

③ 根据分离原理的不同，色谱法可分为吸附色谱法（固定相为吸附剂，利用吸附剂表面对不同组分的物理吸附性能的差异进行分离）、分配色谱法（固定相为液体，利用不同组分在两相中有不同的分配系数来进行分离）、离子交换色谱法（固定相为离子交换树脂，利用固定相对各组分离子交换能力的差别来进行分离）和排阻色谱法（固定相为分子筛或凝胶，利用多孔性物质对不同大小分子的差异而进行分离）等。

各种分类方法的分类原则都是按色谱法的某一特征加以归纳分类的，但任何一种色谱所发生的机理往往不是单一的，而是几种机理同时发生作用的，所以各分类方法之间又有联系和区别。

气相色谱法（gas chromatography，GC）一般可分为气液色谱法和气固色谱法两种，其主要区别如表 8-1 所示。本章以气液色谱法为讨论重点。

表 8-1　气液色谱和气固色谱的区别

名称	固定相的物态	分离机理	应用范围
气液色谱法	液体，它被涂渍在载体表面上使用	溶解作用	挥发性的液体、固体和部分气体
气固色谱法	固体，一般为吸附剂	吸附作用	一般适用于气体

气相色谱法是以气体作为流动相的一种色谱技术。它首先将试样溶于流动相并加到色谱柱的顶端，然后让流动相连续均匀地通过色谱柱，由于各组分在固定相中的吸附或溶解能力不同，被流动相冲洗出的次序也不同，从而使各组分得到分离，被分离的组分在柱尾得到检测。分离 A、B 两组分的气相色谱原理如图 8-1 所示。试样在常温下无论是固体还是液体，当其被注入色谱柱进行分离时必须是处于“汽化”状态，因此它决定了气相色谱法的仪器装置的一些特点。典型的气相色谱仪流程图如图 8-2 所示。

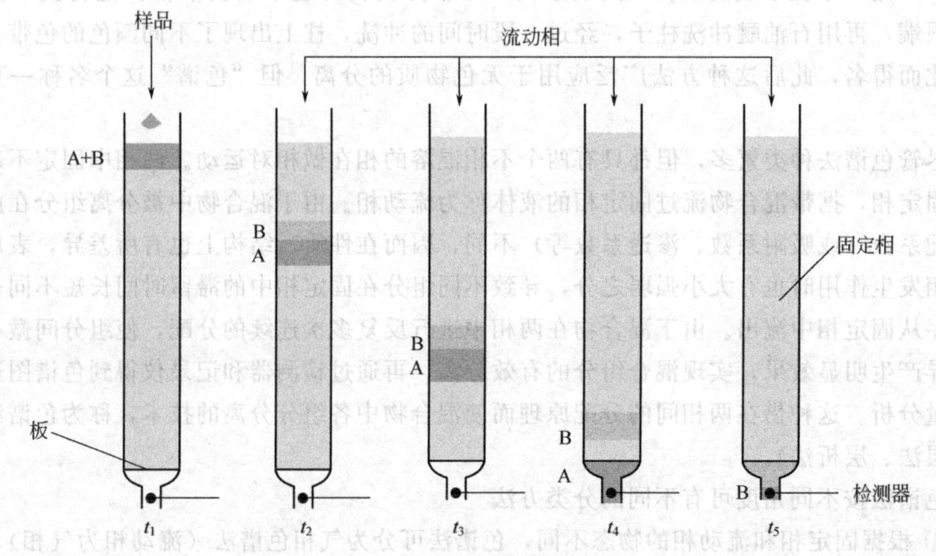

图 8-1　气相色谱分离过程示意图

载气一般储存在高压钢瓶中具有一定的压力，因此无需气泵。载气（不与被测物作用、载送试样的惰性气体如氢气、氮气、氦气、氩气等）经减压阀调节压力，净化干燥除去微量水分，针形阀调节流量，成为流量恒定的载气流后进入色谱柱，试样由注射器通过进样器注入，被不断流过的载气携带进入色谱柱进行分离，不同组分先后从色谱柱中流出，经过检测

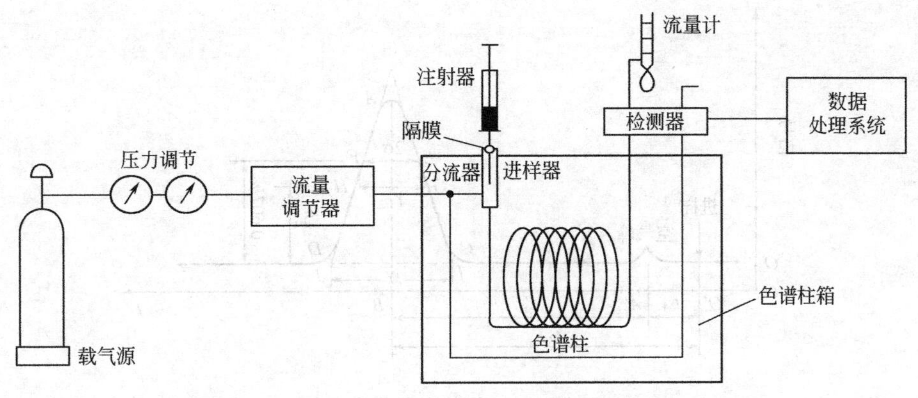

图 8-2 气相色谱仪流程

器和记录仪，得到如图 8-1(b) 所示的色谱图，图中两个峰代表混合物中至少有两种组分。

色谱仪通常由下列几部分组成。

(1) 载气系统 包括气源、净化器、气体流量控制和测量等部件，载气在压力梯度的作用下在柱内运行，要求载气干燥纯净、流量稳定。

(2) 进样系统 包括进样器、汽化室，将试样引入色谱柱并使常温下为液体的试样在汽化室瞬间汽化。进样系统的出口由硅橡胶隔膜密封，样品通过注射器刺穿隔膜注入系统。填充柱的进样量一般为 0.5～20μL。

(3) 色谱柱和柱箱 包括温度控制装置，混合试样在此进行分离。短柱可以直线形或 U 形柱放入柱箱，较长柱则盘绕成螺旋状。柱子使用前必须在载气流中充分加热老化，以达到除去残余溶剂或活化硅胶或分子筛的作用。

(4) 检测系统 包括检测器、检测器的电源及控制装置，对柱后已被分离的组分进行鉴定与测量。

(5) 记录系统 包括放大器、记录仪和色谱数据处理系统，记录由检测器产生的信号，以便对试样进行定性与定量分析。

8.2 气相色谱基本理论

8.2.1 气相色谱基本术语

当组分从色谱柱流出时，记录仪记录的信号-时间曲线即色谱图（见图 8-3）。其纵坐标为检测器输出的电信号（电压或电流），它反映流出组分在检测器内的浓度或质量的大小，横坐标为流出时间、记录纸移动距离或载气消耗体积。该曲线也称为色谱流出曲线，它反映了试样在色谱柱内分离的结果，是组分定性和定量分析的依据，同时也是研究色谱动力学与热力学因素的依据。一般色谱图中的色谱峰呈高斯分布曲线，可用正态分布函数表示。现以图 8-3 为例来说明有关的色谱术语。

(1) 基线 当色谱柱后没有组分进入检测器时，记录到的信号称为基线（baseline）。它反映了检测器系统噪声随时间的变化。稳定的基线是一条水平直线。

(2) 保留值 表示试样中各组分在色谱柱中的停留时间或将组分带出色谱柱所需流动相体积的数值。在一定的固定相和操作条件下，任何物质都有确定的保留值（retention），因

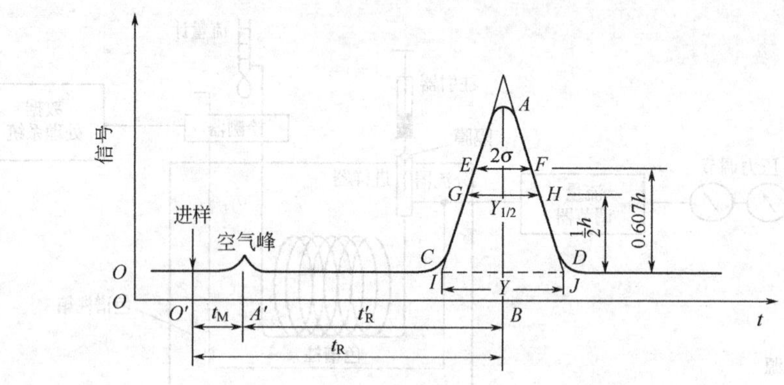

图 8-3 色谱流出曲线

此保留值可用作定性分析的参数。

① 保留时间（retention time） 从进样开始到柱后被测组分出现浓度最大值所需时间，以 t_R 表示。如图 8-3 中 $O'B$ 所示。

② 保留体积（retention volume） 从进样开始到柱后被测组分出现浓度最大值时流动相所通过的体积，用 V_R 表示。

③ 死时间（dead time） 不被固定相滞留的组分（如空气、甲烷等）从进样开始到柱后出现浓度最大值所需时间，用 t_M 表示，如图 8-3 中 $O'A'$所示。它表示不被固定相滞留的组分在柱内空隙中运行所耗费的时间，正比于色谱柱的空隙体积。

④ 死体积（dead volume） 不被固定相滞留的组分，从进样开始到柱后出现浓度最大值时所需流动相的体积，用 V_M 表示。它表示色谱柱在填充后柱管内固定相颗粒间所剩留的空间、色谱仪中管路和连接头间的空间以及检测器的空间总和。当后两项很小而可以忽略不计时，它可由死时间与色谱柱出口的载气流速 F_c（$mL \cdot min^{-1}$）来计算。

$$V_M = t_M F_c \tag{8-1}$$

⑤ 调整保留时间（adjusted retention time） 扣除死时间后的保留时间，用 t'_R表示。如图 8-3 中 $A'B$ 所示，调整保留时间可理解为组分在固定相中实际滞留的时间。

$$t'_R = t_R - t_M \tag{8-2}$$

⑥ 调整保留体积（adjusted retention volume） 扣除死体积后的保留体积，用 V'_R表示。同理有：

$$V'_R = V_R - V_M \tag{8-3}$$

V'_R与 t'_R间的关系为：

$$V'_R = t'_R F_c \tag{8-4}$$

死体积反映了色谱柱的几何特性，它与被测物质的性质无关。故调整保留值 t'_R和 V'_R更合理地反映被测组分的保留特性。

⑦ 相对保留值（relative retention value） 在相同条件下，组分 2 与组分 1 的调整保留值之比，用 r_{21}表示。

$$r_{21} = \frac{t'_{R2}}{t'_{R1}} = \frac{V'_{R2}}{V'_{R1}} \tag{8-5}$$

采用相对保留值可以消除某些操作条件对保留值的影响，只要柱温、固定相和流动相的性质保持不变，即使柱长、柱径、填充情况及流动相流速有所变化，由于相对保留值在较短的时间间隔内进行测定，实验条件对保留值的影响在分子分母中都存在，其比值仍基本保持不变，所以它是色谱定性分析的重要参数。

从式(8-5) 可以看出：相邻两组分的 t'_R 或 V'_R 相差越大，两峰相距越远，分离程度越好，r_{21} 值也越大。当 $r_{21}=1$ 时，两组分不能分离。r_{21} 也可以用来表示色谱柱固定相的选择性，因此 r_{21} 也被称作选择因子，用 α 表示。选择因子 α 在后面还会遇到。

(3) 区域宽度　色谱峰区域宽度（peak width）是色谱流出曲线中的一个重要参数，它可以衡量柱效率，也反映色谱操作条件的动力学因素。从色谱分离角度考虑，希望区域宽度越窄越好。通常度量色谱区域宽度有三个参数。

① 标准偏差（standard deviation）σ　0.607 倍峰高处色谱宽度的一半。如图 8-3 中 EF 的一半。

② 半峰宽（peak width at half-height）$Y_{1/2}$：又称半宽度或区域宽度，即峰高为一半处的宽度。如图 8-3 中的 GH。由于 $Y_{1/2}$ 易于测定，使用方便，常用它表示区域宽度。它与标准偏差的关系为：

$$Y_{1/2}=2\sigma\sqrt{2\ln 2}=2.35\sigma \tag{8-6}$$

③ 峰底宽度（peak width at peak base）Y　自色谱峰两侧的拐点所作切线在基线上截距间的距离，如图 8-3 中的 IJ 所示。它与标准偏差的关系为：

$$Y=4\sigma \tag{8-7}$$

(4) 分配系数 K　组分在固定相和流动相之间发生的吸附、脱附和溶解、挥发过程称为分配过程。色谱分离是基于固定相对试样中各组分的吸附或溶解能力的不同，而吸附或溶解能力的大小可用分配系数来描述。在一定温度和压力下，组分在固定相和流动相中平衡浓度的比值，称为分配系数（distribution coefficient）。

$$K=\frac{\text{组分在固定相中的浓度}}{\text{组分在流动相中的浓度}}=\frac{c_S}{c_M} \tag{8-8}$$

一定温度下，各物质在两相间的分配系数是不同的。分配系数小的组分每次分配平衡后在流动相（气相）中的浓度较大，随载气较早流出色谱柱；而分配系数大的组分，每次分配平衡后在气相中的浓度较小，因而流出色谱柱的时间较晚。相同条件下，如两组分的 K 值相同，则色谱峰重合。K 值与组分及固定相的热力学性质有关，并随柱温的变化而变化。

(5) 分配比 k　在一定温度、压力下，当两相间达分配平衡时，组分在两相中的质量比，称为分配比（partition ratio）。

$$k=\frac{m_S}{m_M} \tag{8-9}$$

分配比亦称为容量因子（capacity factor）或容量比（capacity radio）。分配比和分配系数之间的关系为：

$$K=\frac{c_S}{c_M}=\frac{m_S/V_S}{m_M/V_M}=k\frac{V_M}{V_S}=k\beta \tag{8-10}$$

式中，V_M 为色谱柱中流动相的体积，即柱内固定相颗粒间的空隙体积；V_S 为色谱柱中固定相的体积。在不同类型的色谱中，V_S 有不同的含义。例如在气-液色谱分析中它为固定液体积，在气-固色谱分析中则为吸附剂表面容量。V_M/V_S 称为相比 β（phase ratio），是两个相的体积比值，它反映了各种色谱柱柱型及其结构的特点，不同的柱型其 β 值相差较大，如实验室经常使用的填充柱，其 β 值为 6～35，而毛细管柱的 β 值一般为 60～600。

分配比 k 与保留值之间的关系如式(8-11)，根据此公式 k 值可直接从色谱图中测得。

$$k=\frac{t'_R}{t_M}=\frac{V'_R}{V_M} \tag{8-11}$$

k 值一般在 1～5 的范围内比较适宜，若 k 值大大小于 1，则 $t'_R \approx t_M$，组分的保留时间和死时间几乎相等，化合物流出太快，若 k 明显超过 20，则保留时间太长。

分配系数和分配比都与组分及固定相的热力学性质有关，并随柱温柱压的变化而变化。分配系数是组分在两相中浓度之比，与两相体积无关；分配比则是组分在两相中分配总量之比，与两相体积有关，组分的分配比随固定相的量而改变。对一给定的色谱体系，组分的分离取决于组分在每一相中的总量的大小，而不是相对浓度的大小，因此分配比更经常用来衡量色谱柱对组分的保留能力。

8.2.2 塔板理论

塔板理论（plate theory）用数学模型描述了色谱分离过程。该理论把整个色谱柱比拟成精馏塔，把色谱分离过程比拟作精馏过程。色谱柱由长度为 H 的许多小段组成，犹如精馏塔由许多塔板所组成一样。在每小段距离 H 内达成一次气液平衡，相当于在精馏塔中一块塔板上完成一次分离，色谱柱的这一小段距离 H 称为理论塔板高度（height equivalent to theoretical plate）。假设整个柱是均匀的，柱长为 L，柱的分离效果用理论塔板数 n（number of theoretical plates）表示。n 值越大，表示达成气液平衡的次数越多，分离发生的机会也越多，柱效越好。塔板理论基于以下假设。

① 在理论塔板高度 H 内，气液分配平衡能很快达成。

② 载气进入色谱柱不是连续的而是脉动式的。在一个塔板高度内载气所占据的空间称为板体积 ΔV，每次进气为一个板体积。

③ 试样开始时都加在 0 号塔板上，且试样沿色谱柱方向的纵向扩散可忽略不计。

④ 分配系数在各塔板上是常数，与组分在某一塔板上的量无关。

为简单起见，设色谱柱由 5 块塔板组成，以 r 表示塔板编号（$n=5$，$r=0, 1, 2, \cdots, n-1$），组分的分配比 $k=1$，则根据上述假定，在色谱分离过程中该组分的分布可计算如下：

开始时若单位质量的某组分（$m=1\text{mg}$ 或 $m=1\mu\text{g}$）加到 0 号塔板上，分配达平衡后，由于 $k=1$，根据式(8-9) 可知：$m_S=m_M=0.5$。当一个板体积（$1\Delta V$）的载气以脉动形式进入 0 号板时，就将气相中含有 m_M 部分组分的载气顶到 1 号板上，此时 0 号板液相中尚存的组分（$m_S=0.5$）和 1 号板气相中的部分组分（$m_M=0.5$）将重新在两相间分配，重新分配后，0 号板液相和气相中的组分含量均为 0.25，而 1 号板上液相和气相中的组分含量也都为 0.25。此后每当一个新的板体积载气以脉动形式进入色谱柱时，上述过程就重复一次，如图 8-4 所示。

按上述分配过程，对于 $n=5$，$k=1$，$m=1$ 的体系，随着载气脉动形式进入柱中，板体积不断增加，组分分布在柱内任一板上的气、液相总量见表 8-2。由表中数据可见当 5 个板体积载气进入柱子后，组分就开始在柱出口出现，进入检测器产生信号。组分从柱中冲洗出来的最大浓度是在 $n=8$ 和 9 时。由于假设的塔板数只有 5，故流出曲线呈峰形但不对称。当 $n>50$ 时，就可得到对称的峰形。实际上气相色谱中的 n 值一般都可达到 10^3～10^6，色谱流出曲线（色谱峰）呈正态分布，可用高斯分布表示，此式称为流出曲线方程式。

$$c=\frac{c_0}{\sigma\sqrt{2\pi}}\mathrm{e}^{-\frac{(t-t_R)^2}{2\sigma^2}} \tag{8-12}$$

式中，c 为时间 t 时组分的浓度；c_0 为进样浓度；t_R 为保留时间；σ 为标准偏差。

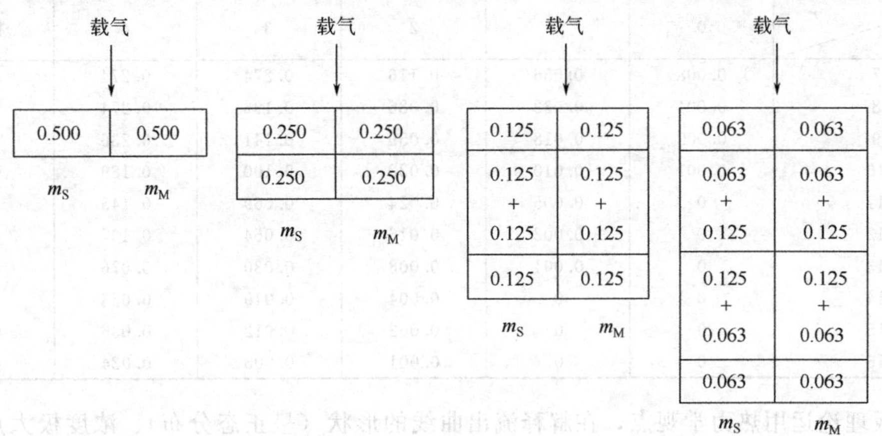

图 8-4　分离过程示意

由塔板理论的流出曲线方程可导出理论塔板数 n 与色谱峰底宽度的关系：

$$n=5.54\left(\frac{t_R}{Y_{1/2}}\right)^2=16\left(\frac{t_R}{Y}\right)^2 \tag{8-13}$$

而

$$H=\frac{L}{n} \tag{8-14}$$

由式(8-13) 及式(8-14) 可知，组分保留时间越长，峰形越窄，理论塔板数 n 就越大，理论塔板高度 H 也越小，说明柱效能越高。因而 n 或 H 可作为描述柱效能的指标。但有时候根据公式计算出来的 n 值很大，色谱柱实际分离效能却并不好，为了更符合实际情况，扣除死时间的影响，用有效塔板数 $n_{有效}$ 和有效塔板高度 $H_{有效}$ 代替理论塔板数 n 和理论塔板高度 H：

$$n_{有效}=5.54\left(\frac{t_R'}{Y_{1/2}}\right)^2=16\left(\frac{t_R'}{Y}\right)^2 \tag{8-15}$$

$$H_{有效}=\frac{L}{n_{有效}} \tag{8-16}$$

有效塔板数和有效塔板高度消除了死时间的影响，较为真实地反映了柱效能的好坏。但同一色谱柱对不同的组分其柱效能是不一样的，因此以有效塔板数和有效塔板高度来表示柱效时，必须说明是对什么物质而言。

表 8-2　组分在 $n=5$，$k=1$，$m=1$ 柱内任一板上的分配

n \ r	0	1	2	3	4	柱出口
$n=0$	1	0	0	0	0	0
1	0.5	0.5	0	0	0	0
2	0.25	0.5	0.25	0	0	0
3	0.125	0.375	0.375	0.125	0	0
4	0.063	0.25	0.375	0.25	0.063	0
5	0.032	0.157	0.313	0.313	0.157	0.032
6	0.016	0.095	0.235	0.313	0.235	0.079

续表

n \ r	0	1	2	3	4	柱出口
7	0.008	0.056	0.116	0.274	0.274	0.118
8	0.004	0.032	0.086	0.196	0.274	0.133
9	0.002	0.018	0.059	0.141	0.236	0.138
10	0.001	0.010	0.038	0.100	0.189	0.118
11	0	0.005	0.024	0.069	0.145	0.095
12	0	0.002	0.016	0.064	0.107	0.073
13	0	0.001	0.008	0.030	0.076	0.054
14	0	0	0.004	0.019	0.053	0.038
15	0	0	0.002	0.012	0.036	0.028
16	0	0	0.001	0.008	0.024	0.018

塔板理论运用热力学观点，在解释流出曲线的形状（呈正态分布）、浓度极大点的位置以及计算评价柱效能等方面都取得了成功，但它的某些假设不符合色谱的实际过程，也没有考虑各种动力学因素对色谱柱内传质过程的影响，因而不能找出影响塔板高度的因素，也不能说明峰为什么会展宽。

8.2.3 速率理论

1956 年，荷兰学者范弟姆特（Van Deemter）在塔板理论的基础上，考虑了影响塔板高度的动力学因素，导出了塔板高度 H 和载气线速度 u 的关系，建立了范弟姆特方程：

$$H = A + \frac{B}{u} + Cu \tag{8-17}$$

式中各项物理意义表述如下。

（1）涡流扩散项 A

$$A = 2\lambda d_p \tag{8-18}$$

式中，λ 为填充不规则因子；d_p 为填充物平均直径。由于色谱柱中填充物颗粒大小不同及填充的不均匀性，组分在气相中的流动通道是弯弯曲曲、宽窄不等、四通八达的，气体通过这许多可能的通道，不断改变流动方向，形成紊乱的类似涡流的流动，因而组分分子到达柱出口的时间不同，引起谱带的展宽（见图 8-5）。对于空心毛细管柱，因无填充物，不存在涡流扩散，$A=0$。

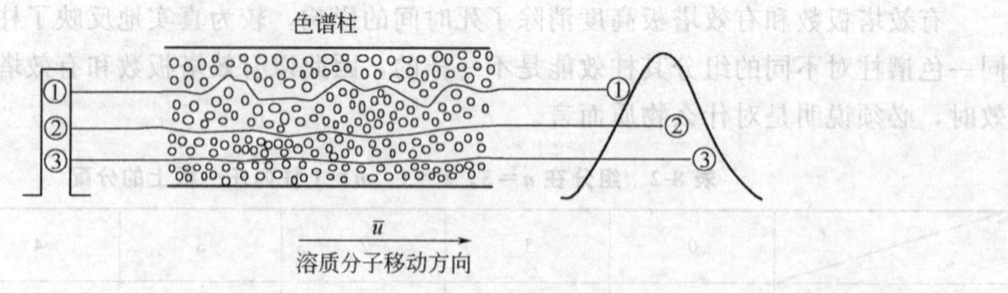

图 8-5　涡流扩散示意

（2）分子扩散项 B/u　分子扩散项又称为纵向扩散项，其中 B 为分子扩散系数，u 为载气线速度。

$$B = 2\gamma D_g \tag{8-19}$$

式中，γ 表示填充柱内流动相扩散路径弯曲的因素（也称弯曲因子）；D_g 为组分在气相中的扩散系数（单位为 $cm^2 \cdot s^{-1}$）。由于试样组分被载气带入色谱柱后，在某一区域内比较集中，在此区域外主要是载气分子，这种状态可形象地比喻成组分以一个“塞子”的形式存在于色谱柱内。在“塞子”运行过程中组分分子必然向“塞子”两侧扩散（纵向扩散），造成谱带展宽（见图 8-6）。

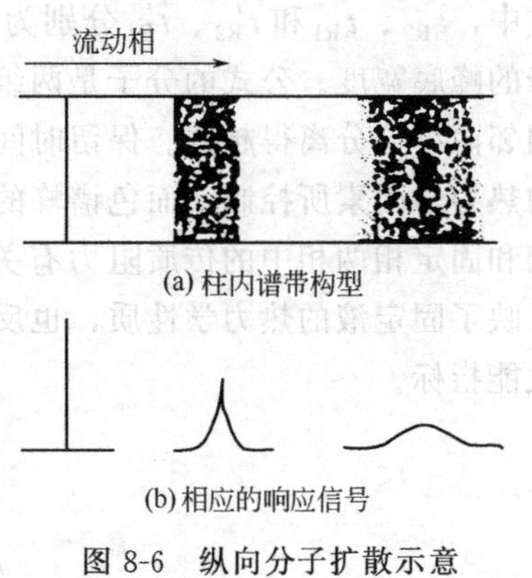

图 8-6　纵向分子扩散示意

纵向扩散的大小与组分在色谱柱中的保留时间有关。载气流速小，组分保留时间长，纵向扩散项就大，对色谱峰扩张的影响就大。分子扩散项还与 D_g 成正比，而 D_g 与组分及载气的性质有关，也和温度、压力有关。增加载气压力或载气分子量，都可降低 D_g。D_g 随柱温的增高而增加。γ 与填充物有关，空心毛细管柱由于没有填充阻碍，扩散程度最大，$\gamma=1$；填充柱中由于填充阻碍，扩散程度降低，$\gamma<1$。对硅藻土载体，γ 为 0.5～0.7，随着填料粒度的加大，γ 值也增加。

通常为减小 B 项，采用分子量大的载气和增加其线速度。

(3) 传质阻力项 Cu　所谓传质过程即是质量的传递过程。在色谱柱内，组分分子在气液界面上溶解、挥发，也就是在气液界面上进行质量交换，同时组分分子也进入固定相内部进行质量交换。前者称为气相传质过程，后者称为液相传质过程。

传质阻力项中 C 为传质阻力系数，它包括气相传质阻力系数 C_g 和液相传质阻力系数 C_l 两项。气相传质阻力是由于组分分子进入色谱柱后，靠近固定相颗粒的组分分子受到的阻力大于流束中央的分子，流动速度较慢，移动距离较短；流束中央的分子流动快，移动距离较长，从而引起峰形的扩展。液相传质阻力是由于一部分分子溶解渗透在固定液中较深，在固定液中滞留的时间较长，从而引起峰形的扩展。采用粒度小的填充物和分子量小的载气（如 H_2）可减小 C_g，采用低固定液配比和低黏度的固定液可降低液相传质阻力。

范弟姆特方程较好地说明了填充均匀程度、粒度、载气种类、流速、柱温、固定相液膜厚度和组分性质等对柱效、峰形扩展的影响，对气相色谱分离条件的选择具有指导意义。

8.2.4　分离度 R

从图 8-7 的色谱图来看，两个组分要达到完全分离，首先是两组分色谱峰间的距离相差较大，其次是色谱峰要尽可能地窄，只有同时满足这两个条件时，两组分才能完全分离。图 8-7(a) 两色谱峰距离近且峰形宽，严重重叠，说明选择性和柱效都很差；图 8-7(c) 中虽然两峰距离拉开了，但峰形仍很宽，说明选择性好但柱效差；图 8-7(b) 分离最理想。图 8-7(d) 是因为容量因子小而导致的样品分辨率低。因此，单独使用选择性或柱效来描述组分的分离程度并不全面，此外，柱效的好坏还依赖于容量因子和塔板数的大小，但这些指标都不能完整地描述组分的分离情况。为判断相邻两组分在色谱柱中的分离情况，可用分离度(resolution) R 作为色谱柱整个系统的分离效能指标。它是既能反映柱效率，又能反映选择性的一个综合性指标。

分离度 R 的定义为相邻两组分色谱峰保留值之差与两组分色谱峰峰底宽度之和的一半的比值。

$$R=\frac{t_{R2}-t_{R1}}{\frac{1}{2}(Y_1+Y_2)}=\frac{t'_{R2}-t'_{R1}}{\frac{1}{2}(Y_1+Y_2)} \tag{8-20}$$

式中，t_{R2}、t_{R1}和t'_{R2}、t'_{R1}分别为两组分的保留时间和调整保留时间；Y_1、Y_2为相应色谱峰的峰底宽度。公式的分子是两组分峰间的距离；分母则是色谱峰宽窄的度量，R 值越大，相邻两组分分离得越好。保留时间的差别反映了组分在两相间的分配情况，它由色谱过程中的热力学因素所控制；而色谱峰的宽窄反映了组分在色谱柱中的运动情况，它与组分在流动相和固定相两相中的传质阻力有关，是一个动力学因素。分离度 R 综合了这两个因素，既反映了固定液的热力学性质，也反映了色谱过程的动力学因素，因此可作为色谱柱的总分离效能指标。

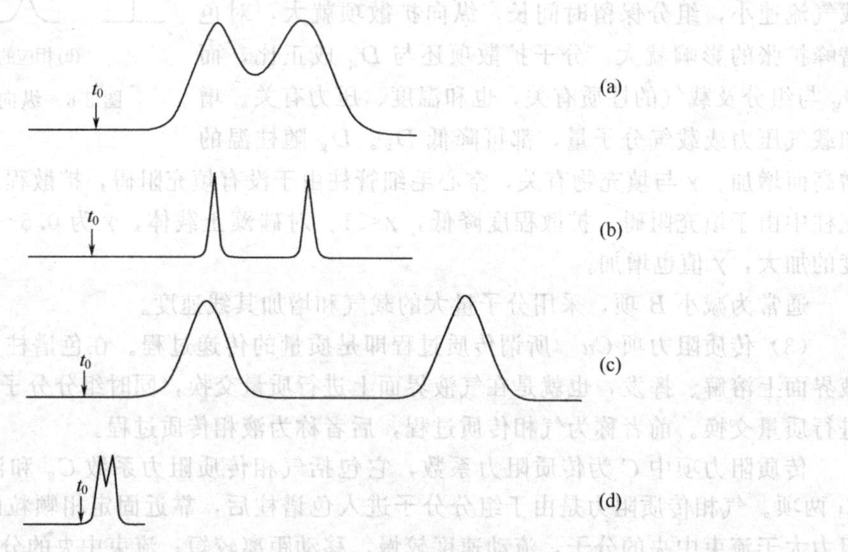

图 8-7 四种不同选择性和柱效的色谱峰

(a) 分辨率低；(b) 柱效高，分辨率高；(c) 柱选择性好，分辨率高；(d) 容量因子低，分辨率低

需要说明的是在式(8-20)中，t_R 及 $Y_{1/2}$需用同一物理量的单位，既可采用保留时间的单位，也可采用峰底宽度的单位，时间单位和距离单位可通过记录仪的走纸速度进行换算。

若色谱峰峰形对称且满足高斯分布，当 $R \leqslant 1$ 时，分离程度小于 98%，两组分有明显交叠；当 $R \geqslant 1.5$ 时，分离程度可达 99.7%，因此常以 $R=1.5$ 作为相邻两峰已完全分开的标志。当峰形不对称或两峰有重叠时，基线宽度难于测量，分离度公式可以半峰宽来表示：

$$R'=\frac{t_{R2}-t_{R1}}{\frac{1}{2}(Y_{1/2,1}+Y_{1/2,2})} \tag{8-21}$$

R'与R 物理意义相同，只是数值不同，$R=0.59R'$。

8.2.5 分离条件的选择

(1) 色谱分离基本方程　分离度R 和柱效能n、选择因子α 之间的关系可用色谱分离基本方程来表示：

$$R=\frac{\sqrt{n}}{4}\left(\frac{\alpha-1}{\alpha}\right)\left(\frac{k}{1+k}\right) \tag{8-22}$$

它表明R 随体系的热力学性质（α 和k）的改变而改变，也与色谱柱条件（n）有关。在实际应用中，常用有效塔板数代替理论塔板数。用有效塔板数表示的色谱分离基本方程式为：

$$R=\frac{\sqrt{n_{有效}}}{4}\times\left(\frac{\alpha-1}{\alpha}\right) \tag{8-23}$$

式(8-23) 说明当选择因子 α 一定时，分离度直接与有效塔板数有关，因此有效塔板数可以正确代表柱效能。而式(8-22) 说明分离度和理论塔板数的关系还受热力学因素的影响。当固定相确定，被分离组分的 α 确定后，由式(8-22) 得：

$$\frac{R_1}{R_2}=\sqrt{\frac{n_1}{n_2}}=\sqrt{\frac{L_1}{L_2}} \tag{8-24}$$

由此看出，分离度与 n 或 L 的平方根成正比，增加柱长可改进分离度，同时也增加了各组分的保留时间而引起峰形的扩展。增加 n 值的另一办法是减小柱的 H 值，即通过制备性能优良的柱在最优化条件下进行操作来提高分离度。如图 8-7(a) 的两个重叠峰，其分辨率 R 较低，通过增加理论塔板数 n，虽然两峰的保留时间不变，但由于峰宽减小而使两峰分离，即分辨率 R 提高［见图 8-7(b)］。

选择因子 α 越大，柱选择性越好，分离效果越好。增大 α 值是提高分离度的有效办法。如 α 值为 1.10 时，获得分离度为 1.0 的色谱柱的有效塔板数为 1900，但只要把 α 值增加到 1.15，在同一柱上的分离方式 α 就可 1.5 超过以上。通过改变固定相，使各组分的分配系数有较大差别即可增加 α 值。图 8-7(c) 表示虽然理论塔板数 n 没有增加，峰宽没能得到改善，但由于 α 的增加使两峰间距离增大而使分辨率得到改善。

容量因子 k 较大对 R 有利。其最佳范围是 $1<k<10$，当 $k>10$ 时，$k/(k+1)$ 变化不大。改变柱温会影响分配系数而使 k 值改变。减少柱的死体积能使 $k/(k+1)$ 增加，从而改善分离度。图 8-7(d) 表示柱效和选择性都合适，但由于容量因子（分配比 k）较小而导致的低分辨率的情况。

基于色谱分离基本方程，可以通过改变各个变量对分离进行优化。选用不同的固定相可调整选择性系数 α；在气相色谱中改变温度可优化容量因子 k；而采用不同的柱长或板高可优化理论塔板数 n；而板高又受流速、填料粒度、流动相和固定相的黏度、扩散系数或固定相液膜厚度的影响。

色谱基本分离方程是很有用的公式，它将柱效、选择因子、分离度三者联系在一起，知道其中两个指标，即可计算出第三个指标。

【例 8-1】 在一根 1m 长的色谱柱上分离一试样，得到的色谱数据为：$t_M=1\text{min}$，$t_{R1}=6\text{min}$，$t_{R2}=6.75\text{min}$，$Y_1=Y_2=1\text{min}$。若欲得 $R=1.2$ 的分离度，有效塔板数应为多少？色谱柱要加到多长？

解： 选择因子

$$\alpha=\frac{t'_{R2}}{t'_{R1}}=\frac{6.75-1}{6-1}=1.15$$

分离度

$$R=\frac{2(t_{R2}-t_{R1})}{Y_1+Y_2}=\frac{2\times(6.75-6)}{1+1}=0.75$$

由式(8-15) 得在 $R=0.75$ 时的有效塔板数：

$$n_{有效}=16\left(\frac{t'_{R2}}{Y}\right)^2=16\times\left(\frac{6.75-1}{1}\right)^2=529\ (块)$$

欲得分离度为 $R=1.2$ 时所需有效塔板数由式(8-23) 计算得：

$$n_{需要}=16R^2\left(\frac{\alpha}{\alpha-1}\right)^2=16\times1.2^2\times\left(\frac{1.15}{1.15-1}\right)^2=1354\ (块)$$

所需柱长：

$$L=\frac{1354}{529}\times 1=2.56\approx 3\ (\text{m})$$

（2）载气及其流速的选择　根据范弟姆特方程式(8-17)，以塔板高度 H 和载气线速度 u 作图得图 8-8。由图上可以看出：当线速度 u 较小时，纵向扩散项 B/u 起主导作用，H 随 u 的减小而迅速增大；当线速度较大时，传质阻力项 Cu 起主导作用，而纵向扩散项的作用很小。在曲线的最低点塔板高度最小（$H_{\min}$），柱效最高，该点所对应的流速即为最佳流速 $u_{最佳}$。

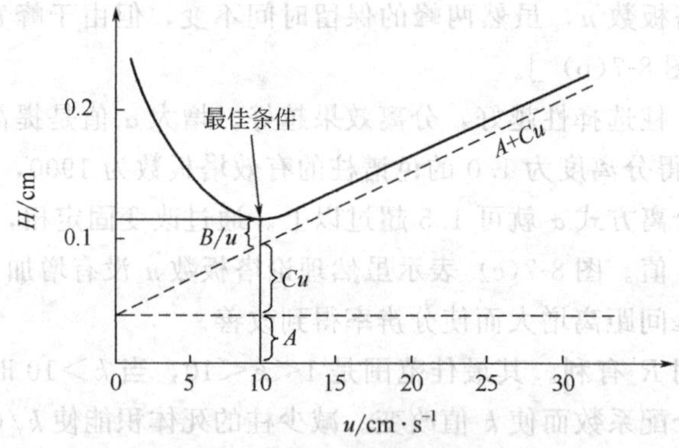

图 8-8　塔板高度与载气线速度的关系

$$u_{最佳}=\sqrt{\frac{B}{C}} \tag{8-25}$$

$$H_{最小}=A+2\sqrt{BC} \tag{8-26}$$

在最佳线速度和最小塔板高度的条件下，进行色谱测定的速度较慢，往往不能满足实际需要，为缩短分析时间，可使用略大于最佳线速度的载气流速，此时板高有所增加，柱效降低，可通过增加柱长使柱效保持不变，此时分析时间缩短，分析速度加快，分离效果较好。

（3）柱温的选择　在色谱分离过程中，柱温是一个重要参数，同时又是一个复杂因素。它既影响分离效能，又影响分析速度。人们很难从理论上导出最佳柱温方程或柱温与其他参数之间的定量关系，只能定性地讨论柱温的变化规律，并从实验中总结出一些柱温选择的经验规律。

每一种固定液都有一定的使用温度，因此柱温的选择首先要考虑的是不能超过固定液的最高使用温度。其次，提高柱温虽有利于降低塔板高度，改善柱效，但它使各组分的挥发靠拢，不利于分离，因此从分离的角度考虑，宜采用较低柱温，但柱温太低分析时间延长，且峰形变宽柱效下降。兼顾这几方面的因素选择柱温的原则是：在使最难分离的组分尽可能分离的前提下，采用较低的柱温，但以保留时间适宜，峰形不拖尾为度。具体操作条件的选择根据实际情况而定。

对于宽沸程（沸程大于 100℃）的多组分混合物若使用单一柱温会产生一些问题。柱温太低，分析时间过长且高沸点组分出峰时间拖延、峰形扁平难以测定甚至不能出峰；如果柱温选择太高，则出峰太快，低沸点组分不能完全分开。因此对这类混合物的分析宜采用程序升温法。所谓程序升温即柱温按预定的加热速度随时间程序地提高柱温，程序开始时，柱温较低，最早流出的低沸点组分得到很好的分离；随柱温增加，较高沸点的组分较快地流出，并和低沸点组分一样能得到分离良好的尖峰。图 8-9 是混合醇恒温和程序升温色谱图的比较。从图中可以看到采用程序升温不仅可改善分离，还可以节省时间，并得到较好的色谱峰形。通过程序升温可将宽沸程的混合物一次分离，并使峰的检测限和精度在整个色谱图中保持相同。

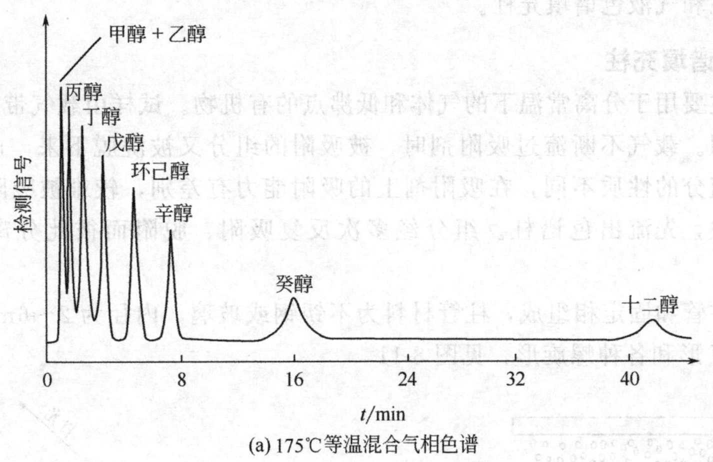

(a) 175℃等温混合气相色谱

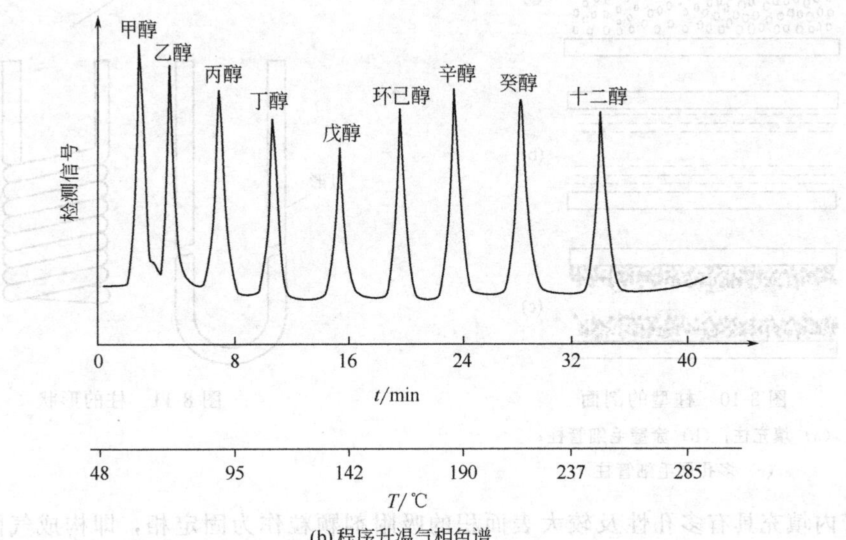

(b) 程序升温气相色谱

图 8-9　醇混合物的分离

（4）汽化温度的选择　必须具备足够的汽化温度，使液体试样进样后迅速汽化，被载气带入色谱柱中进行分离。在保证试样不分解的情况下，适当提高汽化温度对分离和定量测定都有利。

8.3 色 谱 柱

色谱分析中混合物各组分的分离都是在色谱柱中完成的，所以说色谱柱是分离系统的“心脏”。色谱柱按结构可分为填充柱和毛细管柱两大类。填充柱是在色谱柱内充满细颗粒的填充物（packing），载气在填充物间隙孔道内通过，柱的渗透性比较差；毛细管柱又叫空心柱，分为涂壁、多孔层毛细管柱。涂壁空心柱是在其管内壁上涂渍固定相，载气由管中心孔道通过。由于这种柱的渗透性比较好，传质阻力小，一般可用几十米的长柱。另一种是固定液涂在厚约 30μm 的多孔载体上，多孔层毛细管含有相当多的固定液而有较高的样品容量，但柱效较涂壁柱低，比填充柱高，如图 8-10 所示。本书主要介绍填充柱。填充柱又可分为气固色谱填充柱和气液色谱填充柱。

8.3.1 气固色谱填充柱

气固色谱主要用于分离常温下的气体和低沸点的有机物。试样由载气带入柱子后，立即被吸附剂所吸附。载气不断流过吸附剂时，被吸附的组分又被洗脱下来，这一过程称为脱附。试样中各组分的性质不同，在吸附剂上的吸附能力有差别，较难被吸附的组分容易脱附，移动速度快，先流出色谱柱。组分经多次反复吸附、脱附而彼此分离，先后流出色谱柱。

填充柱由柱管和固定相组成，柱管材料为不锈钢或玻璃，内径为 2～6mm，长为 0.5～10m，形状有 U 形和各种螺旋形，见图 8-11。

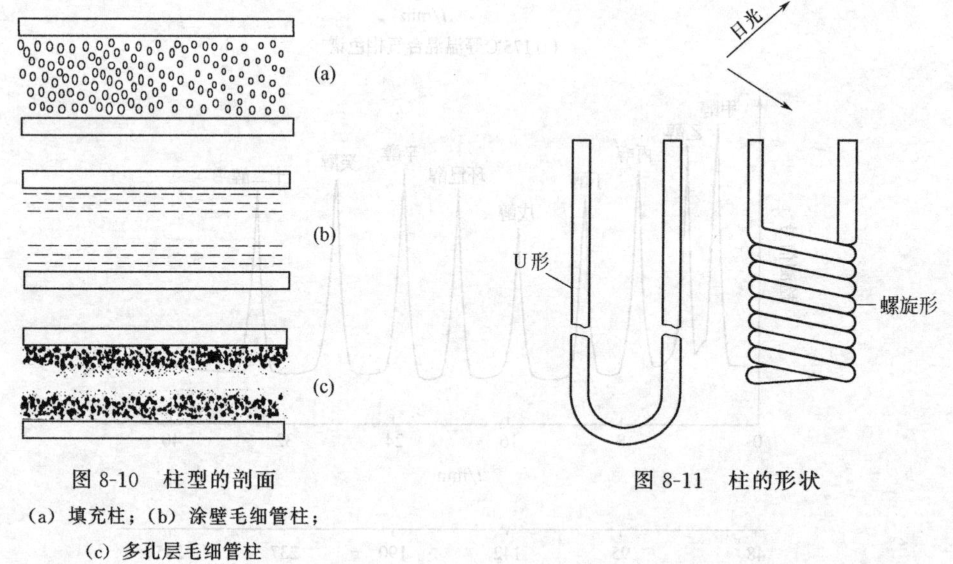

图 8-10 柱型的剖面
(a) 填充柱；(b) 涂壁毛细管柱；
(c) 多孔层毛细管柱

图 8-11 柱的形状

在管内填充具有多孔性及较大表面积的吸附剂颗粒作为固定相，即构成气固色谱填充柱。常用的吸附剂有非极性的活性炭、弱极性的氧化铝、强极性的硅胶等。它们对各种气体吸附能力的强弱不同，可根据分析对象选用不同的吸附剂。气固色谱中经常出现峰形拖尾现象，这主要是由于吸附剂表面不均匀而引起的，近年来通过对吸附剂表面进行物理化学改性，研制出表面结构均匀的吸附剂（如石墨化炭黑、碳分子筛等），不但使极性化合物的色谱峰不拖尾，还可以分离一些顺反空间异构体。

高分子多孔微球（GDX）是以二乙烯基苯作为单体，经悬浮共聚所得的交联高分子聚合物，它的比表面大，为均匀的球状体，由于是人工合成，故可控制其孔径的大小，是一种应用日益广泛的气固色谱固定相。它对含羟基的化合物亲和力很小，且基本按照分子质量顺序分离，相对分子质量较小的水分子可在一般有机物之前出峰，峰形对称。因此它常用于醇类或含水有机物的分析，并可测定其中水的含量。气体中水含量的测定用气液色谱柱和气固色谱柱进行分析都会有一定困难。气固色谱法常用的吸附剂列于表 8-3 中。

表 8-3 气固色谱法常用的吸附剂

吸附剂	使用温度/℃	性质	分析对象	使用前活化处理
活性炭	<200	非极性	惰性气体、N_2、CO_2 和低沸点碳氢化合物	装柱，在 N_2 保护下加热到 140～180℃，活化 2～4h
氧化铝	<400	弱极性	烃类及有机异构物	粉碎过筛，600℃下烘烤 4h，装柱，高于柱温 20℃下活化
硅胶	<400	氢键型极性	永久性气体及低级烃类	装柱，在 200℃下通载气活化 2～4h
分子筛	<400	极性	惰性气体和永久性气体	粉碎过筛，在 550℃下烘烤 4h
GDX	<250	按聚合物原料不同，可从非极性到强极性	各种气体、低沸点化合物、微量水等	170～180℃下烘去水分后，在 H_2 或 N_2 气中活化处理 10～20h

8.3.2 气液色谱填充柱

气液色谱填充柱是应用最广的一种柱。实际工作中高达 80% 的样品使用气液色谱。气液色谱柱中，把承担固定液的化学惰性固体微粒称为载体；而涂渍在载体表面上的高沸点有机化合物的液膜，称为固定液。载体提供一个大的惰性表面，使固定液在载体表面上形成均匀薄膜，构成气液色谱柱中的填充物。被分离组分在固定液中溶解度不同，经反复分配达到分离。

(1) 载体 对载体的要求是：比表面积大，化学惰性，无吸附性或吸附性很小，热稳定性好，颗粒均匀，机械强度好。因此根据上述要求，气液色谱载体大致上可分为两大类：

$$\text{色谱载体}\begin{cases}\text{硅藻土载体：红色载体、白色载体}\\ \text{非硅藻土载体：聚四氟乙烯载体、玻璃微球等}\end{cases}$$

红色载体由天然硅藻土煅烧而成，因含有氧化铁而呈红色，它的表面孔隙密集，孔径较小，结构紧密，机械强度较好，比表面积较大，可以负载较多固定液，柱效较高。其缺点是表面存在活性吸附中心，分析极性物质时，易产生拖尾峰。故红色载体常用于分离非极性样品。

白色载体是将硅藻土加助熔剂（碳酸钠）后煅烧而成，在助熔剂的作用下，原来的氧化铁变成无色的铁硅酸钠配合物而呈白色，即所谓的白色载体。白色载体由于助熔剂的作用破坏了硅藻土中大部分细孔结构，因而孔隙直径较大，比表面积较小，机械强度较差，经适当处理后，可分析强极性组分。

理想的载体表面是完全惰性的，无论对固定液还是组分都没有影响。但硅藻土载体表面存在大量的硅醚基团（$-\overset{|}{\underset{|}{Si}}-O-\overset{|}{\underset{|}{Si}}-$）和硅醇基团（$-\overset{|}{\underset{|}{Si}}-OH$），还有杂原子基团如（$>Al-O-$）和（$>Fe-O-$）等，使载体偏酸性或偏碱性，故载体表面既有催化活性，也有吸附活性。这是造成色谱峰拖尾的主要原因。对载体表面进行处理的目的是改进载体孔隙结构，屏蔽活性中心，提高柱效。处理方法可用酸洗、碱洗、硅烷化等。用浓盐酸浸泡载体除去表面金属氧化物杂质；用氢氧化钾甲醇溶液浸泡载体除去表面氧化铝酸性作用点；用二甲基二氯硅烷或六甲基二硅烷胺去掉载体上残余的羟基，产生疏水表面。

(2) 固定液 固定液一般为高沸点有机物，均匀地涂在载体表面，呈液膜状态。固定液的流失是气液色谱最根本的弱点，因此选择性能良好并能长久使用的固定液是气相色谱法的一项关键技术。对固定液的要求是：挥发性小，在操作温度下有较低蒸气压，其沸点要比柱温高 150～200℃；化学稳定性好，固定液不与载体、载气及被分析组分发生任何化学反应；

对试样中各组分有适当的溶解能力，否则样品迅速被载气带走，从柱后流失而得不到分离。

在气相色谱中，试样先在固定液中溶解然后再进行分离，根据“相似相溶”原理，试样分离效果的好坏与固定液的极性有关，固定液和被测组分的极性相似，两者分子之间的作用力就强，被测组分在固定液中的溶解度就大，分配系数也就大。柱的选择性及组分的流出规律是由试样分子和固定液分子之间的作用力所决定的。试样分子和固定液分子之间的作用力主要是静电力、诱导力、色散力和氢键力。

静电力又称为定向力（orientation force），是由于极性分子之间永久偶极所形成的。在极性固定液上分离极性试样时，分子间作用力主要是静电力。当一个极性分子和非极性分子接近时，在极性分子的永久偶极电场作用下，非极性分子会产生诱导偶极，此时两分子互相吸引的力为诱导力（induction force）。非极性分子之间虽然没有静电力和诱导力，但存在色散力（dispersion force）。在分子中由于各原子之间瞬间的周期性变化而形成瞬间偶极矩，它们的平均值等于零，在宏观上显示不出偶极矩。这种瞬间偶极矩带有一个同步电场，能使周围的分子极化，极化的分子又反过来加剧瞬间偶极矩变化的幅度，产生色散力。对非极性和弱极性分子而言，分子间作用力主要是色散力。

当氢原子和一个电负性很大的原子（如 F、O、N 等）构成共价键时，它又能和另一个电负性很大的原子形成一种强有力的有方向性的力，这种力就叫做氢键作用力。这种相互作用关系表示为“X—H…Y”，其中 X、Y 表示电负性很大的原子。X 与 H 之间的实线表示共价化学键，H 与 Y 之间的虚线表示氢键。同时氢键的强弱还与 Y 的半径有关，半径越小，越容易靠近 X－H，其氢键越强。氢键的类型和强弱次序为：

$$F—H\cdots F>O—H\cdots O>O—H\cdots N>N-H\cdots N>N\equiv C—H\cdots N$$

当分析样品确定之后，首要的工作是制备色谱柱，选择恰当的固定液。试样分离的好坏往往取决于固定液的选择，固定液的选择又依靠实践经验，已发表的相似化合物的文献是很有参考价值的。有时候为了探索一个未知化合物的分离方案，会选择若干种不同极性的固定液作初步实验，但通过对固定液分离特征的研究，也找出了一些固定液选择的实用方法。根据“相似相溶”原理而得出的色谱流出规律如下。

分离非极性化合物一般选用非极性固定液，组分和固定液之间的作用力主要是色散力，没有特殊选择性，各组分按沸点顺序先后出峰，沸点低的先出峰，沸点高的后出峰。

分离极性物质时，选用极性固定液，起作用的是定向力，各组分按极性顺序先后出峰，极性小的先出峰，极性大的后出峰。

分离非极性和极性混合物时，一般选用极性固定液，这时非极性组分先出峰，极性组分（或易被极化的组分）后出峰。

对于能形成氢键的试样，如醇、酚、胺和水等的分离，一般选择极性的或是氢键型的固定液，这时试样中各组分按与固定液分子间形成氢键的能力大小先后流出，不易形成氢键的先流出，最易形成氢键的最后流出。

例如分离相对分子质量较低的烃类，因它是一种非极性化合物，所以选用烃类固定液角鲨烷为固定液可取得较好的分离效果。欲分离带有羟基的醇类，宜采用具有羟基的聚乙二醇为固定液，而在分离酯类化合物时，采用癸二酸二异辛酯为固定液有较好的分离效果。

固定液选择中“相似相溶”原理具有一定的实际意义，它可以给予初学者一个简单清晰的思索途径，但它也有局限性，有时所选择的固定液根本不符合“相似相溶”原理，但可取得良好的分离效果。较为简便实用的方法是选用四种固定液，即甲基硅橡胶（SE-30）、苯基（20%）甲基聚硅氧烷（CC-710）、聚乙二醇-2000（PEG-20M）、丁二酸二乙二醇聚酯(DEGS)，以适当条件进行色谱初步分离，观察未知样的分离情况，然后再作进一步的调整。也可以利用手册获得有关固定液选择的资料，从手册中列出的各种化合物类型以及曾采用过的各种固定液，并通过各种保留数据可判断固定液对试样的选择性。随着计算机的日益普及，利用计算机进行固定液的选择已经成为可能。预先在计算机中存储大量固定液、保留值、色谱条件等的信息，在给定试样后，利用计算机的检索功能，从大量数据中找出最佳固定液。

8.3.3 毛细管气相色谱柱

以毛细管作为气相色谱柱的色谱法称为毛细管气相色谱法（capillary gas chromatography）。它的色谱柱内不是填充固体颗粒，而是在管内壁涂渍一层薄而均匀的液膜作为固定相，载气从管中心的通道通过，由于柱的中心是空的，故又称为开管柱（open tubular column）。

气相色谱填充柱在运行中存在严重涡流扩散，影响了柱效的提高，而毛细管柱由于中空，载气流动阻力小，渗透性好，可以使用长色谱柱，典型的开管柱长度在10～100m之间，而一般填充柱只有1～4m；另外毛细管柱的相比值β比填充柱β值大得多，也就是说其固定液液膜厚度小，有利于提高柱效，加上毛细管柱的k值比填充柱小，渗透性大，故可用很高的载气流速，缩短分析时间，实现快速分析；毛细管柱涂渍的固定液仅几十毫克，液膜厚度为0.35～1.50μm，柱容量小，允许进样量少，否则将导致过载而使柱效率降低，色谱峰扩展、拖尾。对液体样品，一般进样量为10^{-3}～10^{-2} μL，故需要采用分流进样技术；毛细管单位柱长的柱效虽优于填充柱，但两者仍处于同一数量级。由于毛细管柱长比填充柱大1～2个数量级，所以总柱效远高于填充柱，可解决很多复杂混合物的分离分析问题。拉制光导纤维技术的应用，制成了石英弹性毛细管，使毛细管色谱技术有了大发展，许多新技术如多孔层开管柱，键合、交联开管柱等的出现，为石油成分、天然产物、环境污染及生物样品的分析开辟了广阔的前景。

8.4 气相色谱检测器

检测器是检知和测定试样的组成及各组分含量的装置，它的作用是把色谱柱后各组分流出物的浓度或质量转换成电信号。目前检测器的种类多达数十种。根据检测原理的不同，可将检测器分为浓度型检测器（concentration sensitive detector）和质量型检测器（mass flow rate sensitive detector）两种。

浓度型检测器：测量的是载气中某组分浓度瞬间的变化，即检测器的响应值和组分的浓度成正比，如热导池检测器和电子捕获检测器等。

质量型检测器：测量的是载气中某组分进入检测器的速度变化，即检测器的响应值和单位时间内进入检测器某组分的质量成正比。如氢火焰离子化检测器和火焰光度检测器等。

8.4.1 热导池检测器

热导池检测器（thermal conductivity detector，TCD）是根据不同的物质具有不同的热导率这一原理制成的。由于它结构简单，性能稳定，通用性好，线性范围宽，价格便宜，是应用最广、最成熟的一种检测器。

热导池由池体和热敏元件构成，热敏元件为金属丝（钨丝或白金丝）。目前普遍使用的是四臂热导池。其中二臂为参比臂，另二臂为测量臂。将参比臂和测量臂接入惠斯登电桥，组成热导池测量线路，如图 8-12 所示。

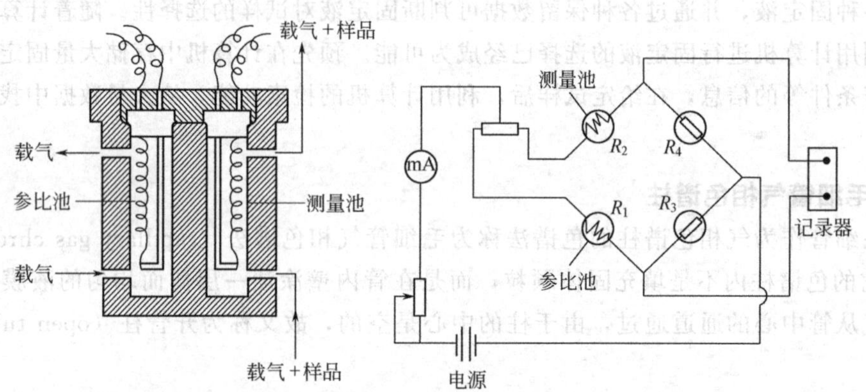

图 8-12　热导池检测器

其中，R_2、R_3 为测量臂，R_1、R_4 为参比臂。R_1、R_2 分别是用作参比和测量的热敏元件，它们具有相同的长度、直径和电阻值，和另两个电阻 R_3、R_4 构成惠斯登电桥。电源提供恒定电压加热钨丝，当只有载气以恒定速度通入时，载气从热敏元件带走相同的热量，热敏元件温度变化相同，其电阻值变化也相同，电桥处于平衡状态。即 $R_1R_4=R_2R_3$。进样后样品气和载气混合通过测量臂，由于混合气体的热导率与载气的不同，测量臂和参比臂带走的热量不相等，热敏元件的温度和阻值的变化就不同，导致参比臂热丝和测量臂热丝的电阻不相等，电桥失去平衡，记录器上就有信号产生。混合气体的热导率与纯载气的热导率相差越大，输出信号就越大。

8.4.2　氢火焰离子化检测器

氢火焰离子化检测器（flame ionization detector，FID）简称氢焰检测器。它以氢气和空气燃烧作为能源，利用含碳有机物在火焰中燃烧产生离子，在外加电场的作用下，使离子形成离子流，根据离子流产生的电信号强度，检测被色谱柱分离出的组分。

它的主要部件是一个用不锈钢制成的离子室，包括收集极、发射极（极化极）、气体入口和石英喷嘴（见图 8-13）。在离子室下部，被测组分被载气携带，从色谱柱流出，与氢气混合后通过喷嘴，再与空气混合后点火燃烧，形成氢火焰。燃烧所产生的高温（约 2100℃）使被测有机物组分电离成正、负离子。在火焰上方收集极（正极）和发射极（负极）所形成的静电场作用下，离子流定向运动形成电流，经放大、记录即得色谱峰。

火焰离子化的机理目前尚不十分清楚，普遍认为这是一个化学电离过程。有机物在火焰中发生高温裂解和氧化反应生成自由基，然后与氧产生正离子，再同水反应生成 H_3O^+。现以苯的离子化过程为例：

$$C_6H_6 \xrightarrow{\text{裂解}} 6CH\cdot$$

$$6CH\cdot + 3O_2 \longrightarrow 6CHO^+ + 6e$$

$$6CHO^+ + 6H_2O \longrightarrow 6CO + 6H_3O^+$$

化学电离产生的正离子（CHO^+ 和 H_3O^+）及电子在电场作用下形成微电流，经放大后记录下色谱峰。微电流的大小与单位时间内进入火焰中的被测组分质量有关，这二者之间存在定量关系，因此它是一种质量型检测器。它的特点是：灵敏度高（比热导池检测器高约 10^3 倍，能检测至 $10^{-12}g \cdot s^{-1}$ 的痕量物质），响应快，稳定性好，死体积小，线性范围宽（可达 10^6 以上），它能检测大多数含碳有机物，是目前应用最广泛的色谱检测器之一。水、一氧化碳、二氧化碳、氮的氧化物、硫化氢等物质在氢火焰中不电离，因而不能检测，这是氢焰检测器的缺点所在。

8.4.3 电子捕获检测器

电子捕获检测器（electron capture detector，ECO）也称为电子俘获检测器，是应用广泛的一种高选择性、高灵敏度的浓度型检测器，它对具有电负性的物质（如含卤素、硫、磷、氰等的物质）的检测有很高的灵敏度，检出限约 $10^{-14}g \cdot cm^{-3}$。电负性越强，灵敏度越高。目前，广泛应用于食品、农副产品中农药残留量、大气及水质污染分析，以及生物化学、医学、药物学和环境监测等领域中。

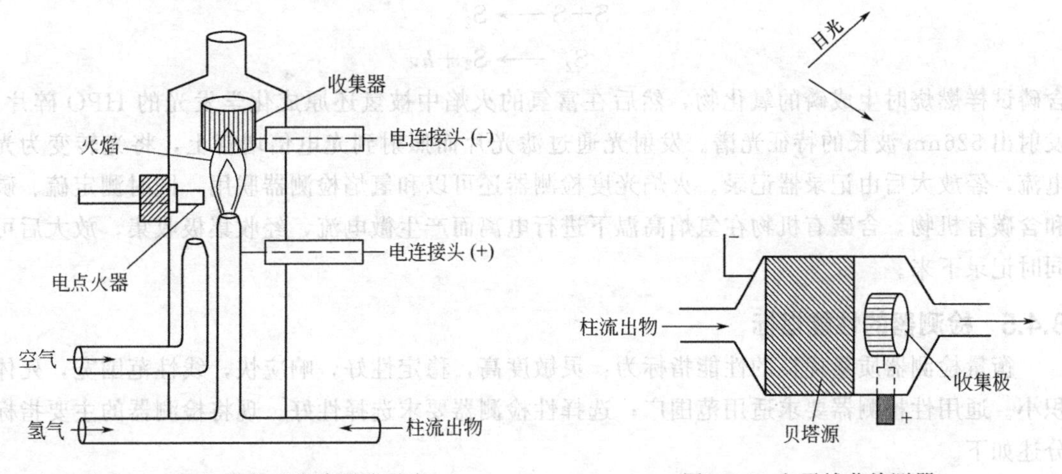

图 8-13　氢火焰离子化检测器示意　　　　图 8-14　电子捕获检测器

电子捕获检测器的构造如图 8-14 所示。它与氢火焰离子化检测器相似，也有一个能源和一个电场。在检测器池体内有一个筒状 β 放射源（^{63}Ni 或 ^3H）作为负极，一个不锈钢棒作为正极。在两极施加直流或脉冲电压，当载气（一般为 N_2 或 Ar）进入检测器时，在放射源发射的 β 射线作用下发生电离：

$$N_2 \xrightarrow{\beta} N_2^+ + e$$

生成的正离子和电子分别向负极和正极移动，形成恒定不变的电流即基流。当载气带着含有电负性元素的样品 AB 进入检测器时，样品 AB 捕获电子而产生带负电荷的分子离子并放出能量：

$$AB + e \longrightarrow AB^- + E$$

带负电荷的分子离子和载气电离产生的正离子复合成中性化合物，被载气携出检测器外：

$$AB^- + N_2^+ \longrightarrow N_2 + AB$$

由于被测组分捕获电子导致基流下降，产生负信号而形成倒峰。组分浓度越高，倒峰越大。电子捕获检测器的主要缺点是线性范围较窄，只有 10^3 左右，因此进样量要注意不可超载。

8.4.4 火焰光度检测器

火焰光度检测器（flame photometric detector，FPD）又称硫、磷检测器，是对含磷、硫的有机化合物具有高选择性和高灵敏度的质量型检测器。对磷的检出限可达 $10^{-12}g \cdot$

s^{-1}，对硫的检出限可达 $10^{-11}g \cdot s^{-1}$。用于大气中痕量硫化物以及农副产品、水中纳克级有机磷和有机硫农药残留量的测定。它也可以检测在氢-空气火焰中可激发的金属有机化合物和含有卤素原子的化合物。

火焰光度检测器包括燃烧系统和光学系统两部分。燃烧系统和火焰原子化器类似，也使用氢气-空气火焰；光学系统包括石英窗、滤光片和光电倍增管（见图 8-15）。当含有硫（或磷）的试样进入氢焰离子室，在氢气-空气焰中燃烧时，有机硫首先被氧化成 SO_2，然后被氢还原成 S 原子：

$$RS + 空气 + O_2 \longrightarrow SO_2 + CO_2$$

$$2SO_2 + 8H \longrightarrow 2S + 4H_2O$$

S 原子在适当温度下生成激发态的 S_2^* 分子，当激发态的 S_2^* 分子返回基态时发射出特征波长为 350～430nm 的特征分子光谱。

$$S + S \longrightarrow S_2^*$$

$$S_2^* \longrightarrow S_2 + h\nu$$

含磷试样燃烧时生成磷的氧化物，然后在富氢的火焰中被氢还原成化学发光的 HPO 碎片，发射出 526nm 波长的特征光谱。发射光通过滤光片而照射到光电倍增管上，将光转变为光电流，经放大后由记录器记录。火焰光度检测器还可以和氢焰检测器联用，同时测定硫、磷和含碳有机物，含碳有机物在氢焰高温下进行电离而产生微电流，经收集极收集，放大后可同时记录下来。

8.4.5 检测器的性能指标

衡量检测器质量优良的性能指标为：灵敏度高，稳定性好，响应快，线性范围宽，死体积小。通用性检测器要求适用范围广；选择性检测器要求选择性好。现将检测器的主要指标分述如下。

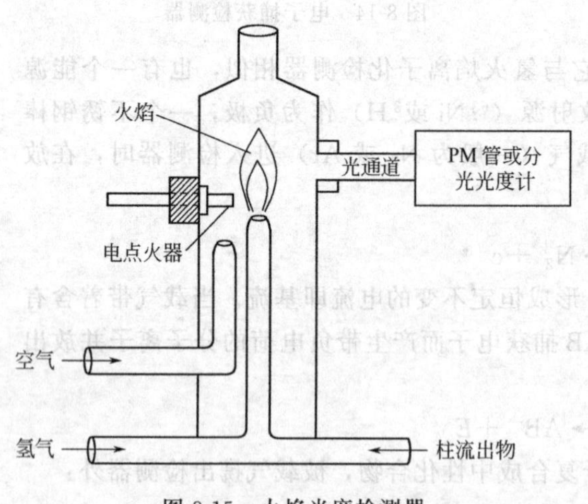

图 8-15 火焰光度检测器

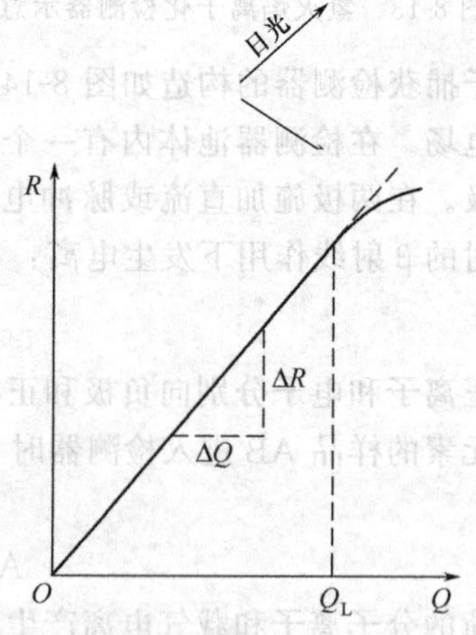

图 8-16 检测器 R-Q 关系

(1) 灵敏度 S 检测器灵敏度（sensitivity）亦称响应值或应答值。当一定浓度或一定质量的试样进入检测器，产生一定的响应信号 R。若以进样量 Q（单位为 $mg \cdot cm^{-3}$ 或 $g \cdot s^{-1}$）对响应信号（R）作图得到一条通过原点的直线（见图 8-16），直线的斜率就是检测器的灵敏度 S。因此灵敏度可定义为响应信号对进样量的变化率：

$$S=\frac{\Delta R}{\Delta Q} \tag{8-27}$$

图 8-16 中 Q_L 为最大允许进样量，超过此量时进样量与响应信号将不呈线性关系。由于各检测器作用机理不同，浓度型检测器和质量型检测器的灵敏度的具体计算公式也有所不同。

对浓度型检测器，灵敏度的计算公式为：

$$S_C=\frac{AC_2F_0}{mC_1} \tag{8-28}$$

式中 S_C——灵敏度，$mV \cdot cm^3 \cdot mg^{-1}$；

C_2——记录仪灵敏度，$mV \cdot cm^{-1}$；

C_1——记录纸移动速度，$cm \cdot min^{-1}$；

F_0——检测器入口处载气流速，$cm^3 \cdot min^{-1}$；

m——进入检测器的样品量，mg；

A——色谱峰面积，cm^2。

对于气体样品，进样量以体积 cm^3 表示时，灵敏度 S_C 的单位为 $mV \cdot cm^3 \cdot cm^{-3}$。

质量型检测器的灵敏度计算公式为：

$$S_m=\frac{60C_2A}{mC_1} \tag{8-29}$$

式中 S_m——灵敏度，$mV \cdot s \cdot g^{-1}$；

m——进入检测器的样品量，g。

(2) 检出限 D　检测器的好坏不仅取决于灵敏度，还与噪声的大小有关。当检测器输出信号放大时，电子线路中固有的噪声信号也同时被放大，使基线起伏波动，当达到某一点后，噪声就高到足以掩盖掉响应信号，因此噪声水平限制了检出限（detection limit）。一般认为，只有当信号大于 3 倍噪声时，才能确认是色谱峰的信号。检出限就是考虑到噪声影响而规定的一项指标。它是指检测器的响应信号等于检测器噪声大小的 3 倍时，在单位时间或单位体积内通过检测器的最低样品量（或浓度）（见图 8-17）。

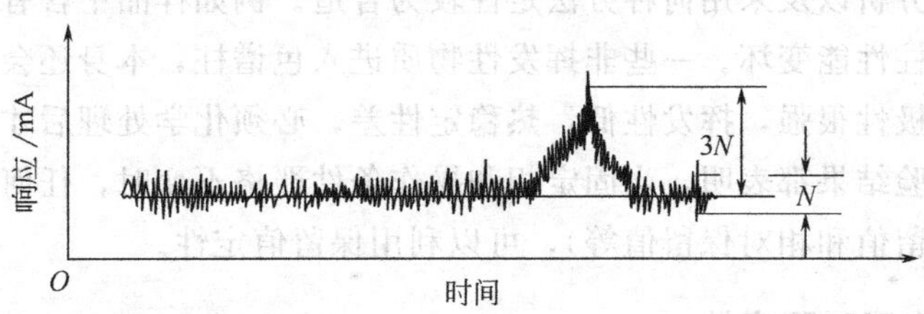

图 8-17　检出限

$$D=\frac{3N}{S} \tag{8-30}$$

式中，N 为检测器噪声，即基线波动，mV；S 为检测器灵敏度。D 值越小，说明仪器越敏感。

(3) 响应时间　检测器应能迅速地、真实地反映通过它的物质浓度或量的变化，即要求响应时间短。响应时间（response time）是指进入检测器的某一组分的信号达到其真值的 63%所需要的时间。响应时间长短和检测器的体积有关，检测器体积越小，尤其是死体积越小，其响应时间越短，一般都小于 1s。

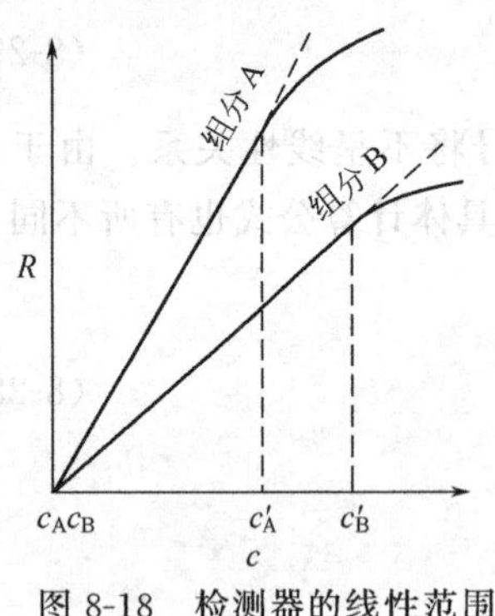

图 8-18　检测器的线性范围

(4) 线性范围　线性范围 (linear range) 是指检测器信号大小与被测物质量呈线性关系的范围，通常用线性范围内最大和最小样品量之比或最大允许进样量（浓度）与最小检知量（浓度）之比来表示。图 8-18 表示一个氢火焰离子化检测器对 A、B 两组分的线性范围。对于 A 组分，浓度在 $c_A \sim c'_A$之间与信号响应呈线性，线性范围为 c'_A/c_A，B组分亦然。

同一检测器对不同组分的线性范围不同；不同类型检测器线性范围不同，如氢焰检测器的线性范围可达 10^7，而热导池检测器的线性范围只有 10^5。

8.5　气相色谱定性方法

气相色谱的定性分析就是通过色谱图确定各色谱峰代表什么组分。定性分析是在进样实现色谱分离之后进行的，这种高效、快速的分离技术，在很短的时间内分离几十种甚至上百种组分的混合物，其优越性是其他分析方法无法比拟的。但气相色谱定性分析还远不如其在分离方面成功，定性分析主要是利用保留值定性，也就是利用与标准样品对照的方法进行定性，因此在应用气相色谱进行定性分析方面还存在着一些问题，虽然色谱工作者在这方面作了很多努力，建立了许多新方法和辅助技术，但总的说来仍然不能令人十分满意。

气相色谱分析的对象是在汽化室温度下能成为气态的物质，大多数物质在分析前都需要进行预处理。为了使色谱分离和定性工作顺利完成，必须对未知样品进行初步调查，了解样品的来源、用途以及分析的目的和要求，估算样品的大致组成和可能的杂质，然后从有关手册或参考书中查阅它们的分子结构、物理化学性质等，决定是直接进样分析还是要经过化学处理后再进行色谱分析以及采用何种方法定性较为合适。例如样品中含有大量的水、乙醇等物质时，可使色谱柱性能变坏。一些非挥发性物质进入色谱柱，本身还会逐渐降解，造成严重噪声。有机酸的极性很强，挥发性低，热稳定性差，必须化学处理后才能进行色谱分析。

理论分析和实验结果都表明，当固定相和操作条件严格不变时，任何一种物质都有一定的保留值（绝对保留值和相对保留值等），可以利用保留值定性。

8.5.1　用已知纯物质对照定性

在相同的色谱条件下，对未知样品和已知纯样品分别进行色谱分析，得到各自的色谱图，比较两色谱图的保留时间或保留体积，若两者相同，往往是同一种物质。图 8-19 是一种未知醇的混合样品和几种纯醇混合的标准溶液在同一色谱条件下的色谱图。比较这两张色谱图各谱峰的保留值，就可鉴定出 2、3、4、7、9 峰为甲醇、乙醇、正丙醇、正丁醇、正戊醇。

如果未知样成分较复杂，色谱峰的间距和操作条件又不稳定，准确确定保留值就有一定困难，此时可采用在未知混合样中加入已知物，所得图谱和原色谱图比较，如果未知物中某个谱峰明显增高，说明该谱峰代表的物质与已知物相同。

利用纯物质的绝对保留值定性，虽然操作简单，但是要求操作条件绝对恒定，要达到这

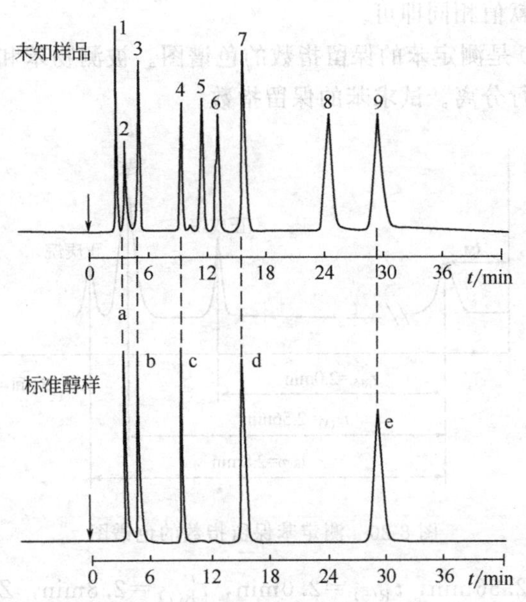

图 8-19　纯物质对照法示意

1～9—未知物；a—甲醇；b—乙醇；c—正丙醇；d—正丁醇；e—正戊醇

一点往往是极困难的。

8.5.2　利用相对保留值定性

在用绝对保留值定性时，必须使样品分析和纯物质分析的色谱条件完全一致，但有时这一条不易做到，操作条件的波动会给定性带来影响。而用相对保留值定性时，只要保持柱温不变即可。相对保留值 r_{is} 是未知组分 i 与基准物质 s 调整保留值之比：

$$r_{is}=\frac{t'_{\mathrm{R}i}}{t'_{\mathrm{Rs}}}=\frac{V'_{\mathrm{R}i}}{V'_{\mathrm{Rs}}}=\frac{K_i}{K_{\mathrm{s}}} \tag{8-31}$$

一般选用苯、正丁烷、环己烷等作为基准物。所选用的基准物的保留值尽量接近待测组分的保留值。

8.5.3　利用保留指数定性

保留指数又称科法兹（Kovats）指数，是一种重现性优于其他保留指数的定性参数。可根据所用固定相和柱温直接与文献值对照而不需要基准物。

规定正构烷烃的保留指数为其碳原子数乘 100，如正己烷和正辛烷的保留指数分别为 600 和 800。非正构烷烃的各物质的保留指数，可采用两个相邻正构烷烃保留指数进行标定。具体地说，欲测某组分 X 的保留指数 I_x 值，选用两种相邻的正构烷烃作参比，其中一种的碳数为 Z，另一种为 $Z+n$，将这两种参比物加入样品中进行分析，若测得它们的调整保留时间分别为 $t'_{\mathrm{R}(X)}$、$t'_{\mathrm{R}(Z)}$、$t'_{\mathrm{R}(Z+n)}$，且 $t'_{\mathrm{R}(Z)}<t'_{\mathrm{R}(X)}<t'_{\mathrm{R}(Z+n)}$，则组分 X 的保留指值可按下式计算：

$$I_x=100\left[Z+n\,\frac{\lg t'_{\mathrm{R}(X)}-\lg t'_{\mathrm{R}(Z)}}{\lg t'_{\mathrm{R}(Z+n)}-\lg t'_{\mathrm{R}(Z)}}\right] \tag{8-32}$$

保留指数的有效位数为三位，其准确度和重复性都很好，误差小于 1%。因此可根据文献提供的保留指数定性，而无需纯物质。各种色谱手册中都列有大量物质的保留指数，只要测定时的柱温和固定相与文献值相同即可。

【例 8-2】 图 8-20 是测定苯的保留指数的色谱图。被测物苯和标准物质正戊烷、正庚烷混合后注入色谱柱进行分离。试求苯的保留指数。

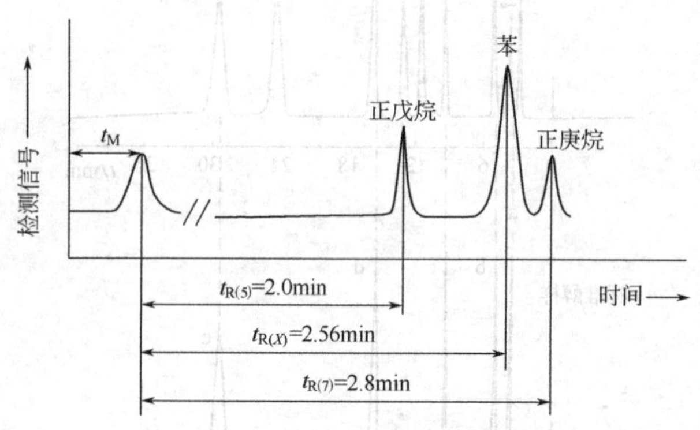

图 8-20 测定苯保留指数的色谱图

由图可知：$t'_{R(X)}=2.56\text{min}$，$t'_{R(5)}=2.0\text{min}$，$t'_{R(7)}=2.8\text{min}$，$Z=5$，$n=2$。

由式(8-32) 可得保留指数：

$$I=100\left[5+2\times\frac{\lg 2.56-\lg 2.0}{\lg 2.8-\lg 2.0}\right]=640$$

8.5.4 与其他分析仪器联用定性

气相色谱与质谱（GC-MS）、傅里叶变换红外光谱（GC-FTIR）、发射光谱（GC-AED）等仪器联用，较复杂的混合物经色谱柱分离为单组分，再利用质谱、红外光谱或核磁共振等仪器进行定性鉴定，互相取长补短，能把多组分的复杂样品中各组分的结构剖析出来，进行有效的定性鉴定，这是目前解决复杂样品定性分析最有效的工具之一。

质谱分析法对复杂有机化合物的分析无能为力，而色谱法对有机化合物进行定性分析由于缺少标准物质，显得比较困难，而 GC-MS 将气相色谱这种强有力的分离技术和质谱分析法所提供的高度结构信息相结合，使其成为化学家和生物学家进行复杂痕量有机化合物定性定量分析的有效工具。从气相色谱中流出的成分可直接引入质谱仪的离子化室进行离子化。计算机系统查作仪器控制并对带质谱检测器的色谱仪在运转时产生的大量数据进行采集，并根据这些数据进行解析和鉴定。GC-MS 的应用非常广泛，它在环境监测、食品分析、医疗和药物研究等方面都有不俗表现，它还是国际奥委会进行药检的有力工具。

GC-MS 分析技术也存在着某些不足，这是由于质谱检测器的性质所决定的。最重要的不足在于：质谱检测器具有破坏性；并且它不具备区别结构异构体的能力；缺乏直接的官能团信息。而红外检测器所提供的信息正好和质谱检测器所提供的信息互补。GC-FTIR 可提供已分离化合物的官能团和分子特效的信息。计算机技术在快速微处理器和大量存储方面的发展，使其可以对大量数据进行实时采集、储存和处理，也使 GC-FTIR 系统商业化成为可能。

与提供分子特效检测的 GC-MS 及 GC-FTIR 有所不同，GC-AED 提供元素特效检测，它是对 GC-MS 及 GC-FTIR 的理想补充。将色谱流出物引入惰性气体维持的等离子体中，在其中完全原子化，形成的原子和离子在等离子体中进一步被激发，受激发的原子或离子在返回基态的过程中发射出可用光谱仪检测的特征波长的光。它对碳、硫及金属元素有相当高的灵敏度。但对卤素其灵敏度不尽如人意。

8.6 气相色谱定量分析

气相色谱定量分析的依据是：在一定的操作条件下，样品组分 i 的质量（m_i）或其在载气中的浓度是与检测器的响应信号（色谱上表现为峰面积 A_i 或峰高 h_i）成正比，可以公式表示为：

$$m_i = f_i A_i \tag{8-33}$$

由公式可见，在定量分析中要想获得准确的结果，需要：①准确测定峰面积 A_i 或峰高 h_i；②准确求出比例常数 f_i'(称为定量校正因子)；③正确地选择定量方法，将测得组分的峰面积换算为质量分数。此外还应分析定量过程中的误差来源，尽量减小误差。

8.6.1 峰面积测量方法

不同峰形的色谱峰采用不同的测量方法。

（1）峰高乘半峰宽法　对称峰面积的测量，理论上可证明其面积为

$$A = 1.065hY_{1/2} \tag{8-34}$$

在作相对计算时，1.065 可以省去。

$$A = hY_{1/2} \tag{8-35}$$

（2）峰高乘平均峰宽法　不对称峰的测量如仍沿用对称峰面积的公式，误差就比较大，此时采用峰高乘平均峰宽法：

$$A = \frac{1}{2}h(Y_{0.15} + Y_{0.85}) \tag{8-36}$$

式中，$Y_{0.15}$ 和 $Y_{0.85}$ 分别为峰高 0.15 倍和 0.85 倍处的峰宽。

（3）峰高乘保留值法　在一定的操作条件下，同系物的半峰宽与保留时间成正比：

$$Y_{1/2} \propto t_R$$

故：

$$Y_{1/2} = bt_R$$

所以

$$A = hY_{1/2} = hbt_R$$

本法只适用于相对测量，相对计算时比例常数 b 可约去，于是：

$$A = hY_{1/2} = ht_R \tag{8-37}$$

对于同系物的狭窄的峰，测定峰面积比较困难，而用这种方法进行测量则简单快速，很适用于工厂色谱分析。

8.6.2 定量校正因子

（1）绝对定量校正因子　定量分析是基于峰面积与组分的量成正比关系。但同一检测器对不同的物质具有不同的敏感度，两种物质即使含量相同，得到的色谱峰面积却不同，故不能用峰面积来直接计算物质的含量，为使峰面积能够准确地反映物质的量，在定量分析时需要对峰面积进行校正，因此引入定量校正因子，在计算时将面积乘上定量校正因子，使组分的面积转换成相应的物质的量。即：

$$w_i = f_i' A_i \tag{8-38}$$

式中，w_i 为组分 i 的量，它可以是质量，也可以是物质的量或体积（对气体）；A_i 为峰面积；f_i' 为换算系数，即定量校正因子。它可表示为：

$$f_i'=\frac{w_i}{A_i} \tag{8-39}$$

f_i'与质量绝对值成正比，因此称为绝对定量校正因子，它表示单位峰面积所代表的物质的量。它主要由仪器的灵敏度所决定。检测器灵敏度 S_i 与绝对定量校正因子有如下关系：

$$f_i'=\frac{1}{S_i} \tag{8-40}$$

(2) 相对定量校正因子　在定量测定时，由于精确测定绝对进样量 w_i 比较困难，因此要精确求出 f_i'值往往是比较困难的。在实际工作中，以相对定量校正因子 f_i 代替绝对定量校正因子 f_i'。

相对定量校正因子的定义为：样品中各组分的绝对定量校正因子与标准物的绝对定量校正因子之比。平常所指及文献查得的校正因子都是相对校正因子，因此相对校正因子通常简称为校正因子。根据所使用的计量单位的不同，校正因子可分为质量校正因子、摩尔校正因子和体积校正因子。

① 质量校正因子

$$f_m=\frac{f'_{i(m)}}{f'_{s(m)}}=\frac{A_s m_i}{A_i m_s} \tag{8-41}$$

式中，下标 i，s 分别代表被测物和标准物质。

② 摩尔校正因子　如果以物质的量计量，则：

$$f_M=\frac{f'_{i(M)}}{f'_{s(M)}}=\frac{A_s m_i M_s}{A_i m_s M_i}=f_m\frac{M_s}{M_i} \tag{8-42}$$

式中，M_i、M_s 分别为被测物和标准物的相对分子质量。

③ 体积校正因子　如果以体积计量（气体试样），则体积校正因子就是摩尔校正因子。

$$f_V=\frac{f'_{i(V)}}{f'_{s(V)}}=\frac{A_s m_i M_s\times 22.4}{A_i m_s M_i\times 22.4}=f_M \tag{8-43}$$

表 8-4 列出一些化合物的校正因子。相对校正因子只与试样、标准物质和检测器的类型有关，与操作条件、柱温、载气流速、固定液性质无关。

校正因子的测定方法是：准确称量被测组分和标准物质，混合后在实验条件下进样分析（注意进样量应在线性范围之内），分别测量相应的峰面积，然后通过公式计算校正因子，如数次测量数值接近，可取其平均值。

8.6.3 几种常用的定量计算方法

(1) 归一化法　归一化法（normalization method）是气相色谱中常用的定量方法之一，该法应用的前提条件是：试样中各组分都能流出色谱柱，并在色谱图上显示色谱峰。试样中某个组分的含量可用下式计算：

$$w_i=\frac{m_i}{m}\times 100\%=\frac{A_i f_i}{A_1 f_1+A_2 f_2+\cdots+A_n f_n}\times 100\% \tag{8-44}$$

如果样品中主要组分是同分异构体，或同系物中沸点接近的各组分，其校正因子近似一致时，校正因子项可以消去，上式可简化为：

$$w_i\%=\frac{A_i}{A_1+A_2+\cdots+A_n}\times 100\% \tag{8-45}$$

对于狭窄的色谱峰，可用峰高代替峰面积来进行定量测定。当各种操作条件保持严格不变时，在一定的进样范围内，峰的半宽度是不变的，因此峰高就直接代表某一组分的量。这种方法快速简便，最适合工厂和一些具有固定分析任务的化验室使用。

$$w_i\%=\frac{h_i f''_i}{h_1 f''_1+h_2 f''_2+\cdots+h_n f''_n}\times 100\% \tag{8-46}$$

式中，f''为峰高校正因子，测定方法同峰面积校正因子。

归一化法的优点是简便、准确，操作条件对结果影响较小，但样品中所有组分必须全部出峰，某些不需定量测定的组分也要测出其校正因子和峰面积，因此该法在使用中受到一些限制。

表 8-4　一些化合物的校正因子

化合物	沸点/℃	相对分子质量	热导池检测器		氢火焰离子化检测器 f_m
			f_M	f_m	
烷	−160	16	2.80	0.45	1.03
乙烷	−89	30	1.96	0.59	1.03
丙烷	−42	44	1.55	0.68	1.02
丁烷	−0.5	58	1.18	0.68	0.91
乙烯	−104	28	2.08	0.59	0.98
乙炔	−83.6	26			0.94
苯	80	78	1.00	0.78	0.89
甲苯	110	92	0.86	0.79	0.94
环己烷	81	84	0.88	0.74	0.99
甲醇	65	32	1.82	0.58	4.35
乙醇	78	46	1.39	0.64	2.18
丙酮	56	58	1.19	0.68	2.04
乙醛	21	44	1.54	0.68	
乙醚	35	74	0.91	0.67	
甲酸	100.7				1.00
乙酸	118.2				4.17
乙酸乙酯	77	88	0.9	0.79	2.64
氯仿		119	0.93	1.10	
吡啶	115	79	1.0	0.79	
氨	33	17	2.38	0.42	
氮		28	2.38	0.67	
氧		32	2.5	0.80	
二氧化碳		44	2.08	0.92	
四氯甲烷		154	0.93	1.43	
水	100	18	3.03	0.55	

(2) 外标法　外标法（external standard method）即标准曲线法，是所有定量分析中最通用的一种方法，也是工厂最常采用的一种简便、快速的定量方法。它是用纯物质配制成不同浓度的标准样品，在一定操作条件下定量进样，由所得数据绘制浓度对峰面积的标准曲线。进行样品分析时，在与标准样品严格相同的条件下定量进样，由所得峰面积可在标准曲线上查出被测组分的含量。外标法的主要缺点是由于操作条件很难稳定不变，容易出现较大的误差。

在工厂控制分析中，被测样品组成一般变化不大，这样的分析对象不必作校正曲线，常采用所谓单点校正法。即配制一个和被测组分含量十分接近的标准样，定量进样，由被测组分和外标组分峰面积比或峰高比来求被测组分的质量分数。

$$\frac{w_i}{w_s}=\frac{A_i}{A_s}$$

$$w_i=\frac{w_s}{A_s}\times A_i=K_iA_i \tag{8-47}$$

用标准溶液可以求出 K_i，然后根据式(8-47)，只需测出待测组分的峰面积 A_i，即可求出 w_i 的值来。在工厂分析中，往往把校正系数 K_i 求出后，列出一个面积-含量（或峰高-含量）的对照表，这样在控制分析中，进样后测其峰面积或峰高，从表中立即查出含量，一个熟练的分析工可在很短的时间内完成分析任务。还可将 K_i 值储存在电脑中，进样后直接打印出分析结果。外标法的优点是操作简单，计算方便，不需要校正因子，但进样量要求十分准确，操作条件也需严格控制，否则不易得到准确的结果。

(3) 内标法　为了克服外标法的缺点，采用内标法（interal standard method）。内标法是选择适宜的组分作待测组分的参比物（内标物），将内标物定量加入样品中进行分析，根据样品和内标物的量，以及待测组分和内标物的峰面积，计算要求测定组分的含量的方法。

内标法适用于样品中各组分不能全部流出色谱柱或检测器不能对所有组分产生信号的情况，如果只需测定样品中的某几个组分时，采用内标法也更为简便。内标法抵消了实验条件和进样量变化带来的误差，操作条件不必严格控制，不必测出校正因子，也不必严格定量进样。

对于所选内标物的要求是：与样品各组分不能发生反应；样品中不含内标物；内标物与待测组分能完全分离，且色谱峰位置相近；内标物浓度恰当，使其峰面积与待测组分相差不大。另外，称样要准确，一般取四位有效数字。内标法计算公式为：

$$w_i\%=\frac{f_im_s}{f_sm_x}\times\frac{A_i}{A_s}\times100\% \tag{8-48}$$

式中，m_x、m_s 为样品和内标物质量；A_i、A_s 为被测组分和内标物的峰面积；f_i、f_s 为被测组分和内标物质量校正因子，一般常以内标物为参比物，则 $f_s=1$。

在工厂控制分析中，如果每次都取同样量的试样和内标物，这样式(8-48) 中 $\frac{f_im_s}{f_sm_x}$ 为一常数，则公式中变为：

$$w_i\%=K\times\frac{A_i}{A_s}\times100\% \tag{8-49}$$

即被测物含量和峰面积比 $\frac{A_i}{A_s}$ 成正比。画 w_i-$\frac{A_i}{A_s}$ 标准曲线，只要测出 $\frac{A_i}{A_s}$ 值，即可由标准曲线求出待测组分的含量。在控制分析中，还可用量取体积代替称重，操作更为简便。这种方法是内标法和外标法的结合。

【例 8-3】 用气相色谱法测定试样中一氯乙烷、二氯乙烷和三氯乙烷的含量。采用甲苯作内标，称取 2.880g 试样，并加入 0.2400g 甲苯，混合均匀后进样，测得其校正因子和峰面积如下表所示，计算各组分的含量。

组分	甲苯	一氯乙烷	二氯乙烷	三氯乙烷
f_i	1.00	1.15	1.47	1.65
A/cm	2.16	1.48	2.34	2.64

解： 由式(8-48) 可得：

$$w_i\%=\frac{f_i m_s}{f_s m_x}\times\frac{A_i}{A_s}\times 100=A_i f_i\times\frac{m_s}{A_s f_s m_x}\times 100\%$$

$$\frac{m_s}{A_s f_s m_x}=\frac{0.2400}{2.16\times 1.00\times 2.880}=0.038$$

$$w_1=0.038\times 1.15\times 1.48\times 100\%=6.47\%$$

$$w_2=0.038\times 1.47\times 2.34\times 100\%=13.07\%$$

$$w_3=0.038\times 1.65\times 2.64\times 100\%=16.55\%$$

(4) 标准加入法　当试样的基体干扰测定、又无纯净的基体空白时，通常采用标准加入法（standard additional method）较好。该法是在若干份具有相同体积的试样中，分别加入不同量的待测组分的标准溶液(其中必有一份不加标准液)，稀释到一定体积后进样，分别测量响应值，以响应值对相应的浓度作图得一直线，将此直线向左延伸（称外推法）至与横坐标相交，则交点与坐标原点之间的距离，即为试样中待测组分的浓度，如图 8-21 所示。

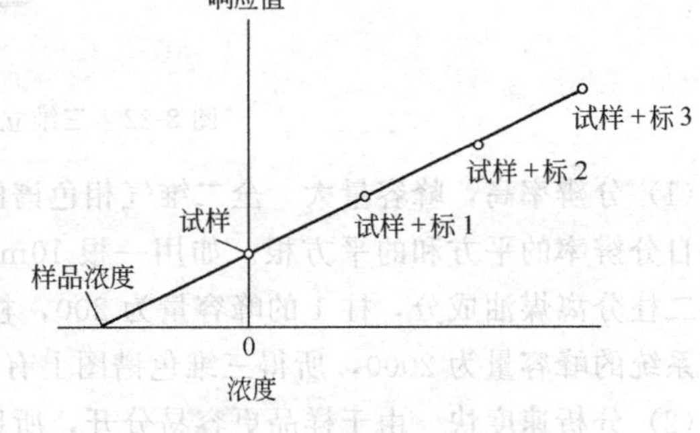

图 8-21　标准加入法校正曲线

由于标准加入法对每个待测试样的基体效应相同，故试样中的各种干扰均能被校正，所得的结果精密度较高。但应注意用此法时必须使整个测量范围具有良好的线性关系。

8.7　气相色谱新技术

8.7.1　全二维气相色谱

气相色谱作为复杂化合物的分离工具，很好地解决了挥发性化合物的分离分析问题。目前使用的色谱仪大多为一维色谱，使用一根柱子，适合于含几十至几百个组分的样品分析。当样品更复杂时，多维色谱技术就显示了其优越性。全二维气相色谱（comprehensive two-dimensional gas chromatography，GC×GC）是近几年发展起来的具有高分辨率的气相色谱新技术，它对成分复杂混合物的分离极为有效，自 20 世纪 90 年代出现以后，其分辨率高、灵敏度高、峰容量大、分析速度快的特点使其在石油、石油化工、环境科学等领域大显身手。

GC×GC 是把分离机理不同，而又互相独立的两支色谱柱以串联方式结合成二维气相色谱。在这两支色谱柱之间，装一个称为调制毛细管的接口，其作用是捕集样品然后再进行传送。样品经第一支色谱柱分离之后，其每一个馏分都必须进入调制毛细管，经调制毛细管聚焦后再以脉冲方式送到第二支色谱柱进行进一步的分离。各组分从第二支色谱柱进入检测器，信号经数据处理系统处理，得到以柱 1 的保留时间为第一横坐标（X 轴），柱 2 的保留时间为第二横坐标（Y 轴），信号强度为纵坐标（Z 轴）的三维立体色谱图（二维轮廓图），如图 8-22 所示。

全二维气相色谱具有如下优点。

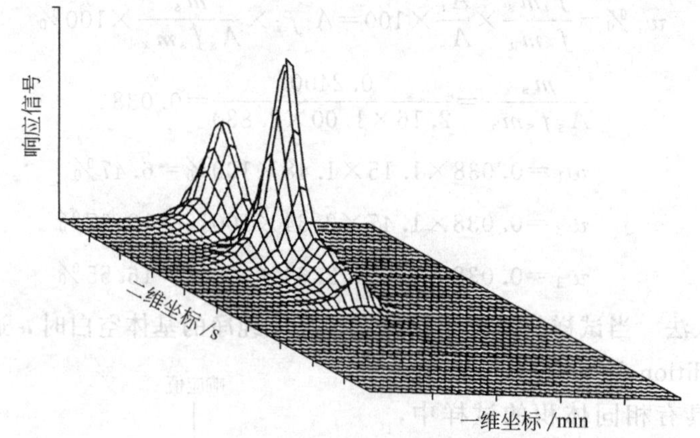

图 8-22 三维立体色谱图

(1) 分辨率高，峰容量大　全二维气相色谱的峰容量为二柱峰容量的乘积，分辨率为二柱各自分辨率的平方和的平方根。如用一根 10m SE-30 毛细管作第一柱，用一根 γ-环糊精作第二柱分离煤油成分，柱 1 的峰容量为 200，柱 2 的峰容量为 100，所分成的全二维气相色谱系统的峰容量为 2000，所得三维色谱图上有 4000 多个峰。

(2) 分析速度快　由于样品更容易分开，所以总分析时间反而比一维色谱短。全二维气相色谱法可在 4min 内分离 15 个农药组分。

(3) 灵敏度高　它比普通一维色谱法的灵敏度要提高 20～50 倍。组分在流出第一个色谱柱后，经调制器聚焦，提高了在检测器上的浓度，因而可提高在检测器上的灵敏度。

(4) 定性可靠性大大加强　选择不同保留机理的两根色谱柱构成二维气相色谱系统，使大多数目标化合物和化合物族可以达到基线分离，减少了干扰；峰被分成了容易识别的模式；一个峰相对于同族中其他化合物而言，在每次运行中其位置相对固定，由此定性分析的可靠性大大增强。

(5) 可以进行定量分析　系统提供高的峰容量和好的分辨率，可提高定量分析的精密度。

可以说，全二维气相色谱技术是一次突破性的革命，它在复杂样品的分析领域必将占据越来越重要的地位。

8.7.2 裂解色谱法

对于难挥发的固体样品，如高聚物和其他高分子化合物，难以用普通气相色谱法进行分析，可采用裂解色谱技术（pyrolysis gas chromatography，PGC）。它主要用于此类化合物的定性分析。

裂解色谱法是将裂解装置安装在色谱仪上，欲分析的固体样品被置于裂解装置中，充分加热（温度常常达到 1000℃），使样品蒸发或被裂解成可挥发的低分子碎片，再由载气将其带入气相色谱仪进行分离和鉴定。常用的裂解器主要有管式炉裂解器、居里点裂解器和激光裂解器。样品一般分两个阶段进行加热。首先加热到 270℃，在此温度下所有可挥发组分都瞬间蒸发并被载气带入色谱柱中，得到可挥发物质的色谱图。然后再将裂解装置温度升到 1000℃，在此温度下聚合物骨架分解，所记录的色谱图可用于鉴定聚合物。样品的裂解色谱图可与在相同条件下获得的已知物的裂解色谱图进行比较，这一过程与在红外光谱中将样品与标准化合物进行指纹区比较的过程相似。所得裂解色谱图通常较复杂，为保证重现性，在使用裂解气相色谱技术时，必须遵守标准步骤。

8.7.3 顶空气相色谱

顶空气相色谱（head space gas chromatography）也称为顶空分析，它主要用于既含挥发性物质又含有不挥发物质的固体或液体溶液中挥发性组分的分析。通过对一个密封体系中处于平衡状态的蒸汽的分析，间接地测定液体或固体样品中的挥发成分。此项技术与普通气相色谱的不同之处仅在于进样方式的不同，有时又称为顶空进样技术。

其分析步骤为：首先将已知体积的样品放入一小玻璃瓶中或其他已知体积的容器中，盖紧瓶盖使其处于密闭状态，放入一恒温槽中，恒温的温度根据样品的挥发性不同而不同，但一般选择在 80～90℃。在恒温期间，样品中挥发性组分在气、液两相中进行分配，并达成平衡。然后，抽取平衡状态下液体上方的气相样品进行分析。可以手动取样，也可以采用自动顶空进样器进样。自动顶空进样器是利用给密闭的样品瓶加压，将样品液体上方的气相部分带入色谱柱。通过阀的切换，首先将载气注入样品瓶给气相加压，到一定压强后停止，再进行阀的切换，使其与柱入口相连，此时样品瓶中具有一定压强的气体样品可注入色谱柱，整个过程可自动完成。通常采用内标或外标法进行挥发性样品的定量分析以减小由于基体效应造成的误差。

8.7.4 手性气相色谱法

化合物分子中若含有不对称因素（手性中心、手性轴和手性面）时，该化合物称为手性化合物。它和它的镜像互为对映异构体。对映异构体除旋光性外，其物理和化学性质几乎完全相同，但就是旋光性不同这点微弱的性质差异，导致了对映异构体在生理和药理作用上的极大反差。例如 L-(+)-谷氨酸钠味道鲜美，是味精中的主要成分，而其对映异构体 D-(−)-谷氨酸钠则具有令人不快的味道；沙利度胺（thalidomide），俗名反应停，其 *R*-构型具有良好的镇静作用，而它的 *S*-构型对映异构体则可导致胎儿畸形。生物体内的核酸、蛋白质以及多糖等都具有手性结构，不同的手性异构体具有不同的生物功能。

医用药物中对映体具有不同的药理和毒理作用，为了解药效和安全用药，控制医药质量和临床研究，需要进行手性拆分。目前在环境中使用的几百种农药，约有 25%具有手性中心，且大多以外消旋形式存在。同一农药不同的对映体往往具有不同的药效和毒性，如果不进行拆分，有害的对映体会污染环境。因此手性分离在药物、生化、临床分析以及不对称合成中具有重要意义。

手性化合物经典的拆分方法是分级结晶法，利用手性化合物和光学纯试剂进行反应，生成非对映异构体，再根据其不同的物理性质进行结晶分离。但这种分离方法操作复杂、费用昂贵，有很大的局限性。常用的测定方法是比旋光度法，但要求对映异构体的含量较大，其他如同位素法及核磁共振法等，虽然有较好的分析精度，但由于费用昂贵，不易实现。因此，利用现代色谱技术对手性化合物进行分离和测试已显示其极大的优越性。它集分离与测试为一体，并可在复杂的基质中测定对映体的纯度。

1966 年，德国首次报道了利用气相色谱分离手性氨基酸的实验，如今气相色谱已用于手性化合物的合成、表征以及应用等多个方面，发展了多种应用广泛的手性固定相，立体选择性高、可固载、性质稳定的手性固定相商品也已出现，采用手性气相色谱技术（chiral chromatography）已对几千对手性化合物进行了分离，成为研究手性化合物的一个重要分析手段。

手性气相色谱分离多采用手性毛细管柱直接进行手性化合物的分离与测定，其分离的关键在于手性固定相的选择和制备。按照拆分机制，手性固定相可分为三大类：

① 基于氢键作用的手性固定相，主要是氨基酸衍生物固定相；

② 基于配位作用的手性固定相，主要是金属配合物固定相；

③ 基于包结配合作用的手性固定相，主要是环糊精衍生物和手性冠醚等。

氨基酸衍生物手性固定相拆分对映体的主要原理是：对映体与手性固定相通过氢键作用缔合，形成非对映异构的配合物，氢键作用强度不同，所形成的非对映异构配合物的稳定常数也不同，使对映异构体经过色谱柱之后流出的顺序也有先后之分，从而使两种对映异构体分离开来。手性金属配合物固定相是由过渡金属离子和有机配体构成的，固定相中的金属离子以配位键的形式与其他原子结合，其分离机制主要基于被分离组分中的π电子或孤对电子与固定相间的π-π相互作用及偶极-偶极相互作用。它主要用于低沸点的烯烃、环酯、环醚、醇、酯等生物代谢物和不对称合成及催化产物的对映体的分离。需要说明的是，使用手性金属配合物固定相进行色谱分离时，载气不能采用氢气，因为氢气的还原性会破坏手性金属配合物。在气相色谱手性分离研究中发展最快、选择性最高、应用面最广的手性固定相是各种类型的环糊精衍生物。环糊精分子是一类由不同数目的吡喃葡萄糖单元以α-1,4-糖苷键相连并互为椅式构象的环状低聚糖，它具有笼状结构，腔内电子云密度高，具有疏水性，而腔外具有亲水性质，可包结大小合适的有机分子。这种特殊的笼状结构，可与对映体形成非对映的包结配合物，环糊精的大小及对映体的尺寸、形状和包结配合物的稳定性有关。环糊精手性固定相的拆分机理是手性中心的位置、构象匹配以及环糊精与对映体分子之间的多种氢键、范德华力等分子间力相互作用的结果。

气相色谱手性分离要求样品具有一定的挥发性和热稳定性，因而对高沸点、热不稳定性的化合物的拆分有一定的局限性，限制了它的更为广泛的应用，但它对一般性质对映体的分离和分析，仍是一种有效的分离技术。

手性气相色谱技术的优越性表现在：①技术成熟，分离效率高，速度快；②手性固定相的种类较多，选择余地较大；③可和多种检测器如氢焰检测器、电子捕获检测器、质谱等联用，同时实现样品的快速定性和定量分析。气相色谱手性分离技术的快速发展，已广泛地应用于不对称合成、环境监测、食品分析、香料成分研究和手性药物的拆分等诸多方面。

8.8 气相色谱的应用及发展

气相色谱法分离效率高、分析速度快、操作方便、结果准确，因此它在实际生产和生活中的应用十分广泛，石油化工、医药制造、食品加工、环境监测等领域都离不开气相色谱分析，下面简单介绍气相色谱的实际应用。

8.8.1 气相色谱在石油工业中的应用

元素硫（S）是在石油形成过程中复杂生物化学反应的中间产物，它在汽油中的含量极微，不容易定量测出，但它对生产装置和燃油系统中的铜、银合金等金属部件的腐蚀却很强，因此元素硫的存在会影响油品的质量。过去元素硫的分析采用比色法和极谱法进行分析，但元素硫不能被直接测定，必须转化成其他可测定的形式，因此分析的准确度和精密度较差，而且样品分析用量大，限制了它们的某些特定应用。采用气相色谱和质谱联用的方法，对炼油生产的直馏汽油、催化裂化汽油、催化重整汽油中的元素硫进行分析测定，可直接进样，样品用量少，与现有其他方法相比，具有简便、快速、灵敏且无干扰的优点，具有很好的应用前景。

汽油的辛烷值是汽油产品质量的一个重要指标，采用辛烷值测量机测量汽油辛烷值的成本很高，需要的样品量也很大，许多情况下无法获得样品的辛烷值测定数据。用气相色谱法测定汽油单体烃，将其测定数据进行回归处理，建立数学模型，可测定汽油辛烷值。方法模型建立快速、简单、操作简便。

石油产品是典型的复杂混合物体系，中等馏程的油品（沸点为150～370℃）含有10000多种成分。传统的一维气相色谱由于峰容量不够，重叠十分严重，定性定量很不准确。例如石脑油样品的分析，用普通气相色谱分析，分析时间超过1h，而且只能得到近100个峰，采用全二维气相色谱，不到40min可得到近2000个峰。汽油中含氧化合物和碱性氮化合物的测定，若用普通气相色谱分析，为了从大量基体中测定痕量化合物，样品往往要预处理，而全二维气相色谱不需样品预处理就可以检测到大量基体中的痕量物质。它是一种灵敏度更高、定性更简单准确，适合复杂混合物体系的分析，也是一种检测痕量杂质的有效手段。

8.8.2 气相色谱在环境分析中的应用

环境是人类生存繁衍的物质基础。凡是与人类生存生活有关的样品都可称为环境样品，它包括大气、烟尘、各种工业废气、自然界的各种水质（江河湖海及地下水、地表水等）、各种工业废水和城市污水、土壤、各种生物体及食品与饲料等，由于环境样品种类多，浓度低，样品组成较为复杂，因而分析工作难度较大。

现代环境污染的重点不再是重金属污染，而是有机物污染。有机物的种类超过无机物几百倍，而且仍在迅速增加，许多有机物都具有致癌致畸致突变的“三致毒性”，这些化合物进入环境后降解慢，可以通过大气环流扩散到生物圈，通过生物链最终影响人类，因此环境监测的重点已经转移到有机物的监测上来了。有机物污染分析的特点是以色谱为中心的各种技术联用，到目前为止，已有几十种检测器可以和色谱仪联用，气相色谱的分析领域也因此而大大扩展。高灵敏度的检测器如对烃类化合物敏感的氢火焰离子化检测器（FID），对含卤素和电负性大的化合物敏感的电子捕获检测器（CED），对含硫、磷化合物敏感的火焰光度检测器（FPD）等的使用，使试样不需浓缩，就可直接检测大气、农副产品、食品、水质中质量分数为10^{-9}～10^{-6}量级的卤素、硫、磷化物以及有毒气体等。在环境调查、环境监测、环境影响评价等方面，气相色谱法都起到了至关重要的作用。

20世纪50～70年代，日本熊本县水俣湾因含有大量甲基汞的工业废水污染水体，使鱼中毒，人食鱼后也发生中毒症状，近千人受害。甲基汞的测定以气相色谱法为最佳。1984年在印度博帕尔的美国联合碳化物公司农药厂发生剧毒异氰甲酯泄漏，1500人死亡，近20万人受害。对异氰甲酯的监测也是由气相色谱来完成的。另外有机氯农药的测定也主要由气相色谱来完成。在重大国际比赛中，对获奖运动员进行违禁药物的尿样分析时，其分析的主要手段是气相色谱、色质联用和高效液相色谱。

二噁英是国际环境组织首批公布的12种持久性有机污染物中毒性最强、对生态环境的影响最大同时其污染控制难度也最大的一类化合物。二噁英类化合物是氯代三环芳香化合物，由于氯原子的取代位置和数目不同，总共形成210种物质。它们广泛分布于全球环境介质中，不仅对人类具有致癌性，显著增加癌症死亡率，还会降低人体免疫力，影响正常荷尔蒙的分泌。此类化合物化学性质稳定，难以生物降解，并可在食物链中富集，人体摄入的二噁英类化合物有90%以上来源于食物。1999年比利时发生了饲料二噁英污染事件，给欧洲经济带来重大损失。二噁英的分析检测主要由气相色谱和质谱联用来完成，采用高分辨率的毛细管色谱柱将毒性二噁英同类物和非毒性同类物及干扰物分离，同时采用同位素稀释定量法以保证分析测试数据的准确性。

高分辨率的毛细管色谱法越来越多地用于鉴别油污染源的监测中。根据不同油类的正构烷烃谱峰轮廓和特征峰、生物标记物峰的比值，可以辨别海面油迹污染是否与附近轮船有关，以此监测近海与港口轮船倾倒废油污染的事件。美国海岸警卫法规中已将毛细管色谱法与红外法、荧光法并列为鉴别油污的官方方法。我国的海岸监测机构也采用这一先进技术，为执行中华人民共和国环境污染防治法作出了贡献。

在我国的大气监测有机物分析方法中气相色谱法约占70%，我国确定的“中国水环境中优先检测物黑名单”中首批推荐实施的25种有机物都是采用气相色谱进行分析的。

8.8.3 气相色谱在食品分析中的应用

白酒原来全是靠品尝和常规化学分析成品酒中的总酸、总酯、杂醇油、甲醇等来衡量酒质的好坏。但事实上醇、酸、酯总量并不完全能反映酒质，因而有时也就不能从根本上说明问题。采用毛细管气相色谱对样品进行色谱分析，得到酒中各微量成分的定量数据，明确了哪些成分对香味影响较大，哪些对口感影响较大，使勾兑人员基本掌握各单体酒微量成分组成并根据这些可靠数据，结合其风格特征，进行组合，调香、调味，合理勾兑，在提高产品内在质量上发挥了应有的作用，并在原料利用上杜绝了浪费。

吸烟有害健康，人们在认识吸烟危害性的同时，也正在积极探索提高卷烟品质，降低其有害成分的途径。在以往的研究中，人们比较注重烟草中焦油和烟碱等的研究，而对吸烟者大量进入肺部和空气中的小分子挥发性成分研究较少，同时对烟的质量评定依然是采用感官评定方法，但评判者的年龄、经验、口味、嗜好、身体状况和环境等差异，很难准确表达烟草质量的优劣，用气相色谱法分析卷烟的挥发性组分，再通过化学识别技术研究卷烟的特征变量，建立质量数学模型，可以此鉴别真假卷烟的质量，获得满意结果。

毒鼠强是剧毒、速效杀虫剂，早在1982年公安部、农业部、卫生部就联合声明禁止生产、销售和使用。但因其具有合成简单、无刺激性气味及杀鼠快速等特点，近年来仍有大量非法生产、销售和使用。近年来频频发生毒鼠强中毒事件，为了尽快检出中毒物质，挽救人民的生命，需要对毒鼠强进行检测。气质联用技术是目前首选的分析方法，设备最为先进，分析结果准确可靠，可作为最后的确认试验。但由于毒鼠强中毒事件往往以投毒事件为主，而其事件的发生地又以经济相对落后地区居多，这就给那些缺乏高档分析仪器的检验机构带来了很大的难度，而使用气相色谱仪的地区和人员比较多，普及率较高，因此采用气相色谱（选用硫检测器）对可疑中毒食品进行毒鼠强分析也是行之有效的方法。

习题

1. 气相色谱分离法的特点是什么？说明其分离原理。

2. 气相色谱仪是由哪几部分组成的？各部分的作用是什么？
3. 气相色谱根据什么进行定性、定量分析？
4. 什么是分配系数？它受哪些因素的影响？
5. 什么是分离度？为什么可用它作为柱分离性能的综合指标？怎样计算？
6. 色谱保留值有哪些？它受哪些因素影响？
7. 塔板理论方程式根据哪些因素导出？其基本假设和主要内容是什么？
8. 为什么说有效塔板数和有效塔板高度较为真实地反映了柱效能的好坏？
9. 试述速率方程式中 A、B、C 三项的物理意义。H-u 曲线有何用途？什么是最佳载气流速？
10. 预测在下列诸实验条件中，改变一个条件，色谱峰形将发生怎样的变化？为什么？(1) 柱长增加一倍；(2) 固定相颗粒变粗；(3) 载气流速增加；(4) 柱温降低；(5) 采用黏度较小的固定液。
11. 柱温是色谱操作的重要条件之一，它对色谱分析有何影响？实际分析中应如何选择柱温？
12. 红色载体和白色载体的性能有何不同？对载体和固定液的要求分别是什么？
13. 试述氢火焰离子化检测器和热导池检测器的工作原理。
14. 何谓保留指数？应用保留指数作定性指标有什么优点？
15. 什么是定量校正因子？色谱定量分析时为什么要测定校正因子？
16. 色谱归一化法有何优点？在哪些情况下不能采用归一化法？
17. 色谱内标法是一种准确度较高的定量方法，它有何优点？
18. 组分 A、B、C 在气相色谱柱上的分配系数分别为 360、473、497，其流出色谱柱的顺序如何？一色谱柱长 2m，测得空气峰为 30s，某组分保留时间为 6min 30s，基线宽度为 12mm，记录纸速为 20mm·min^{-1}，求有效塔板数及有效塔板高度是多少？
19. 用气相色谱分离正戊烷和丙酮，测得空气峰为 45s，正戊烷为 2.35min，丙酮为 2.45min，求相对保留值 $r_{2,1}$ 为多少。
20. A、B 两峰的保留时间分别为 3.65min 和 4.10min，相应峰宽为 0.22min 和 0.34min，计算 A、B 两组分的分离度。
21. 用色谱分离甲醇和乙醇，测得 $t_M=1.0$min，$t_{甲醇}=10.5$min，$t_{乙醇}=17.5$min。已知固定相的体积为 5mL，流动相体积为 55mL，计算甲醇和乙醇的分配比、分配系数和该色谱柱的相比。
22. 采用 3m 色谱柱对 A、B 两组分进行分离，此时测得空气峰的 t_M 值为 1min，A 组分保留时间 $t_{R(A)}$ 为 14min，B 组分保留时间为 17min，求：

   (1) 调整保留时间 $t'_{R(A)}$ 及 $t'_{R(B)}$；

   (2) 设 B 组分的峰宽为 1min，用组分 B 计算色谱柱的理论塔板数和有效塔板数；

   (3) 要使两组分达到基线分离 ($R=1.5$)，最短柱长应选择多少米？
23. 在某气液色谱柱上组分 A 流出需 5min，组分 B 流出需要 7min，C 组分流出需要 12min，不滞留组分的洗脱时间为 1.5min，试求：

   (1) B 组分相对于 A 的相对保留时间是多少？

   (2) C 组分相对于 B 的相对保留时间是多少？

   (3) B 组分在色谱柱中的容量因子是多少？

   (4) A 对 Z 的容量因子之比是多少？
24. 某一气相色谱柱，速率方程式中 A、B、C 的值分别为 0.15cm、0.36cm^2·s^{-1} 和 4.3×10^{-2}s，计算最佳流速和最小塔板高度。
25. 已知记录仪的灵敏度为 0.658mV·cm^{-1}，记录纸速为 2cm·min^{-1}，载气柱后流速为 68mL·min^{-1}（已校正），进样量 0.5μL 饱和苯蒸气质量为 0.11mg，得到色谱峰高为 7.68cm，半峰宽为 0.5cm，总机噪声为 0.01mV。求热导池检测器的灵敏度和最小检出量。
26. 测定甲苯的保留指数时，以 n-C_7 和 n-C_8 作为标准物，测得死时间 $t_M=22$min，n-C_7 和 n-C_8 的保留时间分别为 159min、315min，甲苯的保留时间为 187min，求甲苯的保留指数 I 是多少？

27. 在测定苯、甲苯、乙苯、邻二甲苯的峰高校正因子时，称取各组分的纯物质在一定色谱条件下进行测定，所得色谱图上各种组分色谱峰的峰高分别如下表所示：

项　目	苯	甲苯	乙苯	邻二甲苯
质量/g	0.5967	0.5478	0.6120	0.6680
峰高/mm	180.2	84.4	45.2	49.0

求各组分的峰高校正因子，以苯为标准。

28. 用外标法对某样品进行测定，进样量为 2μL，测得标准溶液和样品溶液的色谱峰面积如下表所示，请计算样品组分的浓度（$mg \cdot mL^{-1}$）。

溶液浓度/$mg \cdot mL^{-1}$	峰面积	溶液浓度/$mg \cdot mL^{-1}$	峰面积
0.200	1.43	0.800	5.73
0.400	2.86	1.000	7.16
0.600	4.29	样品	4.10

29. 某化合物只含有乙醇、正庚烷、苯和乙酸乙酯，经测定各组分的校正因子并从色谱图量出各组分的峰面积列于下表，用归一化法定量，求各组分的质量分数各为多少？

化合物	峰面积/cm^2	校正因子 f	衰减
乙醇	5.0	0.64	1
正庚烷	9.0	0.70	1
苯	4.0	0.78	2
乙酸乙酯	7.0	0.79	4

30. 用气相色谱法分析丙酮、乙醇混合物中各自的含量，以双环戊二烯为标准测定校正因子。将双环戊二烯、丙酮、乙醇以质量比 30∶40∶30 混合，测得 3 个峰面积分别为：15cm^2、30cm^2 和 25cm^2。如果测得样品中丙酮的峰面积为 15cm^2，乙醇的峰面积为 10cm^2，用归一化法求上述样品中丙酮和乙醇的含量。

31. 气相色谱分析乙二醇中丙二醇含量，采用内标法定量，称取样品为 1.0250g，加入内标物 0.3500g，丙二醇的校正因子为 1.0，内标物的校正因子为 0.83，丙二醇的峰面积为 2.5cm^2，内标物的峰面积为 20.0cm^2，求样品中丙二醇的百分含量。

32. 色谱法分析某样品中间二甲苯、对二甲苯、邻二甲苯含量，样品中尚存在其他杂质但不需定量，可采用内标法分析，选取苯作内标物，分析时苯与样品的质量比为 1∶7，面积与校正因子列于下表，计算这 3 个组分的百分含量。

组　分	校正因子	峰面积/cm^2	组　分	校正因子	峰面积/cm^2
间二甲苯	0.97	3.5	邻二甲苯	1.00	2.8
对二甲苯	0.96	4.0	苯	0.89	2.0

参考文献

[1] 朱明华.仪器分析.第 3 版.北京：高等教育出版社，2000.

[2] R.Kellner，J. M. Mermet，M. Otto，H. M. Windmer 著．分析化学．李克安，金钦汉译．北京：北京大学出版社，2001.

[3] 北京大学化学系．仪器分析教程．北京：北京大学出版社，1997.

[4] ［美］罗伯特·D·布朗．最新仪器分析技术全书．北京：化学工业出版社，1990.

[5] 刘密新，罗国安，张新荣，童爱军．仪器分析．第 2 版．北京：清华大学出版社，2002.

[6] 俞惟乐，欧庆瑜等．毛细管气相色谱和分离分析新技术．北京：科学出版社，1999.

[7] 周光明．分析化学习题精解．北京：科学出版社，2001.

[8] 李长秀，杨海鹰，王征．一种新的汽油辛烷值的气相色谱测定方法．色谱，2003，21（1）：81-84.

[9] 赵惠菊．气相色谱/质谱测定汽油中的元素硫．色谱，2003，21（3）：210-213.

[10] 阮春海，叶芬，孔宏伟，路鑫，许国旺．石油样品全二维气相色谱分析的分离特性．分析化学，2002，30（5）：548- 551.

[11] 李新纪，王炳华．气相色谱在环境样品分析中的应用．现代科学仪器，1994，（3）：27-29.

[12] 郑明辉，杨柳春，张兵等．二噁英类化合物分析研究进展．分析测试学报，2002，21（4）：91-94.

[13] 冯建跃，冯连梅．卷烟内在质量的气相色谱-数学聚类法的研究．分析测试学报，2001，20(3)：19-23.

[14] 杨章萍，李学梅．毒鼠强中毒的毛细管气相色谱分析．中国公共卫生，2001，17（12）：1092.

[15] 花瑞香，王京华．全二维气相色谱技术在石化领域的应用．广石化科技，2001，（3）;34-38.

9 高效液相色谱法

高效液相色谱（high performance liquid chromatography，HPLC）亦称高压液相色谱（high pressure liquid chromatography）或高速液相色谱（high speed liquid chromatography），是1964～1965年开始发展起来的一项重要的分离和鉴定新技术。由于它是在经典的液相柱色谱、薄层色谱和气相色谱的基础上发展起来的，因而大大改善了经典柱色谱和薄层色谱的分析速度慢、灵敏度低、分离度差等缺点，并能使气相色谱上不易汽化或高温下易破坏的化合物得到有效的分离和分析。它在经典液相色谱的基础上，引入气相色谱理论，在技术上采用高压泵、高效固定相和灵敏度高的检测器，可以分离、分析除气体以外的绝大部分有机化合物及无机物，目前世界上已知化合物的80%左右都可用该法进行分析，因而广泛应用于化工、有机合成、环境监测、医药卫生、生物化学及中草药化学成分的分离分析等各个领域的研究，具有高效、快速、灵敏度高、操作简便、自动记录、样品用量少、应用范围广等特点。

高效液相色谱与经典的液相色谱最主要的不同在于前者采用直径很小（20～30μm）、机械强度较大的球形载体，这样不仅提高了载体的机械强度和色谱柱内的均匀铺层，更主要的是加速了被分离物质在流动相和固定相之间的传质速率，从而显著提高了色谱分离的效能和速度，通常在数分钟内完成分析，较经典液相色谱快数十至数百倍。

9.1 高效液相色谱仪

高效液相色谱仪一般可分为4个主要部分：液体输送系统、进样系统、分离系统和检测系统（见图9-1）。还附有梯度洗脱、自动进样、馏分收集及数据处理等辅助系统。

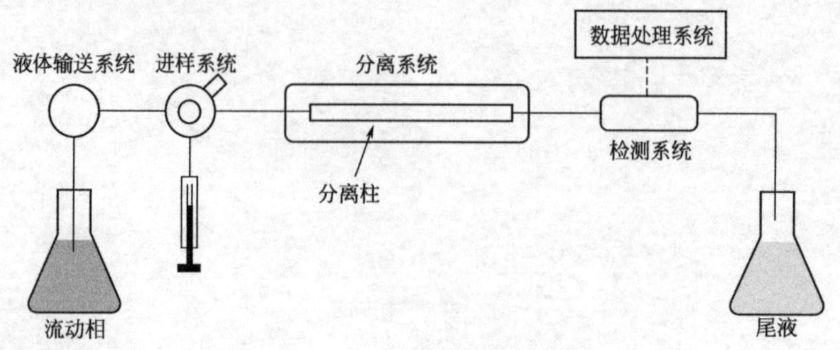

图9-1 高效液相色谱结构

9.1.1 液体输送系统

输液系统中泵是驱动液体流动的装置，在HPLC的工作中常常要跟泵打交道。例如作为流动相溶剂的高压源、自动进样器和柱后衍生反应器中用于低压送样和输送反应试剂的蠕动泵、高压装柱泵等，其原理、性能各不相同。

对高压输液泵的要求，从分析的角度出发，应满足以下几个要求。

① 流量稳定 这一点非常重要，因为流量的稳定性直接与保留时间的准确性相关。对于直径 4～5mm 的常规色谱柱，最常用的流量范围是 0.5～2.0mL·min^{-1}，误差应不大于1%。若考虑到泵功能的适当扩展，较好的输液泵一般都有 0.1～1.0mL·min^{-1} 的流量范围。

② 耐高压 对于 200mm 长、内装 5～10μm 的微粒型刚性固定相的色谱柱，正常操作压力在 10MPa 以下。性能较高的泵一般都能耐 35～50MPa 的高压。

③ 耐腐蚀。

④ 操作和检修方便 特别是流量调节，阀的清洗和更换等，要求简便易行。

高压泵按排液性质可分为恒压泵和恒流泵两种。盘管泵和气动放大泵属恒压泵，即运转过程中始终保持系统压力稳定。螺旋注射泵和柱塞往复泵属于恒流泵，即不管色谱柱反压如何变化，泵的排液量保持恒定，对分析工作而言，恒流泵则更受欢迎。从机械原理分则有盘管泵、气动放大泵、螺旋注射泵、柱塞泵等。

9.1.2 梯度洗脱装置

梯度洗脱（gradient elution）在液相色谱中的作用相当于气相色谱中的程序升温。根据分离度的要求，样品组分的容量因子范围不宜太大，一般控制在 10 以下。当样品混合物的容量因子范围很宽时，采用等度冲洗（即冲洗时流动相的组成恒定不变），一则时间太长，二则后面的峰太扁平不便检测，这时就需要梯度冲洗（或称梯度淋洗），即溶剂强度随时间增长而增加。梯度方式可以是连续式的，也可以是分段式的，分段式是几个不同陡度的梯度或等度按需要组合。梯度淋洗可以使分析时间缩短，使所有峰都处于最佳分离状态，而且峰形比较尖锐。图 9-2 是多组分混合物的等度和梯度洗脱所得色谱图，从图中可见，采用梯度冲洗，可使各组分很好地分离。

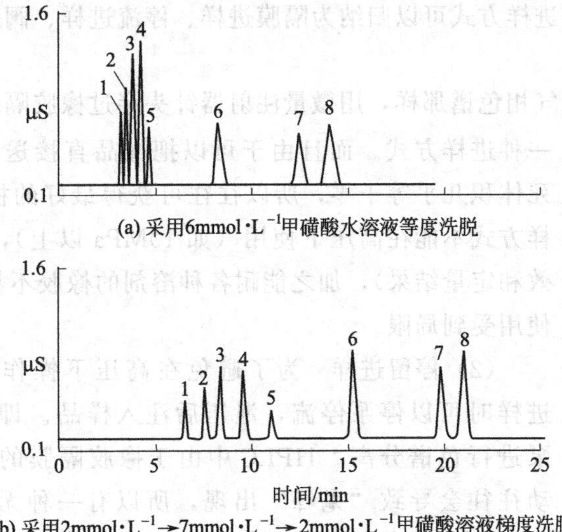

图 9-2 多组分混合物的等度和梯度洗脱

离子峰顺序：1—锂；2—钠；3—铵根；4—钾；5—二甲胺；6—三乙胺；7—镁；8—钙

梯度操作的溶剂系统可以是二元、三元甚至四元的，但最常用的是二元溶剂梯度。所用设备也有好几种，大致可分为两类，一是高压梯度（或称内梯度），即按预先设计的程序分别用两台高压泵把两种溶剂打入一只混合器，混合均匀后再进入色谱柱［见图 9-3(a)］。二是低压梯度（或称外梯度），即两种溶剂按一定程序混合，随后由一台高压泵打入色谱柱［见图 9-3(b)］。由于大部分液体的压缩性为每增加 10^5 Pa 压力导致 0.01%～0.015%的体积减小（但对水为 0.004%），加之某些溶剂混合时伴随着体积的变化，所以两种溶剂在高压下混合后进入色谱柱，其实际梯度曲线和预定值会有较大的滞后和偏离。高压梯度方法中因为必须使用两台价钱昂贵的泵，成本较高。但也便于拆开变成两台高效液相色谱仪使用。低压梯度成本较低，最新的设备使用了两个电控的可调阀或共用一个比例阀，便于控制。受液体压缩性和混合时热力学体积的变化影响小，准确度高。梯度冲洗时，为得到重复的保留位数据，流速和溶剂组成的准确尤为重要。一台好的梯度淋洗设备除了泵以外，梯度曲线的灵活性、温度的均匀性以及滞后和畸变等都是很重要的考察指标。

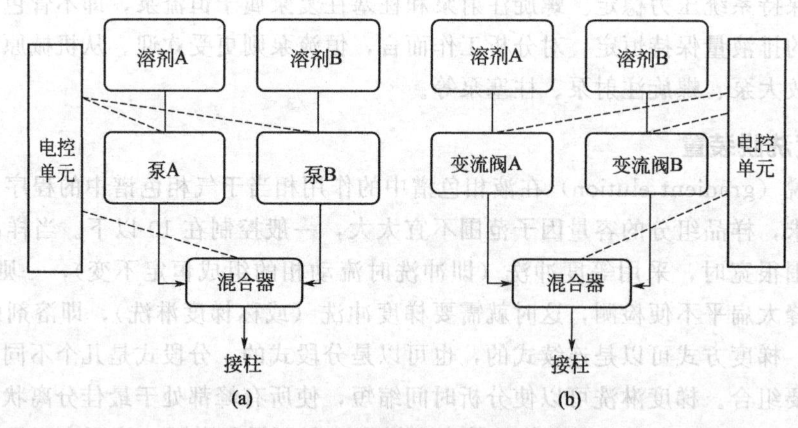

图 9-3 二元溶剂的两种梯度洗脱方式

9.1.3 进样系统

高效液相色谱中的进样方式可以归纳为隔膜进样、停流进样、阀进样、自动进样器进样数种。

(1) 隔膜进样 像气相色谱那样，用微量注射器针头穿过橡胶隔膜进样，这是最简便的一种进样方式。而且由于可以把样品直接送到柱头填充床的中心，死体积几乎等于零，所以往往可获得最好的柱效。但是由于这种进样方式不能在高压下使用（如 10MPa 以上），重复性较差（包括柱效和定量结果），加之能耐各种溶剂的橡胶不易找到，因而常规分析使用受到局限。

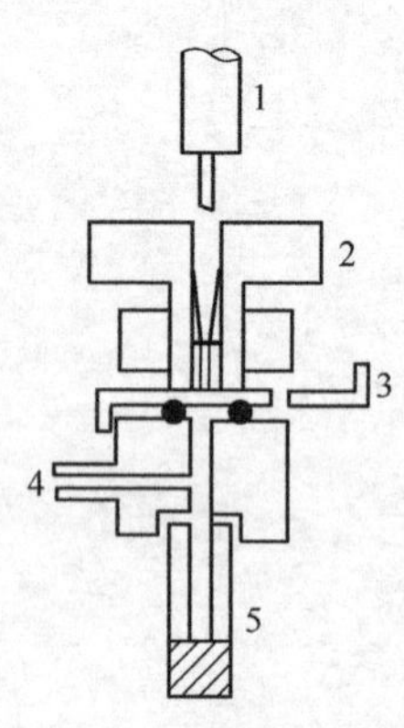

图 9-4 停留进样器

1—低压注射器；2—手拧螺丝；3—滑板；4—溶剂入口；5—色谱柱

(2) 停留进样 为了避免在高压下操作，当使用注射器隔膜进样时可以停泵停流，泄压后注入样品。即停流进样，随后再开泵进行色谱分离。HPLC 中由于橡胶隔膜的沾污，停泵或重新启动往往会导致“鬼峰”出现，所以有一种无隔膜停流进样器（见图 9-4）。当停流后，滑片向左推，注射针便可穿过小孔把样品注到柱头上。拔出注射器，滑片向右推回原位，开泵进行色谱分离。停流进样虽然能克服高压隔膜进样时迟到的困难，但其明显的缺点是保留时间不准，在以峰的始末信号强制馏分收集的制备色谱中，效果较好。

(3) 阀进样　这是目前几乎被所有 HPLC 仪器制造厂家采用的一种进样方式。虽然由于阀接头和连接管死体积的存在，柱效率稍低于注射器隔膜进样，但因耐高压，重复性良好，操作方便，因而深受色谱工作者的欢迎，其中以六通进样阀最为常用。如图 9-5 中所示，操作时，先将阀柄转向采样位置，用微量注射器将样品常压注入样品环内，多余的样品会被自动排出。然后转动 60°到进样位置，样品便立即被自高压泵排出的冲洗剂带入色谱柱。巧妙的设计使注入的样品能以最短的距离被送到色谱柱柱头上。另一种阀是四通阀，一般是内量管式的定体积进样阀，重复性更佳。

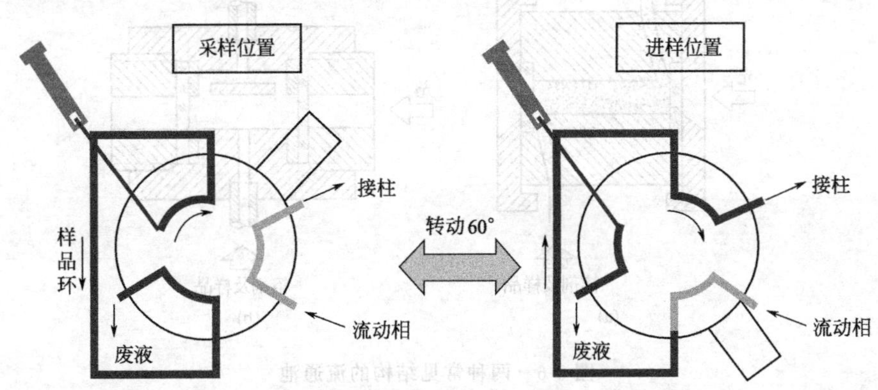

图 9-5　六通阀进样示意

(4) 自动进样器进样　自动进样器多用于同样冲洗条件下样品量较多的场合或无人看管的自动色谱仪。使用微处理器来控制一个六通阀的采样（通过阀针）、进样和清洗等动作。操作者只需要把装好样品的小瓶按一定次序放入样品架上（样品架有转盘式、排式和链式等），然后送入程序（如进样次数、分析周期等），启动，设备将自动运转。

9.1.4　馏分收集器

和气相色谱相比，液相色谱很方便的一个方面是柱后流出物中的被分离组分在室温下都是以溶液形式存在的，溶剂挥发后，便可得到纯组分。所以在液相色谱中更多地用于制备目的，或是收集纯馏分作进一步的鉴定、考察用，或是为了获得足够量的纯产品。对于简单的混合物，可以用试管手工收集，也可以在检测器后安装一个小死体积的三通阀，按照记录仪上色谱峰的起止信号，并考虑到滞后时间，确定收集开始和收集结束的时间，转动此三通阀以完成馏分收集。当样品中被分离组分很复杂或者收集需要很长时间的情况下，最好使用自动馏分收集器。在这种设备上，三通阀的动作可以由色谱峰的起止信号控制，也可以按照一定的时间程序控制。三通阀的转动与接收器的位移是同步进行的。

在 HPLC 中，为了分析不同类型的样品，常常需要改变分析流程，例如柱切换、反冲、柱组合以及预柱浓缩等。因而小死体积的高压六通、四通、三通阀是常采用的阀件。

9.1.5　检测系统

(1) 紫外吸收和紫外-可见吸收检测器　目前，在高效液相色谱中广泛使用的检测器是紫外吸收检测器，几乎所有的高效液相色谱仪都配有紫外吸收检测器，对能吸收紫外线的所有溶质都有响应值。所以它是一种性能优良、应用普遍的检测器。这种检测器对温度和流速波动不敏感，适合梯度洗脱，应用范围宽，对许多溶质都有很高的灵敏度，其灵敏度能达到

0.005 吸光单位，对具有中等程度紫外吸收的溶质能检测到纳克量级，噪声水平在满刻度吸光单位的±1%。

所有光学吸收式检测器的检测原理都是依据比耳定律。

图 9-6 是紫外吸收检测器采用的两种结构的流通池（测量池）。图 9-6(a) 是经典的“Z”形流通池，现已较少采用。为了减少流速变化造成的噪声和漂移，常用（b）所示的“H”形流通池，流动相从池下方中间流入，经两侧流入光通道窗口后向上方中间汇合流出。对流通池内壁应抛光和保持非常清洁的表面，以防止孔壁形成的多次反射和折射。

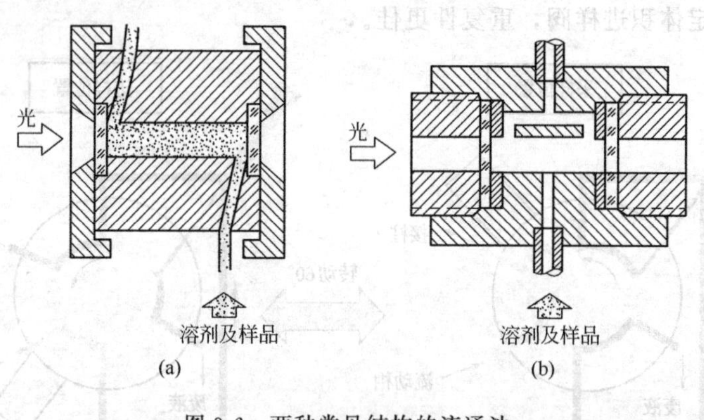

图 9-6　两种常见结构的流通池

由于紫外-可见分光光度计采用了精密的分光技术、自动扫描和双光路光学系统，使其应用范围、选择性大为提高，目前已成为高效液相色谱仪的主要检测器之一。

(2) 示差折光检测器　示差折光检测器是一种浓度型通用检测器，应用也很广泛，特别在凝胶渗透色谱中是十分理想的检测器。它是一种连续监测流动池中溶液折射率变化的方法。溶液的折射率是溶剂（流动相）和溶质（待测组分）各自的折射率乘以各自的摩尔浓度之和。因此溶有溶质的流动相和纯流动相之间的折射率之差表示了溶质在流动相中浓度的变化。原理示意见图 9-7。溶质和流动相折射率的差值愈大，灵敏度愈高。示差折光检测器不能用于一般的梯度洗脱，因为必须严格地保持测量池和参比池的折射率相等。

(3) 荧光检测器　荧光检测器是一种很灵敏的、有选择性的检测器，它是一种测量溶液荧光强度的装置。当某些溶质受紫外线照射后，能吸收紫外线而处于激发状态，随之辐射出比紫外线波长较长的光线，这种光线一般是可见的，称为荧光。如果入射紫外线光强一定，溶液的厚度不变，在被测溶质浓度较低时，溶质受激而发生的荧光强度（F）与被测溶质的浓度成正比。许多生物化合物包括某些代谢物、药物、氨基酸、胺类、维生素和甾族化合物都能用荧光检测器检测。许多不能吸收紫外线产生荧光的化合物经过荧光衍生化处理后也可进行荧光检测。一些荧光较弱的化合物经荧光增强处理后也能进行荧光检测。

如果选用的溶剂对紫外线和荧光是绝对透明的，溶剂对检测无干扰，则可以很方便地使用梯度洗脱技术。用荧光检测器检测强荧光化合物如硫酸喹啉，其最低检测浓度可达$10^{-9}g \cdot mL^{-1}$。

图 9-8 是美国 Du-Pont 公司 836 型吸光-荧光式检测器的光路系统（虚线内为垂直角度光源单光束）。

由中压汞灯发出的紫外线透过半透半反射镜后，经激发光滤光片滤光，只允许一定波长的紫外线透过，然后由透镜聚焦在测量池内。当柱后流出物中有能被激发产生荧光的溶质流

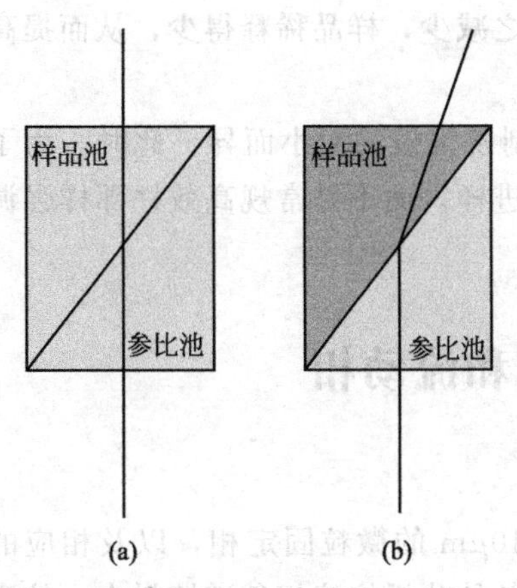

图 9-7 示差折光检测器原理

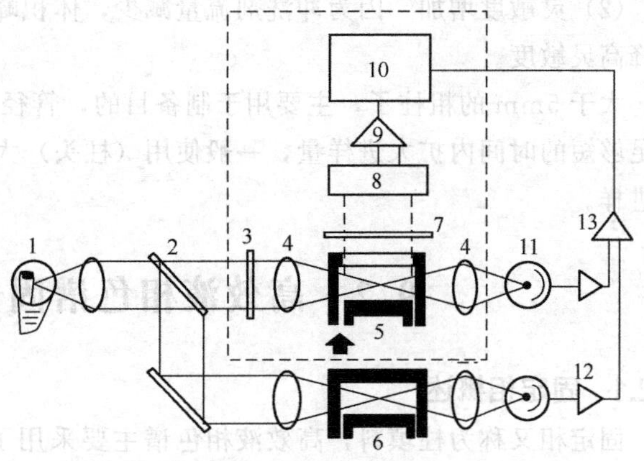

图 9-8 836 型吸光-荧光式检测器的光路系统

1—中压汞灯光源；2—10%反射棱镜；3—激发光滤光片；4—透镜；5—测量池；6—参比池；7—发射光滤光片；8—光电倍增管；9—放大器；10—记录器；11—光电管；12—对数放大器；13—线性放大器

入检测池时，则吸收紫外线发出荧光。此荧光透过发射光滤光片，除去荧光以外的其他光，照射到光电倍增管，转变为光电流并放大后送记录仪记录。为了提高灵敏度并消除来自流动相发射出的基底荧光，目前多使用设有参比池和测量池的双光束光电池测量系统。

(4) 电化学检测器 电导检测器是根据物质在某些介质中电离后所产生的电导变化来测定电离物质含量的检测器。电导检测器在液相色谱中可直接检测柱后流出物的电导变化，从而计算出物质的含量，其灵敏度以水中微量氯化钠为例能检测到 10^{-8}g·mL^{-1}。

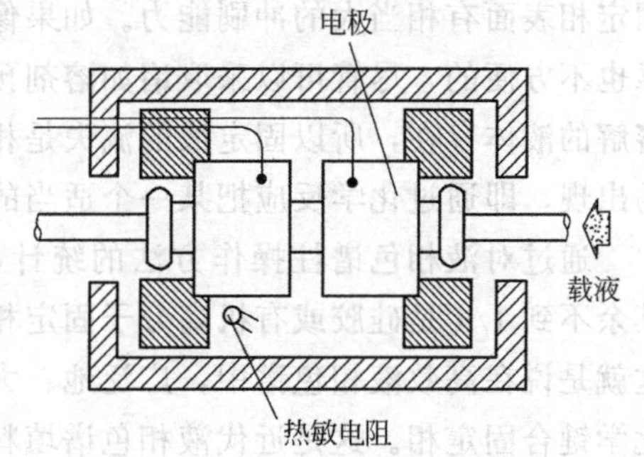

图 9-9 电导检测器结构示意

图 9-9 是这种检测器的结构示意。电导池内的检测探头是由一对平行的电极组成，铂丝、不锈钢或其他惰性金属都可制作电极。将两个电极构成惠斯登电桥的一个测量臂。当电离组分通过时，其电导值和流动相电导值之差被记录下来。电导检测器的响应受温度影响较大，如果被测溶液温度升高 1℃，则溶液的电导率将增加 2%，因此要求严格控制温度。一般在电导旁置热敏电阻器进行监测。电导检测器不能用于梯度洗脱。

9.1.6 色谱分离系统

高效液相色谱的分离过程是在色谱柱内进行的，这个分离系统包括固定相、流动相和色谱柱，分离效率和分离能力取决于三者的精心设计和配合。

高效液相色谱柱大致可分为三种类型：内径小于 2mm 的细管径或微管径柱；内径在 2～5mm 范围的是常规高效液相色谱柱；内径大于 5mm 的一般称为半制备柱或制备柱。柱材质一般采用不锈钢，可耐溶剂、水和一定范围的缓冲溶液。

细管径柱的主要优点如下。

(1) 节省溶剂 例如，内径为 1mm、2mm 和 5mm 的三种色谱柱，当保持相同的冲洗剂线速度时，每天的溶剂消耗量比例是 1∶4∶25。

（2）灵敏度增加　因为冲洗剂流量减少，体积峰宽随之减少，样品稀释得少，从而提高了峰高灵敏度。

大于5mm的粗柱子，主要用于制备目的，管径可因制备规模的大小而异。此时，为了在足够短的时间内扩大进样量，一般使用（柱头）大面积进样，而不是常规高效柱那样强调点进样。

9.2 高效液相色谱固定相和流动相

9.2.1 固定相概述

固定相又称为柱填料，高效液相色谱主要采用了3～10μm的微粒固定相，以及相应的色谱柱工艺和各种先进的仪器设备。据统计，在所使用的各种分析柱液相色谱填料中，粒度在3～4μm的占6.3%，5～7μm的占54.1%，10～15μm的占35.9%，20μm以上的不到4%。这说明5～10μm填料是目前使用最广的高效填料，而细粒度是保证高效的关键。使用微粒填料有利于减小涡流扩散效应，缩短溶质在两相间的传质扩散过程，提高了色谱柱的分离效率。

在高效液相色谱中，流动相是有机溶剂或者水溶液，在一定的线速度下，液体流动相对固定相表面有相当大的冲刷能力。如果像气相色谱那样，把固定液涂渍在载体表面，是不可靠也不方便的，尽管可以采取诸如溶剂预饱和等措施，但严格来讲，几乎没有一对完全互不溶解的液体存在，所以固定液的流失是相当严重的。这就导致了化学键合固定相（键合相）的出现，即通过化学反应把某一个适当的官能团引入到硅胶表面，形成不可抽提的固定相。

通过对液相色谱柱操作方法的统计，表明各种类型的化学键合固定相占了将近78%，其余不到1/4是硅胶或有机高分子固定相。传统的液-液分配色谱几乎全部被键合相所取代。这就是说在高效液相色谱中，广泛地、大量地使用不被溶剂抽提的以微粒硅胶为基质的各种化学键合固定相。这是近代液相色谱填料的又一特点。

9.2.2 固定相的分类

（1）按化学组成分类　微粒硅胶、高分子微球和微粒多孔碳是几种主要的类型。

3～10μm的微粒硅胶和以此为基质的各种化学键合相是目前高效液相色谱填料中占统治地位的化学类型。这是由于硅胶具有良好的机械强度、容易控制的孔结构和表面积，较好的化学稳定性和表面化学反应专一等优点。硅胶基质固定相的一个主要缺点是只能在pH2～7.5范围的流动相条件下使用。碱度过大，特别是当有季铵离子存在下，硅胶易于粉碎溶解。酸度过大，连接有机基团的化学键容易断裂。

高分子微球是另一类重要的液相色谱填料，大部分的基体化学组成是苯乙烯和二乙烯基苯的共聚物（PS-DVB），也有聚乙烯醇、聚酯类型。高分子填料的主要优点是能耐较宽的pH范围，例如pH1～14，化学惰性好。一般来说，柱效率比硅胶基质的低得多，往往还需要升温操作，不同溶剂收缩率不同，主要用于离子和离子交换色谱、凝胶渗透色谱和某些一般的柱液相色谱。

微粒多孔碳填料是由聚四氟乙烯还原或石墨化炭黑开始的，优点在于完全非极性的均匀表面，是一种天然的“反相”填料，可以在pH＞8.5的条件下使用。但机械强度较差，对强保留溶质柱效较低，有待改进。

其他一些填料，例如氧化铝，耐高 pH 条件的能力比一般硅胶好，但硅烷化后不稳定。

(2) 按结构和形状分类 可分为薄壳型和全孔型（包括一般孔径和大孔填料），无定形和球形。

薄壳型填料是20世纪60年代中期出现的一种填料，4μm 左右的玻璃球表面上覆盖一层1～2μm 厚的硅胶层，形成许多向外开放的孔隙。这样孔浅了，传质快，柱效得以提高（和经典液相色谱相比）。但柱负荷太小，所以很快就被5～10μm 全孔硅胶所代替。现在只用于预净化或预浓缩柱上，或作某些简单的混合物分离。

在高效液相色谱中使用的全孔微球硅胶，孔径一般为6～10nm，比表面积为300～$500m^2 \cdot g^{-1}$。就形状来说，有球形的，也有非球形的。至于这两种微粒型硅胶哪一种好，至今还有争论。

对于低聚和高聚大分子的分离分析，扩大固定相粒子的孔径是很重要的。一种情况是在大孔填料上对较大分子的样品进行常规的液相色谱分离；另一种是做空间排斥色谱分离，按分子量从大到小顺序流出色谱柱。

(3) 按填料表面改性（与否）分类 在无机吸附剂基质固定相的情况下，可以分为吸附型和化学键合相两类。商品化学键合相填料有以下几种表面官能团：C_{18}、C_8、C_2、苯基、氰基、氨基、硝基、二醇基、醚基、离子交换以及不对称碳原子的光学活性键合相等。

(4) 按液相色谱冲洗模式（方法）分类 反相、正相、离子交换和凝胶渗透色谱固定相是经常遇到的分离模式和固定相的类别。

在液相色谱中通常把使用极性固定相和非（或弱）极性流动相的操作称为“正相色谱”，相应的固定相习惯称为“正相填料”（如硅胶、氰基、氨基或硝基等极性键合相属于此列）；把非极性或弱极性的固定相称为“反相填料”（如烷基、苯基键合相、多孔碳填料等）。当然，在液相色谱中，同一色谱柱，原则上可以使用性质相差很大的流动相冲洗，因而正相填料和反相填料名称的概念具有一定的相对性。

离子交换固定相的颗粒表面都带有磺酸基、羧基、季铵基、氨基等强、弱离子交换基团。可以和流动相中样品离子之间发生离子交换作用，使样品中无机或有机离子，或可解离化合物在固定相上有不同的保留。凝胶渗透色谱固定相是具有一定孔径分布范围的系列产品，用于分离高分子样品或进行高聚物分子量分布的测定。后两类填料，都既有硅胶基质的，又有高分子微球基质的。

9.2.3 流动相

流动相又称为冲洗剂、洗脱剂或载液，它有两个作用，一是携带样品前进，二是给样品提供一个分配相，进而调节选择性，以达到混合物的满意分离。对流动相溶剂的选择要考虑分离、检测、输液系统的承受能力及色谱分离目的等各个方面。就流动相本身而言，主要有如下要求。

(1) 黏度小 一般适合做高效液相色谱流动相的溶剂黏度应小于2mPa·s。黏度大，一方面液相传质慢，柱效低；另一方面柱压降增加，流动相黏度增加一倍，柱压降也相应增加一倍，过高的柱压降给设备和操作都带来麻烦。

(2) 沸点低、固体残留物少 这个要求对制备色谱是非常重要的。固体残留物有可能堵塞溶剂输送系统的过滤器和损坏泵体及阀件。

(3) 与检测器相适应 紫外吸收和紫外分光光度计是高效液相色谱中使用最广泛的一类

检测器，因此，流动相应当在所使用波长下没有吸收或吸收很小；而当使用示差折光检测器时，应当选择折射率与样品差别较大的溶剂做流动相，以提高灵敏度。

（4）与色谱系统的适应性　在吸附色谱中吸附剂往往不是酸性就是碱性，应当注意所选流动相和固定相之间没有不可逆的化学吸附；仪器的输液部分大多是不锈钢材质，最好使用不含氯离子的流动相；当使用多孔镍过滤板时，应当避免使用较大酸度的流动相。

（5）溶剂的纯度　溶剂的纯度关键是要能满足检测器的要求和使用不同瓶（或批）溶剂时能获得重复的色谱保留值数据。实验中至少使用分析纯试剂，一般使用色谱纯试剂。另外，溶剂的毒性和可压缩性也是在选择流动相时应考虑的因素。

9.3 液相色谱的主要类型

9.3.1 液固吸附色谱

液固吸附色谱是根据吸附作用的不同来达到物质的分离。其作用机理如图 9-10 所示。

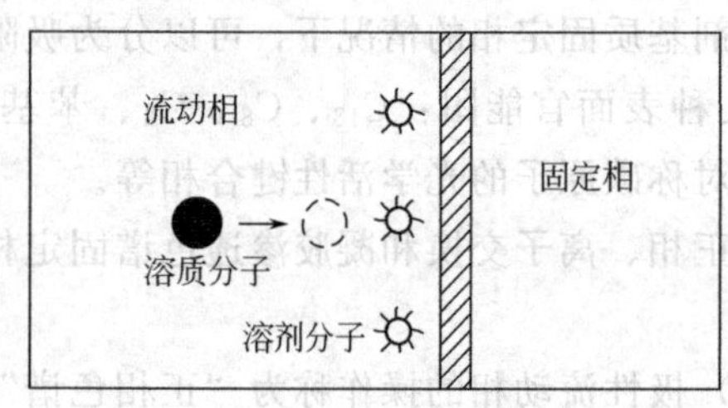

图 9-10　液固色谱模型

在固定相表面产生溶质分子和固定相之间的相互作用。这种作用表现为溶质分子和流动相（溶剂）分子在固定相表面发生的竞争吸附现象。溶质分子 X 和溶剂分子 S 对活性表面产生的竞争作用用下列方程式表示：

$$X_m + \eta S_a \rightleftharpoons X_a + \eta S_m \tag{9-1}$$

式中，X_m 和 X_a 分别表示在流动相中和被吸附的溶质分子；S_a 代表被吸附在表面上的溶剂分子；S_m 代表流动相中的溶剂分子；η 是被吸附的溶剂分子数。当溶质分子 X 被吸附时，它便取代了固定相表面的溶剂分子。这种竞争吸附达到平衡时，可用下式表示：

$$K = \frac{[X_a][S_m]^\eta}{[X_m][S_a]^\eta} \tag{9-2}$$

此式表明如果溶剂分子吸附性更强，则被吸附的溶质分子将相应地减少。K 是分配系数，可通过吸附等温线数据求得。

液固吸附色谱用的固定相，都是一些吸附活性强弱不等的吸附剂，例如硅胶、氧化铝、分子筛、聚酰胺等。样品分子与溶剂分子在固体表面竞争吸附时，官能团极性强度大且数目多的样品分子有较大的保留值，反之，保留值较小。因此液固吸附色谱有利于对混合物进行族分离。例如烷、烯、芳烃在全孔硅胶（μ-Porasil）上已得到成功的分离。薄壳型填料和全孔型微粒可用作液固吸附色谱的吸附剂。

9.3.2 化学键合相色谱

化学键合相色谱使用的固定相是借助于化学反应的方法将有机分子以共价键连接在色谱载体上的，主要用于反相、正相、疏水作用和部分离子交换、空间排斥和手性分离色谱中。据统计，键合相色谱在高效液相色谱的整个应用中占 80% 以上。要形成化学键合固定相，有两个必要条件：一是所用的基质材料应有某种化学反应活性，例如许多 3～5 价元素氧化物表面都具有化学反应的官能团，像硅胶、氧化铝、硅藻土等，但以硅胶为最理想和最常用。二是有机液相分子应含有能与基质表面发生反应的官能团。

化学键合相在高效液相色谱中的应用，引起了一场巨大的变革，使得在这以前的吸附剂和在固体上涂渍有机液相的液固吸附和液液分配为主要操作模式的柱液相色谱大量地被键合相色谱所取代，某些离子型的物质也从用传统的离子交换树脂分离改为用离子交换键合相或反相离子对色谱分离。不仅如此，化学键合相也在气相色谱和薄层色谱中广泛应用。归纳起来，化学键合相主要具有以下几个优越性。

① 在很大程度上减弱了表面活性作用点，清除了某些可能的催化活性，缓和了一些复杂样品在表面上的不可逆化学吸附，使得操作简化，峰形对称，对溶剂中微量水分含量的变化要求不苛刻。此外，溶剂的残留效应小，梯度冲洗平衡快，和液固吸附色谱相比较，流动相性质可以比较温和。

② 耐溶剂冲洗。这是传统的液液分配色谱（LLC）逐渐被键合相色谱取代的根本原因。由于实际上两种完全互不相溶的溶剂体系几乎不存在，因而在 LLC 中固定液相的流失就十分严重，为了克服这个缺点，曾采取溶剂预先用固定液饱和及柱前增加预饱和柱的方法，但这样做既不方便，柱系统的稳定性也差。不可抽提的化学键合相的出现使这个弊病得到克服，柱寿命大大延长，并且扩大了可用溶剂的范围。

③ 热稳定性好。这一点在气相色谱中很重要，如十八烷作为固定液，只能在常温下使用，但十八烷基键合相的流失温度在 200℃以上。在高效液相色谱中，热稳定性也有一定的意义，因为某些分离就是在升温条件下进行的。

④ 表面改性灵活，容易获得重复性的产品。改变键合用有机硅烷，可以得到不同键合相的填料；控制硅胶的质量和键合工艺，便于工业规模制备键合相。

根据键合有机分子的结构，可分为下列几种键合反应类型：Si—O—C 键型（硅胶与醇类的反应产物），在有水、醇存在下，这种填料有水解和醇解的可能，所以只能在正相条件下使用；Si—N 键型（硅胶与胺类的反应产物），这种键合相的热稳定性和化学稳定性均比酯化型要好，但仍不如后来的 Si—O—Si—C 键型，因而这个类型至今尚无商品供应；Si—C 键型（硅胶与卤代烷反应产物），这种键合结构有更好的稳定性，特别是对微碱性的流动相，而且 R 基可以按要求多次氯化，形成聚烷基键合相，但因制备上的困难，也无商品出售；Si—O—Si—C 键型（硅胶与有机硅烷反应产物），这是一类目前占绝对优势的键合相类型，具有良好的热和化学稳定性，能在 pH2～7.5 的介质中使用。

在制备键合相时，首先基质硅胶需要酸处理，使表面的硅氧烷键打开，形成尽可能多的自由羟基，有利于反应。酸处理也可以除去表面层的金属氧化物杂质和孔隙的细粉。在 200℃以下烘干除去物理吸附水。为了获得“刷子型”单分子层键合相，硅胶、硅烷、溶剂和反应器要严格脱水，反应一般在升温下进行，然后依次用苯、丙酮、甲醇洗涤或抽提。为了使键合有机分子完全覆盖硅胶表面，一般使用过量的硅烷试剂。三氯硅烷、二氯硅烷和一氯硅烷的反应活性依次降低；而氯硅烷一般又比烷氧基硅烷活泼得多。硅烷和硅胶的反应程度随反应温度和时间而变，一般在制备中容易找出反应完全而又易于重复的反应条件。在一定范围内延长反应时间和提高反应温度有利于提高键合量。

化学键合相的分类可以有不同的依据，例如按键合相基质分硅胶和非硅胶载体，有全孔的和表面多孔层的。仅就目前用得最广的全孔微粒硅胶基质为例，也有形状（球形和非球形）、粒度、孔结构的区别。按键合有机硅烷的官能团分类，可分为非极性、极性和离子交换键合相几类。

(1) 极性键合相　极性键合相一般指键合有机分子中含有某种极性基团。和空白硅胶相比，这种极性键合相的表面上能量分布相对均匀，因而吸附活性也比硅胶低，可以看成是一种改性过的硅胶。常使用正相操作，即用比键合相本身极性小的流动相冲洗。最常用的有氰基（—CN）、二醇基（DIOL）、氨基（$—NH_2$）等。极性键合相通常用于正相色谱中。

（2）离子交换键合相　在化学键合的有机硅烷分子中带上固定的离子交换基团，这便成了离子交换键合相。和普通的离子交换树脂一样，若带上磺酸基（$—SO_3H$）、羧酸基（—COOH）就是阴离子交换剂；若带上季铵基（$—R_4N^+$）或氨基（$—NH_2$），就是阳离子交换剂。

9.3.3 反相色谱

反相色谱通常是指以具有非极性表面的载体为固定相，以比固定相极性更强的溶剂系统为流动相的色谱分离。一个典型的例子就是在十八烷基硅胶键合相上用甲醇/水混合溶剂冲洗。“反相色谱”是相对于“正相色谱”而言的，在后一种情况下，使用极性固定相（如硅胶）和非极性或弱极性的流动相（如已烷）。这两种操作模式的主要区别可参见表 9-1。

表 9-1　正相和反相色谱的区别

比较项目	正相色谱	反相色谱
固定相	极性	非(弱)极性
流动相	非(弱)极性	极性
流出次序	极性组分分配比 k 大	极性组分分配比 k 小
流动相极性的影响	极性增加，k 减小	极性增加，k 增大

反相色谱是高效液相色谱中应用最广泛的一个分支，其主要原因是这个操作系统的简单性和灵活性。无论是大量商品化的烃基键合相，还是某些聚合物或多孔碳填料，其表面的非极性特征都很强。至于用作流动相的水和能与水互溶的有机溶剂，从价格和获取的方便程度上都远较烃类溶剂有利。此外，由于非极性填料，特别是化学键合固定相上样品的不可逆吸附和溶剂的记忆效应小，所以更换溶剂或梯度淋洗非常方便。更为突出的是分析对象多样化，灵活性大大提高。

9.3.4 离子交换色谱

离子交换色谱是基于离子交换树脂上可电离的离子与流动相中具有相同电荷的溶质离子进行可逆交换，依据这些离子在交换剂上有不同的亲和力而被分离。

凡是在溶剂中能够离解的物质通常都可以用离子交换色谱法来进行分离。当被分析物质离解后产生的离子与树脂上带相同电荷的离子（反离子）进行交换而达到平衡时，可用下列方程式来表示：

$$[M]^+ + [Na]^+ [O_3S\text{-树脂}]^- \longrightarrow [M]^+ [O_3S\text{-树脂}]^- + [Na]^+$$

$$[X]^- + [Cl]^- [R_4N\text{-树脂}]^+ \longrightarrow [X]^- [R_4N\text{-树脂}]^+ + [Cl]^-$$

式中，$[M]^+$ 为阳离子；$[X]^-$ 为阴离子。

在上述方程式达平衡后的平衡常数 K 为分配系数，分配系数 K 值越大，表示溶质的离子与离子交换剂的相互作用愈强。由于不同的物质在溶剂中离解后，对离子交换中心具有不同的亲和力，因此就产生了不同的分配系数。亲和力高的在柱中的保留时间也就长。

目前，液相色谱中常用两种离子交换树脂——薄壳型树脂及多孔性树脂，前者是在玻璃微球上涂敷以薄层的离子交换树脂，这种树脂柱效高，柱内沿柱长方向的压降小，在缓冲溶液成分变化时不会膨胀也不会压缩。这种类型的树脂主要用来分离简单的混合物，被分析试样的绝对进样量很小。多孔性树脂是极小（$<25\mu m$ 的球形纯离子交换树脂，这种树脂主要

用在分离组分复杂，例如 8～9 个组分以上）物质，进样容量较大。

9.3.5 凝胶渗透色谱

凝胶渗透色谱（或空间排斥色谱）与其他色谱分离机理不同，它近似于分子筛效应，固定相表面和样品分子间不应有吸附或溶解作用。色谱柱内装填凝胶，凝胶内具有一定大小的孔穴。当样品进入时，随流动相在凝胶外部间隙以及凝胶孔穴旁流过，体积大的分子不能渗透到凝胶孔穴内去而受到排斥，因此更早地被冲洗出来。中等体积的分子产生部分渗透作用，小分子可渗透到孔穴中去，因有一个平衡过程而较晚被冲洗出来。这样，样品分子基本上按其分子大小（被排斥先后）由柱中流出完成分离任务。对同系物来说，洗脱体积是相对分子质量的函数，洗脱次序将决定于相对分子质量的大小，相对分子质量大的先流出色谱柱，相对分子质量小的后流出。

凝胶色谱的柱填充剂分为三类：软质、半刚性和刚性凝胶。软质凝胶如聚丙烯酸盐、聚苯乙烯等填料，柱子渗透性很低，所以柱流速小，承受的压力也很小。大多数的软质凝胶适于用水作流动相，此种柱子可容纳大量样品；半刚性凝胶如聚苯乙烯、聚甲基丙烯酸甲酯、离子交换树脂等，这种柱子由于渗透性好并有较好的强度，所以允许用高压来提高流速。使用这种填料时，流动相多为有机溶剂，进样量比较大；刚性凝胶如表面多孔的玻璃珠，这种柱子渗透性很高、强度好，可以使用更高的流速，可以用水溶剂或有机溶剂作流动相。这种填料有利于高速、高效地完成相对分子质量分布的测定。

在选择柱填料时首先要考虑相对分子质量排斥极限，即可能残留在柱内无法渗透而被排斥的那些分子的相对分子质量极限。每种商品填料都给出了它的相对分子质量排斥极限值，也可以参考有关资料。

9.3.6 衍生化技术和浓缩柱

目前，在高效液相色谱法中，最常用的高灵敏检测器是紫外和荧光检测器。近年来灵敏的电化学检测器也得到了较快的发展。但是它们均属于选择性检测器，只能检测某些化学结构的化合物。为了使在这些检测器上响应很小的化合物也能被检测出来，近年来发展了多种衍生化方法。使带有氨基（—NH_2）、羟基（—OH）、羰基（>C=O）、羧基（—COOH）的化合物及氨基酸，通过与各类带有发色基团的衍生化试剂相反应，生成有紫外或荧光吸收的衍生化产物，就能用现有的这几种高灵敏度检测器检测。

除此之外，通过被测化合物能否与特定的衍生化试剂相反应，也有利于鉴别这些化合物的结构。因此，近年来，液相色谱法中的衍生化方法已得到广泛的应用，并随着各种新的衍生化试剂的出现，及各种衍生化技术的深入研究，这种方法将得到进一步的发展。

在衍生化过程中选择的化学反应一定要满足下列几个条件：反应速率快；发生定量反应，至少要有好的重复性；经过衍生化反应生成的反应产物是单一产物；所用的衍生化试剂与其衍生化产物能在色谱柱上得到分离。

衍生化技术按衍生化反应类别可以分为四大类：衍生化反应产物可用紫外-可见光检测器检测；衍生化反应产物可用荧光检测器检测；衍生化反应产物可用电化学检测器检测；与发色基团反离子形成离子对而被检测。

按衍生化方式分类可分为以下两种。

(1) 柱前衍生　被测组分先通过衍生化反应，转化成衍生化产物，然后再经过色谱柱进行分离、测定。柱前衍生的目的是：靠接上带有发色基团的衍生化试剂使本来不能被检测的组分被检测出来；使被测组分与衍生化试剂有选择性地参加反应，而与样品中的其他组分分离开；改变被测组分在色谱柱上的出峰次序，使之更有利于分离。

柱前衍生的优点是可以不必严格限制衍生化反应条件，可以允许较长的反应时间及使用各种形式的反应器。其缺点是当一个复杂组分样品经过衍生化反应后，有可能产生多种衍生化产物，给色谱分离带来困难。

(2) 柱后衍生　针对柱前衍生的某些缺点，近年来发展了柱后衍生的方法。即把多组分样品先注入色谱柱，按选定的色谱条件使之在色谱柱上得以分离，当各个组分从色谱柱流出后，分别与衍生化试剂相遇，在一定的反应条件下，生成带有发色官能团的衍生化产物再进入检测器。这种方法的优点是不会因为由于增加衍生化反应步骤给色谱分离带来困难，柱后衍生的最典型的例子是氨基酸分析仪。

当欲测组分的浓度过稀，而不能被检测出来时，可使用浓缩柱技术，使欲测组分被浓缩在柱子上，然后在较短时间内被冲出，而能被检测。利用浓缩柱进行浓缩的具体装置如图9-11所示。

浓缩柱的原理：先将欲浓缩的稀溶液，用泵打入浓缩柱，见图9-11(a)。此时对于浓缩柱的填料有一定要求，即当以此溶液的溶剂作流动相的条件下，溶质在固定相上有强的保留。例如，含有痕量菲的水溶液被泵打入装有十八烷基键合相的浓缩柱内，水中的其他极性样品首先流出，而菲被保留在固定相上，待分离物质不进入分离柱。当通过足够量含菲的水溶液后，转动六通阀，见图9-11(b)，改变管路并以甲醇为淋洗液冲洗。管路转向通入分离柱方向，由于菲在甲醇流动相条件下，在浓缩柱上保留很弱，以比较快的脉冲形式进入分析柱而被检测。这种方法已被成功地用于测定水中的多环芳烃及苯甲酸酯类。经浓缩后对样品溶液中被测组分的最低检测浓度能降低50倍。

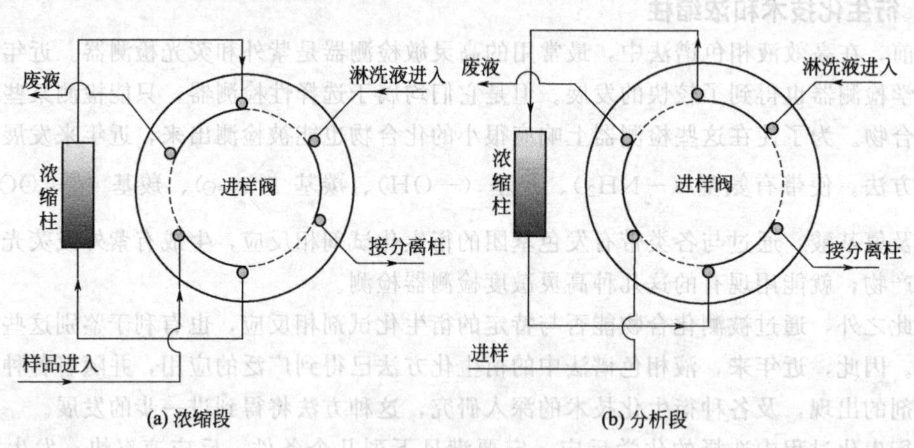

图9-11　使用浓缩柱的流程

9.3.7 液相制备色谱

制备色谱一般是指以分离获取较大量的单组分为目的，而不以分析各组分定性定量结果为目的的色谱技术。各种色谱方法几乎都可以作为一种制备手段，但液相制备色谱更为有利。主要在于它所用的分离条件比较温和，分离检测过程中没有样品的破坏，易于原物的回收。随着近代合成化学、制药工业和生物技术日新月异的发展，高效液相色谱作为制备手段的意义越来越大。事实上，从历史来看，液相色谱一开始就是一种制备纯物质的方法，但由于技术上的原因，长期以来液相制备色谱的进展缓慢。随着分析型近代液相色谱的复苏和发展，特别是新颖的填料、新的填充方法以及在仪器和流程上的进展，近十年来制备液相色谱获得迅速成功。从直径约 10mm 的实验室半制备柱到直径为 500mm 的工业制备柱及其相应的设备相继商品化，应用于解决多方面的分离纯化问题，受到国际上色谱工作者的普遍重视。

液相色谱制备纯物质不外乎有三个目的：结构鉴定、生物和毒理试验以及某些珍贵和难分离单组分物质的生产。针对这三种目的，相应有三种规模的制备色谱。

(1) 半制备色谱　柱内径为 5～20mm，长度为 15～50cm 范围，一般使用 10pm 或20～30μm 粒度的填料，一台普通分析型高效液相色谱仪，便可获得 mg 量级的单组分。如果流量小时，可另配一台流量稍加扩大的高压输液泵（如 20mL・min^{-1}）。

(2) 克级制备色谱　使用 50mm 左右内径，20～70cm 长的色谱柱，填料粒度 40～60mm，这种柱子装填 200～500g 固定相，在超负荷运行下，可获得 g 级以上的纯化合物组分。

(3) 工业制备色谱　色谱柱尺寸在 10～50cm（或更粗），50～100cm 长，此时一般都采用闭路循环和溶剂再生系统。此外，也还有环形液相制备色谱等特殊类型。

9.4 高效液相色谱的应用

高效液相色谱由于对挥发性小或无挥发性、热稳定性差、极性强，特别是那些具有某种生物活性的物质提供了非常适合的分离分析环境，因而广泛应用于生物化学、生物医学、药物分析、石油化工、合成化学、环境监测、食品卫生以及商检、法检和质检等许多分析检验部门。高效液相色谱不仅仅是一种有力的分析工具，而且日益成为分离制备和纯化的手段。

9.4.1 高效液相色谱在石油化工领域的应用

在石油化工领域，经常遇到烷烃、烯烃、芳烃、极性化合物、胶质等化合物的族组成分析，这些数据不仅涉及石油化工产品的质量，而且对于资源的综合利用、深度加工至关重要，这在目前世界性的能源短缺情况下，更显得有意义。

石油烃中的烷、烯、芳烃族组成分离，早期就是用经典液相吸附色谱方法在硅胶或氧化铝柱上完成的，而且也被作为标准方法沿用至今。鉴于经典液相色谱法是在常压或很低的压力下进行的，既费时，分离效率也很差，所以许多色谱工作者研究用高效液相色谱逐步替代原有的方法。在分离模式上，大多数采用在硅胶、氧化铝、氨基或氰基化学键合相柱上的正相色谱操作，所用检测器主要有示差折光、介电常数（电容）、氢火焰和紫外光谱等。

烷、烯、芳烃分离的典型实例是使用 10μm 硅胶柱，全氟己烷（F-78）为流动相，示差折光检测器，在烷、烯烃流出之后进行反冲得到芳烃的总量，样品为 60～215℃的汽油，流程和谱图如图 9-12 所示。此方法的优点是：①溶剂强度小（$\varepsilon = 0.25$），能使烷、烯烃有最大的分离；②折射率小（1.251），提高了检测灵敏度。缺点是氟代烷烃价格昂贵（但可以回收重复使用）。

为使烷、烯烃族分离完善，经常使用大表面积硅胶（比表面积为 550～800m^2・g^{-1}）和银化硅胶柱。后者借助于吸附在硅胶表面的 Ag^+（来自 $AgNO_3$ 或 $AgClO_4$）能与烯烃形成电荷转移配合物，使烯烃有较大的保留，从而提高了烷烃和烯烃的分离度。但此时芳烃也能与 Ag^+ 形成不太稳定的配合物，导致烯烃与芳烃的分离度略有减小。使用 150×

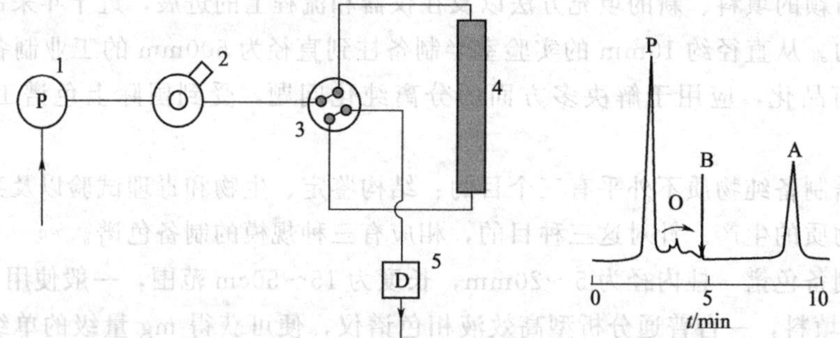

图 9-12 烷、烯、芳烃族分离流程和 HPLC 谱图

1—高压输液泵；2—进样阀；3—反冲阀（四通阀或六通阀）；4—硅胶柱；5—RI；

P—饱和烃；O—烯烃；A—芳烃；B—阀转换时间

4.6mmID 的强阳离子交换键合硅胶柱（Ag 型）和反冲技术，电容检测器，以氟里昂-123 做流动相溶剂，可快速准确地分析终馏点到 400℃石油馏分中的烷、烯、芳烃族组成。由于氟里昂-123 具有很高的介电常数，与电容检测器相配有高的信噪比。在这个方法中，出峰次序是烷烃、芳烃、烯烃。

表面活性剂的种类繁多，主要的化学类型有阴离子型（如烷基和烷基苯磺酸盐）、阳离子型（如烷基、苯基、或吡啶基季铵盐）和非离子型（如烷基酚聚氧乙烯醚、聚乙二醇、甘油酯等），应用十分广泛，除了人人皆知的洗涤剂外，在工业乳化、印染、采油、选矿、建材、农药以及食品和化妆品等行业都有重要的用途。此外，也像其他化学工业部门一样，随之而来的环境保护与检测也常遇到这类化合物。

表面活性剂类产品具有一个共同的特点，即它们都不是一个纯净的化合物，而是有一定相对分子质量分布范围的同系混合物。例如在烷基磺酸盐、烷基硫酸盐或烷基季铵盐工业产品中，烷基链长有一个分布范围；烷基苯磷酸盐还有烷基与苯基连接位置不同的异构体；至于非离子型表面活性剂，如最常见的壬基酚聚氧乙烯醚，由于工业原料和生产工艺的缘故，烷基可能为 C_8、C_9、C_{10}，甚至更宽的范围，氧乙烯（EO）的聚合度从零到几十，随产品的用途和工艺变化更大。所以表面活性剂的分析，不仅有总含量的测定，还有分子量分布范围的测定问题。图 9-13 表示了一种复杂的多分散非离子型表面活性剂的分离谱图，作为这类问题的一个实例。色谱柱为 Partisil ODS，10μm，250mm×9.4mm，流动相采用甲醇/水（68∶32）等度冲洗，UV210nm 和 RI 双检测器，流速为 2.2mL·min^{-1}。图中从峰 10 到峰 21 分别为聚合度为 6～17 的聚乙二醇，从峰 22 到峰 34 分别为 EO 聚合度为 2～14 的辛基酚聚氧乙烯醚，这些峰的识别均是收集馏分，用光谱和质谱鉴定的。

一般由于表面活性剂的亲水性，较多地使用各种反相色谱模式进行分离分析。例如离子型的表面活性剂常使用反相离子对色谱或流动相中加强电解质的离子抑制色谱分离。而对于非离子型表面活性剂，除了使用反相柱外，还常使用氰基、氨基或氰基/氨基混合键合相（PAC），采用极性较强的有机溶剂冲洗剂，特别是对于氧乙烯（EO）的聚合度分布测定特别有利。从检测手段来看，紫外、红外和荧光都有使用，取决于被测定的表面活性剂的结构和含量范围。

9.4.2 高效液相色谱在食品分析中的应用

HPLC 在食品分析中的应用主要包括三个方面：食品本身组成，尤其是营养成分的分析，如蛋白质、氨基酸、糖类、色素、维生素、脂肪酸、香料、有机酸、有机胺、矿物质

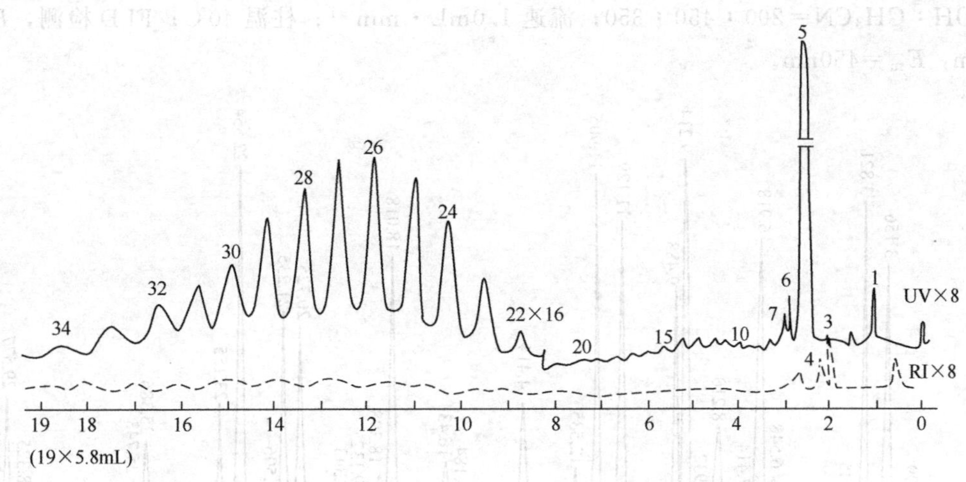

图 9-13　某一非离子表面活性剂丙酮抽提物的 HPLC 分离

等；人工加入的食品添加剂分析，如甜味剂、防腐剂、着色剂、抗氧化剂等；在食品的加工、储运、保存过程中由周围环境引起的污染物分析，如农药残毒、多核芳烃、霉菌毒素、微量元素、病原微生物等。对于这些物质中的绝大多数，都可采用 HPLC 进行分析。

食品分析的操作步骤主要包括两个方面：①样品的提取、纯化和浓缩，即样品的预处理。一般是采用溶剂抽提的办法将待测组分从食品中提取出来。要尽量选择那些抽提效率高、价格便宜、无毒或毒性较小、回收率高、对 HPLC 测定无干扰的溶剂作抽提剂。有时抽提出的样品可能很复杂，除含有待测物外，还可能混入许多对 HPLC 分离和测定有干扰的物质，这时还要用液-液分配或色谱分离的办法作进一步纯化。色谱纯化分离法的关键是要选用合适的填充材料，根据分析对象通常可选择硅胶、氧化铝、活性炭、离子交换剂等作为分离介质。②对提取出的和处理好的样品进行 HPLC 分析。例如氨基酸分析和着色剂的分析。

在所存在的 20 多种氨基酸中，有八种是人体不能合成或合成量不能满足人体代谢所需要的，它们必须从相应的食品中补给。这八种氨基酸之间还应保持一定的比例，才能维持人体的正常代谢，因此要适当地选择相应的食品蛋白，使这些氨基酸能经常按比例地加以补充。表 9-2 列出了几种主要食品和标准蛋白中这八种氨基酸的组成。

表 9-2　几种主要食品的氨基酸组成　　$/g \cdot g^{-1}$

样品名称	异亮氨酸	亮氨酸	赖氨酸	苯丙氨酸	蛋氨酸 半胱氨酸	苏氨酸	色氨酸	缬氨酸
标准蛋白	0.270	0.308	0.270	0.180	0.270	0.180	0.090	0.270
鸡蛋	0.428	0.565	0.396	0.368	0.342	0.310	0.106	0.460
牛肉	0.332	0.515	0.540	0.256	0.237	0.275	0.075	0.345
米	—	0.535	0.236	0.307	0.222	0.241	0.065	0.415
玉米	0.351	0.834	0.178	0.420	0.205	0.223	0.070	0.381
牛乳	0.407	0.630	0.496	0.311	0.211	0.292	0.090	0.440

对食品中的氨基酸进行测定首先需要对它们进行水解，然后再用衍生化试剂进行柱前或柱后衍生，利用紫外或荧光检测器进行测定。某样品的氨基酸分析如图 9-14，HPLC 条件为：柱，liozospheze C_{18} 150mm × 4.6mm，5μm；流动相，A 相 20mmol · L^{-1} NaAc，0.02%三乙胺，0.3%四氢呋喃，pH＝7.2；B 相 100mmol · L^{-1} NaAc（pH＝7.2）：

CH_3OH：CH_3CN＝200：450：350；流速 1.0mL·min^{-1}；柱温 40℃；FLD 检测，E_x＝340nm，E_m＝450nm。

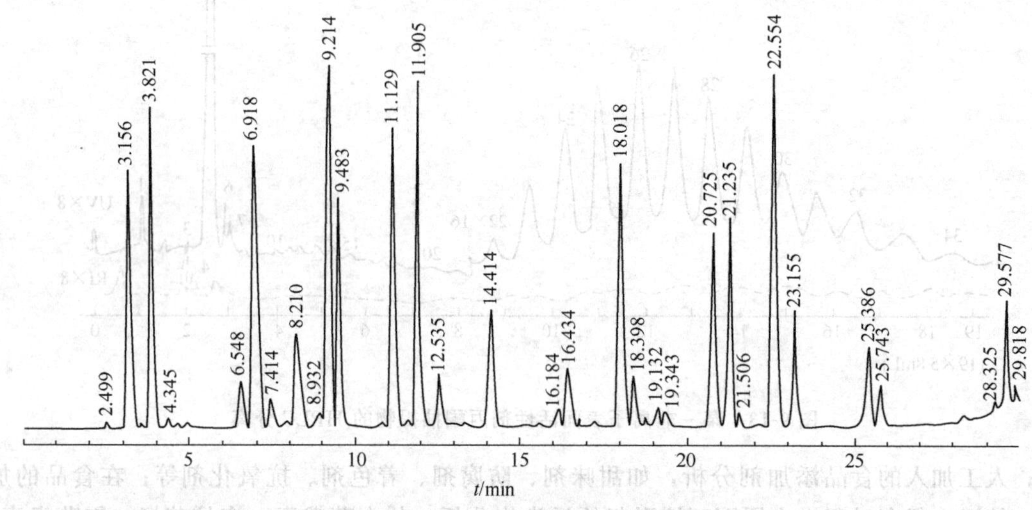

图 9-14　某样品的氨基酸分析

各氨基酸的保留时间：天冬氨酸 3.156min；谷氨酸 3.821min；丝氨酸 6.918min；组氨酸 8.210min；甘氨酸 9.214min；苏氨酸 9.483min；精氨酸 11.129min；丙氨酸 11.905min；酪氨酸 14.114min；半胱氨酸 16.434min；缬氨酸 18.018min；蛋氨酸 18.398min；苯丙氨酸 20.725min；异亮氨酸 21.235min；亮氨酸 22.554min；赖氨酸 23.155min；脯氨酸 29.577min

着色剂有时也称为食品色素，可分为两类，即天然的和合成的。一般来说，天然色素是无毒的或毒性很小，而合成的大都具有一定的毒性，必须严格控制其用量。着色剂种类繁多、性质差异很大，在食品中允许使用的含量很低，（一般小于几 mg·kg^{-1}），因此要求测定的灵敏度很高。大多采用反相色谱或反相离子对色谱对它们进行测定。

采用 HPLC 分析合成色素一般都有较好的回收率，图 9-15 是在 μ-BondapakC_{18} 径向加压柱上对七种常见的合成色素的分离情况。

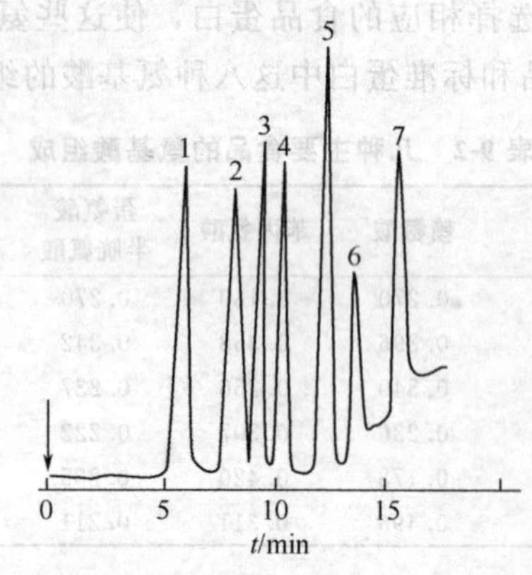

图 9-15　反相液相色谱对合成色素的分离

色谱柱：μ-BondapakC_{18}，径向加压柱，100mm×8mm，10μm

流动相：0.02mol·L^{-1}乙酸铵-甲醇梯度洗脱；检测器：UV254nm

1—柠檬黄；2—苋菜红；3—靛蓝；4—胭脂红；5—日落黄；6—亮蓝；7—赤藓红

9.4.3 液相色谱在生化、医药方面的应用

HPLC技术在生物化学领域中的应用主要集中于两个方面：低相对分子质量物质，如氨基酸、有机酸、有机胺、类固醇、嘌呤、卟啉、糖类、维生素等的分离和检测；高相对分子质量的物质，如多肽、核糖核酸、蛋白质、酶等的纯化、分离和测定。过去对这些生物大分子的分离主要依赖于等速电泳、亲和色谱、经典的离子交换色谱等技术，然而它们都有一定的局限性，也远远不能满足生物化学家的要求，因为在生化领域中经常要求从复杂的混合物基质，如培养液、发酵液、体液、组织中，对感兴趣的物质进行有效而又特异的分离，通常要求检测限达 ng 或 pg 级，或者 pmol、fmol，并要求重复性好，能快速而又自动地进行检测。有时为了研究工作的需要或实际生产、治疗等目的，要求能进行制备分离，并有最佳的回收率，而且对于有生物活性的物质，在分离过程中不失活。在这些方面，HPLC 发挥了很大的威力，具有明显的优势。到目前为止，在有大量污染物存在的情况下，它提供了对低浓度物质，尤其是对于大的极性分子进行快速分离、定量测定、制备纯化，其检测限甚至可以和放射免疫检测相比拟。从操作技术上说，它只需对样品作较为简单的前处理。

由于高效液相色谱法所具有的特点，已被广泛地应用于药物分析。据报道，除聚合物外，大约 80%的药物都能用高效液相色谱法进行分离和纯化。可见这种方法在药物分析中的重要性。被测药物的形式包括药用植物或合成药中有效成分的分析及服药后在体内药代动力学过程的研究。

(1) 青霉素　至今已发展了多种不同品种的青霉素，但是它们具有共同的基本结构：

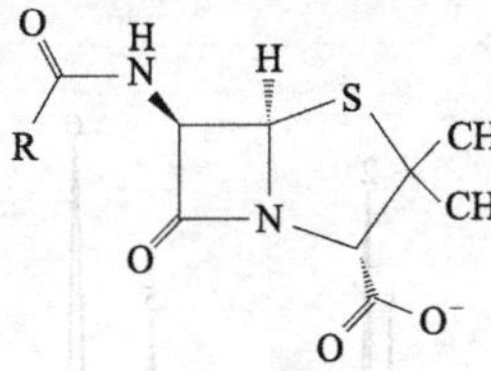

由于 R 基的不同，其名称各异，当 R 基为苄基（$C_6H_5CH_2$—）时，称苄青霉素或青霉素 G，这是最常用的一种青霉素。青霉素是一种有机酸，对于有机酸类的分析，大多采用反相色谱系统及酸性流动相。如采用 RP-8 柱（250mm×4.6mm），以 53%甲醇＋0.05mol・L^{-1}磷酸缓冲液（pH＝3.5）为流动相，用紫外检测器 274nm 检测，可测定苄青霉素口服液中的有效组分。在 RP-18 柱（300mm×4.0mm）上，采用流动相为 KH_2PO_4 4.24g＋400mL 水＋100mL 乙腈，再用盐酸调到 pH4.5，也使青霉素 G 的钾盐与其代谢产物得到很好的分离。

(2) 磺胺类药　磺胺类药物的结构通式为：

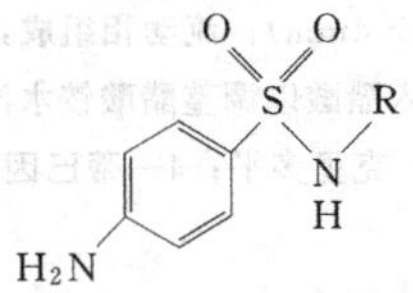

用液相色谱法分离磺胺类药物大部分采用反相离子对系统。如用丁醇-庚烷混合液作为流动相，用加硫酸四丁基铵的水溶液处理硅胶固定相，在这样的系统里 13 种重要的磺胺类药物可以得到很好的分离，色谱分离图见图 9-16。

(3) 生物碱　生物碱为一类含氮的碱性有机化合物，绝大多数存在于植物中，分子中有含氮的杂环结构，它们在植物中的含量一般都很少，但具有特殊而显著的生理作用。

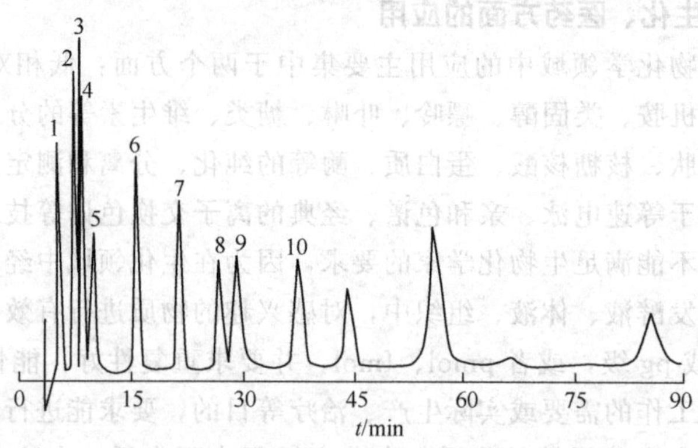

图 9-16　磺胺类药物的 HPLC 分离图

固定相：LiChrospher SI100（250mm×2.2mm）涂以 0.3mol·L^{-1}硫酸四丁基铵在 0.1mol·L^{-1}磷酸缓冲液中，pH=6.8；流动相：正丁醇：正己烷=25：75；检测波长 254nm

1—酞磺胺噻唑；2—磺胺苯酰；3—磺胺异噻唑；4—磺胺氯哒嗪；5—磺胺喹噁啉；6—磺胺间二甲氧嘧啶；7—磺胺噻唑；8—磺胺甲氧嗪；9—磺胺二甲嘧啶；10—磺胺甲基嘧啶

生物碱为碱性，在色谱分离时，常用碱性流动相，如碳酸铵溶液、二乙醇胺、三乙醇胺，或直接使用氨水。但是碱性流动相对于硅胶，或以硅胶为基体的化学键合固定相是很不利的，会导致硅胶结构的变化而降低柱效，目前已改为在流动相中加入离子对试剂来代替直接碱化流动相。在色谱柱方面，除少数用硅胶柱外，大部分采用十八烷基键合相。鸦片碱的 HPLC 分离如图 9-17 所示。

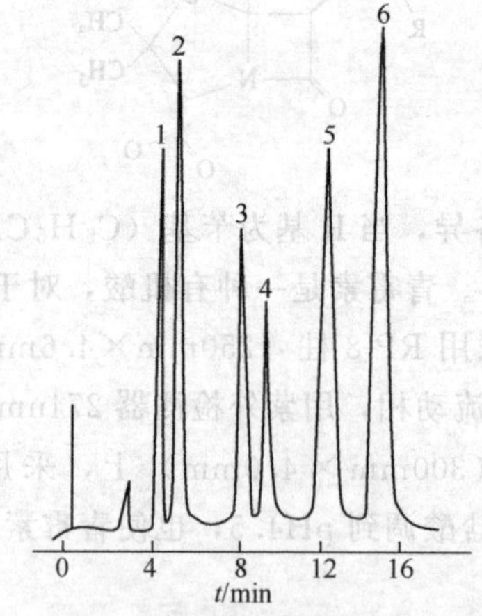

图 9-17　鸦片碱的 HPLC 分离图

固定相：Nucleosil10 CN 柱（300mm×4mm）；流动相组成：1.0%醋酸铵（pH=5.8）：乙腈：二氧六环=80：10：10，加入醋酸以调整醋酸铵水溶液的 pH；检测波长 250nm

1—吗啡；2—可待因；3—克里多平；4—蒂巴因；5—那可丁；6—罂粟碱

9.5 纸色谱、薄层色谱和柱色谱分离

9.5.1 纸色谱

1944 年，A. J. P. Martin 等用滤纸代替硅胶，成功地实现了多种氨基酸的分离，他把这种用纸作分离物质的方法称为纸分配色谱法，通称纸色谱法（paper chromatography）。这

个方法一出现就引起很大的反响，它不仅可用于氨基酸的分离，对糖类、肽类、各种抗生素，几乎所有的无机物、有机物等都可用它来进行分离和检出，此后经过许多化学工作者的努力，使得纸色谱法迅速发展成为分析化学的一个重要分支和化学研究中不可缺少的一个重要手段。纸色谱法不需要贵重的仪器设备和特殊的操作方法，只需要滤纸、展开槽和溶剂等。

(1) 滤纸　纸色谱法使用的滤纸应具备以下条件：

① 滤纸中应不含有水或有机溶剂能溶解的杂质；

② 滤纸被溶剂浸润时，不应有机械折痕和损伤，即应具有一定的强度；

③ 滤纸对溶剂的渗透速度应适当，渗透速度太快易引起斑点拖尾，影响分离效果，速度太慢时，耗费时间太长；

④ 纸质应均一，否则会影响实验结果的重复性，特别是定量实验中这点更为重要。

(2) 点样　点样一般用专用点样器或毛细管、微量注射器。点样量对定性分析一般为10～30μg。如果用于微量物质的纯化，可采用宽幅滤纸，样品点成长条，这样点样量可明显增加。溶解样品的溶剂要求对样品具有较大的溶解度、易挥发等，最好使用和展开剂相同的溶剂。点样后使溶剂挥发，对较难挥发的溶剂可用电吹风吹冷风，加快溶剂的挥发。对性质比较稳定的样品，也可用热风较远距离地干燥。

(3) 展开　纸色谱法展开时必须在密闭的容器中进行，即容器的空间必须被展开溶剂充分饱和，只要满足这个条件，可选用手边的各种形式装置作展开容器。样品的展开主要有上行法、下行法、近水平展开和双向展开等。

试样在纸上的位置，对上行法一般离滤纸一端4～5cm处，下行法在6～8cm之间。滤纸浸到溶剂中的深度，上行法约为1cm，下行法为3～4cm，一般使试样原点距展开剂液面之间保持3～4cm的距离。

溶剂展开距离的长短应视不同样品分离情况而定，对各组分R_f值相差较大的样品，不需展开距离太长，待彼此各组分相互充分分离即可。对R_f值相差较小的样品，为了达到充分分离，可尽量延长展开距离。但随着展开距离延长，渗透速度越来越慢，不仅费时，而且样品斑点扩散程度增加，反而影响分离效果和检出灵敏度，所以实际操作中，上行展开距离一般在15～20cm范围，下行在30～40cm之间。

当溶剂展开渗透到一定距离（预先标定刻度或预定时间），把滤纸从展开剂中取出，立即标记好展开溶剂渗透前沿的位置，作测量各斑点R_f值的基准。展开后滤纸的干燥一般采取悬挂在空气中任其自然风干的方法，如展开剂气味较大时，可放在通风橱内风干。应注意在干燥过程中不要污染了滤纸。

(4) 展开剂的选择　展开剂的选择是决定分离成败的关键，由于待分离样品的复杂性，很难找到一种通用性的展开剂适合于各种样品，一般都是凭经验。如下经验选择展开剂无疑是很有帮助的。

① 通常使用与水可以有一定比例混合或无限互溶的有机溶剂作为展开溶剂；

② 挥发性太大的溶剂不宜作展开溶剂；

③ 多数场合使用极性展开溶剂；

④ 一般不使用单一有机溶剂作展开溶剂，在有机物分离中多采用水饱和的一种或几种有机溶剂作展开溶剂；对无机离子的分离常采用被无机酸、盐等的水溶液饱和的有机溶剂作展开溶剂。

(5) 检出方法　检出方法大都采用显色检出法，广义上可分为三类：化学法、物理法和生物学法。

① 茚三酮试剂法　一般使用0.1%～0.25%的水饱和正丁醇溶液，与氨基酸、肽、蛋白质等反应生成紫色（有时也显黄色、蓝色）。喷到纸上后在90～100℃加热数分钟即发色，发色后的斑点约过36h开始褪色，所以一般显色只能保存数日。如需长期保存色谱图，可在显色后再喷硝酸铜溶液（取1mL硝酸铜饱和水溶液，加入0.2mL 1∶6的硝酸，用95%的甲醇稀释至100mL）。

② 硫酸氨银溶液　与还原糖反应游离出褐黑色的金属银。配制方法：把0.1mol·L^{-1}的硝酸银和5mol·L^{-1}氨水以等体积混合后喷到滤纸上，在105℃加热5～10min后即出现褐黑色斑点。也可把0.1mol·L^{-1}硝酸银、5mol·L^{-1}氨水和2mol·L^{-1} KOH，三者以等体积混合后喷到纸上，用水蒸气熏一下可得到更好的结果。应注意硝酸氨银溶液放置很不稳定，每次使用前重新混合后立即使用。

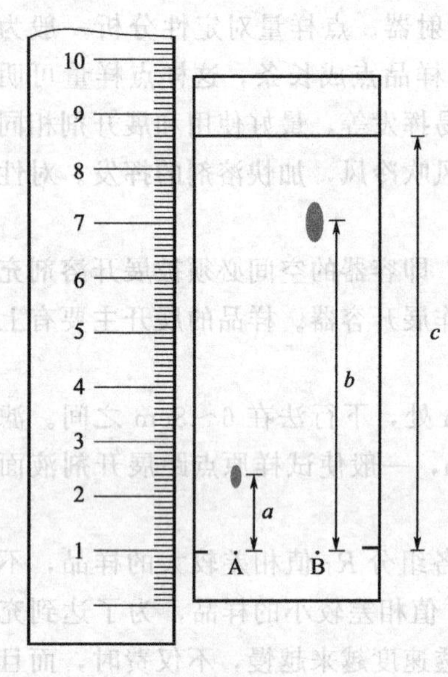

图 9-18　纸色谱图

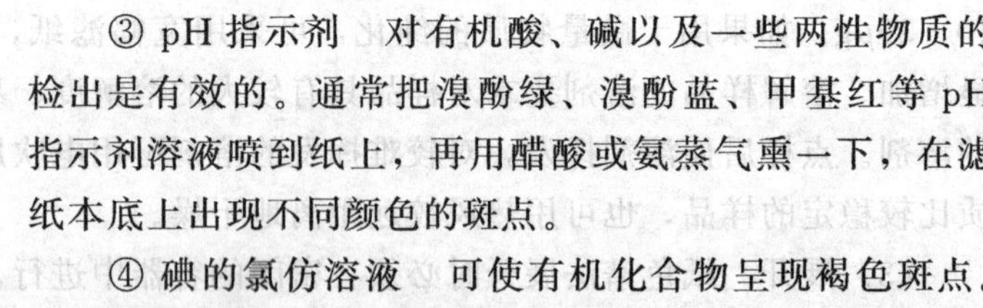

③ pH指示剂　对有机酸、碱以及一些两性物质的检出是有效的。通常把溴酚绿、溴酚蓝、甲基红等pH指示剂溶液喷到纸上，再用醋酸或氨蒸气熏一下，在滤纸本底上出现不同颜色的斑点。

④ 碘的氯仿溶液　可使有机化合物呈现褐色斑点。元素碘是一种非破坏性显色剂，能检出的化合物很多，显色迅速、灵敏，它的最大特点是与物质的反应往往是可逆的，当化合物定位之后在空气中放置时，碘即升华挥发，有利于薄层的进一步分析。

⑤ 高锰酸钾的稀硫酸溶液　可使有机化合物在褐色本底上出现白色或淡黄色斑点。

(6) R_f值　一种组分展开后，常用比移值R_f来表示它在色谱图中的位置，R_f的定义为（见图9-18）：

$$组分A的 R_f=a/c$$

$$组分B的 R_f=b/c$$

式中，a为组分A原点至展开后斑点中心的距离；b为组分B原点至展开后斑点中心的距离；c为组分A、B原点至溶剂前沿的距离。

每种组分的比移值由其本身的性质决定，在条件一定时为常数，可用于物质的定性鉴定。但要注意影响R_f的因素较多，如纸质、流动相的性质、蒸汽饱和程度、温度、展开距离和混合溶剂的比例等。R_f值用来鉴定未知化合物时，需将标准品与要鉴定的化合物点在同一张纸上展开，如果两者的R_f值不同，可以作出不是同一化合物的结论。反之，如果两者的R_f值相同，不要轻易肯定为同一化合物，必须使用几种不同性质的展开剂进行展开，如果R_f值仍相同，这样鉴定比较可靠。

(7) 定量　展开后，纸上分离斑点可进一步进行定量分析，其测定方法可分为两类：一类为洗脱测定方法，将所需测定的斑点中的组分用适当溶剂洗脱，所得洗脱液再进行定量；另一类为直接测定法，分离后，直接用肉眼观察比较，或用仪器扫描斑点而测定含量。

9.5.2 薄层色谱

薄层色谱法（thin-layer chromatography，TLC）的最早发展可追溯到19世纪末，当时就有人用明胶薄层分离过盐酸和硫酸，也有人分离过酶。其后，1938年N. A. Izmailov和M. S. Schrailber使用在显微镜玻片上涂铺的氧化铝薄层进行离心式展开，分离酊剂中的成分。之后有少数类似的报道，但进展不大。1949年，J. E. Meinhard和N. F. Hall报道了以淀粉为黏合剂的氧化铝和硅藻土板进行无机离子的分离，启发了J. G. Kirchner等人使用硅胶为吸附剂，制成较牢固的薄层板，并用类似于纸色谱的上行展开方式，进行了挥发油成分的分离。此法中可以进行双向展开，也可用显色剂显色无色组分的斑点，这种方法将柱色谱和纸色谱的优点结合在一起，奠定了薄层色谱的基础。

薄层色谱法通常指以吸附剂为固定相的一种液相色谱方法。即将吸附剂铺在光洁的玻璃或金属等的表面上，然后按与纸色谱相似的操作进行点样、展开。这样，组分不断地被吸附剂吸附，由被流动相溶解、解吸而向前移动，由于吸附剂对不同组分有不同的吸附能力，流动相也有不同的溶解能力，因此在流动相向前流动的过程中，不同组分移动不同的距离，使各组分得到分离。薄层色谱的分离是利用吸附剂对样品组分吸附能力的差别，所以一般薄层色谱属于吸附色谱的范畴。

薄层色谱对吸附剂具有如下要求：

① 具有大的表面积与足够的吸附能力；

② 对不同的组分具有不同的吸附能力，因而能较好地分离不同的化学组分；

③ 在所用的溶剂和展开剂中不溶解；

④ 不与试样中各组分、溶剂和展开剂发生化学反应、破坏或分解作用；

⑤ 颗粒均匀，在使用过程中不会破碎；

⑥ 具有可逆的吸附性，既能吸附样品组分，又易于解析；

⑦ 最好是白色固体，这样便于观察分离结果。

目前，常用的吸附剂有硅胶和氧化铝，其次是聚酰胺、硅酸镁等。硅胶略带酸性，适用于酸性和中性物质的分离；碱性物质与硅胶有相互作用，展开时易吸附于原点不动或得到拖尾的斑点，使分离效果不好。氧化铝一般呈碱性，适用于碱性和中性物质的分离，酸性物质用氧化铝分离效果不好。有时也有将硅胶和氧化铝按1∶1的质量掺和使用，以得到中性吸附剂。

分配薄层色谱对载体的要求如下：

① 表面积大；

② 在展开剂中不溶，与展开剂和样品组分不起化学反应或分解作用；

③ 对样品组分无吸附性或吸附性很弱；

④ 对固定液是惰性的。

目前常用的载体有纤维素和硅藻土等。

在吸附剂和载体的选择中，主要考虑样品的性质如溶解性、酸碱性、极性等。

(1) 薄层板的制备

薄层色谱的基本操作和纸色谱基本相同，都包括点样、展开、显色定位等步骤，不同的是薄层色谱有制板过程。

将吸附剂均匀地涂铺在规定尺寸的玻璃板或平面板上的过程为铺板或制板。薄层板的好坏是分离成功与否的关键，一块好的薄层板要求吸附剂铺涂均匀，表面光滑，厚度一致。薄层板的制备有干法和湿法两种。

① 干法制板　氧化铝和硅胶均可用干法制板。干法铺板比较简单，制出的薄层展开速度快，但展开后不能保存，喷显色剂时容易吹散，而且这种薄层上吸附剂颗粒之间空隙大，展开时毛细管作用较大，分离的斑点较为扩散，在点样、展开和显色等操作中均要小心。其具体方法是：将吸附剂均匀撒在薄层板上，两手用两端带有套圈的玻璃棒滚动，套圈可以用塑料管、塑料薄膜或橡胶圈等制成，其厚度即为薄层所需的厚度，一般为 0.25mm（用于分析）～3mm（用于制备分离）。用此法铺层时两手用力要均匀，推动或滚动吸附剂使成为一均匀的薄层，推动速度不能太快，中途也不能停顿，否则厚薄不均，影响分离效果。

② 湿法制板　在吸附剂中加入少量黏合剂，加水调成糊状制板，其优点是薄层牢固，不易脱落，可成批制板，展开后便于保存，可以用颗粒很细的吸附剂制板。由于吸附剂颗粒之间的空隙较小，毛细管作用较小，展开速度较慢，展开后斑点集中，所以分离效果较好。但制成的薄层板要经阴干、活化等步骤后才能使用。湿法制板方法主要有三种：倾注法、平铺法和涂铺法。

(2) 薄层板分类

根据不同的样品，可制备不同的功能薄层板，常见的功能薄层板有如下几种。

① 荧光薄层板　在吸附剂中加入荧光物质即成荧光薄层，可检出一些本身无色、在紫外线下也不显荧光的化合物。在紫外线照射下，薄层显荧光，而化合物斑点呈现暗点，即可观察出化合物的位置。常用的荧光物质有无机物和有机物。无机物主要有两种：一种在 254nm 紫外线激发下发出荧光，如锰激活的硅酸锌（$ZnSiO_3$：Mn）；另一种在 365nm 紫外线激发下发出荧光，如银激活的硫化锌、硫化镉（ZnS.CdS：Ag）。常用的有机荧光物质有荧光素钠、桑色素等。

② 配合薄层板　含有硝酸银、硼酸或硼砂等化合物的薄层与某些化合物在展开过程中形成配合物，这样的薄层称为配合薄层。如硝酸银配合薄层可用来分离碳原子数相等，而碳-碳双键数目不等的一系列化合物，如不饱和醇、酸等。其主要机理是由于 C═C 键能与硝酸银形成配合物，而饱和的 C—C 键则不配合，展开时，饱和化合物由于吸附最弱而 R_f 值最高，含一个双键的较含两个双键的 R_f 值高，含一个叁键的较含一个双键的 R_f 值高。在含一个双键的化合物中，顺式的与硝酸银结合较反式的易于进行。糖类分子中苏式排列的多羟基与硼酸或硼砂较易配合，含多羟基的长链脂肪酸和它们的甲酯及酚酸等均可与硼酸、硼砂等配合，但配合程度不同，在这类薄层上可得到较好的分离。

③ 酸碱薄层板和 pH 缓冲薄层板　有些化合物在普通薄层板上分离不好时，可改变原来吸附剂的酸碱性，以改善分离效果。在铺板时用稀酸（一般用 1%～4% 盐酸或 0.1～0.25$mol \cdot L^{-1}$ 草酸）代替水制成酸性薄层分离生物碱，使生物碱成为离子对形式被分离；有时生物碱及其他化合物等分离不好产生拖尾，可在吸附剂中加入 0.4% NaOH 水溶液铺层，得到较好的分离。分离氨基酸用不同 pH 缓冲液代替水与吸附剂调匀铺层，可取得较好的分离效果。

④ 混合薄层板　将两种吸附剂按不同比例混合研匀，制成薄层，如用硅胶 G：氧化铝（10：4）对糖、醇的分离效果较好。也有用两种吸附剂分别分段铺板，前段用作样品的预处理，以吸附杂质，后段作为组分的分离。

⑤ 烧结板　烧结薄层板是由玻璃粉（作为黏合剂）与硅胶或氧化铝等吸附剂按一定比例混匀后，经高温烧结制成，这是一种经一次制备可以多次使用的薄层板。

⑥ 高效薄层板　它使用窄范围的细颗粒硅胶或键合相硅胶铺板，常用粒度范围为5～7μm，薄层厚度一般为0.2mm，高效薄层板比普通薄层板分离度好、灵敏度高、分析速度快。

⑦ 离子交换纤维素薄层板　取离子交换纤维素加水或其他溶剂作成10%～20%的糊状物，然后按常法铺层，铺好的薄层不宜完全干燥，以免发生裂纹，影响分离效果。一般在应用时先将薄层板置展开剂中以上行法展开，取出，风干后即在板上点样、展开。

⑧ 反相薄层板　反相薄层板最初是采取将板用石蜡浸润的办法，近年来已改用化学键合相硅胶和乙酰化纤维素等制备。反相薄层板的制备可以在正常的硅胶薄层板上用适当的化合物处理，使其成为涂有非极性固定相的薄层，也可将硅胶板用硅烷化试剂如二甲基二氯硅烷或三甲基一氯硅烷等处理，使之键合上甲基硅基团，然后洗净即可应用。

9.5.3 柱色谱分离

(1) 干柱色谱　该方法是将干的吸附剂装入色谱柱中，将待分离的样品配成浓溶液或吸附于少量填料上，然后上样。用洗脱液淋洗，当洗脱液接近色谱柱底部时，开始分组收集流出液，根据不同的柱体积，每5～20mL收集为一份，直至样品组分全部流出。然后根据实验条件和样品性质，采用纸色谱、薄层色谱、GC或HPLC对各份样品进行定性检测，合并相同组分的流出液，经浓缩脱除洗脱液后，得样品组分。对有色物质体系，也可用透明有机材料制成的柱，这时，当洗脱液接近色谱柱底部时，停止洗脱，将吸附剂根据柱上各色带挖出或切开，用适当的溶剂洗出。但应注意选择合适的柱和洗脱液，避免洗脱液对有机材料的溶胀或溶解。

典型的柱色谱图如图9-19所示。

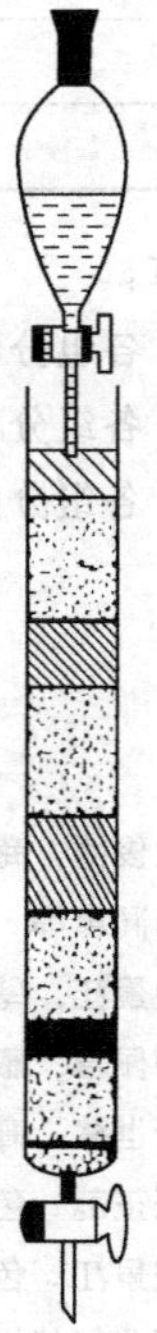

图9-19　柱色谱示意

(2) 湿柱色谱　该方法是将硅胶或氧化铝与柱体积等同的溶剂混匀倒入一端塞有棉花或玻璃纤维的玻璃管内，随着溶剂的流出，填料不断沉积下来，直至溶剂仅够覆盖填料表面为止。将样品加在柱上，以后同前节方法操作。

(3) 加压制备型色谱　常规柱色谱所使用的填料粒度较大，一般为60～80目，柱效比较低，对组分复杂且性质相近的体系分离困难。为了提高分离效果，可采用粒度更细的填料，但柱阻力增加，分离速度大大变慢，为了提高分离速度，可采用加压柱色谱分离。加压柱色谱分离的操作方法与常规柱色谱分离方法相同，不同之处在于在柱前加一增压装置。

习题

1. 试比较HPLC与GC分离原理、仪器构造及应用方法的异同。
2. 高效液相色谱法是如何实现高效和高速分离的（与经典的柱色谱比较）？
3. HPLC的常用检测器有哪几种？试述其测量原理及应用。
4. 在液相色谱中，范弟姆特方程中的哪一项对柱效的影响可忽略不计？
5. 何谓反相液相色谱？它的优越性表现在什么地方？
6. 什么叫梯度洗脱？它与气相色谱中的程序升温有何差别？

7. 适合做纸色谱及薄层色谱的流动相的物质有哪些要求？

8. 比移值 R_f 的定义如何？它有什么作用？

9. 各种功能薄层板有何功能？它们分别适用于哪些物质？

10. 一色谱柱长 226cm，流动相流速为 0.287mL·min^{-1}，流动相和固定相体积分别为 1.26mL 和 0.148mL。现测得 A、B、C、D 四组分的保留值和峰宽数据如下：

组分	保留时间/min	峰宽/cm
非滞留组分	4.2	—
A	6.4	0.45
B	14.4	1.07
C	15.4	1.16
D	20.7	1.45

计算：

(1) 各组分的容量因子及分配系数；

(2) 各组分的理论塔板数和有效塔板数；

(3) 各组分的理论板高和有效板高。

参考文献

[1] 王俊德，商振华，郁蕴璐.高效液相色谱法．北京：中国石化出版社，1992.

[2] 周同惠等．纸色谱和薄层色谱．北京：科学出版社，1989.

[3] 史景江，马熙中．色谱分析法．重庆：重庆大学出版社，1990.

[4] 卢佩章，藏朝政．色谱理论基础．北京：科学出版社，1989.

[5] 于世林．高效液相色谱方法及应用．重庆：重庆大学出版社，2000.

[6] 汪正范．色谱联用技术．北京：化学工业出版社，2001.

[7] 史景江．色谱分析法实验与习题．重庆：重庆大学出版社，1993.

[8] 西北师范学院，陕西师范大学，河北师范大学等．有机分析教程．西安：陕西师范大学出版社，1987.

[9] 陈立仁，蒋生祥，刘霞，侯经国．高效液相色谱理论与实践．北京：科学出版社，2001.

[10] L. R. 斯奈特，J. J. 柯克兰著．现代液相色谱法导论．高潮，陈新民，高虹译．北京：化学工业出版社，1988.

10 红外光谱分析法

红外光谱又称为分子振动转动光谱，是一种分子光谱。商品红外光谱仪问世于20世纪50年代初期，使红外光谱法研究得以开展，揭开了有机物结构鉴定的新篇章。到20世纪50年代末期已积累了丰富的红外光谱数据，至70年代中期，红外光谱法一直是有机化合物结构鉴定的最重要的方法。近30年来，傅里叶变换红外光谱仪的问世以及一些新技术（如发射光谱、光声光谱、色谱-红外光谱联用等）的出现，使红外光谱得到更加广泛的应用。

红外光谱法（infrared spectrometry，IR）的广泛应用是由于它具有如下优点。

① 气态、液态、固态样品均可进行红外光谱测定，这是核磁、质谱、紫外等方法所不及的。固体样品可加溴化钾晶体共同研碎压片或加石蜡油调糊进行测定；对不透光的样品可作反射光谱测定。液体样品可直接在结晶盐片上涂膜或用适当溶剂配制成溶液装入液体池而测定。气体或蒸汽则用气体吸收池直接测定。

② 每种化合物均有红外吸收，由有机化合物的红外光谱可得到丰富的信息。一般有机物的红外光谱至少有十几个吸收峰。官能团区的吸收显示了化合物中存在的官能团，而指纹区的吸收则为化合物结构鉴定提供了可靠的依据。

③ 常规红外光谱仪价格低廉（与核磁、质谱相比），易于购置。

④ 样品用量少。一般红外光谱仪用样量在mg级，先进的红外光谱仪用样量可减少到μg量级。

⑤ 针对特殊样品的测试要求，发展了多种测量技术，如光声光谱、反射光谱、漫反射、红外显微镜等。

红外线波长位于0.75～1000μm范围内，在可见光波和微波波长之间。其中0.7～2.5μm为近红外区，2.5～25μm为中红外区，25～1000μm为远红外区，最常用的红外光谱区是2.5～25μm的区域。由电磁波的波长（λ）、频率（ν）及能量（E）之间的关系：$E=h\nu$可知，2.5～25μm波长范围对应于4000～400cm^{-1}。

10.1 红外线与红外吸收光谱

分子的运动包括整体的平动、转动、振动及电子的运动。分子的总能量可近似地看成是这些运动的能量之和，即

$$E_Q=E_t+E_e+E_v+E_r \tag{10-1}$$

式中，E_t、E_e、E_v、E_r分别代表分子的平动能、电子运动能、振动能和转动能。除E_t外。其余三项都是量子化的，统称为分子内部运动能。分子光谱产生于分子内部运动状态的改变。

分子有不同的电子能级（S_0，S_1，S_2…），每一个电子能级又有不同的振动能级（v_0，

v_1，v_2，…)，而每一个振动能级又有不同的转动能级（J_0，J_1，J_2，…)，见图 10-1。

一定波长的电磁波作用于被研究物质的分子，引起分子相应能级的跃迁，产生分子吸收光谱。引起分子电子能级跃迁的光谱称电子吸收光谱，其波长位于紫外-可见光区，称紫外-可见光谱。电子能级跃迁的同时伴有振动能级和转动能级的跃迁，引起分子振动能级跃迁的光谱称振动光谱，振动能级跃迁的同时伴有转动能级的跃迁，红外吸收光谱是分子的振动-转动光谱。

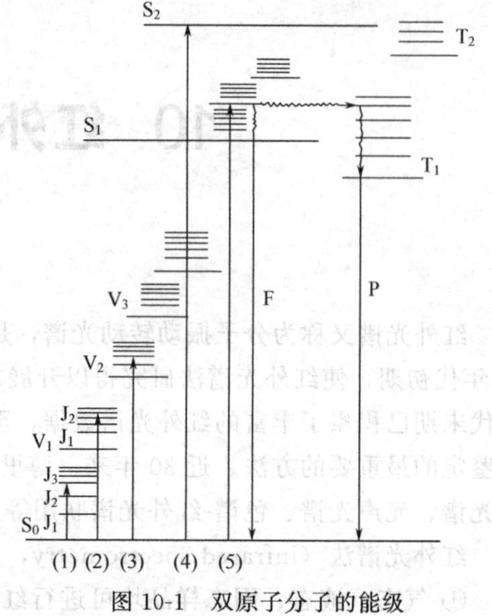

图 10-1 双原子分子的能级及能级跃迁示意

用远红外光波照射分子时，只会引起分子中转动能级的跃迁，得到纯转动光谱。通常观测到的分子的振动-转动光谱只是对应于某一振动方式的宽吸收带，而不是一条条谱线。只有在气态或极稀的非极性溶剂中测试时，才有可能观测到振动谱线，这是由于处于同一振动能级上不同转动能级的分子的振动能级跃迁，谱带的这种“分裂”与转动能级相对应。

红外吸收：一定波长的红外线照射被研究物质的分子，若辐射能（$h\nu$）等于振动基态（V_0）的能级（E_1）与第一振动激发态（V_1）的能级（E_2）之间的能量差（ΔE）时，则分子可吸收能量，由振动基态跃迁到第一振动激发态（$V_0 \rightarrow V_1$）：

$$\Delta E = E_2 - E_1 = h\nu \tag{10-2}$$

分子吸收红外线后，引起辐射光强度的改变，由此可记录红外吸收光谱。通常以波长（μm）或波数（cm^{-1}）为横坐标，百分透过率（$T\%$）(percent transmittance）或吸光度（A）为纵坐标记录，见图 10-2。

$T\%$愈低，吸光度就愈强，谱带强度就愈大。根据 $T\%$，谱带强度大致分为：很强吸收带（vs，$T\%<10$）、强吸收带（s，$10<T\%<40$）、中强吸收带（m，$40<T\%\leqslant 90$）、弱吸收带（w，$T\%>90$），宽吸收带用 b 表示。

10.1.1 红外吸收光谱的基本原理

10.1.1.1 振动自由度

分子振动时，分子中各原子之间的相对位置称为该分子的振动自由度。一个原子在空间的位置可用 X、Y、Z 三个坐标表示，有 3 个自由度。n 个原子组成的分子有 $3n$ 个自由度，其中 3 个自由度是平移运动，3 个自由度是旋转运动，线型分子只有 2 个转动自由度（因有一种转动方式，原子的空间位置不发生改变）。所以，非线型分子的振动自由度为（$3n-6$），对应于（$3n-6$）个基本振动方式。线型分子的振动自由度为（$3n-5$），对应于（$3n-5$）个基本振动方式。这些基本振动称简正（normal）振动，简正振动不涉及分子质心的运动及整个分子的转动，只是分子中每个原子在其平衡位置附近做简谐振动。例如苯分子（C_6H_6）由 12 个原子组成，振动自由度为（36－6），有 30 种基本振动方式。理论上在红外光谱中，应看到 30 个振动谱带，实际观测谱带数目远小于理论值。这是因为在光谱体系中，能级的跃迁不仅是量子化的，而且要遵守一定的规律。

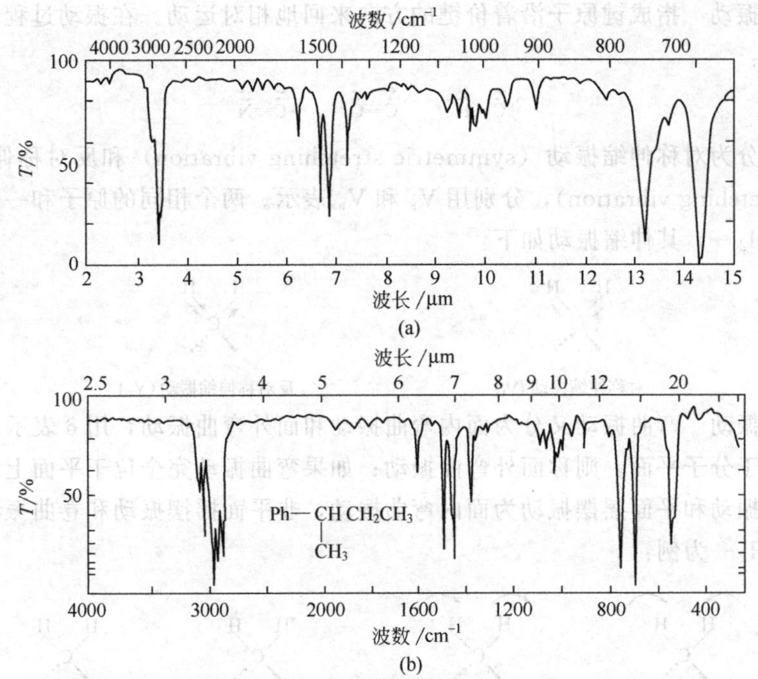

图 10-2 仲丁基苯的红外吸收光谱

10.1.1.2 红外光谱的选律

物质吸收电磁辐射必须满足的条件为：辐射光子具有的能量与发生振动跃迁所需的能量相等；辐射与物质之间有偶合作用。

当将双原子分子振动作简谐振动处理时。其振动能量 E_v 是量子化的。分子中不同振动能级的能量差为：

$$\Delta E_v = \Delta V h\nu \tag{10-3}$$

式中，V 为振动量子数（$V=0$，1，2，3，…）。其选律为 $\Delta V=\pm1$。实际上，分子振动为非谐振动，非谐振动的选律不再局限于 $\Delta V=\pm1$，它可以等于任何整数值。即 $\Delta V=\pm1$，±2、±3、…。在常温下大多数分子处于基态（$V=0$），由基态跃迁到第一振动激发态($V=1$) 所产生的吸收谱带称为基频带。

常用分子的偶极矩（μ）来描述分子极性的大小。一定频率的红外线具有适合的能量，可导致振动跃迁的产生。只有偶极矩（$\Delta\mu$）发生变化的振动，即在振动过程中 $\Delta\mu\neq0$ 时，才会产生红外吸收。这样的振动称为红外“活性”振动，其吸收带在红外光谱中可见。在振动过程中，偶极矩不发生改变（$\Delta\mu=0$）的振动称红外“非活性”振动，这种振动不吸收红外线、在 IR 谱中观测不到，如非极性的同核双原子分子 N_2、O_2 等。在振动过程中偶极矩并不发生变化，它们的振动不产生红外吸收谱带。有些分子既有红外“活性”振动，又有红外“非活性”振动。如 CO_2：

$\overleftarrow{O}=C=\overrightarrow{O}$ 对称伸缩振动，$\Delta\mu=0$，红外“非活性”振动

$\overrightarrow{O}=\overleftarrow{C}=\overrightarrow{O}$ 反对称伸缩振动，$\Delta\mu\neq0$，红外“活性”振动，2349cm^{-1}

10.1.1.3 分子的振动方式与谱带

一般把分子的振动方式分为两大类：化学键的伸缩振动和弯曲振动。

（1）伸缩振动　指成键原子沿着价键的方向来回地相对运动。在振动过程中，键角并不发生变化。如：

$$\gt\overleftrightarrow{C}-\overleftrightarrow{H},\quad \gt\overleftrightarrow{C}=\overleftrightarrow{O},\quad -\overleftrightarrow{C}\equiv\overleftrightarrow{N}$$

伸缩振动又可分为对称伸缩振动（symmetric stretching vibration）和反对称伸缩振动（an-symmetric stretching vibration），分别用 V_s 和 V_{as} 表示。两个相同的原子和一个中心原子相连时，如—CH_2—，其伸缩振动如下：

对称伸缩振动 (V_s)　　反对称伸缩振动 (V_{as})

（2）弯曲振动　弯曲振动又分为面内弯曲振动和面外弯曲振动，用 δ 表示。如果弯曲振动的方向垂直于分子平面，则称面外弯曲振动；如果弯曲振动完全位于平面上，则称面内弯曲振动。剪式振动和平面摇摆振动为面内弯曲振动，非平面摇摆振动和卷曲振动为面外弯曲振动，以—CH_2—为例：

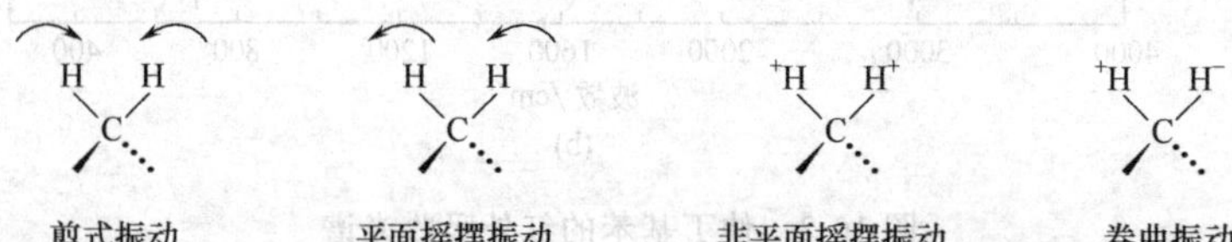

剪式振动　　平面摇摆振动　　非平面摇摆振动　　卷曲振动

（"+"表示运动方向垂直于纸面向里，"—"表示运动方向垂直于纸面向外）

同一种键型，其反对称伸缩振动的频率大于对称伸缩振动的频率，远远大于弯曲振动的频率，即 $V_{as} > V_s \gg \delta$，而面内弯曲振动的频率又大于面外弯曲振动的频率。

在红外光谱图中，除以上振动吸收带外，还可出现以下的吸收带和振动方式。

① 倍频带（over tone）指（$V=0$）至（$V=2$）的跃迁所产生的振动吸收带，出现在强的基频带频率的大约两倍处（实际上比两倍要低），一般都是弱吸收带。如 $C_{C=O}$ 的伸缩振动频率约在 1715cm^{-1}处，其倍频带出现在约 3400cm^{-1}处，通常和—OH 的伸缩振动吸收带相重叠。

② 合频带（combination tone）也是弱吸收带，出现在两个或多个基频频率之和或频率之差附近。如基频分别为 Xcm^{-1}和 Ycm^{-1}的两个吸收带，其合频带可能出现在（$X+Y$）cm^{-1}或（$X-Y$）cm^{-1}附近。

倍频带与合频带统称为泛频带，其跃迁概率小，强度弱，通常不能检出。

（3）振动偶合　当两个或两个以上相同的基团连接在分子中同一个原子上时，其振动吸收带常发生裂分，形成双峰，这种现象称振动偶合（vibration coupling）。有伸缩振动偶合、弯曲振动偶合、伸缩与弯曲振动偶合三类。如 IR 谱中在 1380cm^{-1}和 1370cm^{-1}附近的双峰是 $=C(CH_3)_2$ 弯曲振动偶合引起的。又如酸酐 $(RCO)_2O$ 的 IR 谱中在 1820cm^{-1}和 1760cm^{-1}附近、丙二酸二乙酯在 1750cm^{-1}和 1735cm^{-1}附近，是由 C—O 伸缩振动偶合引起的。

（4）费米共振　当强度很弱的倍频带或组频带位于某一强基频吸收带附近时，弱的倍频带或组频带和基频带之间发生偶合，产生费米共振（Fermi resonance）。如环戊酮 $V_{C=O}$ 于 1746cm^{-1}和 1728cm^{-1}处出现双峰，用重氢氘代环氢时，则于 1734cm^{-1}处仅出现一单峰，这是因为环戊酮的骨架呼吸振动 889cm^{-1}的倍频位于 C ═O 伸缩振动的强吸收带附近，两峰产生偶合（Fermi 共振），使倍频的吸收强度大大加强。当用重氢氘代时，环骨架呼吸振动 827cm^{-1}的倍频远离 C=O 的伸缩振动频率，不发生 Fermi 共振，只出现 $V_{C=O}$的一个强吸收带。这种现象在不饱和内酯、醛及苯酰卤等化合物中也可以看到。

10.1.2 影响红外吸收光谱的因素

影响振动吸收频率的因素有两大类：一是外因，由测试条件不同造成的；二是内因，因分子结构不同决定。

10.1.2.1 内因的影响

内部因素是指分子结构因素。了解分子结构因素对振动频率的影响，对解析红外光谱是很有帮助的。

(1) 键力常数 K 和原子质量的影响　根据 Hoocke 定律，谐振子的振动频率 ν 是弹簧力常数 K、小球质量 m 的函数。分子中成键原子的振动近似地当成谐振动处理，可用经典力学模型来描述（见图 10-3)。成键双原子间振动的振动频率 ν 为；

$$\nu=\frac{1}{2\pi}\left(\frac{K}{\mu}\right)^{1/2} \tag{10-4}$$

式中，K 为化学键力常数，μ 为成键两原子的折合质量，$\mu=\dfrac{m_1m_2}{m_1+m_2}$。

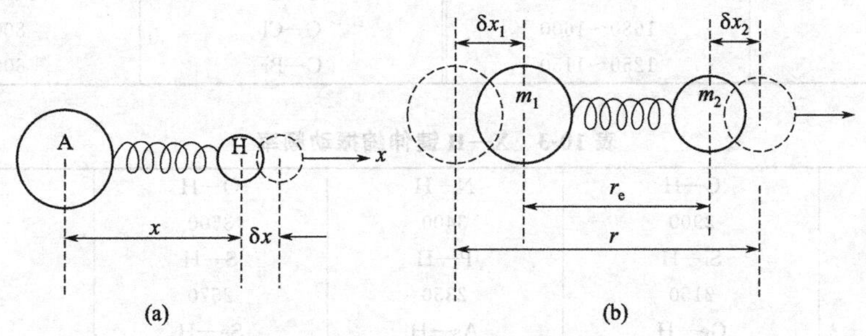

图 10-3　单一粒子的简谐振动 (a) 和成键双原子间的振动 (b)

分子振动频率习惯以波数 ν 表示：

$$v=\frac{1}{2\pi c}\left(\frac{K}{\mu}\right)^{1/2}=\frac{1}{2\pi c}\left(K\,\frac{m_1+m_2}{m_1m_2}\right)^{1/2} \tag{10-5}$$

上式表明，分子中键的振动频率是分子固有的性质，与化学键的键力常数 K 和成键原子的质量有关。

若 K 的单位用 10^5dyn·cm^{-1} (10^2N·m^{-1})，μ 用原子质量单位，c 用 cm·s^{-1}，则上式可简化为：

$$v(\text{cm}^{-1})=1307\left(\frac{K}{\mu}\right)^{1/2} \tag{10-6}$$

表明键力常数 K 增大，振动波数增高，原子的折合质量增大，振动波数降低。一些化学键的 K 值见表 10-1。

利用上面的公式和键力常数数据，可以方便地计算键的振动频率，如：

$$v_{C-O}=1307\times[5.4\times(12+16)/12\times16]^{1/2}=1160\ (\text{cm}^{-1})$$

$$v_{C=O}=1307\times[12\times(12+16)/12\times16]^{1/2}=1730\ (\text{cm}^{-1})$$

计算各种类型的 C—O、C=O 伸缩振动，其频率在 1300～1050cm^{-1} 和 1800～1650cm^{-1}范围内。

表 10-1 一些化学键的键力常数 *K* $/10^2 N \cdot m^{-1}$

键 型	*K*	键 型	*K*	键 型	*K*
H—F	9.7	≡C—H	5.9	C—C	4.5
H—Cl	4.8	=C—H	5.1	C—O	5.4
H—Br	4.1	—C—H	4.8	C—F	5.9
H—I	3.2	—C≡N	18	C—Cl	3.6
O—H	7.7	—C≡C	15.6	C—Br	3.1
N—H	6.4	>C=O	12	C—I	2.7
S—H	4.3	C=C	9.6		

这种按经典力学模型，把成键基团的伸缩振动孤立起来进行计算，是一种极简化的近似计算。实际上分子中各原子之间存在着复杂的相互作用，对各基团的振动频率有不同程度的影响。一些化学键的伸缩振动频率和 X—H 伸缩振动频率见表 10-2 和表 10-3。

表 10-2 一些化学键的伸缩振动频率范围

键 型	ν/cm^{-1}	键 型	ν/cm^{-1}
C≡N	2260～2220	C—O	1300～1050
C≡C	2200～2060	C—N	1400～1020
C=O	1850～1650	C—F	1400～1000
C=C	1680～1600	C—Cl	800～600
C—C	1250～1150	C—Br	600～500

表 10-3 X—H 键伸缩振动频率 $/cm^{-1}$

B—H	C—H	N—H	O—H	F—H
2400	2900	3400	3600	4000
Al—H	Si—H	P—H	S—H	Cl—H
1750	2150	2350	2570	2890
	Ge—H	As—H	Se—H	Br—H
	2070	2150	2300	2650
	Sn—H	Sb—H		I—H
	1850	1890		2310

由表 10-3 可见，同一周期，从左到右，X 基电负性增大，X—H 键力常数增大，X—H 伸缩振动波数增高（以 *K* 值增大为主）。同一主族，自上至下，X—H 键力常数 *K* 值依次下降，μ 增值明显，X—H 伸缩振动波数逐渐减小。

（2）电子效应　电子效应是通过成键电子起作用，分诱导效应和共轭效应两类，诱导效应和共轭效应都会引起分子中成键电子云分布发生变化。在同一分子中，诱导效应和共轭效应往往同时存在，在讨论其对吸收频率的影响时，由效应较强者决定。该影响主要表现在 C═O伸缩振动中。

诱导效应（induction effect，Ⅰ）：诱导效应沿分子中化学键（σ 键、π 键）而传递，与分子的几何状态无关。和电负性取代基相连的极性共价键、如—CO—X，随着 X 基电负性的增大，诱导效应增强，C═O 的伸缩振动向高波数方向移动。

例如：R—CO—X

X 基：	R′	H	OR′	Cl	F
$\nu_{C=O}/cm^{-1}$：	1715	1730	1740	1800	1850

丙酮中 CH_3 为推电子的诱导效应（+I），使 C═O 成键电子偏离键的几何中心而向氧

原子移动。C═O 极性增强，双键性降低，C═O 伸缩振动位于低频端。较强电负性的取代基（Cl、F）吸电子诱导效应（—I）强，使 C═O 成键电子向键的几何中心靠近，C═O 极性降低，而双键性增强，C═O 伸缩振动位于高频端。

带孤对电子的烷氧基（OR′）既存在吸电子的诱导效应（—I），又存在 p-π 共扼，—I 影响较大，酯羰基的伸缩振动频率高于酮、醛，而低于酰卤。

共轭效应（conjugation effect，C）：共轭效应常引起 C═O 双键的极性增强，双键性降低，伸缩振动频率向低波数位移。

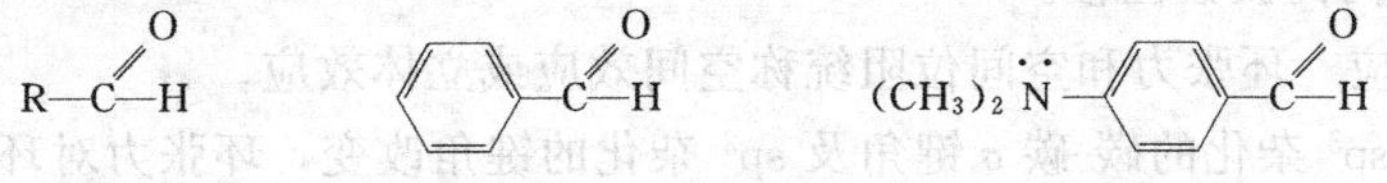

$\nu_{C=O}/cm^{-1}$：1730　1690　1663

较大共轭效应的苯基与 C═O 相连，π-π 共轭致使苯甲醛中 $\nu_{C=O}$ 较乙醛降低 $40cm^{-1}$，甲氨基苯甲醛分子中，对位推电子基二甲氨基的存在，共轭效应增大，C═O 极性增强，双键性下降，$\nu_{C=O}$ 较苯甲醛向低波数位移近 $30cm^{-1}$。

存在于共轭体系中的 C≡N 、C═C 键，其伸缩振动频率也向低波数方向移动：

	$CH_3C{\equiv}N$	$(CH_3)_2C{=}CH{-}C{\equiv}N$
$\nu_{C\equiv N}$：	$2255cm^{-1}$	$2221cm^{-1}$
$\nu_{C=C}$：		$1637cm^{-1}$（非共轭约 $1660cm^{-1}$）

又如：

$\nu_{C=O}/cm^{-1}$：1750　1740　1715　1680

苯酯基中氧原子的共轭分散，—I 突出，$\nu_{C=O}$ 较烷基酯位于高波数端。苯甲酸酯中苯基对 C═O 的共轭效应与烷氧基对 C═O 的诱导效应大体相当，相互抵消，使 $\nu_{C=O}$（$1715cm^{-1}$）较苯基酮位于高波数端，并与烷基酮一致。

（3）场效应　在分子的立体构型中，只有当空间结构决定了某些基团靠得很近时，才会产生场效应（field effect，F）。场效应不是通过化学键，而是原子或原子团的静电场通过空间相互作用。场效应也会引起相应的振动谱带发生位移。

氯代丙酮存在以下两种不同的构象：

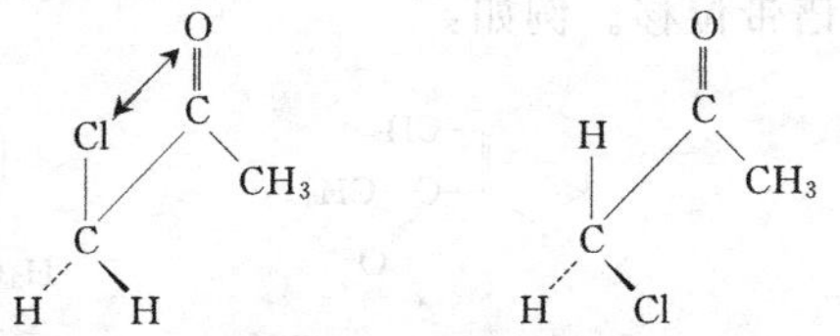

红外光谱测试中，观测到 C═O 的两个基频吸收带，$1720cm^{-1}$ 与丙酮 $1715cm^{-1}$ 接近，另一个谱带出现在较高波数处（$1750cm^{-1}$），这是因为在 C—Cl 与 C═O 空间接近的构象中，场效应使羰基极性降低，双键性增强，$\nu_{C=O}$ 向高波数位移。

α-溴代环己酮中，溴取代基为直立键时，场效应微弱，C═O 的伸缩振动谱带与未取代的环己酮相近（$1716cm^{-1}$）。在 4-叔丁基-2-溴代环己酮中，当溴取代基为平伏键时，$\nu_{C=O}$ 向高波数移至 $1742cm^{-1}$。这种现象的产生是由于分子中带部分负电荷的溴原子与带负电荷的羰基氧原子空间接近，电子云相互排斥，产生相反的诱导极化，使溴原子和羰基氧原子的负电荷相应减小，C═O 极性降低，双键性增强，伸缩振动频率增加。

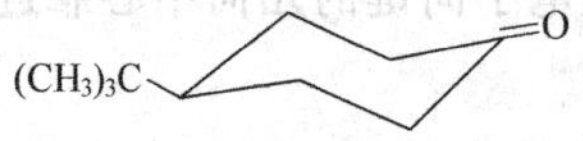

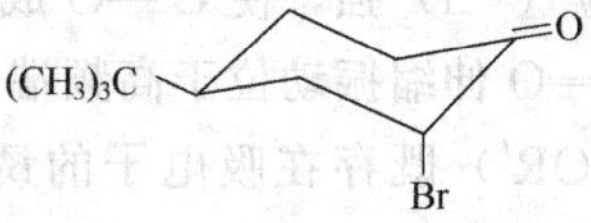

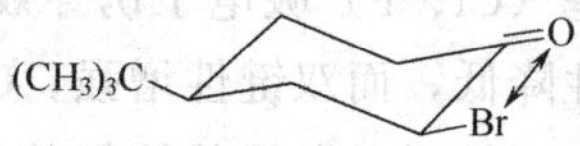

$\nu_{C=O}/cm^{-1}$：1725　　1730　　1742

在甾体类化合物中类似于这种场效应很普遍，称为“α-卤代酮规律”，即 α-位 C-X 处于平伏键时，$\nu_{C=O}$向高波数位移。

(4) 空间效应　环张力和空间位阻统称空间效应或立体效应。

环张力引起 sp^3 杂化的碳-碳 σ 键角及 sp^2 杂化的键角改变，环张力对环外双键（C═C、C═O）的伸缩振动影响较大。环外双键的环烷系化合物中，随环张力的增大，$\nu_{C=C}$向高波数位移。

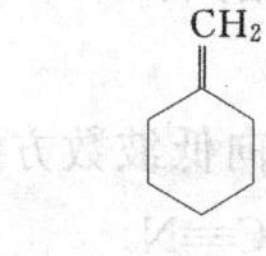

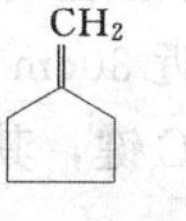

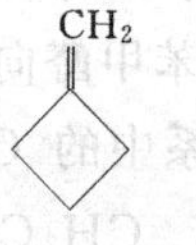

$\nu_{C=C}/cm^{-1}$：1650　　1660　　1680

酯环酮系化合物中，羰基的伸缩振动谱带随环张力的增大，高频位移明显。

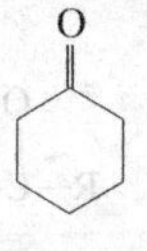

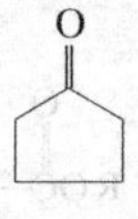

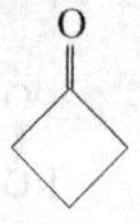

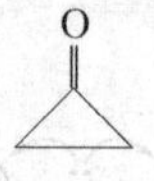

$\nu_{C=O}/cm^{-1}$：1716　　1745　　1775　　1850

环内双键的 C═C 伸缩振动与以上结果相反，随环张力的增大，$\nu_{C=C}$向低波数位移，如环已烯、环戊烯及环丁烯的 $\nu_{C=C}$依次为 $1645cm^{-1}$、$1610cm^{-1}$、$1566cm^{-1}$。这是因为随着环的缩小，环内键角减小，成环 σ 键的 p 电子成分增加，键长变长，振动谱带向低波数位移。而环外双键随环内角缩小，环外 σ 键的 p 电子成分减少，s 成分增大，键长变短，振动谱带向高波数位移。环烯中 C═C—H 键的 ν_{C-H} 伸缩振动也随环张力的增大而向高波数位移。环已烯、环戊烯、环丁烯中的 $\nu_{=C-H}$依次为：$3017cm^{-1}$、$3040cm^{-1}$、$3060cm^{-1}$。

空间位阻的影响是指分子中存在某种或某些基团因空间位阻影响到分子中正常的共轭效应或杂化状态时，导致振动谱带位移。例如：

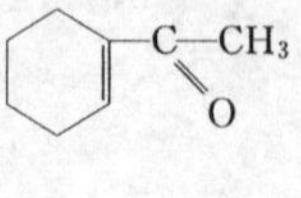

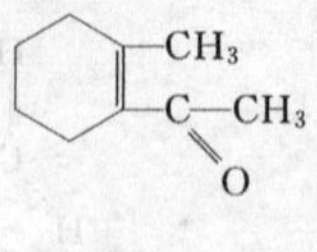

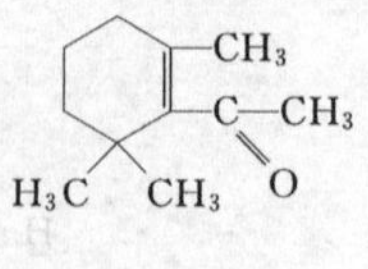

$\nu_{C=O}/cm^{-1}$：1663　　1686　　1693

烯碳上甲基的引入，使羰基和双键不能在同一平面上，它们的共轭程度下降，羰基的双键性增强，振动向高波数位移。邻位另两个 CH_3 的引入，立体位阻增大，C═O 与 C═C 的共轭程度更加降低，$\nu_{C=O}$位于更高波数。

(5) 跨环效应　跨环效应（transannular effects）是通过空间发生的电子效应。例如红外光谱测得化合物 a$\nu_{C=O}$$1675cm^{-1}$，低于正常酮羰基的振动吸收，这是因为分子中氨基和羰基空间位置接近。a 与 b 之间存在以下平衡：

$\xrightarrow{HClO_4}$ ClO_4^-

a　　b　　c

b 中羰基极性增强，双键程度下降，$\nu_{C=O}$ 向低波数位移。在高氯酸溶液中测试 $1675cm^{-1}$ 谱带消失，$3365cm^{-1}$ 出现新的吸收带，为 OH 伸缩振动，说明 c 中不存在羰基。

(6) 氢键　羟基与羰基之间易形成分子内氢键，而使 $\nu_{C=O}$、ν_{OH} 向低波数位移。如下列化合物，羰基的伸缩振动频率有较大差异。由此可判断分子中羟基的位置。分子内氢键的形成不受浓度的影响。

$\nu_{C=O}$　$1676cm^{-1}$
　　　$1673cm^{-1}$
ν_{OH}　$3610cm^{-1}$ 附近

$\nu_{C=O}$　$1622cm^{-1}$
　　　$1675cm^{-1}$
ν_{OH}　$2843cm^{-1}$（宽）

分子间氢键主要存在于醇、酚及羧酸类化合物中，醇酚类化合物溶液浓度由小到大改变，红外光谱中可依次测得羟基以游离态、游离态及二聚态、二聚态及多聚态形式存在的伸缩振动谱带，频率为 $3620cm^{-1}$、$3485cm^{-1}$ 及 $3350cm^{-1}$。浓度不同，谱带的相对强度也不同。液态苯酚的红外光谱见图 10-4。

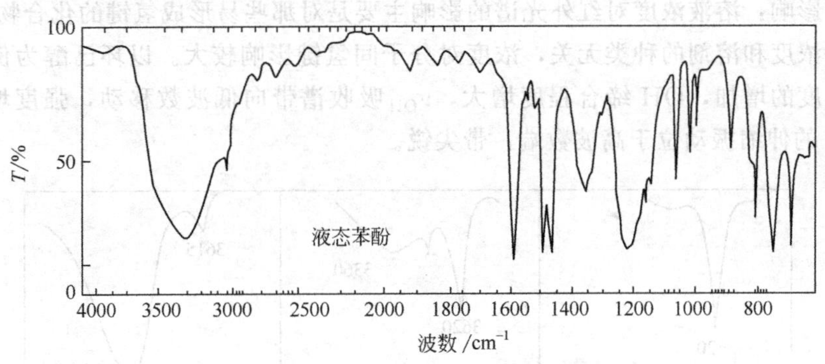

图 10-4　液态苯酚的红外光谱

固体或液体羧酸一般都以二聚体的形式存在，$\nu_{C=O}$ 在 $1720\sim1705cm^{-1}$，较酯羰基谱带向低波数位移。极稀的溶液可测到游离态羧酸的 $\nu_{C=O}$ 约为 $1760cm^{-1}$。

10.1.2.2　外因的影响

同一种化合物，在不同条件下测试，因其物理或某些化学状态不同，吸收频率和强度会不同程度地改变。

气态分子间距离较大，除小分子羧酸外，分子基本上以游离态存在，不受其他分子的影响，可观测到分子的振动-转动光谱的精细结构。液态分子间作用较强，有的可形成分子间氢键，使相应谱带向低频位移。固态因分子间距离减小而相互作用增强，一些谱带低频位移程度增大。某些弯曲振动、骨架振动之间常相互作用使指纹区的光谱发生变化。同一种样品，不同晶形的 IR 光谱也有区别。

状态的影响：图 10-5 是硬脂酸（n-$C_{17}H_{35}COOH$）的红外光谱。实线为晶体样品，KBr 压片法测得，虚线为液体样品，液膜法测得。液膜法测得的光谱在 $1350\sim1180cm^{-1}$ 只有一条宽吸收带。而晶体样品，因 CH_2 基的全反式排列振动的相互偶合，在此区间出现一系列间隔相等的吸收带。

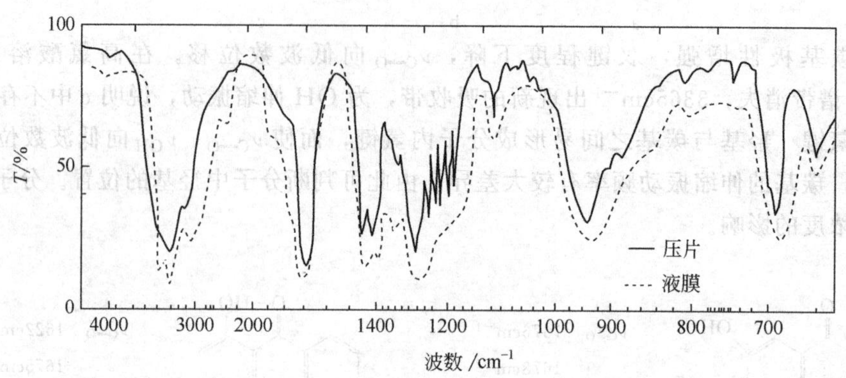

图 10-5　硬脂酸的红外吸收光谱

$CH_3CONHCH_3$ 液体的主要吸收带是 1650cm^{-1}、1565cm^{-1}和 1300cm^{-1}，将其用非极性溶剂稀释后测得的相应吸收带是 1688cm^{-1}、1534cm^{-1}和 1260cm^{-1}。这是因为纯液体时，酰胺以多聚形式存在。多聚态使羰基双键性下降，$\nu_{C=O}$由稀溶液中（酰胺以单个分子状态存在）的 1688cm^{-1}降至 1656cm^{-1}，多聚态使 ν_{C-H} 和 δ_{N-H} 的振动吸收波数增大。

浓度的影响：溶液浓度对红外光谱的影响主要是对那些易形成氢键的化合物。分子内氢键与溶液的浓度和溶剂的种类无关，浓度对分子间氢键影响较大。以环已醇为例（见图 10-6），随着浓度的增加，OH 缔合程度增大，ν_{OH} 吸收谱带向低波数移动，强度增大，带宽。游离态 OH 的伸缩振动位于高波数端，带尖锐。

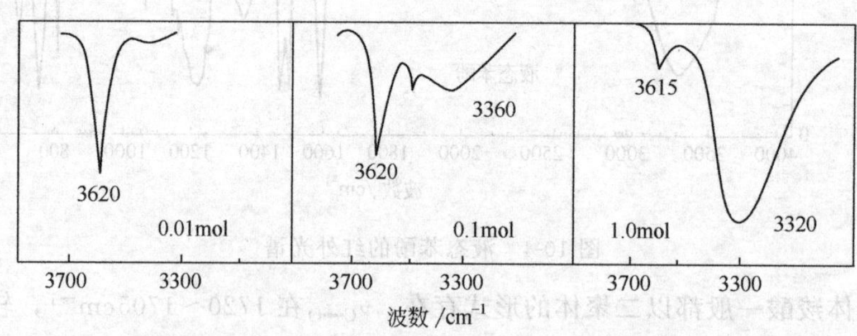

图 10-6　不同浓度环已醇溶液的 ν_{OH}（溶剂：CCl_4）

10.2　有机化合物的红外吸收光谱

在红外光谱图中有许多谱带，其频率、强度和形状与分子结构密切相关。各类有机化合物都有其特定的功能基（如醇、酚均含有 OH、而酸含有—COOH），特定的功能基具有特有的红外吸收带，这些吸收带称特征吸收带。在了解并掌握这些特征吸收带的基础上，就可以根据红外光谱图，确认某些功能基的存在，判断化合物的类型。这对于红外光谱谱图的解析，推导化合物的结构很有帮助。

为了解析谱图和推导结构的方便，把红外光谱图按波数可分为六个区。

(1) 4000～2500cm^{-1} 这是X-H（X包括C、N、O、S等）的伸缩振动区。

羟基的吸收处于3200～3650cm^{-1}范围内。羟基可形成分子间或分子内的氢键，而氢键所引起的缔合对红外吸收峰的位置、形状、强度都有重要影响。游离（无缔合）羟基仅存在于气态或低浓度的非极性溶剂的溶液中，其红外吸收在较高波数（3610～3640cm^{-1}），峰形尖锐。当羟基在分子间缔合时，形成以氢键相连的多聚体，键力常数K值下降，因而红外吸收位置移向较低波数（3300cm^{-1}附近），峰形宽而钝。羟基在分子内也可形成氢键，仍使羟基红外吸收移向低波数方向。羧酸内由于羰基和羟基的强烈缔合，吸收峰的底部可延续到2500cm^{-1}，形成一个很宽的吸收带。

当样品或溴化钾晶体含有微量水时，会在3300cm^{-1}附近出现吸收峰，如含水量较大，谱图上在1630cm^{-1}处也有吸收峰（羟基无此峰），若要鉴别微量水与羟基，可观察指纹区内是否有羟基的吸收峰，或将干燥后的样品用石蜡油调糊作图，或将样品溶于溶剂中，以溶液样品作图，从而排除微量水的干扰。游离羟基的吸收因在较高波数（3600cm^{-1}），且峰形尖锐，因而不会与水的吸收混淆。

氨基的红外吸收与羟基类似，游离氨基的红外吸收在3300～3500cm^{-1}，缔合后吸收位置降低约100cm^{-1}。伯胺有两个吸收峰，因NH_2有两个N—H键，它有对称和非对称两种伸缩振动，这使得它与羟基形成明显区别，其吸收强度比羟基弱，脂肪族伯胺更是这样。仲胺只有一种伸缩振动，只有一个吸收峰，其吸收峰比羟基的要尖锐些。芳香仲胺的吸收峰比相应的脂肪仲胺波数偏高，强度较大。叔胺因氮上无氢，在这个区域没有吸收。

C—H键振动的分界线是3000cm^{-1}。不饱和碳（双键及苯环）的碳氢伸缩振动频率大于3000cm^{-1}，饱和碳（除三元环外）的碳氢伸缩振动频率低于3000cm^{-1}，这对分析谱图很重要。不饱和碳的碳氢伸缩振动吸收峰强度较低，往往在大于3000cm^{-1}处以饱和碳的碳氢吸收峰的小肩峰形式存在。

C≡C—H的吸收峰在3300cm^{-1}，由于它的峰很尖锐，不易与其他不饱和碳氢吸收峰混淆。

饱和碳的碳氢伸缩振动一般可见四个吸收峰，其中两个属于CH_3：2960cm^{-1}（V_{as}）、2870cm^{-1}（V_s）；两个属CH_2：2925cm^{-1}（V_{as}）、2850cm^{-1}（V_s）。由这两组峰的强度可大致判断CH_2和CH_3的比例。

CH_3或CH_2与氧原子相连时，其吸收波数都移向低波数。

醛类化合物在2820cm^{-1}及2720cm^{-1}处有两个吸收峰，这是由v_{C-H}和δ_{C-H}倍频间的费米共振所致。

当进行未知化合物的鉴定时，看其红外光谱图3000cm^{-1}附近很重要，该处是否有吸收峰，可用于有机物和无机物的区分（无机物在该范围无吸收峰）。

(2) 2500～2000cm^{-1} 这是叁键和累积双键（—C≡C—、—C≡N、>C=C=C<、—N=C=O等）的伸缩振动区。在这个区域内，除有时作图未能全扣除空气背景中的二氧化碳（ν_{CO_2} 2365cm^{-1}、2335cm^{-1}）的吸收之外，此区间内任何小的吸收峰都应引起注意，它们都能提供结构信息。

另外，Si—H、Ge—H、Se—H、I—H等伸缩振动吸收峰也在该范围。

(3) 2000～1500cm^{-1} 是双键的伸缩振动区，这是红外谱图中很重要的区域。

这个区域内最重要的是羰基的吸收，大部分羰基化合物集中于1650～1900cm^{-1}，除去羧酸盐等少数情况外，羰基峰都尖锐或稍宽，其强度都较大，在羰基化合物的红外谱图中，羰基的吸收一般为最强峰或次强峰。

碳-碳双键的吸收出现在1600～1670cm^{-1}范围，强度中等或较低。

烯基碳氢面外弯曲振动的倍频可能出现由这一区域。

苯环的骨架振动在1450cm^{-1}、1500cm^{-1}、1580cm^{-1}、1600cm^{-1}，1450cm^{-1}的吸收与CH_2、CH_3的吸收很靠近，因此特征不明显。后三处的吸收则表明苯环的存在。虽然这三处的吸收不一定同时存在，但只要在1500cm^{-1}或1600cm^{-1}附近一处有吸收，原则上，即可知有苯环（或杂芳环）的存在。苯环还有所谓2000～1667cm^{-1}谱带，它是碳氢面外弯曲振动的倍频和组频，这对判别苯环的取代位置有一定帮助，这些吸收峰强度弱，又受该区域内其他峰的干扰，因此，5～6μ谱带的用途不大，但对于在这一区域内无别的吸收的化合物，这些吸收可辅助判断苯环取代。

杂芳环和苯环有相似之处，如呋喃在1600cm^{-1}、1500cm^{-1}、1400cm^{-1}三处均有吸收谱带，吡啶在1600cm^{-1}、1570cm^{-1}、1500cm^{-1}、1435cm^{-1}处有吸收。

这个区域除上述碳-氧、碳-碳双键吸收之外，尚有C═N、N═O等基团的吸收，含—NO_2基团的化合物（包括硝基化合物、硝酸酯等），因两个氧原子连在同一氮原子上，因此具有对称、非对称两种伸缩振动，但只有反对称伸缩振动出现在这一区域。

(4) 1500～1300cm^{-1}　除前面已讲到苯环（其中1450cm^{-1}、1500cm^{-1}的红外吸收可进入此区）、杂芳环（其吸收位置与苯环相近）、硝基的V_s等的吸收可能进入此区之外，该区域主要提供了C—H弯曲振动的信息。

甲基在1380cm^{-1}、1460cm^{-1}同时有吸收，当前一吸收峰发生分叉时表示偕二甲基（二甲基连在同一碳原子上）的存在，这在核磁氢谱尚未广泛应用之前，对判断偕二甲基起过重要作用，现在也可以作为一个鉴定偕二甲基的辅助手段。偕三甲基的红外吸收与偕二甲基相似。CH_2仅在1470cm^{-1}处有吸收峰。

(5) 1300～9100cm^{-1}　所有单键的伸缩振动频率、分子骨架振动频率都在这个区域。部分含氢基团的一些弯曲振动和一些含重原子的双键（P═O、P═S等）的伸缩振动频率也在这个区域。弯曲振动的键力常数K是小的，但含氢基团的折合质量μ也小，因此某些含氢官能团弯曲振动频率出现在此区域。虽然双键的键力常数K大，但两个重原子组成的基团的折合质量μ也大，所以使其振动频率也出现在这个区域。由于上述诸原因，这个区域的红外吸收频率信息十分丰富。

(6) 910cm^{-1}以下　苯环取代而产生的吸收（900～650cm^{-1}）是这个区域很重要的内容。苯环上取代基位置和数目不同，吸收峰位置和数目也不同，该区域是判断苯环取代情况的主要依据（吸收源于苯环C-H的弯曲振动）。

烯烃的碳氢弯曲振动频率处于本区及前一区（1300～900cm^{-1}）。

从前面六个区的讨论可以看到，由第1～4区（即4000～1300cm^{-1}范围）的吸收都有一个共同点：每一红外吸收峰都和一定的官能团相对应。因此，就这个特点而言，称这个大区为官能团区。第5和第6区与官能团区不同，虽然在这个区域内的一些吸收也对应着某些官能团，但大量的吸收峰仅显示了化合物的红外特征，犹如人的指纹，故称为指纹区。

官能团区和指纹区的存在是容易理解的。含氢的官能团由于折合质量小；含双键或叁键的官能团因其键力常数大；这些官能团的振动受其分子剩余部分影响小，它们的振动频率较高，因而易于与该分子中的其他振动相区别。这个高波数区域中的每一个吸收都和某一含氢官能团或含双键、叁键的官能团相对应，因此形成了官能团区。另一方面，分子中不连氢原子的单键的伸缩振动及各种键的弯曲振动由于折合质量大或键力常数小，这些振动的频率相对于含氢官能团的伸缩振动及部分弯曲振动频率或相对于含双键、叁键的官能团的伸缩振动频率都处于低波数范围，且这些振动的频率差别不大；其次是在指纹区内各种吸收频率的数目多；再则是在该区内各基团间的相互连接易产生各种振动间较强的相互偶合作用；第四是化合物分子存在骨架振动。基于上述诸多原因，因此在指纹区内产生了大量的吸收峰，且结构上的细微变化都可导致谱图的变化，即形成了该化合物的指纹吸收。

10.2.1 烷烃

烷烃的红外光谱一般可观察到三组吸收带，如图 10-7 和图 10-8 所示。这三组吸收带的位置和归属如下。

① 在 2960～2850cm^{-1}范围内，是烷基的 C—H 键伸缩振动吸收带，在使用不同性能的仪器观测时，可看到 2～4 个峰。

② 在 1470～1370cm^{-1}范围内，是烷基的变形振动吸收带。出现在 1470cm^{-1}处的带，是来自 CH_2 基的剪式振动和 CH_3 基的反对称变形振动。出现在 1380cm^{-1}处的带，是来自 CH_3 基的对称变形振动。当有两个 CH_3 基连接在同一个碳原子上时，1380cm^{-1}带便分裂成强度和形状相近的两个峰，这是偕甲基存在的有力证据。当有三个甲基连接在同一个碳原子上时，1380cm^{-1}带便分裂为两个强度不等的峰，在长波一侧的峰强度大，短波一侧的峰强度小。

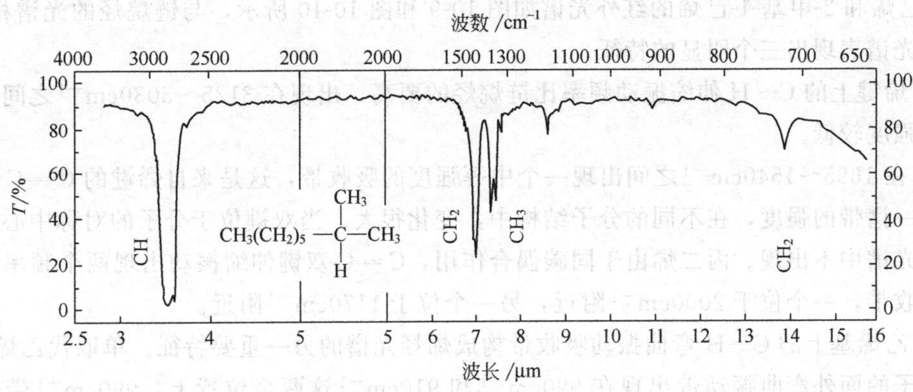

图 10-7　2-甲基辛烷的红外光谱图

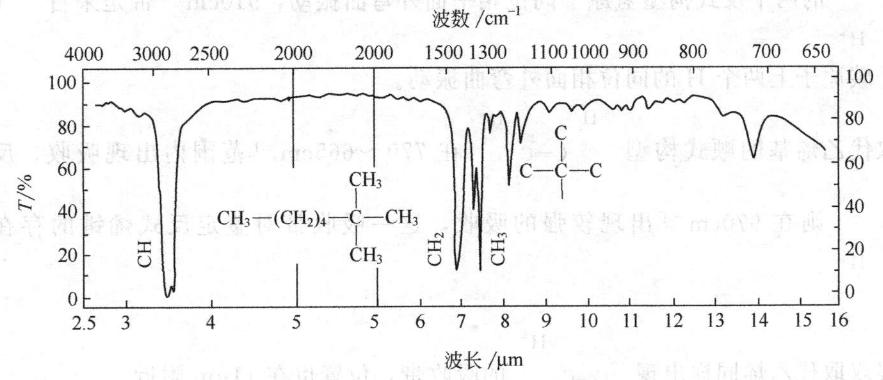

图 10-8　2,2-二甲基庚烷的红外光谱图

③ $725cm^{-1}$附近的吸收带是CH_2基的面内摇摆振动吸收带。这一吸收带的强度与分子链上连续相接的CH_2基团的数目成比例。在固态样品的光谱中，这个带分裂为双峰。

此外，在$1200\sim1000cm^{-1}$之间，烷烃的光谱中还可出现几个弱的吸收带，这是来自碳骨架的振动。由于强烈的偶合作用，这些吸收带的位置随分子结构而变化，在结构鉴定上意义不大。

对于环烷烃，处于环内的CH_2基，受环的张力影响，振动频率发生变化，部分数据见表10-4。

表10-4 环内CH_2的C—H的伸缩振动频率

化合物	振动频率/cm^{-1}	伸缩振动类型
环丙烷	3100～3072	CH_2反对称伸缩振动
	3033～2995	CH_2对称伸缩振动
环丁烷	2999～2977	CH_2反对称伸缩振动
	2924～2875	CH_2对称伸缩振动
环戊烷	2959～2952	CH_2反对称伸缩振动
	2866～2853	CH_2对称伸缩振动
环己烷	2927	CH_2反对称伸缩振动
	2854	CH_2对称伸缩振动

由表中数据可见，环己烷的环内CH_2的C—H的伸缩振动频率已基本不变。

10.2.2 烯烃

1-己烯和2-甲基-1-己烯的红外光谱如图10-9和图10-10所示，与链烷烃的光谱相比较，烯烃的光谱表现出三个明显的特征。

① 烯键上的C—H伸缩振动频率比链烷烃的要高，出现在$3125\sim3030cm^{-1}$之间，带形尖锐，强度较低。

② 在$1695\sim1540cm^{-1}$之间出现一个中等强度的吸收带，这是来自烯键的C═C伸缩振动。这一谱带的强度，在不同的分子结构中，变化很大。当双键位于分子的对称中心时，这个带在光谱中不出现。丙二烯由于同碳偶合作用，C═C双键伸缩振动出现两个频率相差很大的吸收带，一个位于$2000cm^{-1}$附近，另一个位于$1170cm^{-1}$附近。

③ 乙烯基上的C—H弯曲振动吸收带构成烯烃光谱的另一重要特征。单取代乙烯基的3个氢原子的面外弯曲振动带出现在$990cm^{-1}$和$910cm^{-1}$这两个位置上，$990cm^{-1}$带是来自 H^+、H^-、C═C、H^+ 的两个反式构型氢原子同位相平面外弯曲振动，$910cm^{-1}$带是来自 H、H^+、C═C、H^+ 的同一个碳原子上两个H的同位相面外弯曲振动。

二取代乙烯基的顺式构型 ^+H、H^+、C═C 在$770\sim665cm^{-1}$范围内出现吸收。反式构型 ^+H、C═C、H^+ 则在$970cm^{-1}$出现较强的吸收，这一吸收带对鉴定反式烯键的存在具有特征性。

同碳双取代乙烯同样出现 H^+、C═C、H^+ 的吸收带，位置也在$11\mu m$附近。

三取代乙烯 C═CH 的 C—H 面外弯曲振动带出现在 830cm^{-1}附近。

另外，在 1820cm^{-1}附近经常出现 910cm^{-1}的倍频吸收带，这虽是一个弱带，对鉴定 $\mathrm{C{=}C}\begin{smallmatrix}\mathrm{H^+}\\ \mathrm{H^+}\end{smallmatrix}$ 结构的存在，很具有特征性。

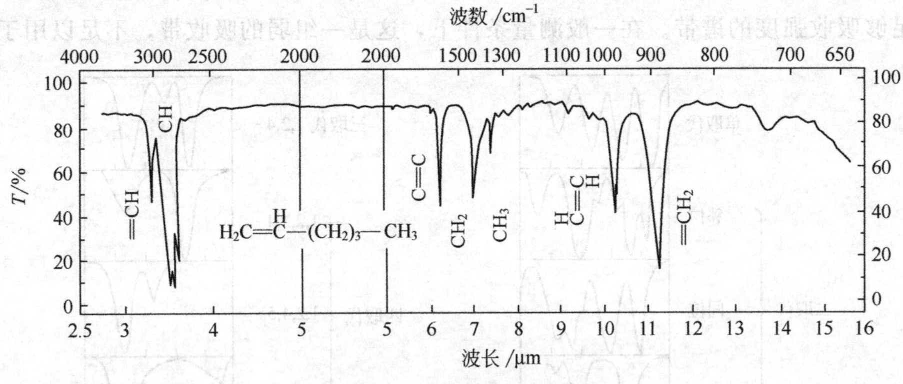

图 10-9 1-己烯的红外光谱

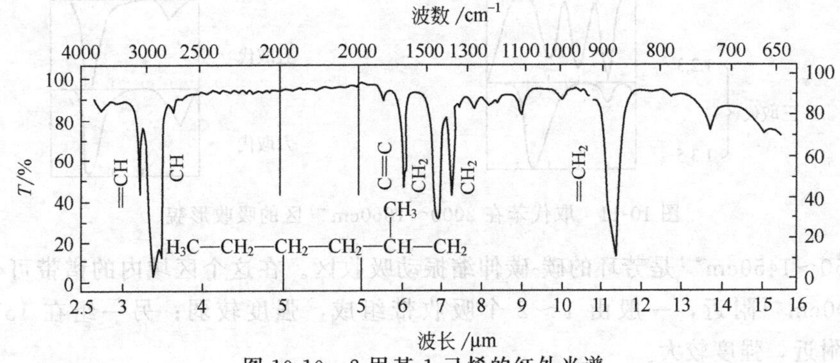

图 10-10 2-甲基-1-己烯的红外光谱

环烯烃处于环内的 C═C 和═C—H 的振动频率，随环的张力不同而变化的数据见表 10-5。

表 10-5 环内 CH═CH 的 C═C 和═C—H 的伸缩振动频率

环的元数	化合物	$\nu_{C=C}$/cm^{-1}	$\nu_{=C-H}$/cm^{-1}
六元环	环己烯	1646	3017
五元环	环戊烯	1611	3045
四元环	环丁烯	1566	3060
三元环	环丙烯	1641	3076
(二元环)	乙 炔	1974	3374

处于环外的 C═C 键，振动频率也受环的张力影响而发生变化。

10.2.3 芳烃

苯的红外光谱谱带主要有四个：3090cm^{-1}附近的谱带是苯-氢的伸缩振动吸收带；1485cm^{-1}是苯的碳环伸缩振动二度简并振动吸收带；1037cm^{-1}是苯-氢的面内弯曲振动吸收带；670cm^{-1}是苯-氢的同位相面外弯曲振动吸收带。

当苯环上接有取代基时，苯的对称性被破坏，因此，取代苯的红外光谱与苯并不完全相同，主要有五个重要的吸收区域。

① 3100～3000cm^{-1}是芳环的碳-氢伸缩振动区域。和烯键相似，波数在 3000cm^{-1}以上，比烷烃的碳-氢伸缩振动频率高。在不同分辨能力的红外光谱上，可以看到1～3个峰。

② 2000～1600cm^{-1}是芳烃的泛频区，由于取代类型不同，在这一频率范围内常出现一组不同的谱图，如图 10-11 所示，可用于鉴定取代类型。不过，要在该区域得到一组清晰的光谱，必须使用较大的样品浓度或较厚的样品池进行测量，或采取其他有效的手段以保证获得具有足够吸收强度的谱带。在一般测量条件下，这是一组弱的吸收带，不足以用于鉴定。

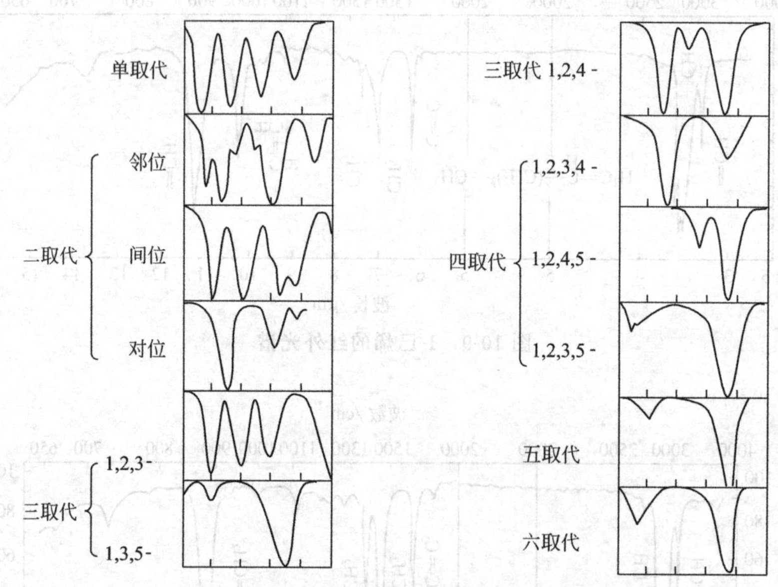

图 10-11 取代苯在 2000～1660cm^{-1}区的吸收形貌

③ 1650～1450cm^{-1}是芳环的碳-碳伸缩振动吸收区。在这个区域内的谱带可分为两组：一组在 1600cm^{-1}附近，一般由 1～2 个吸收带组成，强度较弱；另一组在 1515cm^{-1}和1450cm^{-1}附近，强度较大。

④ 1250～1000cm^{-1}是芳环的碳-氢面内弯曲振动区。在这一光谱区域，出现一组含有5～6个中到弱的吸收带，随苯环取代类型的不同，这组吸收带的形状不同。但这一频率范围正处在光谱的指纹区，易与分子内其他单键或骨架振动相混淆，用时要特别注意。

⑤ 900～650cm^{-1}是芳环的碳-氢面外弯曲振动区。该区域芳烃的振动频率和环上相邻的氢原子数目有关（见表 10-6）。

苯及取代苯的红外光谱如图 10-12～图 10-15 所示。

表 10-6 各种取代苯在 900～650cm^{-1}区的弯曲振动频率

取代类型	波数/cm^{-1}	峰的强度
苯	670	s
单取代	770～730 (五个相邻 H)	vs
	710～690 (五个相邻 H)	s
二取代		
1,2-	770～735	vs
1,3-	810～750 (三个相邻 H)	vs
	725～680 (三个相邻 H)	m→s
	900～860(孤立芳 H)	
1,4-	860～800(两个相邻 H)	vs

续表

取代类型	波数/cm^{-1}	峰的强度
三取代		
1,2,3-	780～760 }（三个相邻 H） 745～705 }	vs
1,2,4-	885～870（一个 H）	m
	825～805（两个相邻 H）	s
1,3,5-	865～810（一个 H）	s
	730～676	s
四取代		
1,2,3,4-	810～800（两个相邻 H）	
1,2,3,5-	850～840（一个 H）	
1,2,4,5-	870～855（一个 H）	
五取代	900～800（一个 H）	s

以上为芳烃的特征红外光谱规律，这一规律对稠环芳烃一般也适用。

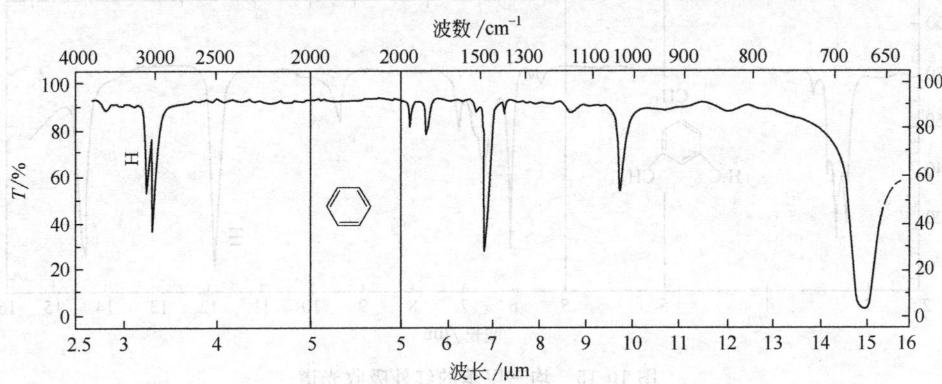

图 10-12　苯的红外吸收光谱

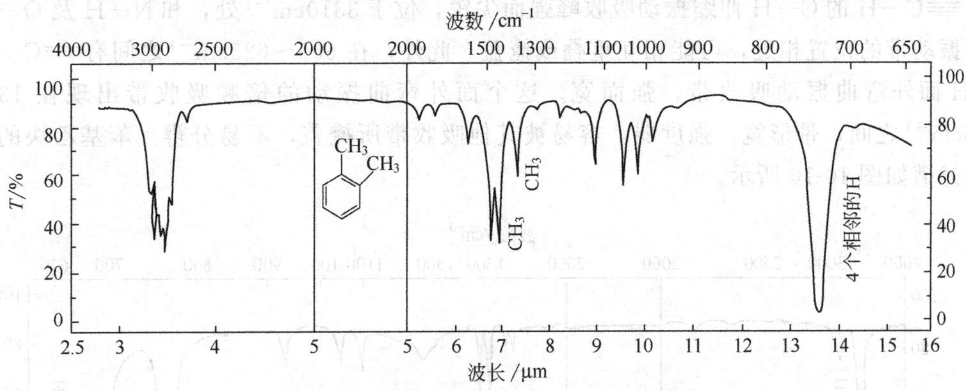

图 10-13　邻二甲苯的红外吸收光谱

10.2.4 炔烃

乙炔的—C≡C—基伸缩振动吸收出现在 2220～2130cm^{-1}之间，当叁键被二取代后，吸收带向高频一侧 2220cm^{-1}移动。单取代叁键的吸收位于低频一侧 2130cm^{-1}。C≡C 链的吸收带强度随分子结构的不同变化很大。如果 C≡C 处于分子的对称中心，不产生吸收，对称二取代乙炔的 C≡C 吸收在光谱中观察不到。但是当 C≡C 和羰基共轭时，这一吸收

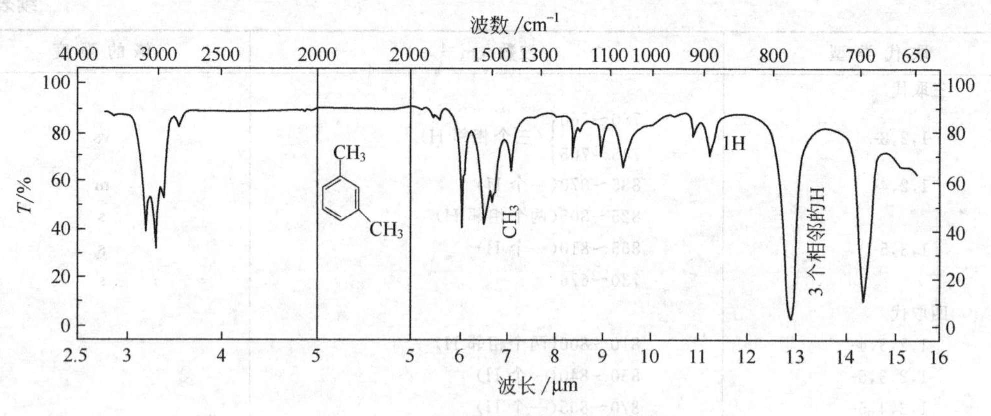

图 10-14 间二甲苯的红外吸收光谱

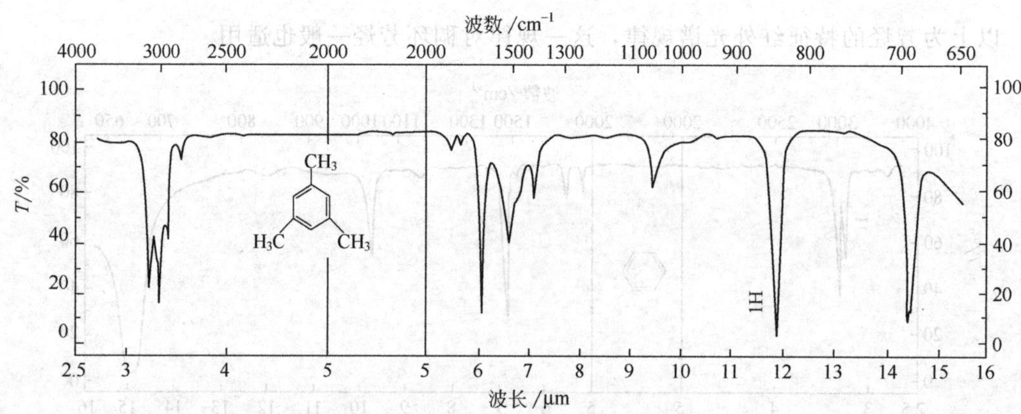

图 10-15 均三甲苯的红外吸收光谱

带变得很强。

≡C—H 的 C—H 伸缩振动吸收峰强而尖锐，位于 $3310cm^{-1}$处，和 N—H 及 O—H 的伸缩振动带的位置相近，可能相互重叠或掩盖。此外，在 665～$625cm^{-1}$之间有≡C—H 的 C—H 面外弯曲振动吸收带，强而宽。这个面外弯曲振动的倍频吸收带出现在 1375～$1225cm^{-1}$之间，带形宽，强度弱，容易被其他吸收带所掩盖，不易分辨。苯基乙炔的红外吸收光谱如图 10-16 所示。

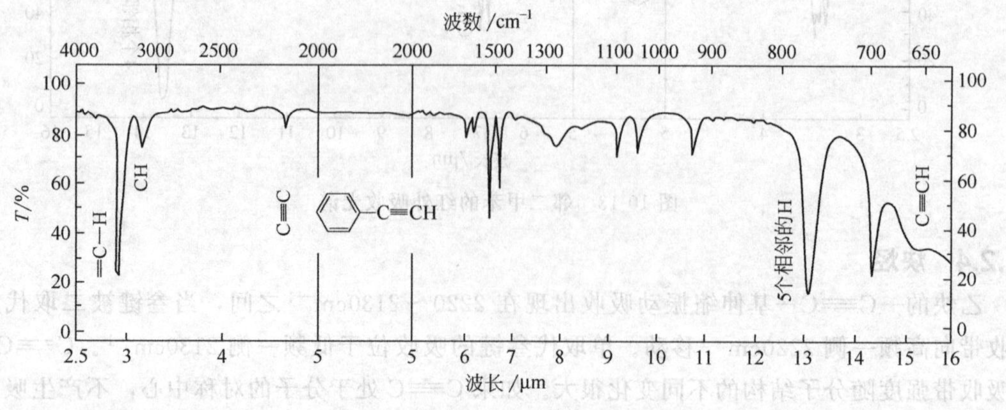

图 10-16 苯基乙炔的红外吸收光谱

10.2.5 醇、酚和烯醇

固态或液态的醇一般都以氢键合的多聚体形式存在；在非极性的稀溶液里，则多半为自由态，在浓溶液中或处于混合物状态时，自由的和氢键合的两种形式都存在。把醇的分子结构与烷烃相比较，醇的分子中含有—OH基团和C—O键，它们的振动吸收便是醇类化合物红外光谱的特征。固态或液态醇，在3300cm^{-1}附近有强而宽的O—H…O的伸缩振动吸收带。在CCl_4溶液中，这个吸收带出现在3640cm^{-1}附近，强度弱，但峰形尖锐。这对应于自由状态的醇的—OH伸缩振动吸收。—OH基的伸缩振动吸收带的频率不随分子的结构发生变化，具有强烈的特征性。

醇的—OH基的变形振动带出现在1420～1250cm^{-1}之间，峰的强度较弱，峰形较宽，常常被烷基的C—H变形振动吸收峰所掩盖，不易鉴别。伯醇的—OH变形振动峰位于1300～1260cm^{-1}之间，仲醇为1350～1260cm^{-1}，叔醇则为1410～1310cm^{-1}。

—OH基的面外弯曲振动带，在处于氢键合的状态下，位于650cm^{-1}附近，峰形宽而且分散。醇的C—O键伸缩振动吸收出现于1170～1000cm^{-1}之间，这个振动频率随伯、仲、叔醇有所不同，伯醇为1050cm^{-1}，仲醇为1100cm^{-1}，叔醇为1150cm^{-1}。在样品为固态时，这个吸收带可能发生削裂或位移。二甲基丙醇、1,1-二甲基丙醇、丙烯醇的红外吸收光谱分别如图10-17～图10-19所示。

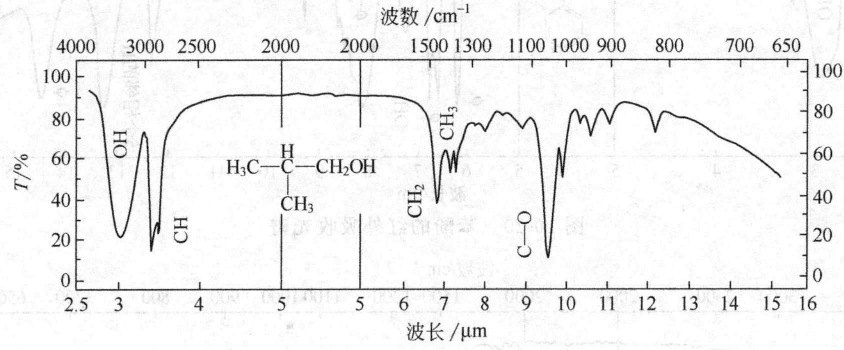

图10-17 2-甲基丙醇的红外吸收光谱

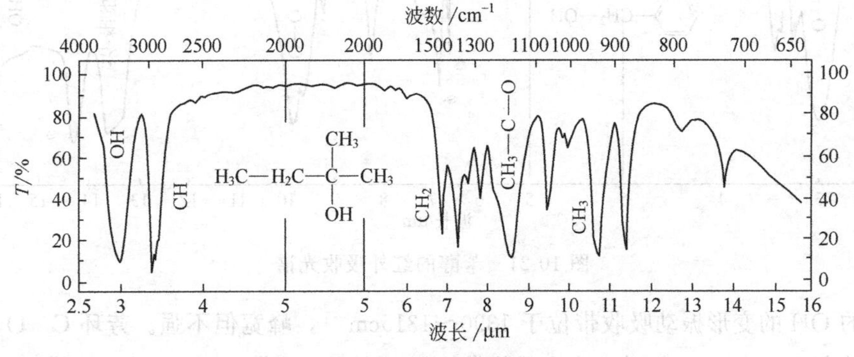

图10-18 1,1-二甲基丙醇的红外吸收光谱

当醇的分子中存在有支链或不饱和结构时，光谱将变得复杂起来。

苯酚的红外吸收光谱如图10-20所示，苯酚和羟基O—H伸缩振动吸收带位于3705～3120cm^{-1}范围内，在一般取代情况下，由于强烈的氢键作用，这一吸收带出现在3400cm^{-1}附近，带形宽，很强。如果在O—H基团附近有体积大的取代基存在，阻碍氢键的形成，这一吸收带就变得十分尖锐，并且移向高频，在 3700cm^{-1}附近。芳香醇也有类似情况，苄醇的红外吸收光谱如图 10-21 所示。

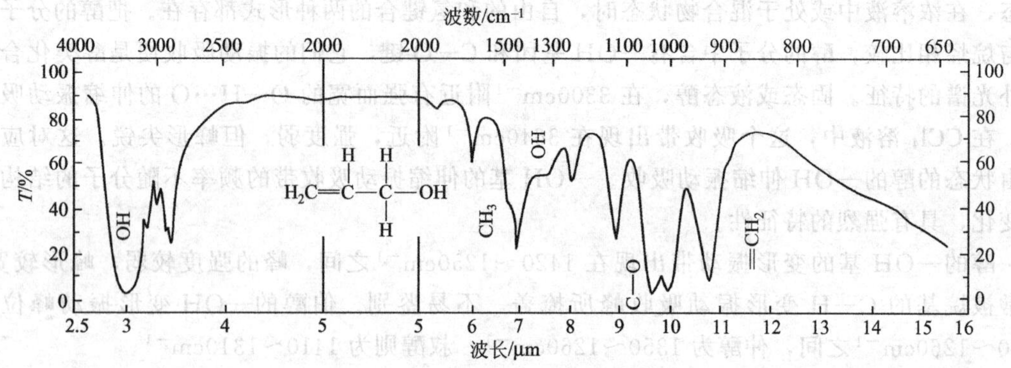

图 10-19　丙烯醇的红外吸收光谱

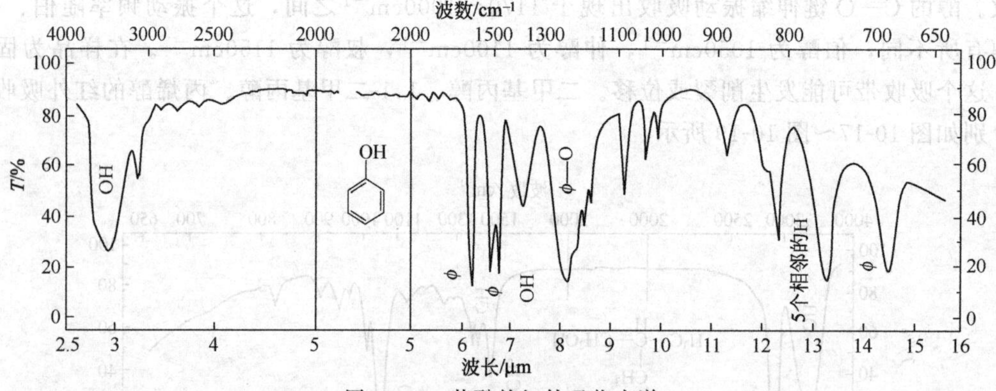

图 10-20　苯酚的红外吸收光谱

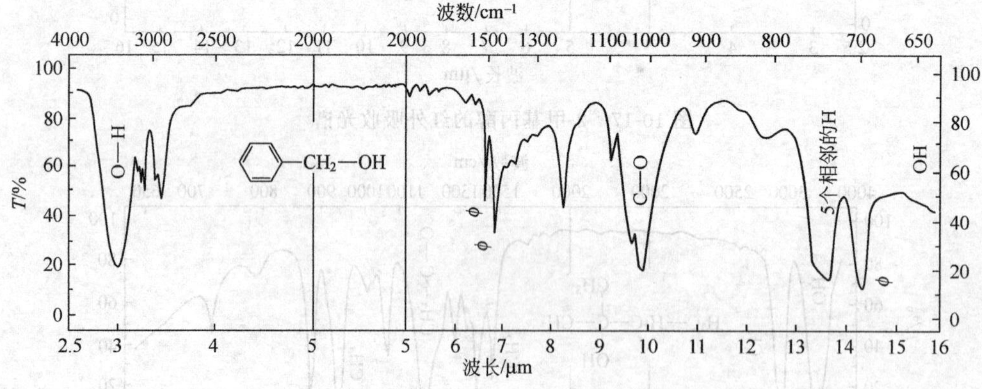

图 10-21　苄醇的红外吸收光谱

苯酚的 OH 的变形振动吸收带位于 1390～1315cm^{-1}，峰宽但不强。芳环 C—O 键的伸缩振动吸收带在 1335～1165cm^{-1}，这个吸收带比 OH 变形振动带的强度高得多，带形更宽。

10.2.6　醚及有关基团

醚的红外光谱在 1100cm^{-1}附近看到一个很强吸收带，这是 C—O—C 键的伸缩振动吸收带，也是醚唯一的特征吸收带。由于 C—O—C 键是分子骨架组成的一部分，因此它的振动必定和骨架的其余部分振动相互影响，所以醚键的振动实际上包含着分子骨架振动的成分。

当醚键附近的碳原子上连有支链时，这一吸收带的外形就变得复杂起来。如果醚键上连有不饱和键如乙烯基时，醚的这个特征吸收带将向高频方向位移，可达 1250cm^{-1}附近。同时，由于氧原子的作用，使得乙烯基的吸收带也发生变化，C═C 键的伸缩振动吸收带往往分裂为强度不等的双峰，一个为 1640cm^{-1}，另一个是 1620cm^{-1}，并伴有谱带强度的明显加强。如果是单取代乙烯基，则两个 C—H 面外弯曲振动带分别移至 960cm^{-1}和 820cm^{-1}。乙醚和环氧丙烷的红外吸收光谱分别如图 10-22 和图 10-23 所示。

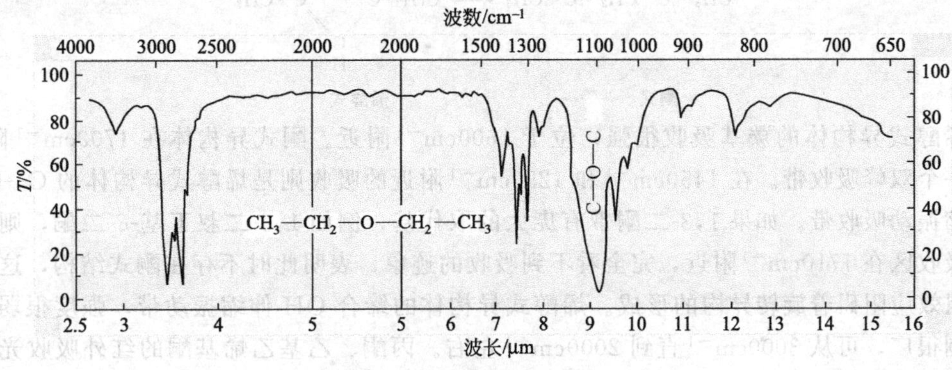

图 10-22 乙醚的红外吸收光谱

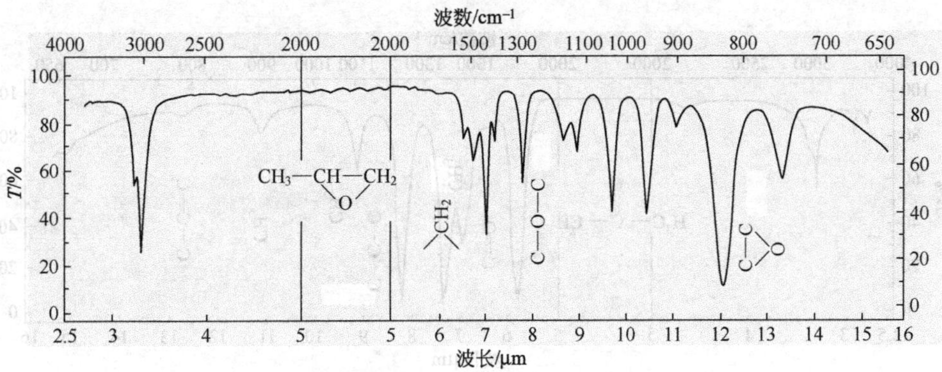

图 10-23 环氧丙烷的红外吸收光谱

缩醛和缩酮的光谱，由于 C—O—C—O—C 键内部振动的相互偶合，使得吸收带分裂为多重峰。这一组多重峰的位置出现在 1175～1055cm^{-1}之间。

六元环醚的 C—O—C 反对称伸缩振动吸收带的位置和开链脂肪醚的差不多，一般出现在 1250～900cm^{-1}之间，有两个吸收带，一是 C—O—C 链的反对称伸缩振动；另一为对称伸缩振动。醚环的几何大小，明显地影响这一对吸收带的频率。

10.2.7 羰基化合物

酮的红外光谱特征吸收带只有一个，即羰基振动吸收带。在各种含羰基化合物的红外光谱中，羰基吸收带对其邻近基团的反应十分灵敏。随分子结构的变化，碳基带的强度、带形和位置变化很大，它的范围在 2000～1500cm^{-1}之间变化。

脂肪酮的红外光谱和其他含羰基化合物的光谱相比较，具有典型代表性。酮的羰基吸收带位于 1710cm^{-1}附近，居于各种含羰基化合物总范围的中间，是个强带。

在酮的红外光谱中，常可看到在 3450cm^{-1}处有一个弱而尖锐的吸收峰，这是羰基的伸缩振动吸收带 1710cm^{-1}的倍频带。此外，在一些光谱中还可看到，在这一弱带的左侧还有另外一个稍宽的弱带，这是来自微量水的吸收。羰基如果和烯键 C═C 共轭，羰基吸收带将向低频方向移动，位于 1660cm^{-1}附近。

小于六元的环酮或酮的 α-碳原子上带有卤素时，C═O 伸缩振动带将移向高频，可高至 1800cm^{-1}附近。除 β-二酮外，其余的二酮化合物的羰基带的位置均接近于正常值 1710cm^{-1}附近。β-二酮的红外光谱相当复杂，因为存在二酮的烯醇-酮的互变异构体：

$$\underset{\text{酮式}}{CH_3-\overset{\overset{O}{\|}}{C}-CH_2-\overset{\overset{O}{\|}}{C}-CH_3} \rightleftharpoons \underset{\text{烯醇式}}{CH_3-\overset{O\cdots H-O}{C\quad\quad C}-CH_3\ (\text{桥 }\underset{H}{C})}$$

烯醇式异构体的羰基吸收很强，位于 1600cm^{-1}附近。酮式异构体在 1700cm^{-1}附近，出现一个双峰吸收带。在 1450cm^{-1}和 1250cm^{-1}附近的吸收则是烯醇式异构体的 C—C—C 的伸缩振动吸收带。如果 1,3-二酮带有庞大的取代基，例如 1,3-二叔丁基-β-二酮，则它的羰基吸收区在 1710cm^{-1}附近，完全看不到吸收的迹象，表明此时不存在酮式结构，这是因为位阻效应阻碍着旋转异构的形成。烯醇式异构体的缔合 OH 伸缩振动带，强度很弱，分布范围很广，可从 3000cm^{-1}直到 2000cm^{-1}左右。丙酮、乙基乙烯基酮的红外吸收光谱分别如图 10-24 和图 10-25 所示。

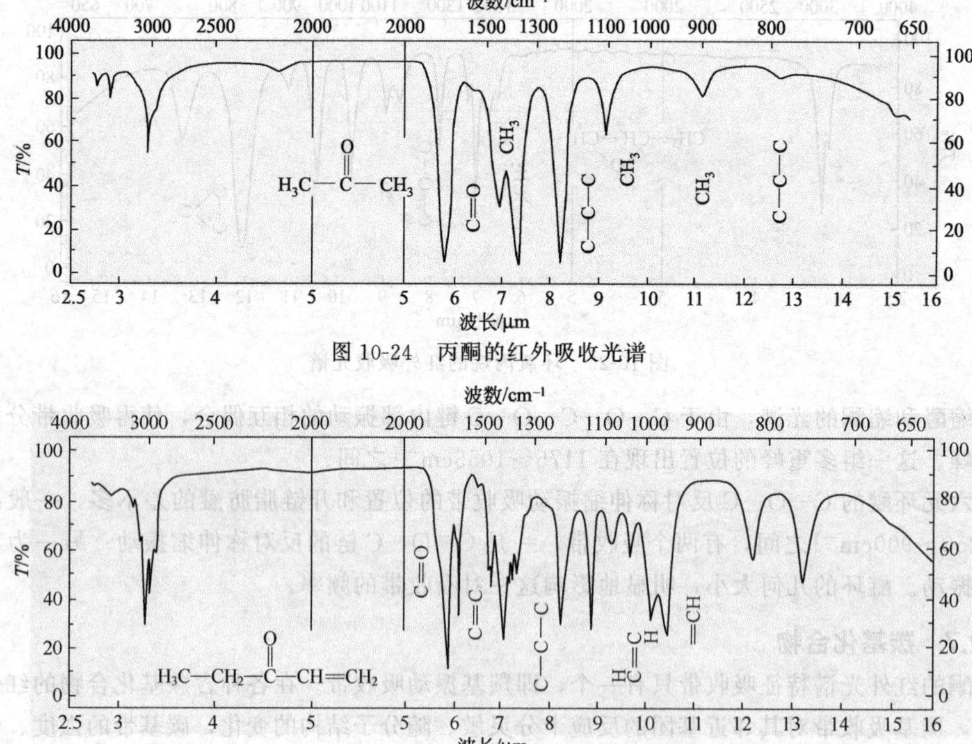

图 10-24　丙酮的红外吸收光谱

图 10-25　乙基乙烯基酮的红外吸收光谱

脂肪醛的—CHO 中也带有羰基 C═O 键，它的伸缩振动吸收带位于 1725cm^{-1}附近，共轭效应可使这个吸收带向低频位移，达到 1695～1665cm^{-1}。当醛基的 α-碳原子上连有卤素原子时，又可因诱导效应导致羰基吸收带向相反的高频方向推移至 1755cm^{-1}或更高的频率。乙醛的红外吸收光谱如图 10-26 所示。

脂肪醛的第二个特征吸收带是在 C—H 伸缩振动区内 2855cm^{-1}和 2750cm^{-1}附近出现两个大小相同的中等强度吸收带。这两个带和脂肪烃的 C—H 伸缩振动吸收带明显不同。它的特点是吸收带的频率和强度都明显地低于脂肪烃的 C—H 伸缩振动吸收带，而且是大小相近的双峰，是醛基存在的有力证明。

羧酸通常是以二聚体的方式存在：

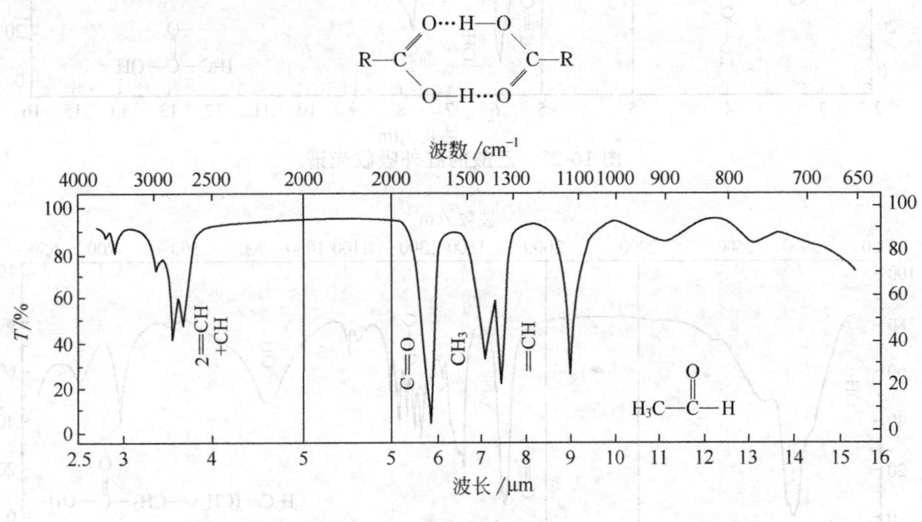

图 10-26 乙醛的红外吸收光谱

羧酸的羰基吸收谱带出现在 1725～1695cm^{-1}之间。α,β-不饱和键对这一吸收带的影响比酮和醛要小，仅少许向低频移动。

除羰基吸收带以外，羧酸还有四个特征吸收带。其一，是 O—H 伸缩振动吸收带，位于 3330～2500cm^{-1}之间。这个吸收带的位置、形状和谱带的强度，取决于分子间氢键缔合形成的二聚体。2940cm^{-1}附近的 C—H 伸缩振动吸收带的强度，相对于 O—H 伸缩振动吸收带的强度，随着分子的碳链的加长而增加；其二，是 C—O 伸缩振动吸收带，这个带出现在 1250cm^{-1}附近，在长链化合物的固态光谱中，这个吸收带分裂为多个等距离的尖峰，这些尖峰的数目随碳链的延长而增加；其三，是 O—H 的面外弯曲振动吸收带，这个带位于 950～910cm^{-1}之间，带形较宽，带的强度为中等；其四，是 O—H 变形振动吸收带，它出现于 1430cm^{-1}附近，和 CH_2 变形振动吸收带融合在一起，不易分辨。

此外，在羧酸的红外光谱中，还可观察到 2700～2500cm^{-1}之间出现肩式吸收带。这是来源于 C—O 的伸缩振动、O—H 的变形振动的合频及 C—O 伸缩振动的倍频。

α-羟基羧酸的 C═O 振动吸收峰从 1725cm^{-1}移向高频 1760cm^{-1}附近，并在 3570cm^{-1}附近出现一个很尖锐的自由羟基伸缩振动吸收带。乙酸、月桂酸和 2-羟基丙酸的红外吸收光谱分别如图 10-27～图 10-29 所示。

羧酸中的酸性质子被不同的阳离子取代后，偶合在同一个碳原子上的 C═O 键和 C—O 键被“均化”成等价的“一个半”键$-\mathrm{C}\genfrac{}{}{0pt}{}{\mathrm{O}}{\mathrm{O}}$。这两个被均化以后的碳-氧键，力常数的大小介于双键 C═O 和单键 C—O 之间。这两个均等的碳-氧键的伸缩振动发生强烈的偶合，结果在 1616～1540cm^{-1}之间和 1450～1400cm^{-1}之间出现两个吸收带，前者是—COO^- 的反对

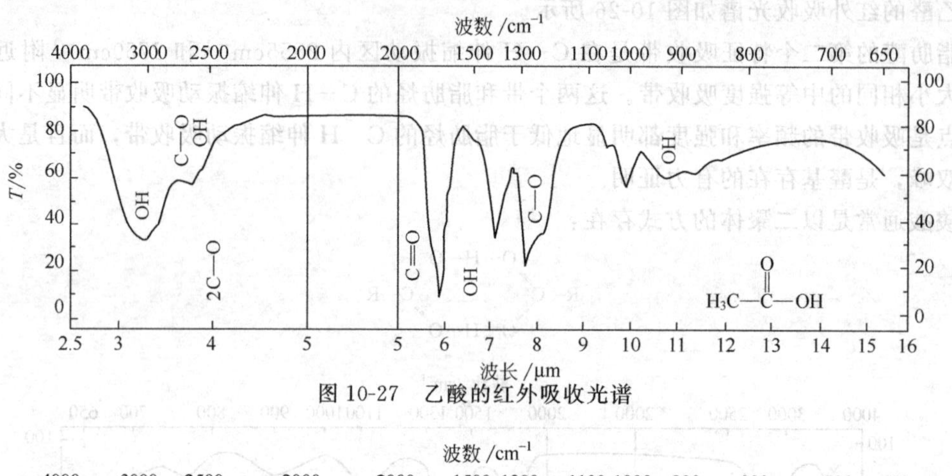

图 10-27 乙酸的红外吸收光谱

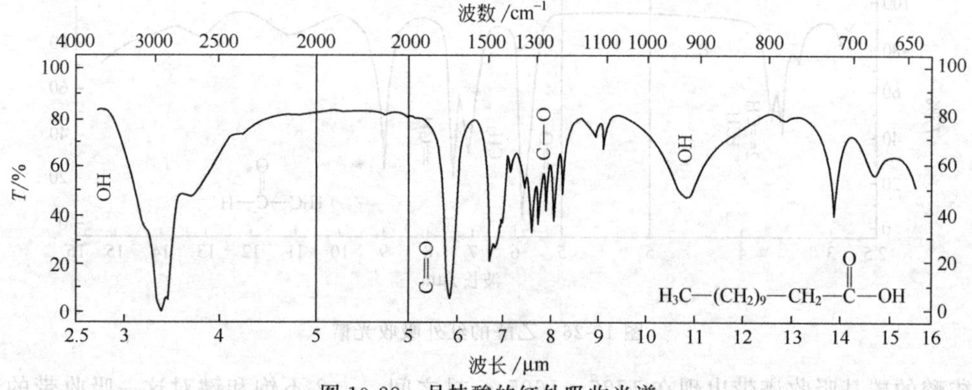

图 10-28 月桂酸的红外吸收光谱

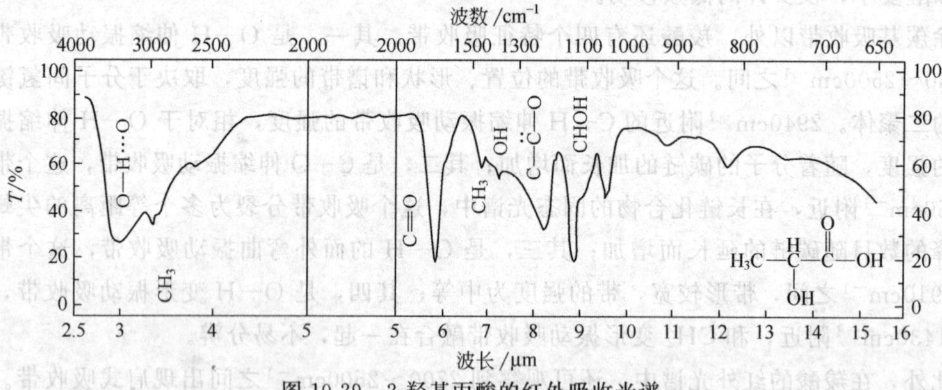

图 10-29 2-羟基丙酸的红外吸收光谱

称的伸缩振动带，带形宽，很强；后者是—COO^- 的对称伸缩振动带，强度稍弱，带形尖锐。这两个吸收形是羧酸盐的特征谱带，它不再保留羧酸光谱的任何特征。乙酸钠的红外吸收光谱如图 10-30 所示。

酯有两个特征吸收带，一个是酯基的 C═O 伸缩振动带，另一个是 C—O 伸缩振动带，这两个带的吸收强度都很强。C═O 吸收带位于 1740cm^{-1}附近：甲酸酯的 C═O 振动出现在 1725～1720cm^{-1}附近。大多数饱和酸类的 C═O 振动峰出现在 1750～1735cm^{-1}附近。如果分子中有 C═C 或芳环和 C═O 共轭，将使 C═O 的频率降低 20cm^{-1}左右。单键氧上若接有吸电子基团，C═O 振动频率提高，如醋酸乙烯酯中 C═O 的伸缩振动频率为 1770cm^{-1}，而醋酸乙酯的 C═O 振动频率为 1740cm^{-1}。

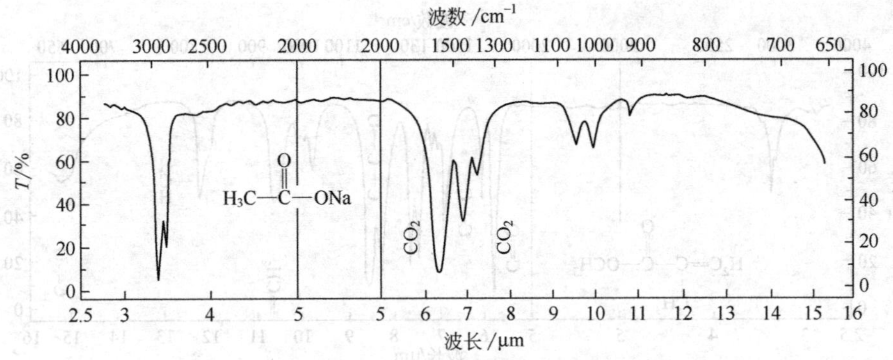

图 10-30 乙酸钠的红外吸收光谱

酯中的 C—O 键伸缩振动吸收带位于 1200～1170cm^{-1}，带形宽，并且是个强带。醋酸酯中 C—O 键的频率稍高，位于 1250cm^{-1}附近。

丙二酸酯在 1330～1110cm^{-1}之间出现强而宽的吸收带，并呈现多重峰。其余的二酯或多酯的光谱和单酯的情况十分相似。甲酸甲酯、对苯二甲酸二甲酯、甲基丙烯酸甲酯的红外吸收光谱分别如图 10-31～图 10-33 所示。

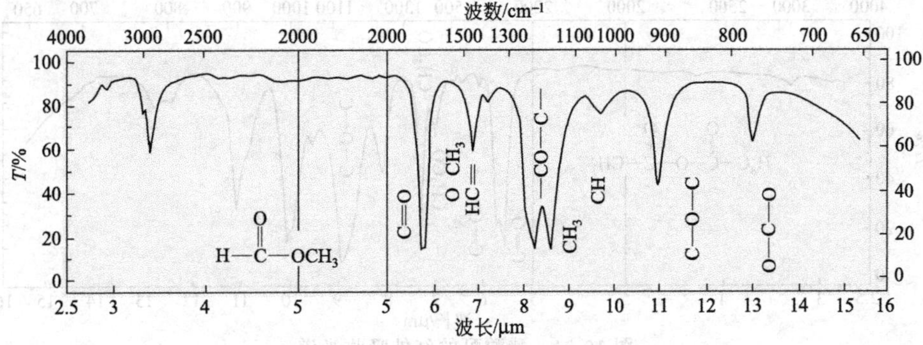

图 10-31 甲酸甲酯的红外吸收光谱

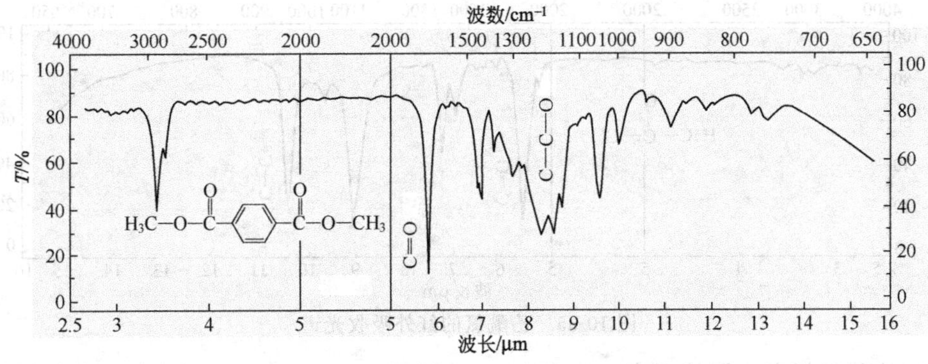

图 10-32 对苯二甲酸二甲酯的红外吸收光谱

酸酐有两个羰基，由一个氧原子连接在一起，因此在羰基振动频率范围内有两个特征吸收带出现在 1885～1725cm^{-1}，吸收很强。这两个带的间隔约为 60cm^{-1}，高频峰稍强。当以硫原子置换单键氧原子后，这两个带的相对强度要互换。如果 α-碳上有卤素取代基，则两个羰基吸收峰将移向高频。酸酐的这两个羰基振动吸收带，一个来自两个羰基的反对称

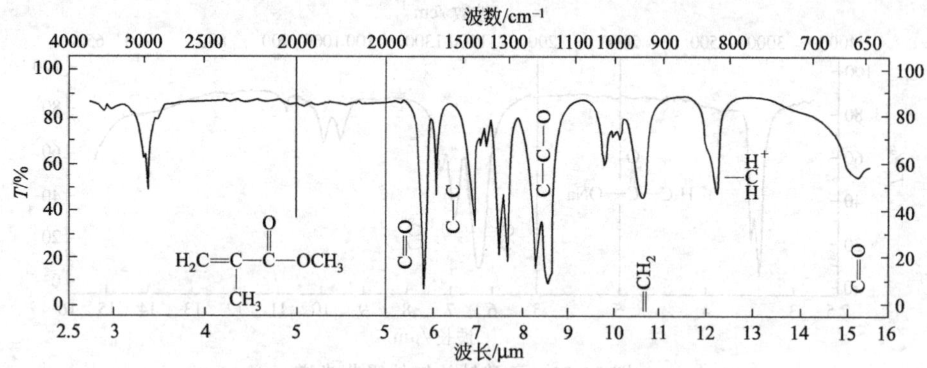

图 10-33　甲基丙烯酸甲酯的红外吸收光谱

伸缩振动，另一个来自对称伸缩振动。醋酸酐的红外吸收光谱如图 10-34 所示。

酰卤直接连在羰基上的卤素，由于产生诱导效应，降低了羰基的极性，使 C ═O 键能增加，因此提高了 C ═O 的振动频率。例如酰氯的 C ═O 振动吸收可出现在 1820～1795cm^{-1}之间。乙酰氯的红外吸收光谱如图 10-35 所示。

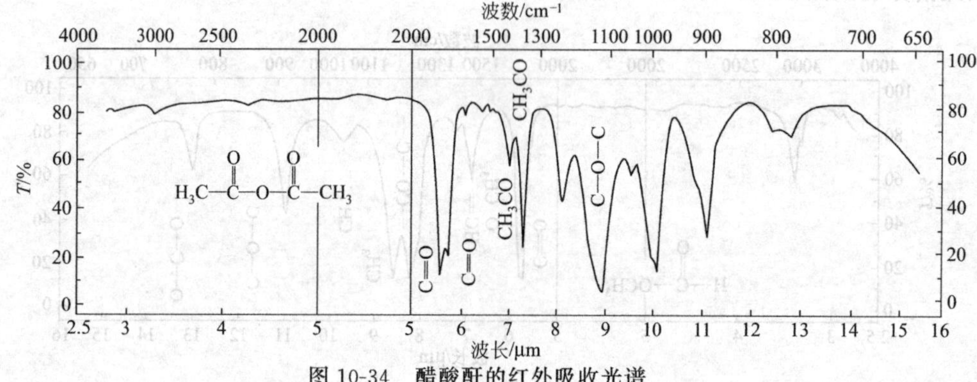

图 10-34　醋酸酐的红外吸收光谱

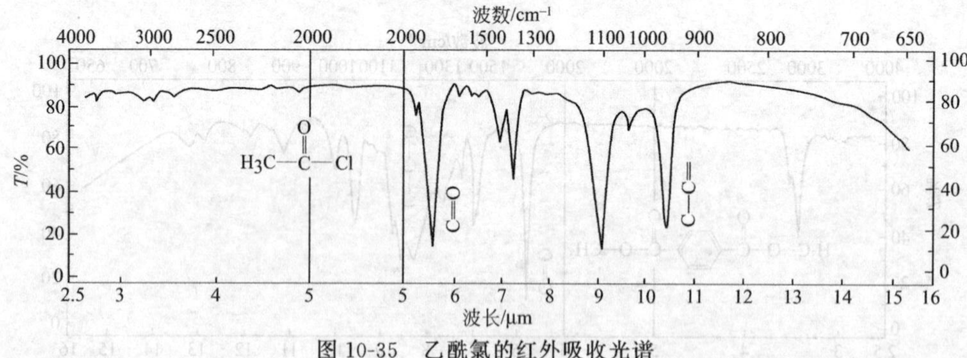

图 10-35　乙酰氯的红外吸收光谱

酰胺的羰基频率比酮的要高，从 1716cm^{-1}移至 1690～1610cm^{-1}之间。共轭烯键可使 C ═O 的振动频率进一步降低。而卤素取代酰胺可使 C ═O 振动频率反向移动，位置升高。

伯酰胺有四个特征吸收带。第Ⅰ带是 NH_2 的伸缩振动吸收带，和伯胺相似，在 3450～3225cm^{-1}之间出现双峰，是个强带。第Ⅱ带是酰胺的羰基带，位于 1640cm^{-1}附近。第Ⅲ带是 NH_2 变形振动吸收带，位于 1620cm^{-1}附近，和 C ═O 靠得很近，有时不易分辨，合成一个强而宽的单峰。第Ⅳ带是 NH_2 的面外弯曲振动吸收带，带形宽而倾斜，起始于 770cm^{-1}附近，峰位于

1625cm⁻¹附近。

仲酰胺在 3330cm^{-1}附近有一个 NH 伸缩振动强的吸收带。在 3070cm^{-1}还有一个弱带，是 NH 变形振动的倍频带。

叔酰胺的 C═O 伸缩振动吸收带比伯或仲酰胺的 C═O 带要宽，位于 1650cm^{-1}附近。C—N 伸缩振动吸收带和胺的相似，位于 1180～1060cm^{-1}之间。乙酰胺、*N*-甲基甲酰胺和 *N*,*N*-二甲基甲酰胺的红外吸收光谱分别如图 10-36～图 10-38 所示。

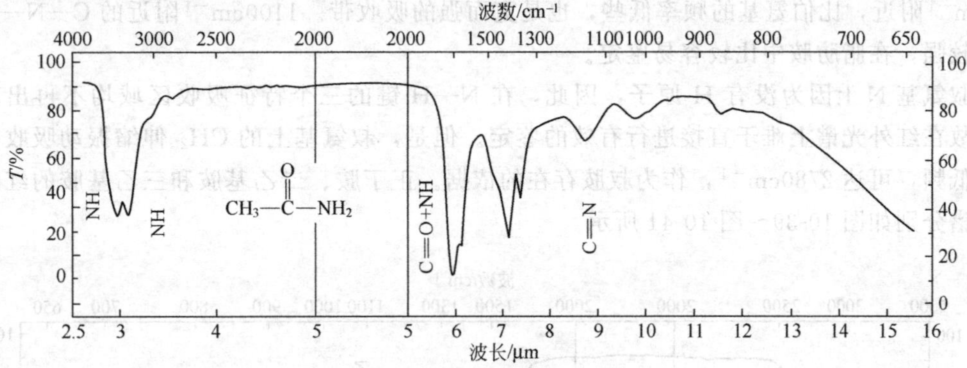

图 10-36　乙酰胺的红外吸收光谱

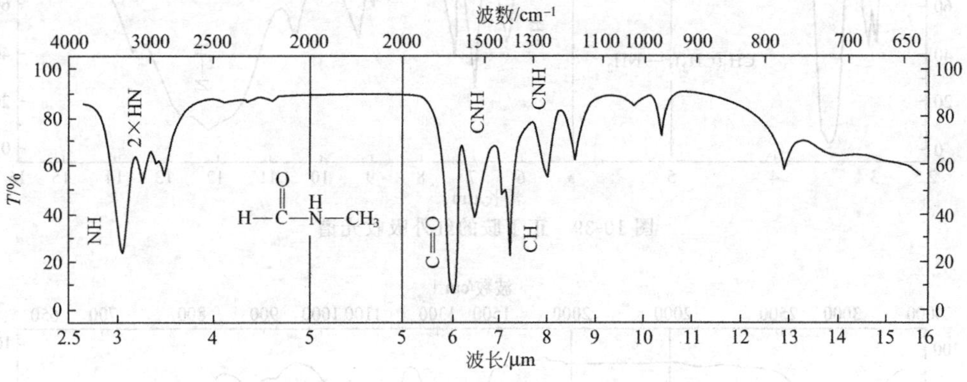

图 10-37　*N*-甲基甲酰胺的红外吸收光谱

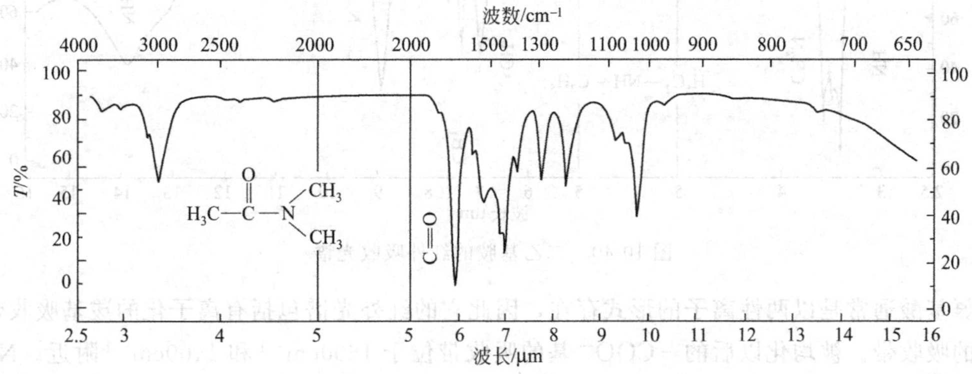

图 10-38　*N*,*N*-二甲基甲酰胺的红外吸收光谱

10.2.8　胺和氨基酸及其盐

伯胺的 NH_2 基团有 3 个特征吸收带，一是伸缩振动吸收带，它包含两个峰，间隔约为 100cm^{-1}，这两个峰分别来自 NH_2 中两个 N—H 链的反对称伸缩振动和对称伸缩振动，峰

的位置依次为 $3370cm^{-1}$ 和 $3270cm^{-1}$。这两个峰的外形和强度都很匀称，强度是中到弱。NH_2 的第二个特征吸收带是变形振动带，位于 $1615cm^{-1}$ 附近，强度比伸缩振动吸收带稍强，峰形略宽。NH_2 的第三个特征吸收带是面外弯曲振动带，位于 $910\sim770cm^{-1}$ 之间，这个吸收带宽而且强，外形十分奇特。此外，在 $1100cm^{-1}$ 附近，还有 N—C 键的吸收带。

仲氨基 NH 的伸缩振动带只出现一个单峰，位于 $3300cm^{-1}$ 附近，吸收很弱。仲氨基在 $1600cm^{-1}$ 附近的变形振动吸收带很弱，多数观察不到。仲氨基的面外弯曲振动吸收带位于 $700cm^{-1}$ 附近，比伯氨基的频率低些，也是宽而强的吸收带。$1100cm^{-1}$ 附近的 C—N—C 吸收带较强，在脂肪胺中比较容易鉴定。

叔氨基 N 上因为没有 H 原子，因此，在 N—H 键的三个特征吸收区域均不再出现吸收，故在红外光谱上难于直接进行有效的鉴定。但是，叔氨基上的 CH_2 伸缩振动吸收往往移向低频，可达 $2780cm^{-1}$，作为叔胺存在的依据。正丁胺、二乙基胺和三乙基胺的红外吸收光谱分别如图 10-39～图 10-41 所示。

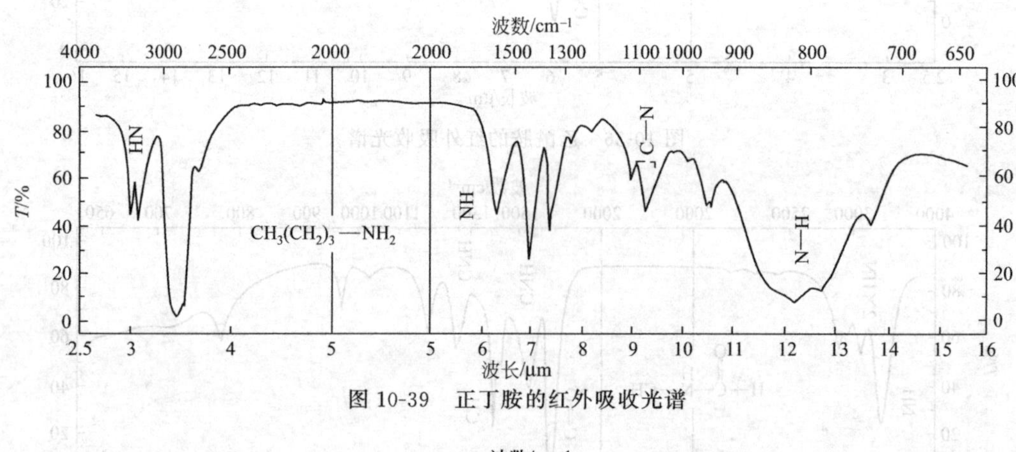

图 10-39　正丁胺的红外吸收光谱

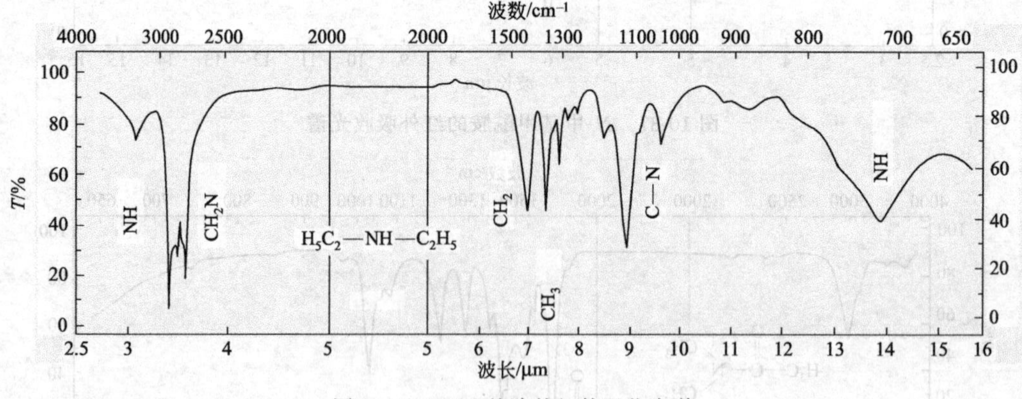

图 10-40　二乙基胺的红外吸收光谱

氨基酸通常是以两性离子的形式存在，因此它的红外光谱包括有离子化的羧基吸收带和铵盐的吸收带。被均化以后的$—COO^-$ 基的吸收带位于 $1600cm^{-1}$ 和 $1400cm^{-1}$ 附近。NH_3^+ 的伸缩振动在 $3330\sim2500cm^{-1}$ 之间，带形宽而强，低频一侧可延伸至 $2220cm^{-1}$ 附近。在 $2220\sim2000cm^{-1}$ 之间有一弱而宽的泛频带，和伯胺盐的情况非常相似，这个带被指认为 NH_3^+ 反对称变形振动和 NH_3^+ 受阻内旋转的合频带。

当用金属阳离子取代羧基的 H^+ 后，可得到 NH_2 基，它的伸缩振动吸收带仍出现于

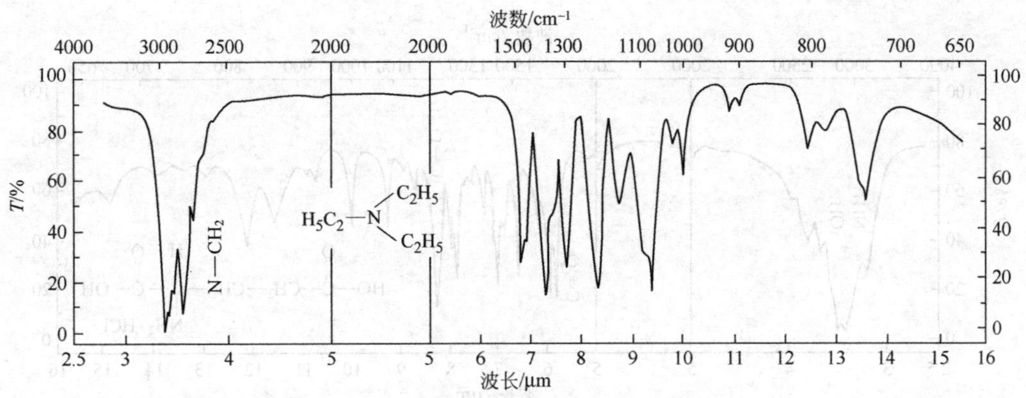

图 10-41 三乙基胺的红外吸收光谱

3330cm^{-1}附近。此外，如以强酸使 NH_2 质子化，便可产生自由羧基。这时，羰基的伸缩振动吸收带便移向高频，出现在 1740cm^{-1}附近，较正常的羰基频率 1725～1700cm^{-1}稍高，这是由于处在 α-碳原子上的 NH_3^+ 影响所致。NH_3^+ 的对称变形振动出现在 1520cm^{-1}附近。氨基乙酸、氨基酸钠盐和氨基酸盐酸盐的红外吸收光谱分别如图 10-42～图 10-44 所示。

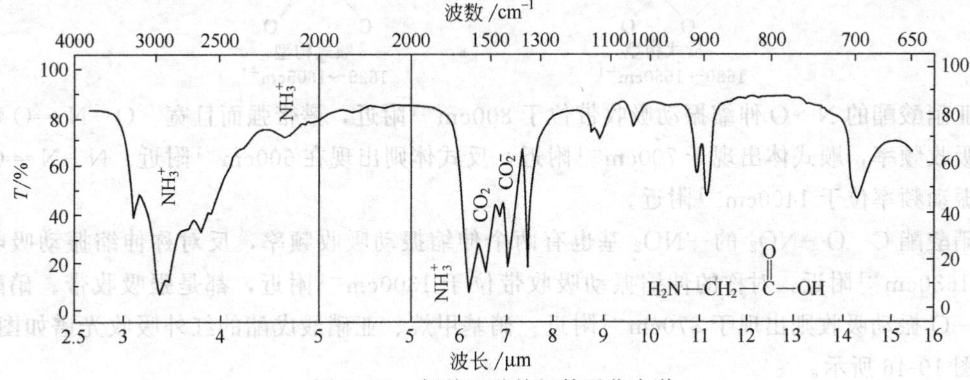

图 10-42 氨基乙酸的红外吸收光谱

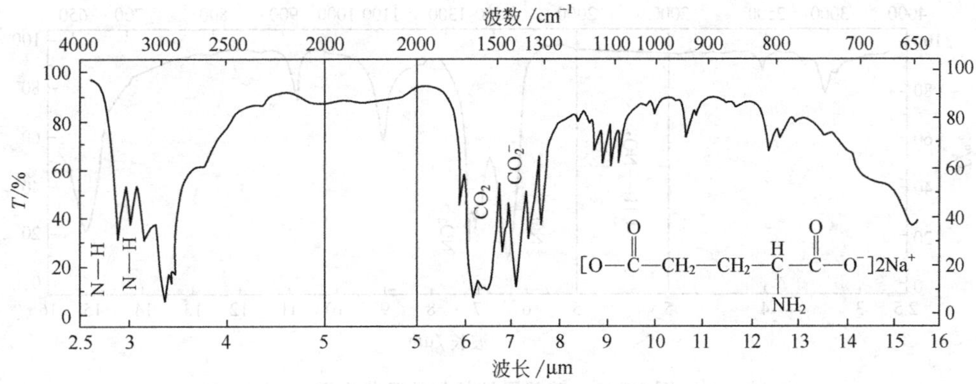

图 10-43 氨基酸钠盐的红外吸收光谱

10.2.9 硝基、亚硝基及其有关化合物

脂肪硝基化合物的—NO_2 包含有两个全同的 N—O 键，因此它有两个伸缩方式的振动，反对称的—NO_2 伸缩振动吸收位于 1560cm^{-1}附近，对称的 NO_2 伸缩振动吸收位于

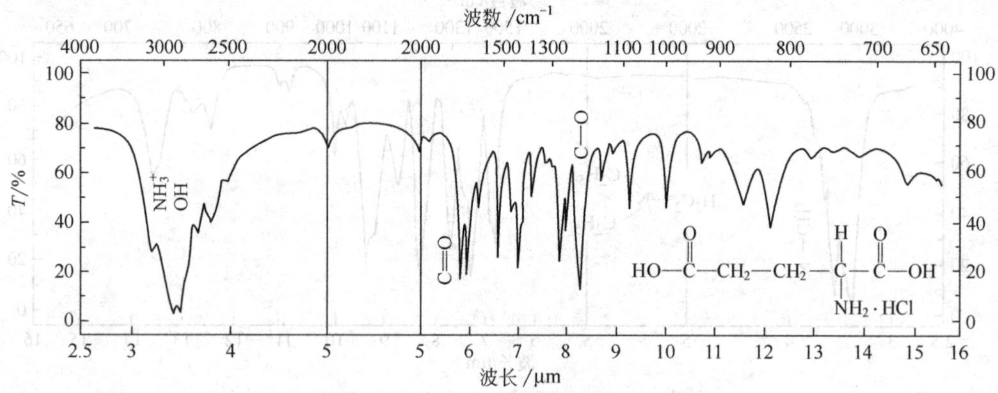

图 10-44　氨基酸盐酸盐的红外吸收光谱

1390cm^{-1}附近，都是强的吸收带。

亚硝酸酯 R—O—N═O 一般在 1650cm^{-1}附近出现相距很近的两个吸收峰，这是来自不同构型的 N═O 伸缩振动。

反式构型　1680～1650cm^{-1}

顺式构型　1625～1605cm^{-1}

亚硝酸酯的 N—O 伸缩振动吸收带位于 800cm^{-1}附近，谱带强而且宽。O—N═O 弯曲振动吸收频率，顺式体出现于 700cm^{-1}附近，反式体则出现在 600cm^{-1}附近。N—N═O 的伸缩振动频率位于 1400cm^{-1}附近。

硝酸酯 C—O—NO_2 的—NO_2 基也有两个伸缩振动吸收频率，反对称伸缩振动吸收带位于 1630cm^{-1}附近，对称的伸缩振动吸收带位于 1300cm^{-1}附近，都是强吸收带。硝酸酯的 N—O 振动吸收则出现于 870cm^{-1}附近。硝基甲烷、亚硝酸戊酯的红外吸收光谱如图 10-45、图 10-46 所示。

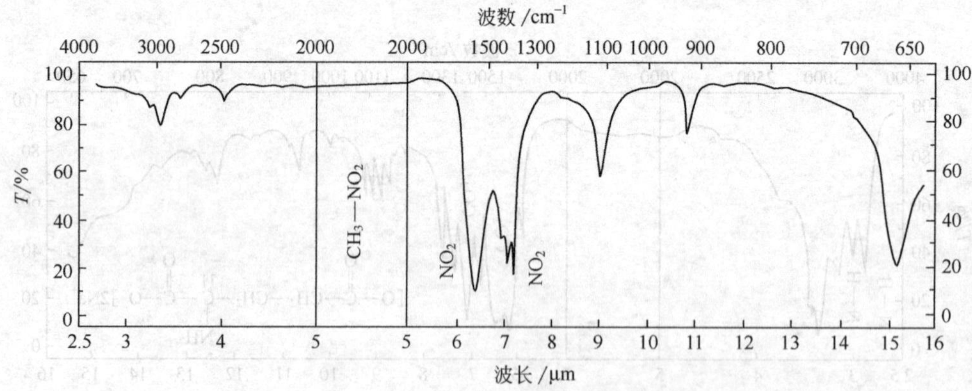

图 10-45　硝基甲烷的红外吸收光谱

10.2.10　磷酸酯类化合物

P—H 基的伸缩振动吸收带出现在 2440～2270cm^{-1}之间，这个吸收带一般为中等或较弱的强度，带形尖锐，应注意和其他含 H 基团振动吸收相区别。膦的 P—C 键没有特征吸收带出现。P—O—C（烷基碳原子）结构出现两个吸收带，一个很强的吸收带位于

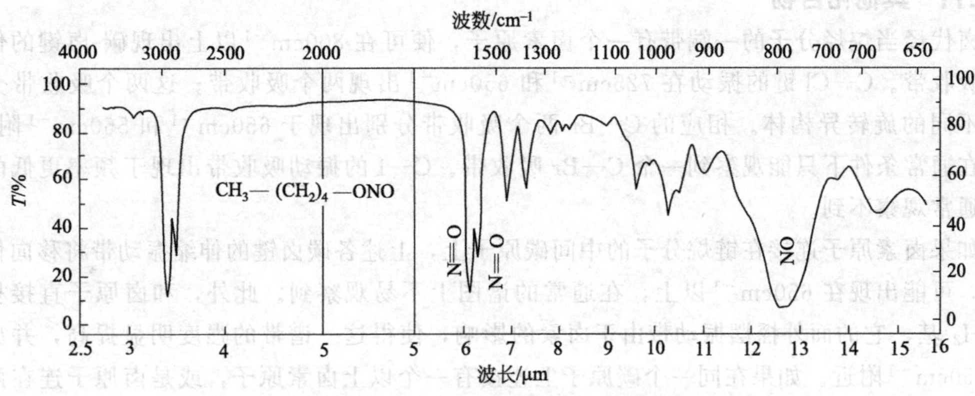

图 10-46 亚硝酸戊酯的红外吸收光谱

1000cm^{-1}附近，是P—O—C的伸缩振动吸收带；另一个中等强度的吸收带位于750cm^{-1}之间，是P—O—C的伸缩振动吸收带。在1190～1150cm^{-1}之间有一个弱而清晰的吸收带，是烷氧基存在的有力证明。这个带虽弱，但特征性很强。磷酰基P═O的伸缩振动吸收带，在不同结构的化合物中位置分布范围很宽，可在1400～1150cm^{-1}之间出现。P—S键和P—Cl键的振动吸收都出现在600cm^{-1}以下，谱带强度较弱，特征性较差。磷酸三甲酯、亚磷酸三甲酯的红外吸收光谱分别如图10-47、图10-48所示。

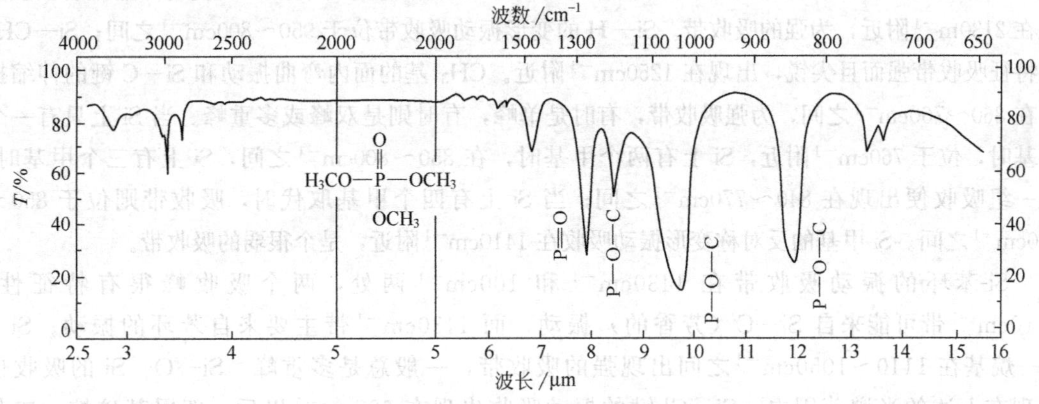

图 10-47 磷酸三甲酯的红外吸收光谱

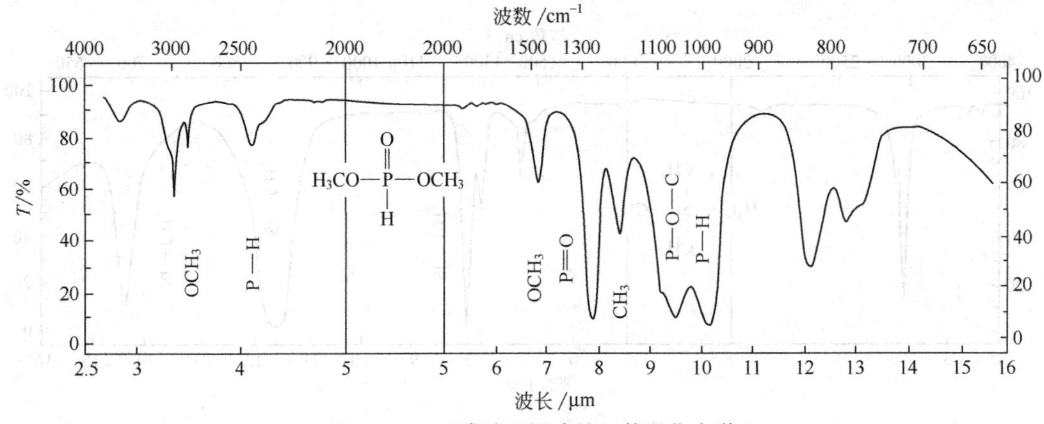

图 10-48 亚磷酸二甲酯的红外吸收光谱

10.2.11 其他化合物

卤代烃当烷烃分子的一端带有一个卤素原子，便可在 800cm^{-1}以上出现碳-卤键的伸缩振动吸收带。C—Cl 键的振动在 725cm^{-1}和 650cm^{-1}出现两个吸收带。这两个吸收带分别来自不同的旋转异构体。相应的 C—Br 两个吸收带分别出现于 650cm^{-1}和 560cm^{-1}附近，因此在通常条件下只能观察到一个 C—Br 吸收带。C—I 的振动吸收带出现于频率更低的位置，通常观察不到。

如果卤素原子连接在链烷分子的中间碳原子上，上述各碳卤键的伸缩振动带将移向低频方向，可能出现在 650cm^{-1}以上，在通常的谱图上不易观察到。此外，和卤原子直接相连的 CH_2 基，它的面外摇摆振动带由于卤素的影响，使得这一谱带的强度明显提高，并出现于 1250cm^{-1}附近。如果在同一个碳原子上连接有一个以上卤素原子，或是卤原子连在两个相邻的碳原子上，上述的 C—Cl 键吸收带的频率将向高频方向移动，同时，有关 CH_2 基的面外摇摆振动带的峰强度减弱，带形变窄。

C—F 键的吸收很强，一般出现在 1400～1200cm^{-1}之间。CF_3 基和 CF_2 基的吸收位置相距很近，一般不易区分。四或五元环含 CF_2 化合物的吸收位于 1350～1140cm^{-1}之间。含有 CF_3 基的化合物，在 780～680cm^{-1}之间有 CF_3 的吸收出现。由于氟原子电负性强，因此当分子中有氟原子存在时，可能强烈地影响邻近基团的吸收特性，例如当氟原子与 C═C 键或 C═O 键相连时，就会使 C═C 键和 C═O 键的振动频率大为提高。

有机硅化合物在材料领域是一类重要的化合物，有机硅化合物中 Si—H 键的伸缩振动吸收出现在 2130m^{-1}附近，为强的吸收带。Si—H 的变形振动吸收带位于 950～800cm^{-1}之间；Si—CH_3 的特征吸收带强而且尖锐，出现在 1250cm^{-1}附近。CH_3 基的面内弯曲振动和 Si—C 键的伸缩振动在 860～760cm^{-1}之间，为强吸收带，有时是单峰，有时则是双峰或多重峰。当 Si 上只有一个甲基时，位于 760cm^{-1}附近，Si 上有两个甲基时，在 850～800cm^{-1}之间，Si 上有三个甲基时，这一组吸收便出现在 840～770cm^{-1}之间；当 Si 上有四个甲基取代时，吸收带则位于 850～700cm^{-1}之间。Si 甲基的反对称变形振动吸收在 1410cm^{-1}附近，是个很弱的吸收带。

Si-苯环的振动吸收带在 1430cm^{-1}和 100cm^{-1}两处，两个吸收峰很有特征性，1110cm^{-1}带可能来自 Si—C（芳香的）振动，而 1430cm^{-1}带主要来自苯环的振动。Si—O—烷基在 1110～1050cm^{-1}之间出现强的吸收带，一般总是多重峰。Si—O—Si 的吸收也出现在上述的光谱范围内。Si—Cl 键的振动吸收出现在 625cm^{-1}以后。四甲基硅烷、二苯基氢硅烷的红外吸收光谱如图 10-49、图 10-50 所示。

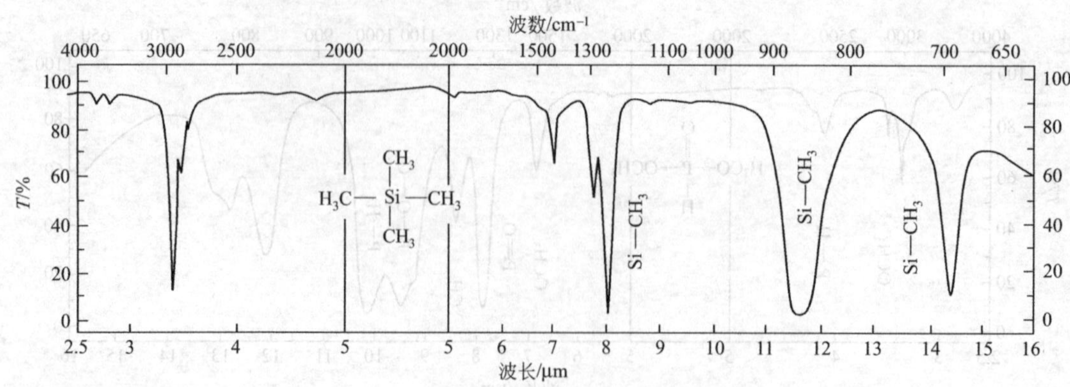

图 10-49 四甲基硅烷的红外吸收光谱图

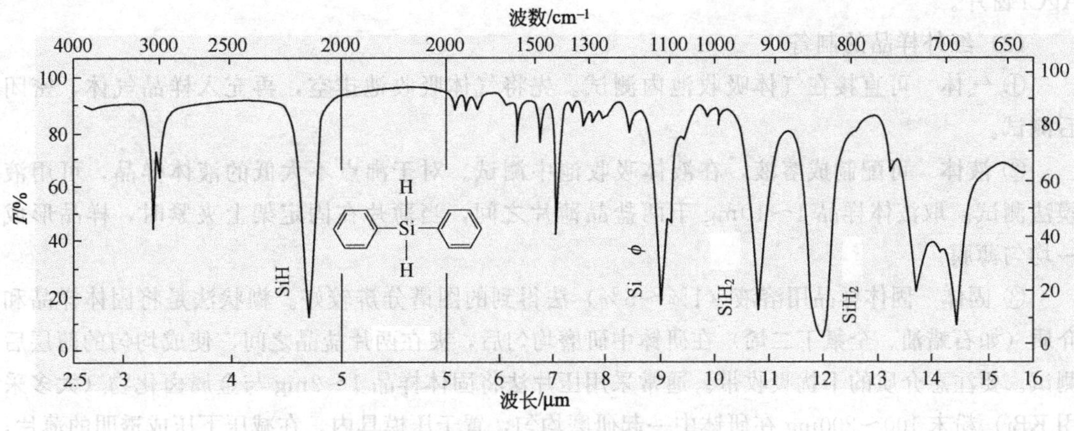

图 10-50 二苯基氢硅烷的红外吸收光谱图

10.3 仪器和实验方法简介

10.3.1 红外光谱仪

色散型双光束红外光谱仪结构简图如图 10-51 所示，包括红外光源、单色器、检测器、放大器和记录仪五大部分。

(1) 光源 理想的光源是能连续发射高强度红外线的物体，如能斯特(Nernst) 灯和硅碳棒 (Globar)。其发光面积大、寿命长、工作前不需要预热。白光源发射的红外线，经过两个凹面镜，反射成两束强度相等的收敛光，分别通过样品池和参比池到达斩光器。斩光器为具有半圆形或两个直角扇形的可旋转的反射镜，使测试光束和参比光束交替通过入射狭缝进入单色器。

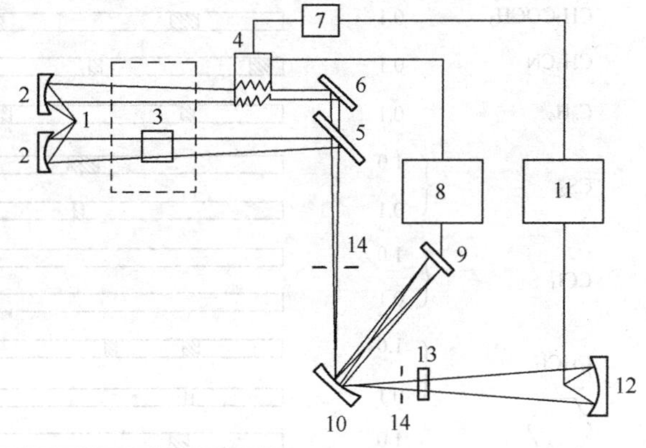
图 10-51 双光束红外光谱仪结构简图

1—光源；2,10,12—反光镜；3—样品；4—测试光阑；5—旋转镜；6—平面镜；7—伺服电机；8—记录仪；9—光栅；11—放大器；13—滤光片；14—狭缝

(2) 单色器 指从入射狭缝到出射狭缝这段光程所包括的部分。单色器是红外光谱仪的心脏，能把复色的红外线分为单色光。色散元件为棱镜或光栅。早期使用可自动变换的棱镜组合（如 KBr、NaCl、LiF 棱镜组合），可测 5000～400cm^{-1}范围，使用环境的相对湿度要低。光栅是基于光的衍射原理来分光的，能将复色光分开为依次排列的单色光，特点是分辨率高，对环境条件要求不高。目前使用的色散型红外分光光度计一般都是光栅型的。

(3) 检测、放大、记录系统 把照射在检测器上面的红外线变为电信号，再经过放大器多级放大，整流后进入记录仪。

10.3.2 样品制备

(1) 样品池 红外光谱测试所需的样品池窗片一定要红外透明，一般是用 NaCl、KBr 等盐晶制成，不能用玻璃或石英。含水分较多的样品或样品的水溶液，需用耐腐蚀的 CaF_2、

AgCl 窗片。

(2) 红外样品的制备

① 气体　可直接在气体吸收池内测试。先将气体吸收池排空，再充入样品气体，密闭后测试。

② 液体　可配制成溶液，在液体吸收池中测试。对于沸点不太低的液体样品，可用液膜法测试。取液体样品 1～10mg 于两盐晶薄片之间，当薄片在固定架上夹紧时，样品形成一均匀薄膜。

③ 固体　固体样品用溶液（1%～5%）法得到的图谱分辨较好。糊状法是将固体样品和介质（如石蜡油、全氟丁二烯）在研钵中研磨均匀后，夹在两片盐晶之间，使成均匀的薄层后测试。要注意介质的干扰吸收带。通常采用压片法将固体样品 1～2mg 与金属卤化物（大多采用 KBr）粉末 100～200mg 在研钵中一起研磨均匀，置于压模具内，在减压下压成透明的薄片，置于样品架上测试。薄膜法多适用于聚合物的测试，可直接使样品成膜（如加热熔融后涂制或压制成膜），也可间接成膜，即将样品溶解在易挥发的溶剂中，待溶剂挥发后成膜，溶液法测红外光谱图，选择适当的溶剂是非常重要的。一些溶剂的干扰范围见表 10-7。

表 10-7　常见溶剂的干扰范围

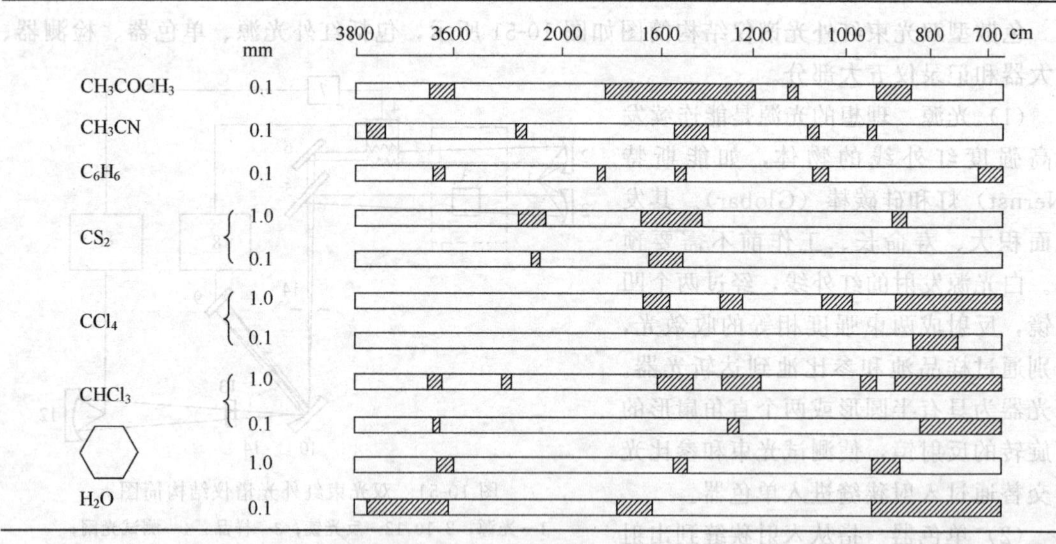

(3) 红外分光光度计的波数校正　红外光谱用于结构分析时，主要依据样品吸收峰的位置，要求仪器的波数准确，重现性好。对于精密型红外分光光度计的波数校正多采用测试已知气体的振-转峰位置，与文献值比较。如 HCl 气体的振-转吸收校正 3100～2700cm^{-1} 范围，用 NH_3 气体校正 1200～800cm^{-1} 范围，采用聚苯乙烯薄膜进行校正可获得满意的结果。此法操作简便，膜便于储存，广泛使用。聚苯乙烯主要吸收带位置见表 10-8。

表 10-8　聚苯乙烯主要吸收谱带位置

$\bar{\nu}/cm^{-1}$	3062	3027	2925	2851	1946	1802
$\bar{\nu}/cm^{-1}$	1603	1494	1154	1028	906	700

10.3.3　傅里叶变换红外光谱仪简介

随着近代科学技术的迅速发展，以色散元件（如光栅、棱镜等）为主要分光系统的光谱仪器在许多方面已不能完全满足需要，例如这种类型的仪器在远红外区能量很弱，因此得不到比较理想的光谱，同时它的扫描速度太慢，使得一些动态的研究以及和其他仪器（如色谱）的联用遇到困难，对一些吸收红外辐射很强的或者信号很弱的样品的测定及痕量组分的分析等也受到一定的限制，妨碍了红外光谱法的进一步应用。这就要求能有一种新型的高操作性能的光谱仪器来解决上述问题。随着光学、电子学尤其是计算机技术的迅速发展，自 20 世纪 60 年代末以来，基于干涉调频分光的傅里叶变换的红外分光光度计很快地发展起来。

傅里叶变换红外光谱仪（Fourier transform infrared spectroscopy，FTIR）主要由光学检测和计算机两大系统组成。光学检测系统的主要元件是 Michelson 干涉仪，见图 10-52(a)。

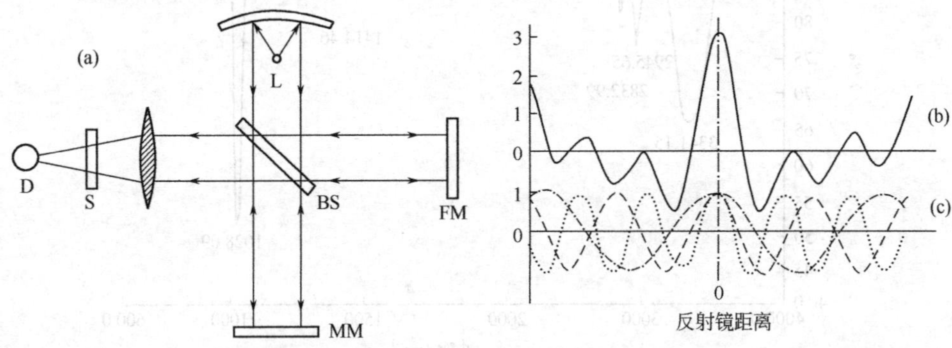

图 10-52　Michelson 干涉仪（a）和干涉图（b）、(c)

由光源（L）发出的未经调制的光射向分束器（BS），分束器是一块半反射半透射的膜片，射到 BS 上的光一部分透射过去射向动镜（MM），一部分被反射，射向定镜（FM），射向 FM 的光束由 FM 反射回来透过分束器。射向 MM 的光束由 MM 反射回来，再由分束器反射出去。当两束光通过样品（S）到达检测器（D）时，由于光程差而产生干涉。得到一个光强度周期性变化的余弦信号。单色光源只产生一种余弦信号，复色光源则产生对应各单色光频率的不同的余弦信号，见图 10-52(b)，这些信号强度相互叠加组合，得到一个迅速衰减的、中央具有极大值的对称形干涉图，见图 10-52(c)，通过样品（S）到达检测器（D）的干涉光的强度 I 将作为两束光的光程差 S 的函数 I（S）记录下来，经过傅里叶变换（计算机处理），将干涉谱 I（S）变成熟悉的光谱 I（v）。

除常规红外光谱测试外，FTIR 的优点在于：①扫描过程的每一瞬间测量都包括了分子振动的全部信息，检测时间大大缩短，利于动态过程和瞬间变化的研究；②利用计算机储存、多次累加大大提高信噪比，与气相色谱联用解决了痕量分析问题；③分辨率高且测量范围宽。

10.3.4　GC-FTIR

气相毛细管色谱是高效的分离方法，可以把很复杂的混合物分离开，再把分离出的各组分测定其红外光谱，对于混合物和复杂体系的分析鉴定很有意义，尤其是如果采用与 GC-MS 系统相同的 GC 条件（毛细管色谱柱及操作条件），各组分的质谱图和红外图可以关联起来。

由于 FT-IR 仪器也具有计算机系统，因而与 GC-MS 类似，也就由它产生重建色谱图并进行谱图检索。

GC-FTIR 的最大优点为易于对未知物组分所含官能团作出判断。其缺点是比 GC-MS 的灵敏度低很多。它们的共同限制是未知物要进行气相色谱的分离。

在解析 GC-FTIR 谱图时，要注意气相红外谱图和凝聚相红外谱图的差别。图 10-53 和

图 10-54 分别为甲醇和气相甲醇的红外吸收谱图，比较两图可以看出，二者是有明显区别的，特别是羟基部分，因在气相时，氢键缔合作用大为减弱，故吸收波数大大增加。对于其他官能团，气相红外谱图也常有吸收波数的位移。

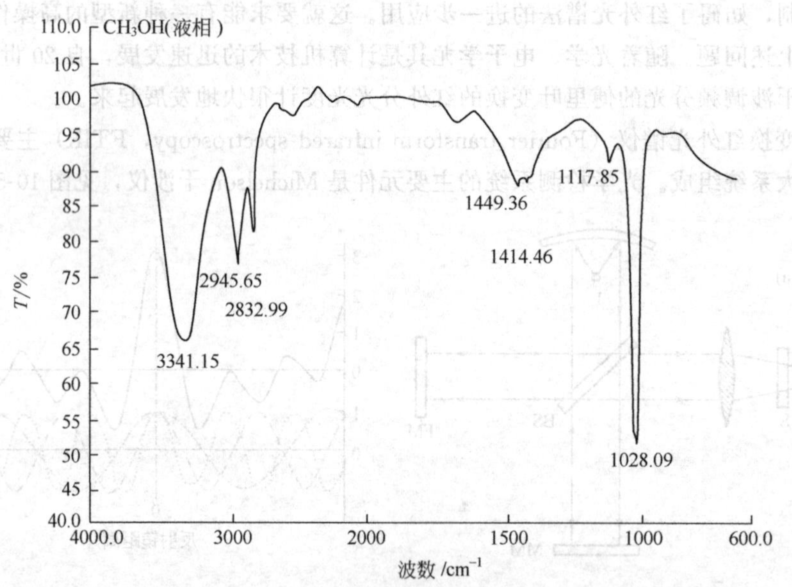

图 10-53 甲醇（液相）红外吸收光谱

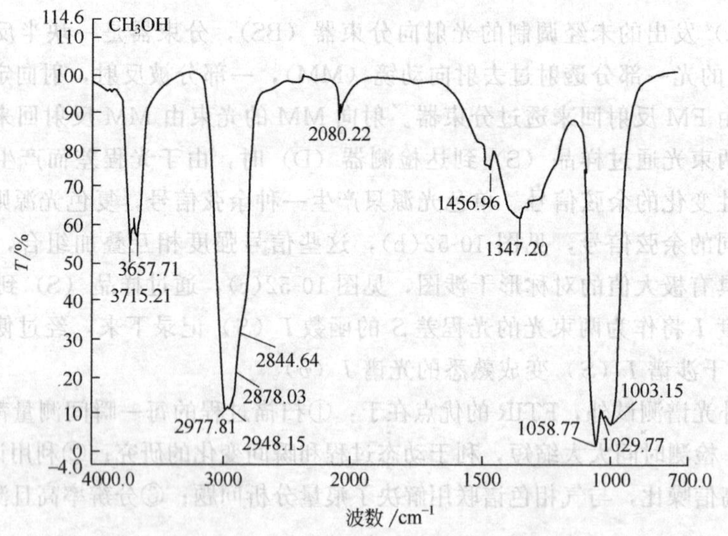

图 10-54 甲醇（气相）红外吸收光谱

10.4 红外光谱分析的应用

10.4.1 定性分析

红外光谱法是有机定性分析应用较为广泛的方法，该方法不仅鉴定物质可靠，而且还具有操作简便、分析快速、样品用量较少等优点。用红外光谱法进行定性分析样品不受破坏(除采用裂解法外)，这对于那些量少难得而且希望能回收的样品来说，尤为重要。

与物质的其他物理性质（如熔点、沸点、折射率、相对密度等）一样，红外光谱和物质间的对应关系是很严格的，但是由红外光谱得到的分子结构情报远较其他物理性质提供的为多，这是因为光谱中吸收峰的位置和强度除了和组成此分子的各原子质量及化学键的性质有关外，也为化合物的几何构型所决定，因此两种化合物只要组成分子的原子质量不一，或化学键性质不同，或几何构型出现差异，都会使得到的红外光谱不一样，所以红外光谱法可以区分由不同原子和化学键所组成的物质以及识别各种同分异构体，如碳链异构、位置异构、顺反异构和固体的多晶异构等，这种犹如人与指纹的谨严关系，就是红外光谱法进行定性分析的根据。另一方面，在各类分子中，相同基团都大体在某一特定光谱区内出现吸收（特征频率），从而又奠定了官能团分析的基础，使得通过此种分析能反推出未知物的结构。

有机化合物的红外光谱谱图具有如下规律。

① 对于同一基团来说，伸缩振动吸收频率大多较高，吸收峰较强；弯曲振动吸收频率较低，吸收峰一般较弱。

② 价键愈强，吸收频率愈高，例如碳-碳键，从单键、双键到叁键，链的强度依次增加，其伸缩振动吸收频率也相应从 700～1500cm^{-1}、1500～1800cm^{-1}到 2000～2500cm^{-1}递增。

③ 同一键连接的原子愈轻，其振动吸收频率愈高，例如 O—H 键和 O—D 键的键强相同，但是由于氘 D 的原子量比普通氢 H 重一倍，所以 O—H 的伸缩振动峰出现在 3600cm^{-1}处，而 O-D 的伸缩振动吸收峰则位移至 2630cm^{-1}。

④ 价键振动时，引起的偶极矩变化愈大，则吸收峰的强度愈高，或者说，极性强的基团吸收也强，反之则弱，所以由碳-碳组成的基团吸收大多较弱，但是当碳原子和电负性较大的原子成键时（如 C═O 等），吸收就很强。

用红外光谱定性分析的应用之一是有机化合物结构的验证。用红外光谱进行已知物的验证最方便，只要选择合适的样品制备方法测绘其谱图，并与纯物质的标准谱图相对照即可得到鉴别。在比较两张谱图时，可以先观察最强的吸收峰位置和形状是否一致，然后再顺次检查中等强度峰和弱峰能否对应，当这两张光谱图完全相同时即可认为样品就是该已知物，反之若谱图的面貌不一，或在某些波数处出现纯物质所没有的吸收峰，则表示两者不是同一物质或样品中含有杂质。在验证光谱图时要注意以下几点。

① 在红外光谱分析中，谱图是重要依据，所以图中各个吸收峰都应清晰可靠，一张好的谱图大部分吸收峰的透光率应在 20%～60%范围内，必要时可改变样品的浓度或厚度，以使各峰都有清楚的位置和形状。

② 用来进行比较的谱图最好由同一台红外分光光度计测得或者由相同分辨率和精度的仪器绘制，否则仪器对光谱的影响需加考虑。

③ 由于纯样品难得，用来作为标准的纯物质光谱图实际上不可能都由自己实验室来绘制，大多需要利用标准谱图集或书刊中所收集的谱图。在这些谱图中，吸收峰的位置（波数或波长）通常是可信的，但由于所用仪器不同，吸收强度的绝对值却会显示出差别，不过峰强顺序一般是不会变的。

④ 原则上相同的物质必然有完全一致的红外光谱，但是如果测绘谱图时的条件不同，得到的谱图面貌也就不尽相同。如样品的物理状态、浓度、晶型及环境条件的不同，谱图也有明显的差异，应有足够的注意。

⑤ 由于这样或那样的原因，在红外光谱中还可能出现许多“杂峰”，这些并非由样品本身所产生的吸收峰常常干扰着谱图的解析，在处理这些容易出现“杂峰”的波数（或波长）

处时，应该谨慎，例如：当采用溴化钾压片法时，不可避免地会因溴化钾吸水而在 $3410cm^{-1}$ 和 $1640cm^{-1}$ 处出现水的吸收峰。大气中的 CO_2 会在 $2350cm^{-1}$ 和 $667cm^{-1}$ 区出现吸收，虽然在双光束仪器中，由于两光路平衡，在外表上看不出来，但实际上吸收是强的，如欲正确考察这两区域的吸收情况，应该用干燥氮气将仪器中的 CO_2 逐出，然后再进行测定。

红外光谱定性分析的另一重要应用是未知化合物的结构鉴定，具体鉴定步骤见 10.7.2。

10.4.2 有机化合物的结构鉴定

利用红外光谱进行有机化合物的结构鉴定要点及注意事项如下。

（1）红外吸收光谱的三要素（位置、强度、峰形） 每种有机化合物均显示若干红外吸收峰，因而易于对各吸收峰强度进行相互比较。从大量的红外谱图可归纳出各种官能团红外吸收的强度变化范围。所以，只有当吸收峰的位置及强度都处于一定范围时，才能准确地推断出某官能团的存在。以羰基为例，羰基的吸收是比较强的，如果在 $1680\sim1780cm^{-1}$（这是典型的羰基吸收区）有吸收峰，但其强度低，这并不表明所研究的化合物存在羰基，而是说明该化合物中存在着羰基化合物的杂质。吸收峰的形状也决定于官能团的种类，从峰形可辅助判断官能团。以缔合羟基、缔合伯氨基及炔氢为例，它们的吸收峰位置只略有差别，但主要差别在于吸收峰形不一样：缔合羟基峰圆滑而钝；缔合伯氨基吸收峰有一个小或大的分岔；炔氢则显示尖锐的峰形。

总之，只有同时注意吸收峰的位置、强度和峰形，综合地与已知谱图进行比较才能得出较为可靠的结论。

（2）同一基团的几种振动的相关峰是同时存在的 对任意一个官能团来讲，由于存在伸缩振动（某些官能团同时存在对称和反对称伸缩振动）和多种弯曲振动，因此，任何一种官能团会在红外图的不同区域显示出几个相关的吸收峰。所以，只有当几处应该出现吸收峰的地方都显示吸收峰时，方能得出该官能团存在的结论。以甲基为例，在 $2960cm^{-1}$、$2870cm^{-1}$、$1460cm^{-1}$、$1380cm^{-1}$ 处都应有 C—H 的吸收峰出现。以长链 CH_2 为例，$2920cm^{-1}$、$2850cm^{-1}$、$1470cm^{-1}$、$720cm^{-1}$ 处都应出现吸收峰。当分子对每一处的吸收峰，如同前述，都应同时注意它的位置。

（3）红外谱图的解析顺序 在解析红外谱图时，可先观察官能团区，找出该化合物存在的官能团，然后再查看指纹区。如果是芳香族化合物，应找出苯环的取代位置。由指纹区的吸收峰与已知化合物红外谱图或标准红外谱图对比，可判断未知物与已知物结构是否相同。后面将举例说明红外谱图的解析步骤。

（4）标准红外谱图的应用 最常见的红外标准谱图为萨特勒（Sadtler）红外谱图集和 DMS（documentation of molecular spectroscopy）卡片，尤以前者最为常见。萨特勒谱图集有几个突出的优点：谱图收集丰富，该谱图中已收集有七万多张红外谱图；备有多种索引，检索方便；萨特勒同时出版了红外、紫外、核磁共振氢谱、核磁共振碳谱的标准谱图，还有这五种谱图的总索引，从总索引可以很快地查到某一种化合物的几种谱图（质谱除外）。这对未知物结构鉴定提供了极为方便的条件。现又出版了拉曼谱图集；萨特勒谱图包括市售商品的标准红外谱图，如溶剂、单体和聚合物、增塑剂、热解物、纤维、医药、表面活性剂、纺织助剂、石油产品、颜料和染料等，每类商品又按其特性细分，这对于针对各类商品进行的研究十分方便，这是其他标准谱图所不及的。

【例 10-1】 未知物分子式为 C_8H_{16}，其红外谱图如图 10-55 所示，试推测其结构。

解 由其分子式可计算出该化合物不饱和度为 1，即该化合物具有一个烯基或一个环。

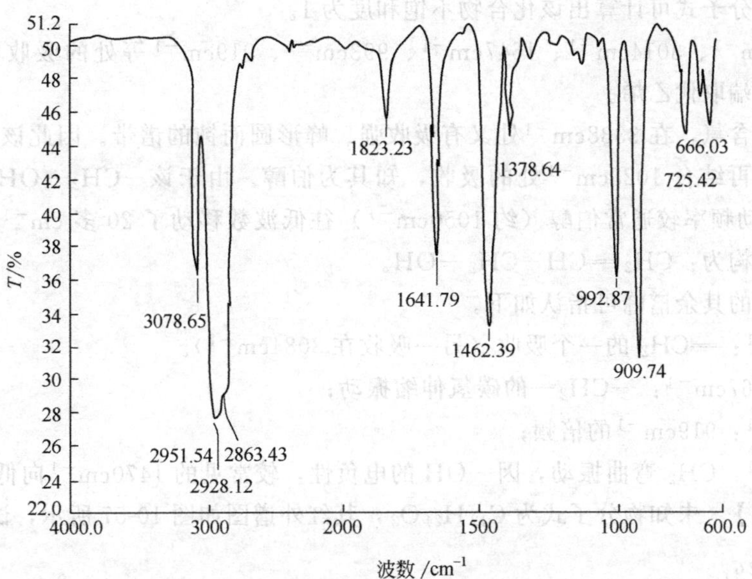

图 10-55 某化合物的红外光谱图（一）

3079cm^{-1}处有吸收峰，说明存在与不饱和碳相连的氢，因此该化合物肯定为烯。在 1642cm^{-1}处还有 $\nu_{C=C}$伸缩振动吸收，更进一步证实了烯基的存在。

910cm^{-1}、993cm^{-1}处的C—H 弯曲振动吸收说明该化合物有端乙烯基，1823cm^{-1}的吸收是 910cm^{-1}处的倍频。

从 2928cm^{-1}、1462cm^{-1}的较强吸收及 2951cm^{-1}、1379cm^{-1}的较弱吸收可知未知物 CH_2 多、CH_3 少。

综上可知，未知物（主体）为正构端取代乙烯，即 1-辛烯。

【例 10-2】 未知物分子式为 C_3H_6O，其红外谱图如图 10-56 所示，试推测其结构。

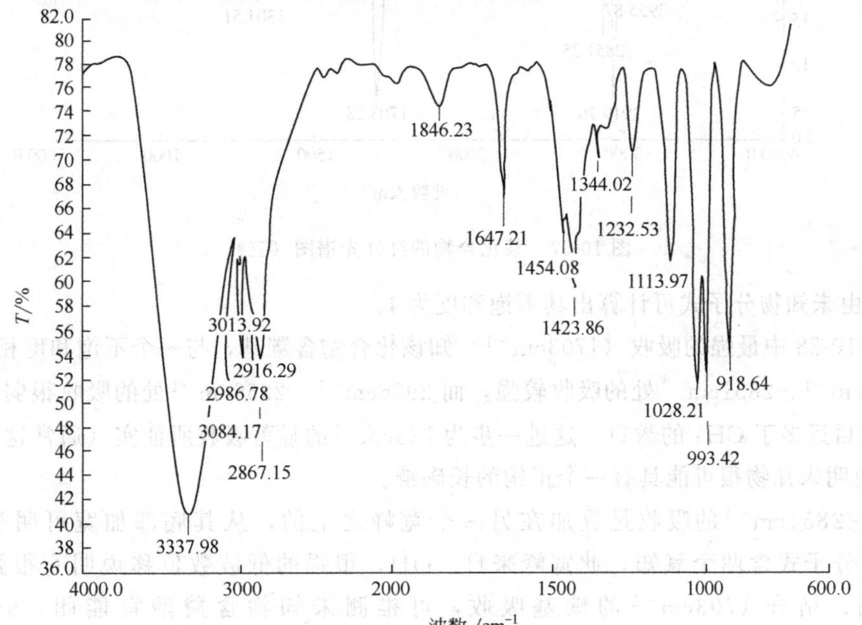

图 10-56 某化合物的红外光谱图（二）

解 由其分子式可计算出该化合物不饱和度为 1。

以 $3084cm^{-1}$、$3014cm^{-1}$、$1647cm^{-1}$、$993cm^{-1}$、$919cm^{-1}$ 等处的吸收峰，可判断出该化合物具有端取代乙烯。

因分子式含氧，在 $3338cm^{-1}$ 处又有吸收强、峰形圆而钝的谱带。因此该未知物必为一醇类化合物。再结合 $1028cm^{-1}$ 处的吸收，知其为伯醇。由于该—CH_2—OH 与双键相连，C—O 伸缩振动频率较通常伯醇（约 $1050cm^{-1}$）往低波数移动了 20 多 cm^{-1}。综合上述信息，未知物结构为：CH_2 ═CH—CH_2 —OH。

官能团区的其余谱峰可指认如下。

$2987cm^{-1}$：═CH_2 的一个吸收（另一吸收在 $3084cm^{-1}$）。

2916，$2967cm^{-1}$：—CH_2—的碳氢伸缩振动；

$1846cm^{-1}$：$919cm^{-1}$的倍频；

$1423cm^{-1}$：CH_2 弯曲振动，因—OH 的电负性，较常见的 $1470cm^{-1}$向低波数位移。

【例 10-3】 未知物分子式为 $C_{12}H_{24}O_2$，其红外谱图如图 10-57 所示，试推测其结构。

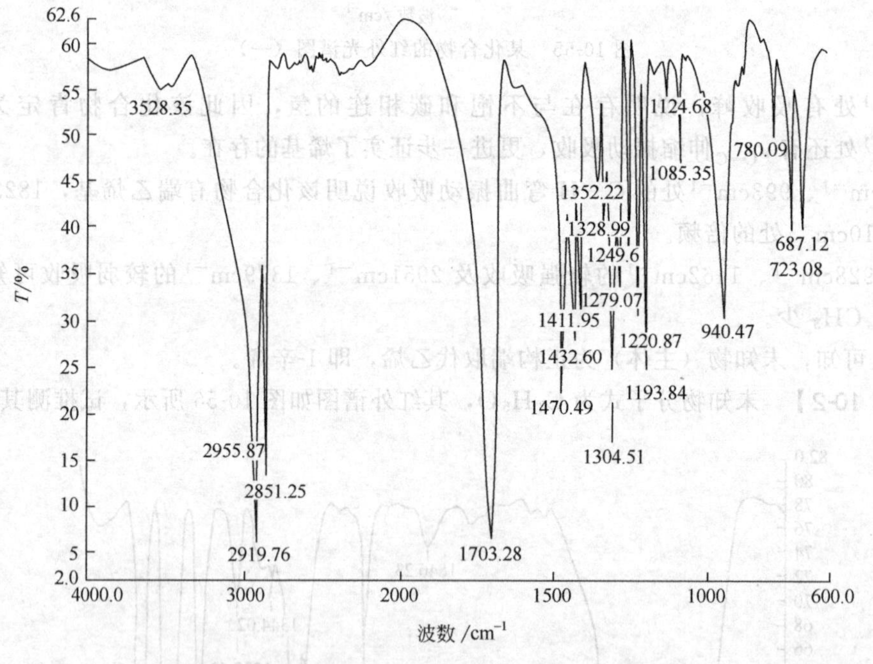

图 10-57 某化合物的红外光谱图（三）

解 由未知物分子式可计算出其不饱和度为 1。

从图 10-58 中最强的吸收（$1703cm^{-1}$）知该化合物含羰基，与一个不饱和度相符。

$2920cm^{-1}$、$2851cm^{-1}$处的吸收较强，而 $2956cm^{-1}$、$2866cm^{-1}$处的吸收很弱，这说明 CH_2 的数目远多于 CH_3 的数目。这进一步为 $723cm^{-1}$的显著吸收所证实（通常这个吸收是弱的），说明未知物很可能具有一个正构的长碳链。

955～$2851cm^{-1}$的吸收是叠加在另一个宽峰之上的，从其底部加宽可明显地看到这点。从分子式含两个氧知，此宽峰来自—OH，很强的低波数位移说明有很强的氢键缔合作用。结合 $1703cm^{-1}$ 的羰基吸收，可推测未知物含羧酸官能团。$940cm^{-1}$、$1304cm^{-1}$、$1412cm^{-1}$等处的吸收进一步说明羧酸官能团的存在。综上所述，未知物结构为：$CH_3(CH_2)_{10}COOH$。

【例 10-4】 未知物分子式为 $C_6H_8N_2$，其红外谱图如图 10-58 所示，试推测其结构。

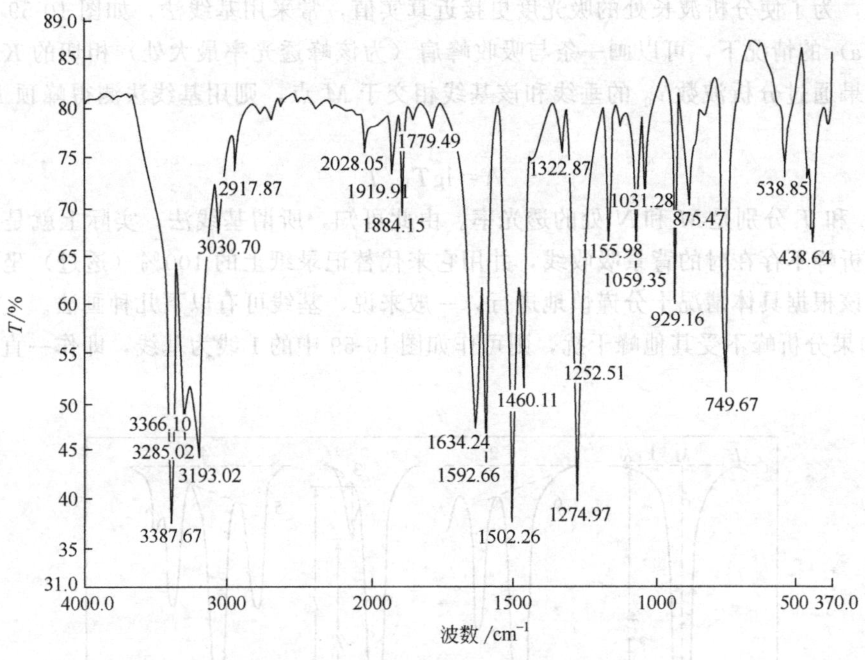

图 10-58 某化合物的红外光谱图（四）

解 由未知物分子式可计算出其不饱和度为 4。故有可能含苯环，此推测由 3030cm^{-1}、1593cm^{-1}和 1502cm^{-1}的吸收所证实，由 750cm^{-1}的吸收知该化合物含邻位取代苯环。

3285cm^{-1}、3193cm^{-1}的吸收是很特征的伯胺吸收（对称伸缩振动和反对称伸缩振动）。

综合上述信息及分子式，可知该化合物为邻苯二胺。

其他峰的指认有：3387cm^{-1}、3366cm^{-1}，NH_2 伸缩振动；1634cm^{-1}，NH_2 弯曲振动；1274cm^{-1}，C—N 伸缩振动。

10.4.3 定量分析

由于分子红外光谱吸收谱带的数目较多，且具有对分子结构的敏感性，因而利用红外光谱不仅可对单组分或多组分进行定量分析，而且亦可测定化学反应速率和研究化学反应机理。红外定量分析的特点，在于不经分离而且不受样品状态（气体、液体、固体）的限制可直接测定。这对较常用的气相色谱法测定困难的物质（如异构体、过氧化物、高分子样品，或汽化时即行分解的样品）的定量分析尤为有利，因而它成为较普遍采用的定量分析方法。但也应指出，由于它的灵敏度较低，尚不适于微量组分的定量分析。

红外光谱定量分析的原理和紫外-可见光谱的定量分析一样，也是基于朗伯-比耳定律。目前在红外光谱定量分析中，大多借助测定吸收峰尖处的吸光度来进行，这就是所谓的“峰高法”。在峰高法中，吸光度的测定方法主要有两种，即一点法和基线法。

(1) 一点法 这是最简单最直观的测量方法，当背景吸收可以不考虑，即在参比光路中插入的参比槽正好补偿溶剂的吸收和槽窗的反射损失，同时溶液中又没有悬浮粒子造成瑞利(Ray leigh) 散射时就可采用该法。这时只要将样品槽和参比槽正确放在光路中，慢慢扫描分析波数区，或把仪器固定在分析波数处，从图的纵坐标上直接读出分析波数处的透光率 T，按

吸光度的定义 $A=\lg T^{-1}$ 就可算出分析波长处的吸光度。然后采用常规的方法进行定量分析。

(2) 基线法　实际上，吸收背景可以忽略的情况是很少的，因为补偿总不能那么令人满意。因此，为了使分析波长处的吸光度更接近真实值，常采用基线法，如图 10-59 所示，在图 10-59(a) 的情况下，可以画一条与吸收峰肩（为该峰透光率最大处）相切的 KL 线作为基线，如果通过分析波数 ν_0 的垂线和该基线相交于 M 点，则用基线法测得峰顶 N 处的吸光度为

$$A=\lg T_0/T$$

式中，T_0 和 T 分别是 M 和 N 处的透光率。由此可知，所谓基线法，实际上就是用基线来表示该分析峰不存在时的背景吸收线，并用它来代替记录纸上的 100%（透过）坐标。在作基线时应该根据具体情况十分谨慎地进行，一般来说，基线可有以下几种画法。

① 如果分析峰不受其他峰干扰，则可作如图 10-59 中的 1 线为基线，即作一直线和峰的两肩相切。

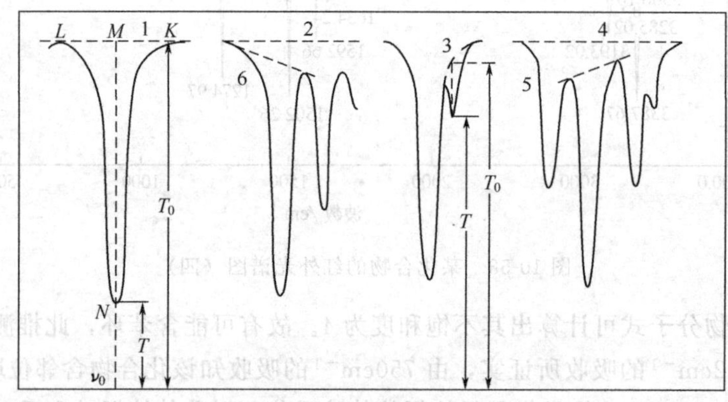

图 10-59　基线法画法

② 如果分析峰受到附近峰的干扰，则可作单点水平切线为基线（见图 10-59 中的 2 线）。

③ 如果干扰峰和分析峰紧靠在一起，但是它们的影响实际上是恒定的。也就是说，当浓度变化时干扰峰的峰肩位置变化不是太厉害，则可以采用图 10-59 中的 4 线作基线。

④ 基线也可以不是直线，例如根据吸收峰应该是对称的这个原理，其外推曲线很可能就是近旁分析峰的合适基线（图 10-59 中的 3 线）。

习题

1. 红外吸收光谱分析的基本原理、仪器同紫外-可见分光光度分析法有哪些相似和不同之处？
2. 红外吸收光谱图横坐标、纵坐标以什么标度？
3. 对于 $CHCl_3$、C—H 伸缩振动发生在 3030cm^{-1}，而 C—Cl 伸缩振动发生在 758cm^{-1}。
   (1) 计算 $CDCl_3$ 中 C—D 伸缩振动的位置；
   (2) 计算 $CHBr_3$ 中 C—Br 伸缩振动的位置。
4. 碳-碳单键、双键、叁键的伸缩振动吸收波长分别为 7.0μm、6.0μm 和 4.5μm。按照键力常数增加的顺序排列三种类型的碳-碳键。
5. 写出 CS_2 分子的平动、转动和振动自由度数目。并画出 CS_2 不同振动形式的示意图，指出哪种振动为红外活动振动？

6. 下列各分子的碳-碳对称伸缩振动在红外光谱中是活性的还是非活性的。

(1) CH_3-CH_3； (2) CH_3-CCl_3；

(3) CO_2； (4) $HC\equiv CH$ ；

(5) 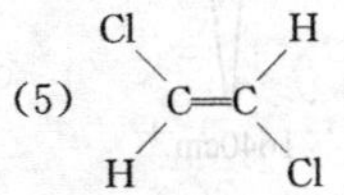 ； (6) 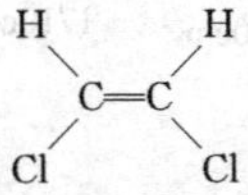 $\mathrm{(H)(Cl)C{=}C(H)(Cl)}$ 。

7. 羰基化合物Ⅰ、Ⅱ、Ⅲ、Ⅳ中，C ═O 伸缩振动出现最低者为；

$R-CH_2-\overset{O}{\overset{\|}{C}}-CH_2-R'$；（Ⅰ） $R-CH{=}CH-\overset{O}{\overset{\|}{C}}-CH_2-R'$；（Ⅱ）

$R-CH{=}CH-\overset{O}{\overset{\|}{C}}-CH{=}CH-R'$；（Ⅲ）

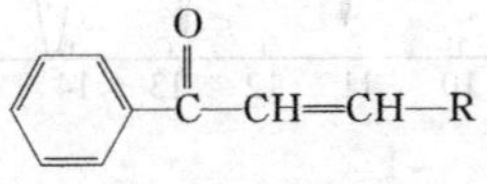

$C_6H_5-\overset{O}{\overset{\|}{C}}-CH{=}CH-R$（Ⅳ）

8. C_6H_5COCl 分子中只有一个 C ═O 基团，但在其红外光谱图中有两个 C ═O 的吸收带，分别在 $1773cm^{-1}$ 和 $1736cm^{-1}$，这是因为

(1) 诱导效应； (2) 共轭效应；

(3) 空间效应； (4) 偶合效应；

(5) 费米共振； (6) 氢键效应。

9. 下列 5 组数据中，哪一组数据所涉及的红外光谱能包括 $CH_3-CH_2-CH_2-COH$ 的吸收带：

(1) $3000\sim2700cm^{-1}$、$1675\sim1500cm^{-1}$、$1475\sim1300cm^{-1}$；

(2) $3000\sim2700cm^{-1}$、$3400\sim2100cm^{-1}$、$1000\sim650cm^{-1}$；

(3) $3300\sim3010cm^{-1}$、$1675\sim1500cm^{-1}$、$1475\sim1300cm^{-1}$；

(4) $3300\sim3010cm^{-1}$、$1900\sim1650cm^{-1}$、$1475\sim1300cm^{-1}$；

(5) $3000\sim2700cm^{-1}$、$1900\sim1650cm^{-1}$、$1475\sim1300cm^{-1}$。

10. 试用红外光谱区别下列异构体：

(1) 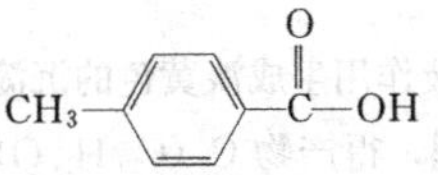 $CH_3-C_6H_4-\overset{O}{\overset{\|}{C}}-OH$ 、 $C_6H_5-\overset{O}{\overset{\|}{C}}-CH_3$

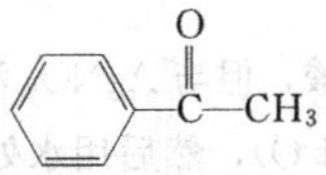

(2) $CH_3CH_2\overset{O}{\overset{\|}{C}}CH_3$ 、 $CH_3CH_2CH_2CHO$

(3) 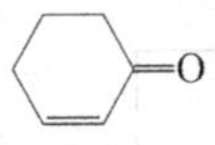 环己-2-烯酮 、 环己-3-烯酮

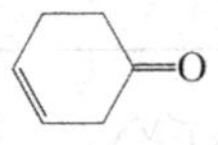

(4) 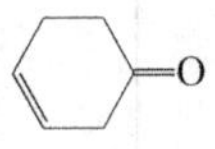 环己-3-烯酮 、 3-甲基环戊酮（CH_3）

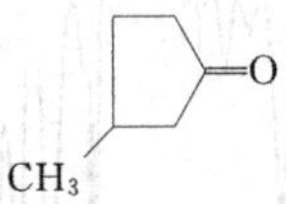

11. 某一个化合物与苯胺反应，用红外光谱监察这个反应的进行。每隔一定时间，从反应混合物中抽取少量样品，测其红外光谱，见图 10-60，经 10h 后，$1710cm^{-1}$ 的强峰消失，在 $1640cm^{-1}$ 处出现强峰，试解释之。

12. 一种能作为色散型红外光谱仪的色散元件材料为：

(1) 玻璃；(2) 石英；(3) 红宝石；(4) 卤化物晶体。

13. 根据某液膜的红外光谱（见图 10-61）写出它的结构，已知其相对分子质量为 118。

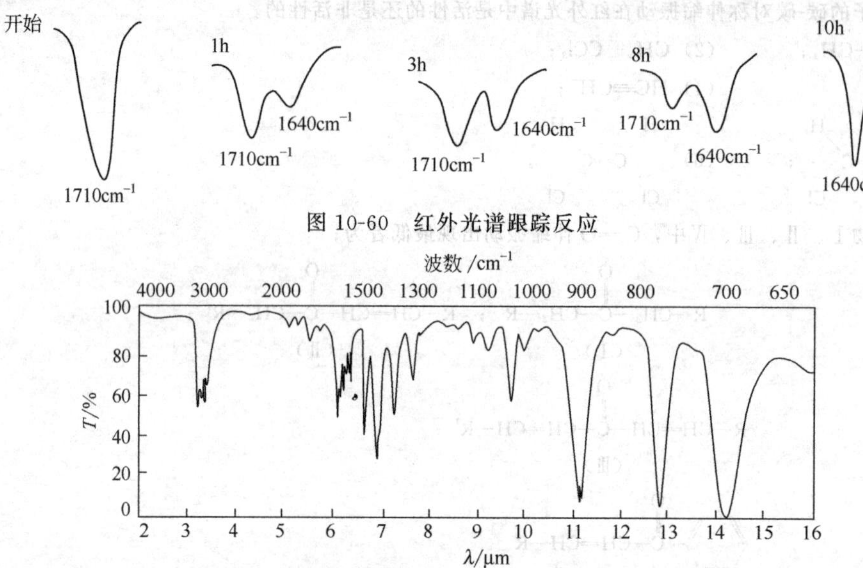

图 10-60　红外光谱跟踪反应

图 10-61　某液膜的红外吸收光谱

14. 图 10-62 为分子式 $C_6H_5O_3N$ 的红外吸收光谱，预测其结构。

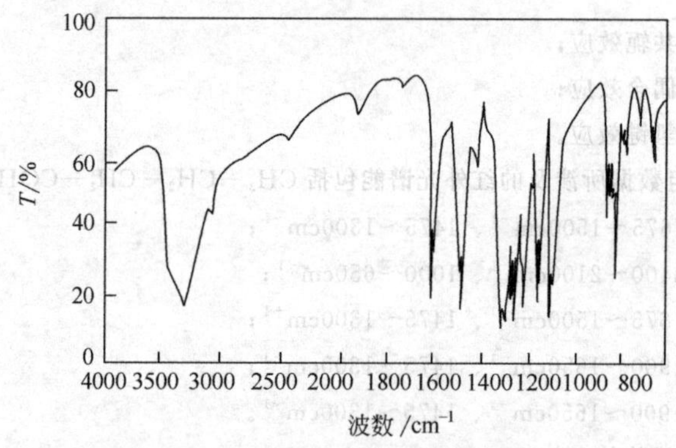

图 10-62　$C_6H_5O_3N$ 的红外吸收光谱

15. 某一中性液态化合物 A（C_7H_7Br）不溶于水和冷的浓硫酸，但与 $AgNO_3$ 溶液作用生成淡黄色的沉淀。A 与金属 Mg 在无水乙醚中反应，如于其中加入化合物 B（C_3H_6O），然后用水处理，得产物 C（$C_{10}H_{14}O$），在其红外光谱中 3450cm^{-1} 处有一宽强峰，在室温中 C 不能使 $KMnO_4$ 溶液褪色，但与 H_2SO_4 作用生成主要产物 D（$C_{10}H_{12}$）。D 经臭氧分解得到产物 E 和 B，E 的红外光谱见图 10-63。试推 A、B、C、D、E 的结构。

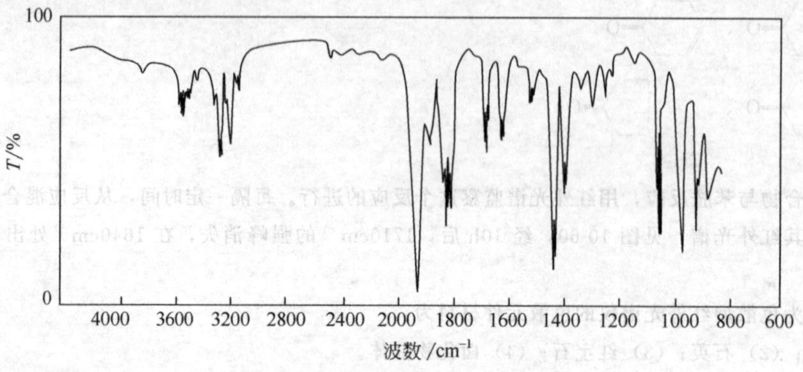

图 10-63　化合物 E 的红外光谱

参考文献

[1] 西北师范学院，陕西师范大学，河北师范大学等．有机分析教程．西安：陕西师范大学出版社，1987.

[2] 于世林．波谱分析法实验与习题．重庆：重庆大学出版社，1993.

[3] 于世林．波谱分析法．重庆：重庆大学出版社，1991.

[4] 洪山海．光谱解析法在有机化学中的应用．北京：科学出版社，1980.

[5] 赵瑶兴，孙祥玉．有机分子结构光谱鉴定．北京：科学出版社，2003.

[6] 沈玉全，梁德声．有机化合物结构确定例题解．北京：化学工业出版社，1987.

[7] 张光昭．傅里叶变换光谱学原理．广州：中山大学出版社，1988.

[8] 沈淑娟，方绮云．波谱分析的基本原理及应用．北京：高等教育出版社，1988.

11 核磁共振波谱分析法

1946 年，哈佛大学的物理学家 Purcell 以及斯坦福大学的 Block 同时独立地发现了核磁共振现象（nuclear magnetic resonance，NMR)。由于这一发现，他们共同获得了 1952 年的诺贝尔物理学奖。1953 年世界上出现第一台商品仪器。

NMR 的发现及仪器的商品化对化学领域尤其是有机化学、分析化学、生物化学的发展产生了巨大的划时代的影响。现在，对一个有机化合物进行表征，没有 NMR 数据几乎是不可能的。

1949 年 Knight 第一次观测到了化学位移现象，化学位移将 NMR 与化学结构紧密地联系在了一起。它为 NMR 应用于化学研究奠定了基础。

1953 年 Meyer 等人首先报道了化学位移对有机化学的系统应用，完善了 NMR 在有机化学领域中从理论探索到实际应用的飞跃。

人们除了对 NMR 的理论继续研究之外，还在 NMR 应用的软硬件方面进行了不懈的努力。

20 世纪 70 年代后，由于微电脑的小型化以及傅里叶变换、快速傅里叶变换应用于 NMR 仪，使得^{13}C NMR 谱得以确定，使得化学研究尤其是有机物的分子结构研究，排除了许多外在因素的影响，大大地减少了分子结构的歧义性。NMR 仪器的频率已从 30MHz 发展到了目前的 900MHz，使得谱图的解析从复杂的 2～3 级谱变为较为简单的 1 级谱，解析起来更为简单，解析结果更为确切。

NMR 测定的样品除了溶液之外，现在已可以测定固体样品。

二维谱的发展为 NMR 成像技术的实现提供了理论基础，它已成为医学诊断中的重要方法，是医学影像学科中的重要分支。

目前 NMR 已成为鉴定化合物结构和研究化学动力学等方面的极为重要的方法。因此在有机化学、分析化学、生物化学、药物化学、化学工业、石油工业、食品工业、医学及物理领域等方面都得到了广泛的应用。

11.1 核磁共振的基本原理

11.1.1 原子核的自旋运动及磁矩

所有的粒子都有自旋现象，原子核也是一种粒子，也有自旋现象。

原子核由质子和中子组成，原子核的自旋状况必然和原子核中的质子数与中子数有关。根据原子核中质子数与中子数的不同，可把原子核分为三种类型。

① 质子加中子的总和为偶数，质子数也为偶数的元素即原子序数为偶数的元素的原子核的自旋量子数 $I=0$，宏观上测量不出自旋现象。例如$^{12}C_6$、$^{16}O_8$、$^{32}S_{16}$等（下角标为质子数，左上角标为质子与中子的总和）。

② 质子与中子之和是奇数，无论质子数是奇数还是中子数为奇数，这类原子核的自旋

量子数 I 均为半整数，即为1/2、3/2、5/2、…。其中 $^{1}H_{1}$、$^{13}C_{6}$、$^{15}N_{7}$、$^{19}F_{9}$、$^{31}P_{15}$ 等核的 $I=1/2$，$^{11}B_{5}$、$^{33}S_{16}$、$^{35}Cl_{17}$ 等核的 $I=3/2$，而 $^{17}O_{8}$、$^{27}Al_{13}$ 等核的 $I=5/2$。

③ 质子与中子之和是偶数，但质子数即原子序数为奇数的元素的核的 $I=1$、2、3 等正整数，例如 $^{2}H_{1}$（即氘，也可写成D)、$^{14}N_{7}$、$^{6}Li_{3}$ 等。

自旋量子数 $I\neq0$ 的原子核产生自旋运动，这种自旋运动用其自旋角动量 $\vec{P}$ 来描述，显然它是一个向量，其方向为自旋运动平面的法方向，并遵守叉积的右手定则。$\vec{P}$ 的模即大小由下式决定：

$$|\vec{P}|=\frac{h}{2\pi}\sqrt{I(I+1)}=\hbar\sqrt{I(I+1)} \tag{11-1}$$

式中，h 为普朗克常数。由式（11-1）可知，自旋角动量不是连续量，而是一个量子化的量，因为 I 的取值是量子化的。

$I\neq0$ 的原子核有了自旋角动量 $\vec{P}$，也就有了磁矩 $\vec{\mu}$，$\vec{P}$ 与 $\vec{\mu}$ 的关系如下：

$$\vec{\mu}=\gamma\cdot\vec{P} \tag{11-2}$$

式中，γ 称为磁旋比。γ 是原子核的特征常数，它与核的运动无关。由推导可知：

$$\gamma=\frac{e}{2m_{\mathrm{p}}c}\cdot g_{\mathrm{N}} \tag{11-3}$$

式中，e 是质子电荷；m_{p} 为质子的质量；c 是光速；g_{N} 是核的朗特因子。

11.1.2 磁场中的自旋核

自旋角动量 $\vec{P}$ 是一个向量，既有大小也有方向性，既可沿正方向也可沿相反方向延伸。若其有 I 个自旋量子数，再加上 $I=0$ 这一情况，它应有（$2I+1$）个取向，也就是它有（$2I+1$）个磁量子数 m，即 I、$I-1$、…、0、…、$-(I-1)$、$-I$。

例如 $I=1$，则有（$2I+1$）共 3 个取向，即 m 可取+1、0、−1。$I=\frac{1}{2}$则（$2I+1$）=2，m 可取$\frac{1}{2}$和$-\frac{1}{2}$。

当其在磁场中时，将受到磁场力矩的作用并进行定向排列，取向不同则 $\vec{P}$ 在磁场方向 z 上的投影也不一样大。投影的大小应遵从下式：

$$Pz=\frac{h}{2\pi}m=\hbar m \tag{11-4}$$

m 可有（$2I+1$）个取值，且不同的 Pz 之间将相差 $\hbar$ 的整数倍，如图 11-1 所示。

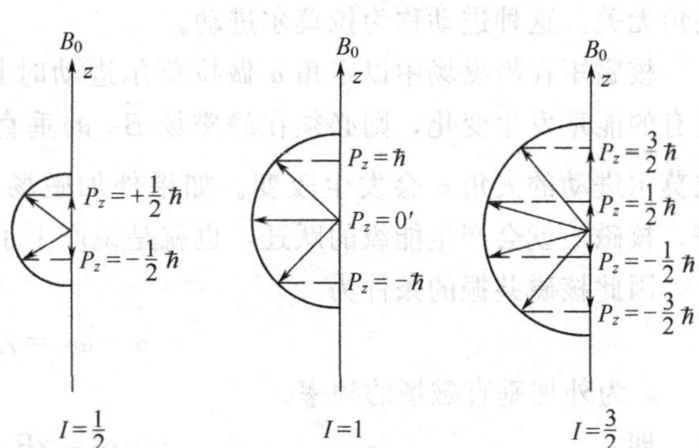

图 11-1 自旋角动量的空间量子化

同样，核磁矩在磁场中也会有（$2I+1$）个取向：

$$\mu_z=\gamma\cdot Pz=\gamma\hbar\cdot m$$

若磁场的强度为 B_0，则核的磁矩与此磁场将发生相互作用。两个向量相互作用能的大小应为两个向量的"点积"：

$$E=-\vec{\mu}\cdot\vec{B}_0 \tag{11-5}$$

因为 B_0 的方向就是 z 方向，所以：

$$E=-\mu_z \cdot B_0=-\gamma m\hbar B_0 \tag{11-6}$$

可见 E 是量子化的，每两个 E 之间相差的是 Δm 个 $\gamma\hbar B_0$，即

$$\Delta E=-\gamma\hbar B_0 \cdot \Delta m$$

因为 m 可取的值为 I、$I-1$、…、$-I$，共有（$2I+1$）个，所以 E 一共也有（$2I+1$）个值。

从式（11-5）可以看出，不同的磁量子数 m，对应于不同的能量级，如图 11-2 所示。

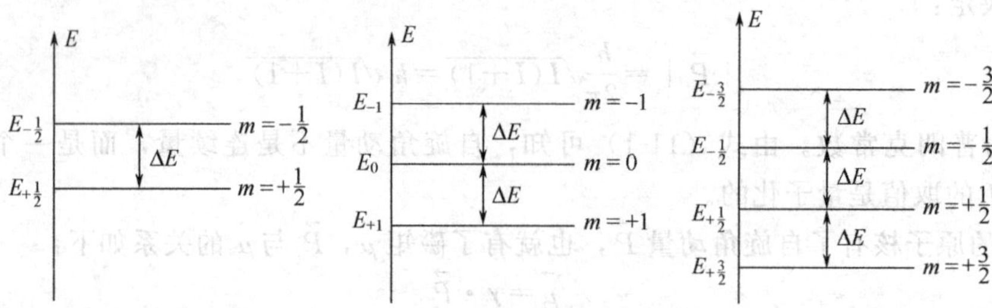

图 11-2 核磁矩在磁场中的能级

11.1.3 核磁共振的产生

自旋核围绕自旋轴做自旋运动，同时在静磁场的作用下，还会以静磁场的磁场方向为公转轴进行公转，就像陀螺一样一边自转，一边围绕地球重力场方向进行公转。这种运动称之为进动。

通过物理学的推导，可得到核磁矩在静磁场 B_0 中的运动方程，并得到其在直角坐标系的解。

$$\mu_x=A\cos(\omega_0 t+\varphi) \tag{11-7}$$

$$\mu_y=-A\sin(\omega_0 t+\varphi) \tag{11-8}$$

$$\mu_z=\text{常数} \tag{11-9}$$

式（11-7）、式（11-8）、式（11-9）说明 μ 在 xy 平面内进行转动，转动频率为 ω_0。由于 $\omega_0=\gamma B_0$。这种进动的频率只和静磁场强度 B_0 及核的磁旋比 γ 有关，而和 $\vec{B}_0$ 与 $\vec{\mu}$ 间的夹角无关。这种进动称为拉莫尔进动。

核磁矩在静磁场中以定角 α 做拉莫尔进动时其能量是没有变化的。若要使核磁矩 $\vec{\mu}$ 所具有的能量发生变化，则必须在静磁场 $\vec{B}_0$ 的垂直平面内外加一个磁场 $\vec{B}_1$。此时核磁矩做拉莫尔进动的夹角 α 会发生改变。如果外加磁场 $\vec{B}_1$ 给予核磁矩的能量刚好为 ΔE 的整数倍，核磁矩就会产生能级的跃迁，也就是说产生了共振，否则不会产生共振。

因此核磁共振的条件为

$$\omega=\omega_0=\gamma B_0 \tag{11-10}$$

ω 为外加垂直磁场的频率。

即
$$\nu=\nu_0=\gamma B_0/2\pi \tag{11-11}$$

为了满足式（11-10）或式（11-11）的要求，实际工作中可采用下列措施。

（1）扫频法　为了找到核磁共振信号，可以固定磁场（静磁场）强度，改变电磁波（外加垂直磁场）的频率，当满足式（11-10）或式（11-11）时，则有共振信号产生。这称之为扫频法。

(2) 扫场法　固定电磁波频率，改变磁场以达到共振，这称为扫场法。扫频法和扫场法都属于连续波法。

(3) 脉冲法　保持磁场恒定不变，然后施加一个全频率范围内的强脉冲而使核磁矩发生跃迁，产生共振。跃迁的核经过一段时间 t 后又重新返回低能态而放出能量，这种能量以感生电流的形式显现。感生电流是时间的函数。通过微电脑的收集，可获得时间域的波谱图。它是复杂的，仅是一个自由感应衰减波，我们无法识别它。微电脑对这个感应衰减信号进行傅里叶变换后，将时间域函数变为频率函数，我们就可以识别了。

(4) 磁旋比的影响　由式 (11-11) 可见，共振频率 ν 与核的磁旋比 γ 成正比，即原子核种类不同，γ 也不同，共振频率也不同。各原子核的磁旋比见表 11-1。

表 11-1　某些原子核的磁旋比 γ

核	$\gamma/10^7 rad\cdot s^{-1}\cdot T^{-1}$	核	$\gamma/10^7 rad\cdot s^{-1}\cdot T^{-1}$	核	$\gamma/10^7 rad\cdot s^{-1}\cdot T^{-1}$
^{1}H	26.752	^{31}P	10.841	^{23}Na	7.080
^{13}C	6.728	^{2}D	4.107	^{35}Cl	2.624
^{15}N	−2.712	^{14}N	1.934	^{39}K	1.250
^{19}F	25.181	^{17}O	−3.628	^{33}S	2.055

(5) 磁场强度的影响　由式 (11-11) 还可看出，共振频率 ν 也和磁场强度成正比。由式 (11-6) 可知 B_0 越大，核磁矩的跃迁能级差也越大，当然射频电磁波的能量也应越高，即频率也越高，事实上，B_0 的大小还会决定谱图的级别。

11.1.4 玻尔兹曼分布和弛豫过程

与核自旋跃迁有关的能量差 ΔE 是很小的，而且并不是所有核都跃迁到高能级上。玻尔兹曼运用统计学给出了处于低能态上自旋核的数目 (N_1) 与处于高能态上的自旋核数目 (N_2) 的关系式：

$$\frac{N_1}{N_2}=e^{\frac{\Delta E}{k_B T}} \tag{11-12}$$

式中，ΔE 为核能级间的能量差；k_B 为玻尔兹曼常数；T 为绝对温度。若 ΔE 很小，则 N_1/N_2 的值接近于 1。用 N_1-N_2 表示低能态上的核比高能态上的核的多余值，称之为低能态过剩，也称为玻尔兹曼过剩。

在 NMR 实验中，每 100000 个核中一般仅有一个过剩核，而吸收信号只能来源于玻尔兹曼过剩，因此 NMR 法所固有的一个特点是其灵敏度不高。所以核磁共振仪中普遍具有复杂的信号放大系统。

若 $N_1/N_2=1$，即玻尔兹曼过剩为 0，称为饱和，这时无法测得核磁共振信号。

由上述可知，为了能连续地存在核磁共振信号，则必须存在高能级的核返回低能级的过程，否则核磁共振信号将无法连续测得。

高能级的核通过非辐射跃迁至低能级的过程叫弛豫，并以弛豫时间 T 来表征其特征。T 值的大小等于经由所考察的历程恢复至平衡态所需时间的一半。显然，T 越大，表明弛豫的效率越低。

弛豫过程可分为两大类：

(1) 自旋-晶格弛豫　亦称为纵向弛豫，用 T_1 来表征。当能量转移到分子间或分子内的晶格节点时，会发生自旋-晶格弛豫。晶格节点在磁场中进行迅速的热运动而具有核磁性，故可产生出各种电流和磁偶极。这种能量交换是在体系与环境之间进行的。气体、液体和溶液的弛豫过程就属于此种类型。这种弛豫过程的效率比较恰当，能产生出窄线型的波谱，也称之为“高分辨波谱”。

(2) 自旋-自旋弛豫　亦称为横向弛豫，用 T_2 来表征。当通过自旋交换的方式将能量传输给相邻的核时，就发生了自旋-自旋弛豫。在固体试样中，这种弛豫特别有效。因为固体试样中的磁性原子核相互靠得较紧密，但这一效率会被测不准原理所抵消。因为固体中自旋-自旋弛豫很有效，因此 T_2 很小，而谱线宽度与 T_2 成反比：

$$\text{谱线宽度}=K/T_2 \tag{11-13}$$

因此产生的谱线很宽，以致不能对谱图进行详尽的分析，不可能得到很多有意义的化学信息。但它仍在固体物理的研究中是有价值的。

11.2 核磁共振的重要参数

核磁共振波谱图上的峰有化学位移 δ、自旋-自旋偶合常数 J、峰的积分面积等参数，它们都有各自的化学意义。

11.2.1 化学位移

由式(11-11) 可知，一个核的共振频率和磁场强度成正比。

【例 11-1】 ^{1}H 和 ^{13}C 核的磁旋比 γ 分别为 26.7×10^7 rad/(s·T) 和 6.7×10^7 rad/(s·T)，在 B_0 为 1T 的磁场强度下，求各自的共振频率。

解

$$^{1}\text{H}:\ \nu=\frac{\gamma}{2\pi}B_0=\frac{26.7\times10^7\,\text{rad/(s}\cdot\text{T)}}{2\times3.14}\times1\text{T}=42.58\text{MHz}$$

$$^{13}\text{C}:\ \nu=\frac{\gamma}{2\pi}B_0=\frac{6.7\times10^7\,\text{rad/(s}\cdot\text{T)}}{2\times3.14}\times1\text{T}=10.70\text{MHz}$$

从上例可以看出，NMR 法可以检测不同的元素及其同位素，因为各元素或同位素的 γ 是不相同的（表 11-1）。^{1}H 的 γ 为 $26.7\times10^7\,\text{rad}\cdot\text{s}^{-1}\cdot\text{T}^{-1}$，而氘即 ^{2}H 或写成 ^{2}D 的 γ 为 $4.107\times10^7\,\text{rad}\cdot\text{s}^{-1}\cdot\text{T}^{-1}$。

如果 NMR 仅有以上功能，那么它对研究物质的化学结构的意义就不那么重要了。实际上远非如此。[例 11-1] 分析的原子核是“裸”核，没有考虑原子核外层电子的分布状况。

核外电子的旋转也会产生一个磁场，由于电子的负电性，其方向和 B_0 相反，因此，加在核上的磁场强度不是 B_0 而是 $(1-\sigma)\cdot B_0$。σ 是一个小于 1 的正数，称之为屏蔽系数。σ 的大小反映了核外电子对核的屏蔽作用。σ 越小，共振频率越大，处于高场，相反，处于低场。

在化合物中，核的化学环境更为复杂一些，影响 σ 的因素也很多，用数学式表达如下：

$$\sigma=\sigma_d+\sigma_p+\sigma_a+\sigma_s \tag{11-14}$$

① σ_d 反映了抗磁屏蔽的大小。核外电子在外加磁场的感应下产生对抗磁场，使核实际所受磁场作用降低，应为一个正值。

② σ_p 反映了顺磁屏蔽的大小。原子周围存在着化学键，使得核外电子运动受到一定的阻碍，因为 p 电子、d 电子呈非球形对称，它们产生的磁场和抗磁效应相反，因此称之为顺磁屏蔽，σ_p 是一个负值。而 s 电子呈球形，所以它对顺磁屏蔽无贡献，^{1}H 即是如此。

③ σ_a 反映了相邻基团各向异性的影响，这将在后面再详细论述。

④ σ_s 表示溶剂、介质的影响。

对于所有同位素，σ_d、σ_p 的影响远大于 σ_a、σ_s。σ_s 对于 ^{1}H NMR 的影响大于对 ^{13}C NMR的影响。对于同一种核，由于 σ 的影响，也就是化学环境的影响，它们的共振频率是有差别的。这种由于化学环境不同而引起的共振频率偏移现象叫化学位移。虽然这种偏移值往往在 10^{-6} 数量级上，但它却给我们提供了许多重要的乃至是关键的分子内部结构的信息。

化学位移可以用共振频率之差来表示。从式（11-11）看，这种共振频率会因 B_0 的不同而改变，对于 B_0 不相同的仪器，共振频率的偏移值也是不同的。讨论起问题将会失去统一的标准。为了克服这种不统一，1970 年国际理论与应用化学协会对化学位移值进行了定义，并使用字母 δ 表示；规定左正右负，这与坐标轴的取向刚好相反。

$$\delta=\frac{\nu_S-\nu_R}{\nu_0}\times10^6 \tag{11-15}$$

或

$$\delta=\frac{B_R-B_S}{B_0}\times10^6 \tag{11-16}$$

式中，下标 S 表示样品对应的频率或场强；下标 R 则表示基准物质对应的频率或场强；ν_0、B_0 表示仪器的磁场频率或场强。

在实际操作中，在样品溶液中加入一个基准物质，以它的共振频率为标准，它的共振信号点为原点，定义 $\delta_R=0$。这和电化学中规定氢电极的电位为 0 一样。化学位移和电位都是相对量。对于同一个物质，在磁场强度不同的仪器上测试，其化学位移是不会改变的。

【例 11-2】 用 60MHz 的仪器测定样品，其共振频率比标准物质低 60Hz。若改用 500MHz 的仪器检测同样的体系，求两次的化学位移。

解 在 60MHz 下，$\nu_S-\nu_R=60\text{Hz}$，$\nu_0=60\text{MHz}$

所以 $\delta_1=60\text{Hz}/60\text{MHz}\times10^6=1$

在 500MHz 下，$\nu_0=500\text{MHz}$

因为在 60MHz 下，$\nu_{S1}-\nu_{R1}=B_{01}\cdot\gamma/2\pi=60\text{Hz}$（$B_{01}=60\text{MHz}$）

在 500MHz 下，$\nu_{S2}-\nu_{R2}=B_{02}\cdot\gamma/2\pi$

$$\text{所以 }\nu_{S2}-\nu_{R2}=60\text{Hz}\times B_{02}/B_{01}=60\text{Hz}\times\frac{500\text{MHz}}{60\text{MHz}}=500\text{Hz}$$

所以 $\delta_2=500\text{Hz}/500\text{MHz}\times10^6=1$

在测定 ^{1}H 和 ^{13}C 的 NMR 时，最常用的基准物质是四甲基硅烷（TMS）：

```
        CH3
        |
  CH3—Si—CH3
        |
        CH3
```

使用它的优点是：四甲基硅烷只有一个峰，峰形简单，一般地讲其他的 ^{1}H 或 ^{13}C 峰均出现在其右侧，都为正值；并且它的沸点只有 27℃，极易除去。如果被测样品比较贵重，要回收，也可将 TMS 封在毛细管内，加在溶液内作标准。它也是有缺点的，即不溶于水。若检测样品为水溶液，除可用毛细管法外，也可选择其他基准物质，如六甲基二硅醚（δ＝0.07）、二氧六环（δ＝3.64）、叔丁醇（δ＝1.28）、乙腈（δ＝1.95）等。^{31}P NMR 基准物质为 H_3PO_3，^{15}N NMR 基准物质为四甲基铵或硝酸银，^{17}F NMR 用 CCl_3F。不同核的化学位移值 δ 的变化幅度是不相同的。^{1}H 一般小于 20，^{13}C 的 δ 可达 600，而 ^{195}Pt 的 δ 可达 13000。

11.2.2 自旋-自旋偶合常数

在早期使用低分辨核磁共振仪测试样品时，只能得到不同化学位移的单峰。它只能说明各个峰所代表的^1H所处的化学环境。而现在使用的都是高分辨的核磁共振仪，在它的图谱上，在同一个化学位移范围内出现了多重的峰，这种谱线的精细结构也反映出了样品化学物质的结构信息。它不仅反映了相对应的核的化学环境，更向我们展示了各个被观察的核的相互位置及连接情况。这种峰的分裂是由核与核之间相互作用引起的，这种相互作用称之为自旋-自旋偶合。其作用的大小用自旋-自旋偶合常数表征，记作J。

(1) 自旋-自旋偶合作用的形成　现以相邻两个碳上的氢核之间的偶合作用为例，看这种偶合作用是如何形成的。

设分子结构式如下：

```
         H
   |     |
 —C_A—C_B—H
   |     |
  H*     H
```

现讨论C_A上的H^*对C_B上的H的偶合作用。由于C_B与C_A之间是σ键，它是可以高速自由旋转的。在这种高速旋转下，无法区别C_B上的三个氢，可以说这三个氢在化学环境上是相同的。所以在NMR谱图只出现一个化学位移而不是三个。

H^*可采取正旋或反旋两种自旋方式，因而它产生的磁场方向是相反的两个。当H^*的自旋方向和C_B上的H的自旋方向相同时，使得H的能量升高（当然H^*的能量也升高），因而偏离原化学位移位置向低场方向偏移；自旋方向相反时，根据洪特规则，能量双双降低，因而向高场方向偏移，一个峰分裂为两个峰。

由上可以看出，自旋-自旋偶合是通过成键电子对间接传递的，所以偶合的传递程度是有限的。在饱和烃化合物中，这种偶合效应一般只能传递到第三个σ键，超过三个σ键，偶合作用近似为0，峰不再分裂。若被测物是共轭体系化合物，偶合作用可通过共轭链传递得较远，如苯、萘等芳香环类化合物。有些立体结构的化合物也有类似的现象，这称之为远程偶合。

(2) 谱峰分裂的一般规律　若反过来看C_B上的三个H对C_A上的H^*的偶合情况。第一个H会将H^*的峰分裂为两个峰，假设分裂能为JHz，化学位移值为0，则一个峰应在$-\frac{1}{2}J$，一个峰应在$\frac{1}{2}J$。

第二个H会对上列的分裂峰再一次进行分裂，对于$-\frac{1}{2}J$的峰，一个峰为$(-\frac{1}{2}J-\frac{1}{2}J)=-J$，一个峰为$-\frac{1}{2}J+\frac{1}{2}J=0$（即回到原化学位移位置）。对于$+\frac{1}{2}J$的峰，一个峰为$+\frac{1}{2}J-\frac{1}{2}J=0$，在此处两个峰合并成一个峰。另一个峰为$+\frac{1}{2}J+\frac{1}{2}J=J$。所以，在$+J$的峰的概率为$\frac{1}{4}$，在$-J$的峰的概率也为$\frac{1}{4}$，而在原点的峰的概率为$\frac{1}{2}$，共有三个峰。

第三个H再对$+J$、$-J$、0的三个峰进行分裂。对于$+J$的峰分裂为$+J+\frac{1}{2}J=\frac{3}{2}J$和$+J-\frac{1}{2}J=\frac{1}{2}J$。对于$-J$的峰分裂为$-J-\frac{1}{2}J=-\frac{3}{2}J$和$-J+\frac{1}{2}J=-\frac{1}{2}J$。对于0

的峰分裂为 $0+\frac{1}{2}J=\frac{1}{2}J$ 和 $0-\frac{1}{2}J=-\frac{1}{2}J$。由于两个 $-\frac{1}{2}J$ 和两个 $+\frac{1}{2}J$ 的峰简并，因此只出现四个峰，它们的概率 $\frac{3}{2}J$ 峰为 1/8，$-\frac{3}{2}J$ 峰为 1/8，$+\frac{1}{2}J$ 峰为 3/8，$-\frac{1}{2}J$ 峰为 3/8。

因此，^{1}H 受相邻 C 上的 ^{1}H 的偶合而产生分裂的谱线条数应遵从（$n+1$）规则，即相邻 C 上的 ^{1}H 的个数为 n，则峰会分裂成 $n+1$ 个峰，而对于其他 $I\geqslant\frac{1}{2}$ 的核，则应遵从（$2nI+1$）规则。对于 ^{1}H NMR 而言，谱峰的分裂个数等于二项式 $(a+b)^n$ 的项数。

各谱峰的相对强度按二项式的各项系数的规律分布，即杨辉三角形分布：

n（^{1}H 的个数）	二项式各项系数（峰的强度）	峰形
0	1	单峰
1	1　1	双峰
2	1　2　1	三重峰
3	1　3　3　1	四重峰
4	1　4　6　4　1	五重峰
5	1　5　10　10　5　1	六重峰
6	1　6　15　20　15　6　1	七重峰

例如 $CH_3—C(H^*)(COOH)—CH_3$ 中 ^{1}H* 就会出现七重峰，各峰之间的距离相等，峰强度之比为 1∶6∶15∶20∶15∶6∶1。

(3) 偶合常数 J　核之间的自旋-自旋偶合作用的强弱用偶合常数 J 来表征，以 Hz 为单位。

偶合常数 J 反映的是两个核之间作用的强弱，这是被测物质的物性所致，它的大小、强弱与使用的仪器是无关的，这和化学位移值绝对值（以 Hz 为单位）是不相同的。

在用 90MHz 以下的核磁共振仪测试 ^{1}H 谱时，对一些链较长的有机物常会出现复杂的 2 级谱甚至 3 级谱。在这种谱图中，由于化学位移峰的分裂会造成多重峰重叠在一起，给解析图谱造成非常大的困难。有时很难分清其中的峰是偶合分裂的峰还是其他的 ^{1}H 形成的独立峰，使结果往往造成歧义性。造成这种谱图的原因是磁场的强度太小，化学位移的绝对值（Hz 为单位）也比较小，而偶合常数 J 不随磁场强度变化而变化。例如，在 60MHz 的核磁共振仪上测试—C_AH_2—$C_BH_2^*$—，C_A 上的 H 峰和 C_B 上的 H* 峰 δ_A 和 δ_B 分别为 2.14 和 2.24。而 C_A 的 H 与 C_B 的 H* 的偶合常数为 4Hz。那么在 60MHz 核磁共振谱上，每一个化学位移相当于 60Hz，$\delta_B-\delta_A=2.24-2.14=0.1$，相当于 6Hz。$C_A$ 上的 2 个 H 由于 C_B 上 2 个 H* 的偶合生成三重峰，它们位置分别在 2.14 和 ±4Hz 三个位置上。同理 C_B 上的 2 个 H* 由于 C_A 上的 2 个 H 偶合也生三重峰，位置分别在 2.24 和 ±4Hz 三个位置上，形成下列图谱（图 11-3）：

b 与 e 间隔 6Hz，b、d 和 b、a 间隔 4Hz，e、f 和 e、c 间也是 4Hz，所以 H 的峰和 H* 的峰发生了交叠。因为 a、b、d 是 H* 的峰，而 c、e、f 是 H 的峰，这是放大的图，若标尺尺度变化，将会变成一团复杂的峰，难以分析。

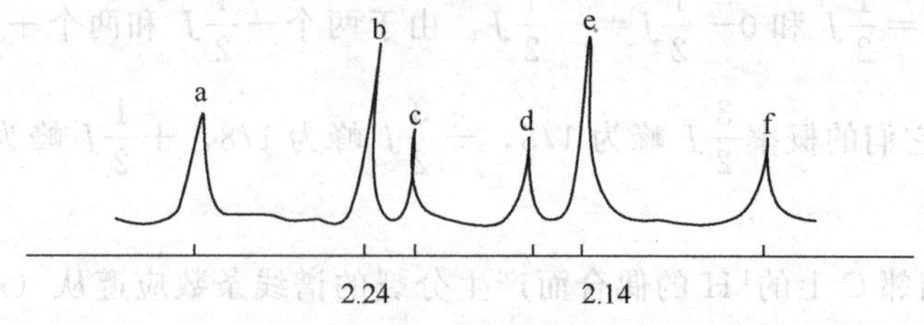

图 11-3　60MHz 的 NMR 谱图

若在 500MHz 的核磁共振仪上做测试，化学位移不会发生改变，$\delta_B-\delta_A=0.1$ 相当于 50Hz，而偶合常数不会因磁场强度变化而变化，仍保持 4Hz，因此谱峰变为图 11-4 的形式。

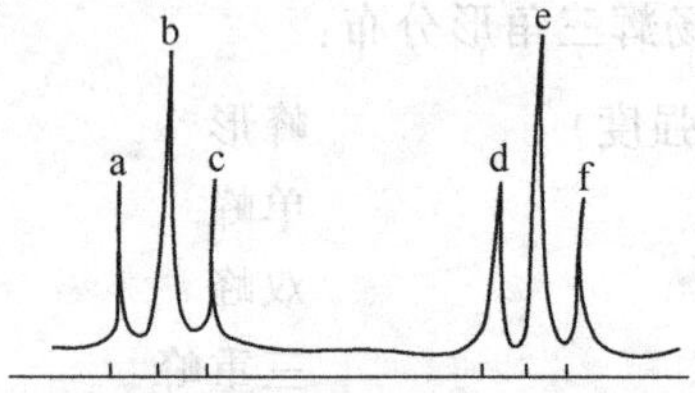

图 11-4　500MHz 的 NMR 谱图

很明显，a 与 b、b 与 c 间隔 4Hz，它们是 H^* 的峰；d 与 e、e 与 f 间隔 4Hz，它们是 H 的峰。而 b 与 e 间是 50Hz，所以两组峰不再重叠，图谱变得简单明了，易于解析，变成了一级谱图。因此随着历史的前进，现在许多 NMR 都是高频的仪器，500MHz 仪器已较普遍。

（4）峰的面积　核磁共振谱图中各组峰的面积（包括各偶合分裂峰的面积之和）反映了官能团中某种元素原子核的量，这对推测未知物结构或对混合物进行量的分析是非常重要的。峰面积的大小与官能团中某种元素的量成正比。一般讲它仅适用于某些元素，如 ^1H，而对 ^{13}C 则不适用。

峰的面积值表达有两种方法：

第一种方法为积分曲线法：在谱图完成后，进行积分曲线绘制。以对氯苯乙醚为例，其分子式为 Cl—C₆H₄—O—CH_2—CH_3，其 ^1H NMR 图谱如下（图 11-5）：

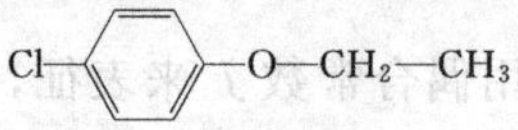

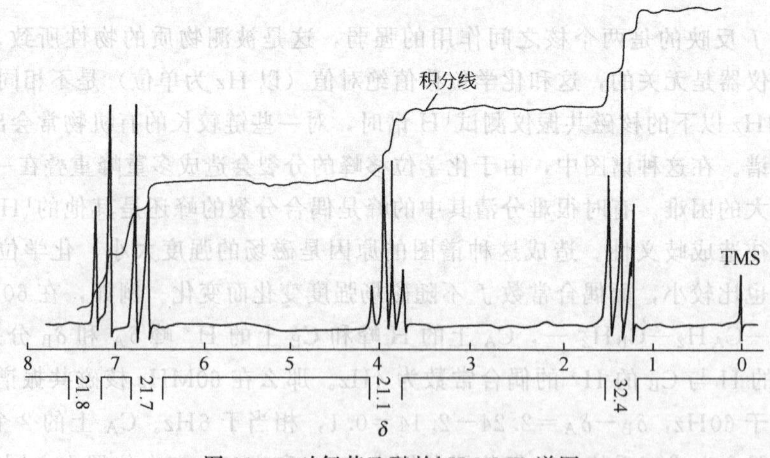

图 11-5　对氯苯乙醚的 ^1H NMR 谱图

图谱从左到右分成四组峰，依次为双峰、双峰、四重峰和三重峰。积分曲线从低到最高点共计 19mm，而化合物中共有 9 个 ^1H，因此每个 ^1H 相当于 19/9＝2.11mm。积分线从左到右共有四个台阶，每个台阶高度依次为 4.0mm、4.2mm、4.3mm、6.5mm，因此第一个双峰 ^1H 的个数为 4.0/2.11＝1.90≐2 个；第二个双峰 ^1H 的个数为 4.2/2.11＝1.99≐2 个；四重峰 ^1H 的个数为 4.3/2.11＝2.04≐2 个；三重峰 ^1H 的个数为 6.5/2.11＝3.08≐3 个。

它们依次为苯环 O 两侧碳上的^{1}H、Cl 两侧碳上的^{1}H、$-CH_2-$上的^{1}H与$-CH_3$的^{1}H，完全符合量的要求。由于各种测量灵敏度的差异，不能要求积分曲线完美无缺，计算出的结果可近似为整数。

第二种方法为利用积分仪将积分数值标于各峰之下，如图 11-5 中图的下方所示。将各积分值相加$\sum=32.4+21.1+21.7+21.8=97$。共有 9 个$^{1}H$，所以每个$^{1}H$相当于 97/9＝10.8。因此从左到右$^{1}H$的个数依次为：21.8/10.8＝2.02≐2 个；21.7/10.8＝2.01≐2 个；21.1/10.8＝1.95≐2 个；32.4/10.8＝3.0≐3 个。

11.3 核磁共振波谱仪

按获取核磁共振的工作原理，高分辨核磁共振仪可分为两大类：连续波核磁共振仪和脉冲傅里叶变换核磁共振仪。但仅限于测试液态样品，不涉及测试生物活体和固体样品的特殊要求。

11.3.1 核磁共振仪的部件

（1）磁体　若要产生核磁共振，必须有一个静磁场。产生磁场的磁体可分为永久磁铁、电磁铁、超导磁铁三种。它的作用是为核磁共振提供强而稳定的均匀磁场。对仪器的灵敏度和分辨率起决定性的因素是磁体的强度和均匀性。

永久性磁铁能产生 2T（相当于 90MHz）的磁场，20 世纪 90 年代前大多数核磁共振仪均为此种仪器。电磁铁可提供 2.3T（相当于 100MHz）的磁场，但它需要很稳定的电源及良好的磁铁冷却系统，保持磁铁恒温（±0.1℃），这限制了它的使用。超导磁铁可提供 14.1T（相当于 600MHz）的磁场，甚至可高达 800MHz。超导磁体是利用铌钛合金在液氦温度下的超导性质，线圈中可通入高强度电流而热量释放较小并使温度恒定，从而获得高强度磁场。它的优点是得到的谱图均为一级谱图，清晰、灵敏；缺点是要使用液氦或液氮，运行费用较高。目前，这种仪器已较普遍。

无论采用哪种磁体作主磁场，都要求磁场高度均匀和稳定。从式（11-11）可以看出，只要磁场不均匀或不稳定，B_0就不稳定，共振频率也将发生改变，这必将使谱峰变宽，即分辨率下降。一般核磁共振波谱法中所测化学位移的精度要求小于 0.01，所以要求磁场强度稳定性要达到 0.001 即 0.1%。为了达到这一目的，必须有效地控制温度、环境等参数的波动。在核磁共振仪中可采取频率锁定系统（锁场）以减小参数的波动。这个系统就是在原有的恒磁场中加入一个可产生微磁场的附加线圈，两个磁场方向在同一直线上。在测试过程中，操作者可选择某一种核（样品中没有的或样品中已有的，如重水 D_2O 中的 D）作为锁场的参照核，它的共振频率是固定的。当主磁场的强度发生漂移时，根据式（11-11），参照核如 D 的共振频率也要发生漂移。这种漂移一旦产生，仪器将输送一个反馈信号给附加线圈，它将会产生一个相反方向的微磁场，修补恒磁场的漂移，使其回到稳定状况，这就可以保证磁场的稳定，从而保证了测试的精度。

即使采取锁场系统保持磁场的稳定，也还不能保证磁场是均匀的，尤其是在磁场的边缘部分。为了达到均匀的目的，可在磁体附近设置若干对匀场线圈，每一对匀场线圈产生某种特定形状的磁场，以提高磁体产生磁场的均匀性。核磁共振仪在测试样品之前，调节仪器，使标准样品（例如乙醛）谱峰的半峰宽达到最小，达到最好的分辨率，其实质就是调节这些匀场线圈的电流强度，使总磁场更均匀。

样品管的体积（或直径）要远远小于磁体的尺度。样品管快速旋转也是克服磁场不均匀性的一种办法，它将使谱峰宽度大大降低。样品管旋转的副作用是可能产生边带峰，即在信号峰左右对称处出现对称峰，它可强可弱。样品管旋转速度改变，其峰与信号峰的距离也发生改变，这是边带峰的一个特性。

(2) 射频发生器　射频发生器可提供 NMR 吸收所需射频源（能量），它是由垂直于磁场方向的线圈提供的，它可以调节射频频率，以达扫描的目的。

(3) 探头　探头是核磁共振波谱仪的心脏部分，处于磁铁的间隙或超导磁体中央，包括以下部件：放置样品管的垂直圆形套管，包括使样品管旋转的空气涡轮机；射频发射线圈和信号接收线圈；两套独立的压缩管路系统，一套用于样品管旋转，一套用于样品的变温测量。

(4) 积分器　对波谱峰下面积进行积分，它是通过积分电路实现的。在进行积分时，对谱仪正常扫描没有干扰。

11.3.2 连续波核磁共振仪

前已表述，为了实现核磁共振可采用扫场方式也可采取扫频方式，它们均可通过附加线圈和改变电流强度的方式来实现。无论采取哪种方式，都是连续变化能量使不同基团的核依次满足式（11-11）的条件而产生共振，画出谱线。在任何一瞬间，只有一种满足共振条件的核处于共振状态，而其他的核均都处于“非跃迁状态”，等待共振条件的到来。

当样品量较小或同位素丰度较低（如^{13}C），磁旋比又较小时，一次信号的强度太小，即使通过电子放大线路放大也是不够的，因此必须进行信号的累加，即扫描 n 次，使得所需信号足够大。

在进行若干次扫描累加时，信号强度 S 与扫描次数成正比：

$$S_{总}=nS \tag{11-17}$$

但随机的噪声干扰 N 也在增加，它与扫描次数的平方根成正比：

$$N_{总}=\sqrt{n}N \tag{11-18}$$

所以信噪比与原信噪比的比值为：

$$\frac{S_{总}}{N_{总}}=\frac{nS}{\sqrt{n}N}=\sqrt{n}\frac{S}{N} \tag{11-19}$$

多次扫描提高了信噪比，这是多次扫描的优点之一。

NMR 扫描的速度不可能太快，即使 100s 扫描一次，扫描 100 次也需近 3h。一个样品测试时间过长，要保持核磁共振仪各个参数稳定不漂移是相当困难的。因此对于需扫描次数较多的核（如^{13}C），就会造成谱峰严重失真，甚至无法得到 NMR 谱图。这是连续波核磁共振仪严重的缺点。

11.3.3 傅里叶变换核磁共振仪

傅里叶变换核磁共振仪是 20 世纪 70 年代后逐渐取代连续波核磁共振仪的。傅里叶变换核磁共振仪是采用脉冲方式而不是射频发生器方式来提供能量，因此这类仪器称之为脉冲傅里叶变换核磁共振仪（pulsed Fourier transform NMR），简称 PFT-NMR，或 FT-NMR。

PFT-NMR 和连续波核磁共振仪不同，仪器将发射频率为 f_0 的等幅脉冲方形波。这个方形波包含了 NMR 所需的各种频率的辐射，这从数学中的傅里叶级数是不难理解的：

$$y(t)=\frac{a_0}{2}+\sum_{n=1}^{\infty}\left[a_n\cos(2\pi nf_0t)+b_n\sin(2\pi nf_0t)\right] \tag{11-20}$$

一个脉冲波都可展开成式（11-20）的函数，即包括了各种频率的电磁波。在这种电磁波频率范围内不同基团的核同时发生共振，并产生各自的共振信号，而不像连续波核磁共振仪那样，一个时间下只有一种化学状态下的核发生共振，其他化学环境下的核处于“等待状态”。一个脉冲方波的时间间隔为 t_p，往往只有几十微秒，也就是说几十微秒内就相当于连续波的一次扫描。

脉冲的强度分量应满足下式：

$$H(f-f_0)=\frac{At_p}{PD}\times\frac{\sin\pi(f-f_0)t_p}{\pi(f-f_0)t_p} \tag{11-21}$$

当 $t_p=1/(f-f_0)$ 时，振幅（强度）=0，即一个脉冲完成。已知 t_p 为几十微秒，所以 $(f-f_0)$ 即频率范围在 10^5 Hz 数量级上。若主磁场强度为 800MHz，化学位移最大值可达到

$$\delta=\frac{10^5\times10^6}{800\times10^6}=125 \tag{11-22}$$

它足以满足^{1}H NMR 的要求。若为了满足^{13}C NMR δ 最大可达 800 的需要，即

$$\delta=[(f-f_0)/(800\times10^6)]\times10^6>800 \tag{11-23}$$

则 $f-f_0>640000$，即

$$\left(t_p=\frac{1}{f-f_0}\right)\leqslant\left(\frac{1}{640000}\text{s}=1.6\mu\text{s}\right)$$

因此，只要脉冲宽度足够窄，就可以使各种核在需要的频率范围都可能产生共振。脉冲总能量也应足够大，也就是脉冲强度要足够高。在连续波核磁共振中，射频强度是 10^{-6} T 数量级，而在傅里叶变换仪中是 10^{-4} T 数量级，增大 100 倍。

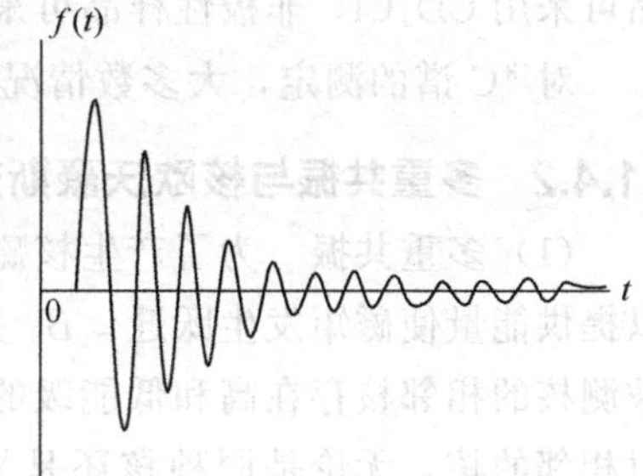

图 11-6 脉冲信号的衰减

由脉冲产生的信号是一个多种频率信号的叠加并且是时域函数，这些信号将随时间而产生衰减，是一个自由感应衰减信号。如图 11-6 所示。

这种信号人们是无法将其与波谱相联系的。这些信号输入计算机后，通过傅里叶积分变换转换成频域函数：

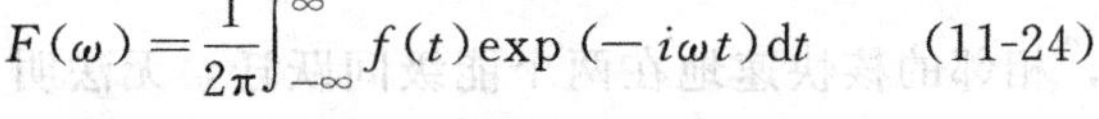

$$F(\omega)=\frac{1}{2\pi}\int_{-\infty}^{\infty}f(t)\exp(-i\omega t)\,dt \tag{11-24}$$

式中，$f(t)$ 即是自由感应衰减信号函数。

傅里叶变换核磁共振波谱仪的原理已探讨清楚了，但是式（11-24）的积分并不是一个简单的问题，它必须要通过数学计算来实现。在计算过程中需要大量的计算机内存，但这一问题小型电脑一直没有解决。到 20 世纪 60 年代中期 Cooley 和 Tukey 提出了快速傅里叶变换的计算方法后，使用的内存大大减少，使得小型电脑可用于 NMR 仪。因此，70 年代后，这种脉冲傅里叶变换核磁共振仪才得以商品化。

采用脉冲傅里叶变换 NMR 仪可对样品量小的样品进行累加测试，也使得^{13}C 谱更加普及使用。因为^{13}C 的自然丰度只有 1%，磁旋比 γ 仅是^{1}H 的 25%。对于^{13}C 而言，即使它的浓度与 H 的浓度相等，要获得 H 谱同样强度的信号，它需累加的次数是 H 谱的 400 倍。脉冲 NMR 仪全频共振一次只需约 1s（包括脉冲宽度，周期发射脉冲及接受信号时间），1000 次也不超过 20min。显然可大大减小仪器不稳定造成的影响，同时信噪比可提高 $\sqrt{n}$ 倍，使

得谱图大为改观，更清晰，更精细。

由于其全频共振时间非常短，这为化学动态过程、瞬时现象、反应动力学等方面的研究提供了强有力的手段。

11.4 实验技术

在利用 NMR 法研究化学物质样品或化学过程中还需注意一些实验技术的运用。

11.4.1 样品制备

一般的 NMR 仪主要测试液态样品，当样品是固体时，需用合适的溶剂溶解成为溶液。溶液的黏度应比较小，黏度较大的样品可采用低浓度溶液或升高测试样品时的温度。当然，溶剂的沸点也是要考虑的问题。有的样品需在较低温度下测试，则应选择凝固点更低的溶剂。

为了使溶剂的信号不干扰被测样品的信号，在做^{1}H NMR 时，一般选择氘代试剂作溶剂。所谓氘代试剂就是试剂中所有^{1}H 用其同位素^{2}H(^{2}D) 代替。如 D_2O（重水）、$D_3C\overset{\overset{\large O}{\|}}{C}CD_3$（氘代丙酮）、$CD_3Cl$（氘代氯仿）、$C_6D_6$（氘代苯）等，这些试剂较贵，并且要求开启后立即使用，开启后不能存放，否则会变成普通试剂。氘代试剂的 D 核又可作为锁场核使用，以保证所得谱分辨率较好。

根据相似相溶的原理，极性大的样品可用 D_2O、$O{=}C(CD_3)_2$ 作溶剂，中、低极性样品可采用 CD_3Cl，非极性样品可采用 C_6D_6、$O{=}S(CD_3)_2$（氘代二甲基亚砜）等。

对^{13}C 谱的测定，大多数情况下也需要测^{1}H 谱，同时为了锁场，试剂也采用氘代试剂。

11.4.2 多重共振与核欧沃豪斯效应

(1) 多重共振　为了产生核磁共振，必须在静磁场 B_0 的垂直平面上附加一个磁场 B_1 以提供能量使磁矩发生跃迁。B_1 是通过电磁波照射样品来实现的。在共振的过程中，由于被测核的相邻核存在高和低能级的自旋，因此被测核的共振峰会产生自旋偶合而分裂。如果对相邻的核，无论是同种核还是异种核再附加一个电磁波 B_2，根据 B_2 强度大小的不同，被测核的共振峰会产生一些变化。

① 当 $B_2 \gg J$（偶合常数）时，相邻的核快速地在两个能级间跃迁，无法明显地区别它们的能级，因此相邻核不能和被测核产生偶合，而使被测核的峰合并为一单峰。例如 $-CH_2-CH_3$，对 CH_3 而言，它受到$-CH_2-$的偶合应呈现三重峰。若用远大于 J 的 B_2 照射$-CH_2-$，此时$-CH_3$ 只表现为单峰，这个过程称为自旋去偶。当然它也适用于异核间的偶合作用。例如^{13}C NMR 中经常使用这种技术，以消除^{1}H 对^{13}C 的偶合，这种^{13}C 谱叫作全去偶谱，谱形更为简单，除了对称因素外，每一个^{13}C 只出现一个单峰，其强度得到加强。

② 当 $B_2 \approx J$ 时，将达到选择性去偶的目的，它的作用是确定偶合常数 J 的相对符号。

③ 偏共振去偶，主要用于^{13}C NMR 谱，它将其他核对^{13}C 核的偶合全部去掉，只保留^{1}H 对^{13}C 核的偶合，这可以非常简单地区分伯、仲、叔、季碳。伯碳$-CH_3$ 有三个^{1}H，分裂为四重峰；仲碳$-CH_2-$有两个^{1}H，分裂成三重峰；依此类推，叔碳为二重峰，季碳为单峰，这对确定有机物的结构至关重要。

一般讲多重共振大多数采用二重共振。

(2) 核欧沃豪斯效应 (nuclear Overhauser effect, NOE) 1953 年欧沃豪斯 (Overhauser) 发现，在金属原子体系中，如果用一个高频场作用到样品上使电子自旋发生共振并达到饱和状态，有关电子能级上的粒子数达到相等，从而破坏了核自旋能级上的核数的平衡分布，这时核自旋有关能级上的核数差额增加很多，因此核磁共振信号大为加强，这就是欧沃豪斯效应。1965 年又发现，在核磁共振中，饱和某种自旋核，则与其相近的另一种核的共振信号强度也增强（两核之间不一定有偶合关系），这种现象叫作核欧沃豪斯效应，简称 NOE。

对于一个 AX 系统，如果要观察 A 核的谱线，而又要做多重共振，即用较大功率的第二射频场 B_2 作用于样品，照射 X 核，并使它的频率 ν_2 满足 X 核的共振条件，那么 X 被饱和。相对于 X 未被饱和状态，会使 A 核在两个能级上的核数之差增加很多，根据玻尔兹曼分布，核磁共振信号的强度完全是由这个核数目的差值决定的。因此 A 核的 NMR 信号大大增加了。这是核欧沃豪斯效应所引起的。增加的部分称之为 NOE 增强因子，用 η 表示：

$$\text{NOE}=\frac{B_2\text{ 照射后谱线强度}}{\text{未加 }B_2\text{ 照射时的谱线强度}}=1+\eta \tag{11-25}$$

对于不同的自旋体系，η 有最大值，若 A 核为 C，X 核为 H，那么

$$\eta(\text{最大})=\frac{1}{2}\times\frac{\gamma_X}{\gamma_A}=\frac{1}{2}\times\frac{\gamma_H}{\gamma_C}=1.988 \tag{11-26}$$

即谱线增强因子的大小取决参加双共振的原子核的磁旋比的比值。

由于核欧沃豪斯效应的存在，凡是采用了多重共振实验技术而得到的谱图，例如全去偶谱、选择性去偶谱或偏共振去偶谱均不可用于量的分析，因为此时谱图强度已与核的量不成正比了。

在^{1}H NMR 中，NOE 的最大用途是解决立体化学问题。若两核间的距离为 r，则 NOE 与 r^{-6} 成正比，对于^{1}H 来说，当 $r<0.35$nm 时才能明显地观察到 NOE。例如下列化合物：

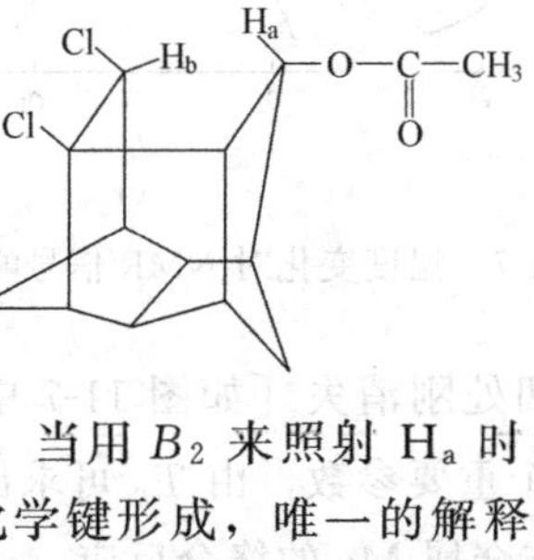

Cl Hb Ha O—C—CH3 O Cl Cl Cl

H_b 和 H_a 相隔 5 个键，$r\gg0.35$nm，当用 B_2 来照射 H_a 时，H_b 的信号强度增加了 45%。这是 NOE 造成的，它不可能通过化学键形成，唯一的解释是 H_a 和 H_b 虽然远隔 5 个键，在空中它们是接近的，但没有化学键。这个现象只能说明它的空间构象如上图，假如 H_a 和 $-O-\overset{O}{\overset{\|}{C}}-CH_3$ 交换位置，将不产生 NOE 现象。

再如下列化合物：

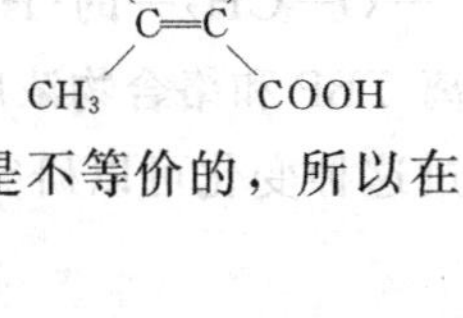

CH_3^* H_a C=C CH_3 COOH

在化学环境上—CH_3^* 与—CH_3 是不等价的，所以在^{1}H NMR 谱上出现 $\delta=1.42$ 和$\delta=$

1.97 两组—CH_3 质子峰。那么—CH_3^* 中的质子是哪一个峰呢？当用第二射频场 B_2 照射 $\delta=1.42$ 的甲基时，H_a 的峰面积增加 17%，而照射 $\delta=1.97$ 时，H_a 的峰面积不增加，可见 $\delta=1.42$ 的峰应与 H_a 距离近。所以 $\delta=1.42$ 的峰应是与 H_a 处于顺式的—CH_3^* 的峰，—CH_3的峰应在 $\delta=1.97$。

11.4.3 动态核磁共振实验

（1）动态核磁共振实验　动态核磁共振实验是核磁共振波谱学中有一定独立性的分支。它以核磁共振仪为工具，研究一些动力学过程，可以得到动力学和热力学参数。

每种仪器都有一个响应时间，称之为“时标”，当这个响应时间很短时，可以详细地描述细节过程，这相当于电视的慢镜头。当响应时间与过程的变化相比较长时，它将无法描述这些细节，只可得到一个平均的结果，这相当于电影，我们并未感到它的间断。因此，若要了解一个过程的细节，或大大缩短响应时间即“时标”，相当于用高速摄影机拍摄，或减缓过程的速度，相当于运动教练在分解一套连续动作。

^1H NMR 谱研究的对象为溶液，常涉及分子内的旋转、化学交换反应等。在这样的过程中，某些官能团的化学位移会有一定的变化，这种变化反映了过程的变化。例如化合物 *N*,*N*-二甲基乙酰胺：

$$\begin{array}{c} O \qquad CH_3 \\ \diagdown\!\!\!\!= C—N \\ CH_3 \qquad CH_3^* \end{array}$$

由于 N 上有一对隐形的孤电子对，因此 N 上两个甲基—CH_3 是不等价的。C—N 间的 σ 键可以自由旋转，温度较高时旋转的速度也较高，NMR 仪只测到一个平均的峰。随着温度的下降，旋转速度下降，NMR 仪可逐步地分清—CH_3 和—CH_3^*，一个峰便逐渐地开始分裂一直到成为两个完全独立的峰，如图 11-7 所示（温度 $t_1>t_2>t_3>t_4>t_5$）。

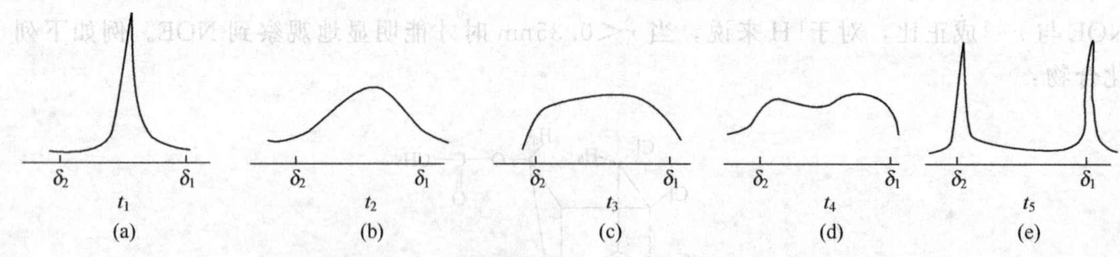

图 11-7　温度变化对 NMR 信号峰形的影响

当两个峰会合，两个峰间凹处刚消失［如图 11-7 中的(c)］的温度 t_3，称作融合温度 T_c，它是动力学核磁实验的一个重要参数，由 T_c 可求出许多热力学和动力学参数。

对于磷酸三丁酯（TBP）与金属 Me 的络合反应：

$$Me + n\ O{=}P\begin{cases} OCH_2—C_3H_7 \\ OCH_2—C_3H_7 \\ OCH_2—C_3H_7 \end{cases} \rightleftharpoons Me\left[O{=}P\begin{cases} OCH_2—C_3H_7 \\ OCH_2—C_3H_7 \\ OCH_2—C_3H_7 \end{cases} \right]_n \tag{11-27}$$

游离 TBP 的—O—CH_2—中^1H 的化学位移 δ_1 与络合物的—O—CH_2—中^1H 的化学位移 δ_2 是不相同的。在一般条件下，—O—CH_2—的^1H 既不出现在游离 TBP 的位置也不出现在络合物的位置，而是出现在游离 TBP 和络合物浓度的加权平均位置上。随着 TBP 浓度的变化，化学位移 δ 也在变化，通过这种变化可以研究式（11-27）的平衡关系。随着时间的变化，δ 也在变化，可研究其反应速度等动力学现象。随着温度的下降，一个—O—CH_2—峰可明显地分裂成两个峰，通过 T_c 的确定可求得活化能、活化熵、活化焓等，并对其反应机理进行研究。

这种变温的实验技术还可以对构象互变、异构化反应等进行研究。

(2) 活泼氢（—OH、—NH、—SH）的交换 当存在着快速交换反应时，如：

$$RCOOH_a + HOH_b \rightleftharpoons RCOOH_b + HOH_a \tag{11-28}$$

观测的 δ 值公式遵从加权平均关系：

$$\delta = N_a\delta_a + N_b\delta_b \tag{11-29}$$

式中，N_a、N_b 分别为 H_a、H_b 的摩尔分数。因此，对于羧酸水溶液，其羧基的 ^1H 的化学位移既不是纯羧酸信号也不是水的信号，而是按式（11-29）关系出现的信号。

对于体系中含有多种活泼氢时，式（11-29）变为

$$\delta = \sum N_i\delta_i \tag{11-30}$$

—OH、—NH、—SH 是常见的活泼氢基团，其交换速度的顺序为—OH＞—NH＞—SH。当它们进行快速交换时，除了要遵从式（11-30）的关系外，活泼氢与相邻的含氢基团的谱线不会出现它们之间的偶合分裂。这是因为交换反应速度太快，交换所需时间远远地小于“时标”，仪器无法分辨所致。

由于活泼氢可被交换，因此，在怀疑样品是否含有活泼氢时，在做完核磁谱图后，加几滴重水（D_2O）并振荡，—OH、—NH 的氢即被氘取代。再作图时，如发现原图中某些峰消失，表明该峰为—OH 或—NH，因 ^2D 不发生共振。这是一种很可靠的鉴定活泼氢的方法。

11.5 氢核磁共振谱（^1H NMR）的应用

氢核磁共振谱 ^1H NMR 的最大用途是对有机物质进行结构的鉴定。虽然熔点、折射率可以确定样品的纯度，红外光谱、紫外光谱可给出官能团的种类和共轭结构的信息，但在各官能团的相互连接方式上，^1H NMR 谱图是至关重要的表征。

11.5.1 未知物结构鉴定的一般步骤

(1) 提纯未知物 要对未知物的结构进行鉴定与表征，首先要得到纯度较高的物质，纯度应保持在 99.5%以上。纯度较高的物质或它的衍生物必须有稳定的熔点、沸点，且熔程较小，在 1～2℃之间。当然也可以通过其他物性数据、薄层色谱数据（例如只有一个斑点）确定纯度。

(2) 确定分子量 可通过质谱仪的分子离子峰确定分子量，也可通过其他物理化学方法，如沸点、凝固点、渗透压的变化确定分子量。

(3) 确定组成 对未知物作全面的元素分析，确定各元素的百分含量，再和分子量数据结合，可得到其分子组成。

例如：分子中 C 的个数

$$\begin{aligned} n_C &= M \times C_X\% / M_C \\ &= M \times C_X\% / 12.01 \end{aligned}$$

式中，M 为分子量；$C_X\%$ 为元素 C 的百分含量。计算出的 n_C 取其最接近的整数。以此类推。

氢的个数：　　　　　$n_H = MH_X\%/1.008$

氧的个数：　　　　　$n_O = MO_X\%/15.999$

氮的个数：　　　　　$n_N = MN_X\%/14.01$

氯的个数：　　　　　$n_{Cl} = MCl_X\%/35.45$

磷的个数：　　　　　$n_P = MP_X\%/30.97$

(4) 计算样品的不饱和度　所谓不饱和度是指分子式中双键（或叁键）与环数的总和，它对推断分子结构非常有帮助。计算不饱和度的公式为

$$\Omega = \frac{1}{2}[2\times n_C - n_H + \sum n_i(V_i - 2)] + 1 \tag{11-31}$$

式中，n_C 为分子式中C的个数；n_H 为H的个数；n_i 为其他元素的个数；V_i 为其他元素在分子中形成共价键的键数。如N若形成胺 $CH_3—NH_2$ 则 V_i 取3，若N以 $—NO_2$ 存在，则 V_i 取5。当 $\Omega \geqslant 4$ 时，首先应考虑存在苯环。

(5) 确定官能团　由紫外光谱图确定是否存在共轭体系，红外光谱图可确定主要官能团。

(6) 确定相互位置的关系　由 ^{13}C NMR和 ^1H NMR谱图确定各基团的相互连接形式。

(7) 验证分子结构式与各谱是否相符　最终确定分子结构。

11.5.2 ^1H NMR谱化学位移的解析

化学位移可以给出分子结构和分子间相互作用最重要的信息。人们从大量的实验数据归纳总结出一些估量化学位移的依据。附录列举了不同结构中 ^1H 的化学位移范围，可供解析化学位移与分子结构时参考。

^1H 的核外只有s电子，由式（11-14）看，σ_p 不用考虑，抗磁屏蔽 σ_d 将起主要作用。因此结构上的改变或介质影响使得氢核外电子层密度降低，必导致 σ_d 减小，σ 也减小，则 $\nu_R - \nu_S$ 必然增大，δ 也增大，向左移动。

影响 σ_d 即影响 δ 的主要因素如下。

(1) 取代基的电负性　即同C原子所连接的另一元素的电负性。其电负性越大，^1H 的核外电子云越向其偏移，甚至可导致 ^1H 变为 H^+，δ 越向左移。以甲烷的取代衍生物为例（见表11-2）可以看出这一规律。

表11-2　甲烷衍生物的化学位移

化合物	CH_3F	CH_3OCH_3	CH_3Cl	CH_3I	CH_3CH_3	CH_3Li
δ	4.26	3.24	3.05	2.16	0.88	−1.95
电负性	4.0	3.5	3.0	2.65	2.5	0.9

取代基的影响可通过诱导效应沿碳链延伸，依次减弱，α 碳原子上的 ^1H 位移明显，γ 碳原子上的 ^1H 位移已甚微。

(2) 双键的作用　与 ^1H 相连的碳原子若存在双键，δ 也会变大。这是由于形成双键时，碳原子采取的是 sp^2 杂化，p电子相对于 σ 键 sp^3 杂化从75%减至66%，电子云更靠近碳核，对 ^1H 的屏蔽更小，δ 更大。

(3) 环状共轭体系的影响　乙烯的 δ 值为5.23，而苯环的 ^1H 的 δ 为7.3，但它们的碳原子都是 sp^2 杂化。即使是开链的共轭双键，其 δ 也不过在6.0～6.5。很明显，苯环上的

^{1}H 的 δ 值明显地移向低场，环结构应该是主要因素。假设苯环或所有符合休克尔规则有离域 π 电子的环状共轭体系的环平面与外磁场方向相垂直，其离域电子在外磁场的作用下，根据螺旋管左手定则，在环上形成顺时针方向的环电流（电子流方向为反时针）。同时这个环状电流在外磁场的作用下，根据螺旋管右手定则，在管内（环内）产生一个与外磁场方向相反的附加磁场 B_X，这符合吕·查德里原理。外加磁场 B_0 将会破坏苯环中电子平衡，而电子流产生反向磁场，向着减小这种破坏原平衡的方向作用。但是苯环上的氢在环外，在环外附加磁场 B_X 与外磁场方向相同，相当于氢核被去屏蔽，化学位移 δ 增大，如图 11-8 所示。

如果氢核在环的上、下方或环内，则由于 B_X 与 B_0 方向相反，受到强烈的屏蔽作用，δ 值会大大减小，甚至可以小于 0。

例如王冠烯，其结构如下图所示：

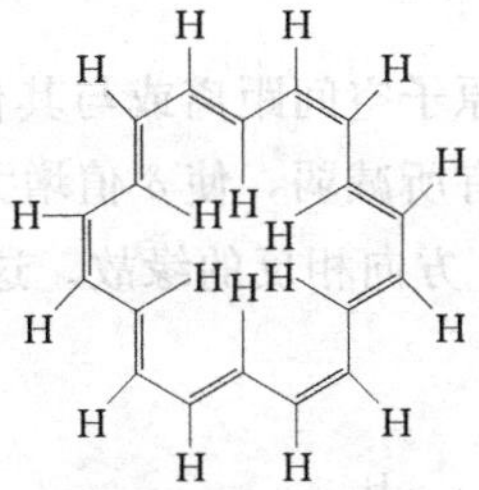

它是一个大 π 键，在环内有六个氢，环外有 12 个 H，环外的^{1}H 化学位移在低场，δ＝9.28，而环内的^{1}H 受到强烈的屏蔽，^{1}H 的化学位移在高场方向，δ＝$-$2.99，相差 12.27。

(4) 相邻键的磁各向异性的影响　环状共轭体系的环电流是一种化学键磁各向异性的表现。其他化学键也存在磁各向异性，这是一个普遍现象。

若相邻键全部是 σ 键，采取 sp^3 杂化，各键的夹角为 109°28′，如 11-9 图所示（⊕表示屏蔽作用，⊖表示去屏蔽作用）。电子在 C—C 间作环状运动，形成环电流，B_X 的方向与 B_0 相一致，是在去屏区。

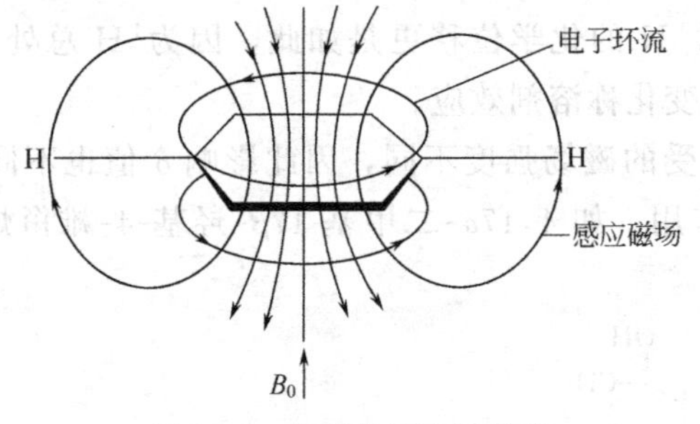

图 11-8　苯环的环电流效应

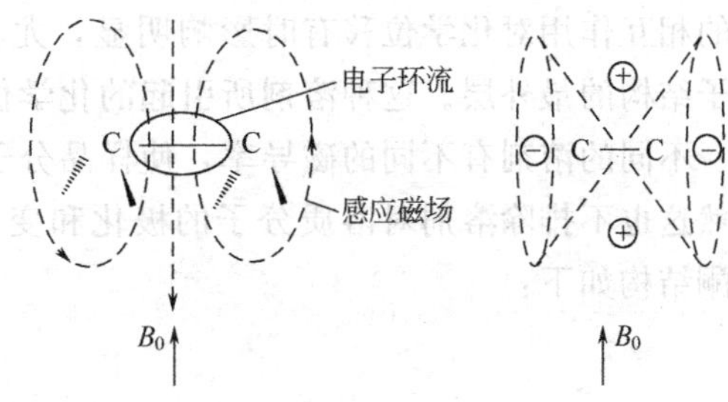

图 11-9　σ 键的环电流

若相邻键有 π 键，是双键即 sp^2 杂化，π 键与 σ 键所在平面是垂直的。平面上 3 个 σ 键，夹角为 120°。如 11-10 图所示，虚线部分表示环电流，^{1}H 也在去屏区，向低场移动，δ 值增大。

若相邻键是叁键，即 C 采取 sp 杂化，就有两个 π 键，而且相互垂直，在与 σ 键相垂直的空间，全部被 π 电子包围，形成的环电流平面垂直于 σ 键，如 11-11 图所示，^{1}H 刚好在屏蔽区，因此虽然化学位移 δ 值比 sp^2 杂化要小，但由于 sp 杂化中 s 成分比 sp^3 杂化要多得多，电子更向 C 偏移，其化学位移值仍比 σ 键要大。

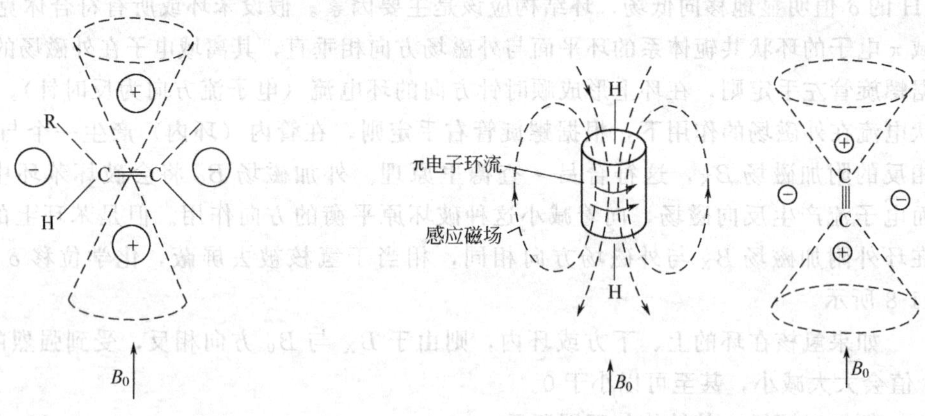

图 11-10　双键的环电流　　　　图 11-11　叁键的环电流

(5) 范德华力的影响　两个氢原子空间距离或与其他原子间的距离小于范德华半径时，氢核外电子云密度降低，屏蔽效应有所减弱，使 δ 值增大。这也是因为产生的偶极在磁场作用下，产生的附加磁场与静磁场 B_0 方向相反的缘故。这种效应称之为范德华效应。

例如下列化合物的化学位移值：

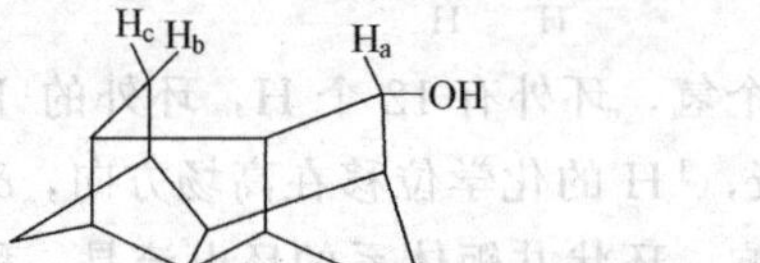

H_a　$\delta=5.52$

H_b　$\delta=2.4$

H_c　$\delta=1.1$

H_a 的 $\delta=5.52$ 主要是碳上有氧所致，但一般应在 4.3～4.8 左右。H_b、H_c 似乎都应在 1.1 左右，但由于空间结构导致 H_a 与 H_b 之间距离很近，电子云相互排斥，致使屏蔽减弱，因此 δ 都有所增加，而 H_c 无此影响。

(6) 溶剂效应　由于 NMR 信号测定几乎全部是在液相中进行的，因此溶剂与样品分子间的相互作用对化学位移有时影响明显，尤其对 ^1H 的化学位移更是如此，因为 ^1H 总处于分子结构的最外层。这种溶剂所引起的化学位移变化称溶剂效应。

不同的溶剂有不同的磁导率，使样品分子所受的磁场强度不同，因此影响 δ 值也不同。当然这也不排除溶剂对溶质分子的极化和变形作用。如 4,17*α*-二甲基-17*β*-羟基-4-雄甾烯-3-酮结构如下：

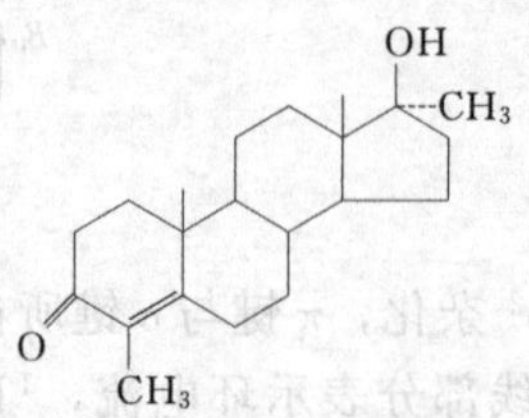

分子中共有四个甲基，以 $CDCl_3$ 作溶剂，四个甲基只出二组峰，分别是 10、13 位上的甲基和 5、17 位上的甲基。而改用吡啶后，四个峰全部分开。

值得指出的是，当用氘代氯仿作溶剂时加入少量氘代苯，利用苯的磁各向异性，可使原来相互重叠的峰组分开。这是一项有用的实验技术。

(7) 氢键的影响　对于极性物质溶解在极性溶剂中，有时会形成分子间或分子内的氢键。氢键会使^{1}H受到强烈的去屏蔽作用，使δ值增大。例如羧基形成很强的氢键，δ值一般都超过10，特别要注意分子内形成五元或六元环状的氢键的化学位移变化，这对于识别苯环上是邻位二取代还是间位或对位二取代有重要意义。

(8) 化学位移试剂　镧系元素的顺磁性能产生较强的局部磁场，当有机化合物中有孤对电子的元素与其产生配合物时，也具很强的顺磁性。这种络合物加入样品溶液中，可使样品中^{1}H的化学位移产生变化。这种作用称之为赝触位移，这种试剂称位移试剂。利用此原理，可用镧系元素络合物作为化学位移试剂，可使样品^{1}H化学位移变化达20，大大增加了待测分子中^{1}H NMR波谱的分布范围，有利于简化谱图。赝触位移与^{1}H到顺磁中心距离有关，可提供很有价值的结构信息。

常用的化学位移试剂有Eu（δ增大）和Pr（δ减小）的2,2,6,6-四甲基庚基-3,5-二酮络合物及氟化烷基-β-二酮络合物。

(9) ^{1}H化学位移的经验估算法　有不少学者想通过与^{1}H相连的官能团、键的各种理化性质的表征值来确定其化学位移，均不能得到满意的效果，但可以达到估算的目的。这些算式均是经验的，通过大量实验数据回归和检验得出的。对于大多数类似的^{1}H化学位移的估计误差是较小的。但如果对一些新化合物出现不符的现象也并不足以为奇。现介绍部分经验公式如下：

① 甲基（$-CH_3$）、亚甲基（$-CH_2-$）、次甲基（$-CH$）的化学位移受同碳上的取代基的影响较大，邻碳上的取代基也有影响，但较小。间隔一个碳则更小，仅为0.02～0.2。

有两个或两个以上取代基的亚甲基或次甲基可按肖雷利公式计算：

$$\delta = 0.23 + \sum \sigma \tag{11-32}$$

各取代基的屏蔽常数σ可见表11-3。

表11-3　各取代基的屏蔽常数σ

取代基	σ	取代基	σ	取代基	σ
$-CH_3$	0.47	$-CF_3$	1.14	$-OH$	2.56
$>C=C<$	1.32	$-C(=O)NR_2$	1.59	$-OR$	2.36
				$-OC_6H_5$	3.23
$-C\equiv C-$	1.44	$-COOR$	1.55	$-OCOR$	3.13
$-C\equiv C-Ar$	1.65	$-Cl$	2.55	$-COR$	1.70
$-C\equiv C-C\equiv C-R$	1.65	$-Br$	2.30		
$-C_6H_5$	1.85	$-I$	1.82	$-NR_2$	1.57

【例11-3】　$C_6H_5CH_2OCH_3$

$$\delta_{CH_2} = 0.23 + 1.85 + 2.36 = 4.44$$

实测值4.41，与计算值相差0.03。

【例11-4】　$C_6H_5-CH(NH_2)-CH_3$

$$\delta_{CH} = 0.23 + 1.57 + 0.47 + 1.85 = 4.12$$

实测值4.10，与计算值相差0.02。

② 烯烃^{1}H的化学位移，受同碳取代基和另一个碳（有顺式和反式之分）上的取代基的影响较大，可用下式进行估算：

$$\delta_{C=C-H} = 5.25 + Z(\text{同碳}) + Z(\text{顺式}) + Z(\text{反式}) \tag{11-33}$$

各取代基的Z值见表11-4。

表 11-4 烯的取代基对烯中¹H 化学位移影响参数 Z 值

取代基	Z(同)	Z(顺)	Z(反)	取代基	Z(同)	Z(顺)	Z(反)
—H	0	0	0	—COOH	0.97	1.41	0.71
—R(链)	0.45	−0.22	−0.28	—COOR	0.80	1.18	0.55
—R(环)	0.69	−0.25	−0.28	$—CH_2—O—$	0.64	−0.01	−0.02
>C=C<	1.00	−0.09	−0.23	—NR (R 饱和)	0.80	−1.26	−1.21
—Ar	1.38	0.36	−0.07				
—Ar(邻位有取代)	1.65	0.19	0.09	—NR (R 共轭)	1.17	−0.53	−0.99
CH_2Ar	1.05	−0.29	−0.32				
—Cl	1.08	0.13	0.13	$—CH_2—N<$	0.58	−0.10	−0.08
—OR(R 饱和)	1.22	−1.07	−1.21				
—OR(R 共轭)	1.21	−0.60	−1.00				
—OCOR	2.11	−0.35	−0.64	—CN	0.27	0.75	0.55
—CHO	1.02	0.95	1.17	$—CH_2CN$	0.69	−0.08	−0.06
—C=O	1.10	1.12	0.87	—N—C=O	2.08	−0.57	−0.72

【例 11-5】

$$\begin{array}{ccc} CH_3CH_2O & & OCH_2CH_3 \\ & C=C & \\ H & & H \end{array}$$

所以 $\delta_H = 5.25 + 0 + 1.22 - 1.21 = 5.26$。

实测值 5.11，与计算值相差 0.15。

③ 芳氢的化学位移受芳环上的取代基影响，可用下式估算：

$$\delta = 7.27 - \sum S \tag{11-34}$$

各取代基的 S 值列于表 11-5。

表 11-5 芳环取代基的 S 值

取代基	S(邻)	S(间)	S(对)	取代基	S(邻)	S(间)	S(对)
$—CH_3$	0.15	0.10	0.10	$—OC_6H_5$	0.26	0.03	—
—CH=CHR	−0.10	0.00	−0.10	—OCOR	0.20	−0.10	0.20
$—CH_2—$	0.10	0.10	0.10	—CHO	−0.65	−0.25	−0.10
>CH—	0.00	0.00	0.00	—COR	−0.70	−0.25	−0.10
				$—COC_6H_5$	0.57	−0.15	—
$—C(CH_3)_3$	0.02	0.13	0.27	—COOH(R)	−0.80	−0.25	−0.20
$—C_6H_5$	−0.15	0.03	0.03	$—NO_2$	−0.85	−0.10	−0.55
$—CH_2Cl$	0.03	0.02	−0.07	$—NH_2$	0.55	0.15	0.55
$—CHCl_2$	−0.07	−0.17	−0.17	$—NHCOCH_3$	−0.28	−0.03	—
—Cl	−0.10	0.00	0.00	—CN	−0.24	−0.08	−0.27
—OH	0.45	0.10	0.40	$—SO_2Cl$	−0.83	−0.26	—
—OR	0.45	0.10	0.40				

【例 11-6】

H_a H_b

ClO_2S—(苯环)—NO_2

所以 $\delta_{H_a} = 7.27 - (-0.10) - (-0.83) = 8.20$

实测值为 8.25，与计算值相差 0.05。

$$\delta_{H_b} = 7.27 - (-0.26) - (-0.85) = 8.38。$$

【例 11-7】

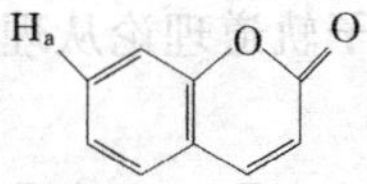

芳环外骈着一个环，而且有一部分是共轭的。

所以 $\delta_{H_a}=7.27-(-0.10)-(-0.10)=7.47$

实测值 7.61，与计算值相差 0.14。

④ 估量化学位移的经验公式都是根据加和性规则进行的，但各种取代基的影响并不是与取代基的多少成严格的正比关系。因为每增加一个取代基，有时会引起构象的改变，或其他电性的改变，从而引进复杂的因素，以致不严格服从加和性规则，尤其是对同碳上 ^1H 的化学位移偏差较大。

$$CH_4 \quad \delta=0.23 \quad CH_3Cl \quad \delta=3.05$$

$$CH_2Cl_2 \quad \delta=5.33 \quad CHCl_3 \quad \delta=7.24$$

可见氯甲烷中，随氯原子数目增多，每引进一个氯原子对氢核的去屏蔽作用所引起的 δ 增加值越来越小，分别为 2.82、2.28、1.91。这也许是因为同碳上 ^1H 的减少也会对被测 ^1H 产生一些电性作用。

11.5.3 偶合常数的解析

偶合常数也提供了不少分子结构信息，主要表现在相邻碳及远程碳上的 ^1H 状况。虽然自旋偶合是始终存在的，但由它引起的峰的分裂则只有在相互偶合的核的化学位移值不相等时才能表现出来。这是需要关注的。偶合常数 J 值的大小与两种偶合氢核间的距离即相隔键数有关。键数越小 J 越大，相反则亦然。

(1) 同碳偶合　两个 ^1H 和同一个碳相结合，它们之间的偶合称同碳偶合，偶合常数用 ^2J 表示。在大多数情况下，同碳的 ^1H 的化学位移是相同的，因此 ^2J 并不能表现出来，也就是不会使 ^1H NMR 峰产生分裂。如 CH_3—CH_3 并不会出现多重峰，只出现单峰，但并不说明 $^2J=0$，只是表现不出来而已。

如果分子结构是

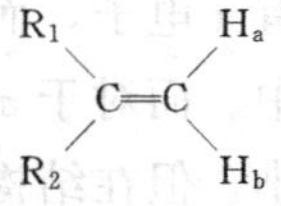

R_1、R_2 可以是不相同的非 H 取代基。此时 H_a、H_b 的化学位移是不一致的，因此偶合现象就被表现出来，H_a 和 H_b 均是双重峰（仅考虑同碳偶合，其他偶合另外考虑），^2J 约为 2Hz。

固定环上的—CH_2，由于构象的不同，2 个碳分别在平伏键和直立键上。它们分别处于相邻键的屏蔽区和去屏蔽区，也会有不同的化学位移，因此峰也会产生分裂。对于手性化合物中，与手性碳相连的—CH_2 的两个 ^1H 也有不同的化学位移，也会出现峰分裂现象。

因此当 ^1H-^1H 偶合常数较小时，应考虑同碳 ^1H 偶合，它为我们推测相邻碳的结构提供了有益的信息。

(2) 邻碳偶合　邻碳偶合是指相邻两个碳原子上的 ^1H 间的偶合，偶合常数用 ^3J 表示。这是 ^1H NMR 谱中最重要的偶合。当然偶合常数可从谱图上读出分裂峰的化学位移值差，再与仪器的磁场频率相乘，所得结果为偶合常数，单位为 Hz。邻碳偶合使 ^1H 峰产生分裂，峰的个数遵守 $(n+1)$ 规则。由此可知相邻碳上的 ^1H 的个数。

① 偶合常数 ^3J 一般在几到十几 Hz，并且它与相邻碳的 C—H 键所在平面的二面角的

大小有关。卡普拉斯（Karplus）用分子轨道理论从理论上得到了^3J与二面角φ的关系，称之为卡普拉斯公式：

$$^3J=A+B\cos\varphi+C\cos^2\varphi \quad (11\text{-}35)$$

结合实验数据进行归纳，式中$A=7\text{Hz}$，$B=-1\text{Hz}$，$C=5\text{Hz}$。可见$\varphi=0°$或180°时^3J值最大，而$\varphi=84.3°$时最小。

【例 11-8】 求环己烷的^3J。

环己烷的椅式构象和构象投影式如下：

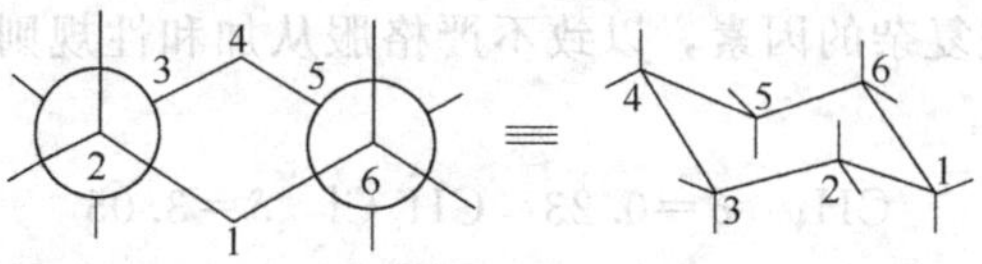

从图中可以看出，两相邻碳上平伏键-平伏键两面角约为60°，直立键-直立键两面角约180°，平伏键用c表示，直立键用a表示，则

$$^3J_{\text{c-c}}=0\sim4\text{Hz}$$

$$^3J_{\text{c-a}}=8\sim12\text{Hz}$$

$$^3J_{\text{a-a}}=1\sim5\text{Hz}$$

因此观察谱图的峰形并比较^3J值便可确定构象。

② ^3J的大小与取代基的电负性有关，对于乙烷衍生物XYCH-CHWZ，由于单键的自由旋转，两角面φ随时都在变化，在常温下，这种变化超过了仪器的“时标”，已测不出二面角的影响了。此时^3J主要受取代基X、Y、Z、W的电负性的影响。^3J与X、Y、Z、W的电负性有大约的线性关系，电负性增大，^3J减小。

③ ^3J和键长也有相应的关系，一般讲^3J正比于1/键长，即键长越长，^3J越小，因为键长越长，键的强度越低。^3J从大到小按下列顺序排列：

$$\text{C}\equiv\text{C} > \text{C}=\text{C} > \text{C}-\text{C}$$

(3) 远程偶合　两核之间相距超过三个键所产生的偶合称为远程偶合。一般讲，远程偶合常数是比较小的。芳环或共轭体系中有π电子，而π电子对偶合作用的传递比较有效，因此远程偶合一般发生在芳环或共轭体系中。而对于σ键，只有原子的几何排列比较合适时才有可能发生远程偶合。远程偶合常数虽小，但在结构分析中也有重要的意义。

① 丙烯型偶合是指跨过σ、π、σ、σ键的偶合，而跨过σ、σ、π、σ、σ键的偶合称为高丙烯型偶合。偶合常数分别用^4J和^5J表示，偶合常数在0～−3Hz。理论计算指出，^4J和^5J的大小与—C—^{1}H键与双键所在平面的夹角有关，这实际上反映了σ键与π键的交盖大小，当两面角φ为90°时，σ键和π键交盖最大，偶合最强，^4J绝对值也最大。丙烯型偶合常数对确立化合物的立体结构很有帮助。

【例 11-9】 下列化合物有两种构象：

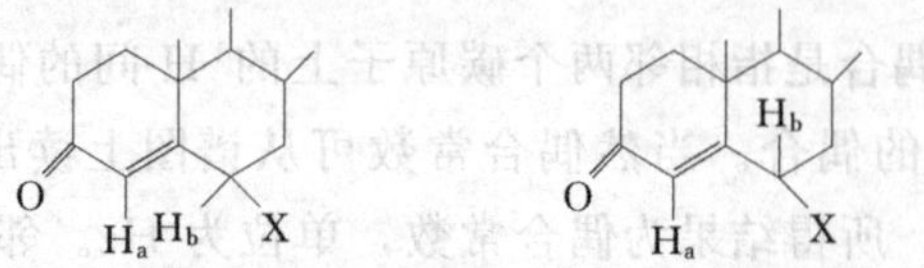

H_a、H_b相隔四个键，由于中间有一个π键，会产生远程偶合，若H_b与H_a在同一平面上，π键与C—H_b的σ键无交盖，没有偶合，H_a、H_b各出一个峰。若C—H_b的σ键与

π键不在同一平面，其两面角为0°～85°，谱线呈双峰，$^4J=1.6 \sim 2.0Hz$。这可以判断上列化合物的两种不同构象。

② 炔基的远程偶合是很强的，在多元叁键化合物中，甚至^9J都不为零。例如 $CH_3-C\equiv C-C\equiv C-C\equiv C-CH_2OH$ ，$^9J_{1,8}=0.4Hz$。

③ σ键在特殊情形下，也有远程偶合。这种特殊结构为W形折线，两端质子会发生偶合，如

H_a　C　H_b

　C　C

中的H_a、H_b就有偶合。

④ 芳环中的^1H普遍存在中远程偶合。由于存在大π键，电子流动性好，核之间的相互作用比别的类型的化合物更强。在结构测定中，芳环上质子偶合常数的大小常用来判定取代类型。一般讲，在苯环上，邻位偶合是邻碳偶合，最强。间位和对位依次减小，都是远程偶合。苯环上的^1H的^3J(邻)$=6\sim9Hz$，^4J(间)$=1\sim3Hz$，^5J(对)$=0\sim1Hz$。对于苯环上一取代基的$-CH_3$，则邻位^1H的偶合$^4J=0.6\sim0.9Hz$，$^5J=0.5Hz$，$^6J=0.5\sim0.6Hz$。

在芳环上引入一个杂原子形成杂芳环，会使邻位质子偶合常数减小，取代基对杂芳环偶合常数的影响和一元取代苯类似。

⑤ ^1H和其他具有自旋的原子核在一定条件下也会产生偶合，^1H与自旋量子数为1/2的^{13}C、^{31}P、^{19}F等均会产生偶合。^{13}C由于自然丰度低，因此在^1H NMR谱中一般不易观测到，而^{31}P、^{19}F的偶合在^1H NMR谱中则可以明显地观测到。而且这种偶合常数非常大，$J_{H-P}=700Hz$左右。但需注意的是，在^1H NMR谱中只能观测到J，决不会看到其他核的核磁共振信号。

11.5.4 核磁共振峰的强度

谱峰强度用峰下面积进行表征。又称其为峰面积、谱线积分、积分强度等。

核磁共振谱上谱峰强度也为解析样品的结构提供重要信息。在一般实验条件下（除欧沃豪斯效应外），质子的跃迁几率及高低能态上核数的比值与化学环境无关，谱峰强度仅与有关质子的数目成正比，即各谱峰的面积之比等于各谱峰所指的官能团中氢核的数目之比。利用谱峰的面积来计算相应氢核数目，由于理论上和实验仪器等诸多条件的影响，一般误差在±2%～±10%之间，有时会更高一点。

11.5.5 核磁共振谱图解析示例

【例11-10】 已知化合物组成为$C_7H_{16}O_3$，其^1H NMR谱图如图11-12所示，求其结构式。

解 计算不饱和度$\Omega=\frac{1}{2}[2\times7-16+0]+1=0$，没有不饱和键和环，全部是σ键。

$\delta=0$的峰是TMS的峰。

$\delta=1.2$的峰是$-CH_3$的峰，同时它又被分裂为三重峰，可见一定存在$-CH_2-CH_3$结构。

$\delta=3.6$的峰应为烃基与氧相连的基团峰。同时它是四重峰，可见它一侧为氧原子，一侧为$-CH_3$，即$-OCH_2CH_3$一定存在。

$\delta=5.2$的峰为单峰，可见与它相接的一定不会是一个氧原子，否则应在3.6左右。而

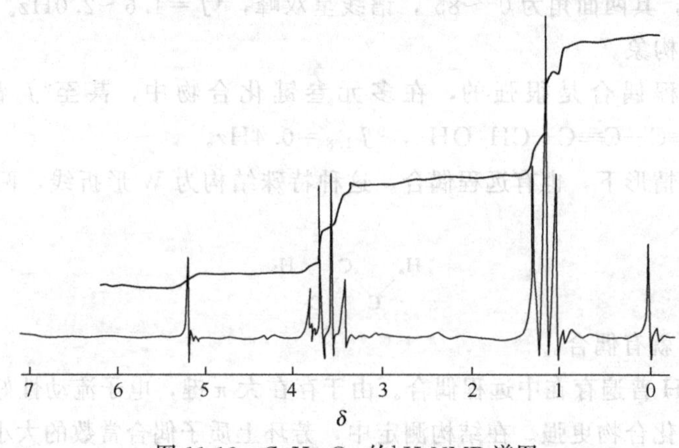

图 11-12 $C_7H_{16}O_3$ 的 ^1H NMR 谱图

且它一定不与—CH_2—、—CH_3、—CH—相连，否则不会是单峰。

再看积分曲线的高度，其比值为 1∶6∶9（从左至右），可见 $\delta=5.2$ 的官能团上只有一个氢，应为 $-\underset{|}{\overset{|}{C}}H-$。$\delta=3.6$ 的官能团上应有六个氢即有 3 个相同的官能团—O—CH_2—存在。$\delta=1.2$ 的官能团上有 9 个 ^1H，即有 3 个—CH_3。

综合考虑，推测其结构式应为

$$HC(OCH_2CH_3)_3$$

再将其对照图 11-12，完全符合。

【例 11-11】 已知化合物组成为 C_8H_9OCl，其 ^1H NMR 谱图如图 11-13 所示，求其结构式。

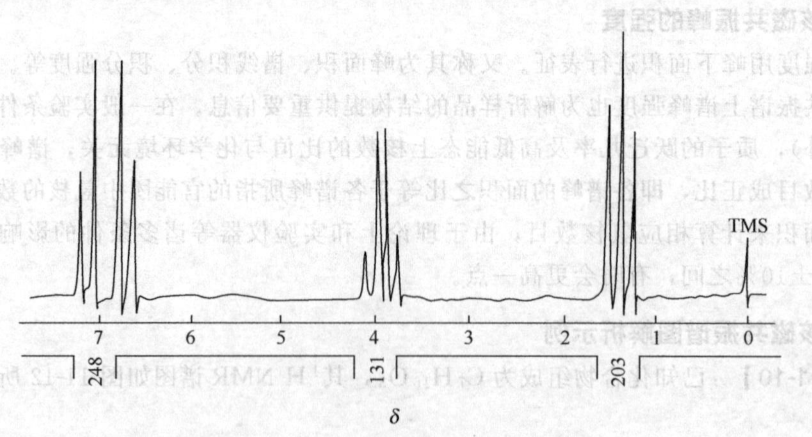

图 11-13 C_8H_9OCl 的 ^1H NMR 谱图

解析过程：计算不饱和度 $\Omega=\frac{1}{2}[2\times8-9-1]+1=4$，应首先考虑有一个苯环。

从图 11-13 看，在 7～8 之间有峰，应该为苯环。

积分面积之比（从左到右）为 248∶131∶203，已知氢的个数为 9 个。所以每个氢的积分值为：

$$\frac{248+131+203}{9}=65$$

所以氢的个数依次为：$\frac{248}{65}=3.81\doteq4$，$\frac{131}{65}=2.02\doteq2$ 和 $\frac{203}{65}=3.12\doteq3$ 个。

$\delta=1.3$ 左右的峰应为—CH_3，因为有三个氢，所以只有一个—CH_3。它为三重峰，可见一定有—CH_2—与它相连。

$\delta=4.1$ 左右的峰，应为—OCH_3 或—OCH_2—，考虑到它只有二个氢，所以肯定它为—OCH_2—，它又是四重峰，可见它一定连着—CH_3，所以此化合物中一定有—O—CH_2—CH_3 基团。去掉这部分，还剩 C_6H_4Cl，可见一定是一个苯环，上边有一个取代 Cl。关键是 Cl 的取代位置。从 $\delta=7\sim8$ 之间的峰形看，它分成两组，可见苯环上只有两种类型的 ^1H 存在。如果 Cl 在间位取代，如下式：

Cl　H_a
H_d—（苯环）—OCH_2CH_3
H_c　H_b

则 H_a 的化学位移最大（单峰），H_b 其次（双峰），H_d 再次之（双峰），H_c 最小（三重峰）应出现四组峰，峰的个数应更多，不符合谱图。

若 Cl 在邻位取代，如下式：

H_a　Cl
H_b—（苯环）—O CH_2 CH_3
H_c　H_d

则 H_d 化学位移最大（双峰），H_a 次之（双峰），H_c 和 H_b 差不多（均为三重峰），应出现三组峰，峰的个数也应更多，不符合谱图。因此，可推测 Cl 应取代在对位，即

H_c　H_a
Cl—（苯环）—OCH_2CH_3
H_d　H_b

则 H_a、H_b 化学位移相同并稍大（双峰），H_c、H_d 化学位移相同且稍小（双峰），完全符合谱图，它就是其结构式。

【例 11-12】 化合物的组成为 $C_6H_{10}O_2$，其 ^1H NMR 谱图如图 11-14 所示，加入 D_2O 后谱形不改变，求其结构式：

解析过程：计算不饱和度 $\Omega=\frac{1}{2}(2\times6-10)+1=2$，此化合物中可能有一个叁键，或两个双键，或一个双键加一个环，不可能有苯环。

加入 D_2O 后谱形未改变，表明其无活泼氢，既不可能是醇，也不会是酸。

$\delta=1.2$ 的三重峰应是—CH_3 峰，且和—CH_2—相连，共同组成—CH_2CH_3 基团。

$\delta=1.8$ 的二重峰，也应是—CH_3 峰，二重峰表明是 CH_3—CH—基团。放大图发现双重峰各又分裂为双峰，但 J 比较小应是中远程偶合，表明—CH—上有双键，因此结构中应有 CH_3—CH ═基团。

$\delta=3.8$ 的四重峰表明有氧碳键存在，而且另一端应和—CH_3 相连。所以结合 $\delta=1.8$ 的峰，应有—O—CH_2CH_3 存在。$\delta=5.6$ 和 $\delta=6.5$ 应为双键上的 ^1H 峰。还剩下一个氧，一个碳，应为 >C═O 。

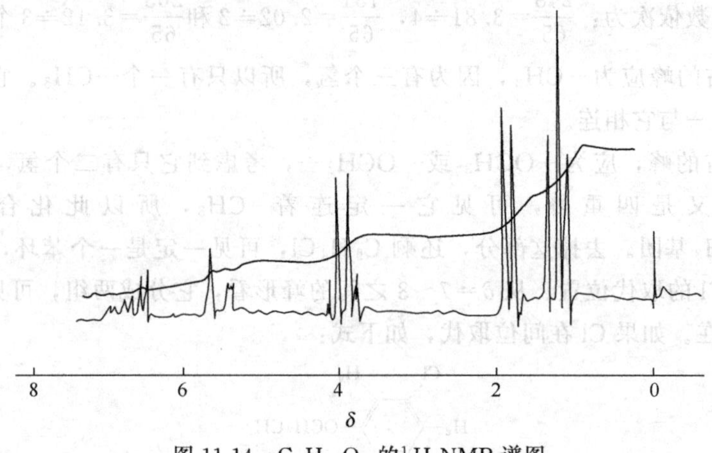

图 11-14　$C_6H_{10}O_2$ 的^{1}H NMR 谱图

综上所述，可求得该物质结构式应为

$$CH_3-CH=CH-\underset{\underset{O}{\|}}{C}-OCH_2CH_3$$

【例 11-13】　化合物组成均为 $C_{10}H_{14}$，三种同分异构体的^{1}H NMR 谱分别如图 11-15、图 11-16 和图 11-17，求各自的结构式。

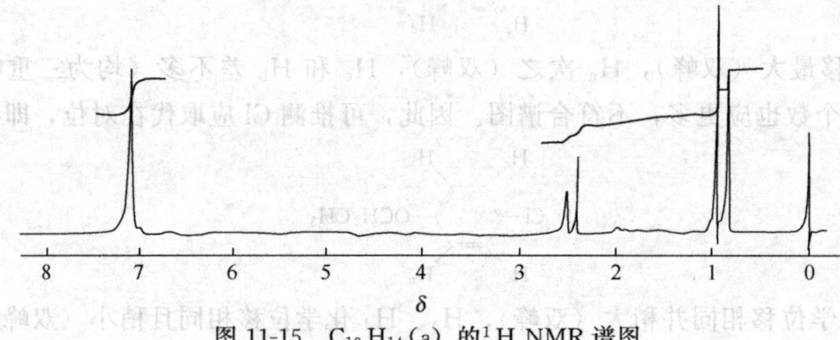

图 11-15　$C_{10}H_{14}$(a) 的^{1}H NMR 谱图

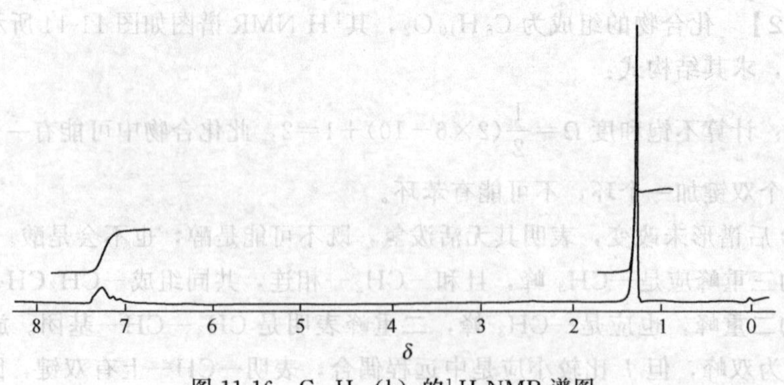

图 11-16　$C_{10}H_{14}$(b) 的^{1}H NMR 谱图

从图 11-15 已知积分面积比从左到右为 5∶2∶1∶6。其解析过程：

求不饱和度 $\Omega=\frac{1}{2}(2\times10-14)+1=4$，很可能是苯环加上取代基这样一个化合物。因为共有 14 个^{1}H，而积分面积总数刚好为 14，因此^{1}H 个数分别为 5、2、1、6 个。

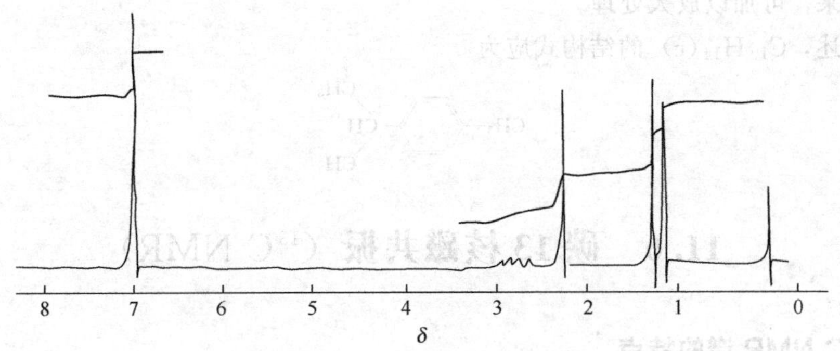

图 11-17 $C_{10}H_{14}$(c) 的^1H NMR 谱图

$\delta=7\sim8$ 的峰应为苯环上的^1H 峰，由于仪器的频率较低，此峰分裂情况不明显。它有 5 个^1H，可见只有一个取代基。

$\delta=2\sim3$ 的峰是双峰，可见它应和苯环相连，δ 才能较大，有 2 个^1H，可见是 $-CH_2-$，和苯形成苄基。它是双峰，可见与$-CH_2-$相连的是 $-\overset{|}{C}H-$。

$\delta=1\sim2$ 的峰应为—CH—峰，而且只有一个^1H，并且是多重峰。

$\delta=0.98$ 的峰应为 $-CH_3$ 峰，有 6 个^1H，所以有两个$-CH_3$。它又是双峰，可见和 $-\underset{|}{C}H-$ 相连。综上所述，$C_{10}H_{14}$(a) 的结构式应为

$-CH_2-CH(CH_3)_2$

从图 11-16 已知积分面积比从左到右为 5∶9。解析：

只有两组峰，可见此化合物中只有两种化学环境中的^1H。

$\delta=7\sim8$ 的峰应为苯环上^1H 峰，而且有 5 个^1H，所以一定是一取代化合物。

$\delta=1.2$ 的峰是$-CH_3$ 的峰，有 9 个^1H，所以有 3 个$-CH_3$，它为单峰，可见其一定和季碳相连，否则峰将被分裂。

综上所述，$C_{10}H_{14}$(b) 的结构式应为

CH_3
$-C-CH_3$
CH_3

从图 11-17 已知积分面积比从左到右为 4∶1∶3∶6。解析：

有四组^1H 峰，应有四种化学环境中的^1H。

$\delta=7$ 的峰应为苯环上的^1H 峰，因有 4 个^1H，所以它是一个二取代化合物。

$\delta=1.2$ 的峰是$-CH_3$，因有 6 个^1H，所以有 2 个$-CH_3$，同时又是双峰，可见它们均和—CH—相连，即一个取代基应为$-CH-(CH_3)_2$。

$\delta=2.8\sim3$ 的峰应是连在苯环上的烃基峰，因为只有 1 个^1H，所以为 $-\overset{|}{C}H-$。

$\delta=2.3\sim2.5$ 的峰也应是苯环上的烃基。因为有三个^1H，所以为$-CH_3$，它直接连在苯环上。

那么是对位、邻位取代还是间位取代，应再看 $\delta=7$ 的峰形。若为双峰，肯定是对位取代。若为邻位取代，它应是三重峰与二重峰的混合峰，表现为复杂的多重峰。若为间位取代也应是多重峰。从 $\delta=7$ 峰形看，峰形简单，应为对位取代，只不过因仪器频率低，峰的分

裂未显现出来，可加以放大处理。

综上所述，$C_{10}H_{14}$(c) 的结构式应为

$$CH_3-C_6H_4-CH(CH_3)_2$$

11.6 碳13核磁共振（^{13}C NMR）

11.6.1 ^{13}C NMR谱的特点

碳原子构成有机化合物的骨架，掌握碳原子的信息对分析有机化合物的结构具有重要的意义。有些官能团没有氢，但含碳，如羰基（>C=O 季碳），从氢谱不能直接得到信息，而从碳谱中却可得到。^{13}C NMR 谱与^{1}H NMR 谱相比有以下特点。

(1) 化学位移值的范围大　氢谱中各官能团的^{1}H 化学位移值 δ 很少能超过 10，但碳谱中^{13}C 的化学位移值 δ 最大可超过 200，因此精细结构可从碳谱上得到反映。

(2) 谱图简单　由于^{13}C NMR 化学位移值范围大，所以各种化学环境下的碳峰可以明显分开而重叠较少。一般讲相对分子质量在 300～400 以内的有机化合物除了分子对称性以外，每个碳原子各出一个峰，这比^{1}H NMR 优越得多。^{13}C 谱的分辨率是^{1}H 谱的 15～20 倍。

(3) 实验方法多样　^{13}C NMR 谱测定过程中可采取各种实验方法，例如可采取全去偶（消除^{1}H 的偶合）、偏共振等去偶方法获得不少有用的信息。

(4) 获得^{13}C NMR 谱难度大　如前所述，^{13}C 的天然丰度只有 1%，而^{12}C 是不会产生核磁共振的。同浓度的碳原子与氢原子相比，信号强度只有^{1}H 的 1%。而且^{13}C 的磁旋比（6.7×10^{7} rad·s^{-1}·T^{-1}）只有^{1}H 的磁旋比（2.67×10^{7} rad·s^{-1}·T^{-1}）的四分之一，所以它所需要的场强应该更大一些。在同样的实验条件下，^{13}C 的信噪比与^{1}H 的信噪比之比值为 1/6000。因此^{13}C 谱必须进行多次累加，这又会引起严重的失真。所以只有在脉冲傅里叶变换核磁共振仪上，才能获得较灵敏的^{13}C 核磁共振谱。连续波核磁共振仪完成这一任务是很困难的。

(5) 环境影响小　由于 C 一般都处在分子的内部，外部为^{1}H 或其他原子所覆盖，因此，溶剂效应相对较小。

(6) 峰的强度与含量不成比例　在氢谱中，共振峰面积与所代表的^{1}H 数成正比，在碳谱中没有这种严格的关系。这是因为不同基团中的碳原子的核自旋-晶格弛豫时间是不同的。好在除对称因素外，每一个碳在全去偶谱中只有一个单峰，因此，这对于我们分析有机化合物的结构并不会造成太大的困难。对于碳原子的化学环境相同且结构对称时，碳原子的增加，其峰强度虽不成比例增加，但其强度会大一些。但对于化学环境不同的碳原子则无此现象。例如，二个羰基中碳的峰强度比—CH_3 中碳的峰强度小。

11.6.2 ^{13}C 的化学位移

化学位移的概念在^{1}H NMR 中已经叙述过了。在实验中，将四甲基硅烷（TMS）中^{13}C 的化学位移定义为 0。但在实际工作中，样品中并不加入 TMS，有时用一些溶剂的^{13}C 化学位移作为标准，再进行转换。例如，相对于 TMS 而言，苯的^{13}C 化学位移为 128.5，环已烷为 27.8，氯仿为 78.0 等。

当然有机化合物^{13}C的化学位移也与其所处的化学环境有关，主要影响因素有下列几项：

(1) 被测核的杂化类型的影响　和^1H NMR 谱一样，sp^3、sp^2 杂化时，^{13}C 处在去屏蔽区，sp^3 杂化的碳的 δ 在 $-20\sim100$，sp^2 杂化的碳的 δ 在 $120\sim240$，而 sp 杂化时处在屏蔽区，它的化学位移 δ 比 sp^2 杂化时的 δ 值要小，只有 70～110 之间。例如乙烷的 $\delta=5.7$，乙烯的 $\delta=123.7$ 而乙炔的 δ 只有 71.9。

(2) 碳核上的电子云密度的影响　缺电子的碳由于电子云密度很低，明显地去屏蔽，因此化学位移值很大，例如羰基（$\rangle C{=}O$），由于 π 键极化作用形成 $C^+{-}O^-$，碳原子上的电子云非常低，所以化学位移可达 200 左右，这是^{13}C NMR 谱的一个特征的峰。

吡啶的邻、对位的碳由于共轭效应，其电子云密度比苯环上的碳的电子云密度大，因此邻、对位的 δ 值分别为 149.8 和 135.5，比苯环上的碳的 δ 值 128.5 大。

苯环上若有取代基，将遵守邻、对位取代规则。若取代基为供电子基，则邻、对位上的碳原子电子云密度相对较高，屏蔽较大，所以化学位移值较小，而间位的 δ 值较大。例如甲氧基取代苯，邻位碳的 $\delta=113.5$，对位碳的 $\delta=120.5$，它们比苯环上的碳的 $\delta=128.5$ 还要小，可见其电子云密度比苯上的碳大，因此更利于亲电取代反应发生。而间位碳的 $\delta=129.5$，它与苯环上的碳的 δ 相近。若取代基是吸电子基，结果与上述规律相反。

(3) 诱导效应　若碳原子与电负性较大的原子或基团相连，如 O、N、Cl、F、NO_2 等，其化学位移值将增大。其他的碳原子的化学位移值随其与电负性原子或基团的距离的增加而使化学位移的增加值逐渐减弱。这称之为诱导效应。电负性取代基越多，诱导效应越大。

但烷基是一个特殊的例子。$-CH_3$ 理论上是供电子基，电负性比 H 还弱，当碳上有 $-CH_3$ 取代时，按诱导效应其 δ 值应减少，实测数据表明，其值不降反升。如：

	CH_4	CH_3-CH_3	$CH_3-{}^*CH_2-CH_3$	$(CH_3)_3{}^*CH$	${}^*C(CH_3)_4$
δ_C	-2.3	5.7	15.9	24.3	27.4

(4) 重原子效应（重卤素效应）　当碘、溴取代碳原子上的氢时，碳原子的 δ 值不升反降。这是因为碘、溴原子上众多的电子对相接的碳有屏蔽作用。

(5) 共轭效应　共轭 π 键的碳原子的 δ 值与孤立的 π 键不同。在共轭 π 键中，端基碳的 δ 值增大，而中间碳的 δ 值减小。这是因为双键共轭的结果使双键的电子云密度减小，双键的电子云向中间移动产生平均化，而端基碳上的电子云密度最低，δ 值增大。

例如：

190.2　112.8　　137.2　116.6

羰基与双键共轭后，羰基碳受到的屏蔽作用增大，δ 值将稍稍减小。这是由于 p-π 共轭作用，羰基是吸电子基，使羰基上碳的电子云密度有所增加。

如：

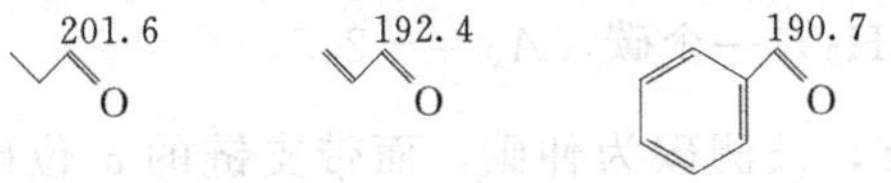

201.6 O　　192.4 O　　190.7 O

如果有立体障碍，共轭效应受阻时，去屏蔽作用增大，δ 值升高。如：

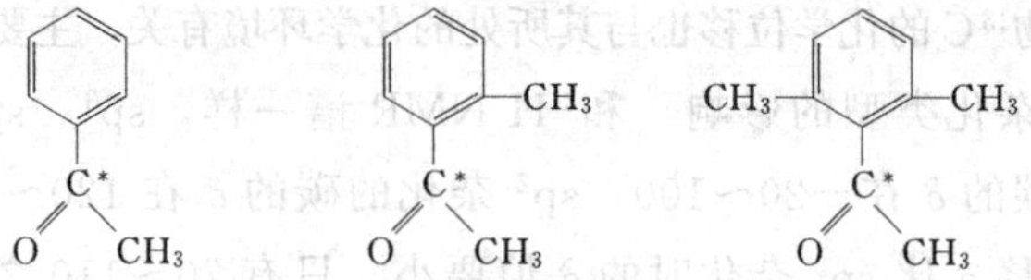

δ_C 195 199 205

(6) 分子内氢键与偶极-偶极作用　氢键的作用使羰基碳的电子云密度降低，δ 值增大，如：

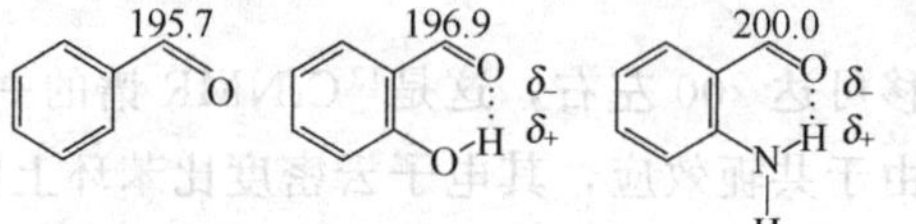

195.7 196.9 200.0

当有偶极-偶极作用时，偶极之间若产生相互排斥，则各自碳上的电子云密度增大，δ 值减小。若产生相互吸引，如氢键，碳上的电子云密度减小，δ 值增加。如：

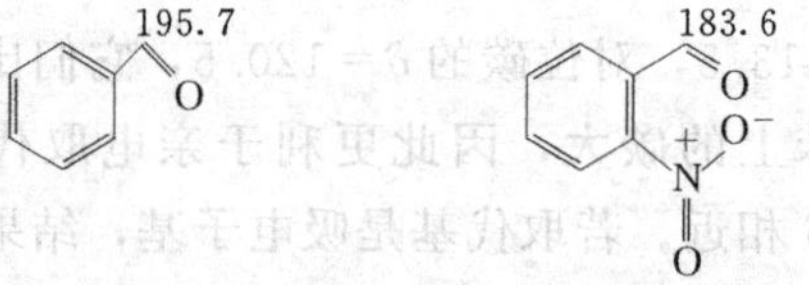

195.7 183.6

羰基上的氧原子与硝基上的氧原子在空间位置相近，产生相互排斥，电子云密度增大，所以 δ 减小。

(7) 计算各种碳的化学位移的经验公式

① 开链脂肪烷烃

$$\delta_C = -2.3 + \sum n_i A_i + \sum S_i \tag{11-36}$$

式中，-2.3 是甲烷的碳的化学位移值；n_i 是位于 i 位的碳原子数；A_i 是 i 位碳的化学位移增加值，$A_1=9.1$，$A_2=9.4$，$A_3=-2.5$，$A_4=0.3$。S_i 是位阻校正值即具有分支的 α 碳非氢取代基校正值，取值如表 11-6 所示。

表 11-6　位阻校正值 S_i

计算碳	具有分支的 α 碳非氢取代基数(对烷烃为伯、仲、叔、季碳)			
	伯碳(CH_3)	仲碳(CH_2)	叔碳(CH)	季碳(CR_4)
伯碳(CH_3)	0	0	−1.1	−3.4
仲碳(CH_2)	0	0	−2.5	−7.5
叔碳(CH)	0	−3.7	−9.5	−15
季碳(CR_4)	−1.5	−8.4	−15	−25

【例 11-14】 求 $CH_3-CH(CH_3)-\overset{*}{C}H_2-CH_2-CH_2-CH_3$ 中带"＊"号的 C 的化学位移 δ_C。

解　$B=-2.3$；

第一取代位有 $-\overset{|}{C}H-$、$-CH_2-$，两个碳，$2A_1=2\times9.1$；

第二取代位有 $-CH_3$ 和 $-CH_2-$，三个碳，$3A_2=3\times9.4$；

第三取代位有一个 $-CH_3$，一个碳，$A_3=-2.5$。

第一位（α 位）有分支，被测碳为仲碳，而带支链的 α 位碳为叔碳（$-\overset{|}{C}H-$），查表 11-6，得到 $S_i=-2.5$。

所以 $\delta_C=-2.3+2\times9.1+3\times9.4-2.5-2.5=39.1$，实测值 $\delta_C=39.45$，两者相差 0.35。

② 取代烷烃

$$\delta_C=-2.3+\sum Z_i+\sum S_i+\sum K_i \tag{11-37}$$

式中，$\sum Z_i$ 是取代基对脂肪碳影响增加值，见表 11-7；$\sum K_i$ 是构象较正值，也见表 11-7；$\sum S_i$ 见表 11-6。

表 11-7 取代基对^{13}C 的 δ 增加值（$\sum Z_i$）及构象校正值 $\sum K_i$

取代基	Z_i			
	α	β	γ	δ
—H	0.0	0.0	0.0	0.0
—C(<)— ①	9.1	9.4	−2.5	0.3
环氧基（—C—C—/O）①	12.4	2.8	−2.5	0.3
—C═C— ①	19.5	6.8	−2.1	0.4
—C≡C—	4.4	5.6	−3.4	−0.5
苯基	22.1	9.3	−2.6	0.3
—F	70.1	7.8	−6.8	0.0
—Cl	31.9	10.0	−5.1	−0.5
—Br	18.9	11.0	−3.8	−0.7
—I	−7.2	10.9	−1.5	−0.9
—O— ①	49.0	10.1	−6.2	−0.0
—O—CO	56.5	6.5	−6.0	0.0
—O—NO	54.3	6.1	−6.5	−0.5
—N< ①	28.3	11.3	−5.1	0.0
—N$^+$< ①	30.7	5.4	−7.2	−0.4
—NH$^+$	26.0	7.5	−4.6	1.0
—NO$_2$	61.6	3.1	−4.6	−0.0
—NC	31.5	7.6	−3.0	1.0
—S— ①	10.6	11.4	−3.6	−0.4
—S—CO—	17.0	6.5	−3.1	0.0
—SO— ①	31.1	9.0	−3.5	0.0
—SO$_2$Cl	54.5	3.4	−3.0	0.0
—SCN	23.0	9.7	−3.0	0.0
—CHO	29.9	−0.6	−2.7	0.0
—CO—	22.5	3.0	−3.0	0.0
—COOH	20.1	2.0	−2.8	0.0
—COO$^-$	24.5	3.5	−2.5	0.0
—COO—	22.6	2.0	−2.8	0.0
—CON<	22.0	2.6	−3.2	−0.4
—COCl	33.1	2.3	−3.6	0.0
—CSN	33.1	7.7	−2.5	0.6
—C═NOH 顺式	11.7	0.6	−1.8	0.0
—C═NOH 反式	16.1	4.3	−1.5	0.0
—CN	3.1	2.4	−3.3	−0.5
—SN<	−5.2	4.0	−0.3	0.0

续表

γ 取代基的构象	构象校正值(K_i)
顺迫位	−4.0
顺错位	−1.0
反错位	0.0
反迫位	2.0
不固定	0.0

① 这些取代基增值中包括立体校正值。

【例 11-15】 计算 $(CH_3)_3\overset{*}{C}—O—\overset{O}{\overset{\|}{C}}—NH—\overset{CH_3}{\overset{|}{\overset{**}{C}H}}—\overset{O}{\overset{\|}{C}}—OH$ 中 C^* 和 C^{**} 的 δ_C 值。

解 对于 C^* α 位有三个碳，$Z_i=3\times9.1=27.3$；

α 位有一个酯基，查表 11-7，Z_i 为 56.5；

γ 位有一个—NH，查表 11-7，Z_i 为 −5.1；

δ 位有 $—\overset{|}{C}H—$ ，查表 11-7，Z_i 为 0.3；

$\sum S_i$ 查表 11-6，为 −1.5。

所以对于 C^* $\delta_C=-2.3+27.3+56.5-5.1+0.3-1.5=75.2$，实测值为 75.1，两者相差 0.1。

对于 C^{**} α 位有一个碳，Z_i 为 9.1；

α 位有一个羧基，查表 11-7，Z_i 为 20.1；

α 位有一个—NH，查表 11-7，Z_i 为 28.3；

β 位有一个—COO，查表 11-7，Z_i 为 2.0；

δ 位有一个碳，Z_i 为 0.3；

$\sum S_i$ 查表 11-6，Z_i 为 −3.7。

所以对于 C^{**} $\delta_C=-2.3+9.1+20.1+28.3+2.0+0.3-3.7=53.8$，实测值为 53.8。

③ 芳香族化合物。芳香环上的碳不受环流引起的去屏蔽效应的影响，芳香碳的 δ 值在 110～135 之间，与烯类几乎相同。在取代苯中取代基对苯环上各位碳 δ_C 的影响列于表 11-8，估算公式如下：

$$\delta_C=128.5+Z_i \quad (11\text{-}38)$$

【例 11-16】 估算下列取代后的苯环上 1、2、3、4 位碳的化学位移。

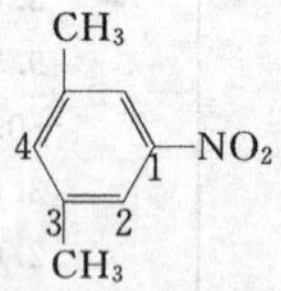

(结构式：苯环 1 位连 NO_2，3 位和 5 位各连 CH_3；环上标注 1、2、3、4)

解 对于 C_1：$Z_i=20.0$（与 C_1 相连 NO_2 基）；二个间位都有—CH_3，$Z_i=2\times(-0.1)=-0.2$。

所以 $\delta_{C_1}=128.5+20.0-0.2=148.3$，实测值 148.5。

对于 C_2：$Z_i=0$（与 C_2 相连 H）；邻位一个 NO_2，$Z_i=-4.8$；邻位一个—CH_3，$Z_i=0.7$；对位一个—CH_3，$Z_i=-2.9$。

所以 $\delta_{C_2}=128.5-0.7-4.8-2.9=121.5$，实测值 120.5。

对于 C_3：$Z_i=8.9$（与 C_3 相连 CH_3）；间位一个 NO_2，$Z_i=0.8$；间位一个—CH_3，$Z_i=-0.1$。

表 11-8 一些有机官能团的 ^{13}C δ 值范围

碳原子杂化类型	官能团	δ 值范围（220～0）	偏共振峰类型
sp^3	CH_3—C	31～5	q
	CH_3S—	20～10	
	CH_3—N	48～13	
	CH_3O—	60～48	
	—CH_2—C	45～21	t
	—CH_2S—	38～18	
	—CH_2Br	45～28	
	—CH_2Cl	50～37	
	—CH_2—N	58～37	
	—CH_2O—	80～55	
	CH—C	55～29	d
	CHS—	55～34	
	CHBr	60～46	
	CHCl	67～53	
	CHN	69～50	
	CHO—	87～62	
	C—C	54～32	s
	—CS—	72～53	
	—CBr	76～62	
	CCCl	81～67	
	—C—N	76～55	
	C—O—	88～69	
sp	—C≡C—	93～68	s、d、t
	—C≡N	126～112	s、d
	—N=C=O	133～115	s
sp^2	C=C 烯苯芳杂环	145～105	s、d、t
	C=N— 芳杂环	155～145	s、d
	C=NOH 肟	165～145	s、d、t
	C=O 碳酸盐	161～150	s、d
	C=O 脲	175～150	s、d
	C=O 酯	180～155	s、d
	C=O 酰胺、亚胺、酰氯	180～160	s、d
	C=O 酸	185～165	s、d
	C=O 羧酸	190～170	s、d
	C=O 醛	203～175	s
	C=O 共轭酮	213～192	s
	C=O 酮	225～180	
	C=S 硫酮	202～190	s

所以 $\delta_{C_3}=128.5+8.9+0.8-0.1=138.1$，实测值为 138.2。

对于 C_4：邻位有两个—CH_3，$Z_i=2\times0.7=1.4$；对位有—NO_2，$Z_i=5.8$。

所以 $\delta_{C_4}=128.5+1.4+5.8=135.7$，实测值为 136.2。

11.6.3 ^{13}C 的偶合

碳谱中通常有三种原子间的偶合：^{13}C-^{13}C 偶合，^{13}C-X（X 表示 $I=1/2$ 的非氢其他核）偶合，^{13}C-^1H 偶合。^{13}C 的天然丰度仅为 1%，因此 ^{13}C-^{13}C 偶合概率很小，强度很低，常埋在噪声中观察不到，一般不予考虑。

由于碳和氢是构成有机化合物的最重要的两个元素，绝大部分有机化合物都包含有这两个元素，因此 ^{13}C-^1H 偶合情况的研究对于分析有机化合物的结构是非常重要的。

(1) ^{13}C-^1H 的偶合　^{13}C-^1H 的偶合可分为 $^1J_{CH}$、$^2J_{CH}$、$^3J_{CH}$、$^4J_{CH}$。$^1J_{CH}$ 是最重要的。虽然在一个键上，但由于 C 和 H 化学位移不同，偶合不仅存在，而且可以观察得到。$^1J_{CH}$ 的值大约在 20～300Hz，$^2J_{CH}$ 和 $^3J_{CH}$ 的值一般都小于 20Hz，$^4J_{CH}$ 一般小于 1Hz。^{13}C-^1H 的偶合也会造成碳峰的分裂，分裂峰的规律遵从（$n+1$）规则，n 为同碳上的氢原子个数。根据这种规律，可迅速判断该碳原子的种类。

在简单的碳氢化合物中，$^1J_{CH}$ 的大小是随 C—H 键的 s 电子成分的增加而增加，并有关系式：

$$^1J_{CH}=500X \tag{11-39}$$

式中，X 为 s 电子成分所占的百分含量。

例如：甲烷 CH_4 采取 sp^3 杂化，s 成分占 0.25，则 $^1J_{CH}=500\times0.25Hz=125Hz$

乙烯 $CH_2=CH_2$ 采取 sp^2 杂化，s 成分占 0.33，则 $^1J_{CH}=500\times0.33Hz=165Hz$

乙炔 $CH\equiv CH$ 采取 sp 杂化，s 成分占 0.50，则 $^1J_{CH}=500\times0.5Hz=250Hz$

因此，从 ^1J 值的大小也可推断与 H 相连的 C 采取何种类别的杂化。例如环丙烷的 $^1J_{CH}=162Hz$，这表明分子中的 C—H 键采取 sp^2 杂化。

$^1J_{CH}$ 的大小随取代基的性质而变化。当电负性基团连接于碳上时，$^1J_{CH}$ 明显增加。例如：CH_4 的 $^1J_{CH}=125Hz$，CH_3Cl 的 $^1J_{CH}=150Hz$，CH_2Cl_2 的 $^1J_{CH}=178Hz$，CH_3CN 中的 $^1J_{CH}=136Hz$，$CH_2=CH_2$ 的 $^1J_{CH}=165Hz$，而 $H_2C=CHCN$ 的 $^1J_{CH}=177Hz$。

(2) ^{13}C-X 偶合　^{19}F、^{31}P、^{15}N 都是 $I=1/2$ 的核，都可以和 ^{13}C 产生偶合，尤其是天然丰度较高的 ^{31}P、^{19}F 更显重要，而且许多有机物中也含有 P 和 F。

① ^{13}C 和 ^{19}F 的偶合常数 $^1J_{CF}$ 比较大，且多为负值，一般约为 $-150\sim-250Hz$，$^2J_{CF}=20\sim60Hz$，$^3J_{CF}=4\sim20Hz$。

② ^{13}C 和 ^{31}P 的偶合常数 $^1J_{CP}$ 的大小和 P 的价态有关。对于五价的磷 $^1J_{CP}=50\sim150Hz$。而三价磷的 $^1J_{CP}$ 就比较小，$^1J_{CP}<50Hz$。如：

$Cl-CH_2-P(=O)(OCH_2CH_2CH_3)_2$　P 是五价的，$^1J_{CP}=158.6$，

$C_6H_5-PCl_2$　P 是三价的，$^1J_{CP}=-50.6$。

③ ^{13}C 和 ^{15}N 的偶合因 ^{15}N 的天然丰度低（0.365%），一般不易观察到，但并不等于不存在。$^1J_{CN}=0\sim20Hz$，若用富集的 ^{15}N 取代化合物中的 ^{14}N，便可从碳谱中观察到。

④ ^{13}C和其他 I=1/2 的原子偶合常数差别很大。$^{1}J_{CSi}=52Hz$，$^{1}J_{CS}=-50\sim50Hz$，金属和^{13}C的^{1}J可从几十到上千 Hz 不等，如$^{1}J_{CSn}=340Hz$，$^{1}J_{CHg}=1800Hz$，$^{1}J_{CPb}=395Hz$。

11.6.4 碳谱的实验技术

在测量^{13}C谱时，根据不同的目的，可采用多种技术给出不同形式的谱，提供多种有助于解析分子结构的信息。

(1) 质子宽带去偶碳谱　质子宽带去偶碳谱又称全去偶谱。在B_1射频脉冲激发^{13}C的同时，再加上一个强功率的宽带去偶场B_2，在全部质子的共振范围内使质子饱和，可消除全部碳氢之间的偶合（原理前面已述），使所有^{13}C共振峰呈现单峰，且峰宽非常小，像一个线谱。除对称因素外，每个碳只出一个峰。碳原子间哪怕只有很细微的非等价的差异，彼此都不会重叠。这是最重要的碳谱，它是决定碳原子种类和个数的重要证据之一。

若经过元素分析和质谱的分子离子峰确定了分子的组成，就知道了碳的个数。如果谱峰的个数与组成中碳的个数相等，表明其无对称结构。如推测 $C_6H_4NO_2OH$ 是下列哪种苯环二取代化合物：

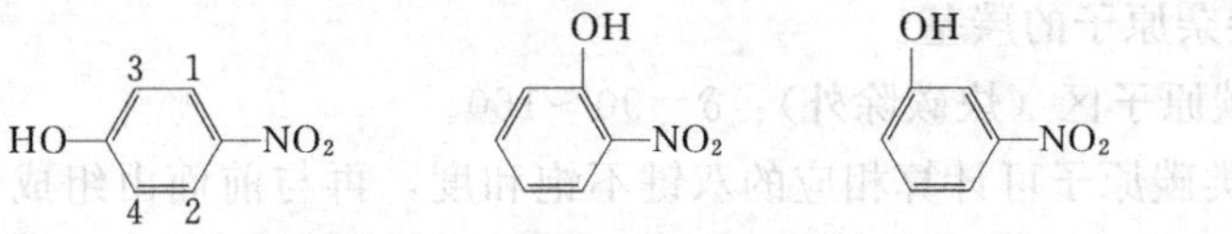

若碳谱上只出现 4 个^{13}C峰，那么可以肯定其结构式只能是对位取代物，因为它有一个沿对位直线的对称轴，C_1、C_2 完全等价，C_3、C_4 完全等价，加上和$-NO_2$、$-OH$ 连接的碳，只有四种碳，出现四个峰。而邻位、间位取代均无对称因素，应均出现六个峰。

因为去偶会产生核欧沃豪斯效应（NOE），使得多重峰合并为单峰时强度加强了，而且扩张了，因此，在全去偶的图谱上，不能以峰的强度比值来确定碳的个数。化学环境不相同的碳更不能用强度来确定碳的个数了，原理已在前面论述过。

(2) 偏共振去偶碳谱　设 $\Delta\nu$ 为去偶场频率与氢共振频率之差，当照射场功率为 B_2 时，有如下关系：

$$J_{\gamma}=\frac{\Delta\nu}{\frac{\gamma_{H}B_2}{2\pi}}\cdot J_{CH} \tag{11-40}$$

式中，J_{γ} 是指照射发生时 C—H 间的偶合常数将由 J_{CH} 变小为 J_{γ}，称之为残留偶合常数。因此 J_{γ}/J_{CH} 与 $\Delta\nu$ 成正比。所以真实偶合常数 J_{CH} 相同的多重峰，去偶频率越靠近某个质子的共振频率，即 $\Delta\nu$ 越少，该质子^{13}C-^{1}H 间的 J_{γ} 越小，因而首先消失。只要 $\Delta\nu$ 选择合适，例如可选择去偶频率离全谱质子的共振频率 100～500Hz，可使得偶合常数小的偶合如$^{2}J_{CH}$、$^{3}J_{CH}$等消失，只保留偶合常数最大的$^{1}J_{CH}$，当然此时$^{1}J_{CH}$也有所减少，但它并不妨碍我们对有机化合物结构的解析。

采用偏共振去偶技术后，保留了$^{1}J_{CH}$，那么按照（$n+1$）规则，$-CH_3$ 将出现四重峰，$-CH_2-$出现三重峰，$-CH-$出现二重峰，季碳只出现单峰，例如羰基只出现单峰。和全去偶谱对照（一般作成上图与下图的形式以便对照），就可确定各个碳上所接氢的个数。

(3) 质子偶合碳谱　保留^{1}H对^{13}C的偶合，除了$^{1}J_{CH}$还有$^{2}J_{CH}$、$^{3}J_{CH}$等存在，因此谱线是多重的，甚至像氢谱的非一级谱一样，发生严重的重叠现象，难以解析，因此很少用此种谱。

(4) 门控去偶　如果要求观察到全部偶合情况而又保留 NOE 增强效应，可采用门控去偶技术。

在 B_1 射频脉冲作用之前，预先加一个具有一定带宽的等于质子共振频率的干扰场 B_2，以门控脉冲方式加在样品上，当 B_2 脉冲照射时，自旋系统被去偶，^{13}C 信号有 NOE 增强效应。在接受 ^{13}C 信号时，宽带质子停止去偶作用，而 NOE 增强效应慢慢衰减，并未全部消失，得到的谱图是 NOE 还未消失的去偶的谱。该谱中 ^{13}C 信号增强，信噪比增加，可以直接得到各偶合常数。

11.6.5 碳谱的应用及示例

(1) 有机化合物结构的推断　利用碳谱进行有机化合物结构的推断的前奏程序与 ^1H NMR 谱一样，先确定组成式和不饱和度。然后再解析碳谱所提供的信息。

① 从全去偶的 ^{13}C 谱中峰的个数 l 与结构式中碳原子的个数 m 比较，若 $l=m$ 则分子完全不对称，若 $l<m$ 则结构有对称性，若 $l=\frac{1}{2}m$ 则完全对称。

② 从全去偶的 ^{13}C 谱中各峰的位置确定官能团的范围。一般讲碳谱可分为三个区。

a. 羰基或叠烯区：一般 $\delta>150$。$\delta>200$ 只能属于醛、酮类化合物，靠近 160～170 的信号则属于连接杂原子的羰基。

b. 不饱和碳原子区（炔碳除外）：$\delta=90$～160。

由 a、b 两类碳原子可计算相应的双键不饱和度，再与前面由组成式决定的不饱和度比较，多余的不饱和度则为分子结构式中环的个数。

c. 脂肪链碳原子区：$\delta<100$。饱和碳原子若不直接连在氧、氮、氟等杂原子上，一般其 δ 值小于 55。炔碳原子 $\delta=70$～100，这是不饱和碳原子的特例，原因与氢谱中炔氢化学位移小于烯氢是相似的。

③ 从偏共振去偶碳谱中的各对应峰的分裂情况，确定各个碳伯、仲、叔、季属性和各自的个数。由此确定氢原子个数，再与组成式中的氢原子数目相比，组成式中多余的氢原子则为活泼氢，可能有—OH、—COOH、$—NH_2$、—SH 等等。

④ 由上二项找出组成分子结构的碎片，由这些碎片去组成各种可能的结构。

⑤ 对碳谱进行指认，并结合 ^1H NMR 和其他分析手段，排除不正确的结构式，确定正确的结构式。

【例 11-17】　未知物组成为 $C_{11}H_{12}ON_2$，其 ^1H NMR 和 ^{13}C NMR 谱图如图 11-18 所示，求其结构式。

解　计算不饱和度 $\Omega=\frac{1}{2}\times(2\times11-12+2)+1=7$

应首先考虑苯环存在。^1H NMR 谱中 $\delta=7$～8 有两组双峰，可认为有苯环，^{13}C NMR 中在 100～140 之间也有若干个峰，也表明有苯环。

全去偶碳谱中有 9 个峰（$\delta=80$ 的峰为溶剂峰）比 $C_{11}H_{12}ON_2$ 中的碳数少二个，可见结构式中一定有对称性，并有两个对称存在。从偏共振碳谱中可计算出有（2+3+2+1+1+1）=9 个氢，比 $C_{11}H_{12}ON_2$ 中的 H 少，有可能有活泼氢存在。根据 H 原子的个数，对称碳原子只能发生在连接 1 个氢的碳上，否则氢的数量不够。

碳谱 $\delta=190$ 有一个峰，表明有 C═O 存在，又分裂为双峰，肯定有 $\overset{O}{\overset{\|}{—C—H}}$ 存在。

其他的官能团应为$—CH_3$、$—CH_2—$、—CH—和 H—C(═O)—C₆H₄— 。从不饱和度看有 7 个

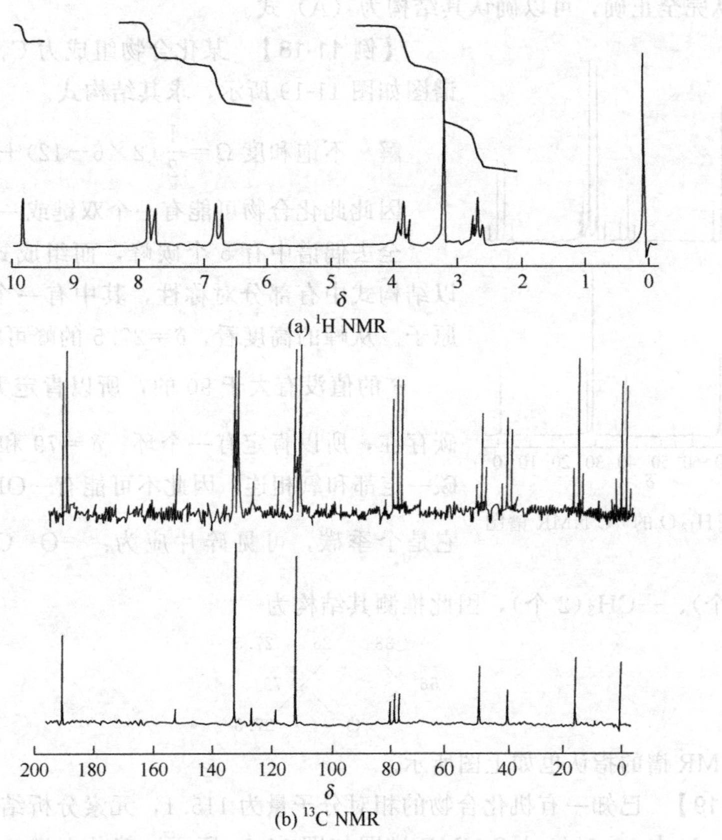

图 11-18　$C_{11}H_{12}ON_2$ 的 ^1H NMR 和 ^{13}C NMR 谱图

不饱和度，而碳原子只剩下一个未解析，为了满足不饱和度，这个 C 应满足二个不饱和度，只能是 $-C\equiv N$，而且是单峰。

由于有对称性，所以苯环上只能是对位取代。由上述结构碎片及分析，可有两种结构式的可能：

$H-C(=O)-C_6H_4-N(CH_3)-CH_2-CH_2-C\equiv N$　　(A)

和　　$H-C(=O)-C_6H_4-CH_2-CH_2-N(CH_3)-C\equiv N$　　(B)

考虑到 $\delta=152$ 有一个单峰，它应是苯环上的碳峰，它比其他苯环上的碳的 δ 值更大，表明它一定连接了一个电负性较大的原子，从本题看肯定是 N。因此结构（B）的可能性不大。

最后对 ^1H NMR 和 ^{13}C NMR 谱进行指认：

^1H NMR 指认：

$H(9.75)-C(=O)-C_6H_4(7.75,\ 6.70)-N(CH_3^{3.15})-CH_2(3.80)-CH_2(2.62)-C\equiv N$

^{13}C NMR 指认：

$H-C(=O)(190.5)-C_6H_4[126.5,\ 132.0,\ 132.0,\ 115.5,\ 115.5,\ 152.0]-N(CH_3\ 38.7)-CH_2(48.2)-CH_2(15.5)-C(118.0)\equiv N$

两谱指认完全正确，可以确认其结构为（A）式。

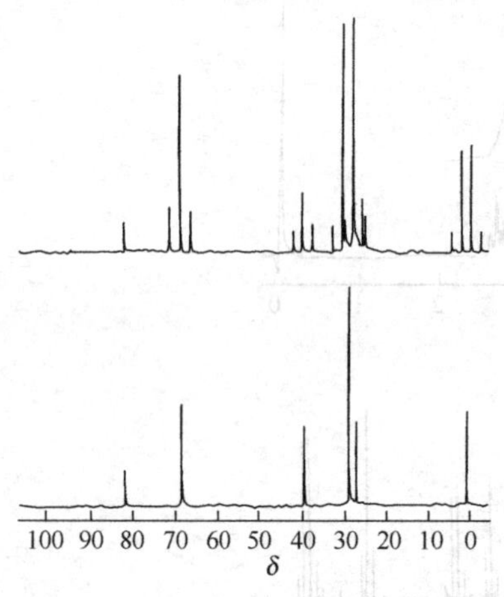

图 11-19　$C_6H_{12}O$ 的^{13}C NMR 谱图

【例 11-18】　某化合物组成为 $C_6H_{12}O$，^{13}C NMR 谱图如图 11-19 所示，求其结构式。

解　不饱和度 $\Omega=\frac{1}{2}(2\times6-12)+1=1$

因此此化合物可能有一个双键或一个环。

全去偶谱中有 5 个碳峰，而组成式中有 6 个碳，所以结构式中有部分对称性，其中有一个碳峰代表二个碳原子。从峰的高度看，$\delta=27.5$ 的峰可能有两个碳原子。

δ 的值没有大于 90 的，所以肯定无 >C=O，也无烯碳存在，所以肯定有一个环。$\delta=79$ 和 66 有峰，可见其碳一定都和氧相连，因此不可能有—OH。$\delta=79$ 是单峰，它是个季碳，可见碎片应为：—O—CH_2—、—O—C(—)(—)—、—CH_2—(2 个)、—CH_3(2 个)，因此推测其结构为

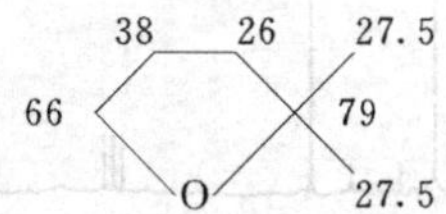

其^{13}C NMR 谱的指认也如上图所示。

【例 11-19】　已知一有机化合物的相对分子量为 115.1，元素分析结果：C 占 62.6%，H 占 11.4%，N 占 12.3%，^{13}C NMR 谱图如图 11-20 所示，偏共振谱 51.1～55.2 的各峰位置及强度列于表 11-9，求其结构式（80MHz 核磁共振仪）。

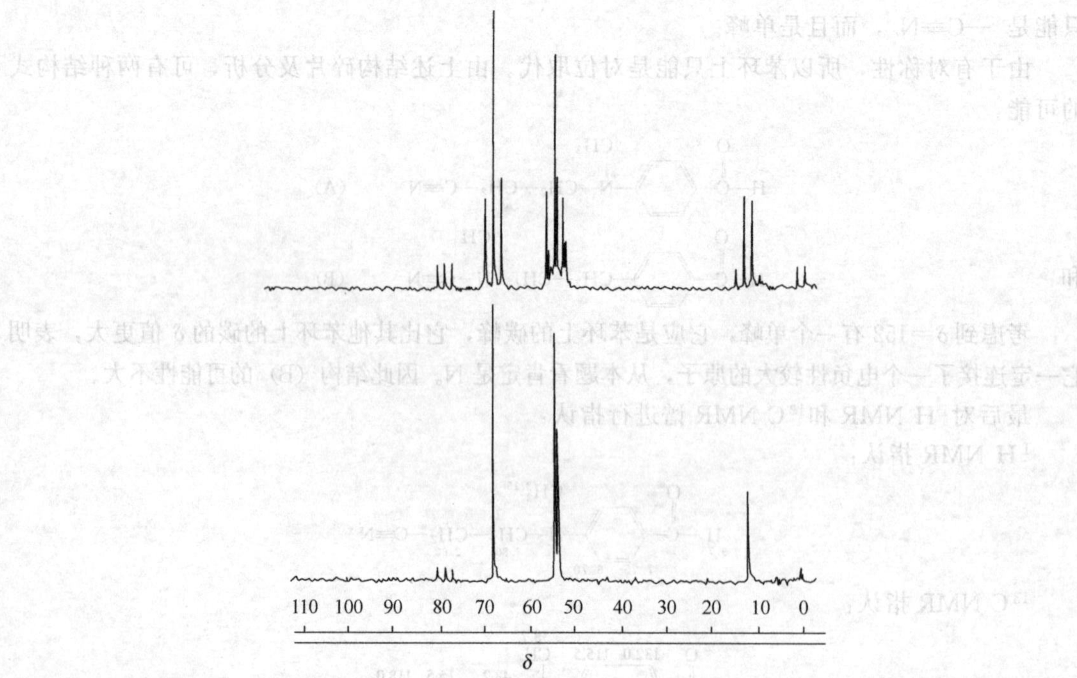

图 11-20　［例 11-19］的^{13}C NMR 谱图

表 11-9 图 11-20 各^{13}C峰位置及强度

全去偶	δ	11.6	52.7	53.4	66.9		
	强度	20	34	54	60		
偏共振	δ	51.1	51.7	52.7	53.4	54.4	55.2
	强度	11	20	25	51	9	22

解 根据各元素含量求其分子式中该元素的原子个数：

对于C，$n_C=115.1\times62.6\%/12.01=6.0$，有6个C；

对于H，$n_H=115.1\times11.4\%/1.008=13.0$，有13个H；

对于N，$n_N=115.1\times12.3\%/14.01=1.01$，有1个N；

不足100%部分为氧，氧的百分含量为 $(100-62.6-11.4-12.3)\%=13.7\%$

对于O：$n_O=115.1\times13.7\%/15.998=0.986$，有1个氧。

所以其组成为$C_6H_{13}NO$。

计算不饱和度：$\Omega=\frac{1}{2}(2\times6-13+1)+1=1$

不饱和度为1，表示其结构中有一个双键或1个环。

全去偶^{13}C谱中只有四个碳峰，表明其有对称性。并且52.7、53.4、66.9处有峰，表明这些碳均和N或O直接相连。

$\delta=11.6$在偏共振谱中是个四重峰，表明其为$-CH_3$，且不与N、O相连。

$\delta=66.9$在偏共振谱中是个三重峰，表明其为$-CH_2-$，而且应与O相连，且峰很强。

对应于全偶的52.7、53.4两个峰在偏共振谱中出现了六个分裂峰，这是需要重点考察的，因为它要决定各碳上的氢数。当然前提是^1J应相等。

经分析$\delta=51.1$、52.7、54.4三个峰来自同一个碳。因为$^1J_{CH}=(54.4-52.7)\times10^{-6}\times80MHz=(52.7-51.1)\times10^{-6}\times80MHz=136Hz$，可见它也与N相连，为$-CH_2-$。但峰的强度只有53.4峰强度的一半。

同理，$\delta=51.7$、53.4、55.2三个峰来自同一个碳。$^1J_{CH}=(53.4-51.7)\times10^{-6}\times80MHz=(55.2-53.4)\times10^{-6}\times80MHz$也为136Hz，它也与N相连，也为$-CH_2-$，峰强度也很大。根据以上分析，它的唯一结构只能是

```
   66.9     53.4
   CH2——CH2
  /          \      51.7    11.6
 O            N—CH2—CH3
  \          /
   CH2——CH2
   66.9     53.4
```

其^{13}C全去偶谱指认也如图11-20所示。

(2) 碳谱在聚合物中的应用 聚合物的NMR谱包括聚合物各部分的NMR谱的总和，如聚丙烯呈现三个基本峰及其偶合关系，表明其主链为 $\left[CH(CH_3)-CH_2\right]_n$。

(3) 碳谱对有机反应机理的研究 由于^{13}C谱的各条线都很敏感，如果某碳上的氢被官能团取代，其化学位移会有一定的改变。根据这一改变可确定氢是否被取代。由于快速傅里叶变换核磁共振具有快速的特色，可以研究反应的中间产物，从而推断反应机理。当分子状态的变化已达平衡时，也可以像^1H NMR谱一样，用^{13}C NMR谱来研究化学平衡及求平衡常数。但这种平衡常数值并不是很精确的。

11.7 核磁共振技术的进展

11.7.1 二维核磁共振介绍

前面所讨论的^{1}H NMR和^{13}C NMR谱，均是一维波谱。它的形状和强度仅是射频频率ω_1的函数。核磁共振谱的形状还和其他因素有关。如果再加上一个变量，得到的谱就不是一元函数了，而是一个二元函数。如果这个变换选择的是第二射频频率ω_2，则核磁共振峰S就是ω_1和ω_2的函数，表示为$S(\omega_1, \omega_2)$，这就是二维谱。

前已述及，在做核磁共振中的自旋去偶实验时，需要对样品加上第二射频场。当第二射频场的频率等于被去偶的谱线共振频率时，照射场强度足够强，那么它们的偶合将消失。如果射频场频率并不正好等于被去偶谱线的共振频率而偏离少许时，得到的谱为偏共振谱。随着频率偏离程度的变化，被观察的谱线强度与分裂距离也在改变。这种改变是ω_1和ω_2的函数，因此沿横向（第一射频场）的变化可得到一维谱图。沿纵向（第二射频场）的变化，又可得到另一维的谱图，就形成了二维谱图。

获得二维谱的实验方法有三种。

（1）二维频率域实验　即信号直接是两个频率的函数。如上述的双共振实验。测量的是弱射频场ω_1，而用强射频ω_2去扰动自旋体系，得到的信息就是$S(\omega_1, \omega_2)$。

（2）时域和频率域混合实验　在这个实验中，体系受到射频ω_2的扰动，而对测量脉冲的响应是时域信号$S(t_1)$，只要系统地改变扰动频率ω_2，得到一系列时域信号，再经傅里叶变换可变为频率域函数，得到二维谱$S(\omega_1, \omega_2)$。

（3）时间域实验即二维时间域实验　信号是两个独立时间变量的函数$S(t_1, t_2)$，将这个二维的衰减信号经傅里叶变换成二维频率域的函数$S(\omega_1, \omega_2)$，获得二维谱。

二维谱实际上是若干张一维谱堆积而成，即固定一个ω_2，得一张$S\omega_2(\omega_1)$的谱。再选一个ω_2，又得另一张$S\omega_2(\omega_1)$的谱。多次以后，便可得到一个较完整的二维谱。

11.7.2 固体高分辨核磁共振谱

前面讨论的核磁共振全部限于液态样品，而且要求黏度较低。但在实际工作中，也有要求对固体样品作谱的，而且找不到合适的溶剂制备溶液，或者溶解后，形态已发生了根本性的变化，如某些高聚物、煤等。

若按照通常的方法作图，那么固体样品的峰非常之宽，甚至离散，得不到什么有用的信息。产生这种现象的原因有两个：①自旋核之间的偶极-偶极相互作用；②化学位移的各向异性。这两个原因都和分子在磁场中的取向有关。在液态试样中，分子在不断翻滚，因此，以上两种作用都被平均化了。

除上述谱线变宽的问题需解决的外，碳谱灵敏度低也是要解决的问题。

作固体高分辨核磁共振谱的方法为交叉极化魔角旋转化法（cross polarization/magic angle spinning，CP/MAS法）。CP/MAS法涉及对脉冲作用的分析。其中最重要的是关于魔角旋转。

前面所提到的偶极-偶极相互作用及化学位移的各向异性，其数值的大小均包含$(3\cos^2\varphi-1)$这一项，φ是指所讨论的两核间的连线与静磁场B_0之间的夹角。如果$(3\cos^2\varphi-1)=0$，便可消除偶极-偶极相互作用和化学位移各向异性的影响。由$3\cos^2\varphi-$

$1=0$ 可解得 $\varphi=54°44'$，人们称这个角为魔角。因此在作固体核磁共振时，样品的旋转轴应与磁场 B_0 的夹角保持 $54°44'$。为了取得平均化效果，液态样旋转的速度仅为每秒几十转。而固体样品为了满足上述要求，常达到每秒几千转。现在采取 CP/MAS 法已可得出可供解析的、分辨率与液态样相近的谱图。这为将 NMR 用于固体的研究寻找到了一个好方法。

11.7.3 核磁成像

现在，将核磁共振用于对一些疾病的诊断已是司空见惯，这种技术称为核磁共振成像技术。它可以提供类似于 X 射线的 CT 的图像，但患者可免受 X 射线的辐射，而且核磁成像可以完成 X 射线不能成像的任务。核磁成像测定的对象是氢核，测出生物体内氢核在空间的分布，就能得出诊断信息，如某部分患有肿瘤等。

习题

1. 简述连续波核磁共振波谱法和傅里叶变换核磁共振波谱法的基本原理。
2. 定义、说明或解释下述术语：
   (1) 自旋-晶格弛豫；(2) 化学位移；(3) TMS；　(4) 自旋-自旋偶合；
   (5) 环流；　　　　(6) NOE；　　(7) 全去偶；(8) 偏共振。
3. 使用 90MHz 的 NMR 仪时，正丙醇中甲基 ^1H 的吸收峰与外参比物苯中 ^1H 吸收峰相距 528.4Hz。
   (1) 和 TMS 的吸收峰相比，苯的 ^1H 吸收峰 $\delta=6.73$，求正丙醇中甲基 ^1H 相对于 TMS 的化学位移。
   (2) 如果仪器场频率为 200MHz，则正丙醇中甲基 ^1H 吸收峰距离苯的 ^1H 峰多少赫兹？
4. 预言 2-丁酮的 ^1H NMR 谱图中吸收峰的相对形状、峰面积。
5. 画出对下列化合物所期望观测到的 ^1H NMR 谱图：
   (1) 氯乙烷；(2) 特丁胺；(3) 1,3,5-三甲基苯；(4) 异丁烯酸甲酯；(5) 1,1,1-三氟乙烷。
6. 甲苯和苯的混合物的 ^1H NMR 谱出现二个峰，$\delta=7.3$ 的峰的积分面积为 85，$\delta=2.2$ 的峰积分面积为 15，请估算甲苯与苯的摩尔比。
7. 未知物的组成式为 $C_{11}H_{14}O_3$，其 ^1H NMR 谱图如图 11-21 所示，试推测其结构式。

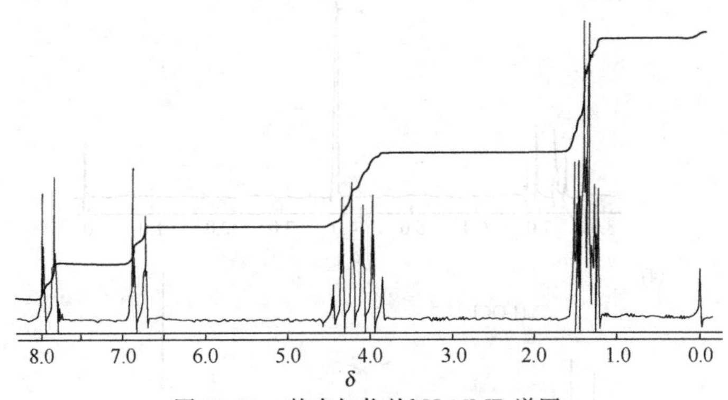

图 11-21　某未知物的 ^1H NMR 谱图

8. 未知物的组成为 $C_5H_7O_2Br$，^1H NMR 和 ^{13}C NMR 谱如图 11-22 所示，推导其结构式。
9. 根据图 11-23 ^1H NMR 谱和分子式，给出结构式并阐述各自的理由。
10. 已知未知化合物的相对分子质量为 84.06，C 占 71.4%，H 占 9.7%，其 ^1H NMR 和 ^{13}C NMR 谱图如图 11-24 和图 11-25 所示，求其结构式，并解释每一个峰的归属。

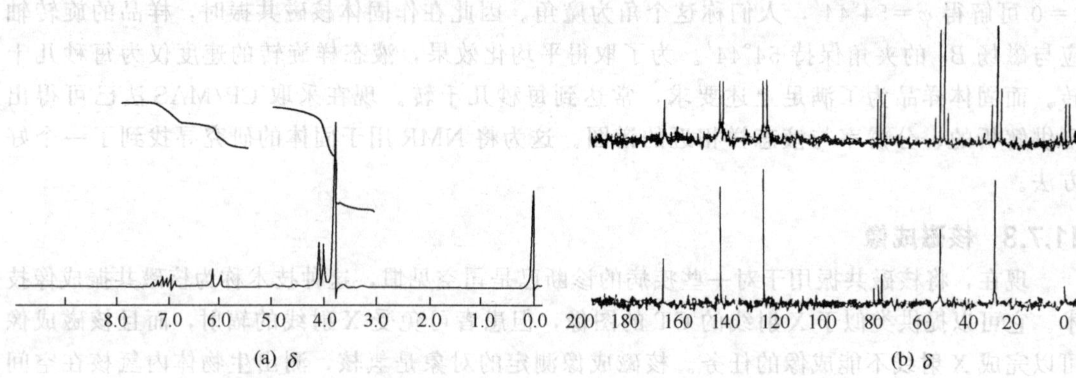

图 11-22 某未知物的[1]H NMR（a）及[13]C NMR（b）谱图

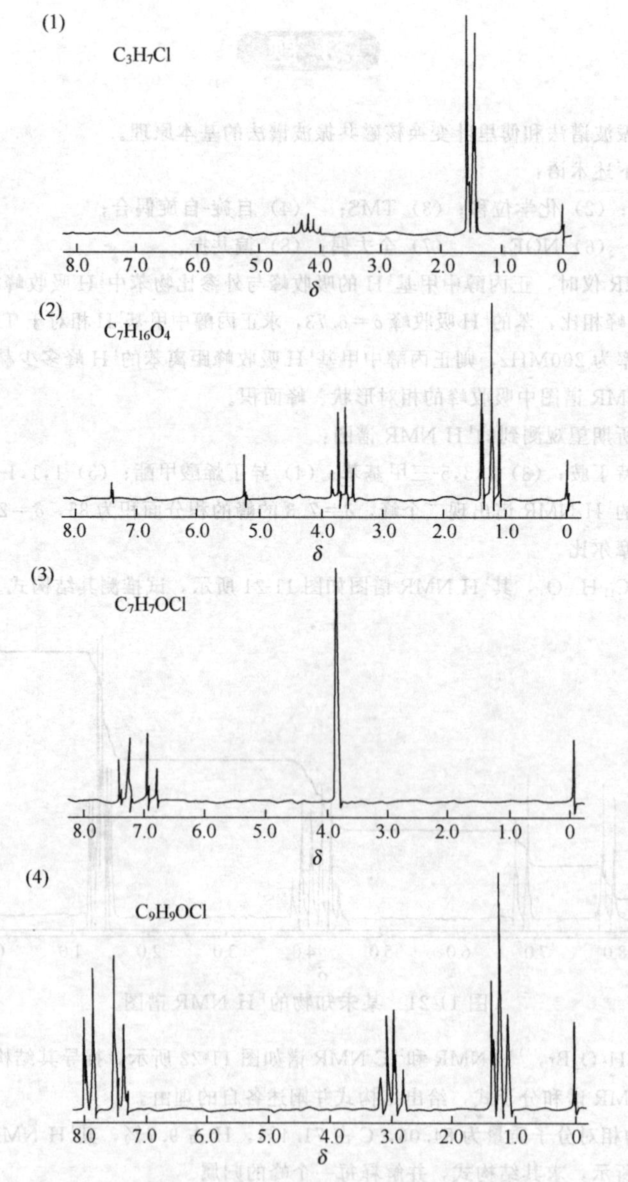

图 11-23 习题 9 的[1]H NMR 谱图

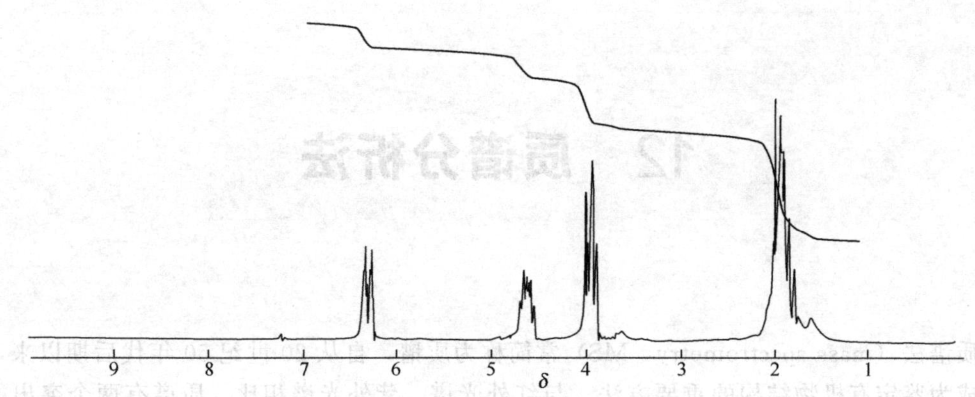

图 11-24 习题 10 的¹H NMR 谱图

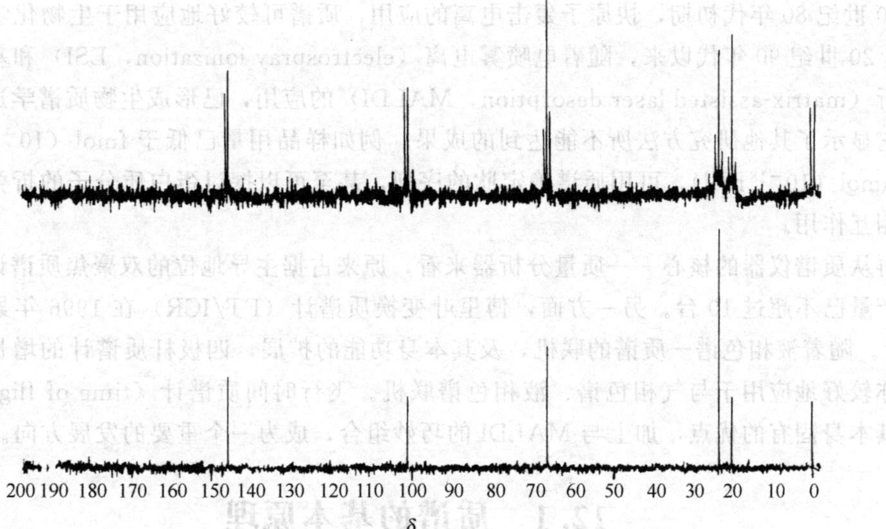

图 11-25 习题 10 的¹³C NMR 谱图

12 质谱分析法

质谱法（mass spectrometry，MS）常简称为质谱，自从20世纪50年代后期以来，质谱就成为鉴定有机物结构的重要方法。与红外光谱、紫外光谱相比，质谱有两个突出的优点：质谱法的灵敏度远远超过其他方法，样品的用量更少；质谱是唯一可以确定分子式的方法，而分子式对推测结构至关重要。

20世纪80年代初期，快原子轰击电离的应用，质谱可较好地应用于生物化学感兴趣的分子。20世纪90年代以来，随着电喷雾电离（electrospray ionization，ESI）和基质辅助激光解析（matrix-assisted laser desorption，MALDI）的应用，已形成生物质谱学这一新的学科。它显示了其他研究方法所不能达到的成果，例如样品用量已低于fmol（10^{-9} mol），甚至到amol（10^{-18} mol），可用质谱确定肽的序列，甚至可以探讨蛋白质分子的折叠和非共价键的相互作用。

再从质谱仪器的核心——质量分析器来看，原来占据主导地位的双聚焦质谱计，现在世界年产量已不超过10台。另一方面，傅里叶变换质谱计（FT/ICR）在1996年累计已超过200台。随着液相色谱－质谱的联机，及其本身功能的扩展，四极杆质谱计的增长迅速，离子阱亦较好地应用于与气相色谱、液相色谱联机。飞行时间质谱计（time of flight，TOF）由于其本身固有的优点，加上与MALDI的巧妙组合，成为一个重要的发展方向。

12.1 质谱的基本原理

质谱法是使被测物质的分子产生气态离子，然后按质荷比（m/z）对离子进行分离和检测的方法。质谱仪器按记录方式可分为两大类：一种为在聚焦平面上同时记录所有的离子，称为质谱仪（mass spectrograph）；另一种为顺次记录各种质荷比（m/z）离子的强度，称为质谱计（mass spectrometer）。有机质谱一般采用质谱计。

12.1.1 质谱的组成

有机质谱计由下列单元组成。

（1）进样系统　被分析的样品经进样系统进入质谱计，其作用是在不破坏真空的情况下使样品进入离子源。主要有直接进样和间接进样两种方式。

直接进样是利用一个推杆（或称探头，probe）将样品送到离子源的电离盒样品口，然后使样品气化，主要用于固体与高沸点液体样品的进样。间接进样也叫做贮气罐的进样。它是先将汽态样品或液、固态样品的蒸气贮存在贮气罐中，然后通过加热的导管送入电离盒的一种进样系统。间接进样系统对气、液、固态样品的分析均适用。由于贮气罐的体积较大，允许样品在较长时间内以稳定的流量进入质谱离子源，所以这种进样系统特别适合于半定量和定量分析。

样品的加热气化有两种方式——间接加热和直接加热。所谓间接加热就是利用电离盒本身的温度（一般在150～250℃之间），通过辐射或传导加热样品使其气化，调节探头的位置能控制样品蒸发速度。这种方法因受电离盒温度的限制，所能达到的温度较低。直接加热是在推杆顶端安装加热器，或在电离盒旁边样品管所能达到的位置处安装加热器，通常还配备有程序升温装置。当样品管进入离子源后，再启动加热器使样品挥发。

（2）电离和加速室　电离和加速室也称为离子源。被分析物质在这里被电离，形成各种离子。不同的电离方式用于不同的场合，也有不同的结果。为使生成的离子穿越（或到达）质量分析器，在离子源的出口，对离子施加一个加速电压，该加速电压视质量分析器的不同而有很大的差别。

（3）质量分析器　质量分析器把不同质荷比的离子分开，是质谱计的核心。不同类型的质量分析器有不同的原理、特点、适用范围与功能。

（4）检测器　检测器检测各种质荷比的离子。对于非傅里叶变换的质谱计，检测器常使用电子倍增器，它的灵敏度高，测定速度快。

（5）计算机和数据系统　计算机系统进行对仪器的控制，包括数据的采集、处理、打印等。数据库中存有大量的标准化合物的质谱图，在分析未知物时，计算机将进行检索，给出几个可能性最大的化合物。高分辨质谱计还可给出分子离子及选出的碎片离子的元素组成。

（6）真空系统　真空系统为离子源和质量分析器提供所需的真空，是质谱计的重要组成部分，不同的质量分析器及离子源对真空的要求有很大差别。

12.1.2 质谱仪器主要指标

（1）质量范围　质量范围（mass range）指质谱仪器所检测的离子的质荷比范围。对单电荷离子而言，这也就是离子的质量范围。在检测多电荷离子时，所检测的离子的质量则因离子的多重电荷而扩展到了相应的倍数。

（2）分辨率　分辨率（resolution）是质谱仪器分开相邻两离子质量的能力。扇形磁场质谱仪器的分辨率 R 由式(12-1) 定义：

$$R=M/\Delta M \tag{12-1}$$

式中，M 为可分辨的两个峰的平均质量；ΔM 为质谱仪器可分辨的两个峰的质量差。

为便于严格比较不同质谱仪器的分辨率，现公认仪器的分辨率是两峰间的峰谷高度为峰高10%时的测定值，表示为 $R_{10\%}$。在两峰等高的情况下，这意味着两峰各以5%的高度重合。在实际测量中，难以找到正好是两峰重叠10%的峰高，因而把式(12-1) 转换为式(12-2)，即：

$$R_{10\%}=M/\Delta M\times a/b \tag{12-2}$$

式中，a 为相邻两峰的中心距离；b 为峰高5%处的峰宽。

对傅里叶变换质谱（FT-ICR）及飞行时间质谱（TOF）来说，分辨本领的计算仍按式(12-1)，但此时 M 为所测峰的质量；ΔM 为该峰半高宽所对应的质量。

（3）灵敏度　灵敏度（sensitivity）表明仪器出峰的强度与所用样品量之间的关系。一种表示法为对选定的样品在一定的分辨率情况下，产生一定信噪比的分子离子峰所需的样品量。

质谱仪器的其他指标有扫描速度、稳定度等。

（4）质谱图　不同质荷比的离子经质量分析器分开，而后被检测，记录下的谱图称质谱图，简称质谱。

有机质谱计的优点在于能较好地记录各种质荷比的离子的强度。质谱（图）的横坐标表示质荷比，一般从左到右为质荷比增大的方向，在不少情况下，质谱图主要记录的是单电荷离子，此时质谱图的横坐标实际上即为离子质量。质谱（图）的纵坐标为离子流的强度。最常见的标注方法为相对丰度（relative abundance）。把最强峰的强度定为100%，其他离子的峰强度以其百分数表示。最强峰称为基峰。也有用总离子流的强度作为100%来计算各离子所占百分数的表示方法。因低质量端干扰大，结构信息相对也小，因此常从m/z40以上计算总离子流，如10%Σ_{40}表示这种离子占m/z40以上的总离子流的10%。

质谱的表示法有三种：质谱图、质谱表和元素图。质谱图有两种；峰形图（peak-graphform）和条图（bar-graphform）。目前大部分质谱都用条图表示，在文献中常以质谱表的形式发表质谱数据。元素图是由高分辨质谱计所得结果，经一定程序运算直接得到的。由元素图可以了解每个离子的元素组成。

12.1.3 质谱计简介

（1）单聚焦质谱计　采用一块磁铁实现离子按质荷比分离的单聚焦仪器，是最早出现而且至今仍广泛使用的质谱仪器。针对不同用途，单聚焦质谱仪器可以制成质量很轻的便携式气体分析器，也可制成几十吨甚至数百吨重的同位素分离装置。

常见的单聚焦仪器采用半圆形（180°）或扇形（60°或90°）的均匀磁场。为了促进某些方面的性能，也可采用非均匀磁场。单聚焦质谱计的结构示意见图12-1。

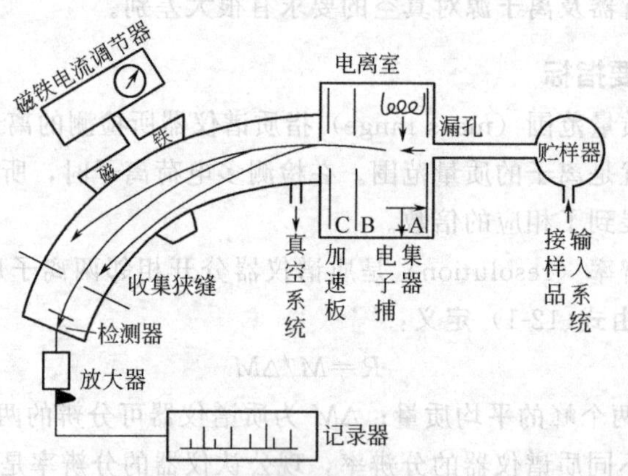

图12-1　单聚焦质谱计的结构示意

有机化合物样品在高真空条件下（10^{-5}～10^{-6} mmHg）受热气化，蒸气通过漏孔进入电离室。在电离室内，气态分子受到电子流（70eV）的轰击，从成键或非键轨道失去一个价电子产生带正电荷的离子，称为分子离子：

$$M+e \longrightarrow M^{+}+2e$$

因这种轰击使样品分子得到远远高于化学键能的过剩能量，使分子离子进一步裂解为一系列碎片离子。碎片离子可带正电荷、负电荷或呈电中性，如：

$$ABC^{+} \longrightarrow A^{+}+BC\cdot$$

$$\longrightarrow AB^{+}+C\cdot$$

$$\longrightarrow AB\cdot+C^{+}$$

$$AB^{+} \longrightarrow A^{+}+B \quad 或 \quad B^{+}+A$$

$$AB+e^{-} \longrightarrow A^{+}+B^{-}+e^{-}$$

正离子被A与B之间的推斥电压推出电离室，并被高压电场（2000V）加速，加速正离子落到分离管中进入磁场分离器；负离子被排斥电位吸引而在后墙上消失电荷，自由基和中性分子不被加速，由真空泵抽走。因而一般所谓质谱都是指形成的正离子质谱。

随着磁场从小到大变化，使进入磁场的每个不同质量的正离子都有一条曲线轨道，轨道的曲率半径 R 取决于这个离子的 m/z。因此，凡是 m/z 相同的离子合为一离子束，每一离子束都沿着曲率半径不同的轨道运动。这样不同 m/z 的离子束由小到大依次穿过收集狭缝，碰撞到收集极上，在收集极电路中产生电流，经放大器放大后，由记录仪记录，即可得质谱图。

(2) 双聚焦质谱计　质谱技术中，单聚焦指方向（角度）聚焦，双聚焦则指同时实现方向聚焦和能量（速度）聚焦。

采用电子轰击型、化学电离型等离子能量分散较小的离子源进行质谱分析，为了达到高分辨或超高分辨本领，虽然也可使用单聚焦仪器，但与双聚焦仪器相比，不仅在造价与运转费用上并不便宜，而且往往达不到双聚焦仪器的性能。采用气体放电型、高频火花型等离子能量分散很大的离子源时，则非采用双聚焦仪器不可。

(3) 四极滤质器质谱计　四极质量分析器（quadrupole analyzer）又称四极滤质器（quadrupole mass filter），因其由四根平行的棒状电极组成而得名。相对的一对电极是等电位的，两对电极之间的电位则是相反的。电极上加直流电压 U 和射频（radio frequence，RF）交变电压 $V\cos\omega t$，如图12-2所示。

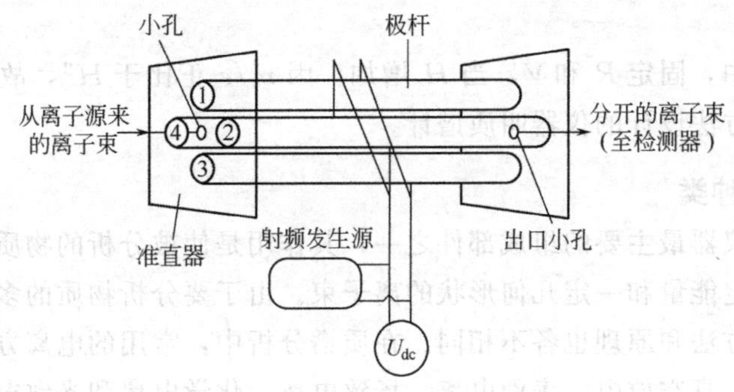

图12-2　四极质谱分析器示意

图12-2中显示了 x 轴和 y 轴的方向，z 轴为垂直纸面的方向，它也是离子飞行的方向。从离子源出来的离子，到达四极质量分析器的中心，沿 z 轴飞行，到达检测器。

四极质量分析器的性能在不断提高：质量范围已达3000u，质量精度可达0.1u（900u时）。在特定条件下，使用四极质量分析器已可测定精确质量。四极质量分析器的优点比较突出，现在处于大力应用阶段，其原因有下列几点：

① 结构简单、体积小、质量轻、价格便宜、清洗方便，操作容易；

② 仅用电场而不用磁场，无磁滞现象，扫描速度快，这使得它适合与色谱联机，特别如毛细管气相色谱；也适合于跟踪快速化学反应等场合；

③ 操作时的真空度相对较低，因而特别适合同液相色谱联机。

四极质量分析器的缺点是：分辨率不够高；对较高质量的离子有质量歧视效应。

12.1.4 质谱的基本方程

分子受轰击失去价电子而得到质量为 m、电荷为 e 的正离子。若正离子的生存时间大于 10^{-6}s，就能受到加速板上电位 V 的作用加速到速度为 v，其动能为 $1/2mv^2$，而在加速电场

中所获得的电势能为 eV，加速后离子的位能转换成动能，两者相等，即

$$eV=1/2mv^2 \tag{12-3}$$

当高速的正离子离开离子源进入磁场区后，在磁场强度为 H 的磁场作用下，使正离子的轨道发生偏转，进入半径为 R 的径向轨道，这时离子所受的向心力为 Hev，离心力为 mv^2/R，要保持离子在半径为 R 的径向轨道上运动的必要条件是离心力等于向心力，即：

$$Hev=mv^2/R$$

所以

$$v=HeR/m \tag{12-4}$$

将式(12-4) 代入式(12-3) 得：

$$m/e=H^2R^2/2V \tag{12-5}$$

m/e 为质荷比，用 m/z 表示。当离子带一个正电荷时它的质荷比就是它的质量。式(12-5) 就是质谱的基本方程。由此可知，要将各种 m/z 的离子分开，可以采用两种方式。

(1) 固定 H、V，改变 R　固定磁场强度 H 和加速电位 V，由式(12-5) 可知不同 m_i/e 将有不同的 R_i 与 i 离子对应，这时移动检测器狭缝的位置，就能收集到不同 R_i 处的离子流。但这种方法在实验上不易实现，常常是直接用感光板照相法记录各种不同离子 m_i/e，采用这种方法设计的仪器称为质谱仪。

(2) 固定 R，连续改变 H 或 V　在电场扫描法中，固定 H 和 R，连续改变 V，由式(12-5) 知，通过狭缝的离子 m/e 与 V 成反比，当加速电压逐渐增加，先被收集到的是高质量离子。

在磁场扫描法中，固定 R 和 V，当 H 增加，因 m/e 正比于 H^2，故先收集到的是低质量离子。采用这种方法设计的仪器叫质谱计。

12.1.5 离子源的种类

离子源是质谱仪器最主要的组成部件之一，其作用是使被分析的物质电离成为离子，并将离子会聚成有一定能量和一定几何形状的离子束。由于要分析物质的多样性和分析要求的差异，物质电离的方法和原理也各不相同。在质谱分析中，常用的电离方法有电子轰击、离子轰击、原子轰击、真空放电、表面电离、场致电离、化学电离和光致电离等。各种电离方法是通过对应的各种离子源来实现的，不同离子源的工作原理、组成结构各不相同。作为质谱仪器的一个重要部分，离子源的性能直接影响质谱仪器的主要技术指标。因此，不论何种离子源都必须满足的条件为：产生的离子流稳定性高，强度能满足测量精度；离子束的能量和方向分散小；记忆效应小；质量歧视效应小；工作压力范围宽；样品和离子的利用率高。

(1) 电子轰击型离子源　利用具有一定能量的电子束使气态的样品分子或原子电离的离子源称为电子轰击离子源（electron impact ion source，EI）。电子轰击离子源能电离气体、挥发性化合物和金属蒸气。其结构简单、电离效率高、通用性强、性能稳定、操作方便，是质谱仪器中广泛采用的电离源，电子轰击源也是最早用于有机质谱仪的一种离子源。电子轰击质谱能提供有机化合物最丰富的结构信息，有较好的重复性。通过对单分子裂解规律的研究，已总结了较完整的谱图解析方法，并积累了数万个化合物的标准谱图。因此，电子轰击离子源是有机化合物结构分析的常规工具。

电子轰击离子源一般由电离盒、灯丝（或称阴极，通常用钨丝或铼丝制成）、栅极、电子收集极、狭缝、永久磁铁、电离盒加热器、热电偶以及一套离子光学系统（或称透镜系统，包括推斥极、引出极、聚焦极、Z 向偏转极等）组成。在电子轰击源中，被测物质的分

子（或原子）或是失去价电子生成正离子（$M+e \longrightarrow M^{+}+2e$），或是捕获电子生成负离子（$M+e \longrightarrow M^{-}$）。常规质谱只研究正离子。轰击电子的能量至少应等于被测物质的电离电位，才能使被测物质电离生成正离子。为了获得可重复的质谱图，轰击电子能量一般为70eV，但较高的电子能量可使分子离子上的剩余能量大于分子中某些键的键能，因而使分子离子发生裂解。为了控制碎片离子的数量，增加分子离子峰的强度，可使用较低的电离电压。一般仪器的电离电压在5～100V范围内。

电子轰击源的一个主要缺点是固、液态样品需汽化进入离子源，因此不适合于难挥发的样品和热稳定性差的样品。

(2) 离子轰击型离子源　具有一定能量的初级离子束轰击样品靶引起溅射，利用这种效应做成的质谱离子源统称作离子轰击型离子源。离子轰击时得到的溅射产物一部分是离子，它们可以直接利用，经透镜系统、质量分析器获得表征靶表面成分的质谱。这种方法称作二次离子质谱SIMS（secondary ion mass spectrometry）。照射的另一部分产物是中性粒子，用适当的方式将这部分中性粒子电离，然后进行质量分析，同样能够得到样品靶表面的组成情况。这种方法叫做溅射中性粒子质谱SNMS（sputtered neutrals mass spectrometry）或二次中性粒子质谱（secondary neutrals mass spectrometry），这是新近发展起来的一种表面分析技术。

(3) 原子轰击型离子源　与离子轰击型离子源相似，原子轰击型离子源也是利用溅射使样品电离的，所不同的是用于轰击的粒子是快速的中性原子，因此原子轰击型离子源一般称为快原子轰击源FAB（fast atom bombardment source，FAB）。由于电离在室温下进行和不要求样品气化，这种技术特别适合于分析高极性、大分子量、难挥发和热稳定性差的样品。与场解吸电离（FD）相比，快原子轰击具有操作方便、灵敏度高、能在较长时间内获得稳定的离子流、便于进行高分辨测试等优点。因此得到迅速发展，成为生物化学研究领域中的一个重要工具。快原子轰击质谱不仅有强的分子离子或准分子离子峰，而且有较多的碎片离子；不仅能得到正离子质谱，而且还可以得到灵敏度相当高的负离子质谱，在结构分析中能提供较为丰富的信息。这一技术的不足之处主要是：甘油或其他基质（matrix）在低于400的质量范围内产生许多干扰峰，使样品峰很难辨认；对于非极性化合物，灵敏度明显下降；易造成离子源污染。原子轰击型离子源中常用的轰击原子为氩气、氙气（Xe）、氦气（He）等，其他惰性气体的原子也可用作轰击粒子。

(4) 放电型离子源　放电型离子源是利用两个电极之间的真空击穿来产生离子的。高频火花离子源（high frequency spark ion source，HFI）是广泛使用的一种真空放电型离子源。它利用两个电极间高压击穿产生离子。高频火花源应用范围广，能分析多种形态的导体、半导体和绝缘体材料。而且对所有的元素都有大致相同的电离效率，因此，特别适合于定量分析，是测定高纯材料中微量杂质的重要方法之一。高频火花源具有高的灵敏度，检测限可达$3ng \cdot g^{-1}$。高频火花源的缺点是生成的离子能量分散大，为$10^{3}eV$，离子流的稳定性差。因此，质量分离必须采用双聚焦质量分析器，离子检测一般要用积分测量。

(5) 表面电离源　如果将样品涂布在金属表面，当金属表面的温度足够高时，样品会发生蒸发电离。表面电离源（surface emission ion source，SEI）就是利用这一现象制成的。表面电离源广泛应用于同位素质谱，尤其适合于分析碱金属、碱土金属、稀土和锕系等低电离电位的元素。它有较好的选择性，能避免高电离电位的本底气体和杂质的干扰，得到比较“纯净”的质谱图；检测灵敏度较高，可检测$10^{-8}g$样品。表面电离只产生单电荷离子，离子初始能量发散很小，但离子流的稳定性差。由于不同元素的电离效率不同，表面电离源一般只用于定性和半定量分析。

(6) 场致电离和场解吸电离源 如果将正高压加在金属细丝（或金属刀片、尖端）等场发射体上，形成 $10^6 \sim 10^7 V \cdot cm^{-1}$ 的高场强。有机化合物的蒸气在高静电场的发射体附近，分子内库仑场的势能面发生变形，价电子以一定概率穿越有限厚度的势垒壁到达金属发射体，使分子电离。场致电离源（field ionization ion source，FI）就是根据这一原理制成的。场致电离提供给分子的能量大约为 12～13eV，而有机化合物的电离电位约为 10eV，因此没有过多的剩余能量使分子离子进一步裂解，因此这是一种温和的离子化方法，谱图以分子离子（M^+）或准分子离子（$[M+H]^+$）强、碎片离子少为特征。FI 主要用于测定有机化合物的分子量，对于那些在电子轰击条件下不生成或只生成很弱的分子离子峰的样品，FI 是极有用的补充。由于大部分场致电离质谱相当简单，这种方法也用于混合物的分析，例如，测定同系物的分子量分布。

尽管场致电离的条件比较温和，但由于液、固态样品需要气化后才能进样，仍然不能解决难气化和热不稳定化合物的分析问题。1969 年，H. D. Becky 提出的场解吸（field desorption，FD）技术，改进了进样方式，将样品涂布在发射体上，直接送进离子源，当发射体上通过几毫安至几十毫安的电流时，样品就被解吸出来，扩散到高场强的场发射体域中离子化。由于场解吸电离源首次成功地解决了难汽化和热不稳定化合物，如有机酸、糖类、肽、生物碱、抗生素、有机金属化合物等的分析问题，扩大了有机质谱的应用范围，因此得到普通重视，大部分商品有机质谱仪配置了场致电离/场解吸电离源。但是，由于这两种技术操作复杂，需要较高的实验技巧和一定的操作经验，使其推广使用受到较大的障碍。当其他一些适合于难气化和热不稳定化合物分析的技术，如快原子轰击、有机二次离子质谱等出现后，场电离源的重要性大大下降了。

(7) 化学电离源 化学电离源（chemical ionization source，CI）是通过样品分子和反应气（或反应试剂）离子之间的分子-离子反应使样品分子电离。在有机化合物的结构测定中，质谱法由于能提供分子量的信息而具有特殊的地位。但常规的电子轰击源通过电子直接传递给样品分子的能量较多，带有过高剩余能量的分子离子易裂解生成大量碎片离子，使得相当一部分化合物的分子离子峰强度过低，无法辨认或分子离子峰根本不出现。这给分子量的确定和谱图解析带来困难。化学电离通过分子-离子反应传递的能量很少，大部分化合物能得到一个强的与分子量有关的准分子离子峰，碎片离子较少，因而是电子轰击质谱的补充。化学电离源的工作气压比较高，因此比电子轰击源更适合于与气相色谱或液相色谱联用，色谱流动相可直接用作反应试剂。化学电离因能生成强的准分子离子峰，在质谱-质谱联用时也极为有用。除了上述特点之外，化学电离还有灵敏度高（比电子轰击源高 1～3 个数量级）、可以通过改变反应气实现较高的选择性等优点。因此，在有机质谱中，化学电离源作为电子轰击源的重要辅助而发展很快。但是，化学电离源和电子轰击源一样，必须首先使样品汽化，然后再电离，所以不能解决热不稳定和难挥发化合物的分子量测定。

化学电离建立在分子一离子反应的基础上，化学电离的基本原理和过程如下：

首先反应气的电离和裂解，化学电离源中甲烷反应气的压力大约是样品蒸气压的 10^3 倍，灯丝发射的轰击电子只使反应气电离和裂解。

$$CH_4 + e \longrightarrow CH_4^{+\cdot} + 2e$$

$$CH_4^{+\cdot} \longrightarrow CH_3^+ + H^\cdot$$

$$CH_4^{+\cdot} \longrightarrow CH_2^{+\cdot} + H_2$$

然后甲烷电离生成的$CH_4^{+\cdot}$等离子与未被电离的甲烷分子发生分子-离子反应，生成反应离子。

$$CH_4^{+\cdot}+CH_4 \longrightarrow CH_5^{+}+CH_3^{\cdot}$$
$$CH_3^{+}+CH_4 \longrightarrow C_2H_5^{+}+H_2$$
$$\cdots\cdots$$

最后，反应离子与样品分子发生分子-离子反应，通过质子交换使样品分子电离

$$CH_5^{+}+M \longrightarrow CH_4+[M+H]^{+}$$
$$C_2H_5^{+}+M \longrightarrow C_2H_4+[M+H]^{+}$$

或

$$CH_5^{+}+M \longrightarrow CH_4+H_2+[M-H]^{+}$$
$$C_2H_5^{-}+M \longrightarrow C_2H_6+[M-H]^{+}$$

这些反应通常生成准分子离子，如果样品分子的质子亲和势大于反应气的质子亲和势，样品作为一个质子接受体生成质子化的分子离子 $[M+H]^{+}$；如果样品的质子亲和势小于反应气的质子亲和势则生成 $[M-H]^{+}$。目前用于分析的化学电离源有中气压、低气压和大气压化学电离源三种。其中最常用的是中气压化学电离源。中气压源内反应气的压力为13.3～133Pa，样品压力为0.01Pa。

12.2 质谱裂解表示法

12.2.1 正电荷表示法

在质谱中，用“+”或“$\overset{+}{\cdot}$”表示正电荷，前者表示分子中有偶数个电子，后者表示分子中有奇数个电子。正电荷位置要尽可能在化学式中明确表示，这有利于判断以后的开裂方向。正电荷一般都在杂原子、不饱和键的π电子系统和苯环上，当正电荷位置不明确时可用$[\quad]^{+}$或$[\quad]^{+\cdot}$表示，也可用$\urcorner^{+}$或$\urcorner^{+\cdot}$表示。

12.2.2 电子转移表示法

共价键或杂原子上的电子转移有两种表示方法，以鱼钩“⌒”表示一个电子的转移，用箭头“↓”表示两个电子的转移。

在描述共价键断裂电子转移时，常用到下列术语。

均裂：$X-Y \longrightarrow X\cdot+Y\cdot$，电子向两边转移。

异裂：$X-Y\cdot \longrightarrow X^{+}+Y^{-}$，两个电子向一个方向转移。

半异裂：$\overset{+}{X}Y \longrightarrow X^{+}+Y\cdot$，单电子向一个方向转移。

12.2.3 主要裂解方式

在质谱中，分子气相裂解反应主要分两大类：自由基中心引发的裂解；电荷中心引发的裂解。

(1) 自由基中心引发的裂解　这类断裂反应也称为α-裂解，可用通式表示如下：

$$R-CR_2-\overset{\cdot+}{Y}R \xrightarrow{\alpha\text{-裂解}} R\cdot+CR_2=\overset{+}{Y}R$$

(注意：在质谱反应中，单电子转移用鱼钩“⌒”表示，双电子转移用箭头“↷”表示。)

如醇和醚：

$$R'-CH_2-\dot{O}^+R \xrightarrow{\alpha\text{-裂解}} R'\cdot + CH_2=\overset{+}{O}R$$

（R 为 H，醇；R′为烷基，醚）

硫醇、硫醚和胺也有同样的裂解。此外含有羰基的化合物，如醛、酮、酯等也易发 α-裂解。

杂原子对正电荷离子的致稳作用，随杂原子的电负性递降而致稳增强，即 N＞S＞O，所以，如果同一分子中含有两种不同杂原子的官能团，究竟哪一种官能团优先支配裂解，将遵循上述次序。例如：

$$CH_2(OH)-CH_2(NH_2)^{+\cdot} \xrightarrow{\text{日光}} \dot{C}H_2-OH + CH_2=\overset{+}{N}H_2$$

$$CH_2(OH)-CH_2(NH_2)^{+\cdot} \longrightarrow CH_2=\overset{+}{O}H + \dot{C}H_2-NH_2$$

丙烯基离子中，正电荷与双键 π 电子共轭而致稳，所以这类裂解容易发生，相应碎片离子丰度较强。含烃基侧链的芳烃也有类似烯丙基结构，也易发生这类 α -裂解。

$$R-CH_2-CH-CH_2 \xrightarrow{\alpha} R\cdot + CH_2=CH-\overset{+}{C}H_2$$

$$C_6H_5-CH_2-R^{+\cdot} \longrightarrow C_6H_5=\overset{+}{C}H_2 + \cdot R$$

苄基离子与草鎓离子共轭而致稳：

$$C_6H_5\overset{+}{C}H_2 \longleftrightarrow C_7H_7^+$$

(2) 电荷中心引发的裂解　电荷中心引发的裂解又称诱导裂解，用 i 表示。

奇电子离子：

$$C_2H_5-\dot{O}^+C_2H_5 \xrightarrow{i} C_2H_5^+ + \dot{O}C_2H_5$$

$$(C_2H_5)_2C=\dot{O}^+ \left(\longleftrightarrow (C_2H_5)_2\overset{+}{C}-\dot{O}\right) \xrightarrow{i} C_2H_5^+ + C_2H_5-C\equiv O$$

偶电子离子：

$$R-OH \xrightarrow[Cl]{H^+} R-\overset{+}{O}H_2 \xrightarrow{i} R^+ + H_2O$$

(3) 自由基中心引发的重排　在质谱中往往出现一些特定的重排反应，产生的离子丰度高。这些重排特征离子对推导分子结构很有启示作用，最常见的这类重排是麦氏重排(McLafferty rearrangement)：它是由自由基中心引发，涉及 α-，β-，γ-H 转移重排，所以用 γ-H 表示，有两种类型：

① γ-H 重排到不饱和基团上，伴随发生 α-裂解，电荷保留在原来的位置上；

② γ-H 重排到不饱和基团上，伴随发生 β-裂解（i 裂解），电荷发生转移。之所以只产生 γ-H 转移而非 α-H 或 β-H 转移，这是因为 γ-H 刚好合适能量低的六元环过渡态。同一个分子离子既可发生 α-裂解．也可发生 β-裂解。究竟哪种类型裂解占优势，由分子中取代基决定。

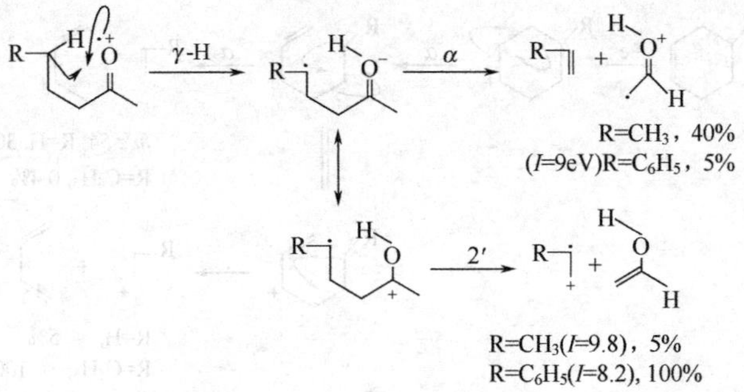

R=CH_3，40%
(I=9eV)R=C_6H_5，5%

R=CH_3(I=9.8)，5%
R=C_6H_5(I=8.2), 100%

含 C═O 的醛、酮、羧酸、羧酸酯、酰胺、硫酸酯均易发生这种重排裂解；此外 C═N 的肟、腙、亚胺以及磷酸酯、亚硫酸酯也易发生这类重排裂解。不含杂原子的炔和烷基苯也能发生麦氏重排；如：

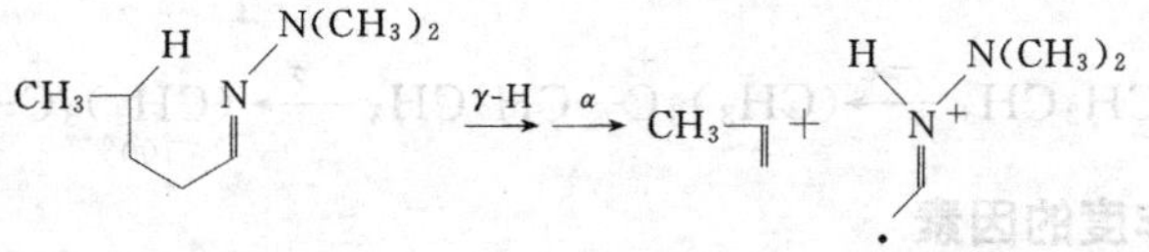

腙　　m/z 85，100%；m/z 86，90%

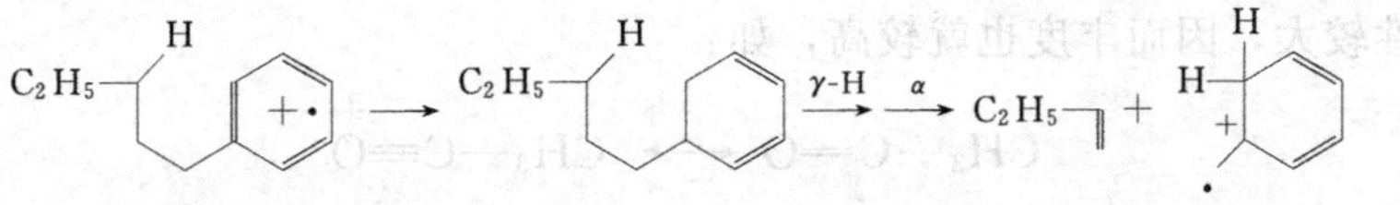

戊基苯　　m/z 91，100%；m/z 92，60%

（4）电荷中心引发的重排　在偶电子离子（EE^+）中发生的重排，通式如下：

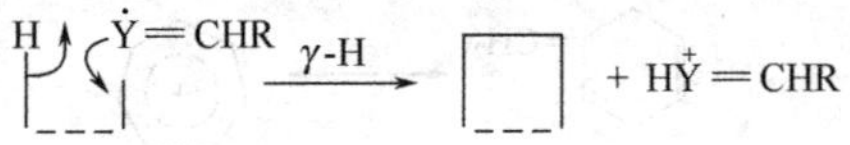

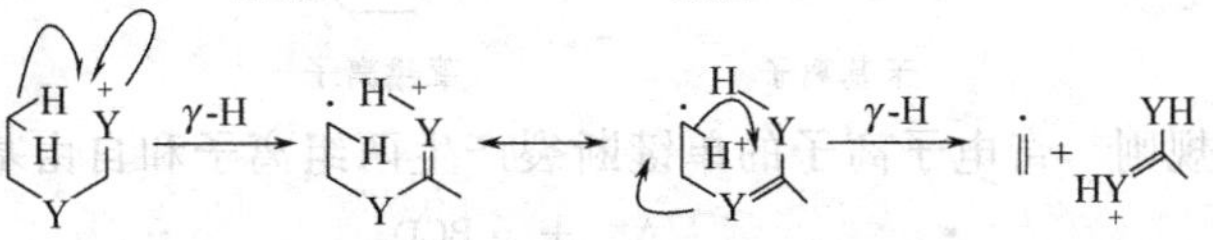

在奇电子离子中发生的重排，是醛、硫醇、酰胺和磷酸酯的特征：

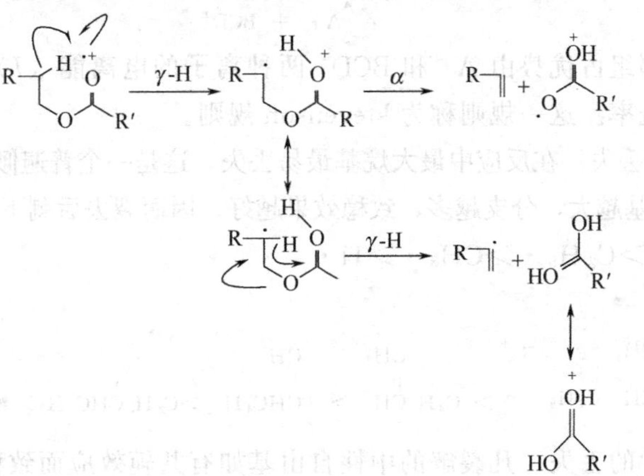

（5）其他裂解

① 逆狄尔斯-阿尔德裂解　狄尔斯-阿尔德反应是由一个共轭双烯和一个单烯分子合并成一个六元环单烯，而在质谱中由一个六元环单烯裂解成为一个共轭双烯和一个单烯碎片离子，故称逆狄尔斯-阿尔德（retro-Dies-Alder）裂解。

m/z 54, R=H, 30%
R=C_6H_5, 0.4%

R=H, ＜5%
R=C_6H_5, ＜100%

② σ键裂解　σ键在电离时失去一个电子，断裂往往在这个位置发生。在烷烃中，高取代的碳原子由于支链烃基的超共轭致稳效应，使该碳原子更易电离而开裂，这种裂解用σ表示：

$$(CH_3)_3C—CH_2CH_3 \xrightarrow{-e} (CH_3)_3\overset{+}{C}—CH_2CH_3 \xrightarrow{\sigma} \underset{100\%}{(CH_3)_3\overset{+}{C}} + \cdot CH_2CH_3$$

12.2.4 影响离子丰度的因素

（1）共轭效应　影响离子稳定性最重要的因素是共轭效应，有共轭结构的体系。由于共轭效应稳定性较大，因而丰度也就较高，如：

$$CH_3—\overset{+}{C}{=}O \longleftrightarrow CH_3—C{\equiv}\overset{+}{O}$$

$$\overset{+}{C}H_2—CH{=}CH_2 \longleftrightarrow CH_2{=}CH—\overset{+}{C}H_2$$

烯丙基离子

苄基离子　　　　草鎓离子

（2）Stevenson 规则　奇电子离子的单键断裂产生两组离子和自由基产物

$$ABCD \to A^+ + \cdot BCD$$
$$ABCD \to A\cdot + BCD^+$$

这两组产物中哪组占优势由 A^+ 和 BCD^+ 两种离子的电离能（I）值决定，I 值较低的离子有较高的形成概率。这一规则称为 stevenson 规则。

（3）最大烷基的丢失　在反应中最大烷基最易丢失，这是一个普遍倾向。丢失的烷自由基因超共轭效应致稳。烷基越大，分支越多，致稳效果越好，因而裂去后剩下的离子丰度也越高。

稳定性 $C_4H_9\cdot > C_2H_5\cdot > CH_3\cdot > H\cdot$

离子强度

$$[C_2H_5—CH(CH_3)—C_4H_9]^{+\cdot} \quad > C_2H_5\overset{+}{C}H(CH_3) > \overset{+}{C}H(CH_3)C_4H_9 > C_2H_5\overset{+}{C}HC_4H_9 > C_2H_5\overset{+}{C}(CH_3)C_4H_9$$

（4）稳定性碎片的丢失　凡裂解的中性自由基如有共轭效应而致稳，如上面提到的烯丙基分支烷基等，则易丢失，丢失它们后形成的离子相对丰度也较高；易于丢失中性小分子，稳定性也较高，易于丢失如 H_2、CH_4、H_2O、C_2H_4、CO、NO、CH_3OH、H_2S、HCl、$CH_2{=}C{=}O$ 和 CO_2 等。另外，某些特定的裂解方式和重排反应易产生离子丰度较高的离子。

12.3 质谱中离子的类型

12.3.1 分子离子和分子离子峰的判断

在有机结构分析和质谱解析过程中，分子离子具有特别重要的意义。它的存在为确定分子量提供了可靠的信息，根据分子离子和相邻质荷比较小的碎片离子的关系，可以判断化合物的类型及含有的可能基因。由分子离子及其同位素峰的相对强度或由高分辨质谱仪测得的精确分子量，可推导化合物的分子式。

质谱中的分子离子峰必须满足以下条件，即在质谱图中，分子离子峰必须是最高质荷比的离子峰（同位素离子及准分子离子峰除外）；分子离子峰必须是奇电子离子峰：分子离子能合理地丢失中性碎片（自由基或中性分子），与其相邻的质荷比较小的碎片离子关系合理。由 $M^{+\cdot}$ 合理丢失的中性碎片及化合物的可能结构来源见表 12-1。

表 12-1 常见由分子离子丢失的碎片和可能来源

碎片离子	丢失的碎片及可能来源
M－1，M－2	H·，H_2 醛、醇等
M－15	·CH_3 侧链甲基、乙酰基、乙基苯等
M－16	·NH_2，O·伯酰胺，硝基苯等
M－17，M－18	·OH，H_2O 醇、酚、羧酸等
M－19，M－20	·F，HF 含氟化物
M－25	·C≡CH 炔化物
M－26	$CHCH_2$，·CN 芳烃，腈化物
M－27	·$CHCH_2$，HCN 烃类、腈化物
M－28	CH_3CH_2，CO 烯烃、丁酰基类，乙酯类、醌类
M－29	·C_2H_5，·CHO 烃类、丙酰类，醛类
M－30	NO，CH_2O 硝基苯类，苯甲醚类
M－31	CH_2O·，·CH_2OH 甲酯类，含 CH_2OH 侧链
M－32	CH_3OH 甲酯类、伯醇、苯甲醚类
M－33	H_2O+CH_3·，HS·醇类，硫醇类
M－34	H_2S 硫醇类，硫醚类
M－35，M－36	Cl·，HCl 含氯化合物
M－41	·C_3H_5 丁烯酰，酯环化合物
M－42	C_3H_6，·CH_2CO 丙酯类，戊酰基、丙基芳醚
M－43	·C_3H_7，CH_3CO·丁酰基、长链烷基，甲基酮
M－44	CO_2 酸酐
M－45	C_2H_5O·，·COOH 乙酯类，羧酸类
M－47，M－48	CH_3S·，CH_3SH 硫醚类，硫醇类
M－56	C_4H_8 戊酮类，己酰基等
M－57	·C_4H_9，C_2H_5CO·丙酰类，丁基醚，长链烃
M－59	C_3H_7O·丙酯类
M－60	CH_3COOH 羧酸类，乙酸酯类
M－61	$CH_3\dot{C}(OH)_2$ 乙酸酯的双氢重排
M－61，M－62	C_2H_5S·，C_2H_5SH 硫醇类、硫醚类
M－79，M－80	Br·，HBr 含溴化物
M－127，M－128	I·，HI 含碘化物

分子离子丢失的中性碎片为有机化合物中合理组成的基团或经过质谱反应生成的稳定小分子。这些碎片除由$M^{+\cdot}$直接丢失外，也可由碎片离子进一步裂解丢失。识别分子离子峰除满足以上条件外，还要看其质荷比（即分子量）是否符合氮规则。

氮规则：组成有机化合物的大多数元素，就其天然丰度高的同位素而言，偶数质量的元素具有偶数化合价（如^{12}C为4价，^{16}O为2价，^{32}S为2价、4价或6价，^{28}Si为4价等），奇数质量的元素具有奇数化合价（如^{1}H、^{35}Cl、^{79}Br为1价，^{31}P为3价、5价等）。只有^{14}N反常，质量数是偶数（14），而化合价是奇数（3价、5价）。由此得出以下规律，称为氮规则：在有机化合物中，不含氮或含偶数氮的化合物，分子量一定为偶数（分子离子的质荷比为偶数），含奇数氮的化合物分子量一定为奇数。反过来，质荷比为偶数的分子离子峰，不含氮或含偶数个氮。

根据氮规则，化合物若不含氮，假定的分子离子峰m/z为奇数，或化合物只含奇数个氮，假定的分子离子峰的m/z为偶数，则均不是分子离子峰。

同等实验条件下，分子离子峰的相对强度（RI）取决于分子离子结构的稳定性，而一般分子离子结构的稳定性与分子的化学稳定性是一致的。具有大共轭体系的分子离子稳定性高，有π键的化合物比无π键化合物分子离子的稳定性高。在已测得的EI（70eV）质谱图中，有15%～20%的分子离子峰在质谱图中不出现或极弱。

分子离子峰的相对强度可归纳如下。

① 芳香族化合物＞共轭多烯＞脂环化合物＞低分子直链烷烃＞某些含硫化合物。这些化合物都给出较显著的分子离子峰。芳烃、杂芳烃的分子离子峰在质谱中往往是基峰或强峰。

② 直链酮、酯、酸、醛、酰胺、卤化物等化合物的分子离子峰通常可见。

③ 脂肪族醇、胺、亚硝酸酯、硝酸酯、硝基化合物、脂类及多支链化合物容易裂解，分子离子峰通常很弱或不出现。

另外，烯烃分子离子峰的相对强度比相应烷烃高，烯烃的对称性越强，分子离子峰强度越大。同系物中分子离子的相对强度与分子量的关系不十分明确，对于含支链的化合物，分子离子的相对强度一般随分子量的增大而降低。

12.3.2 同位素离子

组成有机化合物的一些主要元素如C、H、O、N等都具有同位素。元素的重同位素通常比轻同位素重1、2个原子质量单位，因此，在分子离子峰的右边1～2个质量单位处，常出现含重同位素的分子离子峰，称为同位素离子峰，用M+1，M+2等表示。

同位素离子峰在质谱中的主要应用是根据同位素峰的相对强度确定分子式，有时还可以推定碎片离子的元素组成。此外，用现代高分辨质谱计亦可以测定分子式。当质量数精确到小数后第六位，如166.062994，则通过计算机计算可知，仅有可能的分子式为$C_9H_{10}O_3$。

12.3.3 碎片离子及其断裂的一般规律

由于分子离子具有过剩的能量，其中一部分会进一步发生键的断裂，产生质量较低的碎片，这就是“碎片离子”。在一张质谱图上看到的峰大部分是碎片离子峰，碎片离子的形成受化学结构的支配，了解碎片形成规律，即可根据碎片把分子结构“拼凑”起来。离子的断裂遵循一般的开裂规律，影响离子断裂的因素主要由以下几个方面。

(1) 键的相对强度　键能小的键先断裂，常见有机分子中化学键的键能见表12-2。

表 12-2　常见有机分子中化学键的键能　/kcal·mol⁻¹

键	C—H	C—C	C—N	C—O	C—S	C—F	C—Cl	C—Br	C—I	O—H
单	97.8	82.6	72.8	85.9	65	116	81	68	51	110.6
双		145.1	147	179	128					
叁		199.6	212.6							

在产生稳定性相近的离子竞争过程中，键的相对强度可以成为决定因素。例如芳烃 Br-$CH_2C_6H_4CH_2$-I 分子离子失去 Br 或 I 生成芳苄基离子，其相应的自由基具有相近的电离能，但 C—I 比 C—Br 键弱，因此 I 比 Br 更容易失去。

(2) 开裂碎片的稳定性　决定正离子稳定性有以下因素。

① 诱导效应　有分支的正碳离子比较稳定，稳定性次序：$R_3C^{\urcorner+} > R_2CH^{\urcorner+} > RCH_2^{\urcorner+} > CH_3^{\urcorner+}$，故断裂发生在取代基最多的碳原子上。这是因为分支部分的键受到侧链烃基推电子诱导效应，键的极化度大，容易断裂。

② 碳原子在相邻有 π 电子系统情况下，易产生相对稳定的正离子。

丙烯基型化合物、烷基苯和在 α-或 β-位取代的五元杂环化合物易发生 β-开裂，如：

$$CH_2{=}CH{-}CH_2 \,\vdots\, {-}CH_3^{\urcorner+} \xrightarrow{-CH_3} CH_2{=}CH{-}\overset{+}{C}H_2$$

m/z 41

$$C_6H_5{-}CH_2 \,\vdots\, R^{\urcorner+} \xrightarrow{-R\cdot} C_6H_5{-}\overset{+}{C}H_2 \longrightarrow C_7H_7^+ \text{(草鎓离子)}$$

m/z 91

这是由于烯丙基正离子的电荷被双键的离域 π 电子所分散，增加了它的稳定性，苄基离子电荷被苯环的 π 电子分散，形成稳定的草鎓离子。

③ 共享邻近杂原子上的电子：杂原子上的未共用电子与带正电荷的 α-碳发生共轭，增加了正离子的稳定性：

$$R'{-}CH_2(\ddot{O}R)^{\urcorner+} \longrightarrow R'\cdot + \overset{+}{C}H_2{-}\ddot{O}R \longleftrightarrow CH_2{=}\overset{+}{O}R$$

杂原子稳定邻近正电荷能力的顺序为 N>S>O>X。下面的例子说明了杂原子稳定化能力，结构式下面的数值代表 CH_2X 离子的百分丰度。

$CH_2(NH_2)$ ┆ CH_2 ┆ $CH_2(OH)$	$CH_2(SH)$ ┆ CH_2 ┆ $CH_2(OH)$	$CH_2(OH)$ ┆ CH_2 ┆ $CH_2(Cl)$
NH_2 100%，OH 9%	SH 100%，OH 60%	OH 100%，Cl 12%

(3) 空间因素对形成碎片的影响　一个分子出于某些原子或基团的排列不同，可以引起不同的断裂方式。当分子发生多中心开裂时，如消除反应：

$$X{-}CH_2{-}(CH_2)_n{-}CH_2{-}H^{\urcorner+} \longrightarrow \left[\,CH{=}CH \text{ 与 } (CH_2)_n \text{ 成环}\,\right]^{\urcorner+} + HX$$

X=Cl、Br、I、OR、OH、OCOR、NH_2、NR_2、S

对于不同的消去基团 X 有不同的最适当的碳原子个数 n 位，即 X 与 H 间必须有适当的空间关系。

12.3.4 亚稳离子

从离子源出口到达检测器之前产生并记录下来的离子称亚稳离子（metastable ion，m^*）。离子从离子源到达检测器所需时间约 10^{-5} s（随仪器及实验条件而变），寿命大于 10^{-5} s 的稳定离子足以到达检测器。而寿命小于 10^{-5} s 的离子可能裂解（$M_1^+ \longrightarrow M_2^+$ ＋中性碎片）。在质量分析器内裂解的离子因其动能低于正常离子而被偏转掉。在质量分析器之前裂解产生的 M_2^+ 因其动能小于离子源生成的 M_2^+，在磁分析器中的偏转不同，以低强度、于表观质量 M^*（跨 2～3 个质量单位）处被记录下来，其 m/z 一般不为整数。m^* 与 m_1、m_2（分别为 M_1、M_2 离子的质量）之间的关系为：

$$m^* = m_2^2/m_1 \tag{12-6}$$

在质谱解析中，可利用 m^* 来确定 m_1 与 m_2 之间的“母子”关系。例如；苯乙酮的质谱图中出现 m/z134、105、77、56.47 等离子峰，56.47 为亚稳离子峰，由 $56.47=77^2/105$ 可知：m/z77 离子是由 m/z105 离子裂解，丢失 CO 产生的。

12.3.5 多电荷离子

在电离过程中，分子或其碎片失去两个或两个以上电子而形成 $m/2e$、$m/3e$ 等多电荷离子，在质谱中可能出现在非整数位置上。芳香族化合物、有机金属化合物或含共轭体系化合物易产生多电荷离子，如苯的质谱图中 m/z37.5、38.5 就是双电荷离子。

12.4 分子式的确定

在利用质谱推导化合物的分子式之前，应掌握如何判断分子式的合理性，合理的分子式，除该式的式量等于分子量外，还要看其是否符合氮规则、不饱和度是否合理。不饱和度小于零，不合理；不饱和度过大而组成分子式的原子数目过少，不符合有机化合物的结构，也不合理。推测化合物的分子式可采用低分辨质谱法和高分辨质谱法，利用低分辨质谱数据推测化合物可能的分子式有两种方法，由同位素相对强度的计算法和查 Beynon 表法。

12.4.1 同位素峰相对强度法

在质谱图中，分子离子或碎片离子峰往往伴随有较其质荷比大 1、2…质量单位的峰。相对于 $M^{+\cdot}$，可记作（M＋1）、（M＋2）…峰，这些峰称同位素峰簇，同位素峰簇的相对强度是由同位素原子个数及其天然丰度决定的。表 12-3 列出常见元素天然同位素的相对丰度。

表 12-3 常见元素天然同位素的相对丰度（*RA*）

同位素＼元素	C	H	N	O	F	Si	P	S	Cl	Br	I
A	100	100	100	100	100	100	100	100	100	100	100
A＋1	1.1	0.016	0.37	0.04		5.1		0.8	—		
A＋2		—	—	0.2	—	3.4	—	4.4	32.5	98.0	

表 12-3 数据表明，F、P、I 对（M＋1）、（M＋2）的 *RI* 无贡献；^{37}Cl、^{81}Br 对（M＋2）的 *RI* 有重大贡献；C、H、N、O 组成的化合物，（M＋1）的 *RI* 主要是 ^{13}C 和 ^{15}N 的贡献；（M＋2）的 *RI* 主要是 2 个 ^{13}C 同时出现和 ^{18}O 的贡献；^{2}H、^{17}O 同位素 *RA* 太低，常忽略不计；^{34}S 对（M＋2）的 *RI* 有较大贡献；^{29}Si 及 ^{30}Si 的存在，对（M＋1）、（M＋2）的 *RI* 也有较大贡献。

在质谱图中，分子离子峰的 RI 较大时，可看到 $M^{+\cdot}$ 的同位素峰簇，较强碎片离子峰的同位素峰簇也是存在的，但应注意某些离子峰对同位素峰 RI 的干扰。

由C、H、N、O元素组成的化合物，通用分子式为：$C_xH_yN_zO_w$（x、y、z、w 分别为分子式中含C、H、N、O的原子数目），其同位素峰簇的相对强度可由下式计算：

$$RI(M+1)/RI(M)\times100=1.1x+0.37z \tag{12-7}$$

$$RI(M+2)/RI(M)\times100=(1.1x)^2/200+0.2w \tag{12-8}$$

化合物中若含硫，如硫原子的数目为 s，其同位素峰簇的相对强度可由下式计算：

$$RI(M+1)/RI(M)\times100=1.1x+0.37z+0.8s \tag{12-9}$$

$$RI(M+2)/RI(M)\times100=(1.1x)^2/200+0.2w+4.4s \tag{12-10}$$

化合物若含氯或溴，其同位素峰簇的相对丰度按 $(a+b)^n$ 的展开式的系数推算。若二者共存，则按 $(a+b)^m(c+d)^n$ 的展开式的系数推算。m、n 为分子中氯、溴原子的数目，a、b 和 c、d 分别为同位素相对丰度比，在数值上为 3、1 和 1、1。如分子中含有两个氯原子，则同位素峰簇的相对丰度比 M ∶(M+2)∶(M+4)＝9∶6∶1。

第二种方法是可利用同位素阵族的相对丰度推导化合物的分子式。在推导之前，要先识别分子离子及其构成的同位素峰簇，由质谱数表或谱图读出 $M^{+\cdot}$、M+1、M+2 等同位素峰的相对强度，然后利用式(12-7)、式(12-8) 推算 C、O、N 的数目，结合 $M^{+\cdot}$ 的质荷比及 C、N、O 的数目，推算出氢原子的数目。推算的碳原子数目往往是近似值，通常要结合 $M^{+\cdot}$ 的 m/z 及其他元素的原子数目而定。$M^{+\cdot}$ 的相对强度越小，推算的误差越大。

【例 12-1】 化合物 A 的质谱数据及图见表 12-4、图 12-3。推导其分子式。

表 12-4 化合物 A 的 MS 数表（部分）

m/z	RI	m/z	RI	m/z	RI	m/z	RI
15	3.03	32	0.38	44	29	59	3.9
27	11.0	39	0.81	45	0.89	71	0.36
28	14	40	1.3	56	3.5	72	19.0
29	13.9	41	3.6	57	1.3	73	31
30	73.0	42	8.7	58	100.0	74	1.9
31	1.3	43	3.2				

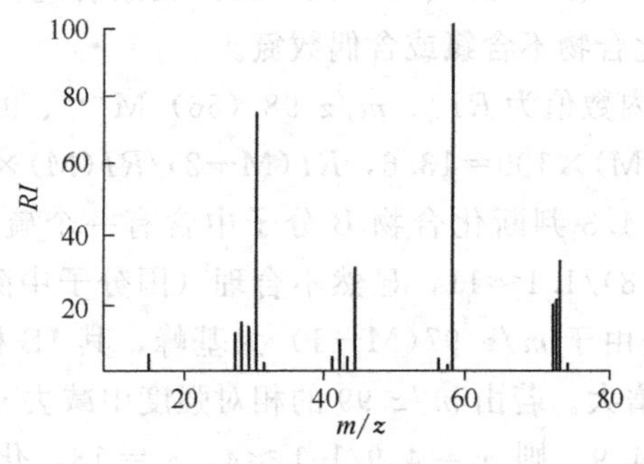

图 12-3 化合物 A 的质谱图

解 图 12-3 中高质荷比区 m/z 73、74，设 m/z 73 为 $M^{+\cdot}$，与相邻强度较大的碎片离子 m/z 58 之间（$\Delta m=73-58=15$）为合理丢失（$\cdot CH_3$），可认为 m/z 73 为化合物 A 的分子离子峰，m/z 74 为（M+1）峰。因 $M^{+\cdot}$ 的 m/z 为奇数，表明 A 中含有奇数个氮。利用表 12-4 中的数据及式(12-7) 计算如下；

$$1.9/31\times100=1.1x+0.37z$$

设 $z=1$，则 $x=(6.1-0.37)/1.1\approx5$，若分子式为 C_5N，其式量大于 73，显然不合理。设 $z=1$，$x=4$，则 $y=73-12\times4=11$，可能分子式为 $C_4H_{11}N$，不饱和度 $=0$。该式组成合理，符合氮规则，可认为是化合物 A 的分子式。计算偏差大是由于 m/z 72（M－1）离子的同位素峰的干扰。

【例 12-2】 化合物 B 的质谱见图 12-4 及表 12-5，推导其分子式。

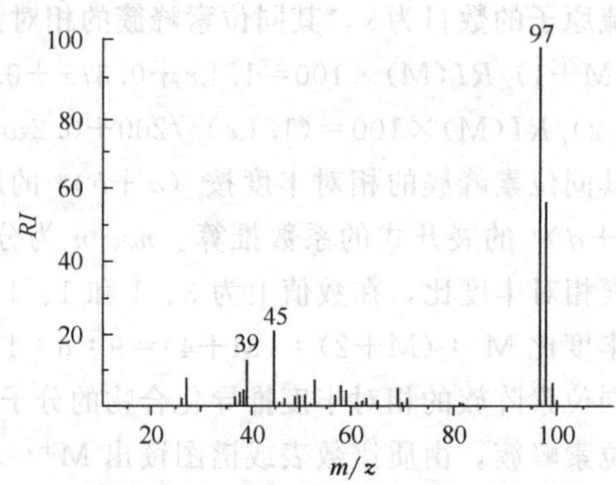

图 12-4 化合物 B 的质谱图

表 12-5 化合物 B 的 MS 数据

m/z	RI	m/z	RI	m/z	RI	m/z	RI
38	4.9	51	4.0	59	5.1	71	3.8
39	13	52	1.4	63	3.0	97	100
45	21.	53	8.7	65	2.4	98	56
49	3.1	57	3.9	69	6.2	99	7.6
50	3.6	58	6.6	70	1.8	100	2.4

解 设高质荷比区 RI 最大的峰 m/z 97 为分子离子峰，由于 m/z 97 与 m/z 98 的相对强度之比约为 2∶1，既不符合 C、H、N、O、S 化合物的同位素相对丰度比，又不符合含不同 Cl、Br 原子组成的同位素峰簇的相对丰度，故 m/z 97 可能不是分子离子峰。设 m/z 98 为分子离子峰，与 m/z 71（M－27）、70（M－28）关系合理，可认为 m/z 98 为 $M^{+\cdot}$，m/z 97 为（M－1）峰。化合物不含氮或含偶数氮。

由表 12-5 可知（括号内数值为 RI）、m/z 98（56）$M^{+\cdot}$、99（76）M＋1、100（2.4）M＋2，则 $RI(M+1)/RI(M)\times100=13.6$，$RI(M+2)/RI(M)\times100=4.3$

由（M＋2）相对强度 4.3 判断化合物 B 分子中含有一个硫原子，98－32＝66。由式（12-7）推算 $x=(13.6-0.8)/1.1\approx11$，显然不合理（因分子中除硫原子外只有 66 质量单位），推算偏差如此之大是由于 m/z 97（M－1）为基峰，其 ^{34}S 相对丰度的贡献在 m/z 99 中，造成（M＋1）的 RI 增大。若由 m/z 99 的相对强度中减去 m/z 97 中 ^{34}S 的相对强度，即 $13.6-1.4\times100/56=4.9$，则 $x=4.9/1.1\approx4$，$y=18$，化合物 B 的可能分子式为 $C_4H_{18}S$，因不饱和度＜0，故不合理。

设 $w=1$、$x=4$、$y=2$，可能分子式为 C_4H_2OS，不饱和度＝4 是合理的，或设 $x=5$、$y=6$，可能分子式为 C_5H_6S，不饱和度＝3，也是合理的。故化合物 B 的分子式可能为 C_4H_2OS 或 C_5H_6S。有待元素分析配合或高分辨质谱测得精确分子量以进一步确定。实际分子式为 C_4H_2OS。

【例 12-3】 化合物 C 的质谱见图 12-5 及表 12-6，推导其分子式。

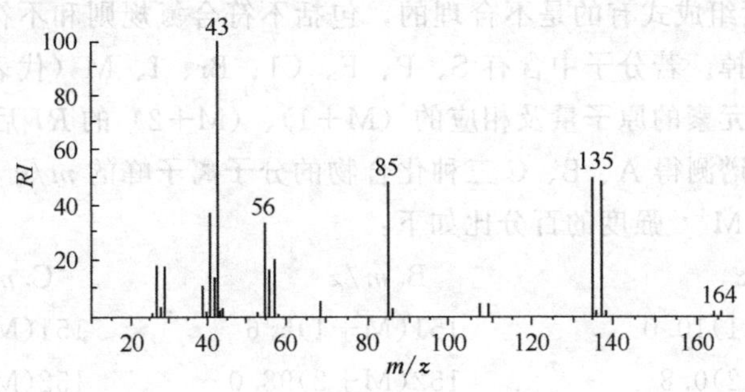

图 12-5 化合物 C 的质谱

表 12-6 化合物 C 的质谱数据（部分）

m/z	RI	m/z	RI	m/z	RI	m/z	RI
43	100	107	5.0	135	50	165	0.15
85	49	108	0.73	136	2.2	166	2.2
86	3.2	109	4.7	137	49	167	0.13
87	0.11	110	0.14	164	2.2		

解 由图 12-4 及表 12-6 可知，m/z 164 与 166、135 与 137 的相对强度之比均近似为 1∶1及 m/z 164 与相邻碎片离子峰 m/z 135(M−29) 和 85(M−79) 之间关系合理，故认为 m/z 164 为化合物 C 的分子离子峰，且分子中含有一个溴原子，不含氯或含偶数氮。若能推导出碎片离子 m/z 85 的元素组成，即可知其分子式。

由 m/z：85(49)、86(3.2)、87(0.11) 可知，$x=3.2/49\times100/1.1\approx6$，设 $x=6$，则 $y=13$，可能的分子式为 $C_6H_{13}Br$，计算不饱和度=0，可知该式是合理的。

设 $x=5$，$w=1$，则 $y=9$，可能的分子式为 C_5H_9OBr，计算其不饱和度=1，也是合理的式子。

所以化合物 C 的可能分子式为 $C_6H_{13}Br$ 或 C_5H_9OBr，由图中的碎片离子可判断其分子式为 $C_6H_{13}Br$。另外，由 m/z 87(0.11) 推导 $w=0$，也表明 $C_6H_{13}Br$ 更加合理。

第三种方法为查 Beynon 表法。Beynon 等计算了 C、H、N、O 四种元素不同组合的质量（M）和同位素（M+1）、（M+2）的相对丰度。组合质量从 12～250 的相对丰度以数表形式给出。根据测得的 $M^{+\cdot}$ 的质荷比及（M+1）、（M+2）的相对丰度，从表中容易查到最接近的分子式。Beynon 表不包括 C、H、N、O 以外的其他元素（如 S、Cl、Br、I 等）。Beynon 表的部分摘录见表 12-7。

表 12-7 质量为 71、118 和 150 的部分 Beynon 表

71	(M+1)	(M+2)	118	(M+1)	(M+2)	150	(M+1)	(M+2)
⋮			⋮			⋮		
$C_3H_3O_2$	3.37	0.44	$C_7H_2O_2$	7.67	0.65	$C_8H_8NO_2$	9.23	0.78
C_3H_5NO	3.74	0.25	C_7H_4NO	8.05	0.48	$C_8H_{10}N_2O$	9.61	0.61
$C_3H_7N_2$	4.12	0.07	$C_7H_6N_2$	8.45	0.31	$C_8H_{12}N_3$	9.98	0.45
C_4H_7O	4.47	0.28	C_8H_6O	8.78	0.54	$C_9H_{10}O_2$	9.96	0.84
C_4H_9N	4.85	0.09	C_8H_8N	9.15	0.37	$C_9H_{12}NO$	10.34	0.68
C_5H_{11}	5.58	0.13	C_9H_{10}	9.89	0.44	$C_9H_{14}N_2$	10.71	0.52

表 12-7 中，(M+1)、(M+2) 栏下的数值是相对于 M 强度的百分比。

表 12-7 中的元素组成式有的是不合理的，包括不符合氮规则和不符合有机化合物一般规律，查出后应排除掉。若分子中含有 S、P、F、Cl、Br、I、M（代表金属）等元素，应从分子量中减去这些元素的原子量及相应的 (M+1)、(M+2) 的 *RI* 后再查阅此表。

【例 12-4】 质谱测得 A、B、C 三种化合物的分子离子峰的 m/z 均为 150，其 (M+1)、(M+2) 相对于 $M^{+\cdot}$ 强度的百分比如下：

A. m/z	B. m/z	C. m/z
151(M+1)10.0	151(M+1)5.6	151(M+1)10.8
152(M+2)0.8	152(M+2)98.0	152(M+2)5.0

查 Beynon 表，推测其分子式。

解 由 A 的 (M+1)、(M+2) 的强度比判断，分子中应无 S、Si、Cl、Br 等同位素存在，Beynon 表中在质量为 150 的栏下共给出 29 个式子，表 12-7 仅列出六种，(M+1) 相对丰度在 9.2～10.3 之间的有 5 种，其中 $C_8H_8NO_2$、$C_8H_{12}N_3$、$C_9H_{12}NO$ 三种不符合氮规则的式子应排除，只有 $C_8H_{10}N_2O$ 和 $C_9H_{10}O_2$ 的相对丰度接近且式子组成合理，相对而言，$C_9H_{10}O_2$ 的偏差更小。

B 中 $M^{+\cdot}$ 与 (M+2) 的强度之比接近 1∶1，可知分子中含有一个溴原子，由 150 减去 79 之后再查 Beynon 表。表中质量为 71 的栏下共有 11 个式子，表 12-7 中仅列出 6 种，其中 (M+1) 相对丰度在 4.6～6.6 之间的可能式子有三种，C_4H_9N、C_4H_7O 与 C_5H_{11} 比较，C_5H_{11} 的相对丰度更加接近，故认为 B 的分子式为 $C_5H_{11}Br$。

由 C 的 (M+2) 可知，分子中含有一个硫原子，从 (M+1)、(M+2) 的强度百分比中减去 ^{33}S (0.8)、^{34}S (4.4) 的贡献，并从分子量中减去硫原子的质量之后再查 Beynon 表。表中质量为 118 的栏下共有 25 个式子，表 12-9 中仅列出 6 种，(M+1) 相对丰度在9～11 之间的式子有两种，其中 C_8H_8N 不符合氮规则应排除。所以 C 的分子式应为 $C_9H_{10}S$。

12.4.2 高分辨质谱法

利用高分辨质谱可测得化合物的精确分子量。精确分子量是由组成分子的各种元素天然丰度最大的同位素的精确质量计算得到的（见表 12-8）。可采用试误法和查表法求得分子式，但应注意仪器的测量精度。

表 12-8 部分元素的天然同位素的精确质量及丰度

符　号	相对原子质量	天然丰度/%	符　号	相对原子质量	天然丰度/%
^{1}H	1.007825	99.985	^{28}Si	27.976925	92.18
^{2}H	2.014102	0.015	^{29}Si	28.976496	4.71
^{10}B	10.012938	18.98	^{30}Si	29.973772	3.12
^{11}B	11.009305	81.02	^{31}P	30.973764	100.00
^{12}C	12.000000	98.89	^{32}S	31.972072	95.018
^{13}C	13.003355	1.108	^{33}S	32.971459	0.756
^{14}N	14.003074	99.635	^{34}S	33.967868	4.215
^{15}N	15.000109	0.365	^{35}Cl	34.968853	75.4
^{16}O	15.994915	99.759	^{37}Cl	36.965903	24.6
^{17}O	16.999131	0.037	^{79}Br	78.918336	50.57
^{18}O	17.999159	0.204	^{81}Br	80.916290	49.43
^{19}F	18.998403	100.00	^{127}I	126.904477	100.00

(1) 试误法　精确分子量的小数部位是由^{1}H、^{14}N、^{16}O等元素贡献的，^{12}C的质量为整数值。化合物若不含硫、卤素等其他元素，仅由C、H、N、O组成的分子，则分子量的尾数为 $(0.0078y+0.0031z-0.0051w)$。

若化合物的分子量 (M) 为偶数，则化合物不含氮或含偶数氮。

设 $z=0$，$w=0$. 则 $y=$尾数$/0.0078$，$x=(M-y)/12$。

设 $z=0$，$w=1$，则 $y=($尾数$+0.0051)/0.0078$，$x=(M-y-16)/12$。

依次类推，求得最接近精确质量的元素组成，即为其分子式。

若化合物的分子量为奇数，则含奇数个氮 ($z=1$，3，5，…)。

设 $z=1$，$w=0$，则 $y=($尾数$-0.0031)/0.0078$，$x=(M-y-14)/12$。

设 $z=1$，$w=1$，则 $y=($尾数$-0.0031+0.0051)/0.0078$，$x=(M-y-14-16)/12$

依次类推，求得最接近精确质量的元素组成即为其分子式。

以上分析可知，利用试误法确定化合物的分子式很繁琐。

(2) 查表法　Beynon、LederLey等制作的高分辨质谱数据表可查得对应于某精确分子量的分子式。该表也是由C、H、N、O四种元素不同组合的精确质量，化合物中若含有其他元素，应先减去其他元素的精确质量，再查阅此表。

目前，高分辨质谱计均与计算机联用，通过电子计算机给出所测精确分子量的元素组成，以确定分子式。也可由碎片离子的精确质量，给出碎片离子的元素组成，这对质谱解析很有帮助。

12.5 各类有机化合物的质谱

12.5.1 烷烃

直链烷烃：直链烷烃的分子离子峰可见。出现M－29及一系列 C_nH_{2n+1} (m/z 29、43、57、71、85…) 峰，并伴有较弱的 C_nH_{2n-1} 及 C_nH_{2n} 峰群；相邻的对应峰 $\Delta M=14$。m/z 43、57相对强度较大，往往是基峰，这是由于可异构化为稳定性高的异丙基离子 ($CH_3\overset{+}{C}HCH_3$) 和叔丁基离子 $[(CH_3)_3C^+]$。随着 m/z 增大，峰的相对强度依次减弱，图12-6是正十二烷的质谱，图中 m/z 43为基峰，主要裂解如下：

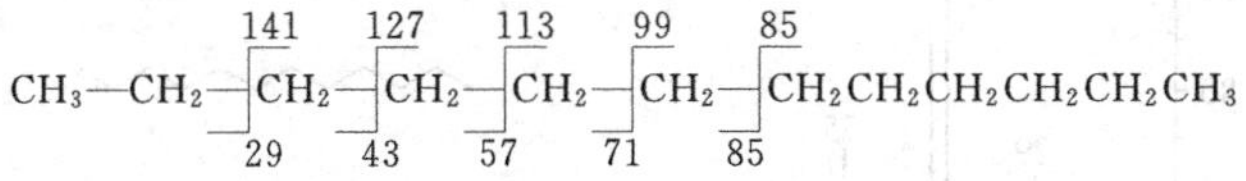

$CH_3—CH_2—|CH_2—|CH_2—|CH_2—|CH_2—|CH_2CH_2CH_2CH_2CH_2CH_3$

（各断裂处上方依次为 141、127、113、99、85，下方依次为 29、43、57、71、85）

$m/z\ 43\quad C_3H_7^+ \longleftrightarrow CH_3\overset{+}{C}HCH_3$

$m/z\ 57\quad C_4H_9^+ \longleftrightarrow CH_3\overset{+}{C}(CH_3)_2$

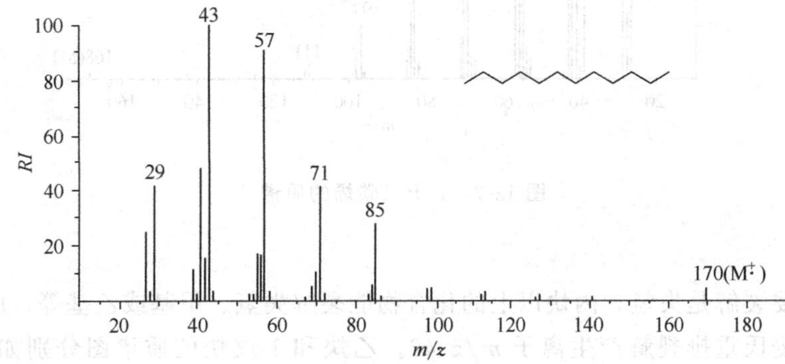

图 12-6　正十二烷的质谱

支链烷烃：$M^{+\cdot}$ 峰较相应的直链烷烃弱，图谱外貌与直链烷烃有很大不同。支链处优先断裂，优先失去大基团，正电荷带在多支链的碳上，支链处峰强度增大。烃类化合物质谱中若出现 M－15 峰，表明化合物可能含有侧链甲基。

环烷烃：与直链烷烃相比，环烷烃分子离子峰的相对丰度较强。质谱图中可见 m/z 41、55、56、69 等碎片离子峰，环己烷的主要裂解过程如下：

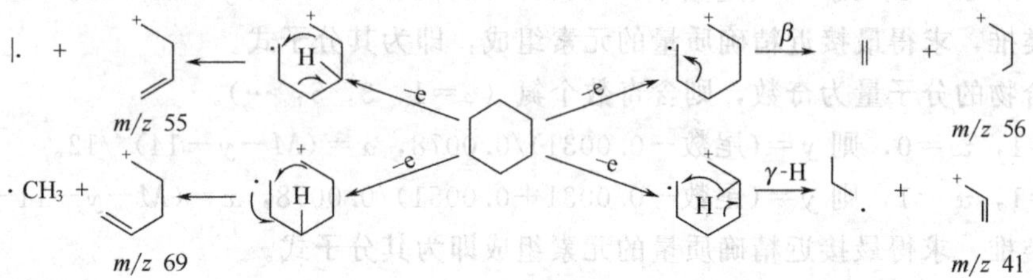

烷基取代的环烷烃容易丢失烷基，优先失去大基团，正电荷保留在环上。如 1-甲基-3-戊基环己烷的质谱图中 m/z 168 为 $M^{+\cdot}$ 峰，m/z 97（$M-C_5H_{11}$）为基峰，图中还可见类似环己烷裂解的 m/z 69、55（82）及 41 等特征峰。

12.5.2 烯烃

烯烃中双键的引入，可增加分子离子峰的强度。直链烯烃质谱图中出现系列 C_nH_{2n-1}、C_nH_{2n}、C_nH_{2n+1} 峰群，相邻的对应峰 $\Delta M=14$。形成这种峰群的原因是双键的位置可以迁移，只有当双键上有多取代基或与其他双键共轭时，双键的位置固定。

与烷烃不同之处在于烷烃峰群中 C_nH_{2n+1} 峰强度大，烯烃峰群中 C_nH_{2n-1}（m/z 41、55、69、83…）峰较强，m/z 41 往往是基峰，是由于烯丙基离子的高稳定性所决定的。1-十二碳烯的质谱见图 12-7，图中 m/z 168 为 $M^{+\cdot}$ 峰，m/z 126（M－42）为 Y-氢重排峰，m/z 125（M－43）为 $M^{+\cdot}$ 丢失 $\cdot C_3H_7$ 所产生的碎片离子峰，依次类推，出现一系列 $\Delta M=14$ 的碎片离子峰群，质荷比增大，峰强度依次下降。

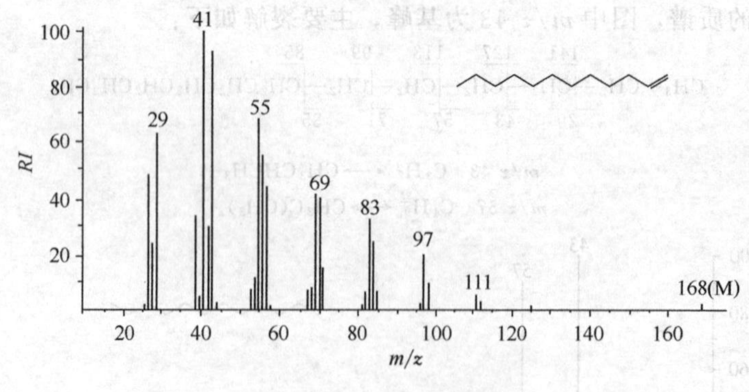

图 12-7 1-十二碳烯的质谱

12.5.3 炔烃

乙炔的主要裂解是失氢，丙炔以上的化合物能裂解失氢、甲基或乙基等，戊炔以上的化合物可以进行麦氏重排裂解产生离子 m/z 40。乙炔和 1-戊炔的质谱图分别如图 12-8 和图 12-9 所示。

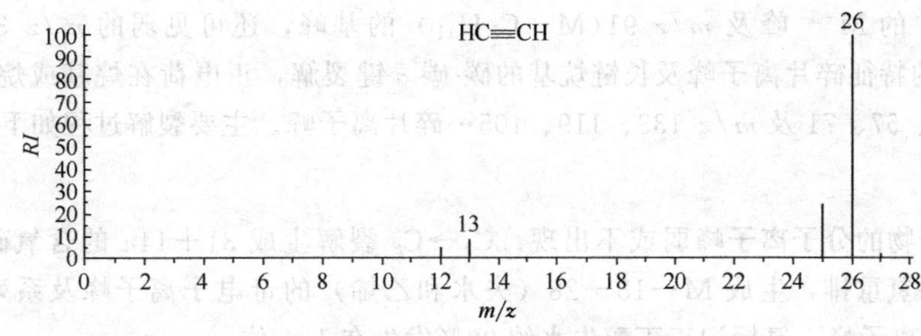

图 12-8 乙炔的质谱图

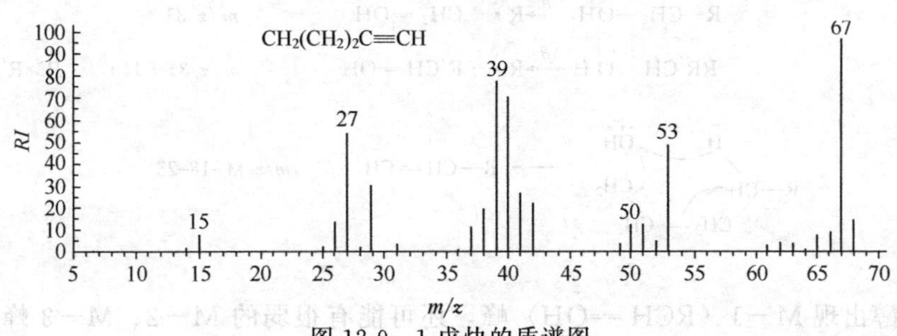

图 12-9 1-戊炔的质谱图

12.5.4 芳烃

芳烃类化合物稳定，分子离子峰强。

烷基取代苯：分子离子峰中等强度或强。易发生苄基裂解，生成的苄基离子往往是基峰。如甲苯 m/z 92(64) 为 $M^{+\cdot}$ 峰，m/z 91(M−1) 为基峰。正丙苯 m/z 120(25) 为 $M^{+\cdot}$ 峰，m/z 105(6) 为 M−15 峰，m/z 91($M-C_2H_5$) 为基峰。图 12-10 为正己基苯的质谱图，

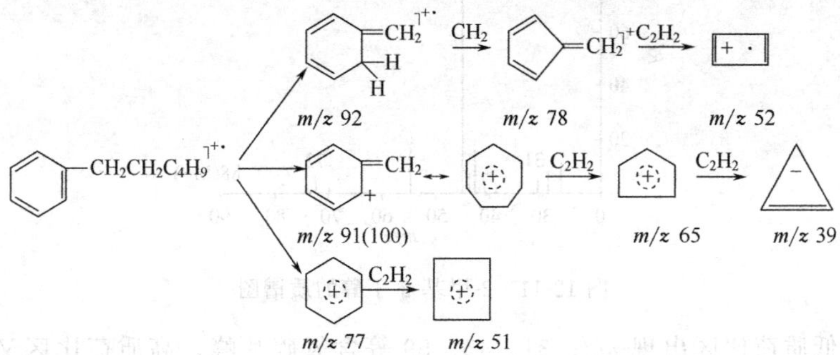

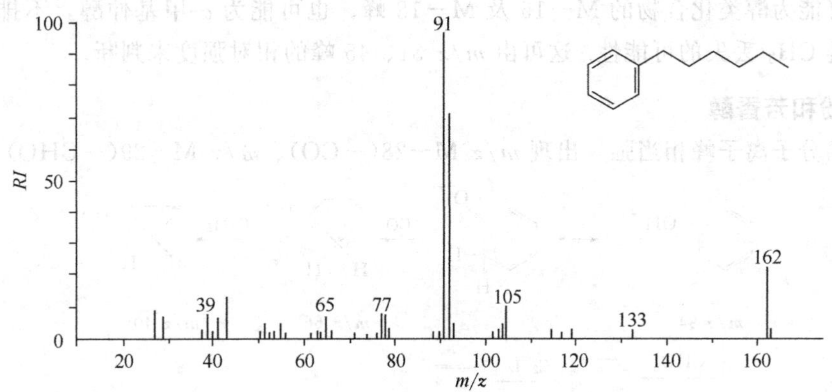

图 12-10 正己基苯的质谱图

m/z 162(25) 的 $M^{+\cdot}$ 峰及 m/z 91($M-C_5H_{11}$) 的基峰，还可见弱的 m/z 39、51、65、77、78 等苯的特征碎片离子峰及长链烷基的碳-碳 σ 键裂解，正电荷在烷基或烷基苯上所产生的 m/z 43、57、71 及 m/z 133、119、105…碎片离子峰。主要裂解过程如下：

12.5.5 醇

醇类化合物的分子离子峰弱或不出现。$C_\alpha \rightarrow C_\beta$ 裂解生成 $31+14n$ 的含氧碎片离子峰，饱和环过渡态氢重排，生成 $M-18-28$（失水和乙烯）的奇电子离子峰及系列 C_nH_{2n-1}、C_nH_{2n+1} 碎片离子峰。氘标记正丁醇失水约 90% 发生在 1,4-位。

$$R—CH_2—\overset{\cdot+}{O}H \xrightarrow{\beta} R\cdot + CH_2=\overset{+}{O}H \qquad m/z\ 31$$

$$RR'CH—\overset{\cdot+}{O}H \xrightarrow{\beta} R\cdot + R'CH=\overset{+}{O}H \qquad m/z\ 31+14n \qquad R>R'$$

$$R—CH(H)—CH_2—CH_2—CH_2—\overset{\cdot+}{O}H \longrightarrow [R—CH=CH_2]^{+\cdot} \qquad m/z\ M-18-28$$

小分子醇出现 $M-1$（$RCH=\overset{+}{O}H$）峰，还可能有很弱的 $M-2$、$M-3$ 峰。丙醇、丁醇：m/z 31 为基峰；正戊醇：m/z 43 为基峰（$M-18-28$）；2-戊醇：m/z 45 的基峰为 $CH_3CH=\overset{+}{O}H$。图 12-11 为 2-甲基-2-丁醇的质谱图，m/z 59 的基峰为（$(CH_3)_2C=\overset{+}{O}H$），长链烷基醇的质谱外貌与相应的烯烃相似，是因为醇失水后发生一系列烯烃的裂解反应。

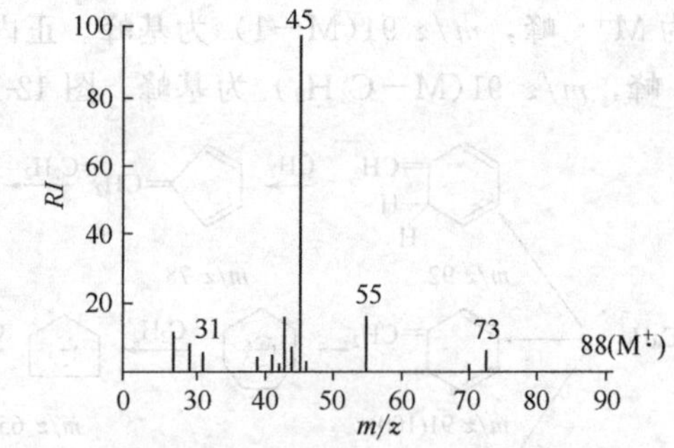

图 12-11 2-甲基-2-丁醇的质谱图

质谱图中低质荷比区出现 m/z 31、45、59 等含氧碎片峰，高质荷比区又出现 $\Delta m=3$ 的双峰，可能为醇类化合物的 $M-15$ 及 $M-18$ 峰，也可能为 α-甲基仲醇，不排除 $M-15$ 为烃基侧链 CH_3 丢失的可能性. 这可由 m/z 31、45 峰的相对强度来判断。

12.5.6 酚和芳香醇

苯酚的分子离子峰相当强。出现 m/z $M-28$(—CO)、m/z $M-29$(—CHO) 峰。

$$C_6H_5OH^{+\cdot}\ (m/z\ 94) \xrightarrow{CO} [\;]^{+\cdot}\ (m/z\ 66) \xrightarrow{C_2H_2} [\;]^{+\cdot}\ (m/z\ 40)$$

$$m/z\ 94 \xrightarrow{CHO} m/z\ 65 \xrightarrow{C_2H_2} m/z\ 39$$

苄醇的 m/z 108(90) $M^{+\cdot}$ 较强，m/z 79(100) 为基峰，裂解过程如下：

$C_6H_5CH_2OH^{+\cdot}$ $\xrightarrow{H\cdot}$ $C_6H_5\dot{C}H{=}OH$ → (⊕, O, H, H) $\xrightarrow{CO}$ (⊕, H, H)

m/z 108(90)　　m/z 107(65)　　m/z 79(100)

$\xrightarrow{H_2}$ $C_6H_5CHO^{+\cdot}$ $\xrightarrow{H\cdot}$ $C_6H_5\overset{+}{C}{=}O$ $\xrightarrow{CO}$ $C_6H_5^{+\cdot}$

m/z 106　　m/z 105　　m/z 77

12.5.7 醚

脂肪醚：分子离子峰弱，使用 CI 离子源 $[MH]^+$ 强度增大。α-裂解及碳-碳 σ 键断裂，生成系列 $C_nH_{2n+1}O$ 的含氧碎片峰。正电荷诱导碳-氧 σ 键异裂，正电荷带在烃类碎片上，生成一系列 43、57、71…C_nH_{2n+1} 碎片离子。低质荷比区伴有 C_nH_{2n} 及 C_nH_{2n-1} 峰。与醇类不同之处在于无 M－18 峰。异丙基正戊基醚的主要裂解过程如下：

$CH_3CH(CH_2{-}H)\overset{+}{O}{=}CH_2$ $\xleftarrow[\cdot C_4H_9]{\beta}$ $(CH_3)_2CH\overset{+\cdot}{O}C_5H_{11}$ (43, 71) $\xrightarrow[\cdot CH_3]{\beta}$ $CH_3CH{=}\overset{+}{O}{-}CH_2(H{-}CHC_3H_7)$

m/z 73　　m/z 130($M^{+\cdot}$)　　m/z 115

↓　　↓

$H\overset{+}{O}{=}CH_2$　m/z 31　　$CH_3CH{=}\overset{+}{O}H$　m/z 45

芳香醚：$M^{+\cdot}$ 较强，裂解方式与脂肪醚类似，可见 m/z 77、65、39 等苯的特征碎片离子峰。如：

$C_6H_5\overset{+\cdot}{O}{-}CH_2(H{-}CHR)$ → $C_6H_5\overset{+\cdot}{O}H$ ＋ $CH_2{=}CHR$

m/z 94

$C_6H_5\overset{+\cdot}{O}{-}CH_2(H{-}CHR)$ → (O⁺, H, H) $\xrightarrow{CO}$ (H H)$^{+\cdot}$ $\xrightarrow{C_2H_2}$ (H H)$^{+\cdot}$

m/z 94　　m/z 66　　m/z 40

12.5.8 卤代物

脂肪族卤代烃的分子离子峰弱，芳香族卤代烃的分子离子峰强。分子离子峰的相对强度随 F、Cl、Br、I 的顺序依次增大。

卤代烃主要有杂原子的 β-裂解、碳-卤 σ 键断裂及饱和环过渡态氢的重排。氟、氯化物容易发生 β-裂解，溴、碘化物较难。碳-氟（氯）σ 键断裂时，正电荷带在烃类碎片上，而溴代烃或碘代烃的质谱图中往往出现 m/z 79.81(Br^+) 或 m/z 127(I^+) 的碎片峰。

氢重排通式如下：

$R{-}CH(H{\cdots}\overset{+\cdot}{X})CH_2[(CH_2)_n]$ ⟶ $[R{-}CH{-}CH_2((CH_2)_n)]^{+\cdot}$ ＋HX　n=1、2、3

综合以上分析，卤代烃的质谱图中可见 $(M-X)^+$、$(M-HX)^+$、X^+ 及 C_nH_{2n}、

C_nH_{2n+1}系列峰。^{19}F、^{127}I无重同位素，对（M+1）、（M+2）的相对强度无贡献，它们的存在由M−19、M−20及M−127，m/z 127等碎片离子峰来判断。^{35}Cl、^{79}Br有重同位素存在、碎片离子中Cl、Br原子的存在及其数目由其同位素峰簇的相对强度来判断。

12.5.9 醛、酮

含羰基化合物（醛、酮、酸、酯、酰胺等）质谱图的共同特征是分子离子峰一般都是可见的，常出现γ-氢重排的奇电子离子峰，α-裂解时正电荷往往保留在含氧碎片上。碳-碳σ键的异裂生成系列C_nH_{2n+1}的碎片离子峰。主要裂解如下：

$$RCH_2C(=\overset{+\cdot}{O})X \xrightarrow{\alpha} \overset{+}{O}\equiv C-X \text{ 或 } RCH_2C\equiv O^+ \xrightarrow{CO} X^+ \text{ 或 } RCH_2^+$$

$$RCH_2C(=\overset{+\cdot}{O})X \xrightarrow{\gamma H} CH_2=C(\overset{+\cdot}{O}H)-X \longleftrightarrow CH_3-C(=\overset{+\cdot}{O})-X$$

（X=H、R、OH、OR、NH_2、NHR等）

脂肪醛有明显的分子离子峰，α-裂解生成M−1(—H·)、M−29(—CHO)和强的m/z为29（HCO^+）的离子峰，同时伴随有m/z 43、57、71…烃类的特征碎片峰。发生γ-氢重排时，生成m/z为44(或44+14n)的奇电子离子峰。

乙醛、丙醛：m/z 29(100)，α-位无取代基时，丁醛以上的醛m/z 44的峰为基峰或强峰，例如正戊醛m/z 44(100)；正壬醛m/z 44(70)、m/z 57(100)；2-甲基丁醛m/z 57(100)；γ-氢重排m/z 58(65)。

芳醛的$M^{+\cdot}$峰强，苯甲醛m/z 105(100)的峰为（M−1）峰。

酮类化合物分子离子峰较强，主要裂解方式为两种：α-裂解（优先失去大基团）及γ-氢的重排。当R、R′≥C_3时，发生γ-氢重排，生成m/z 58+14n的奇电子离子及其再次重排生成m/z 58的奇电子离子（羰基α-位无取代基时）。

除重排离子外，酮类化合物的质谱图中大多数碎片离子（包括分子离子）的质荷比在数值上与烃类化合物碎片离子的质荷比（43、57、71…）一致，但两者的相对强度（谱图外貌）不同，尤其是γ-氢重排生成的$OE^{+\cdot}$（m/z 58或58+14n）。可用来识别酮类化合物。

芳酮的分子离子峰明显增强。如1-苯基-1-丁酮的主要裂解过程如下：

$$C_6H_5C(=\overset{+\cdot}{O})C_3H_7\ (m/z\ 148) \xrightarrow{\alpha} C_6H_5C\equiv\overset{+}{O}\ (m/z\ 105) \xrightarrow{CO} C_6H_5^+\ (m/z\ 77) \xrightarrow{C_2H_2} C_4H_3^+\ (m/z\ 51)$$

$$C_6H_5C(=\overset{+\cdot}{O})C_3H_7 \xrightarrow{\gamma\text{-}H} C_6H_5C(\overset{+\cdot}{O}H)=CH_2 \longleftrightarrow C_6H_5C(=\overset{+\cdot}{O})CH_3\ (m/z\ 120)$$

12.5.10 羧酸类

脂肪族一元酸的$M^{+\cdot}$较弱，其相对强度随分子量的增大而降低。小分子羧酸出现M−17(OH)、M−45(COOH)、m/z 45(COOH)峰及烃类的系列碎片峰。γ-氢重排生成强的m/z为60的羧酸特征离子峰。

长链烷基羧酸的碳-碳σ键断裂，正电荷在含羧基的碎片离子上或烷基上。前者给出m/z比C_nH_{2n+1}高2个质量单位的系列含氧碎片峰（如45、59、73…）。

羧基α-位有取代基R时，γ-氢重排生成m/z为（60+14n）的奇电子离子，若R≥C_2，

则可发生二次 γ-氢重排，生成 m/z 为 60 的乙酸分子的离子。

$$\mathrm{R{-}CHR'C(=O^{+\cdot}){-}OH \xrightarrow{\gamma\text{-H}} R'CH{=}C(OH^{+\cdot}){-}OH} \qquad m/z\ 60+14n$$

$$\longleftrightarrow \mathrm{R'CH_2C(=O^{+\cdot}){-}OH \xrightarrow{\gamma\text{-H}} CH_2{=}C(OH^{+\cdot}){-}OH} \longleftrightarrow \mathrm{CH_3C(=O^{+\cdot}){-}OH} \qquad m/z\ 60$$

正丁酸的质谱图如图 12-12 所示，在图 12-12 中，γ-氢重排生成 m/z 60 的峰为基峰。

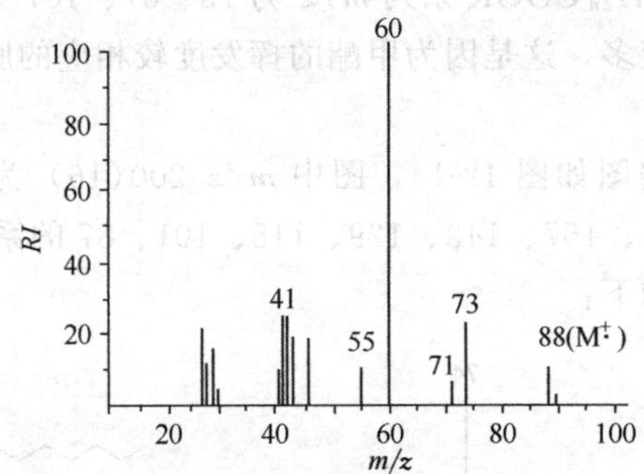

图 12-12　正丁酸的质谱图

芳酸分子离子峰较强，邻位若有烃基或羟基取代时，易失水生成（M－18）的奇电子离子。邻羟基苯甲酸的主要裂解过程如下：

$$m/z\ 138 \xrightarrow{-\mathrm{H_2O}} m/z\ 120(100) \xrightarrow{-\mathrm{CO}} m/z\ 92 \xrightarrow{-\mathrm{CO}} m/z\ 64$$

间位或对位取代的芳酸则无此效应。对苯二甲酸的质谱见图 12-13，图中 m/z 166(85) 为 $M^{+\cdot}$ 峰，m/z 149(100) 为（M－OH）峰，m/z 121(28) 为（M－OH-CO）峰。

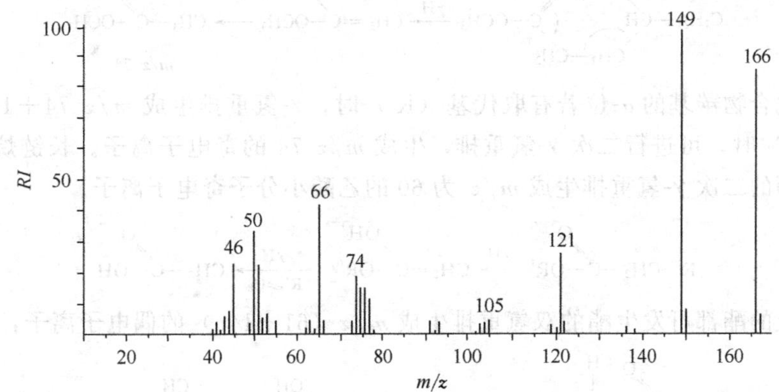

图 12-13　对苯二甲酸的质谱图

12.5.11　酯

酯类化合物中甲酯或乙酯的质谱图中有明显的分子离子峰。其相对强度随分子量的增大而减弱，但当 R 基中 $n\geqslant 7$ 时，$M^{+\cdot}$ 峰的相对强度又有所增加，酯类的主要裂解方式如下：

$$\mathrm{R}\overset{\sigma}{\vdots}\mathrm{CH_2}\overset{\sigma}{\vdots}\mathrm{CH_2}\overset{\alpha}{\vdots}\overset{\mathrm{O}}{\overset{\|}{\mathrm{C}}}\overset{\alpha}{\vdots}\mathrm{O}\overset{\sigma}{\vdots}\mathrm{CH_2}\overset{\beta}{\vdots}\mathrm{CH_2}\overset{\sigma}{\vdots}\mathrm{R'}$$

分子中的羰基氧和酯基氧都可引发裂解，α-裂解生成（M－OR）或（M－R）的离子，前者较为重要，可用于判断酯的类型，如甲酯出现 M－31（$\cdot OCH_3$）、乙酯出现 M－45（$\cdot OC_2H_5$）的离子峰，σ 键断裂、β-分裂、γ-氢的重排及酯的双氢重排等裂解反应均有可能发生，碳-碳 σ 键断裂生成 $C_nH_{2n}COOR$ 系列 m/z 为 73、87、101…$\Delta m=14$ 的含氧碎片峰。

有关甲酯的质谱研究较多，这是因为甲酯的挥发度较相应的脂肪酸高，往往将脂肪酸制备成甲酯衍生物再测质谱。

正十一烯酸甲酯的质谱图如图 12-14，图中 m/z 200(16) 为 $M^{+\cdot}$ 峰，m/z 74（100）为 γ-氢的重排峰，m/z 171、157、143、129、115、101、87 的系列峰为 $C_nH_{2n}COOR$ 的碎片离子峰，主要型解过程如下：

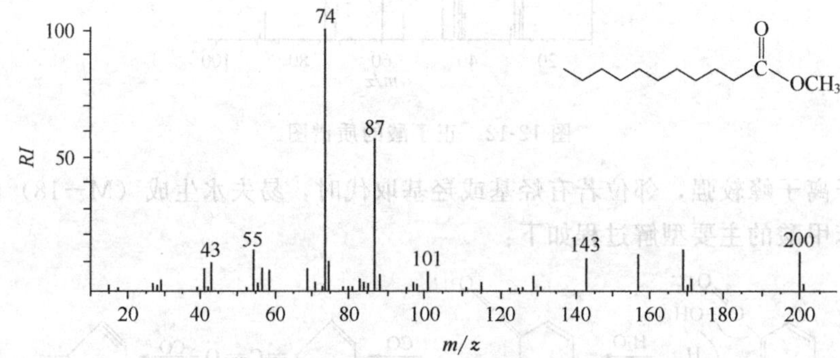

图 12-14　正十一烯酸甲酯的质谱

$$\mathrm{CH_3{-}CH_2\,|\,CH_2\,|\,CH_2\,|\,CH_2\,|\,CH_2\,|\,CH_2\,|\,CH_2\,|\,CH_2{-}CH_2{-}\,|\,\overset{O}{\overset{\|}{C}}\,|{-}O{-}CH_3}$$

（上方碎片：171、157、143、129、115、101、87、59；下方碎片：29、43、57、71、85、169）

$$\mathrm{C_7H_{25}{-}CH(H)(CH_2{-}CH_2){-}C(=\overset{+\cdot}{O}){-}OCH_3 \xrightarrow{\gamma H} CH_2{=}C(\overset{+\cdot}{O}H){-}OCH_3 \longrightarrow CH_3{-}C(=\overset{+\cdot}{O}){-}OCH_3}$$

m/z 74

甲酯类化合物羰基的 α-位若有取代基（R′）时，γ-氢重排生成 m/z 74＋14n 的碎片离子，当 $R'\geqslant C_2$ 时，可进行二次 γ-氢重排，生成 m/z 74 的奇电子离子。长链烷酸乙酯、长链烷酸丙酯等的二次 γ-氢重排生成 m/z 为 60 的乙酸小分子奇电子离子。

$$\mathrm{R{-}CH_2{-}C(=O)^{\neg+\cdot}{-}OR' \xrightarrow{\gamma H} CH_2{=}C(OH)^{\neg+\cdot}{-}OR' \xrightarrow[R'\geqslant C_2]{\gamma H} CH_3{-}C(=O)^{\neg+\cdot}{-}OH}$$

乙酯以上的酯都可发生酯的双氢重排生成 m/z（61＋14n）的偶电子离子：

$$\mathrm{R{-}C(=O){-}O{-}CH_2(H){-}CHR'{-}CH(H) \xrightarrow{2H} R{-}C(\overset{+}{O}H)(OH) + \cdot CH(CH_2)CHR'}$$

m/z 61+14n

12.5.12 胺

脂肪胺：脂肪胺的分子离子峰很弱，仲胺、叔胺或较大分子的伯胺 $M^{+\cdot}$ 峰往往不出现。胺类化合物的主要裂解方式为β-裂分和经过四元环过渡态的氢重排。强的 m/z30 峰为 $CH_2{=}\overset{+}{N}H_2$，表明为伯胺类化合物。仲胺或叔胺β-分裂后的氢重排均可得到 m/z 30 峰，相对强度较弱。总之，胺类化合物可出现 m/z 30、44、58、72…系列 30＋14n 的含氮特征碎片离子峰及 C_nH_{2n-1}、C_nH_{2n+1} 的系列烃类碎片峰。主要裂解方式如下：

$$RCH_2{-}CH_2{-}\overset{+\cdot}{N}H_2 \xrightarrow{\beta} RCH_2\cdot + \underset{m/z\ 30}{CH_2{=}\overset{+}{N}H_2}$$

$$RCH_2{-}CH_2{-}\overset{+\cdot}{N}HR' \xrightarrow{\beta} \underset{m/z\ 44+14n}{CH_2{=}\overset{+}{N}H{-}R'} \xrightarrow[R'\geqslant C_2]{\beta\text{-H}} \underset{m/z\ 30}{CH_2{=}\overset{+}{N}H_2}$$

$$RCH_2{-}CH_2{-}\overset{+\cdot}{N}R'R'' \xrightarrow{\beta} \underset{m/z\ 58+14n}{CH_2{=}\overset{+}{N}R'R''} \xrightarrow[R'\geqslant C_2]{\beta\text{-H}} \underset{m/z\ 44+14n}{CH_2{=}\overset{+}{N}HR''} \xrightarrow[R''\geqslant C_2]{\beta\text{-H}} \underset{m/z\ 30}{CH_2{=}\overset{+}{N}H_2}$$

图 12-15 为丁胺异构体的质谱图。正丁胺（a）的β-裂解，m/z 30 为基峰。二乙胺（b）的β-裂解生成 m/z 58 的基峰，58 峰的β-H 重排，生成 m/z 30（73）的 $CH_2{=}\overset{+}{N}H_2$ 离子。N,N-二甲基乙基胺（c）β-裂解得到 m/z 58(100) 的 $(CH_3)_2N^+{=}CH_2$ 离子。

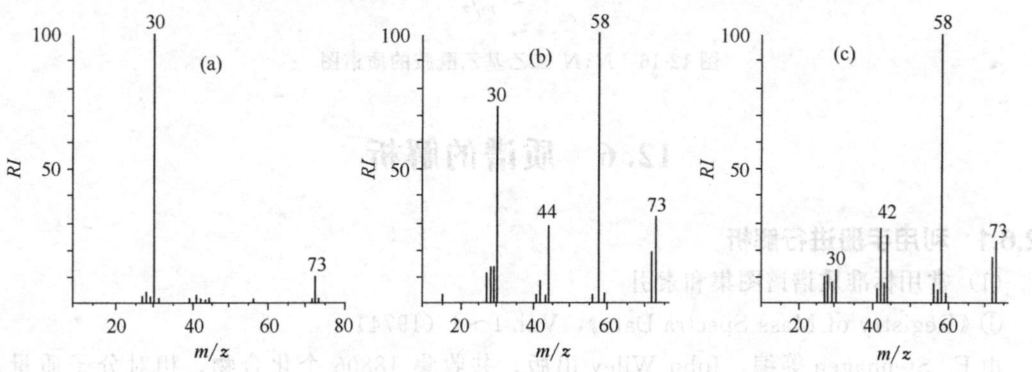

图 12-15 丁胺异构体的质谱图

12.5.13 酰胺

酰胺类化合物有明显的分子离子峰，其裂解反应与酯类化合物类似，酰基的氧原子和氮原子均可引发裂解。

$$R{-}CH_2{-}C(\overset{+\cdot}{=O}){-}NR'R'' \quad (R',\ R''{=}H 或 R)$$

$$\xrightarrow{\alpha} R'R''N{-}C{\equiv}O^+ \qquad m/z\ 44+14n$$

$$\xrightarrow{\alpha} R{-}CH_2{-}C{\equiv}O^+ 或 {}^+NR'R'' \qquad m/z\ 42+14n 或 16+14n$$

$$\xrightarrow{\gamma\text{-H}} CH_2{=}\overset{OH^{+\cdot}}{C}{-}NR'R'' \qquad m/z\ 59+14n$$

$$\xrightarrow{\beta} RCH_2CONR'{=}\overset{+}{C}H_2 \xrightarrow[RCHCO]{\beta\text{-H}} \underset{m/z\ 44+14n}{\overset{+}{N}HR'{=}CH_2} \xrightarrow[R'\geqslant C_2]{\beta\text{-H}} \underset{m/z\ 30}{\overset{+}{N}H_2{=}CH_2}$$

在图 12-16 N,N-二乙基乙酰胺的质谱图中，m/z 115 为 $M^{+\cdot}$ 峰，m/z 55 为基峰。还出现 m/z 为 100 的（M−15）峰，该碎片离子为α-裂解或β-裂解所产生；碳-氮σ键的断裂生成 m/z 为 86（M−29）的碎片峰。主要裂解过程如下：

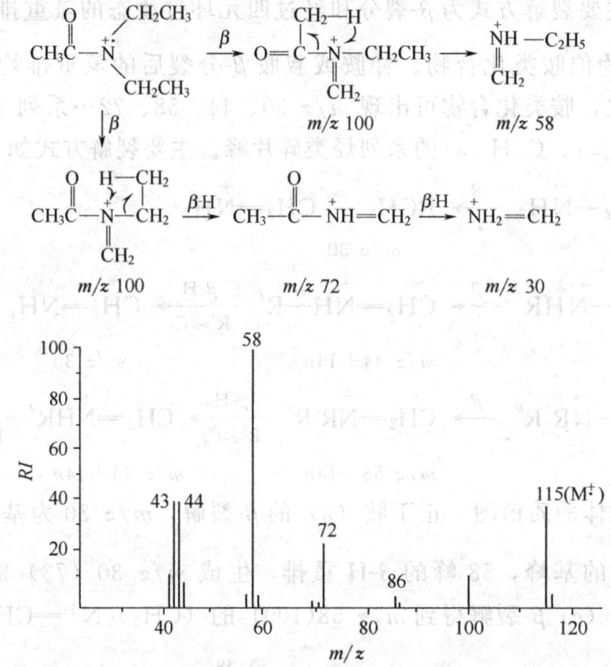

图 12-16　N,N-二乙基乙酰胺的质谱图

12.6　质谱的解析

12.6.1　利用手册进行解析

(1) 常用标准质谱谱图集和索引

①《Registry of Mass Spectra Data》，Vol. 1～4 (1974)

由 E. Stenhagen 等编，John Wiley 出版。共收集 18806 个化合物，相对分子质量从 16.031 到 U1519.8069。记载项目有：化合物名称、精密相对分子质量、分子式、质谱和文献。附有元素组成索引。

②《Eight Peak of Mass Spectra》，Vol. 1～2 (1970)

由 Imperial Chemical Industries 和 Mass Spectrometry Data Center 编，Mass Spectrometry Data Ccnter 出版，共收集 17124 个化合物。记载项目有：化合物名称、相对分子质量、元素组成、8 个主要峰的 m/z 和相对强度，化合物号码。附有分子量索引、元素组成索引和最高峰索引。

③《Atlas of Mass Spectral Data》，Vol. 1 (1969)

④《Index of Mass Spectral Data》(1963)

(2) 质谱计算机检索　计算机辅助谱图解析方法有谱图库检索、人工智能和图像识别，其中以谱图库检索应用最广。谱图库检索的基本作法是把未知物谱图和谱图库中的标准谱图进行比较，比较前两者都需要统一格式进行简化。

12.6.2　利用质谱解析分子结构

利用所得到的质谱图，解析未知样的结构，大致按以下程序进行。

① 标出质谱图中各峰的质荷比数，尤其注意高质荷比区的峰。

② 识别分子离子峰。首先在高质荷比区假定分子离子峰，判断该假定的分子离子峰与相邻碎片离子峰关系是否合理，然后判断其是否符合氮规则，若二者均相符，可认为是分子离子峰。

③ 分析同位素峰簇的相对强度比及峰与峰间的 Δm 值，判断化合物是否含有 Cl、Br、Si、S 等元素及 F、P、I 等无同位素的元素。

④ 推导分子式、计算不饱和度。由高分辨质谱仪测得的精确分子量或由同位素峰簇的相对强度计算分子式。若二者均难以实现时，则由分子离子峰丢失的碎片及主要碎片离子推导，或与其他方法配合。

⑤ 由分子离子峰的相对强度了解分子结构的信息。分子离子峰的相对强度由分子的结构所决定，结构稳定性大，相对强度就大。对于相对分子质量约 200 的化合物，若分子离子峰为基峰或强峰，谱图中碎片离子较少，表明该化合物是高稳定性分子，可能为芳烃或稠环化合物。分子离子峰弱或不出现，化合物可能为多支链烃类、醇类、酸类等。

⑥ 由特征离子峰及丢失的中性碎片了解可能的结构信息。若质谱图中出现系列 C_nH_{2n+1} 峰，则化合物可能含有长链烷基。若出现或部分出现 m/z 77、66、65、51、40、39 等弱的碎片离子峰，表明化合物含有苯基。若 m/z 91 或 105 为基峰或强峰，表明化合物含有苄基或苯甲酰基。若质谱图中基峰或强峰出现在质荷比的中部，而其他碎片离子峰少，则化合物可能由两部分结构较稳定，其间由容易断裂的弱键相连。

⑦ 综合分析以上得到的全部信息，结合分子式及不饱和度，提出化合物的可能结构。

⑧ 分析所推导的可能结构的裂解机理，看其是否与质谱图相符，确定其结构。并进一步解释质谱，或与标准谱图比较，或与其他谱（^1H-NMR、^{13}C-NMR、IR）配合，确证结构。

12.6.3 质谱解析实例

【例 12-5】 某未知物质谱图见图 12-17，确定其结构。

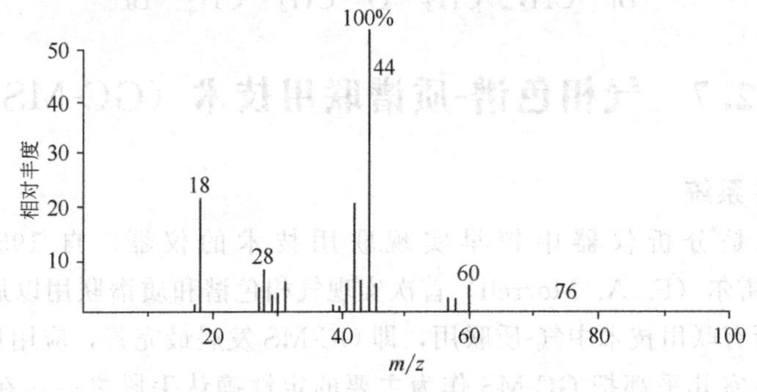

图 12-17 某未知物质的质谱图（一）

解 在质谱中相应于最大质量的峰位于 m/z 76，这不可能是分子离子，因与下一个峰 m/z 60 的质量差是 16，它相当于 CH_4、O 或 NH_2，丢失这些碎片是极不可能的。首先尝试假定未知物的相对分子质量为 75，这样 m/z 76 可以解释为质子化的分子离子，加 m/z 74 作为失去质子化反应的产物；而 m/z 58 和 57 成为失去水的产物。由于分子离子的 m/z 75 为奇数，它必定含有奇数个氮。m/z 31 的存在可以认为有—CH_2OH 的证据，而基峰 m/z 44 可以认为是由于 β-开裂产生的 $\underset{CH_3}{\underset{|}{CH{=}\overset{+}{N}H_2}}$。所以该化合物的结构为：

$$CH_3-\underset{}{\overset{NH_2}{\overset{|}{C}H}}-CH_2OH$$

【例 12-6】 某未知物质的质谱见图 12-18，红外吸收光谱中 $1117cm^{-1}$ 处有一最强吸收带，确定其结构。

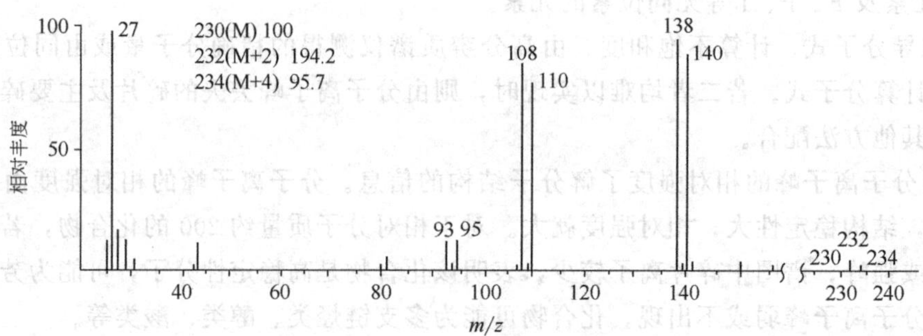

图 12-18 某未知物质的质谱图（二）

解 质谱中分子离子峰与同位素峰的相对丰度的比值[M]∶[M+2]∶[M+4]=100∶194.2∶95.7，表明未知物中有两个溴原子，从相对分子质量 230 减去 2×79=158 余下的质量为 72。由于红外吸收光谱与 $1117cm^{-1}$ 处有最强吸收带，可归属于醚键。假定未知物不含氮和其他含氧基因，根据质量数 72，查贝农表，只有 C_4H_8O 是合理的，故该未知物分子式为 $C_4H_8Br_2O$。

在未知物的质谱中有三组含溴双峰，其中 m/z 138 和 140 是由分子离子失去—CH_2Br 基团时发生氢转移而形成的碎片离子，而 m/z 108 和 110 是由分子离子失去—OCH_2CH_2Br 基团时发生氢转移而生成的，m/z 93 和 95 为碎片离子 CH_2Br^+。因此，未知物的结构式为：

$$Br-CH_2-CH_2-O-CH_2-CH_2-Br$$

12.7 气相色谱-质谱联用技术（GC-MS）

12.7.1 GC-MS 系统

气-质联用仪是分析仪器中较早实现联用技术的仪器。自 1957 年霍姆斯（J. C. Holmes）和莫雷尔（F. A. Morrell）首次实现气相色谱和质谱联用以后，这一技术得到长足的发展。在所有联用技术中气-质联用，即 GC-MS 发展最完善，应用最广泛。目前从事有机物分析的实验室几乎都把 GC-MS 作为主要的定性确认手段之一，在很多情况下又用 GC-MS 进行定量分析。另一方面，目前市售的有机质谱仪，不论是磁质谱、四极杆质谱、离子阱质谱还是飞行时间质谱（TOF）、傅里叶变换质谱（FTMS）等均能和气相色谱联用。还有一些其他的气相色谱和质谱联接的方式，如气相色谱-燃烧炉-同位素比质谱等。GC-MS 逐步成为分析复杂混合物最为有效的手段之一。

GC-MS 联用仪系统一般由图 12-19 所示的各部分组成。

气相色谱仪分离样品中各组分，起着样品制备的作用，接口把气相色谱流出的各组分送入质谱仪进行检测，起着气相色谱和质谱之间适配器的作用。由于接口技术的不断发展，接口在形式上越来越小，也越来越简单；质谱仪对接口依次引入的各组分进行分析，成为气相

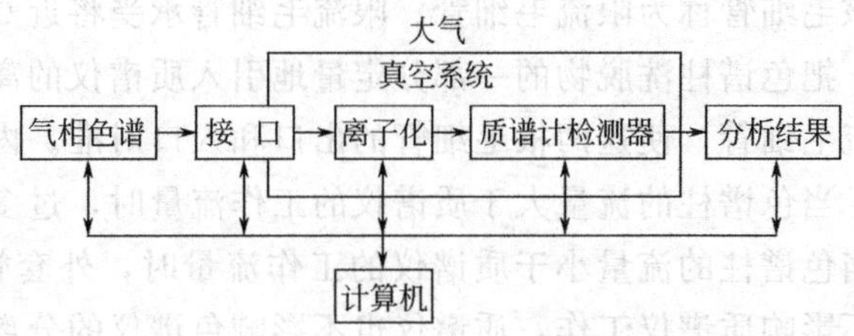

图 12-19 GC-MS 联用仪系统组成框图

色谱仪的检测器；计算机系统交互式地控制气相色谱、接口和质谱仪，进行数据采集和处理，是 GC-MS 的中央控制单元。

12.7.2 GC-MS 联用中主要的技术问题

气相色谱仪和质谱仪联用技术主要需解决两个重要技术问题。

(1) 仪器接口 众所周知，气相色谱仪的入口端压力高于大气压，出口端为大气压力。质谱仪中样品气态分子在具有一定真空度的离子源中转化为样品气态离子。这些离子包括分子离子和其他各种碎片离子在高真空的条件下进入质量分析器运动。在质量扫描部件的作用下，检测器记录各种质荷比不同的离子其离子流强度及其随时间的变化。因此，接口技术中要解决的问题是气相色谱仪的大气压的工作条件和质谱仪的真空工作条件的联接和匹配。接口要把气相色谱柱流出物中的载气，尽可能多地除去，保留或浓缩待测物，使近似大气压的气流转变成适合离子化装置的粗真空，并协调色谱仪和质谱仪的工作流量。

(2) 扫描速度 没有色谱仪联接的质谱仪一般对扫描速度要求不高。和气相色谱仪联接的质谱仪，由于气相色谱峰很窄，有的仅几秒时间。一个完整的色谱峰通常需要至少 6 个以上数据点。这样就要求质谱具有较高的扫描速度，才能在很短的时间内完成多次全质量范围的质量扫描。另一方面，要求质谱仪能很快地在不同的质量数之间来回切换，以满足选择离子检测的需要。

12.7.3 GC-MS 接口

常见各种 GC-MS 接口的一般性能及其适用性如下。

(1) 直接导入型接口 内径在 0.25～0.3232mm 的毛细管色谱柱的载气流量为 1～2mL・min^{-1}，这些柱通过一根金属毛细管直接引入质谱仪的离子源。这种接口方式是迄今为止最常用的一种技术。载气和待测物一起从气相色谱柱流出立即进入离子源的作用场。由于载气氦气是惰性气体，不发生电离，而待测物却会形成带电粒子，待测物带电粒子在电场作用下加速向质量分析器运动，而载气却由于不受电场影响，被真空泵抽走。接口的实际作用是支撑插入端毛细管，使其准确定位。另一个作用是保持温度，使色谱柱流出物始终不产生冷凝。

使用于这种接口的载气限于氦气或氢气。当气相色谱仪出口的载气流量高于 2mL・min^{-1}时，质谱仪的检测灵敏度会下降。一般使用这种接口，气相色谱仪的流量为 0.7～1.0mL・min^{-1}。色谱柱的最大流速受质谱仪真空泵流量的限制。最高工作温度和最高柱温相近。接口组件结构简单，容易维护。传输率达 100%，这种联接方法一般都使质谱仪接口紧靠气相色谱仪的侧面。这种接口应用较为广泛。

(2) 开口分流型接口 色谱柱洗脱物的一部分被送入质谱仪，这样的接口称为分流型接口。在多种分流型接口中，开口分流型接口最为常用。气相色谱柱的一端插入接口，其出口正对着另一毛细管，该毛细管称为限流毛细管。限流毛细管承受将近 0.1MPa 的压力，与质谱仪的真空泵相匹配，把色谱柱洗脱物的一部分定量地引入质谱仪的离子源。内套管固定插色谱柱的毛细管和限流毛细管，使这两根毛细管的出口和入口对准。内套管置于一个外套管中，外套管充满氦气。当色谱柱的流量大于质谱仪的工作流量时，过多的色谱柱流出物和载气随氦气流出接口；当色谱柱的流量小于质谱仪的工作流量时，外套管中的氦气提供补充。因此，更换色谱柱时不影响质谱仪工作，质谱仪也不影响色谱仪的分离性能。这种接口结构也很简单，但色谱仪流量较大时，分流比较大，产率较低，不适用于填充柱的条件。

(3) 喷射式分子分离器接口　常用的喷射式分子分离器接口工作原理是根据气体在喷射过程中不同质量的分子都以超音速的同样速度运动，不同质量的分子具有不同的动量。动量大的分子，易保持沿喷射方向运动，而动量小的易于偏离喷射方向，被真空泵抽走。分子量较小的载气在喷射过程中偏离接收口，分子量较大的待测物得到浓缩后进入接收口。喷射式分子分离器具有体积小热解和记忆效应较小、待测物在分离器中停留时间短等优点。

12.7.4 气相色谱-质谱联用质谱谱库和计算机检索

随着计算机技术的飞速发展，人们可以将在标准电离条件（电子轰击电离源，70eV 电子束轰击）下得到的大量已知纯化合物的标准质谱图存储在计算机的磁盘里，作成已知化合物的标准质谱谱库，然后将在标准电离条件下得到的，已被分离成纯化合物的未知化合物质谱图与计算机内存的质谱谱库内的质谱图按一定的程序进行比较，将匹配度（相似度）高的一些化合物检出，并将这些化合物的名称、相对分子质量、分子式、结构式（有些没有）和匹配度（相似度）给出，这将对解析未知化合物、进行定性分析有很大帮助。目前，质谱谱库已成为 GC-MS 联用仪中不可缺少的一部分，特别是用 GC-MS 联用仪分析复杂样品，出现数十个甚至上百个色谱峰时，要用人工的方法对每一个色谱峰的质谱图进行解析，是十分困难的，要耗费大量的时间和人力。只有利用质谱谱库和计算机检索，才能倾利、快速地完成 GC-MS 的谱图解析任务。

(1) 常用的质谱谱库　用标准电离条件电子轰击电离源，70eV 电子束轰击已知纯有机化合物，将这些标准质谱图和有关质谱数据存储在计算机的磁盘中就得到了质谱谱库，目前最常用的质谱谱库有：

① NIST 库。由美国国家科学技术研究所（National Institute of Science and Technology）出版，最新版本收有 64000 张标准质谱图。

② NIST/EPA/NIH 库。是由美国国家科学技术研究所（NIST）、美国环保局（EPA）和美国国立卫生研究院（NIH）共同出版。最新版本收有的标准质谱图超过 129000 张，约有 107000 个化合物及 107000 个化合物的结构式。

③ Wiley 库。第六版本的 Wiley 库收有标准质谱图 230000 张；第六版本的 Wiley/NIST 库收有标准质谱图 275000 张：Wiley 选择库（Wiley Select Libraries）收有 90000 张标准质谱图。在 Wiley 库中同一化合物可能有重复的不同来源的质谱图。

④ 农药库（Standard Pesticide Library）。内有 340 个农药的标准质谱图。

⑤ 药物库（Pfleger Drug Library）。内有 4370 个化合物的标准质谱图，其中包括许多药物、杀虫剂、环境污染物及其代谢产物和它们的衍生化产物的标准质谱图。

⑥ 挥发油库（Essential Oil Library）。内有挥发油的标准质谱图。

在这 6 个质谱库中前三个是通用质谱库，一般的 GC-MS 联用仪上配有其中的一个或两个谱库。目前应用最广泛的是 NIST/EPA/NIH 库。后三个是专用质谱库，根据工作的需要可以选择使用。

(2) NIST/EPA/NIH 库及其检索简介　现在，几乎所有的 GC-MS 联用仪上都配有 NIST/EPA/NIH 库，各仪器公司所配用的 NIST/EPA/NIH 库所含有的标准质谱图的数目可能有所不同，这可能是与各仪器公司选择的谱库版本不同，配置也有所不同。如 1992 年版本的 NIST/EPA/NIH 库收有 62235 个化合物的标准质谱图，而 NIST/EPA/NIH 选择复制库还有 12592 张标准质谱图可以安装。还有 14 个不同定位的使用者库可与 NIST/EPA/NIH 库结合使用。质谱工作者还可将自己实验中得到的标准质谱图及数据用文本文件（Text Files）存在使用者库中，或者自己建立（Create）使用者库（User Library）。这些都使不同仪器公司提供的 NIST/EPA/NIH 库所含有的标准质谱图的数目有所不同。

NIST/EPA/NIH 库的检索方式有两种：一种是在线检索．一种是离线检索。

在线检索是将 GC-MS 分析时得到的、已扣除本底的质谱图，按选定的检索谱库和预先设定的库检索参数（Library Search Parameters）、库检索过滤器（Library Search Filters）与谱库中存有的质谱图进行比对，将得到的匹配度（相似度）最高的 20 个质谱图的有关数据（化合物的名称、相对分子质量、分子式、可能的结构、匹配度等）列出来，供被检索的质谱图定性作参考。

离线检索是在得到一张质谱图后，根据这张质谱图的有关信息，从质谱谱库中调出有关的质谱图与其进行比较。通过比较，可对该质谱图作出定性分析。

12.7.5　GC-MS 联用技术的应用

GC-MS 联用在分析检测和研究的许多领域中起着越来越重要的作用，特别是在许多有机化合物常规检测工作中成为一种必备的工具。如环保领域在检测许多有机污染物，特别是一些浓度较低的有机化合物，如二噁英等的标准方法中就规定用 GC-MS；药物研究、生产、质控以及进出口的许多环节中都要用到 GC-MS；法庭科学中对燃烧、爆炸现场的调查，对各种案件现场的各种残留物的检验，如纤维、呕吐物、血迹等检验和鉴定，无一不要用到 GC-MS，工业生产许多领域，如石油、食品、化工等行业都离不开 GC-MS，甚至竞技体育运动中，用 GC-MS 进行的兴奋剂检测起着越来越重要的作用。

12.8　液相色谱-质谱联用技术（LC-MS）

液相色谱-质谱（liquid chromatography-mass spectrometry，LC-MS）联用技术的研究开始于 20 世纪 70 年代，与气相色谱-质谱（GC-MS）联用技术不同的是液相色谱-质谱联用技术经历了一个更长的实践、研究过程，直到 90 年代方出现了被广泛接受的商品接口及成套仪器。

按照联用的要求，LC-MS 的在线使用首先要解决的问题是真空的匹配。质谱工作的真空一般要求为 10^{-6} Pa，要与一般在常压下工作的液质接口相匹配并维持足够的真空，其方法只能是增大真空泵的抽速，维持一个必要的动态高真空。所以现有商品仪器的 LC-MS 设计均增加了真空泵的抽速并采用了分段、多级抽真空的方法，形成真空梯度来满足接口和质谱正常工作的要求。

除真空匹配之外，液质联机技术发展可以说就是接口技术的发展。扩大 LC-MS 应用范围以便热不稳定和强极性化合物在不加衍生化的情况下得以直接分析并将质谱分析用于生物大分子是液质接口技术的发展方向。LC-MS 各种“软”离子化接口的开发正是迎合了这个方向。

某些特定的接口（如电喷雾接口）可使蛋白质及其他生物大分子得以多重质子化，产生多电荷离子。多电荷离子的产生使得质谱的分子量测定范围大大拓宽，单电荷质量数范围为2000U 的质谱可以比较准确地测定几十万甚至上百万 U 的分子量，这样就真正地将质谱分析带入了蛋白质和生物高聚物的研究领域。

液质联机技术在发展过程中曾有多种接口提出，这些接口都有自己的开发、完善过程，都有各自的长处和缺点，有的最终形成了被广泛接受的商品接口，有的则仅在某些领域，在有限的范围内被使用。

(1) 直接液体导入接口　最初的直接液体导入（direct liquid injection，DLI）接口出现于 20 世纪 70 年代，但这一技术始终停留在实验室使用阶段，没有真正形成商品化仪器。

DLI 接口是在真空泵的承载范围内，以细小的液流直接导入质谱。实际操作中，LC 的柱后流出物经分流，在负压的驱动下经喷射作用进入脱溶剂室形成细小的液滴并在加热作用下脱去溶剂。脱溶剂时没有离子产生，其离子化过程出现在离子源内，是被分析物分子和溶剂作用的结果，因此它应归于化学电离一类技术。其碎片依然是靠 EI 源的电子轰击产生。

DLI 技术中的喷射方式可以是金属毛细管（20～50μm），也可以是起“筛网”作用的带孔薄膜（2～5μm）。作用都是为了得到细小、均匀的液滴。在对 DLI 技术的改进中，也曾使用气体喷射和引入反应气体技术以提高离子化效率，但这样做要求真空泵具有更大的承载能力，同时大量的溶剂进入离子源对真空系统硬件的腐蚀和破坏也是相当严重的。DLI 是液质方法的最简单的接口，造价低廉，但它无法在大流量下工作，是其应用受到局限的主要原因。此外，喷口易堵塞也是实际操作中的主要问题。

(2) 移动带技术　移动带（MB）技术早在 20 世纪 70 年代中期就已经有了最初的设计，所谓移动带是在 LC 柱后增加了一个移动速度可调整的流出物的传送带，柱后流出物滴落在传送带上，经红外线加热除去大部分溶剂后进入真空室，传送带的调整依据流动相的组成进行，流量大，含水多时带的移动速度要相应的慢些。在真空中溶剂被进一步脱去，同时出现分析物分子的挥发。离子化是以 EI 或 CI 进行，有的仪器也曾使用 FAB。由于使用了 EI 源，用 MB 技术可以得到与 GC-MS 相同的质谱图，这样就可使用多年研究积累的 EI 质谱数据库进行检索，这是它的一个长处。

MB 技术分离溶剂和被分析物是基于二者沸点上的差别，它可以被用于大部分有机化合物的质谱分析，但沸点很高即便是在源内真空下仍无法显著挥发的化合物则无法分析。

MB 技术的主要问题在于它的低离子化效率及相应的低灵敏度，在许多场合下，不能满足日益提高的质谱分析要求。此外，移动带上残存的难挥发物质如果无法去除干净，容易造成记忆效应而干扰分析。

(3) 热喷雾接口　出现于 20 世纪 80 年代中期的热喷雾（TS）接口是一个能够与液相色谱在线联机使用的 LC-TS-MS“软”离子化接口，得到了比较广泛的应用，获得了大量的成功分析的实例。热喷雾接口设计中喷雾探针取代了直接进样杆的位置，流动相经过喷雾探针时被加热到低于流动相完全蒸发点 5～10℃的温度，体积膨胀后以超声速喷出探针形成由微小的液滴、粒子和蒸气组成的雾状混合物。被分析物分子在此条件下可以生成一定份额的离子进入质谱系统以供检出。热喷雾接口的主要特点是可以适应较大的液相色谱流动相流速

（约 1.0mL·min^{-1}），较强的加热蒸发作用可以适应含水较多的流动相，这是其他 LC-MS 接口，甚至包括某些新近研发的接口也不具备的特点。

TS 技术出现后在药物如抗生素及其他临床药物，人体内源性化合物如腺苷、肌苷、咖啡因、茶碱、游离氨基酸，化工产品，环境分析等许多领域中都做了大量的工作。

热喷雾接口的使用局限于相对分子质量为 200～1000 的化合物，同时对热稳定性较差的化合物仍有比较明显的分解作用。

（4）粒子束接口　粒子束接口（PB）是 20 世纪 80 年代出现的另一种应用比较广泛的 LC-MS 接口，又称为动量分离器（momentum separator）。PB 接口研制成功后，很快由仪器厂商开发成为商品仪器并在很大程度上取代了 MB 技术。在 PB 操作中，流动相及被分析物被喷雾成气溶胶，脱去溶剂后在动量分离器内产生动量分离，而后经一根加热的转移管进入质谱。在此过程中分析物形成直径为 μm 或小于 μm 级的中性粒子或粒子集合体。由喷嘴喷出的溶剂和分析物可以获得超声膨胀并迅速降低为亚声速。由于溶剂和分析物的分子质量有较大的区别，二者之间会出现动量差，动量较大的分析物进入动量分离器，动量较小的溶剂和喷射气体（氦气）则被抽气泵抽走。

PB 的离子化仍由质谱的 EI 或 CI 方式进行，可以获得经典的质谱图，并可以使用谱库检索，分析工作获得很大便利。但由于离子化手段仍为电子轰击，不是“软”离子化方式，因此它不太适合热不稳定化合物的分析。

PB 接口主要用于分析非极性或中等极性的、相对分子质量小于 1000 的化合物。该技术在分析农药、除草剂、临床药物、固体化合物及染料方面曾有过许多报道和成功的分析实例。

（5）连续流动快原子轰击　在 FAB 基础上发展起来的连续流动快原子轰击（continuous-flow fast atom bombardment，CFFAB）及类似技术，至今作为 LC-MS 接口有着较为广泛的使用。与静态的 FAB 不同的是，甘油是以很少的量加入流动相。测定过程中，“靶面”不断地更新，其化学物理性质不会产生很大的改变；同时经液相色谱分离后、共存物质不会同时出现在“靶面”上，因而干扰因素被大大地减少。噪声和灵敏度同时得到改善。文献报道 LC-CFFAB-MS 的灵敏度比静态 FAB 要高，可达 100fmol。

作为联机使用技术，它的主要缺点是只能在低流量下工作（$<5\mu L \cdot min^{-1}$），严重限制了液相柱的分离效果。流动相中含有的 1%～5%的甘油会使离子源很快变脏。

（6）激光解吸离子化和基质辅助激光解吸离子化　基质辅助激光解吸（MALDI）离子化技术首创于 1988 年，是在 1975 年首次应用的激光解吸（LD）离子化技术上发展起来的，目前已经得到了广泛的接受和应用。随着肽类合成和基因工程科学的快速发展，迫切需要一种高灵敏度和准确的方法来测定肽类和蛋白质的相对分子质量，MALDI 具有很大的潜力来适应这一需要。目前开发出的 MALDI 接口仪器可以测定高达上百万的相对分子质量，其精度可达 0.2%，所需样品量一般为 50pmol～100fmol。这样一个灵敏度可以和反相 HPLC（UV 检测器）相比，甚至还要高于 HPLC。MALDI 以激光照射靶面的方式提供离子化能量，样品底物中加入某些小分子有机酸，如肉佳酸、芥子酸等作为质子供体。一船 MALDI 的操作是将液体样品加入进样杆中，经加热、抽气使之形成结晶。将进样杆推入接口，在激光的照射和数万伏高电压的作用下，肉桂酸可以将质子传递给样品分子使之离子化，经高电场的“抽取”和“排斥”作用直接进入真空。

20 世纪 90 年代初，MALDI 开始与飞行时间质谱连接使用，形成商品化的基质辅助激光解吸-飞行时间质谱仪（MALDI-TOF）。MALDI 技术所产生的离子在飞行管中由于所需飞行时间的差异而得到分离。MALDI-TOF 具有很高的灵敏度，肽类和蛋白质的多电荷离子化可由 MALDI 产生并由 TOF 采集到多电荷峰，折算而得的相对分子质量测定范围可以高达百万。目前 MALDI-TOF 已经成为生物大分子分子量测定的有力工具，在生物和生化研究中发挥着重要的作用。

（7）电喷雾电离　1984 年 Fenn 等人发表了他们在电喷雾技术方面的研究工作，这一开创性的工作引起了质谱界极大的重视。在其后的十几年中开发出的电喷雾电离（ESI）及大气压化学电离（APCI）商品接口是一项非常实用、高效的“软”离子化技术，被人们称为 LC-MS 技术乃至质谱技术的革命性突破。随后的十年中，配套于各种类型质谱的接口乃至液质专用机纷纷被开发上市。目前的电喷雾接口已经可安装在四极质谱、磁质谱和飞行时间质谱上。

ESI 具有极为广泛的应用领域，如小分子药物及其各种体液内代谢产物的测定，农药及化工产品的中间体和杂质鉴定，大分子的蛋白质和肽类的相对分子质量测定，氨基酸测序及结构研究以及分子生物学等许多重要的研究和生产领域。其优点如下：

① 离子化效率高，对蛋白质而言接近 100%；

② 可提供多种离子化模式；

③ 对蛋白质而言，稳定的多电游离子产生使蛋白质相对分子质量测定范围可高达几十万甚至上百万；

④“软”离子化方式使热不稳定化合物得以分析并产生高丰度的准分子离子峰；

⑤ 气动辅助电喷雾技术在接口中采用使得接口可与大流量（$1mL \cdot min^{-1}$）的 HPLC 联机使用；

⑥ 仪器专用化学站的开发使得仪器在调试、操作、HPLC-MS 联机控制、故障自诊断等方面变得简单可靠。

习题

1. 亚稳离子峰和正常的碎片峰有何主要区别？

2. 在质谱仪中若将下述的离子分离开，其具有的分辨率是多少？

（1）$C_{12}H_{10}O^+$ 和 $C_{12}H_{11}N^+$（2）CH_2CO^+ 和 $C_3H_7^+$

3. 在有机质谱中经常使用的离子源有哪几种？各有何特点？

4. 已知一个原子质量单位（amu）为 1.661×10^{-27} kg，一个电子的质量为 9.110×10^{-33} kg，当用原子质量单位表达电子质量时，其数值是多少？若已知碳和氢原子的相对原子质量分别为 12.000000 和 1.007825，试计算下述物质之间的质量差值。

（1）CH_4 和 $CH_4^{\,+}$（2）$C_{20}H_{42}$ 和 $C_{20}H_{42}^+$

5. 试确定下述已知质荷比离子的可能存在的化学式：

（1）m/z 为 71，只含 C、H、O 三种元素；

（2）m/z 为 57，只含 C、H、N 三种元素；

（3）m/z 为 58，只含 C、H 两种元素。

6. 某有机化合物含 C、H、N 三种元素，在低分辨质谱中测得 m/z 为 66 的峰，在高分辨质谱中测得 m/z 为 66.03237 的峰，试确定其准确的化学式。

7. 已知化合物 $C_6H_{10}N_2O_2$，分子离子峰的 m/z 为 142，其在低分辨质谱呈现一个 m/z 为 114 的碎片离子峰、试确定此峰可能存在的化学式。

8. $C_{12}H_4$ 和 $C_{13}H_4$ 的分子离子峰 M 和 M+1 的 m/z 各是多少？此二峰的相对强度各是多少？

9. 试绘出一溴甲烷分子离子峰的质谱图，并标明其相对强度。

10. 试解释溴乙烷质谱图中 m/z 分别为 29、93、95 三峰生成的原因。

11. 有一化合物其分子离子的 m/z 为 120，其碎片离子的 m/z 为 105，问其亚稳离子的 m/z 是多少？

12. 某有机化合物的质谱图如图 12-20 所示，试确定该化合物的结构。

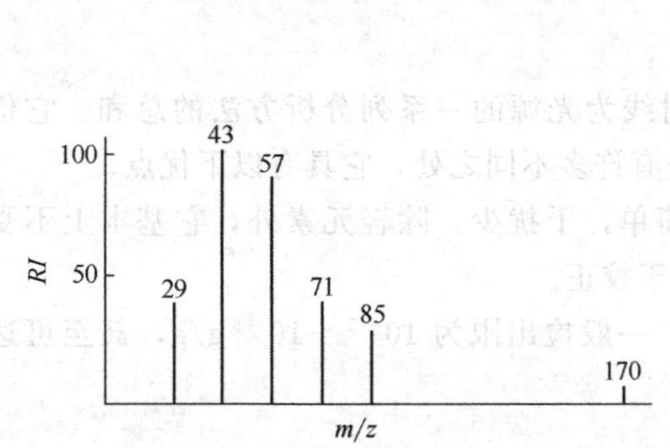

图 12-20 某有机化合物的质谱图

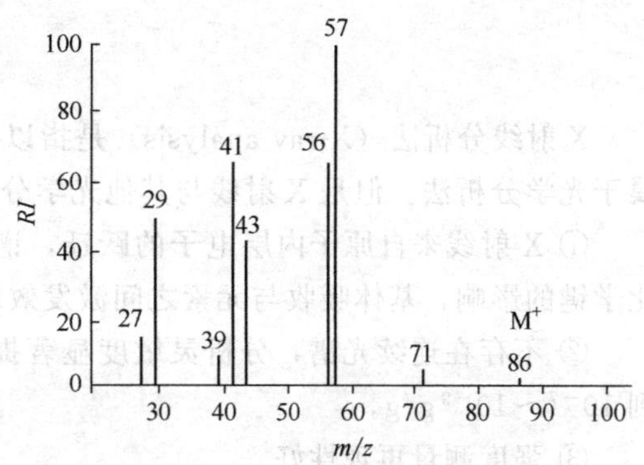

图 12-21 某未知烃类化合物的质谱图

13. 某有机化合物（$M=140$）其质谱图中有 m/z 分别为 83 和 57 的离子峰，试问下述那种结构式与上述质谱数据相符合？

14. 试预言 $C_2H_5—C(CH_3)_2—C_3H_7$ 分子在质谱图上可能产生 m/z 为多少的碎片？

15. 某有机胺可能是 3-甲基丁胺或 1,1-二甲基丙胺，在质谱图中其分子离子峰和基峰的 m/z 分别为 87 和 30，试判断其为何种有机胺？

16. 在丁酸甲酯的质谱图中呈现 m/z 分别为 102、91、59、43、31 的离子峰，试说明其碎裂的过程。

17. 某未知烃类化合物的质谱图如图 12-21 所示，写出其结构式。

参考文献

[1] 从浦珠，苏克曼．分析化学手册：第九分册 质谱分析．第 2 版．北京：化学工业出版社，2000.

[2] 陈耀祖，涂亚平．有机质谱原理及应用．北京：科学出版社，2001.

[3] 于世林．波谱分析法．重庆：重庆大学出版社，1991.

[4] 于世林．波谱分析法实验与习题．重庆：重庆大学出版社，1993.

[5] 洪山海．光谱解析法在有机化学中的应用．北京：科学出版社，1980.

[6] 从浦珠. 质谱学在天然有机化学中的应用. 北京：科学出版社，1987.

[7] 陈耀祖．有机分机．北京：高等教育出版社，1981.

[8] 赵瑶兴，孙祥玉．有机分子结构光谱鉴定．北京：科学出版社，2003.

[9] 沈玉全，梁德声．有机化合物结构确定例题解．北京：化学工业出版社，1987.

[10] 张光昭．傅里叶变换光谱学原理．广州：中山大学出版社，1988.

[11] 沈淑娟，方绮云．波谱分析德基本原理及应用．北京：高等教育出版社，1988.

13 X射线分析法

X射线分析法（X-ray analysis）是指以X射线为光源的一系列分析方法的总和。它仍属于光学分析法。但是X射线与其他光学分析法有许多不同之处，它具有以下优点。

① X射线来自原子内层电子的跃迁，谱线简单，干扰少。除轻元素外，它基本上不受化学键的影响，基体吸收与元素之间激发效应易于校正。

② 不存在连续光谱，分析灵敏度显著提高，一般检出限为 $10^{-5}\sim10^{-6}$g/g，甚至可达到 $10^{-7}\sim10^{-9}$g/g。

③ 强度测量再现性好。

④ 分析元素范围广，浓度范围大，可从常量组分到痕量杂质都可进行测量。

⑤ 样品不受破坏，便于进行无损分析。

⑥ 不一定要制成溶液，尤其适于表面分析。适于微区分析和观察物质的微观世界。

⑦ 可以进行价态分析等。

⑧ 易于实现仪器自动化。

⑨ 分析快速、准确。

一般而言，X射线分析可分为X射线荧光分析、X射线衍射分析、X射线吸收光谱分析、电子探针显微分析、俄歇电子能谱分析、光电子能谱分析。

13.1 X射线的产生

当用一个高能量的粒子（电子、质子等）轰击某物质时，若该物质的原子内层电子被轰出电子层，便在内层形成空穴，该空穴会立即被较高能量级上的电子层上的电子所填充。例如K层电子被轰出，L层电子的能量比K层电子能量级高，填充到K层，两者能量之差：

$$\Delta E=E_L-E_K \tag{13-1}$$

$$\Delta E=h\nu=h\frac{c}{\lambda} \tag{13-2}$$

这种能量差就会以辐射形式发出，一般讲这个能量是相当大的，即辐射的波长是相当短的，会落在0.01～20nm之间，这便是X射线，如图13-1所示。

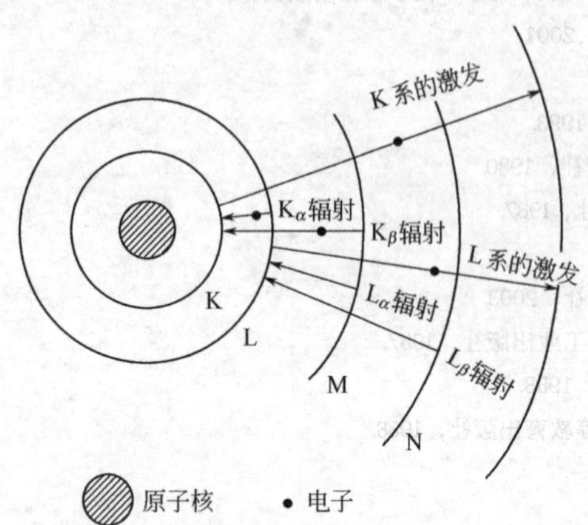

图13-1 X射线产生原理示意

当然更外层的电子又会补充进入L电子层，以此类推，会层层填充，便会发射波长不等的X射线。这些X射线的能量或波长是进行分析的基础。

被轰击的物质不同，X 射线的波长也不同，常以 NiK_{α_1}、SnL_{α_2} 等符号表示不同的 X 射线。前面的符号如 Ni、Sn 是元素符号，表示组成被轰击物质的元素；后面的符号如 K_{α_1}、L_{α_2} 中的 K、L 表示最先被轰击走的电子所在能级，而希腊字母 α、β 表示填充空穴的外壳层电子所在的壳层，希腊字母的下角标表示 X 射线的强度，例如 K_{α_1} 强度比 K_{α_2} 大。因为可能发生的内层跃迁的数目有限，所以 X 射线光谱比因失去价电子或价电子的跃迁而产生的复杂光谱要简单得多；此外，X 射线的强度和波长基本上与被激发元素的化学和物理状态无关。

X 射线可用 10～100keV 的电子轰击适当的靶材料而获得。热阴极电子型 X 射线管就是一种 X 射线源。其构造如图 13-2 所示。

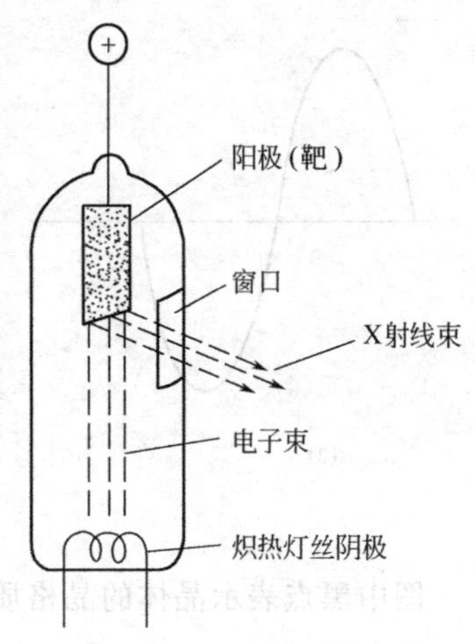

图 13-2 热阴极电子型 X 射线管

X 射线的强度和所施加的电压的平方成正比。对于 K、L、M 等不同系列的 X 射线的产生都有一定的最小电压值，而且因元素不同而不同，例如：K 系列：对 ^{11}Na 仅需 1.1keV，而对 ^{92}U 则要 115keV；L 系列：对 ^{30}Zn 需要 1.2keV，而对于 ^{92}U 则要 21.7keV；M 系列：对 ^{40}Zr 需要 0.41keV，而对于 ^{92}U 则要 5.5keV。

13.2 X 射线衍射分析

13.2.1 X 射线的衍射

(1) 光的衍射现象　光是具有波粒二象性的，X 射线也是一种光波，因此它也有波粒二象性，具有波的一切性质。经对波的研究，荷兰物理学家惠更斯提出：介质中波动传播到的各点都可以看作是发射子波的波源，而在其后的任意时刻，这些子波的包络就是新的波前，这就是物理条件中的惠更斯原理。

当波在传播过程中遇到障碍物时，其传播方向发生改变，即能绕过障碍物的边缘，继续向前传播，这就是波的衍射现象，用惠更斯原理就可以很好地解释这种现象。

光作为一种电磁波，也有上述现象。在传播过程中若遇到尺寸比光的波长大得不多的障碍物时也会产生衍射现象。例如，当光传播过程中遇到一圆形小物体时，在物体后面会产生明暗相间的一系列圆环斑，这就是光的衍射所产生的现象。X 射线也具有这种性质。

(2) 布拉格 (Bragg) 公式　两束周期、振幅相同的波从同一点出发，由于它们相位的不同，可以产生下列现象。

当两个波相位相同或者说同步，即光程差为 0 或为波长的整倍数时，两波叠加在一起，周期未变，只是振幅是两者之和。这便是衍射图像的最明亮部分，如图 13-3(a) 所示。

当两个波相位相反或者说光程刚好相差波长的二分之一时，振幅相互抵消，虽然它们同时并存，但我们观察不到它们的存在，如图 13-3(b) 所示。这便是衍射图像的最黑暗部分。

当两个波相位介于上述两者之间，也就是说，既不同步或者说光程差不为波长的整倍数也不为波长的二分之一时，则两波叠加的结果是有时在加强，有时又有所减弱，这便是衍射图像的其他部分。

如果用 X 射线照射某个晶体，其情况如图 13-4 所示。

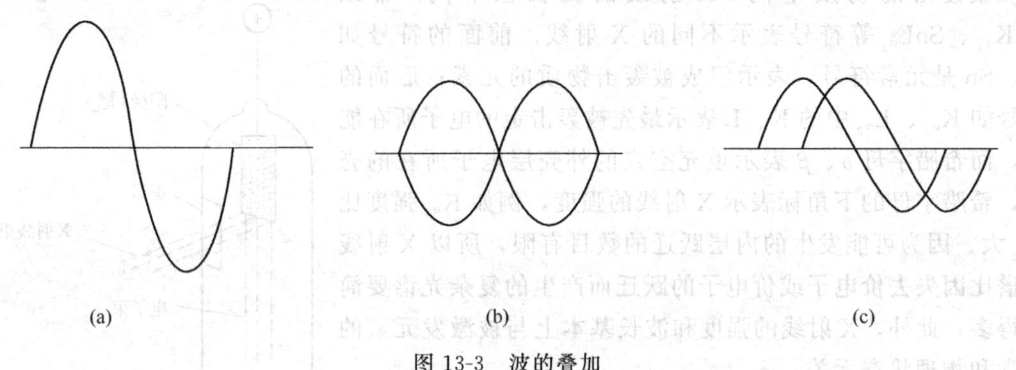

图 13-3　波的叠加

图中黑点表示晶体的晶格质点（原子、分子或离子）。当 X 射线刚好打在晶体最表面一层的质点上时，入射角为 θ，当然也会以同样的角度反射出去。当第二束 X 射线以同样的角度 θ 打击晶体时，最表面一层若没有质点和它相撞击，而恰好打在晶体第二层质点上，当然它也以同样的反射角射出晶体。其他 X 射线或穿过质点的空隙或打击在第三层、第四层……质点上，我们且不讨论。这两束 X 射线的光程相差应为 $AE+BE$。因为 $\triangle KAE$ 和 $\triangle KBE$ 均为直角三角形，因此：

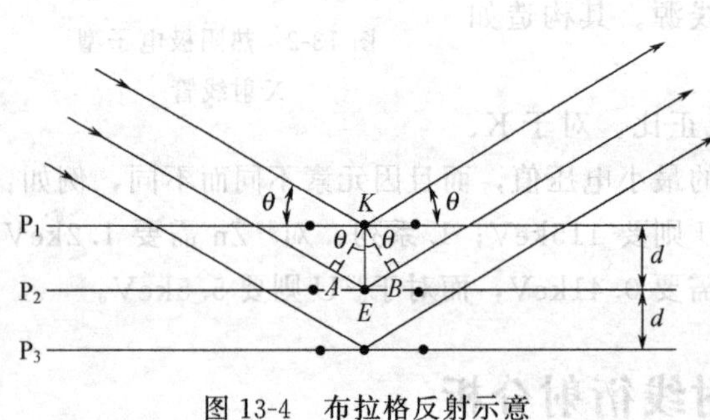

图 13-4　布拉格反射示意

$$BE=KE\cos(90°-\theta)$$
$$AE=KE\cos(90°-\theta)$$

所以光程差：$AE+BE=2KE\cos(90°-\theta)=2KE\sin\theta$，设 $KE=d$，即为晶体在垂直方向上质点间的距离，即此方向上的晶面距，即

$$AE+BE=2d\sin\theta \tag{13-3}$$

当光程差刚好为波长的整倍数时，这两个 X 射线的强度便会得到最大的加强，即

$$n\lambda=2d\sin\theta \qquad n=0,1,2,\cdots \tag{13-4}$$

这便是著名的布拉格公式，θ 角称为布拉格角。X 射线在晶面上的“反射”与可见光在镜面上的反射有所不同。

① 可见光的反射仅限于物体表面，而 X 射线的反射实际上是受 X 射线照射的所有原子（包括内部）的反射线干涉加强而形成的。

② 可见光的反射无论入射光以何入射角入射都会产生，而 X 射线只有在满足布拉格公式时才能获得成功，因此 X 射线是有选择性的。

对于一定波长 λ 的 X 射线而言，晶体中能产生 X 射线衍射的晶面数是有限的。由布拉格公式知

$$\lambda/2d=\sin\theta \tag{13-5}$$

$\sin\theta$ 最大只能为 1，因此

$$\frac{\lambda}{2d}\leqslant 1 \text{ 或 } d\geqslant\frac{\lambda}{2} \tag{13-6}$$

它表明晶面距只有大于 $\lambda/2$ 的那些晶面才能产生衍射。而对于晶面距 d 固定的晶体而言，则

$$\lambda \leqslant 2d \quad 或 \quad \lambda/2d \leqslant 1 \tag{13-7}$$

似乎 λ 小一些并不违反布拉格公式，其实不然。若 $d \gg \lambda$ 则光的衍射不产生，其次，若 $d \gg \lambda$ 时，则要求 $\sin\theta$ 很小，则 θ 角也很小，这在实验中是很难做到的，因此一般要求 $\lambda \approx d$ 或者说相差不多。

13.2.2 X 射线衍射方法

当用 X 射线衍射法测定晶面距时，可连续变化的量有两个，入射角 θ 和 X 射线的波长，当这两个量满足布拉格公式时，我们就可以获得衍射信号。

当要用已知晶体确定 X 射线的波长时，变化量只有一个入射角。当然我们也可选另一种晶体，但晶面距不会是连续的量。据此，在实际工作中有表 13-1 中所列的几种方法。

表 13-1 常用的衍射方法

衍射方法	λ	θ	实验条件
劳厄法	变	不变	连续波长的 X 射线照射单晶体
转动晶体法	不变	变	单色 X 射线照射转动的晶体
粉晶法	不变	变	单色 X 射线照射粉晶或多晶试样
衍射仪法	不变	变	单色 X 射线照射多晶或转动单晶体

(1) 衍射仪法测定晶面距示例　衍射仪法测定晶面距时，可将探测器固定在某个角位置，然后用定时计数或定数计时的办法来记录该处的衍射强度。也可以用连续扫描的办法使探测器扫过所定的角度范围，通过电位差计在记录纸上描绘出射线强度随衍射角的变化图谱即衍射图，如图 13-5 所示。

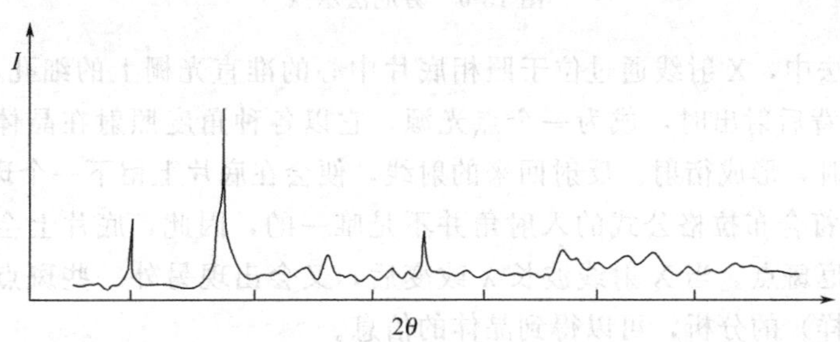

图 13-5 晶体的 X 射线衍射图

值得注意的是 X 射线衍射图中即使是检测一个晶体，也会出现若干峰。因为布拉格方程的解不是唯一的。

【例 13-1】 测得氟化钙晶体某一晶面对 MoK_α 的波长为 0.0712nm 的 X 射线的一级衍射峰的 2θ 角为 12.96°，此方向上的晶面距为多少？还会在其他哪个位置出峰？

解 因为 $2\theta=12.96°$，所以 $\theta=6.48°$

$n=1$ 时，$\lambda=2d\sin\theta=2d\sin(6.48°)$

所以 $$d=0.315\text{nm}$$

$n=2$ 时，$2\times0.712=2\times3.15\sin\theta$

所以 $$\theta_2=13.06°$$

$n=3$ 时，$3\times0.712=2\times3.15\times\sin\theta$

所以　　$\theta_3=19.81°$

依此类推，可得：$\theta_4=26.88°$，$\theta_5=34.41°$，$\theta_6=42.69°$，$\theta_7=52.29°$，$\theta_8=64.71°$等。

因此衍射图将出现若干个峰。也可以用相同的办法测定X射线的波长。

【例 13-2】 LiF_{200}晶体的晶面距$d=0.2014$nm，用它来校测X射线的波长，已知一级衍射峰出现在$2\theta=35.86°$，求此X射线的波长。

解　$n=1$ 时，$\lambda=2d\sin\left(\frac{1}{2}\times35.86\right)°$

所以　　$\lambda=0.124$nm

(2) 劳厄法　劳厄法是用连续的X射线（即改变X射线的波长）照射固定位置的单晶体，一般都以垂直于入射线束的照相底片来记录衍射花样。劳厄法可分为透射法和背射法两种。由于背射法对试样的厚度和吸收没有特殊的要求，因此应用较广。它们示意如图 13-6 所示。

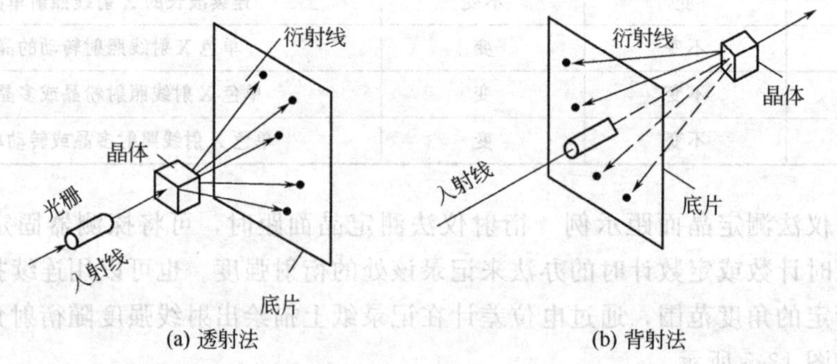

图 13-6　劳厄法示意

在背射劳厄法中，X射线通过位于照相底片中心的准直光栅上的细孔，照射在晶体上。当X射线从底片背后射出时，成为一个点光源，它以各种角度照射在晶体上，当某个角度符合布拉格公式时，形成衍射。反射回来的射线，便会在底片上留下一个斑点。对于一定的波长的X射线，符合布拉格公式的入射角并不是唯一的，因此，底片上会有很多斑点，这些斑点称之为劳厄斑点。当X射线波长λ改变后，又会出现另外一些斑点。我们通过对斑点（又称衍射花样）的分析，可以得到晶体的信息。

劳厄斑点的位置和布拉格角θ在背射法中的关系为

$$\tan(180°-2\theta)=r/D \tag{13-8}$$

式中，r为斑点至底片中心即细孔中心的距离；D为试样与底片的距离，在背射法，这个距离一般选择 3cm。

劳厄法主要用来测定晶体的取向。另外，还可用来观测晶体的对称性，鉴定晶体是否是单晶，以及粗略地观测晶体的完整性。如若晶体的完整性良好，则劳厄斑点细而圆，均匀清晰。若晶体完整性不好，则劳厄斑点粗而漫散，有时还呈破碎状。

13.2.3　X射线单色器

根据X射线产生的原理可知，产生的X射线并不是单色的，是一部分波长不相等的X射线的复合光。即使是AlK_α、MgK_α等特征射线有较好的单色性，也会带有副线。我们在用X射线进行各种分析测试时，常常需要单色性很好的X射线。因此必须进一步单色化，即分光。由于X射线的波长很短，棱镜、光栅均不能对X射线进行单色处理。必须有一种空间质点距离与X射线波长λ相差不多的物质才能对其进行单色化。晶体的晶面距具有这种性质，并且有布拉格公式作为理论依据。最常用的X射线单色器为弯面晶体单色器。其原理示意如图13-7所示。

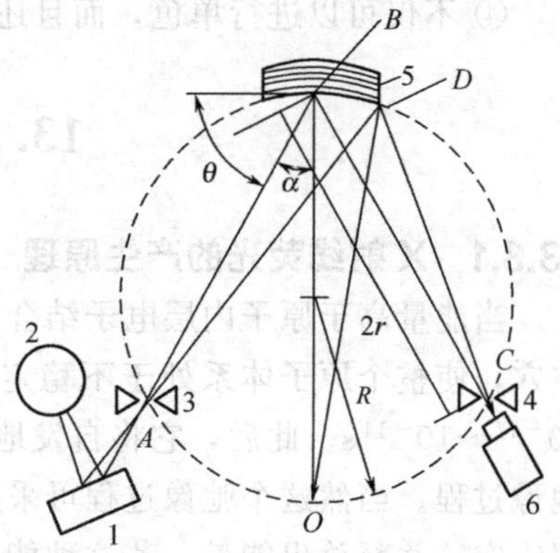

图13-7 弯面晶体反射X射线的原理

1—样品；2—X光管；3—入射狭缝；4—出射狭缝；5—弯面晶体；6—探测器

若X射线照射在弯面晶体上，其布拉格角θ应等于曲面的法方向线与X射线间夹角α的余角。即

$$\theta=90°-\alpha$$

弯面晶体单色器按下法进行制造。首先将所用的晶体切割成薄片，并将其弯曲成曲率半径为$2r$的圆弧面。此时，晶体内的质点就成为扇形排列，质点的纵向排列射线均指向半径为$2r$的圆的中心，这就是法方向。然后将弯面晶体的一面进行研磨成曲率半径为R（$R=r$）的弧面。曲率半径为R的圆称之为罗兰德圆（图13-7中的虚线圆），也有的称之为聚焦圆。然后将此弯面晶体安装在罗兰德圆上，因此磨好的晶体曲面上的任意一个晶格质点既在罗兰德圆上（半径为R），也在晶体晶格质点所在圆上（半径为$2r$），法线为质点指向罗兰德圆直径的另一端点的射线。

若在罗兰德圆上某点A上发射一束X射线，打击在B点上，当λ符合布拉格公式时，便会产生衍射，反射出一根波长为λ的X射线。它们与罗兰德圆垂直的直径BO间的夹角均为（$90°-\theta$）。它是圆周角：

$$90°-\theta=\frac{1}{2}\overset{\frown}{AO}$$

反射角应与$90°-\theta$相等，所以

$$\overset{\frown}{AO}=\overset{\frown}{CO}$$

另一X射线照射在D点，法线为OD，所以

$$\angle ADO=\frac{1}{2}\overset{\frown}{AO}=90°-\theta$$

反射角等于入射角，所以

$$\angle ODC=\angle ADO=\frac{1}{2}\overset{\frown}{AD}=\frac{1}{2}\overset{\frown}{CO}$$

因此两X射线聚焦于罗兰德圆的C点上。波长λ不符合布拉格公式的X射线均不会聚焦于C点，达到分离X射线的目的。

在实验中可在罗兰德圆上移动X射线入射点（狭缝），则在对称的点上聚焦，可得到不同波长的X射线，达到了将X射线单色的目的。

弯面晶体分光器有以下几个优点。

① 获得的X射线峰的半宽度大大减小，提高了分辨率。例如，用水晶作弯面晶体，所获单色的X射线峰的半宽度仅为0.16eV，很小。

② 除去一部分副线，提高了用X射线作其他测试的谱信号与本底之比，使这些谱简化，易鉴别。

③ 相对于平面晶体分光器而言，辐射强度损失小得多，仅为其损失量的10%。信噪比可提高10倍以上。

④ 不仅可以进行单色，而且还可聚焦，这对于进行微区分析提供了很好的条件。

13.3 X射线荧光分析

13.3.1 X射线荧光的产生原理

当能量高于原子内层电子结合能的高能X射线打击原子时，可以驱逐内层电子而出现空穴，使整个原子体系处于不稳定高能态的激发态。激发态的寿命是非常短暂的，只有约$10^{-12}\sim10^{-14}$s。此后，它将自发地由激发态迅速跃迁回到稳定的基态。这个跃迁过程称为弛豫过程。当然这个弛豫过程可采用各种形式。当电子内层出现空穴时，外层电子可跃入内层空穴，并释放出能量。若这种能量不在原子内被吸收，以辐射形式放出，便产生了X射线荧光。其能量等于两电子能级之差。因此X射线荧光产生机理和X射线的产生是相同的，只不过照射原子的能源是不同的。产生X射线的能源是高能量的粒子流（可通过加速器、高电压加热阴极等方法获得），而产生X射线荧光的能源为X射线。

照射或打击原子的X射线称为初级X射线。产生的荧光X射线又可称次级X射线。显然，荧光X射线的能量不会大于初级X射线，荧光X射线波长一般不小于初级X射线的波长。这与X射线的生成有点区别。荧光X射线的波长取决于初级X射线的波长和吸收初级X射线的元素的原子内层电子结构。荧光X射线的强度和该元素的含量有关，因此荧光X射线波长的特征是对元素定性分析的基础，荧光X射线的强度高低是定量的基础。

13.3.2 X射线荧光的获取和测量

X射线荧光在X射线荧光光谱仪上进行测量。从原理上讲X射线荧光光谱仪可分为两类：波长色散型和能量色散型。目前X射线荧光光谱仪以波长色散型为主。

波长色散型光谱仪和能量色型光谱仪原理上的主要差异在于：波长色散型光谱仪先对X射线荧光即次级X射线进行分光，使其成为光谱。而能量色散型光谱对X射线荧光不进行分光而直接进行放大，让这些放大的信号进入多道脉冲能量分析器进行能量分析而成为光谱。

(1) 波长色散型X射线荧光光谱仪　波长色散型X射线荧光光谱仪由X光管激发源、试样室、晶体分光器、检测器和计数系统组成。

① X光管激发源。X光管激发源用来产生一次X射线，作为激发X射线荧光的辐照源。一次X射线的波长应稍短于受激元素吸收限λ_{min}，才有可能有效地激发出X射线荧光。一次X射线激发波长越接近受激元素吸收限波长，激发效率越高。

如前所述，X射线管的靶材料和工作电压决定了一次X射线中能有效激发X射线荧光的那一部分的强度。受激元素吸收限波长由公式(13-9)决定：

$$\lambda_{mim}=\frac{hc}{eV}=1240/U \tag{13-9}$$

式中，U为工作电压，单位为V；h为普朗克常数，$h=6.625\times10^{-34}$J·s；c是光速，$c=3\times10^{10}$cm·s^{-1}；e是电子电荷，1eV$=1.602\times10^{-19}$J；λ_{min}的单位为nm。

式(13-9)是我们选择工作电压的依据。表13-2列出了各种靶元素及产生各种波长的X

射线所对应的激发电压。

表 13-2 常用 X 射线管波长及工作电压

靶 元 素	原子序数	$K_{\alpha 1}$/Å	K_{β}/Å	激发电压/kV	适宜工作电压/kV
Cr	24	2.2896	2.0848	5.93	20～25
Fe	26	1.9360	1.7565	7.10	25～30
Co	27	1.7889	1.6208	7.71	30
Ni	28	1.6578	1.5001	3.29	30～35
Cu	29	1.5405	1.3922	8.86	35～40
Mo	42	0.7092	0.6323	20.0	50～55
Ag	47	0.5594	0.4970	25.5	55～60

注：1Å=0.1nm，下同。

一般讲，只有不到1%的电功率转化为X射线的辐射功率，其余绝大部分电能均转化成了热能。因此必须对X光管进行很好的冷却。

除了用X射线作为激发源外，还可以用放射性同位素的放射线作为激发源，例如^{56}Fe、^{109}Cd、^{125}I、^{242}Am、^{57}Co、^{210}Po等。

② X射线荧光分光器及分析仪晶。X射线荧光分光器可分为平面晶体分光器（单色器）和弯面晶体分光器（单色器），其原理及构造已在13.2.1(2) 布拉格公式一节及13.2.3X射线单色器一节中做过论述，不再重复。

分析仪所用晶体（分析仪晶）必须在仪器所允许能提供的最大的角度 2θ 为 150°的范围内满足布拉格关系式。一般要求，分析仪晶应由低原子序数的元素组成，以避免由分析仪晶本身产生的荧光X射线而导致高背景影响。

根据布拉格公式，并求导：

$$n\lambda = 2d\sin\theta$$

所以

$$n\,\mathrm{d}\lambda = 2d\cos\theta\,\mathrm{d}\theta$$

$$\frac{\mathrm{d}\theta}{\mathrm{d}\lambda} = \frac{n}{2d\cos\theta}$$

因此，晶面距 d 值较小的晶体，$\mathrm{d}\theta/\mathrm{d}\lambda$ 则较大，用它来对X射线进行分光，对那些X射线重叠的光谱很有好处。因为 λ 相差较小时，布拉格角 θ 也会有较大变化，因此有可能使重叠的峰分开。表13-3列出了常用的分析仪晶体的一些性质。

表 13-3 分析仪晶体的性质

晶 体	$2d$/Å	用 途
氟化锂	4.03	色散小于0.3nm的X射线的最佳晶体
硅	6.27	可消除偶极反射(n=2、4…)
季戊四醇	8.74	测原子序数13～17元素
云母	19.93	弯面晶体单色器中，色散长波长X射线
邻苯二甲酸氢钾	26.63	测原子序数6～12元素
硬脂酸钡	100	色散大于20Å的X射线

③ 检测器。在波长色散型X射线荧光谱仪中使用的检测器有三种：盖革计数器、正比计数器和闪烁计数器。

盖革计数器操作简单，而且不需要高稳定电流。但是它也有两个致命的缺点。

a. 因计数之间的死时间较长，所以即使对中等强度的X射线，也无法准确记数。所谓死时间是指检测器能清晰分辨出二个辐射信号的最短时间间隔。X射线强度越大，单位时间内发射出的辐射信号个数越多。死时间长则无法分辨密集的信号，而造成计数损失。

b. 不能分辨X射线的能量，只要能使盖革计数器产生响应的信号，其均计数，即选择性也较差。

正比计数器的死时间较小，因此可检测强度较高的X射线。其次，这种检测器的输出电压与入射X射线荧光的能量成正比。因此该检测器不仅检测了信号的密度而且也可无需色散介质便可直接分辨X射线荧光的能量。

最常用的检测器是闪烁计数器。它的死时间很小，对于小于0.2nm的X射线荧光灵敏度高，而且输出电压也与入射X射线荧光的能量成正比。

④ 计数系统和记录系统。将检测器传来的脉冲信号进行放大、记录和打印出结果。

(2) 能量色散型X射线荧光光谱仪　20世纪70年代初，由于固体锂漂移硅［用Si(Li)表示］检测器的研制成功，其分辨率优于165eV，使得能量色散型仪器商品化成为可能。这种Si(Li)半导体检测器对特征X射线的能量响应。特征X射线的能量影响检测器中电子脉冲振幅的分布，多道检测器根据这些脉冲相对高度的不同将它们加以分类和储存，因此样品中不同元素的完整的X射线光谱一次便可储存完全，再通过计算机对这些储存信息进行处理、记录或绘制谱图。

Si(Li)检测器必须在液氮温度下工作，还要附加一个很复杂的电子系统装置，以保证许多较高的操作性能，如能量分辨、信噪比等。这类仪器中的X射线管的能量要低得多，限制了计数速率，避免了X射线荧光峰的漂移和峰形变宽。但也有的仪器允许高的计数速率，即死时间很短，而计数损失也较小。

上述两类X射线荧光光谱仪都有其优缺点，特别是在一些专门性的应用中。例如，对元素序数比K还低的元素或者L层的X射线荧光而言，波长色散型仪的分辨率比能量色散型仪要高许多倍，而对于高原子序数的重元素而言，情况刚好相反。因此，选什么类型的仪器应视研究对象而异。

13.3.3 试样的制备

X射线荧光分析适用于各种类型的元素测定。试样包括固态的矿物、无机物、灰分、薄膜、陶瓷等，也可以是溶液，甚至包括气态样品。

(1) 固态试样的制备　对于固态试样进行分析时，无论标准物还是未知物样品，其基体都必须相同，而且其制备过程也要相同。由于次级X射线的穿透深度不大，特别是在长波长区，所以样品的表面层的组成必须能够代表整个试样。

基于上述原因，试样的表面处理就显得极为重要。对于块状样品一般是先研磨，再抛光，使表面平整光洁。但决不允许用酸碱对试样表面进行处理，否则可能使表面的某些元素损失。对于粉、粒状试样，可添加少量的黏结剂并施加高压使粉末形成块状，用这种方法处理样品时，则要求样品颗粒的大小及分布是均匀的。另一个方法是添加适当的熔剂如硼酸钠等使其熔融而铸成玻璃状圆片。一般讲，采取后一个方法比较好。因为熔融后的试样在微米的范围内是均匀的，从而可消除粒度不均匀的影响。并且熔剂也可起到稀释试样的作用，减小了原试样中元素间的作用。

(2) 溶液试样的制备　溶液试样可装在塑料或金属容器中，但其窗口材料必须对X射线是透明的。一般采用厚度为0.006～0.02mm的聚酯类薄膜，而不要用玻璃或其他对X射线不透明的材料。

(3) 气态试样的制备　测试气态试样必须用气体池。它的窗口材料应允许X射线透过而且能承受较大的压差。为了保持在X射线的射程中有一定量的被测元素的原子，对气态试样必须施加一定的压力而进行增浓，因此气体池材料要能承受一定的压力。

(4) 痕量试样的制备　痕量试样有两种类型：一种是试样量较大但被测组分非常少，即浓度非常低，例如低品位的矿样便是这种情况；另一种是试样量很少，在试样中被测组分含量不一定低。

对于第一类试样，所谓检测极限是浓度检测极限，一般为0.1～100μg/g。第二类试样，检测极限是绝对检测极限，一般从0.01～1μg。

对于痕量分析，往往要求首先对试样进行浓缩。浓缩后要达到二个目的，一是基体效应可忽略不计，二是可获得最低检测限的样品。

淡水样中的某些组分便是第一类样品。可将水样通过载有离子交换树脂的滤纸或在水样中加入螯合剂使待分析成分共沉淀后再通过上述滤纸达到富集目的。但对于海水试样，由于Na、K、Ca等浓度比痕量成分的浓度大10^9倍，因此，预先将痕量组分分离出来是必须的。若富集过程是不完全、不定量的，可将被测元素的放射性示踪剂加入到原始样中，用来监测富集过程的效率。

空气中的悬浮粒子试样则是第二类样品。对于这类样品可将确定体积的气体通过滤纸而收集悬浮粒子试样。

X射线类荧光分析是非破坏性的，经X射线荧光分析后的样品仍可进行其他分析。

13.3.4 X射线荧光定性分析

X射线荧光定性分析的基础是莫塞莱定律。

$$\lambda=K(Z-S)^{-2} \tag{13-10}$$

式中，Z为元素的原子序数；K和S均为常数。因此只要知道X射线荧光的波长，便可求得Z，从而确定被测元素的种类。实际分析中，可根据分析仪晶的晶面距及实测的2θ角，根据布拉格公式计算出X射线荧光的波长λ。然后查阅谱线-2θ表，便可查出所对应的元素。

13.3.5 X射线荧光定量分析

当入射的X射线的波长、强度、入射角、检测角、照射面积等实验参数全部固定后，二次X射线即X射线荧光的强度I与被测元素的含量成正比。这便是定量分析的基础。因此标准曲线法或工作曲线法是这一基础的必然产物。

和分光光度法一样，先配制一套已知浓度的标准样品，这些样品的主要成分应与被测试样相同或相近。在合适的实验条件下测定分析线的强度，并建立标准曲线。在同样实验条件下测定未知样分析线的强度，然后从标准曲线上求得未知样的含量。

标准样及被测样的分析线强度不仅取决于被测元素的含量大小，而且还与试样的总组成有关。当组成变化范围较大时，联合质量衰减系数或者说吸收-增强效应的不确定就会影响分析线强度与浓度间的线性关系。所谓联合质量衰减系数是指样品中各元素的质量衰减系数与该元素质量的乘积之和，实质是基体吸收增加。这种现象称为基体效应。在实验中，配制的标准样的基体要与被测样的基体完全一样便可克服这种线性偏离，但这是根本不可能的事。若在分析过程中产生了这种“基体效应”，则必须想方设法消除或减少或校正这种基体效应，以获得比较准确的分析结果。于是便产生了一些依赖于线性关系这一定量分析基础的分析方法。

(1) 比较标准法　这主要应用在常规的、样品固定的、经常要进行分析的工业分析中。样品组成的基本情况是清楚的，样品中的需测组分的含量也有一个比较窄的范围。因此，不必配制一系列的标准样。只要配制一个标准样，让其与未知样的组成很接近，可利用简单的比例关系，求得未知样的含量。此法又称一点法。

$$I_x/I_s=c_x/c_s \tag{13-11}$$

下脚标 x 和 s 分别表示未知样和标准样。

(2) 薄膜法　将试样贴附在基体片上形成薄膜。由于试样很薄，其中的元素间的相互作用很小以至忽略不计，此时无论是初级 X 射线还是 X 射线荧光均不被强烈吸收，基体效应被减至最小，因此线性关系便可成立。基体片可以是滤纸、塑料膜、纤维织物等。上节痕量试样制备中讲的滤纸过滤空气检测微粒和载有离子交换树脂的滤纸富集水样中的被测成分均是薄膜法的例子。薄膜法的绝对灵敏度最高可达 0.01～1μg。

(3) 稀释法　将标准样与未知样用“溶剂”进行稀释，溶剂之所以打上引号，是因为它不一定是液体，它可以是固体也可以是气体。通过充分的稀释，溶质对基体的影响即可忽略不计：

$$\lim_{w_A\to 0}\mu(\text{试样})=\mu(\text{溶剂}) \tag{13-12}$$

式中，w_A 为试样的质量分数；μ 为一定波长下的吸收系数。

稀释后，待测元素就以小量组分形式存在于试样中，强度与浓度成现线性关系，基体效应被减至最低程度。实验中，可将试样溶于无机或有机溶剂中，也可用熔剂熔融试样，熔剂为常用的硼酸盐、碳酸盐或焦硫酸盐。

另一种稀释试样的方法是针对 X 射线分析所特有的。将能够强烈吸收 X 射线的物质如 La_2O_3 加入到熔剂中，La_2O_3 的强烈吸收远远地大于基体效应，因此基体效应被淹没，可以忽略不计。在测定铁矿石中的 Cu 含量时，可用 La_2O_3 和熔剂使矿石熔融。由于铁对 CuK_α 线有强烈吸收，所以线性关系偏离。加入 La_2O_3 后，铁的吸收作用已可忽略不计，而标样和试样中 La_2O_3 加入量是一致的，如此由 La_2O_3 所引起的基体效应在标样和试样间可相互抵消；剩余的辐射强度应和 Cu 的含量呈线性关系。

(4) 内标法　对于 X 射线荧光法要加入的已知浓度的内标物是有特殊要求的。此方法要求内标物必须满足下列两个条件。

① 内标物中的元素与被测元素的激发辐射相似，即波长相近。所以内标物元素的原子序数应与被测元素相近。特殊情况下，也可用原子序数高得多的元素，但使用的是更外层的 X 射线。如要测 BrK_α (11.9keV) 用内标物 Au，其 $I_\beta=11.4$keV。

② 基体对二者激发 X 射线荧光吸收程度相似。不管怎么说，基体对不同的 X 射线荧光吸收是不一致的。波长越长，被吸收越多。但两者波长相距较少，这种差异可忽略不计。当然原始试样中一定不能含有明显数量级的内标元素。

实验中将内标物加入后，先在被测元素的激发线（如 Br 的 K_α）测 Br 辐射强度，为 I_x。再在内标物激发线（如 Au 的 I_β）测 Au 的强度，为 I_s。因为内标物浓度已知为 c_s，所以

$$\frac{c_x}{c_s}=\frac{I_x}{I_s} \tag{13-13}$$

$$c_x = kc_s \frac{I_x}{I_s} \tag{13-14}$$

式中，k 为换算系数。对于一系列标准样可建立 I_x/I_s 对标样中被测元素浓度的工作曲线或求取 k，便可求得未知样的浓度 c_x。本方法不适合于含量大于 25%的样品。

（5）标准加入法　标准加入法从本质上讲是将样品中被测元素作为内标物，做出标准曲线，只不过对式(13-14) 而言，要求的是 c_s，而不是 c_x。因为加入的量 c_x 是已知的。其次只需测定被测元素的激发线强度，而无须选择另一条激发线。应该说，它比内标法更准确，因为此时基体吸收作为系统误差已全部抵消。标准加入法一般只适用于微量或痕量元素的测定。

（6）数学校正法　由于计算机的快速发展，复杂的计算已不是什么难题，因此近年来用数学方式校正基体吸收及其他因素影响的研究越来越多。重要的方法有经验参数校正法、基本参数法、多元回归法和有效波长法等。这些方法的基本思路是通过制备系列标准试样（当然包括基体的组成与浓度因素在内）。将测试数据与分析线强度、分析元素浓度及其他干扰，包括基体干扰等之间的关系建立一个数学模型。将被测试样的已知数据代入数学模型，通过计算机快速的计算功能，得出数学解，便可得到被测元素的浓度 c_x。

这种方法对于单个样品而言，显然是得不偿失，费时太多。但一旦建立了数学模型，就可解决大量的问题，如果建好了数据库，那么每次的测定无需前几种方法那么复杂繁琐的操作，是一个功在千秋的工作。与计算机技术相联系是各个学科发展的大趋势。仪器分析当然不会例外。

13.4 俄歇电子能谱分析

13.4.1 俄歇电子能谱概述

俄歇电子能谱（Auger electron spectroscopy，AES）采用受照射原子弛豫过程中产生的俄歇电子为测试信号对样品进行元素分析。由于俄歇电子对不同的元素具有不同的固有能量，对俄歇电子进行能量分析，便可鉴定构成固体的元素。俄歇电子能谱法具有三个基本特征：

① 俄歇能谱分析属于元素分析法；

② 可以做厚度小于 2nm 的固体表面及附近内层分析；

③ 可以不破坏样品，属于无损分析。

目前，俄歇电子能谱研究和应用已达到的如下水平：

① 进行表面分析；

② 2nm 以内的纵向元素分布和分析；

③ 表面组成元素的二维分布和分析；

④ 2nm 以内的表面内层元素的二维分布和分析，与②相结合，实际上可进行 2nm 以内的固体中元素的三维分布分析。

13.4.2 俄歇电子的产生及其能量

当一个原子受到外界高能量粒子束的打击后，内层电子被击出所在轨道，而产生空穴，原子处于激发态，它将经过各种途径跃迁回原始态。这是弛豫过程。除了产生一次 X 射线以外，弛豫过程的第一个现象便是产生 X 射线荧光。当然还会有其他弛豫过程，第二个弛豫过程是产生俄歇电子。

当一个内层电子被击出轨道后，它的外层的一个电子填补这个空穴，同时把能量又传递给外层的另一个电子，这个电子获得能量后，便不符合该电子层的能级，因此，脱离该电子层而逸出原子，这个逸出的电子就称为俄歇电子。俄歇电子逸出原子后，这个原子的核外电子层便有两个空穴。

由于俄歇电子的产生涉及始态和终态两个电子空穴，所以要用 3 个电子层参数来描述俄歇电子。例如 KLL 俄歇电子是表示 K 层电子被打击出 K 层后，L 层一个电子填入 K 电子层，多余的能量则传递给另一个 L 层电子，这后一个 L 电子获得能量后，逸出原子，成为俄歇电子。KLM 则表示，首次被 X 射线激发的是 K 层电子，填充空穴的电子是 L 层电子，成为俄歇电子的是 M 层电子。当然，填补空穴电子即使和俄歇电子同在 L 层，它们的能量也可能不同，因为 L 层有三个轨道，所以，俄歇电子的能量：

$$E_{\mathrm{KLL}}=E_{\mathrm{L\,I}}+E_{\mathrm{L\,II}}-E_{\mathrm{K}} \tag{13-15}$$

再考虑到仪器的功函数关系，实际的俄歇电子的能量还会再小一点：

$$E_{\mathrm{KLL}}=E_{\mathrm{L\,I}}+E_{\mathrm{L\,II}}-E_{\mathrm{K}}-\varphi \tag{13-16}$$

式中，φ 是电子从费米能级提升到仪器的样品托架的电位所需要做的功。从式(13-16) 可以看出，俄歇电子的能量和激发源 X 射线的能量是没有关系的。它只和俄歇电子的原结合能与 φ 有关。因此可用俄歇电子的能量来确定样品的表面成分。

13.4.3 俄歇电子的产额

原子受打击电离后，除了产生 X 射线荧光和俄歇电子两个弛豫过程外，还有第三个弛豫过程，即电离空穴和填补空穴的电子处在同一能级上，这种情况称之为科斯特-克罗宁过程。这个过程既不产生 X 射线荧光，也不产生俄歇电子。我们在以后的讨论中均不考虑这一弛豫过程，不再重申。

在弛豫过程中，X 射线荧光和俄歇电子是同时产生，荧光的产额和俄歇电子的产额是元素的固定特性，并不受人为控制。对 K 层的特征 X 射线荧光来说，其荧光产额 ω_{k} 的定义是：单位时间内发射 K 系谱线的全部光电子数 $S(n_{\mathrm{k}})$ 与同一时间内形成的 K 层的电子空穴数 N_{k} 之比：

$$\omega_{\mathrm{k}}=S(n_{\mathrm{k}})/N_{\mathrm{k}} \tag{13-17}$$

则 K 系的俄歇电子产额 α_{k} 为

$$\alpha_{\mathrm{k}}=1-\omega_{\mathrm{k}} \tag{13-18}$$

X 射线荧光产额随元素的原子序数变化：

$$\omega_{\mathrm{k}}=(1+b_{\mathrm{k}}Z^{-4})^{-1} \tag{13-19}$$

其中 b_{k} 约为 1.12×10^6。很明显 Z 越小，ω_{k} 也越小。当 $\omega_{\mathrm{k}}=0.5$ 时，解方程式(13-19)：

$$0.5=(1+1.12\times10^6\times Z^{-4})^{-1} \tag{13-20}$$

可得

$$Z=32.5$$

原子序数 $Z<32$ 的轻元素，其俄歇电子产额将占主要部分。当原子序数小于 11 时，俄歇电子的产额可达 90%以上，适合于作俄歇电子能谱分析。但应该指出的是 H 和 He 原子因为只有 K 层电子，因此，它们是不可能产生俄歇电子的。

13.4.4 俄歇电子信号

俄歇电子的产额虽然只与被测元素的原子序数 Z 有关，但俄歇电子信号的强弱还和其他因素有密切关系。

(1) 探针电子能量的影响　用具有一定能量的电子束（称探针电子）照射样品，样品因失去内层电子而电离，电离的电子称一次电子。并产生二次电子束，即X射线荧光、俄歇电子等。因此二次电子束的强度肯定与一次电子束的能量有关。

若有 I_i 个能量为 E_i 的探针电子以入射角 θ 照射到固体样品表面时，能够发射到样品表面外的单位立体角内的俄歇电子数的微分方程为

$$\frac{dI_A}{d\omega}=\frac{\alpha_x}{4\pi}\int_0^{\infty} f(Z,E_i,\theta,I_i)\exp\left(\frac{-\mu Z}{\cos\theta}\right)dZ \tag{13-21}$$

式中，α_x 为X能级的俄歇电子产额；μ 为信号电子的吸收系数；ω 为立体角；θ 为入射角；Z 为原子序数；f 为被电离的离子数纵向密度函数。很明显离子数纵向密度函数严重影响俄歇电子的强度。

有人对表面平滑、密度为 $3.52g\cdot cm^{-3}$ 的非晶态碳样品进行了研究。当探针电子沿垂直方向照射表面某一点时，碳的K能级离子数纵向密度分布与探针电子能量 E_i 的关系，经测试如图13-8所示。

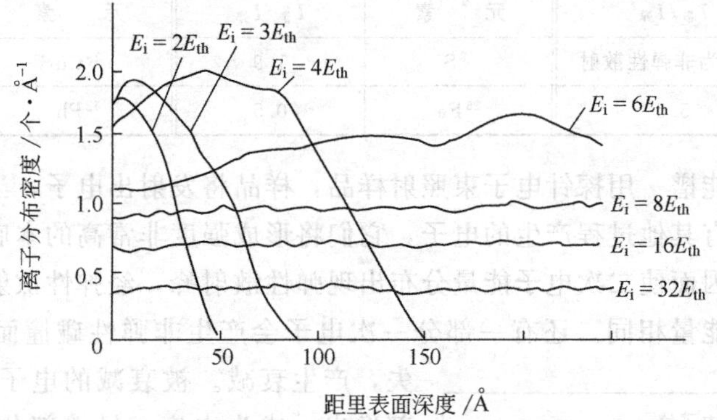

图13-8　不同 E_i 下的碳离子分布

图13-8中的 E_{th} 为碳原子中K电子结合能，为284eV，探针电子的强度为1200个电子。

从图13-8可见，探针电子束能量较低时，在离表面10nm的厚度内有离子产生。当能量逐渐增高时，离子的密度沿纵向变为恒定值，它反映出探针电子引起原子电离过程依赖于其能量的大小。

当 $E_i<4E_{th}$ 时，大角度散射的概率高，表面层的多次电离过程不可忽略。因此离子主要集中在表面及浅层范围内。当 $E_i>16E_{th}$ 时，纵向向前的散射率高，大角度散射可以忽略，因此从表层到较深的内部呈现均匀分布。

俄歇电子能谱法中，信号电子的平均逸出深度为0.5～20nm，为使俄歇电子总量增加，应尽量增大在表面层这一厚度范围内生成的离子数。因此，探针电子的能量一般小于 $10E_{th}$。其次，以斜入射作为延长表面附近轨道的手段也是经常采用的。

(2) 弹性散射与非弹性散射　一次电子束和俄歇电子在固体中向表面移动的过程中，有可能与原子中束缚较紧的电子作碰撞，这些原子的原子序数较大。这种碰撞并未使该原子内层电子电离，而是立即恢复原来的运动状态，没有能量的增减，频率和相位也未发生改变，只是改变了运动的方向，这种碰撞称为弹性散射。元素的原子序数越大，弹性散射的可能性越大。

在晶体中，质点的排列是有序的，当X射线或俄歇电子的波长与晶格中质点间距相近

时，便可观察到光的干涉现象，这便是弹性散射。弹性散射是X射线、俄歇电子能谱强度测量中背景的主要来源。

一次电子束、俄歇电子也能与结合能较小的电子产生碰撞，在碰撞中，一部分能量传给电子，这个电子因碰撞而离开原子，并带走一部分能量，这就是非弹性碰撞。被碰撞的电子具有预定的方向和速度，而俄歇电子的能量将发生变化：

$$\Delta\lambda=\lambda_1-\lambda=\left(\frac{h}{m_e c}\right)(1-\cos\theta) \tag{13-22}$$

式中，λ_1 和 λ 为碰撞后与碰撞前的波长；h 为普朗克常数；m_e 为电子静止质量（9.11×10^{-28}g）；c 为光速；θ 为碰撞前后俄歇电子运动方向间的夹角。

因此

$$\Delta\lambda=0.0243(1-\cos\theta) \tag{13-23}$$

一般来讲，散射性的原子序数越小，散射角 θ 越大，非弹性散射在总散射中的比例增加。表13-4列出了部分元素的非弹性散射与弹性散射的比例。

表 13-4 部分元素的非弹性散射与弹性散射之比

元素	$I_非/I_弹$	元素	$I_非/I_弹$	元素	$I_非/I_弹$
^{3}Li	全部为非弹性散射	^{16}S	1.9	^{29}Cu	0.2
^{6}C	5.5	^{26}Fe	0.5	^{82}Pb	全部为弹性散射

（3）俄歇电子能谱　用探针电子束照射样品，样品将发射出电子，当然这些电子不仅仅是俄歇电子，还会有其他过程产生的电子，它们将形成强度非常高的本底。一部分一次电子会产生弹性碰撞，因而使二次电子能量分布出现弹性散射峰，经弹性散射产生的二次电子能量和一次电子束的能量相同。还有一部分一次电子会产生非弹性碰撞而使一次电子能量损失，产生衰减。被衰减的电子有一部分从样品内部逸出，成为本底。另一部分衰减电子的能量大大减小，其穿透能力迅速降低。电子能量越低衰减速度越快。电子的每一次衰减都可使碰撞的分子或原子电离。一次电子在衰减的过程中，只有一小部分从样品散射中出去，绝大部分被衰减为慢二次电子，大多数慢二次电子是样品电离所产生的穿透能力极小的电离电子。因此俄歇电子能谱上将会同时出现二次电子峰、能量损失峰、弹性散射峰和俄歇峰。由于背景很强，俄歇峰的强度一般都比较小，但比较窄，如图13-9所示。

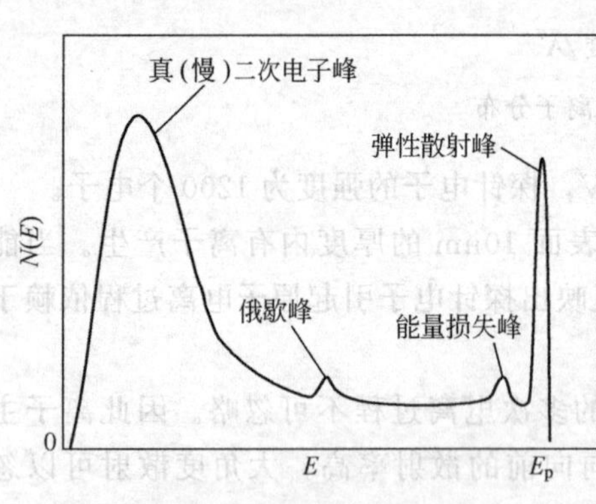

图 13-9　俄歇电子能谱示意

因此在解析俄歇电子能谱图时，要特别小心加以区别。由于背景太强，使得俄歇峰非常小。可以采用电子能量微分法将俄歇峰从背景中分离出来。

由于俄歇峰很尖锐，虽然其强度不大，但它的一阶导数曲线一定有一个很尖锐的峰，比其他的峰都易识别。但要注意的是，导数曲线中峰所对应的能量值并不是俄歇峰的能量值。因为导数曲线中的峰值对应的是原能谱峰的拐点，这是要注意的。碳原子俄歇电子能谱图如图13-10所示。

13.4.5 俄歇电子能谱仪的装置

下面主要介绍俄歇电子能谱仪的电子探针束系统和能量分析系统。

(1) 电子探针系统　俄歇电子能谱的探针电子发射的目的是将结合能约为 2000eV 以下能级上的电子电离。因此探针的射线能量应高于此值。可供选择的能源有 X 射线、电子束和离子束，但主要选择电子束，其原因如下：

① 热电子源的高亮度、高稳定性的小型化源容易获得；

② 电子带有电荷，可用单色系统进行聚焦和偏转；

③ 电子束和固体间的相互作用大，原子的电离效率高；

④ X 射线不具备②和③的特性；

⑤ 离子束的小型化源难以获得，且具有因溅射而破坏待分析物质的性质。

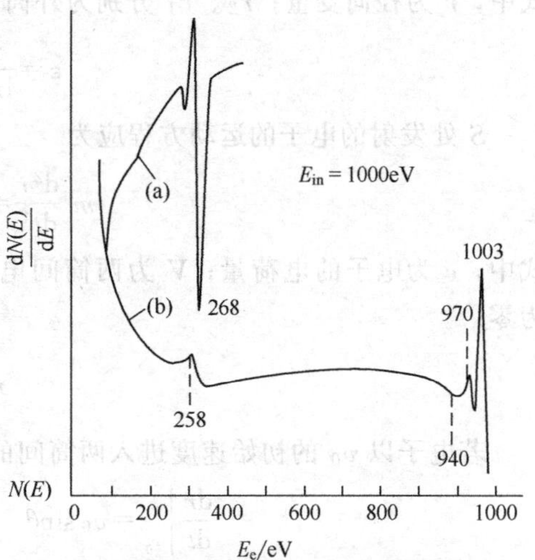

图 13-10　碳原子的俄歇电子能谱图

(a) 一阶导数谱；(b) 俄歇电子谱

为了限制电子束照射位置的变动和保持电子束电流的稳定，测定时，做一幅俄歇电子能谱图最好不要超过 10min。为了满足这些条件，如前所述一次电子束的能量应为结合能的 3～4 倍。

(2) 能量分析系统　散射电子、信号电子、二次电子等信号的采集和区分是通过能量分析器来进行的。能量分析器有三种型式：阻止电场型、静电轨道偏转型和磁场轨道偏转型。要求能量分析器内真空度一定要高。在此条件下磁场屏蔽较困难，所以磁场轨道偏转型不适于俄歇电子能谱。本书主要介绍静电轨道偏转型能量分析器的原理。

静电型电子能量分析器又可分为平板型、扇形型、球面型和筒镜型，其中筒镜型用得最广。筒镜型电子能量分析器轴剖面如图 13-11 所示。

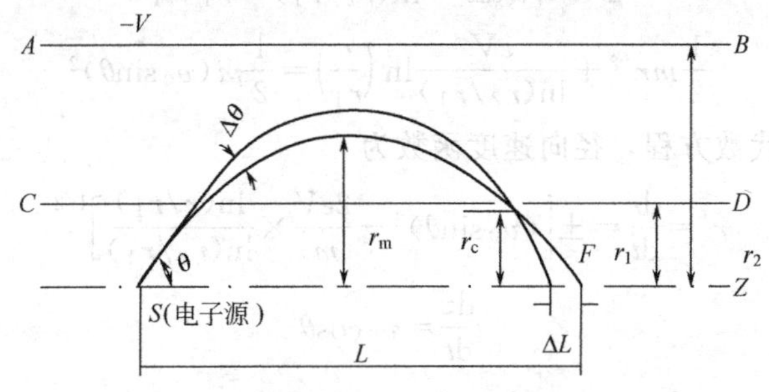

图 13-11　筒镜型电子能量分析器轴剖面图

筒镜型能量分析器由两个同心的圆筒组成，外筒负电位，内筒正电位。信号电子从轴线上的 S 点以 θ 角射入两筒之间的静电场，信号电子将发生偏转，只要两筒间的电位差确定，入射狭缝和出射狭缝间的距离也确定，那么只有一种固定能量的电子在 F 点上聚焦。其他的电子将落在出射狭缝的左或右的圆筒面上。

设：$\theta=42°18'$，r_c 为 S 像的最小位置，电子源 S 的能量为 E_0。

根据静电场的性质，两圆筒间的静电场电位分布应为：

$$\phi=\frac{-V}{\ln(r_2/r_1)}\ln(r/r_1) \tag{13-24}$$

式中，r 为径向变量；r_2、r_1 分别为外筒和内筒的半径。电场强度：

$$\varepsilon=\frac{V}{\ln(r_2/r_1)}\times\frac{1}{r} \tag{13-25}$$

S 处发射的电子的运动方程应为

$$m\frac{d^2r}{dt^2}=\frac{-eV}{\ln(r_2/r_1)}\times\frac{1}{r} \tag{13-26}$$

式中，e 为电子的电荷量；V 为两筒间电位差。在轴向，电子不受外力作用，因此加速度为零：

$$m\frac{d^2z}{dt^2}=0$$

若电子以 v_0 的初始速度进入两筒间的电场，可将其初速度分别投影到 z 向和径向：

$$\left.\frac{dr}{dt}\right|_{t_0}=v_0\sin\theta \qquad \left.\frac{dz}{dt}\right|_{t_0}=v_0\cos\theta \tag{13-27}$$

边界条件为 $r_0=r_1$，$z_0=0$

二阶导数可以写成下列形式：

$$r''=r'\frac{dr'}{dr}=\frac{1}{2}\times\frac{d(r')^2}{dr} \tag{13-28}$$

将式(13-28) 代入式(13-26)：

$$\frac{m}{2}\times\frac{d(r')^2}{dr}=\frac{-eV}{\ln(r_2/r_1)}\times\frac{1}{r} \tag{13-29}$$

解式(13-29) 的微分方程，即两边同时积分：

$$\frac{m}{2}d(r')^2=\frac{eV}{\ln(r_2/r_1)}\times\frac{dr}{r} \tag{13-30}$$

$$\left.\frac{m}{2}r'^2\right|_{v_0\sin\theta}^{r'}=\frac{-eV}{\ln(r_2/r_1)}\left.\ln\frac{r}{r_1}\right|_{r_1}^{r} \tag{13-31}$$

则

$$\frac{1}{2}mr'^2+\frac{eV}{\ln(r_2/r_1)}\ln\left(\frac{r}{r_1}\right)=\frac{1}{2}m(v_0\sin\theta)^2 \tag{13-32}$$

解式(13-32) 的代数方程，径向速度函数为

$$r'=\frac{dr}{dt}=\pm\left[(v_0\sin\theta)^2-\frac{2eV}{m}\times\frac{\ln(r/r_1)}{\ln(r_2/r_1)}\right]^{1/2} \tag{13-33}$$

因为

$$\frac{dz}{dt}=v_0\cos\theta \tag{13-34}$$

所以

$$\frac{dr}{dz}=\pm\frac{1}{\sqrt{k_0}\cos\theta}[k_0\sin^2\theta-\ln(r/r_1)]^{1/2} \tag{13-35}$$

其中

$$k_0=\frac{E_0}{eV}\ln(r_2/r_1) \tag{13-36}$$

所以

$$z=\sqrt{k_0}\cos\theta\int_{r_1}^{r}\frac{dr}{[k_0\sin^2\theta-\ln(r/r_1)]^{1/2}} \tag{13-37}$$

$$L=2[r_1\cot\theta+r_1\sqrt{2k_0}\cos\theta\exp(k_0\sin^2\theta)]\int_0^{\sqrt{2k_0}\cdot\sin\theta}\exp\left(-\frac{t^2}{2}\right)dt \tag{13-38}$$

L 为 θ 和 k_0 的函数，可查积分表求得。在中心线上

$$L=6.13r_1 \tag{13-39}$$

$$E_0/V=1.3/\ln(r_2/r_1) \tag{13-40}$$

狭缝有一定宽度，相当于入射角 θ 有一个微小的变化 $\Delta\theta$，S 处电子的能量也会有一个小的变化，其能量为（$E_0+\Delta E_0$），那么经过静电场的电子，运动轨迹与中心轴相交时，其交点离原来的焦点 F 的距离为 ΔL（如图 13-11 所示）。当然，它和 $\Delta\theta$、ΔE_0 有关。其中 ΔL 和 $\Delta\theta$ 的关系可由下列微分式计算得出。ΔL 和 $\Delta\theta$ 关系的解析式是很复杂的，但总可以对其进行泰勒展开：

$$\Delta L_1=L\Delta\theta=\frac{\partial L}{\partial\theta}\Delta\theta+\frac{1}{2!}\frac{\partial^2 L}{\partial\theta^2}(\Delta\theta)^2+\frac{1}{3!}\frac{\partial^3 L}{\partial\theta^3}\cdot(\Delta\theta)^3+\cdots \tag{13-41}$$

由式(13-38) 可知：

$$\frac{\partial L}{\partial\theta}=4r_1k_0\cos^2\theta-\frac{2r_1}{\sin^2\theta}+\left[4\sqrt{2}\,r_1k_0^{3/2}\sin\theta\cos^2\theta-2\sqrt{2r_1}\sqrt{k_0}\sin\theta\right]WI \tag{13-42}$$

其中
$$W=\exp(k_0\sin^2\theta),I=\int_0^{\sqrt{2k_0}\sin\theta}\exp\left(-\frac{-t^2}{2}\right)\mathrm{d}t \tag{13-43}$$

各阶导数均可求出，它们均为 θ 和 k_0 的函数，即为 θ 和 E_0 的函数。由于 $\Delta\theta$ 很小，前几项有可能近似为0。若一阶导数值为 0，此情况称为一阶聚焦。若一阶和二阶导数值均为 0，则称为二阶聚焦。一般最多采取二阶聚焦。为了满足一阶导数和二阶导数均为 0，则三阶导数值一定不能为 0，则求得

$$\left.\frac{\partial^3 L}{\partial\theta^3}\right|_{\theta,E_0}=-93.1776r_1 \tag{13-44}$$

所以
$$\Delta L_1=L\cdot\Delta\theta=\frac{1}{6}\times(-93.1776r_1)(\Delta\theta)^3=-15.53r_1(\Delta\theta)^3 \tag{13-45}$$

当 θ 不变时，按同样方法可求出电子能量有微小变化 ΔE_0 时：

$$\Delta L=L\cdot\Delta E_0=5.60r_1\left(\frac{\Delta E_0}{E_0}\right) \tag{13-46}$$

而 $\Delta\theta$ 与 ΔE_0 的交叉项

$$\Delta L_3=10.3r_1\left(\frac{\Delta E_0}{E_0}\right)\Delta\theta \tag{13-47}$$

因此
$$\Delta L=\Delta L_1+\Delta L_2+\Delta L_3=5.60r\left(\frac{\Delta E_0}{E_0}\right)-15.53r_1\cdot(\Delta\theta)^3+10.30r_1\left(\frac{\Delta E_0}{E_0}\right)\Delta\theta \tag{13-48}$$

实现二阶聚焦，可以在相同的 $L\Delta\theta$ 下采用较大的 θ。由于是筒镜，不仅可把相同能量但 θ 不同的电子会聚于一点，而且可把绕轴旋转的这个平面上的不同 θ 角的电子会聚在同一点，对于从一点向各方向发射的电子，只要合适均可收集，因此利用率高、传输率大。狭缝可做成环状，而不是圆孔隙。

式(13-48) 右方的第一项为能量分析器轴向的色散本领，即分辨不同能量的电子的能力。第二项为S发射电子成像的大小，负号表示像宽的极值在中心轴外的某处。因此，像并不是一个点，而有一定的宽度 ω_m，像也不一定落在轴线上，而可能偏离 r_c。

$$\frac{r_c}{r_1}=11.66(\Delta\theta)^2\sin(42°18'+\Delta\theta)\sin\left(42°18'-\frac{\Delta\theta}{2}\right) \tag{13-49}$$

$$\frac{\omega_m}{r_1}=3.88(\Delta\theta)^3\left[\frac{3\sin(42°18'+\Delta\theta)}{\sin(42°18')}-1\right] \tag{13-50}$$

因为 $\Delta\theta$ 很小，所以式(13-49) 和式(13-50) 可化简：

$$\frac{r_c}{r_1}=5.28(\Delta\theta)^2 \tag{13-51}$$

$$\frac{\omega_m}{r_1}=7.76(\Delta\theta)^3 \tag{13-52}$$

式中，θ 的单位为弧度。因此谱图上出现的不是线谱，而是有一定宽度的峰。第三项在大多数情况下，可近似略去。

13.4.6 俄歇电子能谱的定性分析

(1) 定性分析的一般步骤

① 要特别关注谱图中的最强的峰并利用“主要俄歇电子能谱图（标准）”。把对应于此最强峰的可能的元素减少到 2～3 种，然后再通过这几种可能元素的标准谱与实测谱进行对比分析，确定是什么元素。有可能有其他因素的影响，使峰相差几个 eV 是完全可能的，例如化学环境的影响。如此便可完成对元素的识别。

② 利用标准谱，确定此元素所有的峰。

③ 识别其他弱峰，确定含量较少的元素。

④ 若还有峰不能确定，则可能是一次电子能量损失峰。可以改变探针电子束的能量，俄歇峰不会因此而产生移动，一次电子能量损失峰会产生移动。

(2) 化学效应对俄歇峰的影响　不同的化学环境会使俄歇峰产生较小的移动，峰形也会有所变化，这称之为化学效应。这是因为原子因其所处的化学环境不同而引起内层电子结合能变化，因此俄歇电子的能量发生变化，谱峰会发生移动，这种移动叫作化学位移。引起化学位移的因素有三个。

① 与原子相结合的元素种类和数量的不同会引起化学位移。例如 $Na_2S_2O_3$ 中的两个 S 结合的原子不同：

$$\begin{array}{c} S^* \\ \| \\ NaO-S-ONa \\ \| \\ O \end{array}$$

因此 S 元素将出现两个峰，配位 S^* 的峰比中心 S 的峰高 4.7eV。

② 原子在化合物中的价态不同也会引起化学位移，而且峰形也会改变。例如纯的 Mn 在 40eV 会出现一个峰，而 MnO_2 则在 35eV 和 46eV 出现二个峰。

③ 俄歇电子从产生处运动到表面的逸出过程中，会产生能量损失，它会引起低能侧出现伴峰，当然这种伴峰也和化学环境有关。例如，单质 Mg 低能侧会出现一群小峰，是等离子体能量损失峰，而 MgO 的谱图中则无伴峰产生。

13.4.7 俄歇电子能谱的定量分析

根据俄歇峰的强度可以确定元素的含量。

(1) 纯元素标样法　以纯元素作为标样，在相同的实验条件下，测信号的强度，便可按比例求出该元素在试样中的含量。在测试过程中特别要注意标样和样品表面的清洁。该法虽然可靠，但是要测什么元素就得有什么标样，是非常麻烦的。对于一般的实验室是难以做到的。

(2) 相对灵敏度因子法　为了克服纯元素标样法标样繁多的缺陷，相对灵敏度因子法只

用一种标准样 Ag，在 351eV 主峰测得其强度为 $I_{s,i}$，令

$$S_i = \frac{I_{s,i}}{I_{s,Ag}} \tag{13-53}$$

S_i 称作 i 元素相对于 Ag 的相对灵敏度因子。

$$I_{s,i} = S_i \cdot I_{s,Ag} \tag{13-54}$$

S_i 的数据均可事先测定并有文献值可以查得，如此 i 元素样品峰的强度都可换算成相当于 Ag 元素谱峰强度，可从 Ag 元素工作曲线查得浓度 c_{Ag} 就是 i 元素的浓度 c_i。

$$I_{x,i}/S_i = I_{x,Ag} \tag{13-55}$$

当然，在查 S_i 时要注意 $I_{s,i}$ 所对应的峰应与试样测量时所选择的峰相一致，因为不同峰的 $I_{s,i}$ 也不一样，则 S_i 也是不相同的。

【例 13-3】 Fe 是用 703eV 的峰，Cr 用 529eV 的峰，Ni 用 848eV 的峰，已知它们的相对灵敏度因子分别是 0.20、0.29、0.27。并测得它们各峰的强度为 $I_{Fe}=10.1$，$I_{Cr}=4.7$，$I_{Ni}=1.5$，求 Fe、Cr、Ni 相对含量。

解 各自的浓度 $$c_i = I_i/S_i$$

总浓度 $$c_{总} = \sum I_i/S_i = \frac{10.1}{0.20} + \frac{4.7}{0.29} + \frac{1.5}{0.27} = 72.26$$

所以相对浓度 $$c_{Fe} = \frac{10.1}{0.20}/72.26 = 69.9\%$$

$$c_{Cr} = \frac{4.7}{0.29}/72.26 = 22.4\%$$

$$c_{Ni} = \frac{1.5}{0.27}/72.26 = 7.69\%$$

我们在 X 射线荧光分析一节中已讲过上面的推导及计算均要求光强正比于被激发的电子数。基于此，则要求标样和样品满足下列条件：

① 试样和标样中散射增强因子相同；

② 俄歇电子在试样和标样中非弹性散射的平均自由程相等；

③ 试样与标样相对应的峰的峰形相同，即峰宽相等；

④ 试样和标样的表面粗糙度一样；

⑤ 各元素在表面区域内分布均匀。

不满足上述条件可引起测定误差，①、②两项称为基体效应，③项是化学效应引起的。在求相对浓度时，因为用同一试样，粗糙度误差相抵消，形貌效应可视作 0。

13.4.8 俄歇电子能谱的其他应用

俄歇电子能谱还被广泛地应用于表面吸附及由此造成的污染，包括金属污染和各种气体的吸附。

各种膜包括氧化物膜、氮化物膜、碳化物膜、硫化物膜、硅化物膜、各种薄膜、多层膜等表面无机变质层的检查、表面分析、纵向分析、膜-基体界面分析、膜厚度检测、表面形貌等也可利用俄歇电子能谱分析。

俄歇电子能谱还可用于腐蚀性物质、尘埃附着、物质表面层的迁移、晶粒间界和晶体生长方面研究。催化科学、摩擦学、机械力化学、放电现象、环境污染方面的研究也有应用俄歇电子能谱解决问题的文献报道。

13.5 光电子能谱分析

13.5.1 光电子能谱分析概述

电子能谱法在 20 世纪 80～90 年代得到非常快的发展，而且成就也非常引人瞩目。

根据所使用的激发辐射源的不同可把电子能谱分为三类：以探针电子为辐射源的电子能谱称俄歇电子能谱，简称 AES，这在 13.4 中已经讲述了；以 X 射线为激发辐射源的电子能谱称为 X 光电子能谱（X-ray photoelectron spectroscopy，XPS），用于化学分析时称为电子能谱化学分析（electron spectroscopy for chemical analysis，ESCA），若不加特别说明，光电子能谱主要指这一类能谱；以紫外光为激发辐射源的电子能谱称为紫外光电子能谱（ultraviolet photoelectron spectroscopy，UPS）。

电子能谱都是测定低能电子的。其中 ESCA 或 XPS 在化学研究中使用最为广泛，它可以为我们提供许多有关元素价态、结合能、电荷、化学键、电子能态、原子的空间排列等重要的化学信息。

13.5.2 光电子能谱的基本原理

(1) 光电子的产生与动能　当具有一定能量 $h\nu$ 的入射光子打击原子并与其相互作用时，入射光子将能量传递给原子的内层电子，此电子获取能量后，克服原子核的束缚，离开原来的电子层和原子，成为自由电子。这个电子称之为光电子。

光电子的动能可近似地表示为

$$E_p = h\nu - E_b \tag{13-56}$$

式中，E_p 为光电子动能；E_b 为电子在原位置上的束缚能又称结合能。若 $h\nu$ 为固定值，只要检测了自由电子的动能，就可判断自由电子原来的能级和能带，即可以给我们提供许多物质结构方面的信息。

对于固体样品，计算结合能的参考点不是真空中的静止电子，而是选择费米能级。由内层电子跃迁到费米能级消耗的能量刚好为束缚能（结合能）E_b，由费米能级进入真空成为自由电子所需的能量为 ϕ，ϕ 又称功函数，因此自由电子的动能可修正为

$$E_p = h\nu - E_b - \phi \tag{13-57}$$

如果再考虑到实际测量的情况，仪器材料的功函为 ϕ'，自由电子的实测动能可修正为

$$E_p = h\nu - E_b - \phi - \phi' \tag{13-58}$$

式(13-58) 中的 E_p 是我们可以实测得到的动能。当然，由实测动能推测该电子原来的结合能：

$$E_b = h\nu - E_p - \phi - \phi' \tag{13-59}$$

ϕ'在大多数情况是一个较小的值，大约为 4eV。

以上表明光电子和俄歇电子是不一样的，光电子并不是弛豫过程中产生的现象。

(2) 光电子的平均自由程　光电子在离开原子时各自拥有其特征的能量，但是它的能量有可能在许多次的非弹性碰撞中损失，因此，能够以“未损失能量”的光子逸出样品表面的光电子只占总光电子的很小的一部分。

从实际测试过程看，能够获得的光电子信号有一定概率。从光学性质看，那些能引起非弹性散射的质点相当于对光电子产生了吸收或称为截获，这类质点的截面总和称为总散射截

面，因此：

$$P \propto \frac{1}{S} \tag{13-60}$$

式中，P 为“未损失能量”逸出表面的光电子占总光电子数的概率；S 为总散射截面。

电子平均自由程是指光电子在固体样品表层不发生非弹性碰撞时逸出固体表面的深度。但由于 X 射线激发的深度比光电子逸出深度大得多，使得从深度大于光电子自由程的那些原子所发射的光电子和样品中各种粒子发生非弹性碰撞，最后不能逸出。这个吸收系数就是总散射截面 S，其倒数 $1/S$ 即 P 可称为电子平均自由程。

当电子能量为 50～500eV 时，平均自由程 $1/S$ 在 0.5～0.75nm 范围。当能量高于 500eV 或低于 50eV 时平均自由程均增大。一部分元素的平均自由程与光电子能量的关系如图 13-12 所示。

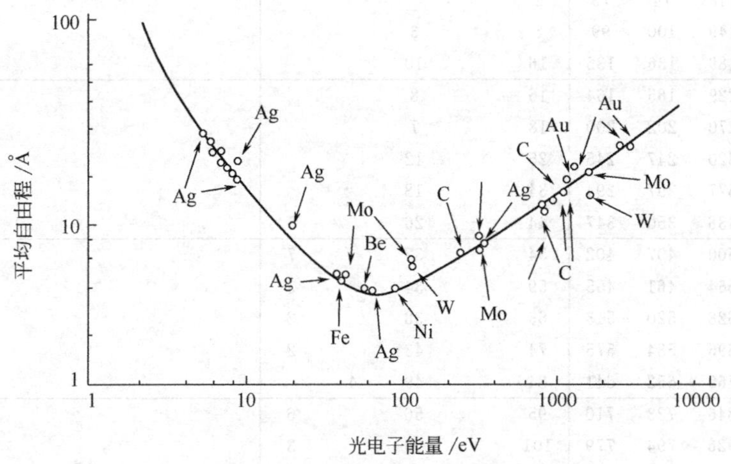

图 13-12 某些元素的平均自由程与光电子能量的关系

由于有总散射截面的存在，在电子能谱中除了出现由“未损失能量”的电子显现的单峰外，还会在此峰的低动能侧（或高结合能侧）出现宽阔的连续光谱。因此光电子能谱图中出现的能量峰是多样的，除了光电子峰外，还会有俄歇电子峰、电子能量损失峰，这是需要注意加以区别的。

(3) 电子结合能 量子化能级上的电子由真空能级计算起的结合能定义：将某能级上的电子放至无穷远并处于静止状态所需的能量，称为结合能，又称作电离电位。结合能的值等于该轨道能量的绝对值，在电子未发射前，各轨道电子能量可近似地表示为

$$E_{\mathrm{i}} = 2\sum E_{\mathrm{i}}^{0} + \sum(2J_{\mathrm{ij}} - K_{\mathrm{ij}}) \tag{13-61}$$

式中，E_{i}^{0} 为 i 轨道上电子动能加上电子与原子核间引力势能的总和；J_{ij} 和 K_{ij} 分别为 i、j 轨道上两电子间的库仑积分和交换积分。

在轨道 K 的电子被发射后，下式成立：

$$E_{\mathrm{f}} = E_{\mathrm{k}}^{0} + 2\sum_{i \neq k} E_{\mathrm{i}}^{0} + \sum(2J_{\mathrm{ij}} - K_{\mathrm{ij}}) - \sum(2J_{\mathrm{ik}} - K_{\mathrm{ik}}) \tag{13-62}$$

结合能

$$E_{\mathrm{b}} = E_{\mathrm{f}} - E_{\mathrm{i}} = -E_{\mathrm{k}}^{0} - \sum(2J_{\mathrm{ij}} - K_{\mathrm{ik}}) = -E_{\mathrm{k}} \tag{13-63}$$

式中，E_{k} 相当于 K 电子层的能量。此式被称为柯柏曼斯定理。各元素单质的各层电子的结合能已经算出和实测出，具体数据可见表 13-5。

表 13-5　各元素单质的各层电子结合能/eV

	$1s^{1/2}$ K	$2s^{1/2}$ LⅠ	$2p^{1/2}$ LⅡ	$2p^{3/2}$ LⅢ	$3s^{1/2}$ MⅠ	$3p^{1/2}$ MⅡ	$3p^{3/2}$ MⅢ	$3d^{3/2}$ MⅣ	$3d^{5/2}$ MⅤ	$4s^{1/2}$ NⅠ	$4p^{1/2}$ NⅡ	$4p^{3/2}$ NⅢ	$4d^{3/2}$ NⅣ	$4d^{5/2}$ NⅤ	$4f^{5/2}$ NⅥ	$4f^{7/2}$ NⅦ
1 H	14															
2 He	25															
3 Li	55															
4 Be	111															
5 B	188		5													
6 C	284			7												
7 N	390			9												
8 O	532	24		7												
9 F	686	31		9												
10 Ne	867	45		18												
11 Na	1072	63		21	1											
12 Mg	1305	89		52	2											
13 Al	1560	118	74	73	1											
14 Si	1839	149	100	99	8		3									
15 P	2149	189	136	135	16		10									
16 S	2472	229	165	164	16		8									
17 Cl	2823	270	202	200	18		7									
18 Ar	3203	320	247	245	25		12									
19 K	3608	377	297	294	34		18									
20 Ca	4038	438	350	347	44		26		5							
21 Sc	4493	500	407	402	54		32		7							
22 Ti	4965	564	461	455	59		34		3							
23 V	5465	628	520	513	66		38		2							
24 Cr	5989	695	584	575	74		43		2							
25 Mn	6539	769	652	641	84		49	4								
26 Fe	7114	846	723	710	95		56		6							
27 Co	7709	926	794	779	101		60		3							
28 Ni	8333	1008	872	855	112		68		4							
29 Cu	8989	1096	951	931	120		74		2							
30 Zn	9659	1194	1044	1021	137		87		9							
31 Ga	10367	1298	1143	1116	158	107	103	18					1			
32 Ge	11104	1413	1249	1217	181	129	122	29					3			
33 As	11867	1527	1359	1323	204	147	141	41					3			
34 Se	12658	1654	1476	1436	232	168	162	57					6			
35 Br	13474	1782	1596	1550	257	189	182	70	69	27			5			
36 Kr	14326	1921	1727	1675	289	223	214	89		24			11			
37 Rb	15200	2065	1864	1805	322	248	239	112	111	30	15		14			
38 Sr	16105	2216	2007	1940	358	280	269	135	133	38			20			
39 Y	17039	2373	2155	2080	395	313	301	160	158	46			26			3
40 Zr	17998	2532	2307	2223	431	345	331	183	180	50			29			3
41 Nb	18986	2698	2465	2371	469	379	363	208	205	58			34			4
42 Mo	20000	2866	2625	2520	505	410	393	230	227	62			35			2
43 Tc	21044	3043	2793	2677	544	445	425	257	253	68			39			2
44 Ru	22117	3224	2967	2838	585	483	461	294	279	75			43			2
45 Rh	23220	3412	3146	3004	627	521	496	312	307	81			48			3
46 Pd	24350	3605	3331	3173	670	559	531	340	335	86			51			1
47 Ag	25514	3806	3524	3351	717	602	571	373	367	95	62		56			3

从表 13-5 可以看出，不同的元素单质及不同轨道上的电子的结合能是不相同的。其中 K 电子离原子核最近，受到的束缚最强，因此结合能最大。越到外层结合能越小。从表 13-

5还可以看出，各元素（单质）K电子的结合能相差比较大，比较容易分辨，但L层和M层等电子的结合能相差较少，因此在解析谱图时，需要查出被测元素的所有的峰。

13.5.3 装置

X光电子能谱仪的装置和俄歇电子能谱仪有相似之处，也有不同之处。

(1) 基本结构　X光电子能谱仪主要由样品室、样品导入机构、激发样品的X射线源、聚焦系统、能量分析器、电子探测器、真空抽气系统、信号放大系统和记录系统构成。

(2) 能量分析器　能量分析器的种类和原理已在俄歇电子能谱一节中做了详细的介绍，不再重复。

在光电子能谱仪处理这一类能量电子的装置中，很微弱的外磁场也会改变光电子的轨道，因此能量分析器必须有很好的磁屏蔽措施。要求剩余磁场的场强少于 2×10^{-6}T。一般采用两层以上的坡莫合金高导磁材料进行屏蔽。

能量分析器的分辨能力除了用式(13-48)的第一项衡量外，还要注意能谱峰的半宽度。因为两个峰出在不同位置上，但峰很宽，仍不能说分辨能力很好。一般讲能谱峰的半峰宽由下式决定：

$$\Delta E=\{(\Delta E_X)^2+(\Delta E_L)^2+(\Delta E_A)^2\}^{\frac{1}{2}} \tag{13-64}$$

式中，ΔE_L 为电子能级的自然宽度，这是无法改变的，是由物质的结构所决定的；ΔE_A 为能量分析仪所产生的误差半峰宽。很明显，减小 ΔE 必须使式(13-48)中涉及的各项都变得很小方可。

(3) X射线源　式(13-64)中的 ΔE_X 是辐射源X射线的本征宽度。不同的靶材料作辐射源其光电子能量与本征宽度列于表13-6。

表 13-6　靶材料与本征宽度

辐射源	HeⅠ	HeⅡ	YMi	NeK_α	MgK_α	AlK_α	CrK_α	CuK_α
X射线能量/eV	21.2	40.8	132.3	849	1254	1486.6	5417	8055
ΔE_X 本征宽度/meV	3	17	450	280	720	830	2100	2550

ΔE_X 是仪器分辨本领下限的决定因素。为了观察微小的能谱峰的变化，ΔE_X 应尽可能地小。若X射线能量为1200～1500eV可观测所有元素，从表13-6可以看出，可选用 AlK_α 和 MgK_α 线。其本征宽度还不到1eV，是非常小的，而且 MgK_α 和 AlK_α 线的强度也很大，便于使用。CrK_α、CuK_α 的能量虽然很高，但本征宽度有2～1.5eV，这不能分辨后面讲到的因环境微小变化而引起的峰的微小移动，不适合于高分辨的观测。

(4) 单色器　AlK_α 和 MgK_α 等特征X射线虽然有良好的单色性，但它们常带有副线，不能完全去除。可利用弯面晶体单色器进一步单色化，其构造及原理已在俄歇电子能谱一节做过详细的论述。有了这类单色器可使 ΔE_X 变小，即谱峰变窄，例如它可使 AlK_α 线的 ΔE_X 变小为0.16eV。但它也有缺点。

① 单色过程使X射线强度减小，使得峰的强度变小。改进的办法可采用能量补偿法加以补偿。

② 测定绝缘体样品时，样品带电现象严重，会引起峰位置移动和峰形变化。可采用中和电子枪供给低能电子流至样品表面，以中和表面的正电荷。

(5) 测量系统和显示　在俄歇电子能谱一节已讲述了，检测器是用计数器，这和其他仪器分析法使用电位差作为检测信号是不同的。光电子能谱的强度在 $10 \sim 10^5$ 个电子/s 即电流值为 $10^{-18} \sim 10^{-13}$ A。在这么小的范围内，不能当作连续电流处理，所以采取计数电子数目的办法。进入探测器一个电子，便在输出端变成倍增（10^5 个）脉冲，经放大器作脉冲放大波形处理、整形、累加强度、最后在 Y 轴上出现信号，X 轴为能量。

13.5.4 样品的制备

(1) 样品的预处理

① 样品台的制备。样品台在空气中长期放置，可能成为样品的污染源，应充分脱脂干燥后再在真空中烘烤去气 24h。

② 片状样品的预处理。X 射线光电子能谱对表面污染非常敏感，手接触过的样品将会测到氧和碳的峰，因此也应做充分的脱脂清洗处理。样品表面需尽可能的光滑。光滑表面谱的强度高，所以对研磨材料也应注意选取和清除。片状样品大多被制成 5mm×15mm 长方形或 d=10mm 的圆片。

③ 粉末样品的预处理。

a. 使用两面导电的胶带粘接，方法简单，经常使用。但黏结剂会污染样品和样品室，难获得高真空。样品也不能加热或冷却，有时也会使样品带电，谱峰将向高结合能方向移动。

b. 在不与样品发生反应的材料制造的细金属丝网上均匀地撒上一层很薄的样品粉，加压成片。这种样品可加热冷却，信号强度大，使用方便。

c. 将可溶样品溶解后涂在样品台或金属片上，蒸发溶剂，制得样品。此方法制得的样品量小，一般在数 $\mu g/cm^2$ 以下，分布均匀，不带电。但要注意的是，若溶剂含有和样品相同元素时，要使溶剂没有残留。

(2) 样品的表面处理

① 样品的加热处理。加热是对样品进行表面清洁的方法之一。加热时有气体放出，因此加热不能过快，以免压力急剧上升使得抽气系统动作发生不良现象。表面加热和不加热，能谱图上会出现不同的效果。例如锗（Ge）单质加热后的 C_{1s}、O_{1s} 峰都变小了，而 Ge_{2p} 峰变得明显。这是因为未加热时，表面有污染，C_{1s} 和 O_{1s} 峰较大，而 Ge_{2p} 是低动能峰而被 C_{1s} 和 O_{1s} 峰所淹没。加热后，污染减小或被清除，Ge_{2p} 峰便被显露。

加热中会发生向样品内部或由内向外的扩散，加热方式要谨慎选择。400℃以下可在样品台上进行，1000℃就必须使用红外线照射或电轰击手段。

② 离子刻蚀。有些蒸气压很低的污染物，例如碳，仅靠加热很难将其从表面上完全清除。而以氩离子等轰击，做表面溅射则很有效。将离子枪安在样品处理室内，在 10^{-5} 托（1 托=133.322Pa）的氩气中，将生成的 Ar^+ 加速至 500～1000eV，轰击表面数分钟或数十分钟，然后立即进行测定。这个过程称作离子刻蚀。要注意的是气体管道离子枪、样品室都必须事先充分烘烤去气，气体 Ar 也必须是高纯度的。离子刻蚀法清洁表面实际作用是将整个表面剥离掉。因此，用离子刻蚀法可逐层剥离，进行纵向分析。

13.5.5 测试条件的选择

(1) 扫描速度、时间常数和统计误差　前面已说过，光电子能谱范围内的电子流不是稳定的连续电流，不是恒值，而含有统计规律。由统计带来的绝对误差值为计数值的平方根。例如，累计 1000 次计数，它的绝对误差为 $\sqrt{1000}=31.6$，相对误差为 3.16%。若要 1%相对误差：

$$\frac{\sqrt{n}}{n}<1\% \tag{13-65}$$

可求得 $n=10000$ 次。

弱信号要获得误差小的数据，必须增大计数器的计数时间或者反复扫描。在多次计数或反复扫描中，仪器各参数的随机误差都会导致谱峰的半峰宽变大。例如，扫描速度为0.1eV/s时，对半峰宽的影响在0.1eV以下，对半峰宽1.5eV左右的谱峰无大影响，而半峰宽在1.0eV以下时，扫描速度宜取0.05eV/s，因为如此才能保证两者的相对偏差在5%左右。

(2) 能量轴的标定和校正

① 相对定标能量法。利用已精确测定的标准谱线，把产生此谱线的电子发射源混入被测样品中，或利用同一分子中不同原子发射的谱线。根据它们的能量位置，可定出其他谱线的位置，再换算成结合能。这种相对定标法是基于仪器常数是个常量。常用的标准谱线如表13-7所示。

表 13-7 光电子能谱常用标准谱线

能 级	结合能/eV	能 级	结合能/eV	能 级	结合能/eV
$Cu_{2p3/2}$	932.8	C_{1S}	284.3	$N_{1S}(N_2)$	409.93
$Ag_{3p3/2}$	573.0	石墨	122.9	$Cl_{1S}(Cl_2)$	297.69
$Ag_{3d5/2}$	368.2	Na_{1S}	870.39	$Au_{4f5/2}$	83.8
$Pd_{3d5/2}$	335.2	$O_{1S}(CO_2)$	541.28	$Pt_{4f7/2}$	71.0

② 绝对定标能量法。由式(13-58) 可知，从仪器测得的是电子的动能 E_p，这时需要知道仪器的功函数 ϕ。最简便的方法是用双光源法。用两种不同的已知能量的X射线作激发源，测定同一结合能级上的电子，并测量其光电子谱线所对应的分析器的电压或其他信号值，一般用 MgK_α 和 AlK_α 作已知能量的激发源，因此：

$$E_{p_1}=h\nu_1-E_b-\phi \tag{13-66}$$

$$E_{p_2}=h\nu_2-E_b-\phi \tag{13-67}$$

因此

$$h\nu_1-h\nu_2=E_{p_1}-E_{p_2} \tag{13-68}$$

功函数被消去，第一谱图上峰与第二谱图上的峰的距离应为两个X射线激发源能量之差。这便可标定了能量的标尺度。

13.5.6 光电子能谱的解析及应用

(1) 光电子能谱峰的化学位移概述　原子中的电子由于库仑力的作用而被束缚。当它的附近还有其他原子时，由于电子交换的相互作用有时也会传至该原子上。此时，原子核上的电子密度与原子单独存在时肯定不同。由于有这种差别，所以不同的电子所受的核静电引力不同，即束缚能（结合能）也不同。这种结合能之差当然会造成动能的不同，因此能谱峰会发生移动。由这类原因造成的能谱峰的微小移动叫作化学位移。

① 若A和B之间无化学作用，可将A和B视为独立的原子，则可测得A和B本身的能谱。

② 若考虑一个电子从A移至B，形成离子，表示为 $A^+\cdots\cdots B^-$，则体系的能量发生改变。变化量为原子A的电离能 IP_a 与原子B的电子亲和能 EA_b 之差，并且两离子 A^+、

B^-间静电吸引力作用的大小可用原子单位表示，即 $1/R$（R 为两原子间的距离）。电子间还存在排斥能 E_{rel}，因此能量的变化量：

$$\Delta E = -IPa + EA_b + 1/R - E_{rel} \tag{13-69}$$

③ 当 A 与 B 形成共价键，电子向 B 移动，原子平均电荷分布发生了变化，也会引起内壳层电子势能的变化。

设原子半径分别为 r_a、r_b，则对 A、B 两原子的势能变化可用 $1/r_a$、$-1/r_b$ 原子单位表示，再加上另一原子核的引力势能 $1/R$，因此内壳层电子的结合能的变化：

$$\Delta E_A = 1/r_a - 1/R \tag{13-70}$$

$$\Delta E_B = -(1/r_b - 1/R) \tag{13-71}$$

r 可看作原子价电子的范围，所以 $1/r$ 相当于内壳层电子与价电子的相互作用，$-1/R$ 相当于内壳层电子与另一原子的电荷间的作用。在晶体情况下相当于晶体电场。

若原子价电子取玻尔轨道，设 A 的电离电位 IPa 可取 $1/(2r_a)$，且 EA_b、E_{rel} 等均比 IPa 小，可略去不计，因此：

$$\Delta E = -1/(2r_a) + 1/R \tag{13-72}$$

式(13-72) 给出的能量差与由式(13-70) 给出的内壳层电子结合能变化处于同一数量级，式(13-72) 给出的 ΔE 是化学结合能引起的体系能量的变化，应与 X 射线光电子能谱中的位移相区别。对于大多数内壳层（如 K 层）电子所受外壳层（如 L 壳层）电子作用的势能是均匀的。化学结合能虽然改变了原子价电子的密度，但内壳层电子所受势能仍是均匀的，只是势能值发生了变化。

例如 Be、BeO、BeF_2，由于 O 有较强的电负性，BeO 的结合能的化学位移比 Be 高 4eV，而 F 比 O 的电负性更大，所以 BeF_2 比 BeO 还要高 2eV。一般来讲，由化学环境不同而引起的结合能的化学位移不超过 10eV。不同元素原子的化学位移差均远远大于 10eV。

例如 $\overset{a}{C}F_3\overset{b}{C}OO\overset{d}{C}H_2\overset{e}{C}H_3$ 中 C 的 1s 光电子能谱峰有四个，峰的强度为 1∶1∶1∶1。由于电负性的顺序是 F>O>C>H，F 上的 $\overset{a}{C}$ 电子云密度最小，因此碳的 1s 电子和原子核结合得更紧，结合能最高，结合能为 293eV。羰基上的 $\overset{b}{C}$ 和两个氧结合，其上的电子云密度仅比 F 上的 $\overset{a}{C}$ 上的电子云密度大，但仍然很小，所以其 1s 电子的结合能第二大，为 289eV。$\overset{d}{C}$ 只和一个 O 结合，结合能第三大，为 286eV。甲基上的 $\overset{e}{C}$ 和 $\overset{d}{C}$ 相连，C 的电负性更小，因此，结合能是最小的，为 284.2eV。脂肪酸钠 RCOONa，由于 R 的不同，其电负性也不同，产生化学位移是必然的。R＝H 时，只出现一个峰。R＝CH_3 时，将出现二个峰，峰面积比为 1∶1。R＝CH_3—CH_2—时，将出现二个峰，峰面积比为 1∶2。R＝CH_3—CH_2—CH_2—时，也出现二个峰，峰面积比为 1∶3。这是因为 CH_3—、—CH_2—等烃基的电负性相差无几，因此，光电子能谱峰出在同一位置。但烃基 C 的含量增高，所以峰面积之比为羧基中的 C 的个数与烃基中的 C 原子个数之比。羧基的 C 峰与烃基中的 C 峰相差约 4eV。

④ 除了化学环境外，许多物理效应也会引起电子结合能的变化，产生位移。

例如，对气体样品而言，光电子能谱峰会随气体压力的变化而改变。在低气压时，位移随压力增加而迅速降低。随后位移与压力的变化呈线性关系。约为 1eV/托（1 托＝

133.322Pa)。压力超过1托后，压力无影响。

同一个样品气态时和固态时，其能谱峰也会有位移。硝基苯和苯胺中的N的能谱峰在固态时与气态时相比，结合能降低了，这是物理位移。而硝基苯与苯胺中的N峰位置不相同，是化学位移。

(2) 化学位移的某些经验规律

① 同一周期内主元素结合能位移随化合价升高基本呈线性提高。

例如：Be(Ⅱ) 约2.67eV，B(Ⅲ) 4eV，C(Ⅳ) 5.6eV，N(Ⅴ) 7eV。

再如：Na(Ⅰ) 0.7eV，Mg(Ⅱ) 1.1eV，Al(Ⅲ) 2.6eV，Si(Ⅳ) 3.9eV，P(Ⅴ) 4.8eV，S(Ⅵ) 6.0eV。

过渡金属元素不遵循这一规律。例如：Cr(Ⅵ) 4.5eV，Cr(Ⅲ) 3.0eV，Co(Ⅱ) 2.6eV，Co(Ⅲ) 1.5eV。再如：Ti(Ⅳ) 6eV，V(Ⅴ) 4.5eV，Ge(Ⅳ) 2.6eV，As(Ⅲ) 3.4eV。

② 同一族元素原子序数 Z 增加，化学位移下降。

③ XPS谱和其他谱如NMR谱，化学热效应等也有一定的经验关系。

(3) 副峰　XPS谱上不仅可以出现主峰，还由于各种原因，XPS谱上会出现若干个副峰（又称伴峰）。主要有如下原因。

① 自旋-轨道相互作用分裂。

② 俄歇效应即俄歇电子峰。

③ 等离子体激元激发。

④ 光照射引起表面产生某些化学反应。

⑤ 不成对电子和内壳层空穴间交换相互作用而产生的多重分裂。

⑥ 外壳层电子激发电离。

⑦ 杂质混入或组态相互作用等。

(4) 光电子能谱与俄歇电子能谱化学位移的比较　光电子能谱和俄歇电子能谱的化学位移差异很大。Mg在氧化过程中，KLL俄歇电子峰的化学位移如表13-8所示。

表13-8　Mg氧化过程中峰的移动

峰号	1	2	3	4	5	6	7	8	9
峰能量/eV	1186.2	1180.0	1177.0	1175.5	1164.5	1154.0	1140.0	1133.9	1129.0

随着氧化反应的进行，2、3、8峰增强，其他峰消失，形成了类似于 Mg^{2+} 离子的谱。所以2、3、8峰是MgO的俄歇峰。1、4、5、6峰的间距基本上是相等的，为10.7eV，可以认为是Mg的等离子体振荡引起的能量损失峰。而光电子能谱中MgO和Mg峰引起的分裂距为1.2eV。因此对于7、8两峰相距6.1eV，1、2两峰相距6.1eV，可以断言，这些峰全部是俄歇峰。1、7峰是Mg的峰，而2、8峰是MgO的俄歇峰。

一般讲在相同的化学环境变化情况下，俄歇能谱峰出现的化学位移比光电子能谱的化学位移值大。这是因为俄歇电子产生过程中有两个空穴，而光电子产生过程中只有一个空穴，两者的极化作用是不相同的。

(5) 光电子能谱的应用　X射线光电子能谱是以X射线为激发源；激发源也可选择紫外光。以紫外光为激发源的光电子能谱称作紫外光电子能谱，简称UPS。XPS主要是测定内壳层电子能级谱的化学位移，确立原子结合状态和电子分布状态。UPS主要功能是确定价电子能带以及这个能带在化学反应、配合物形成、吸附过程中产生的变化。

① 有机化合物的光电子能谱。有机物组成元素不多，但组成多样、品种繁多。有机物的反应性能取决于最外壳层价电子的性质，所以，一般可用 UPS 进行实验。

XPS 对了解内壳层电子状态有益。特别是对固体和低温下凝固液体更有用。

a. 碳的光电子能谱。要注意的是，除了有机物中有 C 以外，CO 也会有 C 峰出现。也可以将 CO 的碳作为标准峰。C 中的 2s 电子和 2p 电子的杂化是主要的价电子。XPS 主要研究 K 层的 1s 电子峰。各种基团的 1s 电子的结合能与化学位移列于表 13-9。

表 13-9　各种含碳基团结合能与化学位移

基　团	—CH_3	—OCH_2	>C═O	Cl—C(═O)—	F_3C—
结合能/eV	285	287	291	292	295
化学位移/eV	0	2	6	7	10

b. 氧的光电子能谱。O_2 的结合能为 543.1eV，各种化合物中的 O 的结合能均小于该值。化学位移值和泡利电荷并不存在线性关系，具体数据列于表 13-10。

表 13-10　各种化合物中 O 的化学位移

化合物	O_2	CH_3CHO	H_5C_2—O—C(═O*)—C_2H_5	HO*—C(═O)—CH_3
化学位移/eV	0	−5.5	−55*−4.3	−4.9

化合物	C_2H_5OH	CH_3OH	$CH_3C(═O)CH_3$	O═SF_2	O═S═O
化学位移/eV	−1.5	−4.2	−4.2	−3.7	−3.5

c. 氮的光电子能谱。N_2 的结合能为 409.9eV。N_2O 中的 N_{1s} 光电子能谱分裂为两个峰，可能 N_2O 由下列两个共振结构式组成：

$$N^-═N^+═O \rightleftharpoons [\ N≡N^+—O\ ]^-$$

在两种结构中，两个 N 上的电荷是不相等的，峰应分裂为两个峰。两个峰的强度也有差别。根据谱峰的强度可推测，左式含量为 2/3，而右式含量约为 1/3。一些含 N 化合物中 N_{1s} 的化学位移，如表 13-11 所示。

表 13-11　各种化合物中 N 的化学位移

化合物	N_2	H_2N—C_6H_5	N_2O	NO	NO_2
化学位移/eV	0	−4.4	−1.4	0.4	2.5

化合物	NH_3	C_6H_5—N^+(═O)—O^-	HNO	
化学位移/eV	−4.3	−1.7	2.6	

② 元素定性分析。各种元素都有它的特征电子结合能，因此在光电子能谱中的相应谱线为其特征谱线，依据谱线在能谱中的位置，能鉴定除 H 和 He 以外的所有元素。对样品

进行全扫描，在一次测定中可检出表面附近的全部元素或大部分元素。

③ 元素定量分析。某元素的光电子谱线的强度反映了样品中该元素的含量或相对浓度。据此可进行元素定量分析。实际工作中，采用与标准样品相比较的方法进行定量分析。具体方法可参照X射线荧光分析一节中的有关方法。该法的分析误差可达1%～2%。

④ 固体表面分析。光电子能谱是固体表面分析最常用最有力的工具。适合于涂层、镀层、薄膜、金属氧化膜、吸附层等表面元素成分分析，以及研究表面的化学组成、元素价态、表面能态分布、表面原子的电子云分布和能级结构等。

例如，用光电子能谱研究以木炭为载体的铑催化剂，其能谱如图13-13所示。从谱图上可以看出，金属铑的谱图上出现了一个肩峰，化学位移有1.6eV，这应是铑被氧化成 Rh_2O_3 所形成的。

再例如：铅硅玻璃被氢还原后是一种二次电子发射材料，可制作某些新型电子倍增管器件。控制成管的铅硅玻璃在 H_2 中还原，使表面形成一层黑色的半导体铅层。被还原的金属原子不均匀地分布在表面，通过迁移凝聚成一个个"小岛"，直径约为100nm。图13-14为还原后玻璃表面 Pb_{4f} 电子能谱图。从图13-14中可看出，铅存在三种状态，即Pb、Pb^{2+} 和 Pb^{4+}。

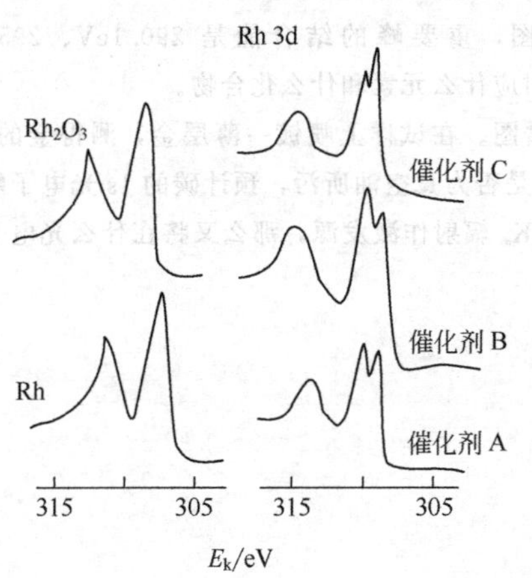

图13-13 铑催化剂、铑和 Rh_2O_3 的光电子能谱

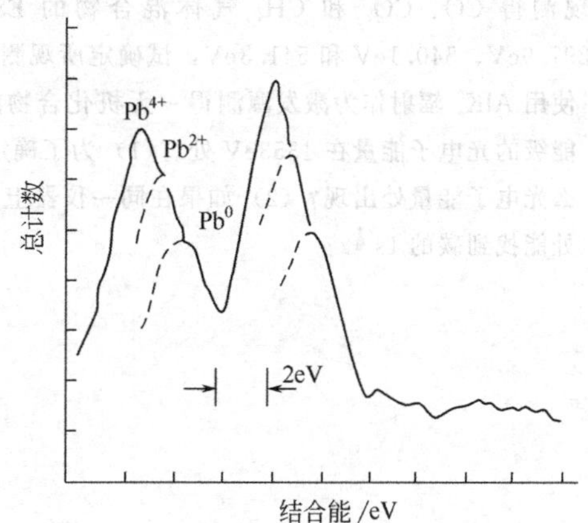

图13-14 还原后铅硅玻璃表面的 Pb_{4f} 电子能谱图

⑤ 分子生物学中的应用。X射线光电子能谱分析应用于生物大分子研究方面也有不少例子。例如，在维生素 B_{12} 分子中只含有一个钴原子，因此在10nm的维生素 B_{12} 层中，只含有极少量的Co原子，但从光电子能谱图仍可观察到Co的峰。

⑥ 立体化学研究方面的应用。Ni可以和各种配位体形成不同配位数和不同空间构型的配合物。这些不同的配合物中Ni的内层电子的结合能肯定不一样。经研究发现，Ni离子的电子结合能按大小排序：平面配合物<四面体配合物<八面体配合物。这是因为，对一个给定类型的配位体来说，镍的电子与配位体之间的距离也按同一顺序增加；要移去的处于正八面体上的价电子距离镍内层最远，因此剩余的电子的结合能就最大。当然，这种空间结构的结合能排序是对同一个配位体而言。配位体改变了，结合能也会产生变化，但顺序是不会变的。

习 题

1. 已知金属Al为立方晶体，用 CuK_α 射线（$\lambda=0.15405$nm）测得的一级衍射角为81°17′，求其晶面矩。

2. 以 MgK_{α}（λ=989.00pm）为激发源，测得 ESCA 光电子动能为 977.5eV（包括仪器的功函数），求此元素的电子结合能，并判定其为何种元素。
3. 如何区别样品发射的电子是 ESCA 光电子还是俄歇电子？
4. 有一金属 Al 样品，清洁后立即进行测量，光电子能谱上存在两个明显的谱峰，其值分别为 72.3eV 和 75.0eV，其强度分别为 12.5 和 5.1 个单位。样品在空气中放置一段时间后，进行同样的测定，两峰依然存在，但其强度分别为 6.2 和 12.3 个单位，解释此现象。
5. 以 LiF（200）作为分光晶体（$2d$ 值为 0.4027nm），检测器从 2θ 角 10°扫到 145°，可测定的 X 射线光谱波长范围为多少？镁能否被检测？
6. 使用 X 射线荧光法，测定精矿中含量为 1%～10%（质量分数）的铅时，可以使用何种元素和特征谱线为内标？
7. 使用 Mo 次级靶能量色散 X 射线光谱后，测得主成分是 Fe、Cr 和 Ni 的奥氏钢的 X 射线光谱。其中 X 射线峰的能量（单位 keV）为 3.68、4.66、5.42、5.94、6.40、7.05、7.47、8.26。试识别谱图中这些峰。
8. 1L 海水，经处理除去了其中的碱和碱土金属离子，然后将分离出的金属 Ni、Mn、和 Zn 收集在滤纸上（有效面积为 14.5cm^2）。测得的经背景校正后的 X 射线强度为：I_{Ni} = 5.0cps；I_{Mn} = 4.0cps；I_{Zn} = 6.0cps。用于光谱仪校正的标准给出下列背景校正后的数据：Ni 为 59cps·μg^{-1}·cm^{-2}；Mn 为 27cps·μg^{-1}·cm^{-2}，Zn 为 17.4cps·μg^{-1}·cm^{-2}。试计算海水中这些金属离子的浓度。
9. 现测得 CO、CO_2 和 CH_4 气体混合物的 ESCA 能谱图，重要峰的结合能是 290.1eV、295.8eV、297.9eV、540.1eV 和 541.3eV，试确定所观测到的峰各对应什么元素和什么化合物。
10. 使用 AlK_{α} 辐射作为激发源测得一无机化合物的 ESCA 谱图。在试样上喷镀一薄层金，测得金的 4f7/2 能级的光电子能量在 1353eV 处。(1) 为了确定试样表面是否为真空油所污，预计碳的 1s 光电子峰在什么光电子能量处出现？(2) 如果在同一仪器上，使用 MgK_{α} 辐射作激发源，那么又将在什么光电子能量处能找到碳的 1s 峰？

14 流动注射分析法

1975 年由丹麦学者 Ruzicka 与 Hansen 首次命名的流动注射分析（flow injection analysis，FIA），采用的是把一定体积的试样注入到无气泡间隔的流动试剂（载流）中的办法，这种方法保证了混合过程与反应时间的高度重现性，因此可在非平衡状态下完成试样的在线处理与测定。这种方法触发了化学实验室中基本操作技术的一次根本性的变革，其意义在于，它打破了几百年来分析化学反应必须在物理化学平衡条件下完成的传统，使非平衡条件下的分析化学成为可能，从而开发出分析化学的一个全新领域。

一般来说，FIA 只有同特定的检测技术相结合才能形成一个完整的分析体系，因而它的适应性非常广泛。正是这种结合的实现，使一些传统的检测方法，如分光光度分析、电化学分析以及本来效率就很高的原子吸收光谱分析等方法，在分析性能方面有了极为显著的提高。FIA 不仅可以用简单的实验设备在广泛的领域中实现分析的自动化与高效率，还能够通过单次测定提供试样与试剂不同混合比例的多种信息。尤其是当这一重要功能与化学计量学结合之后将会产生一些更为重要的突破。

流动注射分析的主要特点体现在以下几方面。

(1) 效率高　通常分析速度可达每小时 100～300 个样。若包括一些较复杂的处理，如萃取、吸附柱分离等过程的测定也可达每小时 40～60 个样。

(2) 适应性广　可与多种检测手段联用，既可完成简单的进样操作，又可使诸如在线溶剂萃取、在线柱分离以及在线消化等较复杂的溶液操作实现自动化。另外，FIA 还是一种比较理想的进行自动监测与过程分析的手段。

(3) 消耗低　它是一种微量分析技术。一般每次测定消耗的试样约 100μL，试剂消耗水平也大体相当。可比传统手工操作节约试剂与试样约 90%～99%，这对于使用贵重试剂的分析具有十分积极的意义。

(4) 精度高　一般 FIA 测定的相对标准偏差（*RSD*）为 0.5%～1%，大都优于相应的手工操作。即使是很不稳定的反应产物或经过很复杂的在线处理，其测定的 *RSD* 仍可达 1.5%～3%。

(5) 设备简单、价廉　简单的 FIA 设备所占工作台面积相当于一台英文打字机，国产的自动化 FIA 仪器（不包括检测器）的价格仅数千余元。

14.1 基本原理

14.1.1 基本 FIA 系统

图 14-1 为基本的 FIA 系统，主要由以下几部分组成。

(1) 载流（carrier）驱动系统　最常用的为蠕动泵，载流是指用来载带试样的流动液体。除最简单的蒸馏水外，与试样反应的试剂也可以用作载流。

(2) 注样器 (sample injector) 或注样阀 (sample injection valve) 其作用是向流动的载流中注入一定体积的试样。

(3) 反应器 (reactor) 通常为由细管道构成的盘管。

(4) 流通式检测器 (flow-through detector) 用于检测在反应器中形成的反应产物。

(5) 信号读出装置 长图记录仪。

图 14-2 所示为典型的 FIA 记录峰（S 为注样点，T 为试样在系统中的留存时间，一般为数秒至数十秒钟）。装入注样阀的试样以一定体积注入到连续流动的载流中，流经反应器时在一定程度上与载流相混，试样与载流试剂反应的产物在流经流通式检测器时得到检测，记录仪读出为一峰形信号。一般以峰高为读出值绘制校正曲线及计算分析结果。

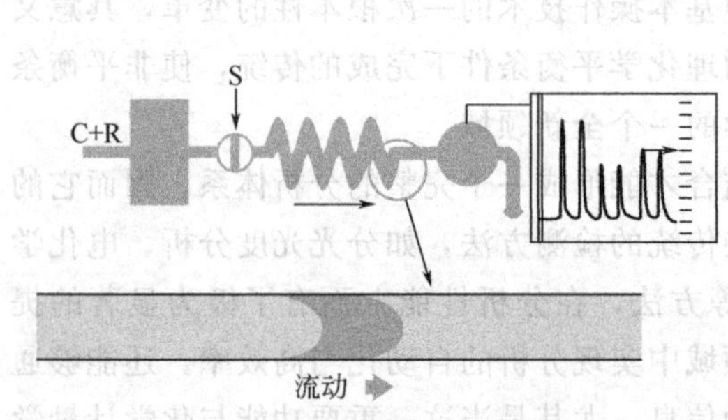

图 14-1 基本的 FIA 系统

S—试样；C—载流；R—试剂

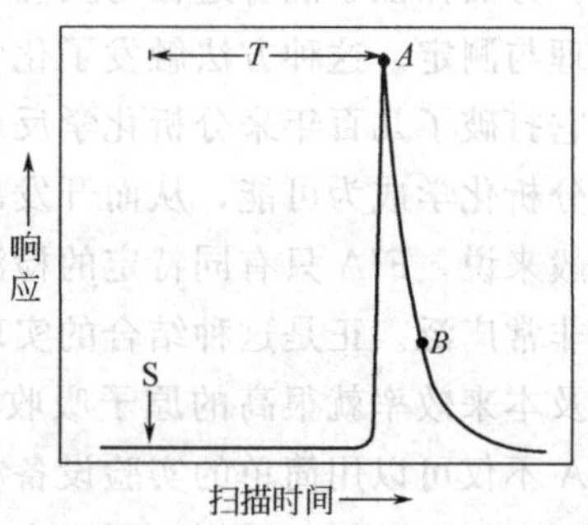

图 14-2 典型的 FIA 记录峰

S—注样点；T—留存时间；

A—峰顶读出位；B—峰坡读出位

14.1.2 试样区带的分散过程

如图 14-3 所示，当把试样以塞状注入到连续流动的载流（试剂）中的一瞬间，其中待测物的浓度沿着管道分布的轮廓呈长方形。试样带注入后立即从载流获得一定的流速而随其向前流动。通常 FIA 所使用的管道孔径为 0.5～1mm，流速为 0.5～5mL·min^{-1}。在此条件下，流体处于层流状态，管道中心流层的线速度为流体平均流速的二倍，越靠近管壁的流层，线流速越低，因而在流动中形成了抛物线形的截面。随着管道距离的延长，此抛物面更加发育。由于此对流过程与分子扩散过程同时存在，试样与载流之间逐渐相互渗透，出现了试样带的分散。待测物沿着管道的浓度轮廓逐渐发展为峰形，峰的宽度随着流过的距离的延长而增大，峰高则降低。由此可见，在 FIA 中试样与载流（试剂）的混合总是不会完全的。但对于一个固定的实验装置而言，只要流速不变，在一定的留存时间内，其分散状态总是高度重现的。这就是 FIA 的分析结果重现性良好的根据。

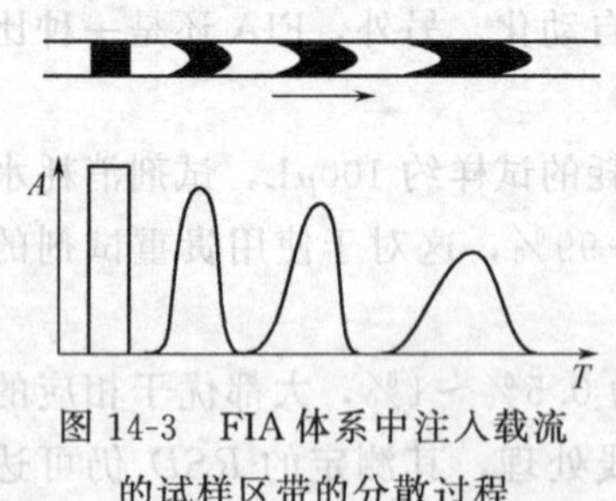

图 14-3 FIA 体系中注入载流的试样区带的分散过程

14.1.3 分散系数

试样在 FIA 系统中的分散过程就是试样的物理稀释过程。不同的测定方式对试样的稀释程度要求不同，测定中所需的试样稀释度可以利用流动注射法控制试样分散的特点来实现。设计与控制试样和试剂的分散是所有 FIA 方法的核心问题，因此需要对试样的分散状态有一个定量的描述。分散系数 D 就是分散的试样区带中某一流体元分散状态的数学表达式。D 的定义是：在分散过程发生之前与之后，产生读出信号的流体元待测组分的浓度比。

$$D=c^0/c$$

式中，c^0 为试样未分散之前待测物浓度；c 为分散后的某段流体元中的浓度。如果在峰顶上读出分析结果，此时 $c=c^{\max}$，则有

$$D=c^0/c^{\max}$$

若取峰坡上某一段流体元读出结果，在此点 $c=c^{\text{grad}}$，则

$$D=c^0/c^{\text{grad}}$$

D 的物理意义是在测定的流体元中，试样中待测组分被载流稀释的倍数。通常情况下，D 应是大于 1 而小于无穷大的一个数值，因为经过分散（稀释）之后，c 不可能大于 c^0。在使用某些特殊技术（如离子交换或萃取预浓集）时，D 也可能小于 1，但这并非与分散因素有关。当 $D=2$ 时，说明试样被载流以 1∶1 比例稀释。当载流是试剂时，D 能说明试样与试剂混合的比例。

Ruzicka 与 Hansen 根据由峰最大值处所得的分散系数的大小将 FIA 的流路划分为高、中、低分散体系。

（1）低分散体系　$D=1\sim2$，用于把 FI 技术仅作为传输试样手段。这类测定中，出于对测定灵敏度的考虑希望尽量不稀释试样而保持待测物的原有浓度。同时，由于其测定原理所决定，又无需引入试剂。以离子选择电极、原子吸收光谱和等离子体光谱为检测器的测定常采用此类体系。

（2）中分散体系　$D=2\sim10$，适用于多数基于化学反应的光度测定。这类分析都需要试样与适当的试剂反应以生成可测定的反应产物。适当的分散是为了保证试样与试剂之间一定程度的混合以使反应正常进行。

（3）高分散体系　$D>10$，用于对高浓度试样进行必要的稀释及某些 FI 梯度分析技术。

14.1.4 重现混合过程在 FIA 中的意义

在 FIA 出现之前，充分、均匀的混合，以及在此基础上所达到的物理与化学的平衡状态是溶液化学分析的最基础的观念之一。即使是对于那些由于化学反应的特性所决定，无法在化学平衡状态下进行的测定，如动力学测定、化学发光测定等，仍要理所当然地尽量实现试样与试剂的均匀混合。这一观念形成的原因是，在传统方式上，把试剂加入试样或试样加入试剂的过程，以及随后的混合过程是无法精确控制的。因此，从物理意义上来说，在试样与试剂充分混匀之前，在过程开始后的任何一个确定的时间都不可能得到具有良好重现性的混合状态。既然任何化学反应必然依赖于试样中待测物与反应试剂的接触，在混合过程无法精确控制的情况下，要取得具有足够精度的响应就只有等到反应达到化学平衡的稳定状态，此时混合过程初期的非重现状态及反应时间的长短可以忽略不计。因此，从一定意义上来说，上述均匀混合与平衡状态下测定的观念，是在物理混合及化学反应过程都无法精确控制的条件下形成的。

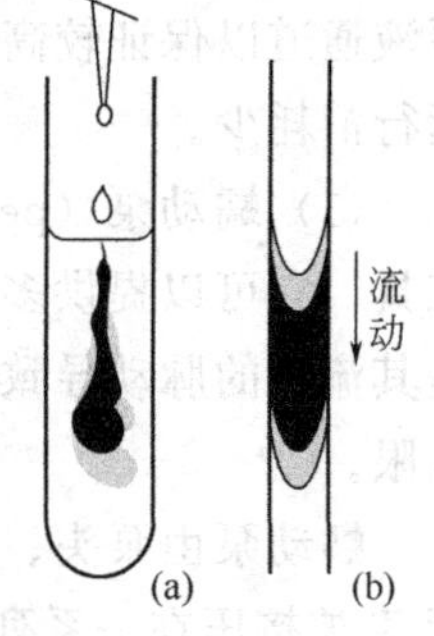

图 14-4　间歇式手工操作中试剂与试样(a) 与 FI 过程中试剂与试样的混合 (b)

流动注射分析技术从根本上区别于其他溶液分析技术（间歇式自动分析系统及气泡间隔式连续流动分析系统等），在于它充分利用了流

动液流中的塞状试样在分散（即物理混合）过程中的高度重现性。图 14-4(b) 所示为塞状试样在流过一段管道后出现的典型分散状态，如果载流同时是试剂，可以看出两者已在一定程度上相互渗透混合。如果载流流速不变，在一定的留存时间点，虽然混合是很不完全的，但分散状态是完全可以重现的。这与图 14-4(a) 中手工加入试剂后的混合状态形成了鲜明的对比。

由于流动注射分析技术是建立在非平衡状态下进行的操作和测定的设计思想上，因此，方肇伦等将 FIA 定义为："在热力学非平衡条件下，在液流中重现地处理试样或试剂区带的定量流动分析技术"。

14.2 仪器装置及组件

流动注射分析基本实验装置如图 14-5 所示。液体驱动装置（如蠕动泵）把载流和试剂溶液泵入反应管道及检测器；注入阀用来把一定体积的试样注入到载流中；反应管道用于使试样与载流中的试剂由于分散而实现高度重现的混合，并发生化学反应；流通池设在适当的检测器中，它使所形成的可供检测的反应产物，在流经流通池时由检测器检出信号。

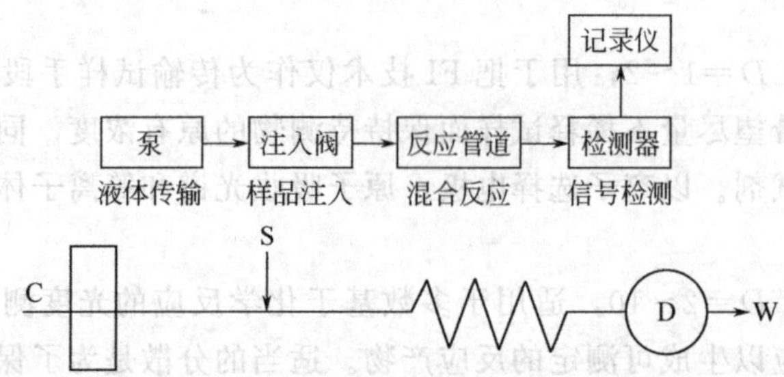

图 14-5 基本的 FIA 装置与功能

14.2.1 液体传输设备

液体驱动或传输设备相当于 FIA 系统的心脏，是 FIA 实验装置中的重要部分，其作用是将试剂、样品等溶液输送到分析系统中。目前常用的主要有蠕动泵和柱塞泵。

理想的液体传输设备应具备以下特性：①提供无脉动的液体输送，流速既具有短期稳定性（如几小时），又具有长期（以几天为基础）重现性；②多通道，至少应能提供四个平行泵液通道以保证较高的灵活性；③易于调节流速，能输送多种试剂和溶剂；④生产成本低，运行消耗少。

(1) 蠕动泵（peristaltic pump） 蠕动泵是 FIA 系统中应用最广泛的推动试剂和载流的工具。它可以提供多个通道，根据各泵管的内径得到各种不同的流速。这类装置的主要缺点是其流动的脉动导致长期稳定性较差，泵管的耐腐蚀性及抗有机溶剂及强酸强碱的能力也有限。

蠕动泵由泵头、压盖、调压器、泵管和驱动电机组成，其工作原理如图 14-6 所示。泵管 T 被挤压在一系列均匀间隔的杠 R 与压盖 B 之间，当泵头转动且调压器 A 对压盖施加一定压力时，在两个相邻杠的挤压点之间形成一个密封空间，当杠向前滚动时这一密封空间的空气被带到泵管出口。此时如果泵管的入口插入液面下，则在泵管入口端形成部分真空而使入口液面上升，在杠的连续滚动下液面将不断上升，直至充满整个管道，并以一定的流速继续向前流动。液体的流速取决于泵头转动时的线速度和泵管内径。

(2) 往复式柱塞泵　类似于高效液相色谱(HPLC)中使用的柱塞泵，只是工作压力低得多，通常只有3～6MPa。与蠕动泵相比，尤其是在在线分离浓集以及梯度技术等对流速精度要求较高的FIA应用中，柱塞泵具有显著的优点。

① 短期和长期的流速稳定性都很好。尤其适用于过程分析和在线监测应用中的连续长时间工作。

② 能克服某些FIA体系（如连有在线过滤器的体系）在液体流动过程中产生的较高阻力而不影响流速的稳定性。

③ 抗有机溶剂的能力强，适用于使用有机溶剂的在线分离与浓集系统。

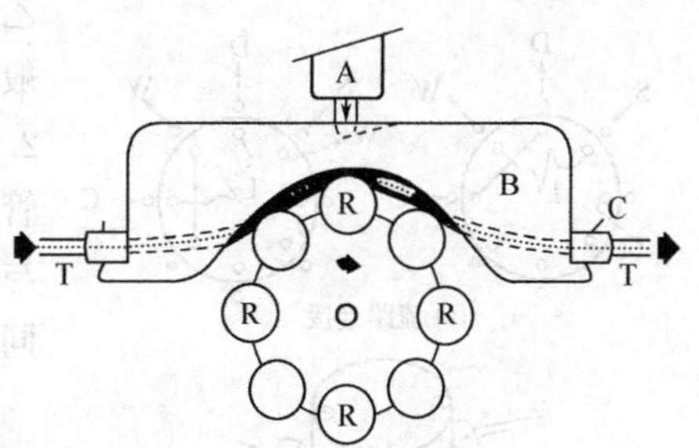

图14-6　蠕动泵工作原理示意
R—辊杠；B—压盖；A—调压器；
C—卡具；T—泵管

柱塞泵最重要的也是限制其应用的最主要缺点是可利用的通道数目少（通常只有两个通道）。一个具有与普通八通道蠕动泵相同通道数的柱塞泵将比蠕动泵贵得多，体积也大得多。因此，蠕动泵常作为柱塞泵的补充，用在对流速的稳定性要求不很严格的通道，如充满采样环等。

14.2.2 注入阀

注入阀（injection valve）也称注样阀、采样阀（sample valve）或注入口（injection port）等。其功能是采集一定体积的试样（或溶剂）溶液，并以高度重现的方式将其注入到连续流动的载流中。进样方式一般分为两种：定容进样和定时进样，或两种方式结合。下面以两种典型阀为例简述其结构和功能。

(1) 六孔双层旋转采样阀　图14-7所示为六孔双层旋转阀的结构和操作原理。该阀由一个定子和一个转子组成。转子一般为聚四氟乙烯材料，其阀面上均匀地刻有三个相同的沟槽通道，定子上的六个孔分别与三个沟槽通道的端点相对应。这种阀结构简单，曾用于多种FIA流路构型。但它一般只用于定容注样，难用于诸如在线分离与浓集等比较复杂的操作。

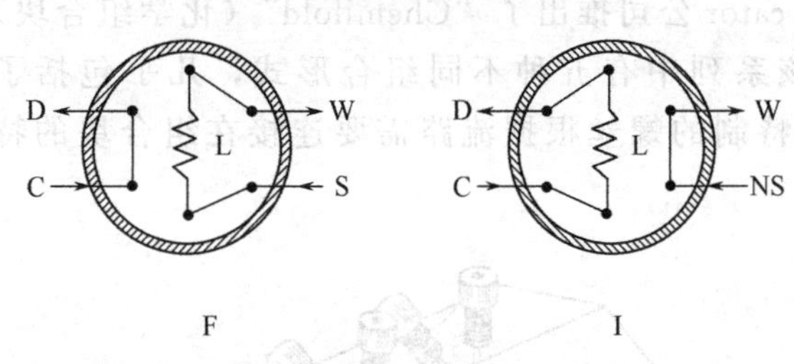

图14-7　六孔三槽单通道旋转阀工作原理示意
F—采样；I—注样；S—试样溶液；NS—下一个试样溶液；
C—载流；D—反应管和检测器；L—采样环；W—废液

(2) 十六孔八通道多功能旋转阀　目前应用较为普遍的是方肇伦等提出的双层多功能采样阀，国内外已有多种基于此设计的商品化产品，其结构如图14-8所示。在一般为高分子氟塑料材质的转子上沿四周均匀分布八个通道，与定子上的八通道相对应，加工和使用起来均比较方便。为了坚固耐用，商品采样阀在定子、转子外又镶嵌不锈钢外套。通道出入口备有螺孔16个，用来通过螺纹接头连接系统管道。通道一般为0.5～1.0mm内径。该阀通用性很强，既能完成一般的采样操作，又能实现较复杂的流路切换。

14.2.3 反应及连接管道

FIA的各主要部件之间均需要用管道连接，反应物在被检测之前也需要在反应管道中经历一定的分散与反应过程。按其作用可分为采样环、反应管道、连接导管等。一般由聚四氟

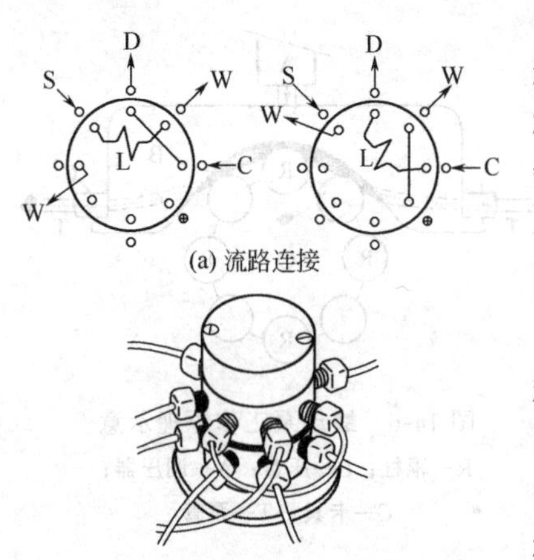

(a) 流路连接

(b) 实体图

图 14-8　十六孔八通道双层多功能旋转采样阀

乙烯或聚氯乙烯管（不适于输送有机溶剂）制成，一般内径为 0.5～1.0mm，相应的管道外径为 1.5～2.3mm 左右，管壁过薄容易引起弯曲处折成死角而使管道堵塞。长的管道可以绕成圈或打结后使用。管道与组合块及其他部件的连接应牢靠，工作时无泄漏，同时又要求操作方便，易于更换管道。

(1) 混合反应器（mixing reactor）　它的主要功能是实现经三通汇合的两个或多个液体的重现径向混合，以及混合液中化学反应的发生。最常用的混合反应器由一些能盘绕、打结或编织的聚四氟乙烯管或塑料管组成。采用这种几何形状的目的在于通过改变流动的方向在径向上产生二次流（secondary flow），促进径向混合，减少试样的轴向分散。最常用的管道材料是聚四氟乙烯（PTFE），它的化学性质稳定，表面对无机试剂吸附较少，但其管壁对有机组分有吸附。

尽管反应盘管的应用已很广泛，近年来，编结反应器（knotted reactor，KR）更多地表现出其优越性。这类称之为三维转向反应器（three dimensionally disoriented reactor）（图 14-9），简称 3D 反应器的编结式反应器可使流动方向在三维基础上发生变化，这种变化区别于流动方向在反应盘管中发生的二维面上的变化。因此，编结反应器具有较强的限制轴向分散的功能。这类反应器不仅用于混合管道，而且还用来作为传输管道和采样环，已成功地用于在线沉淀的收集及水溶性金属有机配合物的收集。

(2) 化学组合块　比较复杂的流路需要很多连接管道，为使最后形成的流路井井有条，便于根据需要重新组装流路，瑞典 Tecator 公司推出了“Chemifold”（化学组合块）系列（图 14-10），国内也有类似产品。该系列中有五种不同组合形式，几乎包括了 FIA 中常用的所有流路需要。管道可以用特制的螺丝根据流路需要连接在组合块的特定位置。

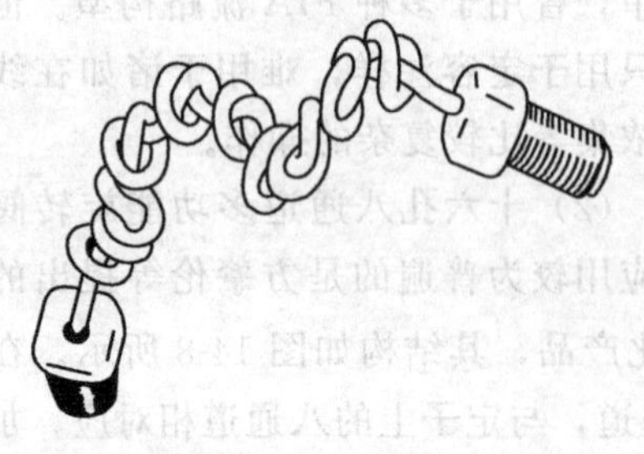
图 14-9　编结反应器

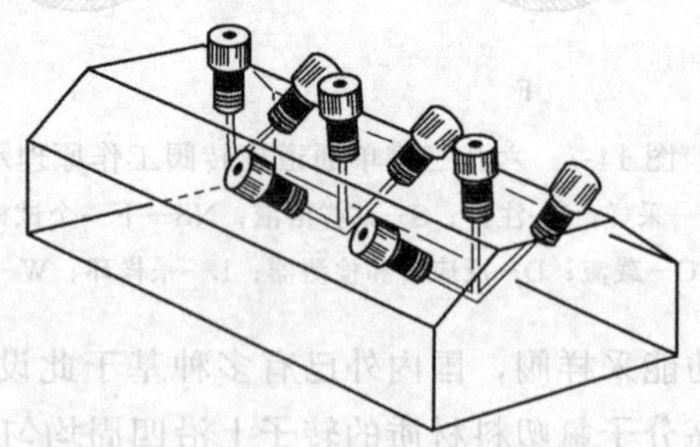
图 14-10　化学组合块

14.2.4　流通式检测器

FI 系统中可以采用多种仪器分析检测手段形成高效率的分析系统，其中常用的检测方法有光度法、原子光谱法、电化学法、荧光法及化学发光法等。

由于 FIA 中待测物的检测总是在流动状态下完成的，因此检测器有液流入口和出口。有些检测器如火焰原子吸收光谱（FAAS）、电感耦合等离子体（ICP）光谱，本来就需要在连续供给试样的条件下测定，当 FI 系统与其联用时就较为方便，只需用通向雾化器的管道代替原提升管即可。原来一般需要在一定容器中完成检测的方法如光度法、电化学法和荧光法等作为 FIA 的检测器时，则要配备特制的流通池。

在 FIA 中应用最多的仍是可见和紫外光度法检测，只要光源具有足够的强度，采用流通式比色池代替传统比色池，即可很容易地将绝大部分手工操作的传统分光光度法“FI 化”。常用的流通池见图 14-11。在流通池的上部有入口和出口与池下部的通光管道相连。通光管道是在不透光的黑玻璃上加工出光滑圆孔，在其两侧粘接普通光学玻璃或石英玻璃片，供光源光束通过。目前国内市场销售的流通池光程一般为 10mm 通道，管道孔径 1.5mm。孔径过小会影响光通量，对检测器的光电转换元件要求高；过大会增大在检测器中的分散而降低灵敏度。目前比较通用的是体积为 18μL（孔径 1.5mm）的流通池。

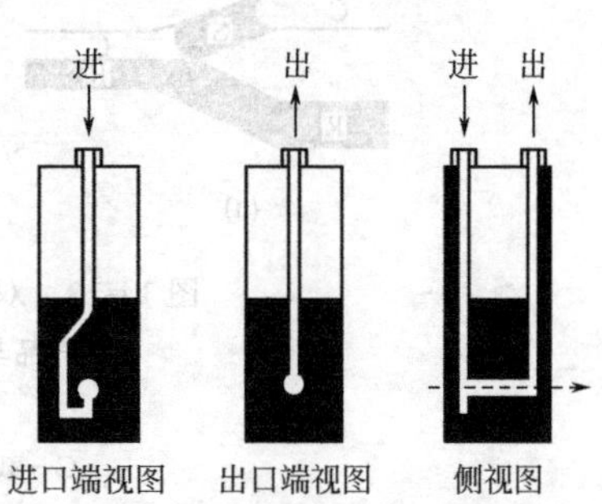

图 14-11　光度法检测流通池结构

（带箭头的虚线表示光路）

14.3 分析技术

14.3.1 基本流路和操作模式

（1）单道 FIA 体系和流路　最简单的 FIA 体系是仅由一条管道（指泵管及后续反应盘管及连接管道）组成的单道流路体系。注样阀设在泵与反应盘管之间。注样后，含有试剂的载流把试样载入反应管道中，经混合和反应后流入流通式检测器进行检测。图 14-12 为以硫氰酸汞测定氰化物的 FIA 单道体系的流路。

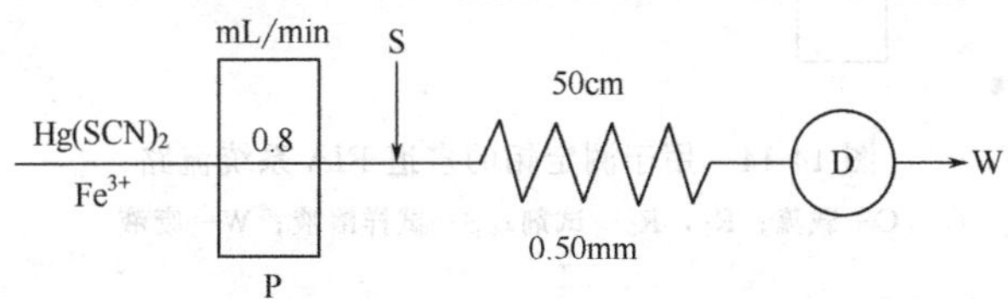

图 14-12　测定氰化物的 FIA 单道体系的流路

P—泵；S—试样；W—废液

在单道 FIA 中，由于试剂同时作为载流消耗较大，因此贵重试剂的使用受到限制。但是若试样来源比较充足时（如检测自来水中的组分），则可用试样作为载流，而将试剂注入其中，以达到节省试剂的目的。若区带分散设计合理，无论注入试样或试剂均可获得相似的方法性能。单道流路在电化学及原子光谱等检测体系中应用较多。

（2）双道及多道 FIA 流路　采用双道及多道流路几乎可以完全避开使用单道流路的各种局限性，如试剂载流与试样溶液存在折射率差异所导致的干扰峰形，以及增大采样体积后试样区带中心试剂不足而导致的双峰等问题。由于试剂不是仅通过对流和扩散与试样相混，而是汇合到分散的试样带中，因此整个试样带与载流的任一流体微元中，都会基本上等量均匀地混入试剂，如图 14-13 所示。载流不必像单道流路中那样同时作为试剂，在同时注意减小试样与载流和试剂折射率的差异的情况下，基本可以消除出现负峰及各种干扰峰的现象。这种流路的另一优点，则是不会因为增大试样体积而出现在试样带中部试剂浓度不足的弊端。由于试样在载流中的分散可以控制在较低水平，因此可用于一些对灵敏度要求高的测定中。Ruzicka 等用此法把亚硝酸盐测定的灵敏度较单通道体系提高了 22 倍。

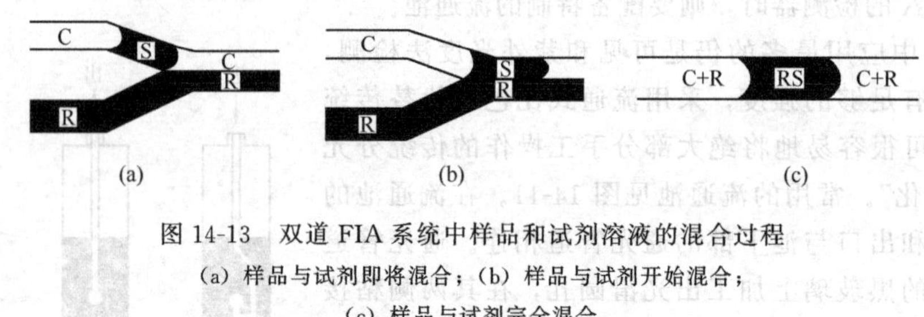

图 14-13　双道 FIA 系统中样品和试剂溶液的混合过程

(a) 样品与试剂即将混合；(b) 样品与试剂开始混合；
(c) 样品与试剂完全混合
C—载流；R—试剂；RS—被检测的试样区带

根据所使用方法的特点，当需要在试样带注入后再加入两个或两个以上的试剂时，则可使用多道 FIA 体系。图 14-14 所示为用于测定钼的多道 FIA 系统流路。另外，多道流路溶液汇合方法的缺点，除流路结构较复杂之外，还在于当使用蠕动泵为驱动源时，每个管道流速均会有一定的脉动，而且各管道在同一瞬间到达汇合点处时，其脉动相位也未必完全吻合，这样就会造成试样与试剂比例的微小变化，从而在一定程度上影响分析结果的重现性。增强局部的径向混合有利于这种不均匀性的消除。在流路中设一个或几个九十度急转弯是最简单的做法。采用前述的编结反应器可取得更好的混合效果。

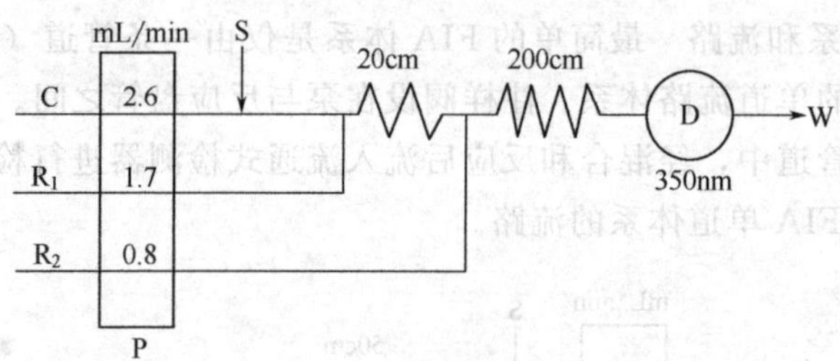

图 14-14　用于测定钼的多道 FIA 系统流路

C—载流；R_1，R_2—试剂；S—试样溶液；W—废液

14.3.2　合并区带技术

在 FIA 技术中，合并区带技术（merging zones technique）是以节省试剂为主要目的一种技术，也可以用来简化标准加入法的操作。在一般的 FIA 系统中，试剂要么作为载流，要么作为单独的汇合流与载有试样的载流汇合。不管在哪种情况下，试剂在分析过程中始终在管道中流动着，在两个相邻的试样区带之间，载流中所含的试剂或汇入的试剂实际上是浪费了。尽管 FIA 中试剂消耗较相应的手工操作有显著降低，但在使用昂贵试剂（如各种酶）时，仍希望能尽可能地减少试剂的消耗。合并区带法就是把试剂也同试样一样，首先吸入双通道阀的另一固定体积采样环中（多余部分可回收），在注入样品时试剂也同时被载流带出（图 14-15），然后使这两个区带同时向前流动，到下游的某一点汇合后，合并为一混合区带进入反应或混合管道中，并在流通式检测器中得到检测。试样和试剂两个区带的同时注入通过前述的六通旋转阀或十六孔八通道多功能阀均可容易地实现。

14.3.3 停流技术

停流技术（stopped flow technique）是指试样在注入载流并与试剂反应后，在流经检测器时或达到检测器之前使之停止流动一段时间的操作模式。其主要目的是延长试样在反应管道中的留存时间，亦即化学反应时间，使那些反应比较慢的化学体系也能产生足够的反应产物而得到检测。将试样停在流通池之前，增加了留存时间，而且在这段增加的时间内并不增加分散，这将使测定的灵敏度提高，即可以得到比未停流时使用同一化学体系和相同实验参数时更高的信号峰，又不增大峰宽。

停流法的另一功能是可以观察反应的动力学特性。将试样带停在流通池中，就可以观察反应完成的程度以及反应继续进行的情况。图 14-16 即为将试样带停在流通池中可得到的峰形。根据化学反应的类型和化学反应发生和进行的不同情况，图中给出了三种不同的信号峰形。其中曲线 a 为停流时反应尚未完成，停流后反应产物继续增加的曲线；曲线 b 为停流时反应已经完成，无新的反应发生，反应产物浓度基本不变时的曲线；曲线 c 为停流后反应产物发生分解、解离、降解或发生发光熄灭等现象所导致的反应产物减少，信号降低而得到的曲线。

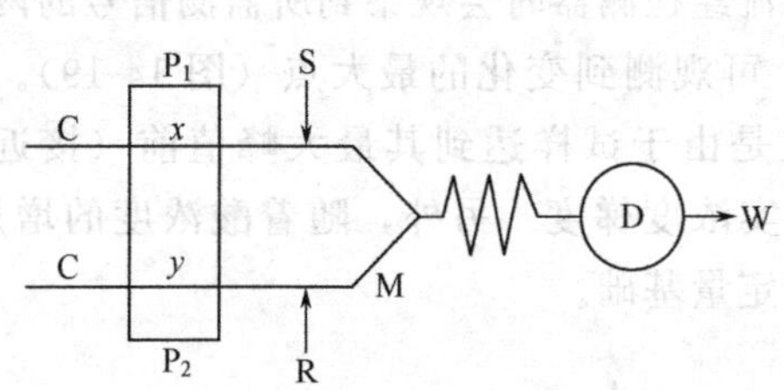

图 14-15 单泵合并区带流路示意

P_1，P_2—泵；C—载流；R—试剂；

S—样品溶液；M—汇合点；W—废液

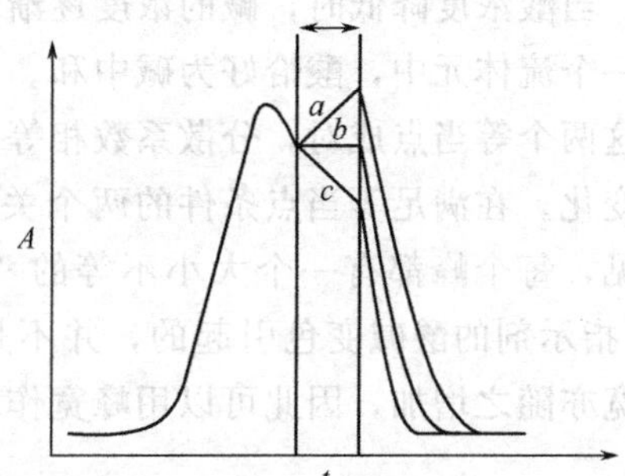

图 14-16 停留 FIA 系统中的信号

a—反应未完成且继续进行；b—反应已完成；

c—反应产物分解或熄灭现象发生

停流法的第三个功能是消除背景或空白信号的干扰，这一干扰通常是由于样品基体不同或其他因素所引起的。红葡萄酒中二氧化硫的测定就是利用了这一原理。测定中甲醛催化副品红与二氧化硫的反应产物为紫红色，与样品基体颜色相似，两者在检测中难以分辨。用停流法在流通池中观察红色信号的变化，由于基体的背景信号在停流时保持恒定，该信号的增加只与化学反应有关，因此可根据其在固定停流时间内吸光度的增加值来定量，以吸光度增加值对浓度绘制标准曲线。

14.3.4 流动注射梯度技术

流动注射梯度技术（flow injection gradient technique）是以反应的非平衡状态为前提的 FIA，其核心是试样区带在时间空间上可重现的受控分散。化学反应同时发生在试样区带因物理分散产生浓度梯度的情况下，在一次注样形成的浓度-时间曲线上可以有无限多个连续变化的浓度梯度信息，以及试样-试剂和试样-标准比例连续变化的信息，亦即浓度随时间变化的信息。

FI 梯度技术可从图 14-17 上直观地反映出来。图左是试样注入时未经分散的扫描曲线，图右是完整的试样区带扫描曲线，此曲线即为浓度的梯度图。

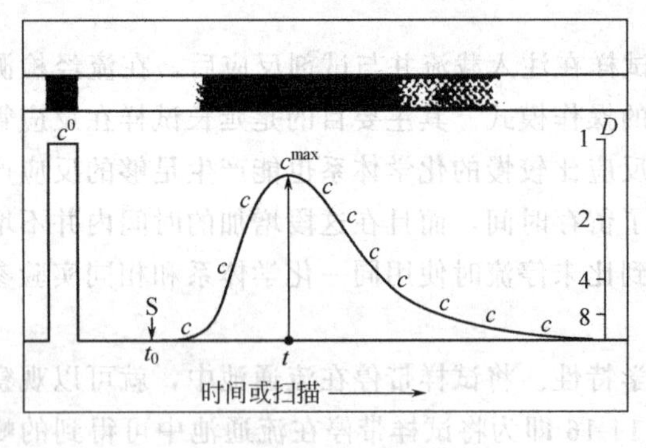

图 14-17 FI 浓度梯度

梯度技术范围以外的 FIA，其测定都是以这一曲线最高点 c^{max} 作为读数基础的。但从图 14-17 的扫描曲线上可见，除了 c^{max} 点外，还存在大量丰富的浓度信息可以利用。FIA 梯度技术就是研究开发这些时间-浓度信息的一门技术。主要有：梯度稀释、梯度渗透、梯度扫描、梯度校正及梯度滴定等。而且根据在采用梯度技术时所涉及的 FI 峰数的多少分为单峰梯度技术与多峰梯度技术。本节以梯度滴定为例简述其原理及应用。

FI 滴定技术是建立在测定峰宽而不是峰高的基础上的。其原理也是以试剂的等当量消耗为基础，即达到等当点时，试样的当量浓度和流速的乘积等于试剂的当量浓度与其流速之积。下面以酸碱滴定为例加以说明，在图 14-18 所示的流路中，将酸 S 的试样注入到载流中，再与碱性滴定剂 R 汇合。经分散后，试样与载流的界面上就形成了酸的连续变化浓度梯度。当酸浓度降低时，碱的浓度逐渐增高。因此，每一边上都具有连续的酸碱浓度比，在其中一个流体元中，酸恰好为碱中和。

这两个等当点成对，分散系数相等，因此当其流经检测器时会观察到所监测信号的两次急剧变化。在满足等当点条件的两个关键区段内，可观测到变化的最大点（图 14-19）。由图可见，每个峰都有一个大小不等的“平台”。这是由于试样达到其最大峰值前（接近峰值），指示剂的酸碱变色引起的，并不是试样的真实浓度梯度。另外，随着酸浓度的增加，其峰宽亦随之增加，因此可以用峰宽作为酸浓度的定量基础。

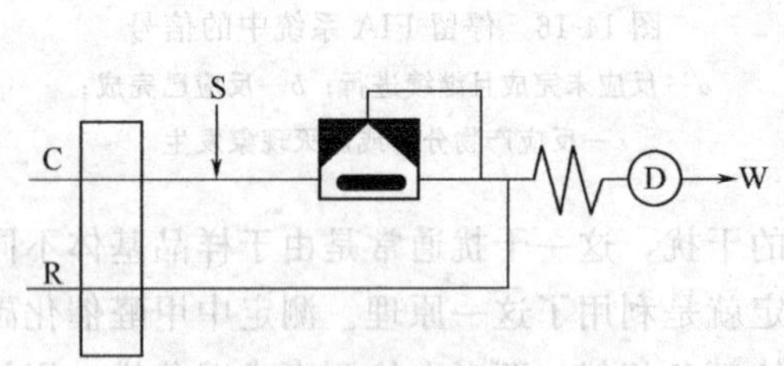

图 14-18 FI 滴定酸的流路

C—载流；S—酸试液；R—碱性滴定剂；W—废液

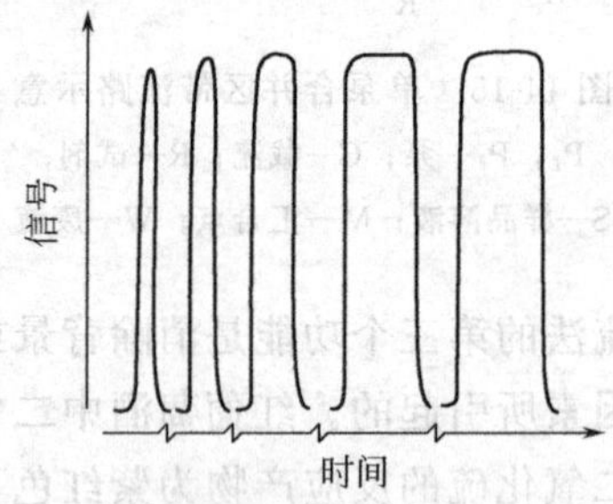

图 14-19 酸标准浓度逐渐增加的 FI 峰形变化

14.3.5 溶剂萃取分离

溶剂萃取是分析方法中的有效分离方法之一，待测物可达到相当高的相转移率，但由于操作的复杂性及有机溶剂污染环境等问题，使其更广泛的应用受到限制。由 Karlberg 等和 Bergamin 等分别独立地成功实现了溶剂萃取的流动注射在线分离自动化，从而为克服手工操作中的局限性提供了一条有效途径。与手工间歇操作相同，FI 溶剂萃取一般都需要经过以下三个步骤：①将液体试样与溶剂（属于不同相）按一定比例移入容器中；②尽可能扩大两相间的界面接触以实现两相之间的传质；③分相。

在分液漏斗中完成的这些手工操作，在 FI 溶剂萃取中是以如下部件实现的。

① 相间隔器（phase segmenter），其功能是把同时泵入其中的两相液体形成均匀相间的

隔段。

② 萃取盘管（extraction coil），其功能是使两相液体在流动中实现待测物在两相间的转移。

③ 相分离器（phase separator），其功能是把经萃取后的两相间隔液流连续进行分相。

图 14-20 为此三部分与FI的通用驱动、注样和检测系统的关系及连接次序。由图可见驱动系统有两个作用，一是用于输入两液相使之均匀分割，二是在分相中发挥作用。

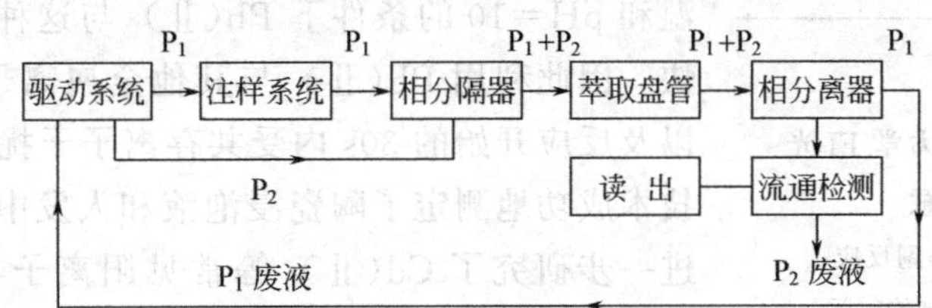

图 14-20　FI溶剂萃取流路

P_1—第一液相（试样相，一般为水相）；P_2—第二液相（移入相，一般为有机溶剂）

14.4　流动注射分析方法及应用

14.4.1　流动注射分光光度分析

分光光度检测器因其结构简单、价格低廉而在与 FIA 联用的各种检测器中应用最为普遍。尤其是在国内，涉及分光光度分析的文章占了整个流动注射分析文献量的一半。主要有以下几方面的应用。

(1) 加温流动注射光度分析　在 FI 光度分析中，测定的灵敏度是两个同时发生的动力学过程，一为试样带的物理分散过程；二为试样与试剂之间的综合化学反应过程。由于留存时间短和试样带的分散，似乎很难使 FI 分析方法的灵敏度达到和手工分析方法相同的水平，但采用适当的措施后，除一些极慢速反应外，很多光度反应的灵敏度可以得到补偿，使其至少接近手工法的水平。加温流动注射光度分析可使一些因反应时间短、灵敏度偏低的化学反应在一定程度上通过提高反应温度加以补偿。其目的一是用于提高化学反应的速度，二是高温在线处理，完成样品中待测组分的形态转化。注入前的试样一般不进行加热，常用的方法是将反应管道盘在圆柱形的金属恒温加热器上，或将反应管路浸入水浴或油浴中。Kawakubo 等在测定 0.1～1.0μg·L^{-1}Mo(Ⅵ) 时，室温下反应几乎不能进行，当温度由室温增加到 50℃时，吸光度由 0.05 增至 0.20。Aoyagi 等在用磷钼蓝比色法测定环境废水中的总磷时，为了将各种形态的磷转化为正磷酸盐，用铂丝为催化剂加速了硫酸-硝酸混酸对有机磷的消解过程。在 160℃下苯基磷酸钠的回收率由此温度下无铂丝时的 65.5%增至 99.6%，三苯膦的回收率则由 27.5%增加到了 93.6%。

(2) 差速动力学分光光度法　差速动力学分析法是根据结构或性质相似的两个或多个组分与同一个试剂反应，利用其反应动力学性质的差异选择性地测定其中某一组分，或同时测定多组分的一种方法。动力学分辨的目的在于提高分析方法的选择性。但传统操作中由于检测的是反应平衡时的稳态信号，使本来可以利用的具有动力学差异的信号随时间消失了，即使采用了一般意义上的动力学分析法也很难检测出化学反应最初一段时间内各组分动力学性质的差异。而 FIA 具有进样方式和流路形式灵活多样，严格地控制反应的延迟时间和整个

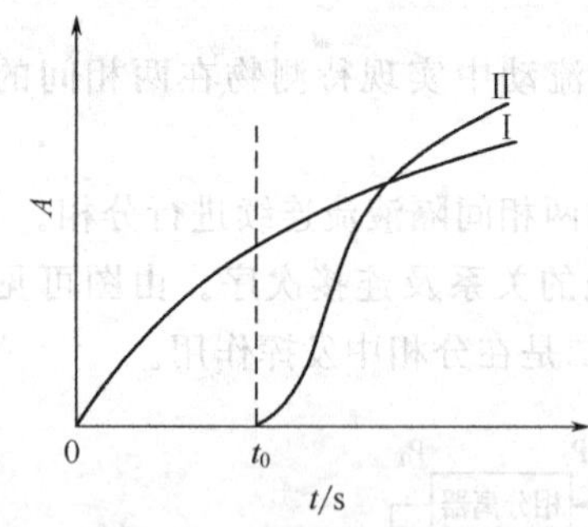

图 14-21　差速动力学 FI 光度分析示意

Ⅰ—主反应；Ⅱ—副反应；t_0—FI 法完成测定的时间

反应过程的特点，因此能比较容易地捕捉到这种差异，从而提高测定方法的选择性。其原理如图 14-21 所示。

大环卟啉类水溶性化合物是光度分析法中测定金属离子灵敏度最高的几种显色剂之一，但其选择性差。毛群楷等研究了 Pb(Ⅱ) 和其他金属离子与 meso-四（4-三甲氨基苯）卟啉［T(4-AP)P］反应的动力学性质，观察到在室温和 pH=10 的条件下 Pb(Ⅱ) 与这种试剂的反应速率很快，因此利用 Pb(Ⅱ) 与其他金属离子的反应速率差异，以及反应开始的 30s 内受共存离子干扰小的特点，采用 FI 技术成功地测定了陶瓷浸泡液和人发中的Pb(Ⅱ)。作者又进一步研究了 Cd(Ⅱ) 等常见阳离子与meso-四（4-磺酸基苯）卟啉（TPPS4）反应动力学特性及金属离子间的相互影响，利用 Cd(Ⅱ) 与其他金属离子的反应速率差异建立了痕量镉的流动注射分析方法，用氨基硫脲掩蔽铜，可直接用于陶瓷浸泡液和水样中镉的测定。

(3) 不稳定反应及不稳定试剂的应用　为保证定量分析的精确度，传统的分析化学测定总是要在试样与试剂均匀混合并达到反应平衡的稳定状态下进行。如果反应产物达到平衡之前就分解或转化为其他物质，则该体系一般不能用来进行定量分析。因为反应不够稳定，分析化学文献中某些具有很高灵敏度或选择性的定性反应无法用于定量分析。而在 FIA 体系中，其测定结果的精度是建立在反应时间与混合状态高度重现的基础上，因此即使反应不稳定，仍能够得到不亚于稳定反应的测定结果。另一方面，在 FIA 条件下，具有反应快速，无需达到平衡状态和反应过程高度重现，以及与实验室环境隔离的惰性反应条件等特点，因此可以将在通常条件下难以利用的不稳定试剂用于实际分析目的。由此可见，FIA 的这一特点对于拓展定量分析化学反应的范围有重要意义。

方肇伦等提出的水中氰化物的异烟酸吡唑啉酮 FI 光度测定法的改进，是利用不稳定反应的一个成功应用。原来的光度分析法是环境水和废水分析中的标准方法。样品中氰化物与氯胺 T 反应生成氯化氰，与异烟酸作用水解生成戊烯二醛，再与吡唑啉酮络合生成一蓝色产物，在 638nm 下测定吸光度。但反应很慢，在加热的条件下也需要 40min 的显色时间。尽管在反应初期有一红色中间产物形成于最终蓝色产物之前，但它形成后 35s 吸光度就达到最大，然后迅速开始褪色（图 14-22），所以利用常规测定方法无法进行定量。然而利用 FIA 技术却能成功地应用这一极不稳定的中间产物测定氰化物。在此基础上建立的 FIA 方法，选定的波长为 548nm，每小时可测定 40 个样。

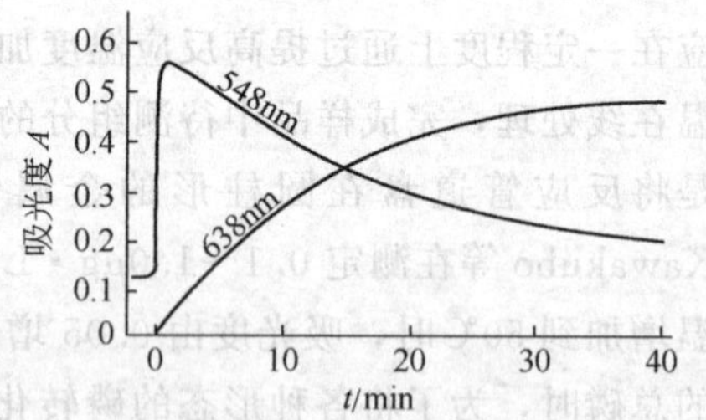

图 14-22　在 638nm、548nm 处分别监测反应物的吸光度随停留时间变化的动态曲线

（其中 548nm 处监测的为红色中间物）

强氧化剂和强还原剂的应用是不稳定试剂的重要应用之一。其操作原理如图 14-23 所示，反应器 1 中产生的是一些在空气中不稳定的氧化剂或还原剂，之后立即在另一反应器 2 中与待测组分进行反应。Schothorst 等在 FIA 条件下使用 Jones 还原柱将 Cr(Ⅲ) 和 V(Ⅲ) 在线还原为不稳定的强还原剂（二价的铬和钒）。加入一定浓度的 EDTA 络合剂，是为了在把硝酸根和亚硝酸根离子定量还原为氨时改善

其还原能力和使反应定量进行。然后在 600nm 和 350nm 波长处，分别测量反应后形成的 Cr(Ⅲ)-EDTA、V(Ⅲ)-EDTA 的吸光度值，利用其进行定量。此后作者又将 Cr(Ⅱ) 和V(Ⅱ)用于包括甲基红、甲醛、顺丁烯二酸和硝基苯酚在内的九种有机、无机化合物的测定。

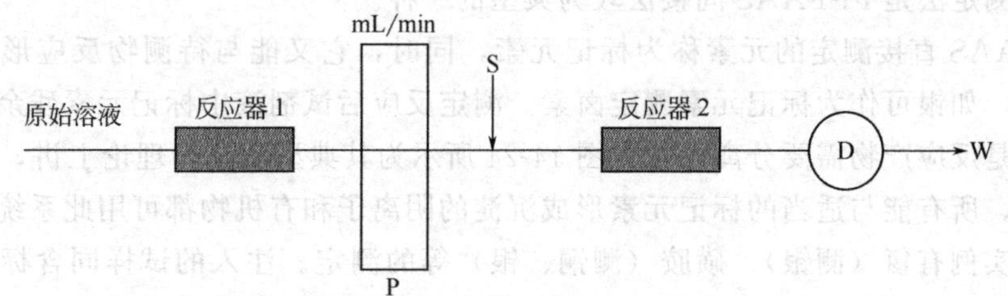

图 14-23 不稳定氧化还原试剂的发生及流路示意

P—蠕动泵；S—试样注入；W—废液

若将图 14-23 的流路用于强氧化剂的在线生成，此时反应器 1 是产生强氧化剂的电化学反应器（三电极系统）。在金粉工作电极上施加的工作电位为＋2V（相对饱和甘汞参比电极），流经反应器的 Ag(Ⅰ)、Co(Ⅱ) 可在线氧化为极不稳定的 Ag(Ⅱ) 和 Co(Ⅲ)。Schothorst 利用 Ag 在硝酸介质中能将某些无机物和有机物定量氧化，且其产物在 390nm 处产生强烈吸收的性质测定了 15 种无机离子和有机物。

其他的流动注射分光光度分析法还包括基于在线分离的诸如气体扩散、溶液渗析、萃取分离、离子交换分离方法以及基于峰高测量的流动注射滴定等方法。

14.4.2 流动注射原子光谱分析

流动注射技术在原子光谱（AS）分析中的应用是从火焰原子吸收光谱（FAAS）开始的，也是目前 FI-AS 联用技术应用最为广泛也最为成功的领域。与传统雾化器进样相比，FI 引入试样的分析速度提高了 2～3 倍。除可将微量试液引入 AAS 外，此联用系统还具有很强的抗高盐分含量和抗基体变化的能力，尤其在阴离子的间接测定方面具有很大的优越性。不仅如此，FI 技术在替代传统测定中繁琐费时的间歇试样前处理方面尤为可取，同时 FI 的在线分离浓集还可提高火焰原子吸收的灵敏度和选择性。此外，FI 技术与其他原子光谱，如蒸气发生原子光谱（VGAS）(包括氢化物发生、HGAAS 和冷蒸气发生、CVAAS)、电热原子吸收光谱（ETAAS)、电感耦合等离子体质谱（ICP-MS）及微波等离子体发射光谱（MWPES）等的联用，均在不同程度上改善了原子光谱分析的性能。较之传统的原子光谱，流动注射原子光谱表现出一系列的优越性。

① 试样和试剂的消耗显著降低，可节省 90%以上的试样或试剂。

② 测定的选择性可通过在线基体分离、基体改进或动力学分辨得到极大的提高，尤其在 ETAAS 和 HGAAS 中效果更为明显。

③ 由于试样的在线处理是在封闭体系（惰性材料制成）中进行的，显著减少了污染的可能性，因而超痕量分析的可靠性得以提高。

④ 经在线稀释和在线分离预浓集后，其测定的线性范围可宽达六个数量级。

⑤ FI 雾化进样使得 FAAS、ICP-AES、ICP-MS 和 MWPES 抗黏度变化及高盐分干扰的能力增强。

本节仅以 FI-FAAS 间接测定法为例介绍其应用，有关内容请参阅相关专著。

火焰原子吸收光谱（FAAS）间接测定阴离子和有机组分的传统方法在例行分析中应用

不多，是由于其操作比较烦琐且可靠性不够。Valcarcel 等在 FI-FAAS 间接测定方面做了很多工作，其研究结果表明 FI 技术不仅可克服传统间接 AAS 法的几乎所有缺点，而且明显地拓宽了间接法的应用范围，使一些无法实现的应用在传统 AAS 间接法中成为可能。其中残余标记元素测定法是 FI-FAAS 间接法较为典型的一种。

能用 FAAS 直接测定的元素称为标记元素，同时，它又能与待测物反应形成有固定组成的化合物，如银可作为标记元素测定卤素。测定反应后试剂液中标记元素残余量的方法比较简便，但是反应产物需要分离去除。图 14-24 所示为其典型流路，理论上讲，如果反应的选择性足够，所有能与适当的标记元素形成沉淀的阴离子和有机物都可用此系统测定。目前成功应用的实例有氯（测银）、磺胺（测铜、银）等的测定。注入的试样同含标记元素的试剂流或载流［图 14-24(a)］混合后形成沉淀。沉淀经在线过滤器从介质中分离后，含残余标记物的液流被送至 FAAS 仪器，检测标记元素信号强度的降低。试样注入前后标记试剂产生基线吸收，由此测定负峰的峰高即与待测组分浓度相关。若欲节省试剂而试样量又不受限制时，也可用图 14-24(b) 中所示流路，它是将试剂注入到试样载流中进行间接测定，即试剂注入法。用此流路时，假如试样中不含标记元素，试样流将形成同空白溶液一样的基线。当含标记元素的溶液注入到试样载流中时便产生正峰，而空白载流产生最高的正峰。峰高随着试样载流中待测组分浓度的增加而降低。

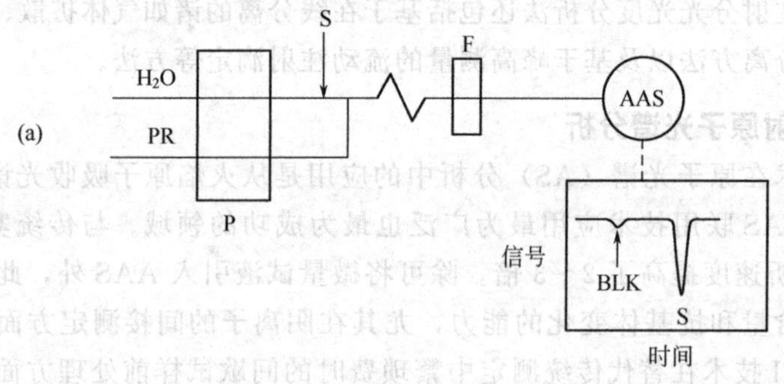

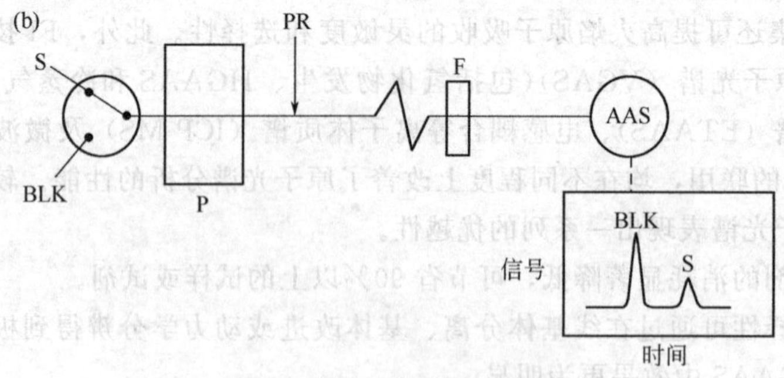

图 14-24　AAS 间接测定的在线过滤系统典型流路

（a）注入试样法；（b）注入试剂法

S—试样；PR—含标识金属的沉淀剂；BLK—空白；

P—泵；F—过滤器；AAS—原子吸收检测器

14.4.3 流动注射电化学分析

流动注射电化学分析法因其流路简单、无分光光度检测中折射效应干扰等独特之处，在 FIA 的研究和应用中占有重要的地位。FIA 中的电化学检测按原理可以分为两大类，一类是基于两相之间的电荷转移来检测，包括了最常见的电位法、伏安法和库仑法等；另一类是测量液体的电学性质，如电导检测。在 FIA 中的电化学技术及其工作原理见表 14-1。

表 14-1 FIA 中的电化学技术及其工作原理

技术	工作原理	技术	工作原理
安培法	测量固定电位下的电流	离子选择性场效应晶体管	
计时电位法	测量固定电流下电位随时间的变化	伏安法	测量变化电位下的电流
电位溶出分析		极谱法	
电位法	测量电位	阳极或阴极溶出	
离子选择性电极		库仑法	测量电量
氧化还原电极		电导法	惰性电极测量电导

与传统电化学分析方法相比，FI 电化学方法的基本区别在于被检测介质的流动性及检测时的非平衡态。由于载流不断冲洗电极表面，而且样品与电极表面的接触时间很短，因此电极寿命和稳定性比一般电化学方法高。另一方面，由于它的测定是通过电极表面与被测溶液的接触来进行的，电极易受被测溶液中其他污染物的影响，因而其重现性稍逊色于光度分析法。由于电化学检测是基于化学相之间的电荷传递，要求电极表面附近待测物质的浓度必须代表总体浓度。因此检测器的设计与流体动力学的影响在电化学检测中起着非常关键的作用。用于 FIA 中的电化学检测器的构型很多，以流体流动与电极的相对位置可分为壁嵌式（wall-embedded type）、喷壁式（cascade-type）和丝状电极（wire type）三种。其构型严重影响溶液中待测物从溶液本体向电极表面的传质。必须保证把待测物质有效地从溶液的本体转移到电极表面扩散层，并通过扩散层到达电极表面进行检测。喷壁式流通池和丝状电极，由于较容易实现电活性物质的传质，是比较理想的电化学检测器设计。

FI 电化学分析方法的应用很广泛，原则上讲，一般电化学方法可以测定的电活性物质都可以采用 FI 电化学分析法进行测定，而且分析效率和分析性能均佳。表 14-2 列出了流动注射电化学分析法在生化、临床及药物分析领域的典型应用（未包括简单阳离子和阴离子的测定）。

表 14-2 FI 电化学分析法在生化、临床及药物分析领域的典型应用

被测物质	样品基体	测定方法	检出限	线性范围
三磷酸腺苷		底物再用，酶放大反应，安培检测 NADH	1nmol/L	5nmol/L～5μmol/L
马来酸麦角新碱	片剂	石墨电极	20ng/mL	1～20μg/mL
四环素与土霉素		水/硝基苯界面安培检测		2～200μmol/L
地尔硫草		悬汞电极吸附溶出	4nmol/L	5～300μmol/L
异烟肼		玻碳电极	0.5ng/mL	0.05～6μg/mL
尿素	透析液	电位检测		0.3～30mmol/L
青霉素		固定酶反应器-玻璃电极		0.1～15mmol/L
胆固醇	血清	固定化酶反应器转化，安培检测	2.6μmol/L	0～30mmol/L
核黄素	复合维生素片剂	喷壁式微电极	35pg	3.5～35ng
氨基酸		导电高分子膜修饰电极		7.5～60μmol/L
胰岛素	制剂	玻碳电极		
维生素 D_3		玻碳电极	7ng	0.18～10mmol/L
硝西泮	片剂		1.8μg/mL	
葡萄糖		酶催化反应，双注射分析流路		0～7mmol/L

14.4.4 流动注射发光分析

基于分子发光强度和被测物含量之间关系建立的分析方法称为发光分析法。包括荧光分析、磷光分析和化学发光分析。由于发光分析法是直接进行光子计量的方法，其灵敏度和选择性一般都优于吸光光度法，从而为无机物和有机物的痕量分析和超痕量分析提供了高灵敏度的研究手段，在药物分析、免疫分析、生物活性物质分析等领域得到迅速发展。现以流动注射化学发光分析为例简述其应用。

由于化学发光（chemiluminescence，CL）具有反应速度快，发光强度随时间变化较大及反应过程难于控制等特点，因而在常规方法中的测定精密度较差。而 FIA 系统却极适用于这类反应，显著提高了分析结果的重现性。与常规 CL 分析一样，FI-CL 分析所用的分析装置比较简单，无需复杂的分光元件和光强测量装置，操作简便，在一般实验室就可自行组装。方法的灵敏度可高达 ng/g～pg/g 数量级，对一些无机金属离子的检测下限比光度分析法低 3～4 个数量级，可低至 10^{-12}g/mL。而且待测物测定的线性范围很宽，可达 4～5 个数量级。

FI 化学发光分析的早期应用包括过渡元素在内的金属离子的测定，是基于对过氧化物与鲁米诺、光泽精的氧化反应的催化、增敏或抑制作用来完成的。如 Cu(Ⅱ)、Cr(Ⅲ)、Co(Ⅱ)、Cr(Ⅵ) 等离子的测定。而章竹君等提出的无机偶合化学发光反应技术，则把氧化反应或催化反应与鲁米诺的化学发光反应偶合起来，不仅扩大了鲁米诺化学发光体系的分析范围，同时也提高了许多无机离子的分析灵敏度。无机偶合反应就是将一个化学发光反应与其他反应进行偶合，后一个反应消耗或产生化学发光反应所必须的物质。以钒的测定为例，偶合反应如下：

$$S_2O_3^{2-} + H_2O_2 \longrightarrow SO_4^{2-} + H_2O + H^+ \text{（氧化还原反应，} VO_3^- \text{ 为催化剂）}$$

$$\text{鲁米诺} + H_2O_2 \longrightarrow \text{3-APA} + N_2 + h\nu \text{ [发光反应，} Fe(CN)_6^{3-} \text{ 为催化剂]}$$

将五价钒催化硫代硫酸钠与过氧化氢的反应，同鲁米诺与过氧化氢的发光反应偶合起来，对天然水中 0.5～30ng/mL 的钒进行了测定。

另外，流动注射化学发光分析还可应用于无机非金属元素（如硝酸根和亚硝酸根）的测定以及有机化合物（如某些氨基酸和蛋白质）的测定等。

习 题

1. 什么叫流动注射分析法？它与传统的分析化学方法有什么区别？
2. 简述流动注射分析法的基本原理及优越性。
3. 基本的流动注射分析系统由哪几部分组成？各有何作用？
4. 重现混合过程在流动注射分析中有何重要作用？
5. 流动注射分析的基本实验装置有哪些？简述各部件的作用。
6. 流动注射分析有几种基本流路？简述其操作模式。
7. 停留法可实现哪几种功能？
8. 流动注射萃取分离与传统的萃取分离有什么不同？
9. 流动注射分析可以与哪些检测技术相结合？
10. 简述流动注射分光光度法的应用。
11. 简述流动注射原子吸收光谱法对阴离子的间接测定。
12. 简述流动注射电化学检测的原理。

参考文献

方肇伦 流动注射分析. 北京：科学出版社，1999.

附录 各种不同结构的质子的化学位移

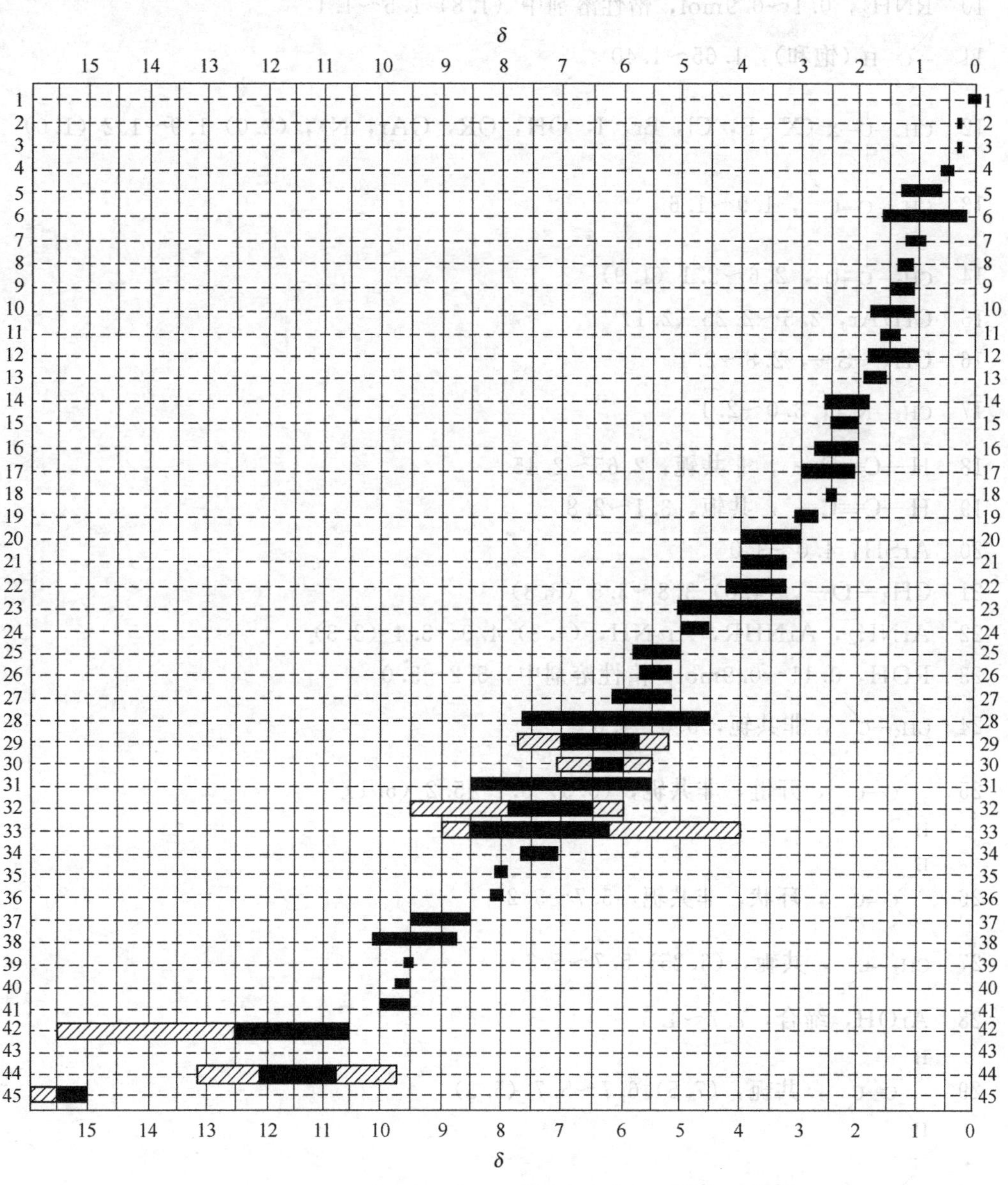

1 TMS，0.000

2 —CH_2—，环丙烷，0.22

3 CH_4，0.23

4 ROH，非缔合，极稀溶液，约 0.5

5 $CH_3-C\lessdot$（饱和），（1.3）0.95～0.85（0.7）

6 R_2NH，0.1～0.9mol，惰性溶剂中，（2.2）1.6～0.44

7 $CH_3-\overset{|}{C}-\overset{|}{C}-X$（X=Cl，Br，I，OH，ORC=O，N），（1.2）1.10

8 $-CH_2-$（饱和），1.35～1.20

9 RSH 1.5～1.1

10 RNH_2，0.1～0.9mol，惰性溶剂中（1.8）1.5～1.1

11 $\rangle C-H$（饱和），1.65～1.40

12 $CH_3-\overset{|}{\underset{|}{C}}-X$（X=F，Cl，Br，I，OH，OR，OAr，N），（2.0）1.9～1.2（1.0）

13 $CH_3-\overset{|}{C}=C\langle$，1.9～1.6

14 $CH_3-\overset{|}{C}=O$，2.6～2.1（1.9）

15 CH_2Ar，2.5～2.25（2.1）

16 CH_3-S-，2.8～2.1

17 $CH_3-N\langle$，3.0～2.1

18 $H-C\equiv C-$，非共轭，2.65～2.45

19 $H-C\equiv C-$，共轭，3.1～2.8

20 ArSH，4.0～3.0

21 CH_3-O-，（4.0）3.8～3.5（3.3）

22 $ArNH_2$，ArNHR，Ar_2NH，（4.3）4.0～3.4（3.3）

23 ROH，0.11～0.9mol，惰性溶剂中，5.2～3.0

24 $CH_2=C\langle$，非共轭，5.0～4.6

25 $\rangle C=C\langle$（H），开链，非共轭，（5.9）5.7～5.2（5.1）

26 (H)$\rangle C=C\langle$，环状，非共轭，5.7～5.2

27 $CH_2=C\langle$，共轭，（6.25）5.7～5.3

28 ArOH，缔合，7.7～4.5

29 (H)(H)$\rangle C=C\langle$，共轭，（7.5）6.7～5.7（5.3）

30 (H)$\rangle C=C\langle$，开链，共轭，（7.1）6.5～6.0（5.5）

31 $H-\overset{|}{N}-C\langle$，8.5～5.5

32 ArH，苯型，（9.5）8.0～6.6（6.0）

33 ArH，非苯型，（9.0）8.6～9.2（4.0）

34　RNH_2^+，$R_2NH_2^+$，R_3NH^+（三氟乙酸溶液），7.7～7.1

35　$-C(=O)-N$，8.1～7.9

36　$H-C(=O)-O-$，8.2～8.0

37　$ArNH_2^+$，$ArRNH_2^+$，ArR_2NH^+（三氟乙酸溶液），9.5～8.5

38　$>C=NOH$，10.2～8.0

39　RCHO，脂肪族，α、β不饱和，9.65～9.50

40　RCHO，脂肪族，9.8～9.7（9.5）

41　ArCHO，(10.1) 10.0～9.7（9.5）

42　ArOH，分子内缔合，(15.5) 12.5～10.5

43　$-SO_3H$，12～11

44　RCO_2H，二缔合体，非极性溶剂中，(13.2) 12.2～11.0（9.7）

45　烯醇，16～15